실무
말뚝기초의 계획.설계.시공

토목공법연구회

건설정보사

권 두 사

　말뚝공사는 건설공사에서 빼놓을 수 없는 매우 중요하고 다양한 역할을 담당하는 중추적인 공사이다.
　그러나 제반여건에 맞는 품질과 재료의 개발이 요구되고 첨단기술이 요구된다.
　또한 첨단기술의 개발은 많은 시간과 연구비를 충당할 수 있는 경제력과 연구요원의 각고의 노력이 소모되고 성과도 미진하여 각 기업에서도 특별한 배려를 하지 않고 형식적으로 흐르는 경향이다.
　당사에서는 이러한 현실을 직시하고 비록 외국서적이지만 우리글로 번역하여 보급하므로써 건설현장에서 쉽게 선진기술을 습득하고 연구요원의 성과를 높이기 위해서 본서를 번역출판하였다.
　앞으로 건설기술이 우리 실정에 맞도록 연구개발되길 바라며 선진기술의 습득과 개발로 안전성을 높이고 경제성을 향상시킬 수 있도록 독자제현의 신 공법을 당사에 제공하시길 바란다.
　또한 이 책에서 잘못된 부분을 지적하시고 개선할 수 있는 방안을 제공하여 많은 건설인들의 편의를 도모해 주시길 바라는 바이다.
　끝으로 강호제현의 지도편달과 안전하고 경제적인 기술개발과 노력을 성원하고 건투를 빈다.

편집진 일동 배상

목 차

제 1 장 말뚝기초의 계획·선정 11
  1.1 말뚝기초의 계획·선정에 관한 기본사항 11
  1.2 말뚝기초의 분류 11
    1.2.1 지지력기구에 의한 분류 11
    1.2.2 말뚝의 제조방법과 설치방법에 의한 분류 14
  1.3 말뚝기초의 공법별 특징 15
    1.3.1 각 시공법의 특징과 지지력에 대한 영향 요인의 차이 15
    1.3.2 각종 시공법에 의한 지지력의 비교사항 21
  1.4 설계계획 23
    1.4.1 말뚝기초의 계획 23
    1.4.2 말뚝기초의 설계순서 27
  1.5 공법의 선정 35
    1.5.1 지반조건에 의한 선정 35
    1.5.2 주변 환경조건에 의한 선정 35
    1.5.3 기성말뚝의 공법 선정 36
    1.5.4 현장타설 콘크리트 말뚝의 공법 선정 38

제 2 장 조 사 41
  2.1 조사항목 42
    2.1.1 지반 조사항목 42
    2.1.2 기타의 조사항목 43
  2.2 지반조사 계획의 수립방법 43
    2.2.1 지반조사의 흐름 43
    2.2.2 조사위치·수량의 결정 46
    2.2.3 조사방법의 선정 49
  2.3 지반조사의 방법 51
    2.3.1 보링 51
    2.3.2 순수시료의 채취 52

       2.3.3 관입시험 56
       2.3.4 토질시험 66
       2.3.5 지하수위 69
       2.3.6 공내 횡방향 재하시험 72

제3장 말뚝기초의 설계 77
   3.1 설계 개요 77
       3.1.1 설계상의 기본적 사항 77
       3.1.2 설계에 쓰이는 하중 79
       3.1.3 설계에 쓰이는 토질정수 79
       3.1.4 연약 지반의 고찰방법 85
       3.1.5 말뚝의 배치 100
   3.2 건축구조물의 말뚝기초 설계 101
       3.2.1 설계의 기본 101
       3.2.2 설계의 순서 102
       3.2.3 허용 수직지지력 102
       3.2.4 군말뚝 효과 110
       3.2.5 허용 인발저항력 111
       3.2.6 부마찰력 114
       3.2.7 허용 수평지지력 117
       3.2.8 허용 변위량 126
   3.3 도로교의 말뚝기초 설계 127
       3.3.1 설계의 기본 127
       3.3.2 설계의 순서 128
       3.3.3 말뚝의 축방향 허용지지력 128
       3.3.4 부 주면마찰력 135
       3.3.5 군말뚝의 고려 138
       3.3.6 허용 변위량 141
       3.3.7 말뚝 반력 및 변위량의 계산 141
   3.4 철도 구조물의 말뚝기초 설계 156
       3.4.1 설계 일반 156
       3.4.2 지반 반력계수와 스프링정수 159

         3.4.3 단말뚝의 허용지지력 ·· 165
         3.4.4 불완전 지지 말뚝과 주면 지지 말뚝(특수설계) ······················ 171
         3.4.5 부마찰력 ·· 174
         3.4.6 말뚝기초의 내진설계 ··· 177
         3.4.7 말뚝 반력 및 변위량의 계산 ·· 181
   3.5 항만구조물의 말뚝기초 설계 ··· 184
         3.5.1 항만구조물의 말뚝기초에 관한 특징 ··· 184
         3.5.2 설계의 순서 ·· 185
         3.5.3 축방향 지지력 ·· 185
         3.5.4 군말뚝의 지지력 ··· 189
         3.5.5 부마찰력 ·· 190
         3.5.6 허용 인발력 ··· 194
         3.5.7 축 직각방향 허용지지력 ·· 196
         3.5.8 말뚝 반력 및 변위량의 계산 ·· 207
         3.5.9 강재의 부식 속도 ··· 210
   3.6 말뚝 본체의 설계 ·· 211
         3.6.1 설계의 기본 ··· 211
         3.6.2 축방향력과 휨 모멘트를 받는 말뚝단면의 계산 ·· 212
         3.6.3 구조세목 ··· 216
   3.7 말뚝과 확대기초 결합부의 설계 ·· 223
         3.7.1 설계의 기본 ··· 223
         3.7.2 결합부의 설계법 ··· 224
         3.7.3 구조세목 ··· 228

제 4 장 말뚝기초의 계산예 ·· 231
   4.1 건축구조물 ··· 231
         4.1.1 시가지에 세우는 지상 5층건물 숙박시설 ··· 231
         4.1.2 시가지에 세우는 지하 1층, 지상 5층건물 연수 시설 ··························· 244
   4.2 도로 구조물 ··· 258
         4.2.1 도로교 교대(강관말뚝)의 설계 ··· 258
         4.2.2 도로교 교각(현장타설 말뚝)의 설계 ·· 278

4.3 철도 구조물 ··· 292
　4.3.1 철도교 교대의 설계 ··· 292
　4.3.2 철도교 교각의 설계 ··· 309
4.4 항만 구조물 ··· 329
　4.4.1 잔교의 말뚝기초 ··· 329
　4.4.2 널말뚝벽의 버팀말뚝 설계 ··· 344
　4.4.3 커튼월식 방파제의 설계 ··· 351

제 5 장　시공을 위한 계획 ··· 361
5.1 기본계획 ··· 362
5.2 사전조사 ··· 362
5.3 실시계획 ··· 364
　5.3.1 작업계획 ··· 364
　5.3.2 공정계획 ··· 366
　5.3.3 사용계획 ··· 367
　5.3.4 노무계획 ··· 367
5.4 안전관리와 환경보전 ··· 368
　5.4.1 안전관리 ··· 368
　5.4.2 환경보전 ··· 371

제 6 장　말뚝의 시험 ··· 383
6.1 시험의 목적과 종류 ··· 383
6.2 시험시공 ··· 383
　6.2.1 타입말뚝 ··· 384
　6.2.2 천공말뚝 ··· 386
　6.2.3 현장타설 콘크리트 말뚝 ··· 386
6.3 수직 재하시험 ··· 387
　6.3.1 시험의 목적 ··· 387
　6.3.2 기본계획과 시험준비 ··· 388
　6.3.3 시험장치 ··· 388
　6.3.4 시험방법 ··· 391

6.3.5 시험의 실시 ··· 392
6.3.6 시험결과의 정리 ··· 395
6.4 수평 재하시험 ·· 399
6.4.1 시험의 목적 ··· 399
6.4.2 시험말뚝 ·· 400
6.4.3 시험방법 ·· 400
6.4.4 시험장치 ·· 402
6.4.5 결과의 정리 ··· 404
6.5 인발시험 ·· 407
6.5.1 시험의 목적 ··· 407
6.5.2 계획 최대 하중 ·· 408
6.5.3 시험말뚝 ·· 408
6.5.4 시험방법 ·· 408
6.5.5 시험장치 ·· 409
6.5.6 결과의 정리 ··· 410
6.6 기타의 시험 ·· 410
6.6.1 강제 진동과 자유 진동 시험 ··· 410
6.6.2 지진때에 말뚝체의 변형측정 ··· 411
6.6.3 부마찰력의 측정 ·· 412
6.6.4 심초 선단지반의 지지력 시험 ··· 413
6.6.5 기존말뚝의 활용을 위한 시험 ··· 414

제 7 장 기성말뚝의 시공 ·· 417
7.1 시공법의 종류 ·· 417
7.1.1 시공방법의 종류와 분류 ·· 417
7.1.2 시공법의 개요 ·· 419
7.2 시공법과 시공기계 ··· 422
7.2.1 타입 말뚝 공법 ·· 422
7.2.2 천공말뚝 공법 ·· 434
7.2.3 부속기구 ·· 453
7.3 시공관리 ·· 456

7.3.1 시공 정밀도 ····· 456
7.3.2 타설정지·밑고정 관리 ····· 456
7.4 이음시공 ····· 464
7.4.1 이음부의 구조 ····· 465
7.4.2 용접 시공관리 기술자 ····· 465
7.4.3 용접공 ····· 466
7.5 말뚝머리 처리 ····· 466
7.5.1 말뚝머리의 마무리 ····· 466
7.5.2 말뚝과 확대기초 결합부 처리 ····· 466
7.6 강재말뚝의 부식과 방식 ····· 469
7.6.1 부식의 요인과 형태 ····· 469
7.6.2 부식과 방식에 관한 각 기준의 규정 ····· 472
7.6.3 해양 환경에 대한 부식성 ····· 472
7.6.4 방식법(부식대책) ····· 472
7.7 시공때의 문제점과 대책 ····· 478
7.7.1 강관말뚝 ····· 478
7.7.2 기성 콘크리트 말뚝 ····· 486

제 8 장 현장타설 콘크리트 말뚝의 시공 ····· 503
8.1 시공법의 종류와 개요 ····· 503
8.1.1 시공법의 종류 ····· 503
8.1.2 시공법의 개요 ····· 504
8.2 주요한 시공법과 시공장비 ····· 511
8.2.1 가설·준비공 ····· 511
8.2.2 어스드릴 공법 ····· 516
8.2.3 올케이싱 공법 ····· 530
8.2.4 리버스 공법 ····· 340
8.2.5 심초 공법 ····· 551
8.2.6 철근·콘크리트공 ····· 559
8.3 시공관리 ····· 570
8.4 현장타설 콘크리트 말뚝의 평정공법 ····· 579

8.4.1 저면확장 말뚝공법 ··· 579
　　　8.4.2 현장타설 강관 콘크리트 말뚝공법 ······································· 581
　　　8.4.3 벽의 말뚝공법 ··· 583
　8.5 말뚝머리 처리 ·· 584
　8.6 시공때의 문제점과 대책 ··· 585
　　　8.6.1 문제사례 ·· 586
　　　8.6.2 잔토 오니처리 ··· 592

부록1　기초구조 설계의 관련기준 ··· 594
　　(1) 건축 기초구조의 관련기준 ·· 594
　　(2) 도로교 하부구조의 관련기준 ·· 594
　　(3) 철도 구조물의 기술기준 ··· 595
　　(4) 항만시설의 기술상의 기준 ·· 595

부록2　각종 말뚝공법에 관한 기준 ··· 596
　　(1) 기성콘크리트의 허용지지력 ·· 596
　　(2) 강관말뚝의 말뚝에서 정하는 허용내력 ···································· 597
　　(3) 콘크리트의 허용응력도 ··· 597
　　(4) 말뚝길이의 지름비에 대한 허용지지력의 저감치 ···················· 599
　　(5) 말뚝재에서 정하는 허용내력도 ··· 600
　　(6) 강관말뚝의 허용내력 ··· 601
　　(7) N치 50 이상의 양질지지층이 충분히 근입된 경우의 지지력표 ··· 602
　　(8) 시멘트밀크공법의 선단지반만의 장기 수직최대내력표 ············ 604
　　(9) 강관말뚝의 장기 수직최대내력도 ··· 605

부록3　말뚝재의 허용 응력도 ··· 606
　　(1) 건축 ·· 606
　　(2) 도로(도로교 시방서·동해설) ··· 608
　　(3) 철도 ·· 611
　　(4) 항만 ·· 613

부록4　강관말뚝의 단면성능 ··· 614

제 1 장 말뚝기초의 계획·선정

1.1 말뚝기초의 계획·선정에 관한 기본사항

말뚝기초를 설계할 때에 중력문제를 재확인하게 된다. 보통 우리들은 그것을 특별히 의식하지 않고 생활하고 있다. 말뚝으로 지지된 건물의 경우에도 보통 안정한 상태를 당연한 것으로 생각하나 무엇인가의 이유로 부동층밑에 생기는 중력의 영향을 다시 인식하게 된다. 이것은 우주 비행사의 감상과 유사성이 있고 지구상에 있는 한 지반과 구조물의 상호 작용으로 우선 중력의 영향을 생각할 필요가 있다는 점을 시사하는 것이다.

말뚝 기초를 정의적으로 표현하면「지반중에 설치한 기둥 모양의 구조 부재(말뚝)를 통하여 구조물의 하중을 지반에 전하는 형식의 기초」가 된다. 다시 말하면 말뚝의 비율은 지반이 연약하기 때문에 구조물을 직접 지지할 수 없는 경우에 그 보조수단으로 이용한다. 이 정의에 의하면 하중이란 중력의 영향이 우선 이해될 것이다. 또한 정의중에서 말뚝 기초의 적용 조건은 다음 항목을 들 수 있다.

① 구조물의 조건(형상이 대규모인가, 중량이 크던가, 평면적으로 하중도의 불균형 등)
② 지반조건(지지층이 깊거나 압밀 침하층 또는 액상화층)
③ 시공조건(지반조건과 적합성이 있거나 주변환경에 생활적 혹은 기술적인 영향은 없는가, 말뚝의 품질은 양호한가 등)

이러한 조건을 검토한 결과 직접 기초에서 불안정으로 판단된 경우에 말뚝기초가 선정된다. 또한 경제성도 당연히 검토대상이 된다.

말뚝 기초에서 중력의 영향은 평상시 혹은 장기의 하중에 대한 문제라고 말하나 기타 지진이나 바람 등 일시적 혹은 단기 하중에 대한 문제도 있다. 또한 지형조건이나 주변환경의 영향으로서 편토압, 지반활동, 측면 유동 등에 의한 하중 문제도 있으므로 모두 검토해야 한다.

1.2 말뚝기초의 분류

1.2.1 지지력 기구에 의한 분류

말뚝기초는 우선 중력에 견딜수 있는 필요한 것은 이미 말하였다. 때문에 말뚝은 수직방향의 지지 기구를 기본으로 하는 것이 보통이며 그림-1.1과 같이 분류된다. 말뚝의 지지력은 선단에 대한 저항력과 주면의 마찰력이 되나 선단을 견고한 지지층까지 도달시키는가 여부에 따라 지지 말뚝과 마찰 말뚝으로 분류된다. 지지 말뚝은 주로 선단 저항력에 지지되고 마찰 말뚝은 주로 말뚝 주면의 마찰력으로 지지된다. 어느 형식으로 지지하는가는 구조물과 지반의 조건에 따라 다르다. 예를들면 구조물이 대규모이고 적당한 깊이에 지지층이 있는 경우에는 지지 말뚝이 선정되나 지지층이 극단으로 깊든가 구조물의 규모가 작고 지지 말뚝이 필요가 없는 경우에는 마찰 말뚝이 선정될 때가 많다. 또 선단 저항력의 크기는 당연하며 말뚝의 시공법과 선단 지반의 상태에 따라 변화된다. 암반과 같이 단단한 층이라면 대단히 큰 선단저항력을 기대할수 있으므로 그것이 말뚝의 전 지지력에서 대부분을 차지하게 된다. 이와같은 경우를 특히 선단 지지 말뚝이라 부른다. 또 반대로 약간 조밀한 모래층에서는 선단 저항력이 크지 않으므로 전 지지력에서 차지하는 비율이 낮다. 이와같은 경우를 불완전 지지 말뚝이라 한다. 현실적으로는 지지말뚝의 선단층이 될 수 있는 것은 N치 50 이상 정도의 모래층 또는 모래자갈층, 점성토라면 토단 정도의 층이며 N치 30정도의 모래층은 불완전 지지말뚝에 해당된다고 생각한다.

또 중간에 압밀침하 등의 가능성 있는 층이 존재하는가 여부도 중요하며, 특히 지지말뚝의 경우에 문제가 되는 수가 많다. 그림-1.2에 나타낸 바와 같이 보통 주면 마찰력

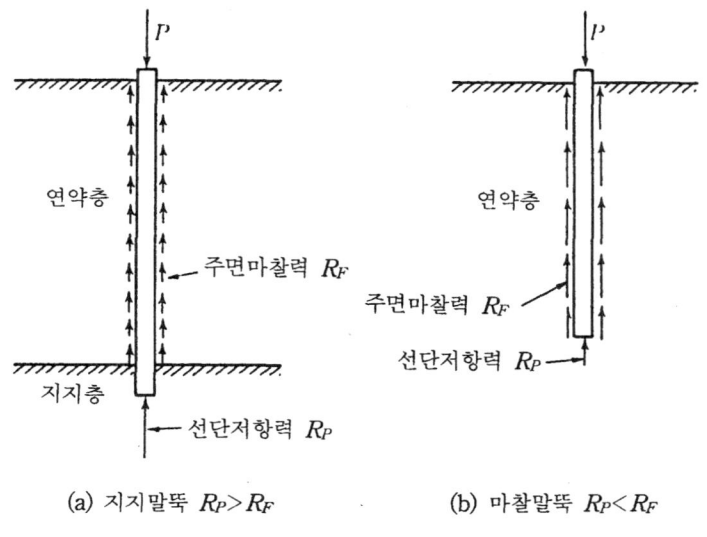

(a) 지지말뚝 $R_P > R_F$ (b) 마찰말뚝 $R_P < R_F$

그림-1.1 수직방향의 지지기구에 의한 말뚝기초의 분류

은 저항력이 상향으로 작용하나 지반 침하가 생기면 중립점 깊이까지는 지반의 침하가 말뚝의 침하보다도 커지기 때문에 그 범위에서는 주면 마찰력은 하향으로 작용한다. 따라서 지지력 검토는 마치 하중과 같이 취급할 필요가 생긴다. 이 상향과 하향의 주면 마찰력 구별을 명확히 하기 위해 상향을 정의 마찰력, 하향을 부마찰력 또는 네거티브 플릭션(Negative Friction)이라고 한다. 중립점의 깊이는 지지층의 경도에 관계된다. 보통 모래 또는 모래 자갈층 등의 지지층에서는 하중에 알맞는 양만 말뚝 선단이 지지층 내에 관입되므로 말뚝이 지반에서 많이 침하되는 부분이 생기는 것이 보통이다(그림-1.2 참조), 암반일 때에 말뚝선단의 침하가 거의 없으므로 그 범위는 대단히 작아져서 중립점은 깊게 된다.

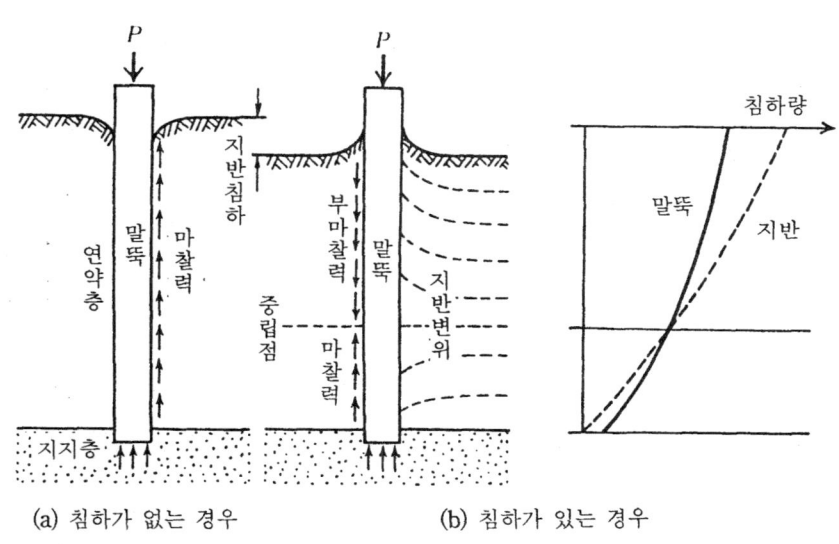

(a) 침하가 없는 경우　　(b) 침하가 있는 경우

그림-1.2 지반침하의 유무에 관한 지지력 기구의 차이

이상의 지지력 기구에 의한 기본적인 분류 이외로 지반 개량 목적의 다짐 말뚝이나 사면 붕괴를 막기 위한 지반활동 억지말뚝, 암벽이나 옹벽을 지지하는 말뚝 등 목적에 따라 분류하고 있다.

1.2.2 말뚝의 제조방법과 설치방법에 의한 분류

말뚝은 제조방법과 설치방법에 따라서 표-1.1과 같이 여러 가지 형태를 나타낸다. 공장에서 제조되는 말뚝은 강재말뚝, 기성 콘크리트 말뚝(혹은 합성말뚝) 등이 있으며 총칭하여 기성말뚝이라 한다. 표-1.2에는 기성말뚝의 분류를 나타냈다. 시공 위치에서 제조되는 말뚝은 현장타설 말뚝이라 부른다. 한편 설치방법은 타입(압입 포함)과 굴착 병용의 것이 있다. 이러한 조합중 외관타입에 의한 현장타설 말뚝은 사용례가 없으므로 결국 이 분류법에 의한 말뚝에는 타입말뚝(압입말뚝), 천공말뚝, 현장타설 콘크리트 말뚝이 있다. 이렇게 3가지 분류를 표-1.3에 나타냈으나 보통 말뚝은 시공법에 의해 분류한다.

표-1.1 말뚝의 분류

제조방법 \ 설치방법	타입(압입)	굴착병용
공장에서 제조 (기성말뚝)	타입말뚝(압입말뚝)	천공말뚝
원위치에서 제조 (현장타설 말뚝)	[외관 타입에 의한 현장타설 말뚝]	현장타설 콘크리트 말뚝

*분류되는 말뚝은 후렝크 말뚝이나 레이몬드 말뚝과 같이 외국에서의 사용예가 있다.

표-1.2 기성말뚝의 분류

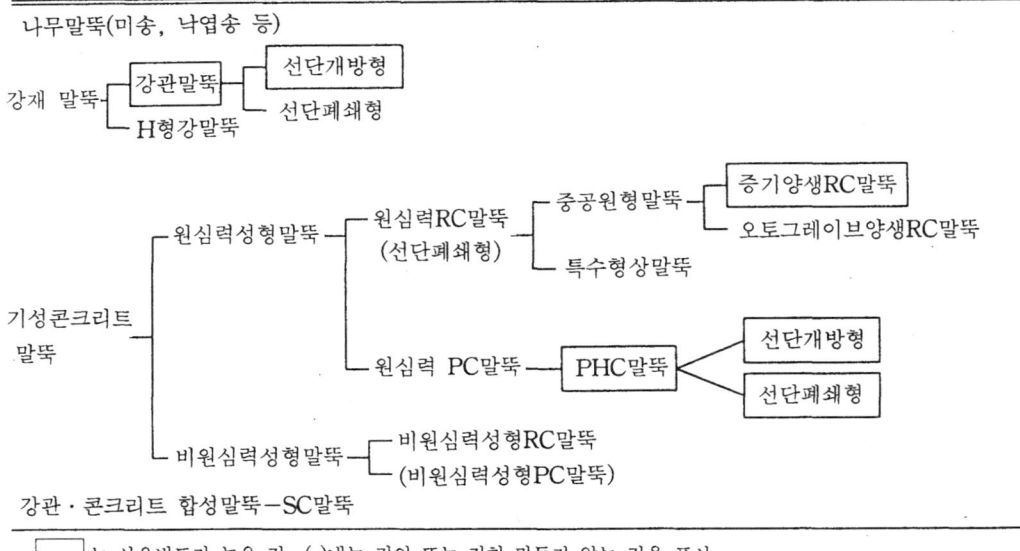

□는 사용빈도가 높은 것, ( )내는 거의 또는 전혀 만들지 않는 것을 표시

시공법의 특징을 나타낸 의미로 굴착병용 말뚝의 총칭으로서 천공말뚝과 현장타설 콘크리트 말뚝을 겸하여 보드 파일(bored pile)이라 부른다. 또 배토하는가 여부에 따라 지지력 기구가 다르다는 것을 구별하기 위해 타입말뚝(driven pile)을 displacement pile이라 부르며, 보드 파일을 non-displacement pile이라 부를 때도 있다.

이밖에 특수한 경우로서 기성말뚝에서는 마디말뚝 등 형상이 특수한 것, 즉 부마찰력

표-1.3 시공법에 의한 말뚝의 분류

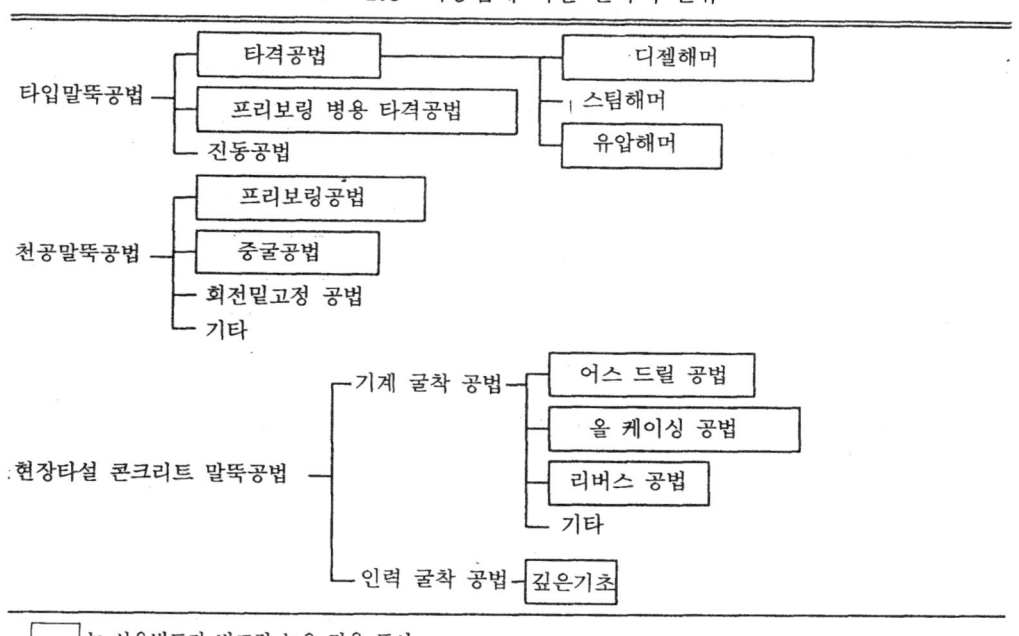

□는 사용빈도가 비교적 높은 것을 표시

을 저감하기 위한 NF 대책말뚝 등 사용목적이 특수한 것도 있다. 현장타설 콘크리트 말뚝은 현장타설 강관 콘크리트 말뚝, 저면확장 말뚝, 벽말뚝(또는 연속 지중벽말뚝) 등으로 부른다.

1.3 말뚝기초의 공법별 특징

1.3.1 각 시공법의 특징과 지지력에 대한 영향 요인의 차이

말뚝의 각 시공법에 따라 특징을 개략적으로 나타내면 표-1.4와 같다. 또한 시공법에 따라 지지력에 대한 영향 요인의 차이를 표-1.5에 나타냈다. 타입말뚝은 문자 그대로

타격에 의한 관입시험을 하는것과 같으므로 한 개 한 개의 지지력 확인이 가능하다. 그러나 소음과 진동 등의 난점이 있고, 소음 규제법과 진동 규제법의 제약에 따라 시가지에서 시공은 사실상 불가능하다. 천공말뚝이나 현장타설 콘크리트 말뚝(보드 파일)은 그 점을 면하고 있으나 폐니수 처리가 곤란하므로 타입말뚝과는 별도의 환경대책이 필요하다.

표-1.4 말뚝 각 시공법의 개략적 특징

	장 점	단 점	문제가 생기기 쉬운 지반
타입말뚝	● 시공시에 한 개 한 개의 말뚝에 대한 지지력 관리가 가능	● 소음·진동이 크기 때문에 시가지에서 시공이 곤란하다.	● 지지층이 경사된 경우→말뚝이 구부러져서 파손이 생긴다. ● 리바운드가 큰 지반(세사, 실트)으로 선단 폐합 말뚝을 쓰면 관입이 곤란하다. ● 전석이 있는 지반→말뚝이 구부러진다. 파손된다.
천공말뚝	● 소음·진동이 비교적 작다	● 시공 방법, 시공자에 의한 분산이 크다. ● 폐니수 처리가 곤란하다.	● 피압수를 가진 모래층→보일링이 생긴다. ● 전석이 있는 지반→굴착에 시간이 든다. 시공이 불가능한 경우도 많다.
현장타설말뚝	● 소음·진동이 비교적 작다	● 시공자에 의한 분산이 크다. ● 폐니수 처리가 곤란 ● 슬라임 처리가 복잡하고 숙련을 요한다.	● 피압수를 가진 모래층→보일링이 생긴다. ● 수위가 낮은 모래, 모래자갈층→이수가 유출하여 공벽이 붕괴된다. ● 전석이 있는 지반→굴착에 시간이 걸린다. ● 지하수류가 있는 지반→시멘트분이 유출된다.

지지력에 대한 영향 요인은 일반적으로 보드 파일의 굴착으로 지반을 이완시키지만 타입말뚝은 오히려 다짐된다. 말뚝과 주면 지반의 밀착도는 타입말뚝이 당연히 좋고 현장타설 콘크리트 말뚝도 표면이 까칠까칠하여 비교적 좋다고 한다. 천공말뚝도 시멘트 밀크공법과 같은 것이 현장타설 콘크리트 말뚝과 같은 상황이므로 밀착도는 좋다고 할 수 있으나 중굴 공법의 예와 같이 공법에 따라서는 밀착도가 좋지 않은 것도 있다. 선단 상황은 기성 말뚝의 경우 개방형은 타입말뚝, 천공말뚝의 선단 단면적을 저감할 필요가 있다.

이상은 극히 일반적인 성질을 개론한 것이며 실제로는 가장 복잡한 경우도 있으므로 주의할 필요가 있다. 예를들면 타입말뚝은 점성토의 경우 타격에 의해 지반을 교란시키

표-1.5 시공방법에 의한 지지력 영향의 차이

			타입말뚝	천공말뚝	현장타설 말뚝
(a) 지반을	단단하게 한다. (○) 무르게 한다. (×)		○	×	×
(b) 말뚝둘레 지반과의 밀착도	좋다. (○) 나쁘다. (×)		○	× 공법에 따라서는 ○	○
(c) 선단부의 유효 단면적	$\pi \times (반경)^2$을 적용한다. (○) 저감된다. (×)		개방형·× 폐쇄형 ○	개방형·× 폐쇄형 ○	○

* 살두께가 대단히 얇은 강재 말뚝과 살두께가 비교적 두꺼운 PHC말뚝이나 RC말뚝은 저감율이 다르다.
○는 지지력이 큰 요소 ×는 지지력을 작게 하는 요소

기 때문에 오히려 강도저하를 초래하는 수가 있거나 폐쇄형 때문에 지지층에 대한 관입량이 부족하여 선단저항은 오히려 개방형 보다도 작은 예가 가끔 있으므로 주의가 필요하다.

시공별로 말뚝의 지지력 상태를 약간 상세히 하중~침하곡선에서 보면 그림-1.3과

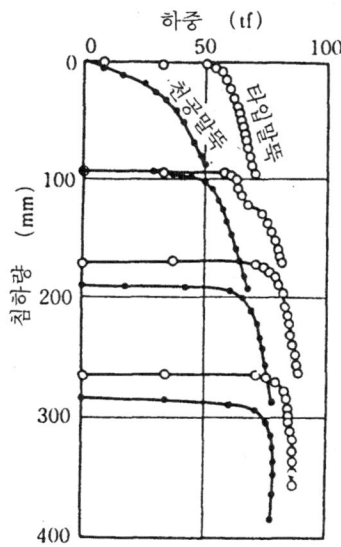

그림-1.3 타입말뚝과 천공말뚝의 선단
하중-침하관계의 차이

같다. 이것은 주로 N치 20 정도의 모래층속을 지표에서 약 11m까지 모형말뚝(직경 20cm 폐쇄형강관말뚝)을 타입과 굴착후 세우는(천공공법)에 의해 설치하고 그 상태를 초기조건으로 하부의 N치 50 이상의 모래자갈층에 압입재하시험을하여 말뚝선단하중과 침하의 관계를 비교한 것이다. 이 그림에서 타입 말뚝에서는 침하량 1~2cm(말뚝지름의 5~10%)로 급격한 변화가 있으며, 실용상은 극한상태로 간주되는데 대해, 천공말뚝에서는 작은 하중단계부터 큰 침하량이 생기고 전체적으로 완만한 곡선이 되므로 극한 상태가 잘 판단되지 않는다. 그러나 또 반복 재하를 하면 침하량이 말뚝지름의 2~4배가 되므로 타입 말뚝과 같은 하중값이 되며 곡선은 침하량의 축과 거의 평행이 된다. 따라서 이 상태는 초기조건(타입말뚝과 천공말뚝)의 차이가 관계가 없는 상태 즉 실제의 극한 상태로 생각된다.

그림-1.4는 말뚝머리에 대한 하중~침하 관계를 그림-1.3에 추가한 것이다. 그림-1.4에서는 말뚝머리와 말뚝선단의 차이를 취하면 전주면 마찰력이 되기 때문에 그 값도 나타내었다. 이 그림에 의하면 타입말뚝에서는 선단 지지력과 같은 정도의 마찰력이

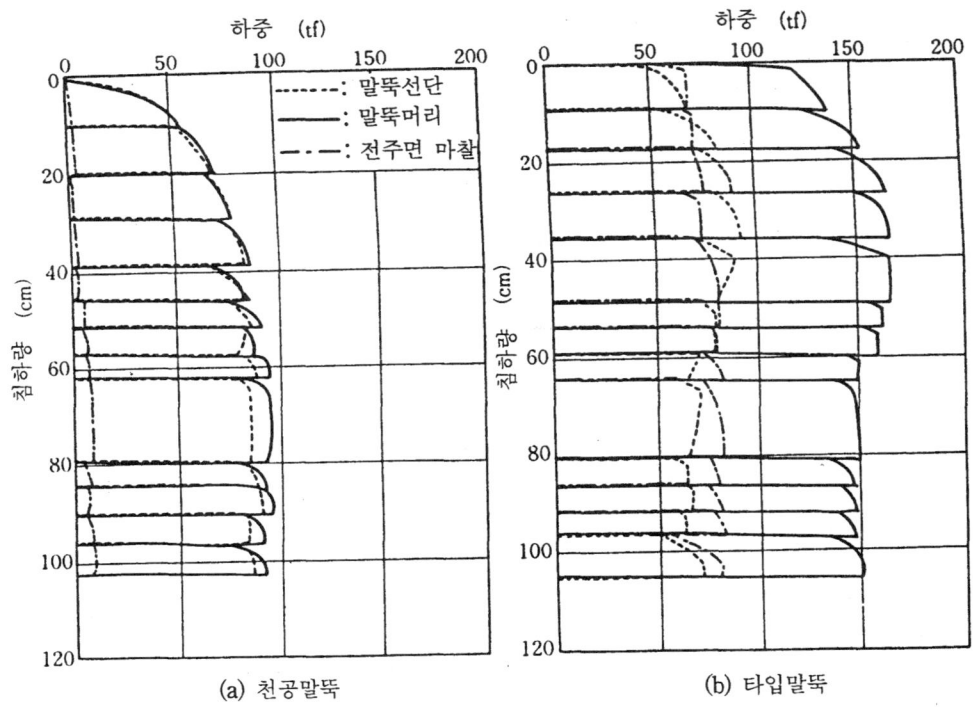

그림-1.4 타입말뚝과 천공말뚝의 말뚝 선단 말뚝머리에 대한 하중-침하관계와 주면마찰력

있지만, 천공말뚝에서는 마찰력이 거의 없다. 이것은 시공조건의 차이를 나타낸 것이다. 따라서 그림-1.3과 그림-1.4에서 주면 마찰력은 시공법의 차이에 따라 크기가 극단으로 다르며, 선단의 상태에 대해서는 말뚝지름의 2~4배(40~80cm) 침하량까지 재하하면 시공법의 차이에 의하지 않고, 동등한 극한 지지력을 나타냈다. 단, 이 오더의 침하량은 현실적인 것이 아니라 타입말뚝에서 실용상 극한 상태로 간주되는 침하량 1~2cm(말뚝지름의 5~10%)의 오더로 비교하면 천공말뚝의 지지력은 타입말뚝보다도 매우 작다는 것을 알 수 있다.

 현장타설 콘크리트 말뚝의 선단 하중~침하곡선은 그림-1.3의 천공말뚝과 유사한 성질을 나타낼 때가 많다. 단, 말뚝표면의 거칠음이 있기 때문에 주면 마찰력은 비교적 크다. 그림-1.5는 타입 말뚝과 현장타설 콘크리트 말뚝의 말뚝머리에 대한 하중-침하 관계를 모식적으로 나타낸 것으로 타입 말뚝은 Ⓑ선에서 모델화되고 현장타설 콘크리트 말뚝은 Ⓐ선에서 모델화된다. 이 견해는 그림-1.3과 같이 타입 말뚝은 실용상 말뚝지름에서 10%의 침하가 생긴 시점에서 극한 지지력에 도달된다. 현장타설 콘크리트 말뚝의 경우에 대해서도 편의적으로 타입말뚝에 준하여 말뚝지름에서 10%의 침하량을 나타냈을 때의 하중을 기준 지지력이라 부르며 극한 지지력에 대응하는 것이다. 그러나 기성말뚝과 현장타설 콘크리트 말뚝의 말뚝지름이 다르므로 실제의 침하량은 양쪽이 상당히 다르다. 또한 이러한 곡선은 말뚝머리의 관계를 나타낸 것으로 양쪽 모두 주면 마찰

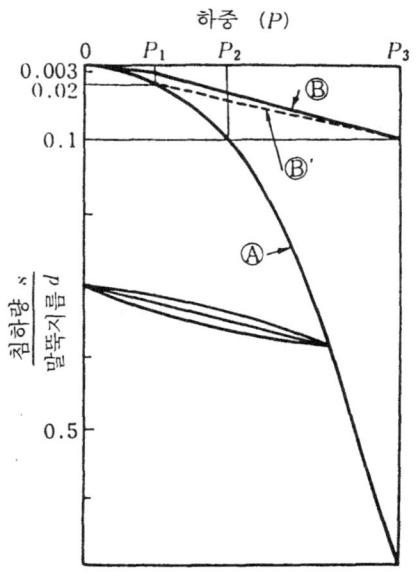

그림-1.5 말뚝머리 하중-침하 관계도

력을 포함하고 있으나 이 차이는 주로 선단 지지력의 성질이 반영되는 것으로 생략해도 좋다. 특히 현장타설 콘크리트 말뚝의 경우에는 허용지지력을 결정할 때에 주면 마찰력과 선단 지지력에 대해서 안전율을 변경하는(즉 부분 안전율의 고찰방법)것이 필요하며 그 상세한 것은 제3장에서 해설한다.

그림-1.5에서는 지지층이 과압밀 모래자갈층이라면 현장타설 콘크리트 말뚝이라도 있을 수 있으므로 ⒷRESP'선이 표시되나 그와같은 경우는 특수하다. 따라서 시공법에 의한 지지력기구의 차이는 타입말뚝과 현장타설 콘크리트 말뚝의 선단 지지력에 가장 현저하게 나타나는 것으로 생각해도 좋다. 전술한 그림-1.3의 천공말뚝은 굴착후 단순히 세우는 방식이므로 현장타설 콘크리트 말뚝에 가까우나 그후 여러 가지의 공법이 개발되었으므로 선단을 밑고정하는 방식은 선단의 성질이 오히려 타입말뚝에 가까운 것도 있다. 주면 마찰력에 관해서도 중굴방식 등 마찰력이 별로 크지 않기 때문에 시멘트 밀크 공법과 같이 거의 현장타설 콘크리트 말뚝에 준하는 것으로 생각되며 또 새로운 공법이 개발되는 양상이다. 따라서 시공법에 의한 말뚝지지력의 특징을 고려하는 경우에는 타입말뚝과 현장타설 콘크리트 말뚝을 양극에서, 천공말뚝은 공법에 따라 한쪽에 가깝게 분류하면 이해되기 쉬울 것이다.

표-1.6 각 시공법에 의한 지지력의 비교시험 결과의 개요

말뚝	1	2	3	4	5	6	7	8
시 공 방 법	중굴압입+타격	중굴압입	중굴+바이블로	프리보링+타격	올케이싱	중굴압밀+자갈채움	중굴압입+자갈채움+그라우트	제트+임펙트램머
최대하중(tf)	410	390	330	485	620	435	450	500
최대 하중시의 침하량 (mm)	292.8 220.8	310.2	212.7	296.8	301.6	368.95	346.4	284
최대하중시의 선단도달하중 (tf)과 도달율	365 (0.91)	338 (0.87)	324 (0.98)	431 (0.89)	340 (0.55)	395 (0.91)	407 (0.90)	361 (0.80)
최대하중시의 마 찰 력(tf)	35	52	6	54	280	40	43	89

단, 선단하중은 말뚝머리와 말뚝 선단의 변형값에서 말뚝머리 하중을 비례배분 한 것.
* 직경 1m의 개방향 기성콘크리트 말뚝(길이 10m로 공통) No.5만 같은 지름, 같은 길이의 현장타설 콘크리트 말뚝

1.3.2 각종 시공법에 의한 지지력의 비교시험

각종 시공법에 의한 천공말뚝을 주체로 실시한 재하 시험결과의 개요를 표-1.6에, 시험 지반의 개요를 그림-1.6에 나타냈다. 각각의 말뚝은 길이 10m의 중간 5단에서 변형을 측정하여 말뚝선단 도달하중과 주면 마찰력을 분리하였다. 그림-1.7은 결과로서 얻어진 하중~침하 곡선을 비교한 것이다. 그림-1.7에서 특징적인 것은 타격의 여부에 따라 그룹 분류되는 점이다. 특히 말뚝 선단의 상세에 그 경향이 현저하다. 또한 현장 타설 콘크리트 말뚝(No.5)에 대해서는 말뚝 선단에서는 당연히 타격을 하지 않는 그룹에 들어가지만 말뚝머리에서는 하중이 커짐에 따라 타격을 가한 그룹에 가까우며 400tf를 초과하면 가장 작은 침하량이 된다. 이것은 주면 마찰력의 효과이며, 표-1.6이도

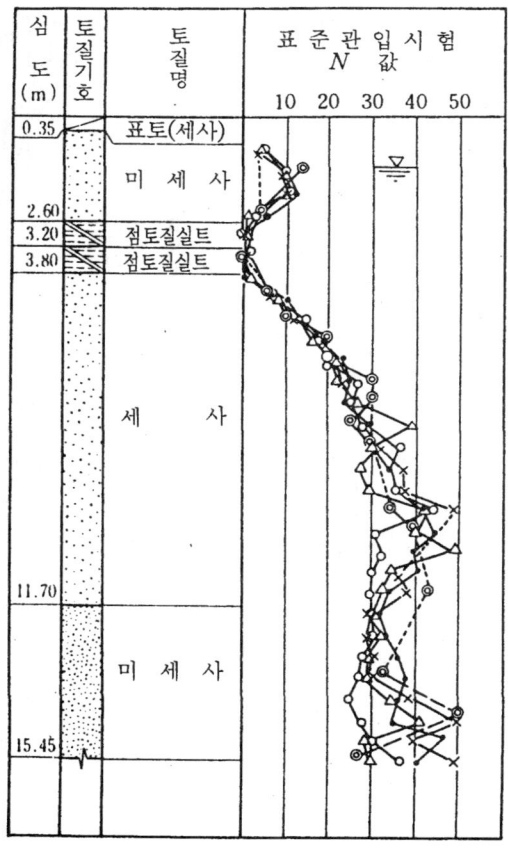

그림-1.6 비교시험 지점의 토질 주상도

나타낸 바와 같이 말뚝 선단에 대한 하중의 전달율이 천공말뚝에서는 전체적으로 90% 정도가 되는 경우가 있으므로 이 말뚝에서는 55% 정도가 되는 것이 쉽게 추정된다.

그림-1.8은 시험 전후에 말뚝 외주면에서 50cm 떨어진 위치 및 말뚝내부에서 N치를 측정한 결과를 나타냈다. 젯트 교반된 말뚝(NO.8)을 제외하고 모두 N치가 원지반보다 내려가며 말뚝시공으로 지반을 교란시킨 것을 알 수 있다. 단 현장타설 콘크리트 말뚝은 표면에 요철이 많고 주면 지반과 밀착도가 좋기 때문에 큰 마찰력이 작용하는 것으로 추정된다. 이점이 천공말뚝(말뚝과 주변부의 사이를 시멘트 밀크로 채우는 공법의 경우를 제외)과의 차이이다.

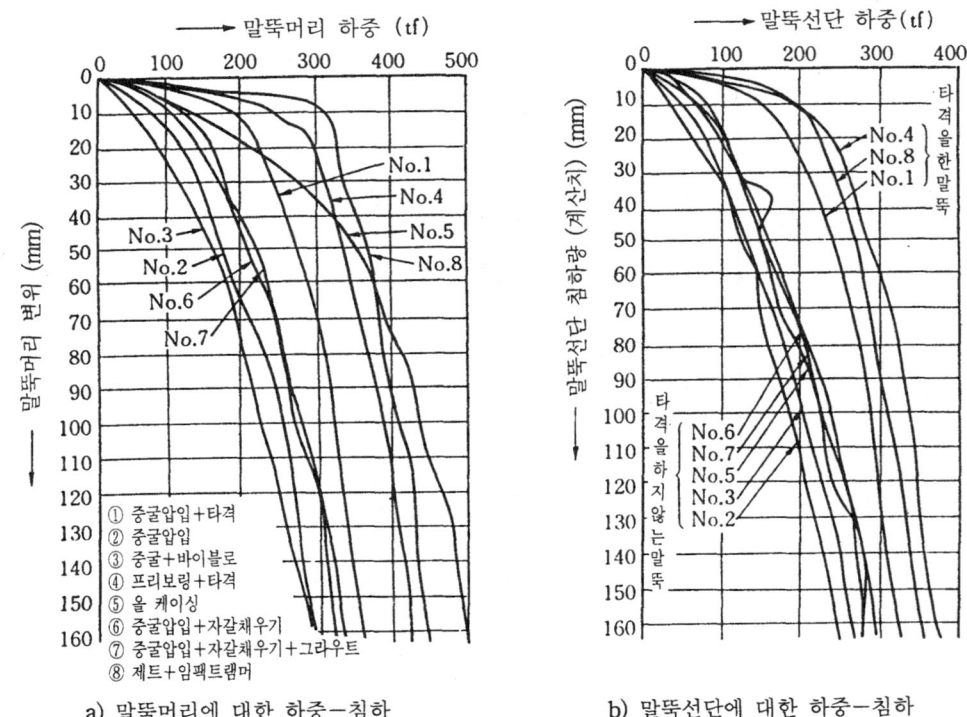

a) 말뚝머리에 대한 하중-침하   b) 말뚝선단에 대한 하중-침하

그림-1.7 시공 방법에 의한 수직 지지력의 차이
(주 : No.3 말뚝은 시공중에 보일링이 생겼기 때문에 다짐효과가 발휘되지 않는다.)

1.4 설계계획

1.4.1 말뚝기초의 계획

말뚝기초를 계획할 때 고려 해야할 항목은 다음과 같다.

(1) 상부구조의 조건 상부구조의 조건에서 우선 고려해야 할 문제는 규모나 레이아웃과 중량이다. 특수한 평면을 갖지 않거나 평면적으로 중량의 편재는 없는가 등은 말뚝의 수직지지력에 직접적으로 영향되기 때문에 첫째로 고려해야 할 사항이다. 또 일반적으로 수직하중과 수평하중 중 어느쪽에도 치우치지 않게 검토하는 경우가 요구되는 수가 많으나, 구조물의 종류에 따라서 어느쪽인가 중점을 두고 설계하는 것도 있다. 예를 들면 다음과 같다.

① 수평하중 검토를 주체로 하는 구조물—안벽, 옹벽, 돌핀 등
　이러한 구조물은 토압, 수압 등을 항상 받기 때문에 수직지지력 이상으로 수평지지력의 검토가 중요하다.

② 수직하중 검토를 주체로 하는 구조물—저층 건물, 지하실이 있는 건물 등
　지진때의 검토 등이 필요하며 고층 건물이나 지하실이 없는 건물과 비교하면 문제가 적기 때문에 수직지지력의 검토가 주체가 된다.

(2) 지역의 조건 지반의 조건은 우선 지지층의 깊이가 시공법의 선택에 가장 밀접한 관계가 있으므로 세심한 배려가 필요하다. 그밖에 지반 침하 혹은 액상화 가능성의 유무도 중요하다. 지반 침하의 양상은 다음의 세가지 형태가 있다.

① 지하수를 퍼올릴 때 생기는 비교적 넓은 광역의 침하
② 대지내의 성토에 의한 침하
③ 대지 주변부의 굴착 공사 등에 의한 침하 ④ 지진동에 의한 침하

그림—1.9에 지진으로 인해 발생된 과잉간극수압의 소산에 따른 침하과정을 소개한다. 지반침하지역은 상황에 따라 다음의 5가지로 분류된다.

① 지하수를 퍼올리는 규제에 따라 침하가 거의 정지된 지역
② 홍적 고지이기 때문에 침하되고 있으나 기초공법의 검토에는 영향이 없는 지역
③ 침하가 지속되는 지역
④ 현재는 별로 침하되지 않았으나 장래 침하가 증가 될 것으로 예측되는 지역
⑤ 지진동에 의한 침하지역

지반 침하 지역에서 지지말뚝을 설계하는 경우에는 건설후 시간 경과와 함께 지반 침하에 따라 말뚝이 아래쪽으로 밀려 내려가는 현상, 즉 부마찰력이 작용할 가능성이 있

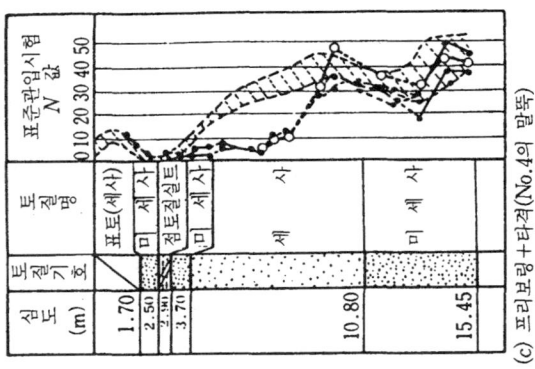
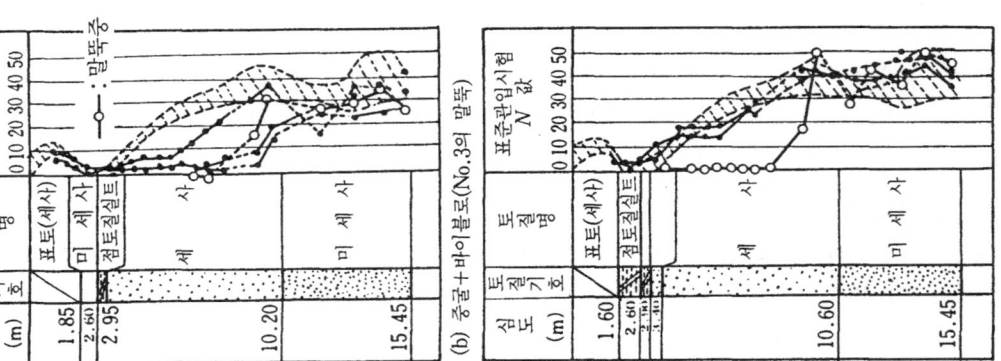
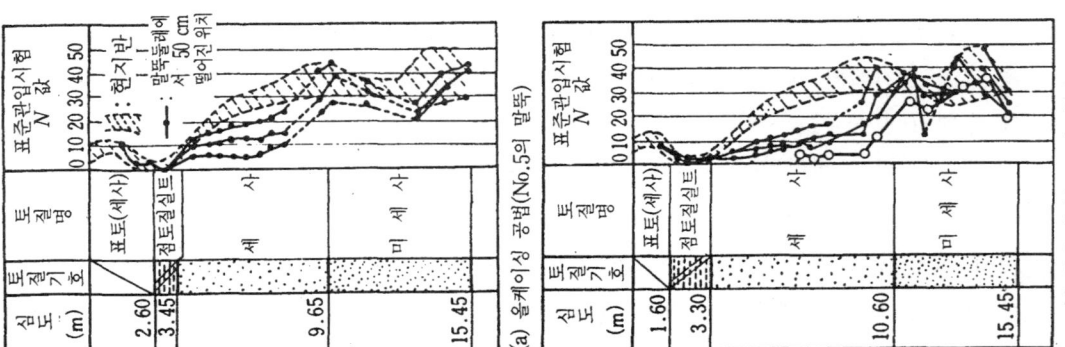

그림-1.8 천공말뚝과 현장타설 말뚝의 시공에 의한 지반의 교란

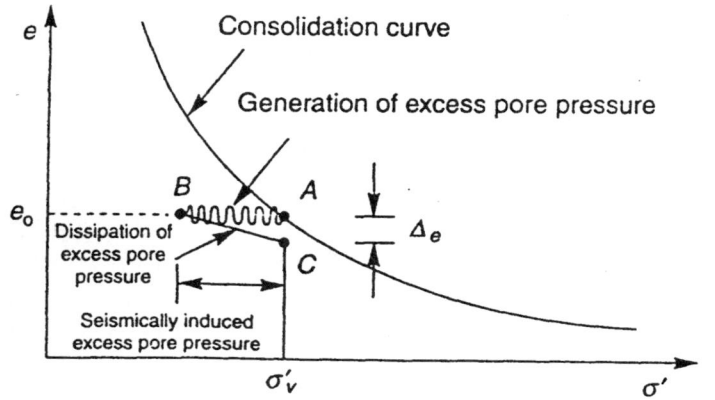

<그림3.2.31> 지진으로 인해 발생된 과잉간극수압의 소산에 따른 침하 과정

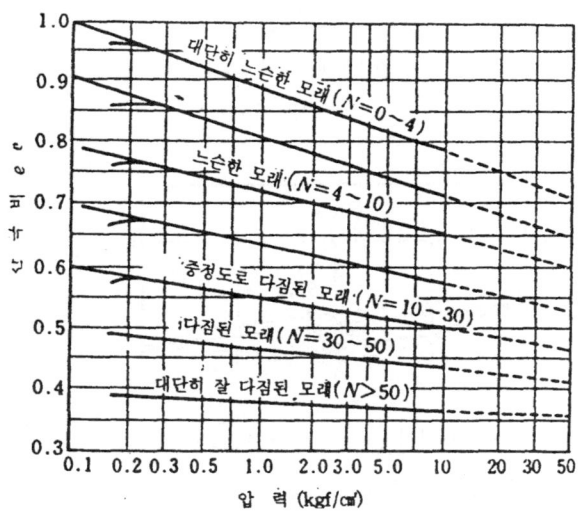

그림-2.1R 모래의 압력-간극비 곡선(B. K. Hough)

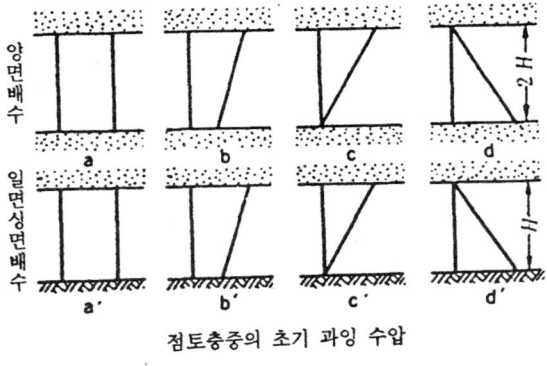

점토층중의 초기 과잉 수압

그림-2.8A 시간계수와 압밀도

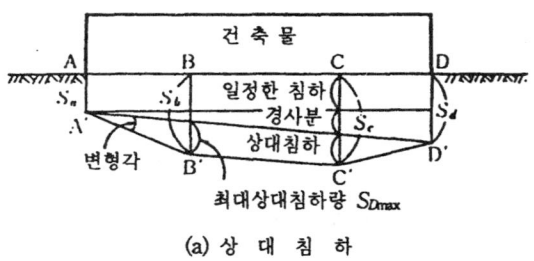

(a) 상 대 침 하

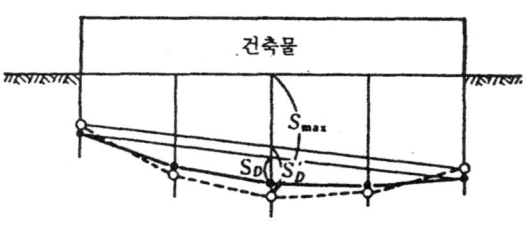

○---○ 강성무시   ●——● 강성고려

S_D (강성고려)
S_D' (강성무시) } 상대 침하량

S_{Dmax} : 강성을 무시한 경우의 최대 침하량

(b) 상대침하량에 미치는 강성의 효과

는 점에 주의해야 한다. 지지층에 기복이 있거나 구조물의 하중이 불균등하면 부동 침하가 생기므로 특히 주의가 필요하다. 그밖에 건물과 지반 사이에 틈이 생겨서 말뚝 머리가 노출되거나 배관류가 파괴되는 등 불합리성이 생기는 경우에도 주의해야 한다. 이러한 대책은 말뚝 주면의 마찰력을 작게 하는 말뚝(소위 NF대책말뚝)을 쓴다던가, 바 관류의 장치부에 플렉시블 조인트를 배치하는 연구가 실시된다.

지하 수위가 얕은 지역에서 표층 가까이 느슨한 모래층이 있으면 지진때에 액상화 될 가능성이 있다. 액상화의 판정 기준은 제3장에 나타냈으며 조사와 연구결과의 액상화 자료를 그림-1.10에 소개한다. 주로 충적 저지의 구 호수, 구 하천도, 해안 천공지 등에 많으나 지진시에는 내륙부의 성토지에도 발생된 일이 보고되었다. 이와같은 장소에서 말뚝 기초의 설계는 지반개량을 하지 않는 한 액상화의 정도에 따라 수평력을 검토할 때 수평 지반 반력계수의 저감이나 수직력을 검토할 때에 주면 마찰력의 저감을 고려해야 한다.

(3) 대지 주변 환경의 조건 말뚝 공사를 할 때에 주변의 환경에 미치는 영향도 계획 때에 고려해야 할 중요한 항목이다. 이것은 지하수나 우물물의 오염 등 주변의 지반 조건에 영향이나 구조물의 파손 등 기술적인 문제뿐만 아니라 심리적·생리적인 고장 등 생활 환경에 대한 영향도 포함되므로 주의해야 한다.

1.4.2 말뚝기초의 설계 순서

1.4.1의 검토를 거쳐서 말뚝기초가 계획되면 다음으로 경제성도 고려하여 말뚝기초를 검토하게 된다. 그 경우 보통 2종류 이상의 말뚝기초가 검토 대상이 되며 시공법과 말뚝 재료와 상세한 공사비까지 산정된 단계에서 종합적으로 결정된다.

설계때에 필요한 항목은 하중으로서는 수직력, 수평력, 인발력 등이 있으며 이에 대해서 지반과 말뚝체(경우에 따라서는 말뚝과 기초 슬래브의 접합부도 포함)의 양면에서 검토해야 한다. 가장 많은 경우는,

$$\begin{bmatrix} 수직력 \\ 수평력 \\ 인발력 \end{bmatrix} \times \begin{bmatrix} 지반의\ 강도 \\ 말뚝체(접합부)의\ 강도 \end{bmatrix}$$

의 6항목이다. 지반 침하 지대의 수직력에 대해서는 통상의 허용 수직지지력 검토 이외로 부마찰력 검토가 필요하다. 지진때의 검토는 구조물에 따라서 말뚝의 수평 저항력과 인발 저항력의 양방을 동시에 검토할 필요가 생기는 경우도 있다. 또 설계순서의 상세는 구조물에 따라 다르므로 제3장과 제4장에서 말하기로 한다.

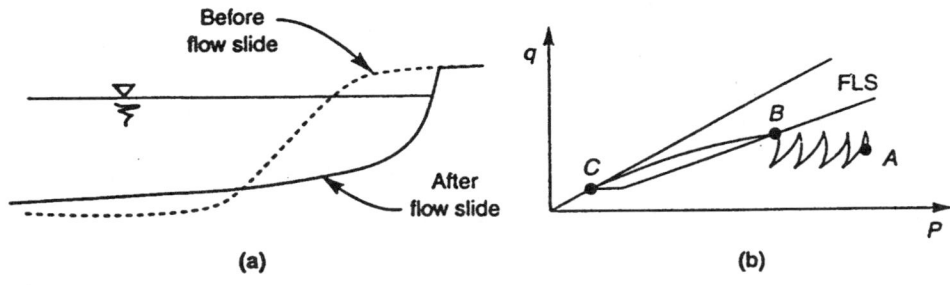

(a) 유동활동의 대표적인 단면
(b) 파괴된 지점에서의 응력상태

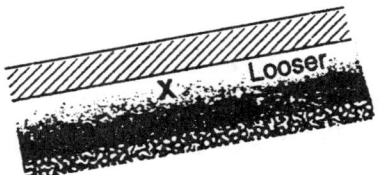

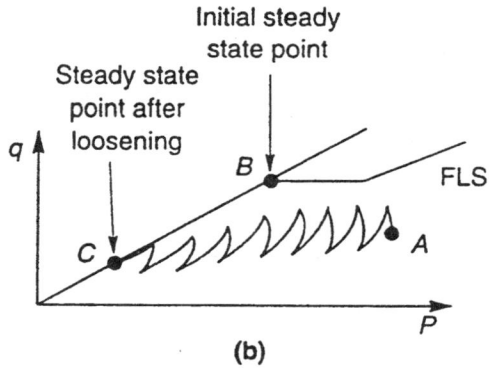

느슨해짐으로 인한 유동파괴
(a) 국부적인 유동파괴로 인한 모래층의 토립자 재배치
(b) x점의 응력상태

그림-1.9

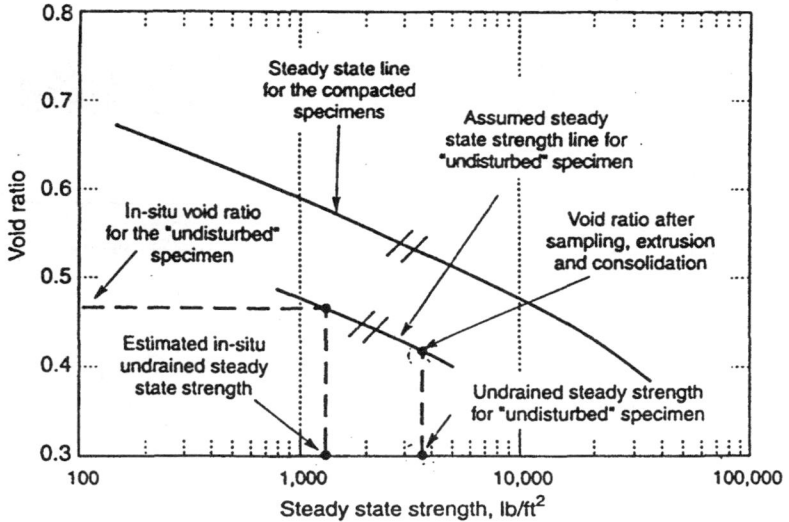

정상상태전단강도의 결정 절차(Poulos 등. 1985)

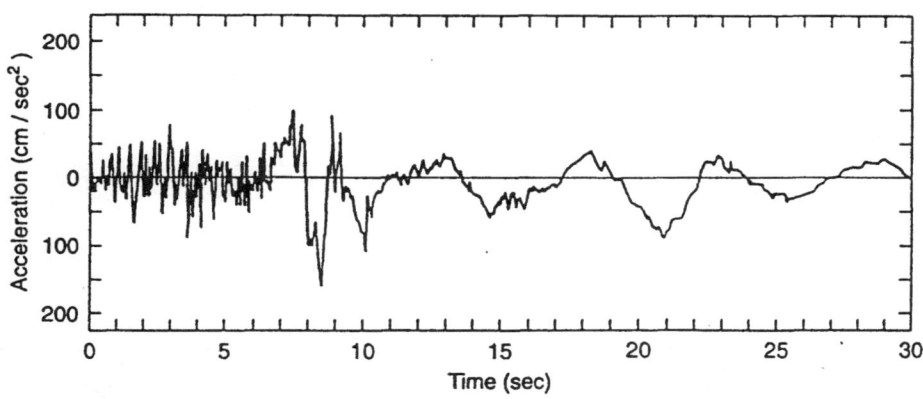

1964년 Nilgata지진시 액상화가능지반상에 있는
아파트건물근처에서의 지면가속도곡선(Aki. 1988)

그림-1.10

세립토 함유량에 따른 선단지지력의 증가량

Fine content (%)	Tip resitance increment (ton/ft²)
≤ 5	0
~ 10	12
~ 15	22
~ 35	40

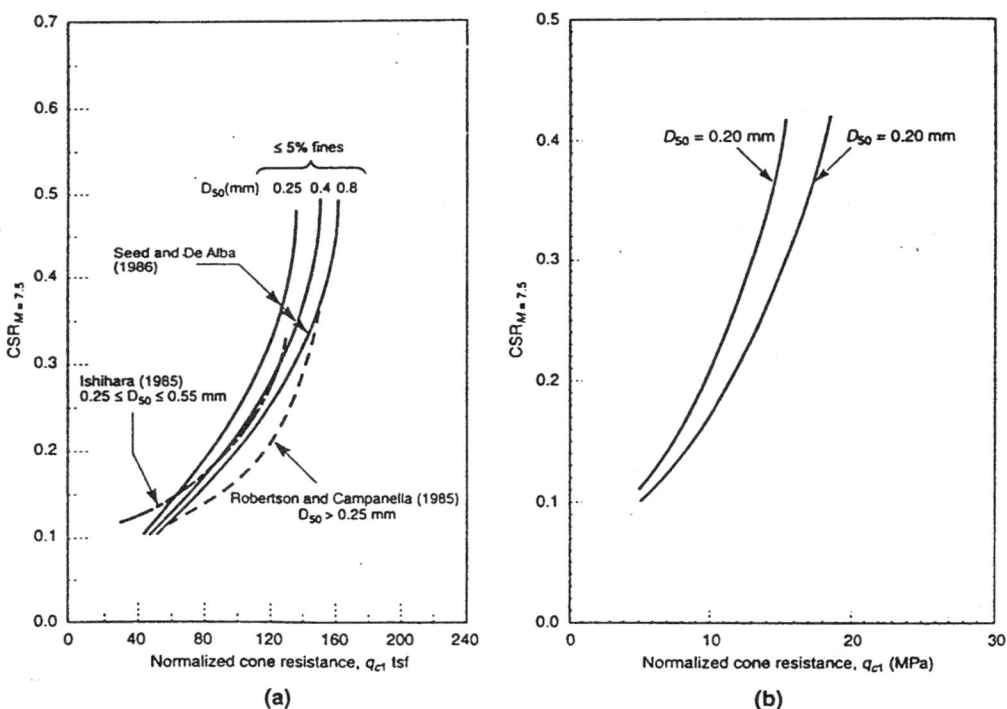

CPT에 의한 액상화곡선 (a)SPT자료와의 상관관계에 의한 곡선
(b) 이론적/실험결과에 의한 곡선(Mitchell과 Tseng. 1990)

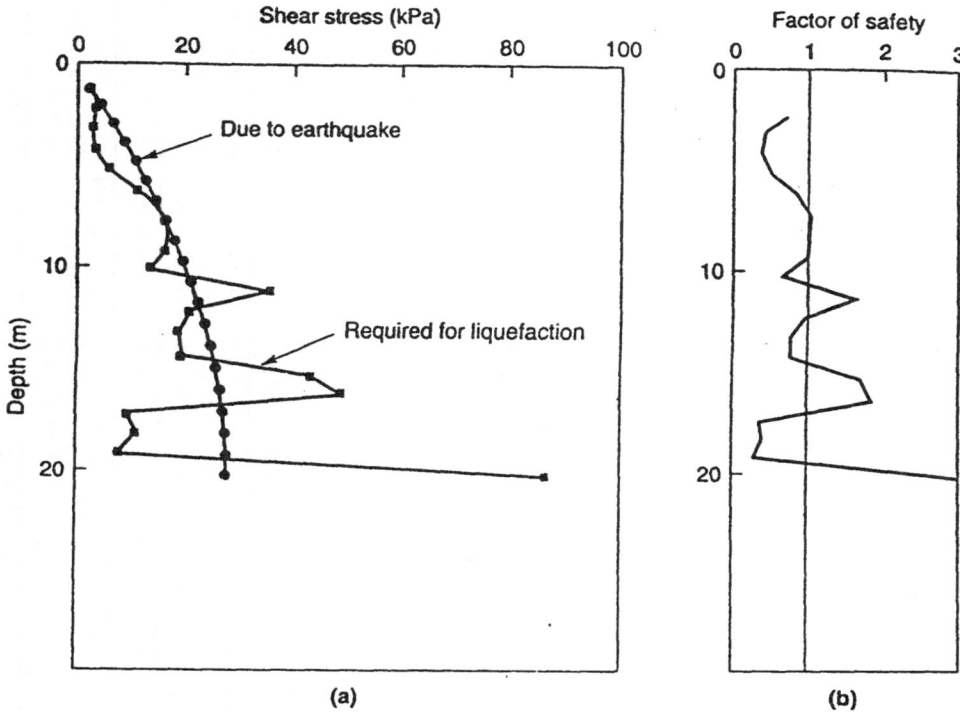

액상화 범위의 판정 예

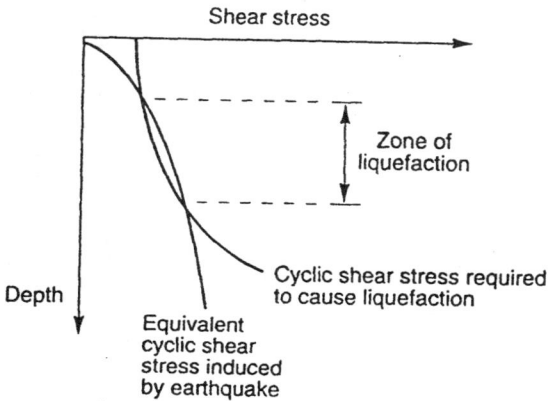

액상화 범위의 판정 절차

표-1.7 기초 형식 선정표

선정조건		직접기초	타입말뚝기초			중굴말뚝기초					현장타설말뚝기초				케이슨기초		강관널말뚝기초	지중연속벽기초
						PHC말뚝		강관말뚝										
			RC말뚝	PHC말뚝	강관말뚝	최종타격공법	관중콘크리트방식	최종타격공법	관중콘크리트방식	콘크리트병용타격식	올케이싱	리버스	어스드릴	깊은기초	뉴매틱	오픈		
지지층의 상황	중간층에 극히 연약층이 있다	△	O	O	O	O	O	O	O	O	O	O	O	O	O	O	O	O
	중간층에 극히 단단한 층이 있다	O	×	△	△	O	O	O	O	O	△	△	△	O	O	O	△	O
	중간층에 자갈지름 5cm 이하	O	△	△	△	O	O	△	△	O	O	O	O	O	O	O	O	O
	예자갈이 자갈지름 5cm~10cm	O	×	△	×	△	△	△	△	△	△	△	△	△	O	△	△	△
	있다 자갈지름 10cm~50cm	×	×	×	×	×	×	×	×	×	O	O	O	O	O	×	×	△
	예상화되는 지반이 있다	△	△	O	O	△	△	O	O	△	O	O	△	O	O	O	O	O
지반조건	지층의 깊이 5m 미만	O	×	O	O	×	×	×	×	×	O	O	O	△	×	△	O	△
	5~15m	△	O	O	△	O	O	△	△	△	O	O	O	O	△	O	O	O
	15~25m	×	△	O	O	△	△	O	O	O	O	O	O	△	O	O	O	O
	25~40m	×	×	O	O	×	×	O	O	O	O	O	O	△	O	O	O	O
	40~60m	×	×	△	O	×	×	△	O	O	△	△	△	×	△	△	△	△
	60m 이상	O	O	O	O	O	O	O	O	O	×	×	×	×	O	O	O	O
	지지층 의토질 점성토 (20≤N)	O	×	△	△	△	△	△	△	△	△	△	△	△	△	△	△	△
	모래·자갈 (30≤N)	O	△	O	O	×	×	×	×	×	×	×	×	×	O	×	O	O
	경사가 크다 (30 정도 이상)	O	×	△	△	△	△	△	△	△	△	△	△	△	△	△	△	△
	지지층면의 요철이 심하다	O	△	△	△	O	O	O	O	△	O	O	O	△	O	O	△	O

조건		항목	1	2	3	4	5	6	7	8	9	10	11	12	13	14	15	16	17
구조물의 특성	지하수의 상태	지하수위가 지표면에 가깝다	△	○	○	○	○	○	○	○	○	△	○	○	○	○	×	△	○
		용수량이 극히 많다	△	○	○	○	○	○	○	○	○	×	△	○	○	○	×	△	△
		지표에서 2m 이상의 피압지하수	×	×	×	×	×	×	×	×	×	×	×	×	×	△	△	△	×
		지하수 유속 3m/min 이상	×	○	×	×	×	×	×	×	×	×	×	×	×	△	△	△	×
	하중규모	수직하중이 작다 (지간 20m 이하)	○	○	○	○	○	○	○	○	○	○	○	○	○	×	×	○	×
		수직하중이 보통 (지간 20m~50m)	○	△	○	△	○	○	○	○	○	△	○	△	○	/	/	○	○
		수직하중이 크다 (지간 50m 이상)	×	×	△	△	△	△	△	△	△	△	△	△	△	/	/	△	△
		수직하중에 비해 수평하중이 작다	○	○	○	○	○	○	○	○	○	○	○	○	○	/	/	/	○
		수직하중에 비해 수평하중이 크다	○	△	○	△	○	○	○	○	○	△	△	△	△	/	/	/	△
	지지형식	지지말뚝	○	○	○	○	○	○	○	○	○	○	○	○	○	/	/	○	○
		마찰말뚝	×	○	○	×	×	×	×	×	△	○	○	○	○	/	/	○	○
시공	수상시공	수심 5m 미만	○	△	○	△	△	△	△	△	△	△	△	△	△	×	×	△	△
		수심 5m 이상	×	×	△	△	△	△	△	△	△	△	△	△	△	×	×	△	△
	작업공간이 좁다		○	○	△	△	△	△	△	△	△	×	△	×	×	△	△	×	△
조건	경사면의 시공		○	△	△	△	○	○	○	○	○	△	△	△	△	/	/	○	○
환경	문제환경	유해가스 소음	○	×	○	○	○	○	○	○	○	○	○	×	×	/	/	○	×
		진동	○	△	○	○	○	○	○	○	○	△	○	△	×	/	/	×	×
	인접구조물에 대한 영향		○	△	△	△	○	○	○	○	○	○	○	△	△	/	/	×	×

○ : 적합성이 높다 △ : 적합성이 있다 × : 적합성이 낮다

표-1.8 말뚝공사가 주변에 미치는 주요한 영향

주변환경의 영향		말뚝의 설치공법에 의한 구분	타입말뚝	현장타설말뚝·천공장설말뚝
발생원인	매체물	주요한 피해 (장애)		
소 음	대 기	① 일상생활에 대한 장해	◎	△
		② 생리적 장해	○	△
		③ 공공 시설(학교·병원 등)에의 장애	○	△
		④ 가축에 대한 생리적 장해	△	△
진 동	지 반	① 소음의 ①과 ④와 같음	◎	△
		② 지반의 변동(침하, 균열, 함몰 등)	○	○
		③ 매설물 손괴	○	○
		④ 구조물(가옥, 공작물 등) 손괴	△	△
지하수 변동	지반 또는 지하수	① 진동의 ①~④와 같음	△	○
		② 지하수의 오염	△	○
		③ 우물물의 고갈·오염	△	○
배수·오니 처리	지 반 (하 수 구)	① 지하수·하천의 오염·오탁	△	○
		② 주변(도로·인지 등) 오염	△	○
		③ 처리장(토사장)에서의 장애	△	○
		④ 하수의 기능장애(막힘 용량 부족)	△	○
지반변동	지 반	① 진동의 ①~④와 같음	○	△
		② 교통장애	○	△
먼지·쓰레기, 기름, 가스, 연기, 악취 등의 비산	대기 또는 지반	① 일상생활에 대한 장애	○	△
		② 생리적 장애	△	△
		③ 동식물에 대한 피해	△	△
		④ 구조물 기타 주변의 오염	○	○
교 통 방 해		① 교통정체·장애(우회·위험성 증대 등)	△	△
		② 대기오염	○	△

1) 영업방해는 모든 경우에 일어날 수 있다.
2) 피해가 미치는 빈도 ◎ : 반드시 있다.
　　　　　　　　　　○ : 수시로 있다.
　　　　　　　　　　△ : 거의 없다.

1.5 공법의 선정

1.5.1 지반조건에 의한 선정

말뚝기초 공법 선정의 주요한 요인은 우선 지반의 조건을 말한다. 참고로 도로교 시방서에 규정된 것을 표-1.7에 나타냈다. 여기서 특히 지지층의 상태, 중간층의 상태, 지하수 상태의 3요인이 중요하다. 지지층에 대해서는 깊이 기타, 토질, 경사, 기복 등도 공법 선정의 결정타가 되는 수가 많다. 중간층에 대해서는 모래자갈 이라던가 너무 단단한 층이 있는 경우 이외로 전석이 많거나 반대로 극히 연약하거나 액상화의 가능성 등 문제도 중요하다. 지하수에 대해서는 얕고 깊은가의 여부 이외로 용수가 많거나 복류수 또는 피압수가 있는 등 많은 문제점이 있다.

1.5.2 주변 환경 조건에 의한 선정

말뚝공사에서 주변 환경에 대한 영향은 말뚝기초를 생각할 때에 가장 중요한 영향 요인의 하나이며, 표-1.8에 나타낸 바와같은 항목이 있다. 소음·진동에 대해서는 법규제에 따라 시가지에서는 허용되지 않게 되었다. 그런 의미로 타입말뚝은 사실상 불가능하다. 현장타설 콘크리트 말뚝의 소음·진동은 비교적 적기 때문에 시가지에서도 허용되는 수가 많으나, 그 대신 표-1.8 혹은 표-1.9에 나타낸 바와 같이 잔토와 폐니수의 처리에 관한 문제가 있다. 잔토 처리의 후보지에 따라서 다수의 운반차가 왕래하기 때문에 교통장애를 일으키는 문제도 생각해야 한다. 천공말뚝도 현장타설 콘크리트 말뚝

표-1.9 주요한 현장타설 콘크리트 말뚝(3공법) 시공때의 공해 발생원인

공법	소 음	진 동	잔토와 폐니수
리버스 서큐레이션드릴 공법	크레인·레미콘차의 발생음이 가장 크고 30m 떨어져서 70폰 정도	레미콘차의 진입시에 지반이 연약하면 진동이 생긴다. 스탠드 파이프의 삽입시에 바이블로 해머를 쓰면 진동된다.	함수비가 큰 잔토가 발생된다. 비중이 큰 폐니수가 굴착토량의 70~120% 발생된다.
올 케이싱 공법	상기에 추가표로 가하여 배토시에 해머 그래브 머리부와 크라운의 충돌 금속음이 발생된다. 굴착기의 영속 엔진소리도 크다.	레미콘차의 진입시 해머그래브 낙하시의 진동	잔토의 함수율은 작고 폐니수의 양도 적다.
어스 드릴 공법	굴착기, 크레인·레미콘차의 발생음이 가장 크고 30m 떨어져서 70폰 정도	레미콘차 진입시의 진동이 가장 큰 정도로 잭을 사용할 때의 리버스 공법과 같은 정도	벤트나이트를 포함한 잔토 폐니수가 발생한다.

과 비슷한 상황이다. 이러한 공법에서는 이수나 콘크리트 타입 혹은 시멘트 밀크 주입 등에 따른 지하수 오염이 문제가 되는 수도 있으므로 주의해야 필요하다.

1.5.3 기성말뚝의 공법선정

타입말뚝의 시공때에 파손 사고의 종류와 지반조건 및 시공조건의 관계를 표-1.10에 나타낸다. 강관말뚝은 살두께와의 관계로 좌굴이나 선단부의 벗기기, 콘크리트 말뚝에서는 균열의 사고가 특징적이다. 또한 양자에 공통되는 것은 이음부 용접의 미비에 의한 파손, 지지지반이 대단히 단단한 경우의 응력 집중에 따른 파손, 지지지반이 경사되

표-1.10 타입말뚝의 말뚝체 파손과 말뚝시공의 조건

	파 손 사 고	말뚝재료·선단형강·타입방법	지 반 조 건
강관말뚝	초 롱 좌 굴	말뚝의 경사, 캡 등의 미비에 의한 편타	지지지반 혹은 중간 모래층이 대단히 단단한 경우 무리하게 타입하면 약한 부분에서 응력 집중이 생긴다.
	원형 단면의 좌 굴	말뚝의 살두께가 얇은 경우, 해머의 용량 선정이 적합하지 않은 경우	토단층 등을 타입할 때 과잉 간극수압 혹은 배제된 흙의 압력에 의해 좌굴된다.
	선단부의 벗 겨 짐	말뚝의 살두께가 얇은 경우 말뚝머리부와 캡의 부근이 나쁜 경우	선단부가 전석 유목, 부석 등의 껍질이 있어서 벗겨진다.
기성콘크리트말뚝	머 리 부 의 파 손	말뚝의 경사, 캡과 말뚝머리 부근이 나쁜 경우, 해머의 용량이 적합하지 않은 경우, 쿠션재의 미비	지지지반이 경사된 경우 말뚝선단부가 활동, 말뚝이 경사되어 편타된다.
	수 평 균 열	연약층에 타입할 때 과대한 용량의 해머를 사용한 경우	연약지반을 관통할 때의 반사파에 의해 인장 응력이 작용한다.
	휨 균 열	선단 형상이 펜슬형 슈의 경우, 경사 지반에서 활동하기 쉬운 힘이 작용한다.	지지지반이 경사된 경우 선단부가 활동, 그에 따라 말뚝체에 휨이 작용한다.
	종 균 열	선단 개방 말뚝의 내부 막힘 흙의 내압에 따라 원주방향 인장력이 작용한다.	투수층을 타입할 때에 내부의 물에 의한 워터 해머 현상으로 원주방향 인장력이 작용한다.
	선 단 부 의 파 손	펜슬형 슈가 펀팅샤에 의해 중공부에 빠진다.	선단지반이 대단히 강한 경우 말뚝 선단부가 압괴된다.
공통	이 음 부 의 파 손	이음부의 용접미비	선단부에 장해물이 있는 경우 말뚝이 그것에 비켜서 말뚝체에 휨이 작용하여 이음부에서 파손된다.

제1장 말뚝 기초의 계획·선정 37

표-1.11 공법선정을 위한 판정항목 (지반)

	적 용 지 반		말뚝직경 굴착길이	호박돌·자갈의 크기	점토분이 없는 세사의 두께	GL-10m보다 얕은 완만한 사질토의 존재	지중장애물의 유무와 그 종류	지지층의 경사 유무와 경사 각도
	일반적인 흙의 굴착	초연약토	지지층의 경도					
어스드릴	사질토 $N≤30$, 점성토 $N≤10$ 까지는 굴착능률이 좋다. 특히 점토층이 모래층의 용이하다.	안정액관리가 어렵다. 콘크리트량이 특히 과대하다.	모래자갈층 $N≤75$ 모래층 $N≤100$ 토 단 $q_u≤10$ (kgf/cm²)	ϕ0.8m에서 10cm피치로 2.0m까지 50m 정도	말뚝지름 1.1m 이하의 경우 7cm 말뚝지름 1.2m이상으로 12cm정도	붕괴사고에 주의	작업원이 들어가 삽도 또 물이 없으면 철거가 가능	경사각 30° 이하 단, 경사토층중층면에서 활동이 생기므로 굴진 속도에 주의
올케이싱	사질토 $N≤30$, 점성토 $N≤10$ 정도까지 굴착능률이 좋다. 단 지하수 대량 때문에 공내에 물을 채우면 능률은 저하된다.	허방방지에 주의 (선행굴착 불가) 콘크리트량 증가	모래자갈층 $N≤100$ 모래층 $N≤80$ 고결사 $N≤80$ 토 단 $q_u≤10$ (kgf/cm²)	ϕ1.0, 1.1, 1.2, 1.3, 1.5, 1.8, 2.0m 40m 정도	조성이 크게 일반적으로 20~30cm 전체할 때는 내경의 이상 30%	합계로 5m 이상인 경우 설치할 때는 케이싱에 붕괴가능할 때가 많다.	케이싱 내경 미만의 것으로 지하수 위보다 얕기 때문에 철거가 가능	경사각 30° 이하 단, 경사토의 경우 편측은 케이싱 상입 붕가능한 수가 있으므로 설치단면의 확보에 문제가 있다
리버스	상동	이수관리에 주의 콘크리트량은 위의 비트의 증가	모래자갈층 $N≤100$ 모래층 $N≤100$ 토 단 $N≤50$ (kgf/cm²)	ϕ0.8m에서 10cm피치로 4.0m까지 80m까지 실적이 있음	드릴파이프 내경의 80% 정도 다음보다 드릴파이프 내경은 20cm	붕괴사고에 주의 이수농도가 낮다	상동	경사각 30° 이하 단, 경사면에서 활동이 생기므로 스터빌라이저의 사용을 검토하다.
심층혼합	사질토에도 얕은 경우는 약간 능률이 떨어진다. 또한 오스트립, 러버스에서는 머스에서는 의	좌향함조	특수피트와 수장비의 사용으로 암석굴착도 가능 $N치는 환산 N)	어스트립으로 특수 대형 굴착기를 사용하면 ϕ3.0m 길이 6m까지 가능	호박돌·자갈의 크기는 자름의 1/4 기가 그대로 이 값은 아니다.			

표-1.12 공법선정을 위한 판정 세목(지하수)

	지하수위	피압지하수	복류수	수위의 변화
어스드릴	지하수위에 대해서 +1m 정도의 안정액 수두를 유지하면 시공이 가능.	GL+4m 정도의 피압수가 있는 곳에서 안정액 비중을 크게 올려서 시공할 때도 있으나 시공관리가 어렵고 또 공사비가 높다.	유속이 3m/min을 초과하면 콘크리트 속의 시멘트가 경화전에 유출될 우려가 있다.	피압 지하수에 준한다. 안정액의 희석과 NaCl의 영향을 유의한다.
올케이싱	지하수위가 지표면밑에 있으면 문제가 없다.	GL+2m 이상의 피압수가 있어도 케이싱 머리를 높게 하면 굴착되나 콘크리트의 타설이 불가능하다. 또 굴착능률이 극단으로 저하된다.	상 동	피압 지하수에 준한다.
리버스	지하수위+2m 이상의 수두를 확보하면 좋다. 단, 표층부가 붕괴성이 작은 점성의 경우는 특히 낮아진다.	피압 수두에 대항하는 공내 수두를 유지하면 굴착은 가능하다. 단, 상기 2공법과 같이 콘크리트 타설의 가부가 결정 요소가 된다.	상 동	피압 지하수에 준한다.

기 때문에 말뚝이 구부러지고 편타가 되는 점이 특징이다. 타입 말뚝은 사실상 시가지에서는 사용되지 않는 상황이 있으므로 기계의 반입·설치에 문제가 되는 점은 별로 없다.

천공 말뚝은 최종적으로 타격을 가하는 것이 있으며 그와같은 경우에는 타입 말뚝에 준한 문제가 생기는데 주의할 필요가 있다. 타격을 하지 않는 천공 말뚝의 규모는 일반적으로 작으나 현장타설 콘크리트 말뚝과 공통되는 점이 많으므로 1.5.4를 참조한다.

1.5.4 현장타설 콘크리트 말뚝의 공법 선정

현장타설 콘크리트 말뚝의 주요 3가지 공법의 선정 조건을 약간 상세하게 보면 지반의 조건에 대해서는 표-1.11, 지하수의 조건에 대해서는 표-1.12와 같다. 이러한 항목이 모두 만족될 때에 그 공법을 적용할 수 있는 것이다.

현장타설 콘크리트 말뚝은 시가지에서 시공예가 많으므로 장비, 기재, 덤프차 등의 반출입로의 폭은 교통규제(일방교통, 시간제한 등) 대지의 넓이 등 요인도 중요하다. 이것은 전주의 존재나 전선의 배치, 노상 주차 등과 실제로는 예상하지 못한 사정에 부딪히는 수가 많으므로 지도 뿐만아니라 현지 조사를 하는 것이 필요하다. 최소 도로폭은 기계의 종류에 따라 다르나 거의 3~3.6m가 필요하다.

제 2 장 조 사

말뚝기초의 합리적·경제적인 설계·시공을 하기 위해서는 충분하고 적절한 조사가 필요하다.

조사가 불충분한 경우, 부적절한 경우에는 실시한 조사 그 자체가 낭비가 될 뿐 아니라 설계단계 혹은 시공단계에서 반복작업이 생기기 쉽고, 공사기간·공사비 증가의 영향을 미칠 우려가 있다. 따라서 조사의 실시는 우선,

① 구조물의 규모, 중요도(크기, 하중조건, 허용 침하량, 허용 부동 침하량 등)
② 기초의 설계·시공때에 필요한 검토항목(수직·수평방향 지지력, 침하량, 수평 변위량 등)
③ 설계에 필요한 토질정수(점착력, 내부마찰각, 변형계수, 수평방향 지반 반력계수 등)

등을 충분히 정리·파악한 다음에 조사위치·항목·방법·수량 등을 결정하는 것이 중요하다.

본장에서는 말뚝기초의 설계·시공을 위한 일반적인 조사계획의 수립방법, 조사방법을 중심으로 말하기로 한다. 조사결과에 의한 설계정수의 결정법에 대해서는 「제3장 말뚝기초의 설계」를 참조하기 바란다.

표-2.1 말뚝기초의 지반 조건에 관한 주요한 검토 항목

	마 찰 말 뚝	지 지 말 뚝
설계검토에 관한 항목	●지층구성과 각 지층 두께의 파악(특히 점성토층의 분포) ●흙의 강도(일축 압축 강도, N치 등) ●침하특성(특히 점성토층의 압밀 침하량, 압밀시간) ●액상화층의 유무	●지지지반의 깊이, 두께, 강도, 침하특성 ●지지지반에서 위층의 지층구성과 각각의 흙의 강도 ●액상화층의 유무 ●지반침하의 유무 ●수평방향의 지반 성질(수평방향 지반 반력계수 등)
시공검토에 관한 항목	●표층상태(경사·요철, 강도 등) ●각층의 지하 수위, 수량	●표층의 상태 ●지지지반의 깊이 ●지지지반의 경사, 요철의 유무·정도 ●호박돌층, 전석층의 유무 ●타격·굴착이 곤란한 중간층의 유무 ●각층의 지하수위, 수량

2.1 조사항목

2.1.1 지반조사 항목

말뚝기초의 지지기구 선정, 설계에서 공법의 선정에 이르기까지 일련의 작업을 하기 위해서는 사전에 시공 위치에 대한 지반 조건을 파악할 필요가 있다.

말뚝을 지지기구라는 관점에서, 마찰말뚝과 지지말뚝으로 대별하여 설계·시공을 위해 필요한 지반 조건에 관한 검토항목을 정리하면, 표-2.1과 같다.

따라서 말뚝기초를 위한 지반조사는 다음과 같은 항목을 분명히 해둘 필요가 있다.

① 지층구성

표-2.2 지반조사의 내용

조사항목	조사내용	필요한 정보
지층구성에 관한 조사	●표층의 상태(경사·요철의 유무·정도)의 파악 ●연약토(점성토층, 액상화층의 유무와 층의 깊이, 두께, 연속성의 파악) ●호박돌층, 전석층의 유무와 층의 깊이, 두께, 연속성의 파악 ●지지층의 깊이, 두께, 연속성의 파악과 경사·요철의 유무·정도의 파악	지층단면도
각지층 성질에 관한 조사	흙의 물리특성 파악	토립자의 밀도, 자연 함수비, 습윤밀도, 입도분포, 콘시스텐시 특성 등
	흙의 강도특성 파악	●사질토 : N치 콘 지지력(q_c), 내부마찰각(ϕ) 등 ●점성토 : 일축 압축강도(q_u), 콘 지지력(q_c), 점착력(c) 등
	흙의 침하특성 파악	●사질토 : N치 ●점성토 : 압밀 항복 응력(p_c), 압축지수(C_c), 압밀계수(c_v), 체적압축계수(m_v)
	지반의 수직방향 지지특성 파악	●사질토 : 지반의 극한 지지력(q_d), N치, 콘 지지력(q_c), 내부마찰각(ϕ) 등 ●점성토 : 지반의 극한 지지력(q_d), 콘 지지력(q_c), 점착력(c) 등
	지반의 수평방향 지지특성 파악	수평방향 지반 반력계수(k_h)
지하수 상태에 관한 조사	각 지층의 지하수위 파악	각 지층의 지하수위, 간극수압
	각 지층의 투수성 파악	각 지층의 투수계수(k)

② 각 지층의 성질(물리특성, 강도특성, 지지특성 등)
③ 지하수의 상태(수위, 수압 등)
이러한 조사내용을 표-2.2에 나타냈다.

2.1.2 기타의 조사항목

말뚝기초의 공법 선정이나 시공계획의 수립을 위해서는 앞에서 기술한 지반조사 이외로 대지 내외의 매설물, 인접 구조물 등의 대지 상황에 관한 조사나 교통 상황, 기상 상황 등 작업 환경 조건에 관한 조사도 필요하다.

이러한 조사 내용, 조사 방법 등의 상세한 점은 「제5장 시공을 위한 계획」을 참조하기 바란다.

2.2 지반조사 계획의 수립방법

2.2.1 지반조사의 흐름

합리적·경제적인 지반조사를 하기 위해서는 기획·계획·설계·시공 등 공사의 진척도나 구조물의 규모·종류 등의 여러 가지 조건에 따라 단계적으로 실시하는 것이 중요하다.

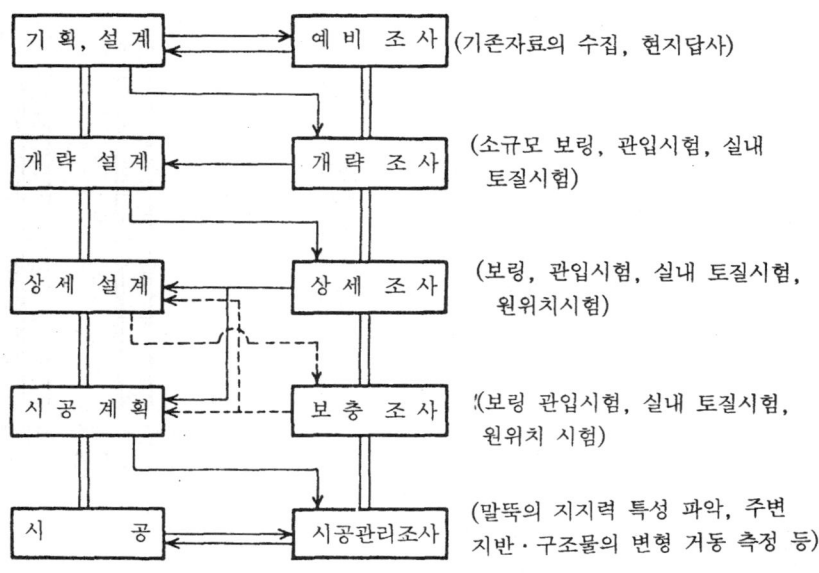

그림-2.1 지반조사의 흐름

일반적인 지반조사의 흐름은 그림-2.1에 나타낸 바와 같다.

각 조사의 개요는 다음과 같다.

(1) 예비조사 기획·계획단계의 조사이며 시공 위치 주변의 지형도, 지반도, 기존 보

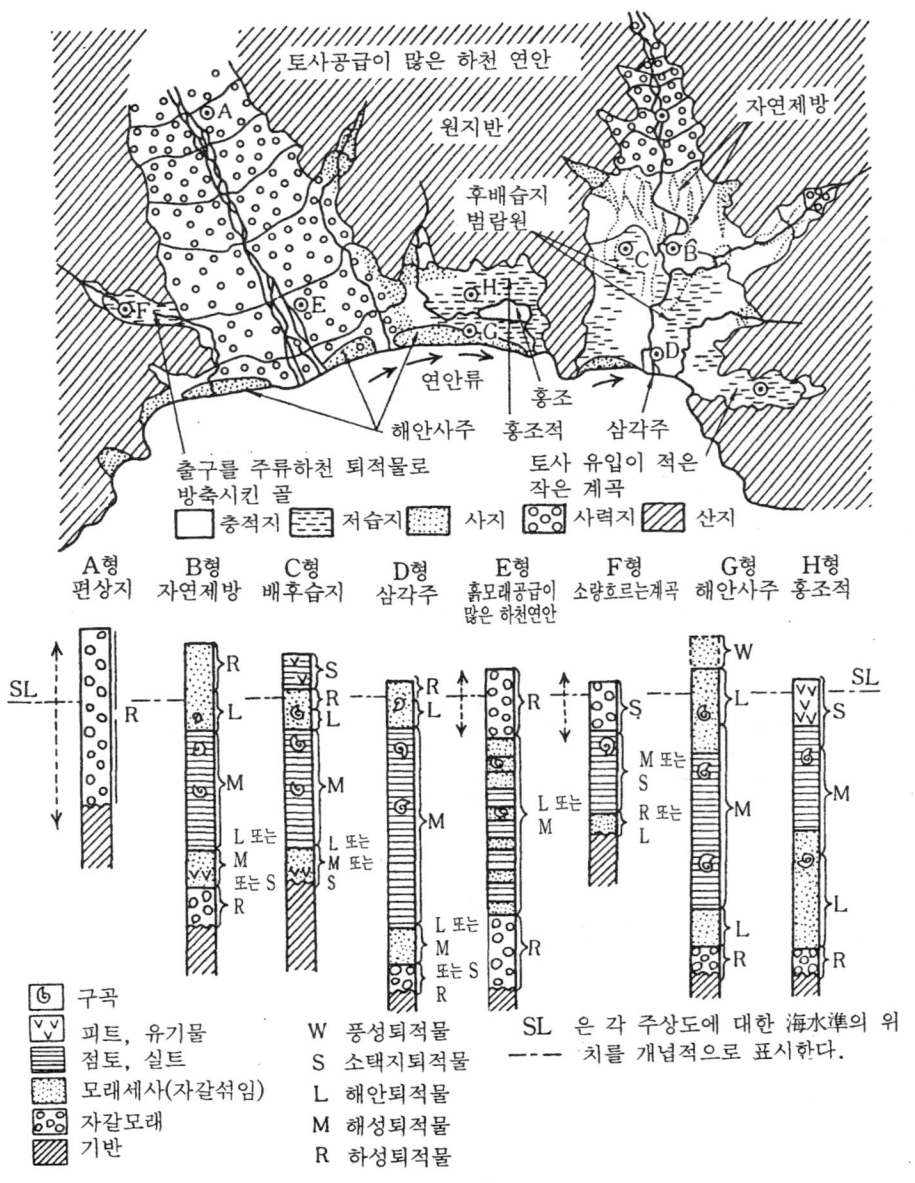

그림-2.2 충적 저지에 대한 지형과 지반구성의 관계(이메다·무로마찌, 1967에 의함)

링조사 결과 등의 기존자료나 현지 답사에 의한 시공 위치 부근의 대국적인 지층 구성을 추정한다. 또한 그 결과를 바탕으로 개략조사의 계획(조사위치·항목·수량 등)을 수립한다.

일반적으로 예비조사는 별로 중요시 하지 않는 경향이 있으나 기존 자료를 효과적으로 이용하면 이후의 조사를 합리적·경제적으로 실시할 수 있다. 기존 자료 이용법의 일례로서 충적평야에 대한 지형과 기초지반 개요의 일반적인 관계를 그림-2.2, 표-2.3에 나타낸다.

또한 이와같은 기존자료에 의한 기초 지반 개요의 추정법의 상세에 대해서는 「토질 조사법」, 「토질공학 핸드북」 등의 자료를 참조하기 바란다.

표-2.3 충적 저지의 지형구분과 토질 및 지반조건

지점	지형	지표면구배	지형의 특징	토질	지층 구성	지반조건 N치	지반조건 양부	생기기 쉬운 재해
A	선상지	1/1000이상	산 늑골의 곡구, 동심원상의 등고선, 망상류, 복류	거칠은 자갈	두꺼운 자갈 모래층	30 이상	우량	토석류, 홍수
B	자연제방	1/1000 ~0.2/1000	등고선의 대상 돌출, 부락·밭의 대상 배열	사질토	모래층의 하위에 해성층	10-20	약간 양호	제방결괴
C	후배습지	0.5/1000이하	위와 같은 지형의 논, 사행 유로 흔적	점토·실트·세사, 피트	모래 흙 호층의 하위 해성층	10 이하	약간 불량	홍수, 지반 침하
D	삼각주	0.2/1000이하	조용한 내만의 하구, 분지류로, 간사지	세사, 두꺼운 점토·실트	모래층의 하위에 두꺼운 해성층	10~4 이하	불량	고조, 지반 침하
E	토사 공급이 많은 하천연안	1/1000이상	거의 평행된 등고선, 망상류	모래, 모래자갈	자갈모래층의 하위에 모래 흙 호층	20 이상	양호	홍수
F	작은 계곡	0.2/1000이하	유향이 적은 소공의 논·습성지	점토·실트, 피트, 세사	피트의 하위에 연약점토	4 이하	극히 불량	지반침하
G	해안사주		해안에 평행된 띠상의 고지 모래언덕	모래, 자갈모래	두꺼운 모래층의 하위에 두꺼운 해성층	15 이상	양호	염해, 고조
H	사호혼적	0.2/1000이하	사주배후의 논이나 습성지	점토·실트, 피트, 세사	피트의 하위에 두꺼운 해성층	30 이상	불량	홍수, 지반 침하
I	융기 해식대	0.2/1000이하	해안에 평행인 절벽의 저평지, 해식절벽	거대한 자갈, 전석, 모래	암반이 얕다		우량	염해, 고조

(2) 개략조사 예비조사 결과를 기초로 수립된 조사 결과에 따라, 샘플링을 포함한 수개의 보링이나 관입시험을 실시하여 말뚝기초의 개략 설계, 계산 공사비를 산출하기 위한 지층 구성이나 각층의 토성치를 파악한다.

(3) 상세조사 보링, 원위치 시험, 실내 토질시험 등을 실시하여 말뚝기초의 상세 설계, 시공 계획의 수립을 위한 보다 구체적인 지반 정보를 얻는다. 구조물의 규모·중요도나 지반 조건에 따라서는 1차, 2차로 나누어 상세조사를 하는 경우도 있다.

(4) 보충조사 구조물의 설계 변경에 따라 추가 조사가 필요한 경우나 시공 위치에 대한 지반 조건이 대단히 복잡하여 상세 조사로 설계·시공을 위해 필요한 정보가 충분하지 않은 경우, 조사 누락이 있는 경우에 실시한다.

(5) 시공 관리 조사 말뚝 품질의 확인, 시공에 수반하여 주변에 대한 영향의 파악 등을 목적으로 실시하는 조사이며 조사 항목은 말뚝의 지지력 특성, 주변지반·구조물의 변형 거동 측정 등을 들 수 있다.

2.2.2 조사위치·수량의 결정

말뚝기초를 위한 조사, 특히 지반 조사는 표준 관입시험, 시료의 샘플링 등을 병용한 보링 조사가 가장 유효한 수단이다.

그러나 보링 조사는 어디까지나 조사이며 조사결과를 기본으로 시공 위치에 대한 지반조사를 2차원·3차원적으로 정확히 파악하기 위해서는 적절한 조사위치·수량을 결정하는 것이 중요하다.

(1) 조사지점 보링조사 지점의 배치는 구조물의 종류나 규모, 지반 조건 등에 따라 선정된다.

건축 구조물의 경우에는 보통 건물의 대개 네귀퉁이를 조사 지점으로 선정하나 건물의 길이가 30m를 초과하는 경우나 폭이 좁은 건물의 경우에는 길이 방향으로 일렬로 20~50m 간격으로 조사 지점을 선정한다.

교량 기초의 경우 각 교대·교각 위치에서 조사를 한다. 그 경우 지층의 연속성이나 경사·요철의 유무·정도를 파악하기 위해서도 소규모의 기초를 제외하고 1개소마다 적어도 2지점, 가능하면 3지점을 조사 지점으로 선정하는 것이 바람직하다.

단, 구능·고지에 대한 계곡이나 지반 조건이 복잡할 것으로 예상되는 경우에는 더욱 치밀하게 조사할 필요가 있으며 반대로 지층의 경사나 요철이 적고, 지반 조건이 단순한 것으로 예상되는 경우에는 어느 정도 대강의 조사로도 지장이 없다.

이상과 같은 견해가 보링 조사 지점 선정의 기본이 된다. 구조물이 대규모이고 조사 범위가 넓은 경우에는 앞에서 말한 바와같이 단계적으로 조사를 실시하는 편이 합리적

· 경제적이다. 즉 개략조사의 단계는 보링조사 지점을 어느 정도 조잡한 간격으로 배치하고 그 중간은 비교적 간편한 각종의 관입시험으로 보완하여 대강의 지반조건을 파악한 다음에 상세 조사 지점을 선정하는 것이 좋다.

(2) 조사심도 기초의 지지지반에 대해서 지지력이나 침하를 검토하기 위해서는 적어도 구조물 하중의 영향이 미치는 깊이까지 지반 조건을 파악할 필요가 있다.

일정한 지반에 지지되는 직접 기초의 경우, 구조물 하중의 영향이 미치는 지반내의 깊이방향의 범위는 기초폭의 1.5~2배 정도라고 말한다. 따라서 이 경우 조사는 적어도 조사폭의 1.5~2배 깊이까지 실시해야 한다.

말뚝기초에도 거의 같은 방법으로 조사심도를 결정하면 좋다. 즉, 예상되는 말뚝 선단 위치를 하중 작용면으로 생각하고 그 위치에서 구조물 기초폭의 1.5~2배 깊이까지 조사하는 것이 기본이다(그림-2.3 참조).

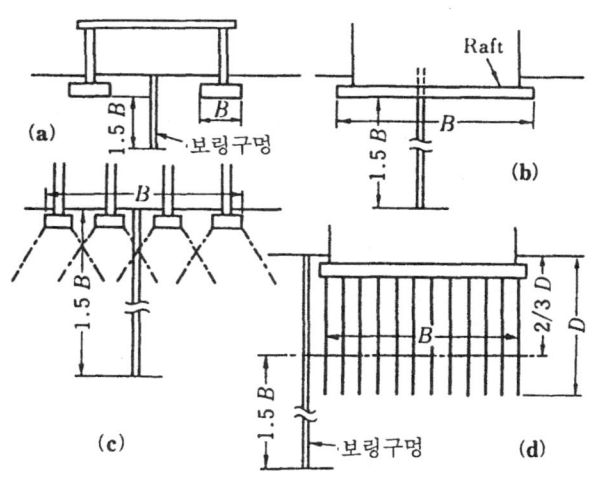

그림-2.3 각종 기초 조건에 대한 보링 조사 심도

단, 홍적층 혹은 그보다 오래된 시대의 지층을 지지층으로 하는 지지 말뚝은 지지층밑에 유해한 침하가 생기는 지층이 존재하는 일은 드물며, 말뚝 선단 위치에서 5~10m 정도의 깊이까지 지지층이 연속되는 것을 확인하면 충분한 경우가 많다. 또 충적층을 지지층으로 하는 경우에는 그 층이 N치 50 이상의 층이라도 그 하부에 연약한 층이 존재할 가능성도 있기 때문에 충적층 전층에 걸쳐서 조사할 필요가 있다.

(3) 원위치 시험과 실내 토질시험

ⅰ) 관입시험 표준관입 시험은 흙의 경연, 다짐 정도의 상대치 뿐만아니라 지층 구성

표-2.4 주요한 지반조사 방법의 적용 범위

조 사 방 법		적 응 토 질	유효(가능)심도	비 고
보링 (로터리, 보링)		흙과 바위 모든 지층	100m 이상	로터리 보링은 코어 채취가 가능하여 지반을 흐트러뜨리는 것도 적고 일본에서는 지반 조사용으로 가장 널리 이용된다.
관입시험	표준관입시험	호박돌을 제외한 모든 흙, 단, 극히 연약한 점토, 피트질토에서는 명확한 판정 불가능	40m (70m) 깊은 경우, 타격 유효 저하의 수정이 필요하다.	
	화란식 콘 관입시험 (더치콘)	호박돌을 제외한 모든 흙	20m~30m (40m~50m)	
	스웨덴식 사운딩시험	호박돌을 제외한 모든 흙. 단, 자갈은 곤란	15m (30m)	
샘플링	고정 피스톤식 신월 샘플링	유연한 점성토(N치 2이하까지 가능)		순수한 시료의 샘플링
	수압식 피스톤 샘플링	유연한 점성토(N치 1~4)		
	데니슨형 샘플링	약간 경질의 점성토(N치 4~20)		
	트리플 튜브 샘플링	밀실한 모래(N치 50이상까지 가능) 경질점성토(N치 20~30 이상까지 가능)		
	코어팩 튜브 샘플링	N치 50 이상의 고결된 흙		
	핸드 오거 보링	모든 흙	5m	교란된 시료의 샘플링
실내토질시험	물리시험 (함수비, 습윤밀도, 입도, 액성·소성 한계시험 등)	모든 흙		습윤 밀도 시험 이외에는 교란된 시료의 적용이 가능
	일축 압축 시험	점성토		원위치에 대한 흙의 역학 특성을 파악하기 위해서는 불교란시료를 써야 한다.
	삼축 압축 시험	주로 점성토		
	압밀 시험	점성토		
원위치시험	보링 공내 수평 재하시험	호박돌을 제외한 모든 흙		
	평판 재하시험	경암을 제외, 모든 흙		
지하수조사	지하수위 측정	점성토이외의 모든 토질, 지질		
	실내 투수 시험	균질인 사질토, 점성토		원위치에 대한 투수성 파악을 위해서는 순수한 시료를 쓸 필요가 있다.
	현장 투수 시험	사질토, 모래자갈		
	양수 시험	사질토, 모래자갈		

의 판정, 말뚝의 수직지지력 추정 등에도 이용되는 가장 간편하고 효과적인 수단이다. 그러나 시험 간격이 너무 넓으면 그 중간의 지층에 대해서 정확한 판단이 잘 안될 우려가 있기 때문에 각 보링 조사 지점에서 적어도 깊이 1m 마다 실시할 필요가 있다.

화란식 콘 관입시험(더치콘), 스웨덴식 사운딩 시험 등은 깊이 방향으로 연속적으로 실시한다.

ii) 물리시험 흙의 물리시험 결과 그 자체를 직접 설계에 쓰는 일은 거의 없으나 물리시험은 지층 구성이나 연약층의 판정에 자료가 될 뿐만 아니라 대강의 역학 특성도 추정되는 등 개략 조사 단계서는 특히 이용 가치가 높다(2.3 참조). 따라서 흙의 물리시험은 조사 범위 전역의 각 지층에 대해서 가급적 많이 실시하는 것이 바람직하다.

iii) 불교란 시료의 샘플링과 실내 역학 시험 압밀시험, 일축 압축시험, 삼축 압축시험 등의 실내 역학 시험 등에 제공되는 불교란 시료의 샘플링 위치는 1~2개씩 전 조사지점에 분산시키고 대표적인 몇 곳의 지점에서 깊이 방향으로 많이 배치하는 편이 흙의 성질을 파악하는데 효과적이다.

샘플링 위치의 깊이 방향의 간격은 구조물의 규모나 중요성, 샘플링의 대상이 되는 지층의 두께 등에 따라 다르나 1개/2~3m 정도는 실시하는 것이 좋다.

단, 대상이 되는 지층의 역학 특성에 대해서 신뢰성이 높은 기존 자료가 많은 경우에는 불교란 시료의 샘플링 개수를 줄일 수도 있다. 또한 구조물이 소규모이고 중요도가 별로 높지 않은 경우나 조사 내용의 제한으로 불교란 시료의 샘플링을 많이 실시할 수 없는 경우에는 그 중간에서 불교란 시료를 채취하여 물리시험을 하고 그 결과를 기본으로 흙의 역학 특성을 추정하는 방법을 검토해야 한다.

iv) 보링 공내 수평 재하시험 보링 공내 수평 재하시험은 수평방향 지반 반력계수의 깊이 방향으로 분포를 파악하기 위해서도 적어도 1개소/2~3m 정도는 실시해야 한다.

2.2.3 조사방법의 선정

조사방법은 조사 지점의 지반조건(지반을 구성하고 있는 흙의 종류, 경도 등), 조사심도, 조사목적(어떠한 정보가 필요한가), 공사기간, 공사비 등을 결정한다.

주요한 조사방법의 적용 범위와 각 조사로 얻어진 정보와 그 이용법을 각각 표-2.4, 2.5에 나타낸다.

표-2.5 각조사 방법으로 얻어진 정보와 이용법

조사 방법		얻어지는 정보	주요한 이용법	비 고
보링		지층구분(분류, 두께), 지하수위	지층구성의 파악	
사운딩	표준관입시험	N치	모래의 내부마찰각(ϕ) 추정, 모래지반의 액상화 판정, 점토의 일축 압축 강도(q_u)·점착력(c)의 추정, 말뚝의 수직 지지력 추정, 흙의 변형계수(E)의 추정, 수평방향 지반 반력계수(k_h)의 추정	조사결과에서 추정되는 토성치는 과거의 실적이나 경험에 의거하며 어디까지나 대강치로서 쓰는 것이다.
	화란식 콘 관입시험 (더치콘)	콘 지지력(q_c)	N치의 추정, 점토의 일축 압축 강도(q_{ua})·점착력(c)의 추정	
	스웨덴식 사운딩 시험	관입량 1m마다의 반회전수(N_{sw})	N치의 추정, 점토의 일축 압축 강도(q_u)·점착력(c)	
실내토질시험	물리시험(토립자의 밀도, 함수비, 습윤밀도, 입도, 액성·소성한계 시험 등)	토립자의 밀도, 함수비, 습윤밀도, 입도분포, 액성·소성한계	● 흙의 판별 분류 ● 모래지반의 액상화 판정, 지반의 투수계수(k) 추정(입도시험 결과에서) ● 점토의 압축지수(C_c), 압밀계수(c_v) 추정(액성·소성한계 시험결과에서)	흙의 역학특성 추정치는 과거의 실적이나 경험에 의거하며 어디까지나 대강치로서 쓴다.
	일축 압축 시험	흙의 일축 압축 강도(q_u), 변형계수(E_0)	흙의 점착력(c) 추정, 수평방향 지반 반력계수(k_h) 추정	
	삼축 압축 시험	흙의 점착력(c), 내부마찰각(ϕ), 변형계수(E_0)	지반의 지질의 추정, 수평방향 지반 반력계수(k_h)의 추정	
	압밀 시험	압밀 항복 응력(p_c), 압축 지수(C_c), 압밀계수(c_v), 체적 압축계수(m_v)	점토층의 압밀침하량·압밀시간의 추정	
원위치시험	보링공내 수평 재하 시험	지반의 변형계수(E_B)	수평방향 지반 반력계수(k_h)의 추정, 정지토압의 추정	
	평판 재하 시험	지반의 극한 지지력(q_d), 지반 반력계수(k_v), 변형계수(E_0)	지반의 지지력 추정, 수평방향 지반 반력계수(k_h)의 추정	
지하수시험	지하수위 측정	각 대수층의 지하수위	수압분포의 추정, 피압의 유무판정, 모래지반의 액상화 판정, 공법선정시의 자료로 한다.	
	실내 투수 시험	지반의 투수계수(k)	공법선정시의 자료로 한다.	지반의 투수계수를 구하는 방법은 양수 시험에 의한 방법이 가장 신뢰성이 높다.
	현장 투수 시험			
	양수 시험			

2.3 지반조사의 방법

2.3.1 보링

지반 조사를 위한 보링 장비는 그림-2.4에 나타낸 로터리식 보링 장비가 많이 쓰인다. 보링의 주요한 목적은 소정의 깊이까지 천공하는데 있으나 천공 작업과 동시에 지반의 시료를 채취하고 필요에 따라 원위치 시험을 실시하기 위해 이용된다. 그것으로 지반의 지층 구성을 파악하고 각 지층의 물리적·역학적 성질을 분명히 한다.

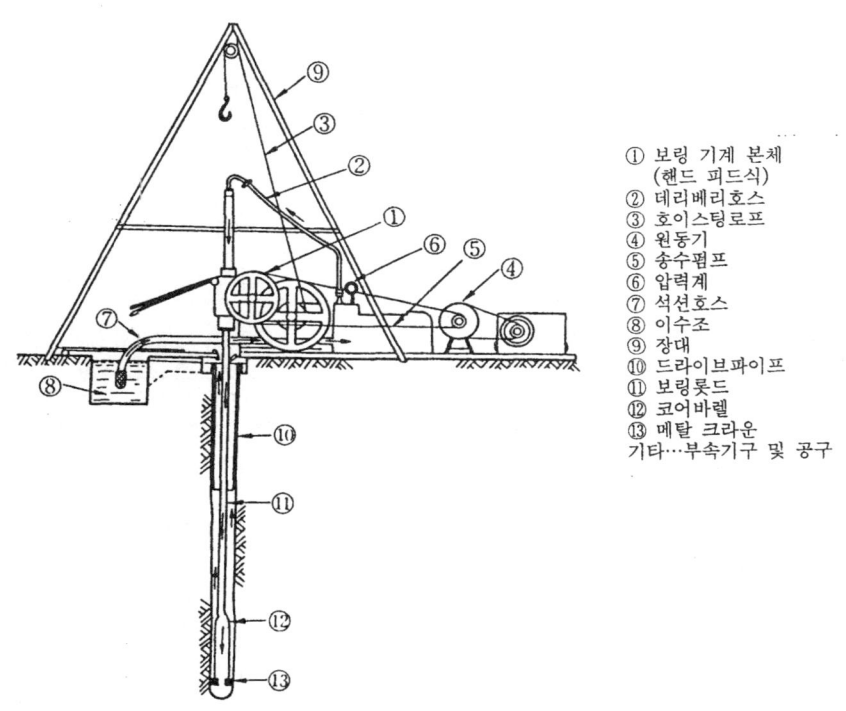

그림-2.4 로터리 보링용 기구(핸드 피드식) (「흙의 시험·조사 실습서」에 의함)

① 보링 기계 본체
　(핸드 피드식)
② 데리베리호스
③ 호이스팅로프
④ 원동기
⑤ 송수펌프
⑥ 압력계
⑦ 석션호스
⑧ 이수조
⑨ 장대
⑩ 드라이브파이프
⑪ 보링롯드
⑫ 코어바렐
⑬ 메탈 크라운
기타…부속기구 및 공구

말뚝기초 설계에서 특히 중요한 조사 자료는 대상 지점의 지층 구성을 정확히 나타낸 지질 주상도에 있으나 각 지층의 경계를 결정하는 요소는 천공중에 얻은 코어 시료, 표준 관입 시험용 샘플러로 채취한 시료에 가하여 보링작업중의 굴진 속도 및 이수 펌프 압력계의 변동, 롯드에 전하는 진동의 촉감 등이며 보링 기술자의 기량에 좌우되는 부분이 많다. 보링 기술이 미숙한 경우 모래자갈층의 성질과 그 층두께를 오판하기 쉽다. 보링 기술자는 모래자갈층의 아래층심도에 대해서 특별히 주의깊은 배려가 필요하다.

보링 공경은 대상지반의 종류·깊이와 보링 구멍을 이용하여 시료 채취와 원위치 시험에 의해 종합적으로 결정되나 천공 도중에 공경을 변화시키는 계획은 구멍의 휨을 조장하게 되므로 가능한한 동일 공경으로 계획해야 한다. 또한 하나의 보링 구멍을 이용하여 다종 다양한 조사를 계획하는 것은 공벽의 안정 유지가 곤란한 경우가 많으므로 가급적 단일 목적을 가진 보링 구멍으로 해야 한다. 원칙적으로 지질 구성을 파악하기 위한 보링(표준 관입 시험을 포함) 구멍을 기본으로 시료의 채취 심도, 필요한 원위치 시험의 심도를 결정하고 기타 구멍에서 그 작업을 실시하는 것이 바람직하다. 보링 구멍을 이용한 불교란 시료 채취와 각종 원위치 시험을 실시하는 경우 보링 최소 공경과 측정 최소 간격을 정리하여 표-2.6에 나타냈다.

표-2.6 보링구멍을 이용하여 실시하는 지반조사

조 사 항 목	측정에 필요한 최소구멍지름(mm)	측정에 필요한 최소 간격(cm)
표 준 관 입 시 험	66	75
신 월 샘 플 링	86	100
데 니 슨 샘 플 링	76 116	100
베 인 시 험	66	50
공내 횡방향 재하 시험	66 86	100
수위 · 간극 수압 측정	66	지층구성에 의함
심 층 재 하 시 험	116	100
후 레 트 디 라 트 미터	116	20
P S 검 층	66	100

2.3.2 불교란 시료의 채취

말뚝기초의 설계를 대상으로 한 지반 조사는 비교적 깊은 심도에서 불교란 시료를 채취하는 경우가 많으므로 보링 장비를 이용한 방법이 쓰인다. 단, 사질토·모래자갈의 불교란 시료 채취에 대해서는 특수한 문제를 연구하기 위해 사용되고 있는 단계이며 특히 필요한 경우를 제외하고 불교란 시료를 채취하는 것은 점성토에 한한다.

점성토를 채취할 목적으로 한 샘플러로 현재 많이 사용되고 있는 것은 대상 지반의 경도·고결도에 따라 다음의 종류가 사용된다(그림-2.5 참조).

제2장 조 사 53

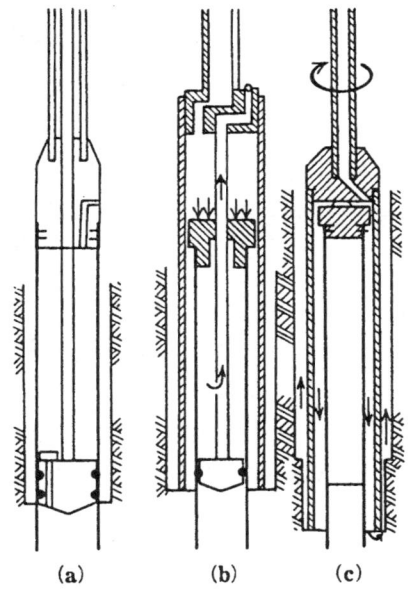

(a) 고정 피스톤식 신월 샘플러
(b) 수압식 신월 샘플러
(c) 데니슨식 샘플러

그림-2.5 점성토를 채취를 목적으로 한 주요한 샘플러

(1) 고정 피스톤식 신월 샘플러 이 샘플링 방법에 대해서는 토질공학회 기준(JSF 규격 : T1-82)에 상세하게 설명되었다. 이 방법은 살두께 1.5~2.0mm의 샘플링 튜브를 보링 롯드에 정적으로 압입 하고 압입시에 샘플러의 하단에 셋트된 피스톤을 엑스텐션 롯드에 연결하여 지표부나 장대에 고정하는 것이 특징이다. 이 고정을 확실히 실시하면 대단히 유연한 점성토($N=0~2$), 부식토, 경우에 따라서는 완만한 모래까지도 불교란 시료가 채취된다.

(2) 수압식 피스톤 샘플러 이 샘플러는 보링 롯드를 통하여 수압으로 샘플러 튜브를 압입하기 때문에 깊이 30m 이상의 연약한 점토($N=1~4$)를 채취하는 경우에 효과적으로 사용된다. 압입때의 수압으로 롯드가 상측에 밀려 올라가도록 하는 힘이 작용하여 윗쪽의 롯드가 쳐지기 때문에 피스톤의 고정도가 좋지 않다. 그 때문에 얕은 부분의 대단히 연약한 점성토층에는 부적당하다.

(3) 데니슨식 샘플러 위에서 기술한 압입식 샘플러는 채취가 곤란한 경질 점성토(N

=4~20)의 샘플링에 가장 보편적으로 이용된다. 이 구조는 샘플러 튜브의 외관과 롯드를 연결하여 송수하며 회전시키면 샘플링 튜브 외측의 흙을 굴착하고 그때의 샘플링 튜브 선단은 외관의 선단보다 아래로 돌출되어 토중에 압입된 기구가 된다. 샘플링 튜브 외관의 돌출 길이는 흙의 경도에 따라 경험적으로 결정되나 약 5~20mm 정도이다. 통상 샘플링 튜브는 고정 피스톤식 신월 샘플러 튜브와 같은 것을 사용한다. 심층부의 점성토를 채취하는 경우 보통의 데니슨식 샘플러는 보링 공경이 커지므로 보링 공경을 86mm 이내에서 샘플링 할 수가 있는 소구경 데니슨식 샘플러(스립·데니슨식 샘플러)도 사용된다.

(4) 트리플 튜브·샘플러 기본적인 구조는 앞에서 말한 데니슨식 샘플러와 동일하나 데니슨형 샘플러의 적용이 곤란할 정도의 단단한 점토나 고결된 모래를 순수하게 채취하기 위해서 내관은 강성이 높은 것으로 하고 내관에 얇은 샘플 튜브를 내장한 구조로 삼중관 방식의 샘플러이다. 이 샘플러는 $N=50$ 이상의 조밀한 모래나 $N=20~30$ 이상의 점성토 지반의 불교란 시료의 채취가 가능하다.

(5) 코어팩 튜브·샘플러 N치 50 이상의 고결된 지반을 주요대상으로 하는 샘플러로 과거의 더블 코어 튜브·샘플러의 속에 연장이 적은 얇은 플라스틱 튜브를 내장한 샘플러이다. 이 플라스틱 튜브를 구비하여 코어 튜브내에서 코어의 회전, 이수에 의한 팽창과 시료와 내관 사이의 마찰에 수반하는 교란을 적게 할 수 있다.

표-2.7 보링구멍을 이용한 불교란시료 채취용의 주요한 샘플러

샘플러의 명칭	공 경	적 용 토 질
고정피스톤식 신월 샘플러	86 mm	$N=0~2$의 연약한 점성토
수압식(오스터버그)피슨 샘플러	100	$N=0~4$의 연약한 점성토
데니슨식 샘플러(일반) (스림형)	116 86	$N=4~15$의 연약한 점성토 (심도가 깊은 지반에 적용)
트리플튜브 샘플러	126	$N=15~50$의 점성토, 밀실한 모래
코어팩튜브 샘플러	66 ~ 116	고결된 이암 등

이상의 샘플러는 통상의 지반 조사에서 많이 사용되는 점성토를 주로 한 샘플러이다.

모래의 불교란 시료 채취용의 샘플러는 많은 종류가 있으나 그 큰 차이는 튜브내의 시료 낙하방지 기구에 있다. 그 기구의 주요한 종류를 들면,

① 고무 튜브의 비틀어 넣기……트위스트 샘플러
② 공기실　　　　　　　　……개량형 Bishop식 샘플러
③ 코어 캣처 기구
④ 고무 슬리브의 가압방식 ……기초지반 컨설턴트형
⑤ 볼 밸브식　　　　　　　……로터리형 샌드 샘플러

등이 있다. 모래 지반의 불교란 시료 채취에서 특히 준비가 필요한 작업은 샘플러를 밀어 넣기 위한 재하중의 준비, 시료 채취후의 운반과 튜브에서 시료를 꺼내기 위한 동결 준비이다.

모래자갈 지반을 순수하게 채취할 목적으로 최근 동결 공법을 병용하는 방법이 성공되었다. 그 방법은 특수한 목적의 지반 조사로 사용되고 있으나 대규모 설비와 장시간의 작업시간을 필요로 한다.

튜브 샘플러를 써서 양질 시료를 채취하기 위해서는 동질의 토층을 샘플 튜브에 압입하는 채취 심도 계획을 수립해야 한다. 모래와 점토의 호층, 연약한 점토밑에 단단한 점토 등 이질적인 지층이 한 개의 튜브에 존재하는 경우 그 시료는 현저하게 교란된 것으로 생각하는 편이 좋다. 튜브 샘플러로 채취한 시료는 보링 구멍에서 튜브의 압입 방향과 반대 방향으로 밀어내어 취출되므로 이 조작이 이질적인 지층중 유연한 흙의 교란을 조장하여 강도를 저하시킨다.

모래층 속의 얇은 점토를 순수하게 채취하려고 할 때에는 상하의 모래가 튜브 샘플러 속에 들어가지 않도록 샘플링 심도를 신중하게 결정하여 모래를 포함한 긴 시료를 채취하려고 고집하지 말하야 한다. 「욕심을 내면 손해를 본다」라는 속담이 튜브 샘플링의 교훈으로 생각된다(그림-2.6).

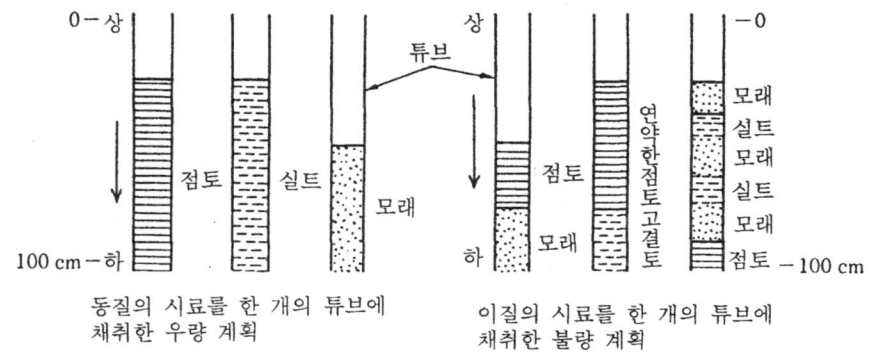

그림-2.6　우량 샘플링 계획과 불량 샘플링 계획

2.3.3 관입시험

관입시험에는 표준 관입 시험, 동적 관입 시험, 정적 콘 관입 시험, 스웨덴식 사운딩 시험, 프렛트·디라트 미터 시험 등이 있다. 이러한 것을 말뚝기초의 설계·시공을 위한 조사로서 한정한 경우 그 적용 지반조건에 대해서는 표-2.8에 나타낸 바와 같다.

표-2.8 관입시험의 적용성

사운딩의 종류	대상토					강도범위(N치)				탐사심도				작업성능				기타		신뢰도에 관한 표준
	점성토	사질토	자갈모래	자갈	이암	4	10	30	50	7	15	30	50	간이성	신속성	자동성		토질판정	연속기록	
표준관입시험	□	○	○	△	×	□	○	○	○	○	○	○	○	×	×	△		○	×	오퍼레이터에 의한 개인차가 있다.
동적 콘 관입시험	□	○	○	×	×	□	○	○	△	×	○	○	□	△	△	□		○	×	롯드의 주면마찰력 보정이 필요하다.
대형 관입시험	△	□	○	○	×	□	○	○	○	○	○	○	○	×	×	×		○	×	N치와 대비하는데는 에너지 보정이 필요
정적 콘 관입시험 2tf용	○	○	△	×	×	○	○	△	×	×	○	△	×	×	○	○	○	○	□	○	지지층의 상면을 ±m 확인한다.
10tf용	○	○	△	×	×	○	○	○	△	×	○	○	□	×	○	○	○	○	□	○	관입력을 크게 하더라도 지층구성에 따라 관입심도를 높일수는 없는 경우가 있다.
20tf용	○	○	□	×	×	○	○	○	□	×	○	○	□	△	○	○	○	○	□	○	
플랫트·디라트미터	○	○	△	×	×	○	○	○	○	○	○	○	○	○	□	×		□	□	간편·완전한 재현성이 좋다.
스웨덴식 사운딩	○	○	×	×	×	○	○	□	×	×	○	○	□	×	○	○	□	△	△	롯드의 주면 마찰력이 보정되지 않는다

○: 최적   □: 적정   △: 부적절   ×: 불능

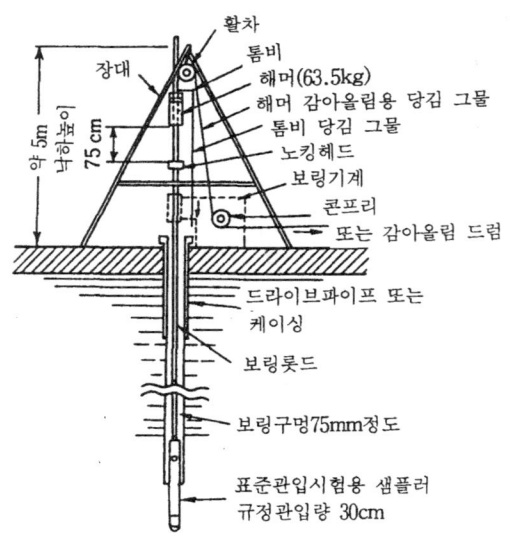

그림-2.7 표준관입시험을 위한 장비
(「토질조사법」에 의함)

(1) 표준 관입 시험(JIS A 1219-1961) 표준 관입 시험(SPT)은 그림-2.7에 나타낸 바와같이 무게 63.5kg의 해머를 높이 75cm에서 낙하시켜 외경 51mm의 샘플러를 보링 밑으로 30cm 관입시키는데 필요한 타격 횟수를 측정하는 시험이다. 지반은 각 심도의 타격 횟수를 N치로 나타내어 그에 따라 지반의 경도(점성토)나 상대밀도(모래·모래자갈)를 판정 할 수 있을 뿐만아니라 샘플러로 채취된 시료의 관찰과 그 시료를 물리 시험용으로 이용하는 것이 기타 관입시험에 비하여 우수하다.

SPT는 비교적 완벽하고 값싼 기구를 써서 조작도 간편 단순하고 보링 공벽의 확보가 되기 때문에 누구나 쉽게 할 수 있는 시험이다. 또 대상 지반의 영역이 넓고 적용 심도도 깊기 때문에 세계 각국에서 사용되고 있다.

ⅰ) 사질토의 내부 마찰각 ϕ(그림-2.8 참조) 사질토는 불교란 시료의 채취가 곤란하기 때문에 N치와 관계되는 산정식을 써서 N치에서 추정하는 수가 많다. 그것을 정의하면 다음과 같다.

    ⓐ Danham   : $\phi = \sqrt{12N} + 25$ (거칠은 입자로 입도 분포가 좋은 것)
    ⓑ 대기   : $\phi = \sqrt{20N} + 15$
    ⓒ Meyerhof : $\phi = 1/4\,N + 32.5$
    ⓓ Danham   : $\phi = \sqrt{12N} + 20$ (둥근 입자로 입도 분포가 좋은 것)
                               (거칠은 입자로 일정한 입경의 것)
    ⓔ 건설성   : $\phi = \sqrt{15N} + 15$
    ⓕ Peck   : $\phi = 0.3\,N + 27$
    ⓖ Danham   : $\phi = \sqrt{12N} + 15$ (둥근 입자로 일정한 입경의 것)
    ⓗ 철도   : $\phi = 1.85\,[N/(\sigma'_{vo} + 0.7)]^{0.6} + 26$
                      단, 지진때는 다음식을 상한으로 한다.

$$\phi = 0.5\,N + 24$$

        σ'_{vo} : 측정심도의 유효 상재압(kgf/cm^2)

최근의 연구에 의하면 시험결과의 재현성과 N치 설계의 적용성에 관해서 새로운 지식이 얻어지며 N치의 평가는 다음점에 관해서 주의가 필요하다.

* SPT의 샘플러에 전해지는 타격 에너지는 현장에서 사용되는 도구(로프의 굵기, 롯드의 직경, 로킹 헤드의 형상, 낙하 방법)에 따라 차이가 있고 N치는 그 에너지에 거의 역비례한다. 콘프리법과 톰비법은 해머의 이론적 자유낙하 에너지를 1로 하면 각각 0.6

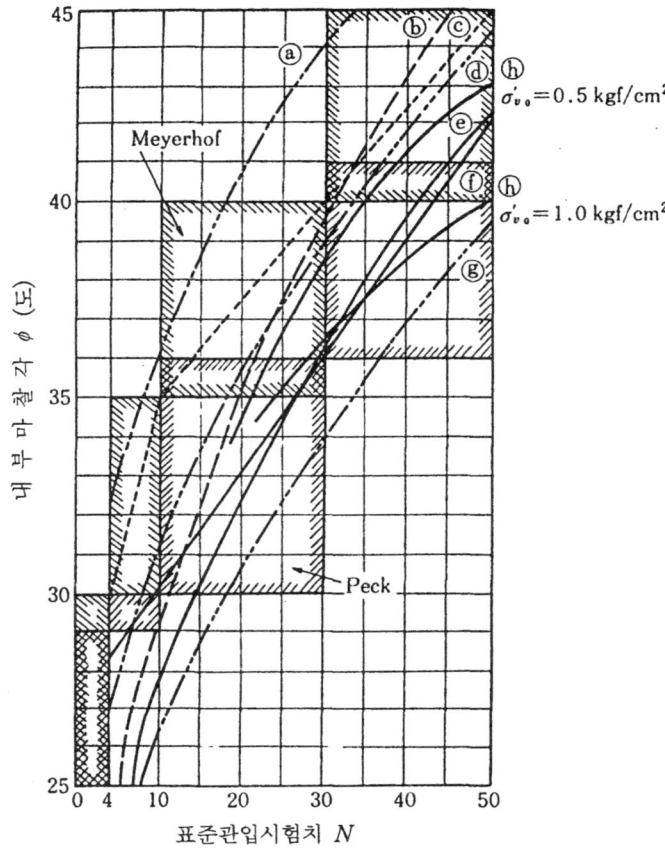

그림-2.8 사질토의 내부 마찰각과 N치

~0.7, 0.8~0.9이다. 특히 신중한 N치의 평가를 필요로 하는 경우 타격 에너지의 측정에 의한 보정이 요망된다.

* 호박돌이나 큰 자갈을 함유한 지층의 N치는 과대한 값을 나타내며 신뢰할 수 없기 때문에 SPT 대신 대형 관입 시험이 이용되며 그 경우의 N치에 대한 환산 방법이 제안되었다.

* 상대밀도(D_r) 모래의 마찰각(ϕ)에 밀접하게 관계된다고 하며 또한 N치는 D_r와 잘 대응된다고 말한다. 그러나 N치와 D_r의 관계는 유효 토피압(σ'_{v0})에 의해 현저하게 변화되므로 N치와 ϕ의 관계를 적절히 평가하려고 할 때는 σ'_{v0}로 보정을 한 N치로 평가해야 한다. 상기 ⓗ의 식은 그 견해로 제안된 식이다. 여기서는 실측 N치를 σ'_{v0} =1kgf/cm^{2}에 상당한 N치(N_1)로 환산한 간략식은 다음식을 기본식으로 한다.

$N_1 = N \cdot 1.7 / (\sigma'_{vo} + 0.7)$

ii) 일축압축강도 q_u 점성토의 일축 압축강도(q_u)와 N치의 관계는 거의 같은 소성지수(I_p)의 흙에서는 q_u/N은 일정한 사실이 밝혀졌다. 그러나, q_u/N은 I_p에 따라 1/8~1/2까지의 넓은 값을 가진 것이 확인되었다. 일본의 해성 점토는 $I_p > 30$의 흙이 많고, q_u/N ≒ 1/4~1/2(kgf/cm²)의 부근에 분포되었다(그림-2.9).

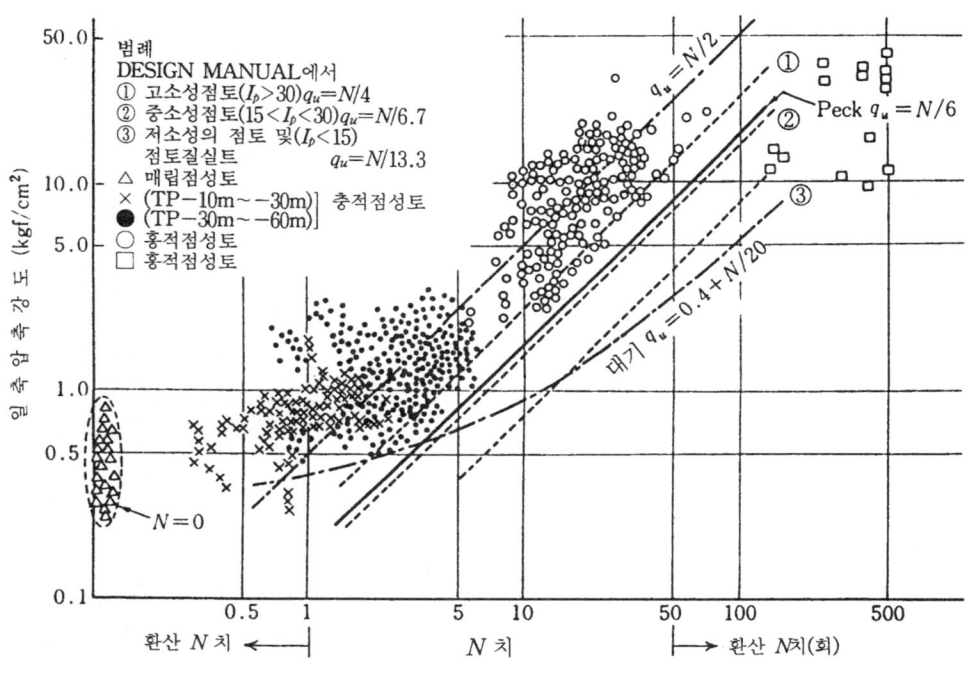

그림-2.9 N치와 일축 압축강도의 관계

iii) 선단 지지력 q_c N치와 말뚝의 선단 지지력의 관계는 지반의 평균 입경(D_{50})에 의해 변화된다. 말뚝의 선단 지지력을 콘 지지력(q_c)과 치환하여 세계 각국에서 보고된 실예에서 q_c/N과 D_{50}의 관계를 정리하면 그림-2.10에 나타낸 바와 같다. 이와 같은 그림에서 0표의 각점은 많은 대비 실측 데이터에서 얻은 중앙값을 나타낸 것이다. q_c/N 비는 평균 입경(D_{50})의 증대에 따라서 커지는 것을 나타내었다.

이와같이 흙의 강도 정수를 N치를 이용하여 평가할 때는 기타의 요소(입경, 토피압, 소성지수 등)을 포함하여 판정할 필요가 있다. 말뚝기초 설계에서 N치는 중요한 지반의 정보가 되고 있으나 그 설계식은 실물 말뚝에 관한 많은 실험 자료와 N치의 대비를 기본으로 작성된 것이다. 따라서 설계식의 기초가 된 실험 말뚝의 적용지반, 적용깊이, 말뚝의 종류 등 한정된 영역에서 타당한 설계식으로 생각해야 하며 그것에서 현저하게 떨어진 지반 조건 및 특이한 시공법으로 달성되는 말뚝의 설계에 이러한 기존의 설계식을 이용하는 경우에는 그 설계식의 타당성에 대해서 평가해야 한다.

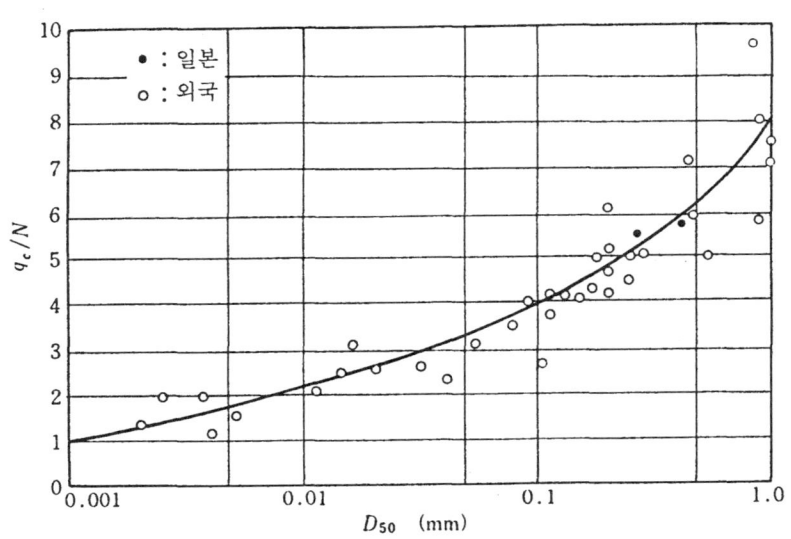

그림-2.10 콘 지지력(q_c)/N치와 평균 입경(D_{50})
(Robertson et al, 1983)

(2) 정적 콘 관입시험(CPT) 화란을 중심으로 하는 북유럽에서는 CPT를 이용하여 말뚝의 지지력을 구하는 것이 일반적으로 실시되고 있다. CPT는 일종의 모형 말뚝 시험으로 취급되며 그 시험결과에서 말뚝의 극한 지지력과 주면 마찰력에 관한 정확한 자료가 얻어지는 것으로 생각된다. 최근에는 충분한 지지력이 기대되지 않는 지반에 대한 정확한 말뚝의 지지력을 결정하기 위해 SPT를 보충하는 조사법이 사용되고 있다.

CPT는 선단각도 60°, 단면적 10cm^{2}를 가진 원추 콘을 정적으로 토중에 압입하고 그 콘에 작용하는 관입 저항을 측정하여 지반의 상태를 조사하는 것이다.

CPT의 선단부의 프로브에 대해서는 그림-2.11에 나타낸 각종 형상의 것이 세계적으로 이용되고 있다. 이 그림의 ②, ③은 더치콘이라 부르며 JISA 1220-1976에 적용되고 있다. ④, ⑤는 전기식 콘이라 부르며 국제 토질 기초 공학회의 표준 규격이 제창되었다. ⑥, ⑦, ⑧은 각각 피에조콘(CPTU), 피에조 폴릭션콘(CPTUF)이라 부르며 이중의 ⑧이 표준적인 프로브로서 인정되었다.

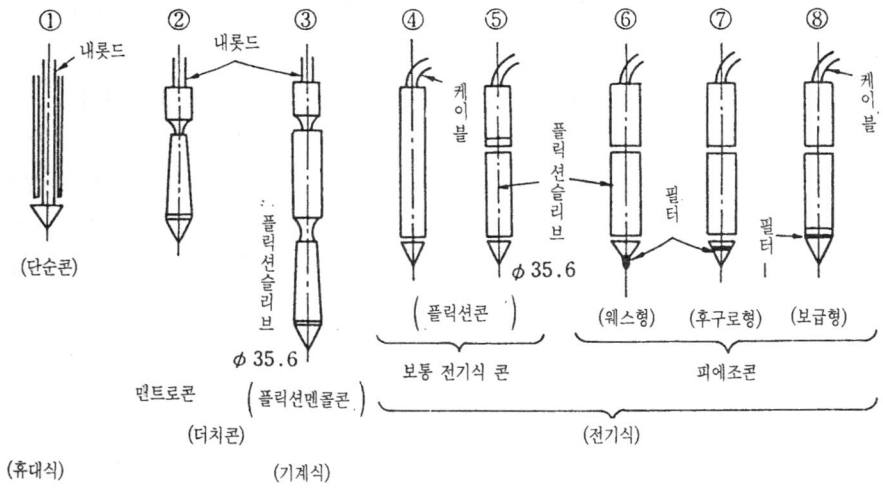

그림-2.11 정적 콘 관입시험의 프로브의 종류

CPT에서 측정된 선단콘의 관입저항, 주면마찰력은 다음 식으로 정의된다.

콘 지지력 : $q_c = Q_c/10$ (kgf/cm^2)

주면 마찰력 : $f_s = F_c/A_s$ (kgf/cm^2)

여기서 Q_c : 콘 선단부에 작용하는 압입력 (kgf/cm^2)

F_c : 플릭션 슬리브에 작용하는 마찰력 (kgf/cm^2)

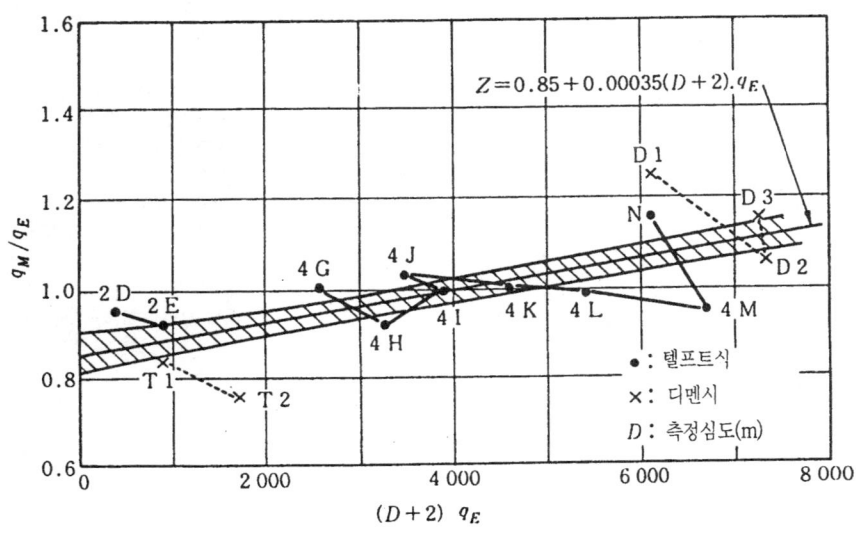

그림-2.12 더치콘과 전기식콘의 콘 지지력의 비교

또, CPTU, CPTUF로 측정되는 콘 관입중의 간극압(u_T)은 지반의 분류, 지반의 강도·압밀계수의 평가 등에 대단히 유익한 정보를 제공해 준다.

현실적으로 많이 사용되고 있는 더치콘과 전기콘은 선단부의 형상과 측정 장치가 다르기 때문에 실측된 콘 지지력에 다소의 차이가 인정된다(그림-2.12).

Rol(1982)의 모래지반에 대한 양자의 비교 실험에 의하면 플릭션 슬리브가 붙은 두 개의 콘, ③, ④의 콘 지지력을 각각 $q_M > q_E$의 비는 콘 관입 저항이 작은 얕은 심도에 0.85, 콘 관입저항이 큰 깊은 심도에서는 1.1로 변화되고 그 관계는 다음식으로 나타낸다.

$$q_M/q_E = 0.85 + 0.00035(D+2)q_E$$

여기서 D=관입심도 (m)

또한, Schmertmann(1975)은 $q_M > q_E$의 관계이며 q_M으로 평가되는 말뚝의 지지력에 대해서는 안전율 F_s=3.0, q_E를 사용한 경우 F_s=2.25로 해야 한다고 제창하였다.

ⅰ) CPT데이터에 대한 토질 판별(그림-2.13) CPT는 지반을 직접 눈으로 볼 수 없기 때문에 CPT데이터를 이용한 지반의 분류는 말뚝 기초 설계에서 중요하다. CPT를 사용하여 얻은 데이터에서 토질을 판별하는 경우 Robertson(1990)의 판별도가 합리적이

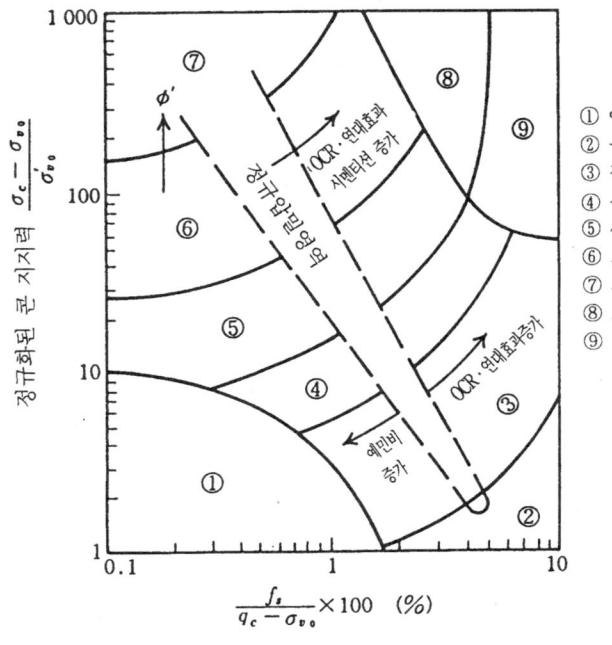

그림-2.13 CPT 데이터에 의한 토질 판별도

다. 이 그림에서는 수직 유효토피압 σ'_{v0}로 콘 지지력을 정규화한 좌도를 사용하면 깊은 심도의 지반분류에 불편이 없는 배려가 이루어지기 때문에 현재 가장 합리적인 판별도로 평가된다.

ii) 말뚝의 선단 지지력 평가 CPT를 이용한 말뚝의 선단 지지력을 구하는 방법은 화란법(Dutchmethod)이 높이 평가되고 있다. 그 평가법은 말뚝의 선단부에 대한 흙의 파괴면 형상과 CPT의 것은 비슷하다는 가정에 의하며 모래 지반과 점성토 지반의 양쪽에 동일한 방법을 적용한다.

직경이 같은 타입 말뚝을 모래 지반에 설치한 경우, 다음식에 나타낸 콘 지지력과 같은 극한 지지력을 갖는다.

$$Q_b = q_p \cdot A_b$$

여기서 $q_p = \dfrac{q_{c1} + q_{c2}}{2}$

말뚝의 극한 지지력에 관계되는 지반의 영역은 말뚝 하단에서 위쪽으로 말뚝 직경 d의 8배 영역과 말뚝 하단 하측에 $0.7 \sim 0.4d$(차이는 지반 경도에 따라 변화된다)의 영역으로 분류되며 각각의 평균 콘 지지력을 q_{c2}와 q_{c1}으로 한다. 실제 지반의 콘 지지력은

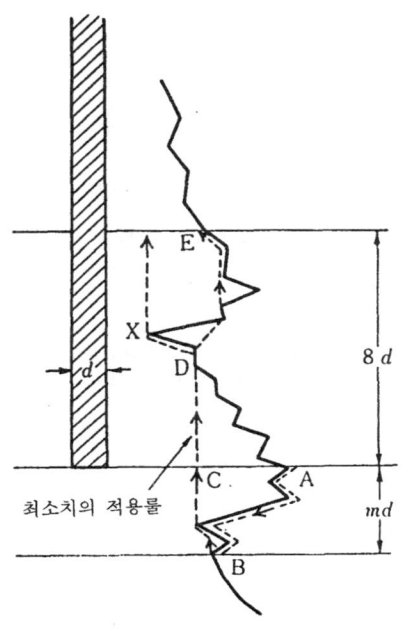

$q_p = \dfrac{q_{c1}+q_{c2}}{2}$

q_{c1} : 말뚝선단에서 하측의 깊이 md의 부분에 적용하는 q_c의 평균치 좌도에 표시한 A→B방향과 B→C방향의 2방향의 경로의 양경로의 q_c를 가산한다. A→B경로에 따른 실제의 q_c의 값과 B→C에 따른 최소치의 q_c의 값을 쓴다.

그러므로 $q_{c1} = \dfrac{q_c(A \to B) + q_c(B \to C)}{2}$

을 얻는다.

q_{c2} : 말뚝선단에서 상측의 깊이 $8d$의 부분에 적용하는 q_c의 평균치 q_{c1}을 계산할 때의 B→C경로와 같도록 최소치의 적용률을 쓴다. 만약 모래 지반속이라면 최소의 값 X점은 무시하나 만약 점토 지반이라면 최소 경로측을 적용한다.

그림-2.14 화란법에 의한 말뚝의 선단 지지력의 계산

복잡하게 변화되므로 q_{c1}, q_{c2}의 평균 결정 방법에 대해서 특이한 방법을 적용하는 것이 화란법이며, 그 상세를 그-2.14에 설명한다.

　iii) 마찰말뚝의 지지력 평가　신뢰성이 높은 마찰말뚝의 지지력 평가법은, 노팅검법 (또는 슈머트맨의 방법이라고 부른다. 1975)이 있다. 말뚝의 극한 마찰력 Q_s는 다음식으로 주어진다.

$$Q_s = K_{s,c} \left[\sum_{l=0}^{8d} \left(\frac{1}{8d} \right) f_s \pi d \Delta l + \sum_{8d}^{l} f_s \pi d \Delta l \right]$$

여기서　$K_{s,c}$: 모래 또는 점토에 대한 보정계수(그림-2.15)
　　　　f_s : 플릭션 슬리브에 작용하는 단위면적당의 주면 마찰력(kgf/cm^2)
　　　　l : f_s를 측정한 심도
　　　　d : 말뚝의 직경

　최근의 CPT에 관한 연구는 전기콘을 사용한 것이 대부분이며 특히 그림-2.11의 ⑧

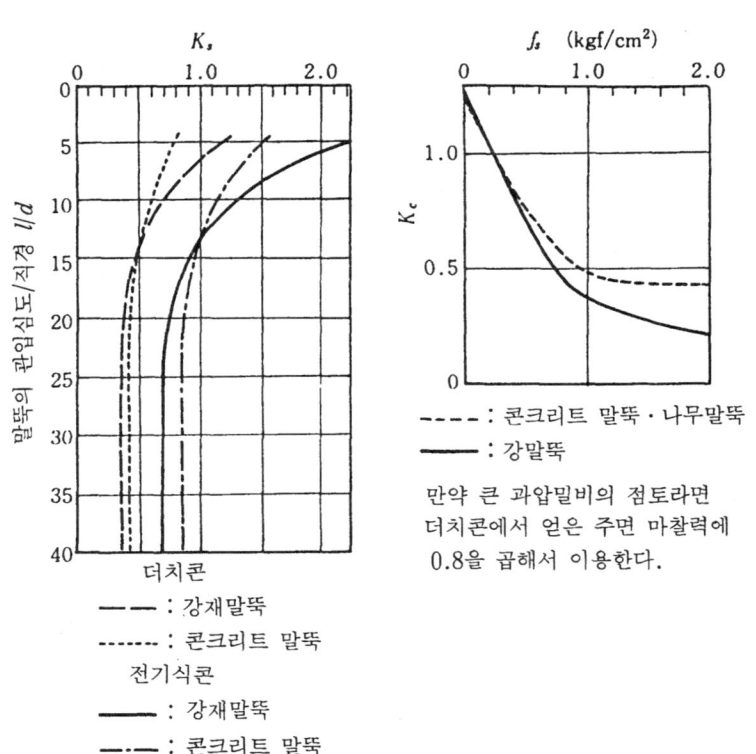

그림-2.15 주면 마찰력 보정계수

을 사용한 기초 설계에 적용하는 연구가 많다. 그러나 말뚝기초를 채택하는 경우의 대상 지반은 보통 심도가 깊고 중간층을 관통한 심도를 대상으로 하는 수도 많으므로 구조적으로 완벽한 기기가 요구되기 때문에 전기식 콘 보다도 더치콘을 이용하는 수가 많다. 그 경우 보링 기계 천공과 병용한 조사가 실시되고 있으나 작업효율이 나쁘고 고가이다. 그러므로 보링 장비와 조합시킨 작업 효율이 좋은 장치의 개발이 요망된다.

(3) 스웨덴식 사운딩 시험(WST) 이 시험 방법은 그림-2.16에 나타낸 바와같이 특수한 선단 형상을 한 스크류 포인트에 붙은 롯드에 최대 100kg의 추를 크램프에 고정하여 이것을 핸들 또는 파이프 렌치를 써서 회전시키면 스크류 포인트 하단의 관입심도 1000cm에 상당한 반회전수(N_{sw})를 나타낸다.

이 시험에서는 흙의 시료 채취가 안되나 가까운 토질 주상도를 기본으로 관입 저항 및

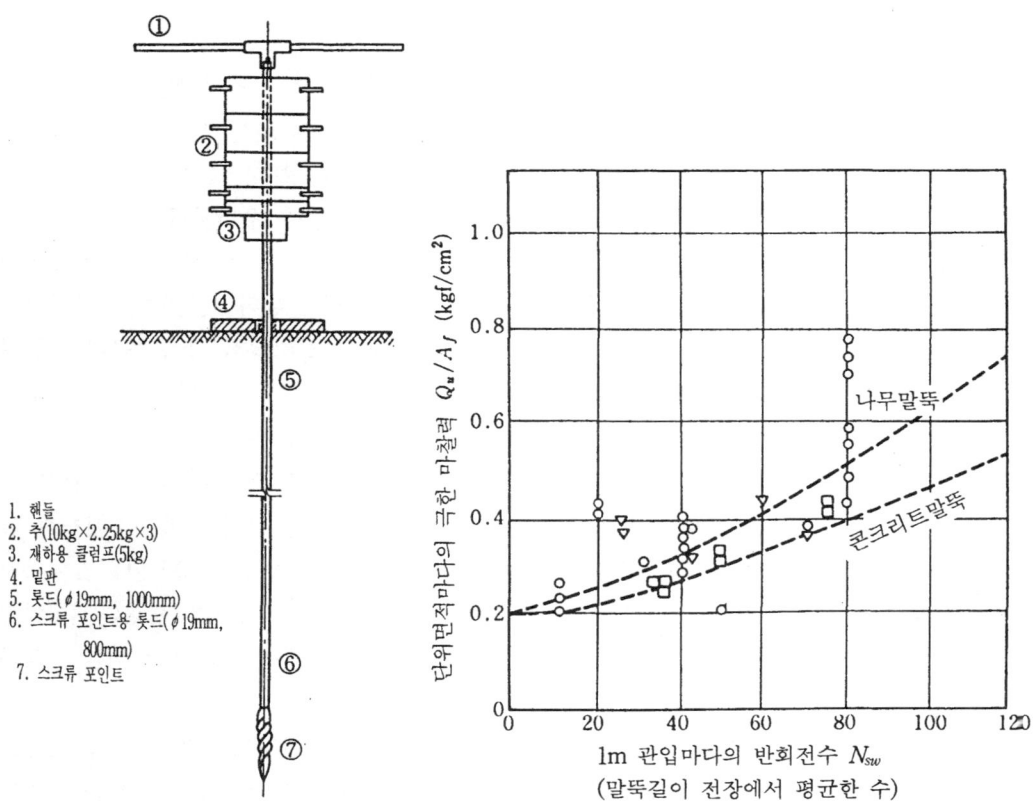

그림-2.16 스웨덴식 사운딩 시험기

1. 핸들
2. 추(10kg×2.25kg×3)
3. 재하용 클램프(5kg)
4. 밑판
5. 롯드(ø19mm, 1000mm)
6. 스크류 포인트용 롯드(ø19mm, 800mm)
7. 스크류 포인트

그림-2.17 모래지반의 말뚝 마찰력을 구하는 그림

시험중에 선단 롯드에서 롯드를 통하여 전하는 파쇄음 등을 참고로 토질을 추정할 수 있다.

이 방법은 말뚝기초를 대상으로 한 조사로서 유효하게 사용되는 지반 조건은 연약한 점성토의 아래에 지지층이 있고, 더구나 그 심도가 얕은 경우와 비교적 완만한 모래지반이 지표면에 분포되어 그것이 끊기지 않고 분포된 경우에 한한다. 5m 이상의 모래층 밑에 연약한 점성토가 있는 경우에는 그 점성토의 판별이 곤란할 때가 많다.

말뚝의 설계에 관계되는 WST의 연구는 적고, 노르웨이의 말뚝위원회(Norwegian Pile Committee 1973)의 보고가 있을 뿐이다. WST의 결과 모래층에서 마찰말뚝의 극한 지지력을 구하는 그림-2.17을 추천하였다. 이 그림은 많은 실제말뚝을 써서 말뚝이 파손되거나 지반이 파괴되는가의 여부까지 재하하여 극한 지지력을 구하는 것이다. 이 그림은 어디까지나 모래 지반에 한하여 적용된다.

2.3.4 토질시험

(1) 흙의 판별 분류 시험 실내 토질시험 중, 물리 시험으로서 일괄적인 시험은 흙의 판별 분류를 목적으로 실시하는 실험이다. 말뚝의 설계·시공이라는 관점에서 물리시험 결과에 따라 판단되는 사항을 정리하여 표-2.9에 나타낸다. 특히 중요한 판단 사항의 예를 들면 다음과 같다. 어떤 입도 조성을 가진 모래층은 공내 수위차가 어느 한도 이상이 되면 보일링을 일으키는 수가 있다. 보일링이 생기면 $N>50$의 모래가 $N=10\sim15$ 정도가 되며, 말뚝 하단부에서 지지층으로서의 지내력을 잃게 된다. 이와같은 보일링을 일으키기 쉬운 모래의 입도 분포를 그림-2.18에 나타낸다. 현장타설 말뚝시공때에 공내의 비트, 스크류오거 등의 인상에 따라 일시적으로 공내와 공외 사이에 수압차가 생기며 공외에서 공내를 향하여 지하수가 흘러들어 모래 지반이 보일링 되는 수가 있다. 이 그림에 나타낸 선굴말뚝의 사고는 말뚝선단에 콘크리트 모르타르를 주입한후, 확대기초 시공때에 총개수 29개중 26개에 대해서 0.5~2m의 침하가 생긴 실예가 있다. 베노트 말뚝으로 시공된 사례에서는 N치 50 이상의 모래층이 말뚝의 직경 100cm의 2배 깊이까지 $N=10\sim20$으로 변화되고 구조물의 설계 하중에서 30cm 이상의 침하가 생겼다. 이와같이 그림에 나타낸 입도 조성의 모래에는 현장타설 말뚝의 시공법 선택에 충분한 주의가 필요하다.

(2) 일축 압축시험 점성토 지반의 강도는 주로 비배수 전단강도, 점착력 $c_u=q_u/2$로서 구하는 것이 보통이다. 일축 압축시험은 벗겨진 원주 공시체를 써서 실시하며 빨리 전단되므로 비배수 전단 시험으로 생각된다. 시료를 대기중에 일시적으로 개방하기 때문에 공시체 보유 지반의 구속압이 충분히 유지되는 시간내에서 시험을 하지 않으면 안

표-2.9 물리시험과 말뚝의 설계

분류시험의 명칭	설계 및 분류에 관한 제의견
토립자의 밀도시험	모래·점성토 동시에 그만큼 차이가 없으나, 부식물, 패각 등이 많이 함유한 경우는 겉보기의 비중은 작다. 통상 2.6~2.8이지만 그보다 작은 rudd는 상술한 이질물을 함유한 경우가 많다. 또한 3.8이상의 흙은 철·마그네슘 등의 원소를 많이 함유한 광물, 또는 암석을 많이 함유한 화산재나 환산암에 유래되는 흙의 경우가 있다. 동일 지반에 지지해야 할 말뚝기초 설계에 있어서 일단의 체크를 할 필요가 있다.
입도시험	주로 모래·사질토를 분류하는데 유효하다. 어떤 입경의 모래는 현장타설 말뚝의 시공에 어려움이 있다. $N<15$의 포화된 사질토에 대해서는 N치를 수정할 필요가 있는 입도가 있다.
함수비시험	함수비는 흙의 압축과 강도에 관계되는 중요한 요소이다. 자연 함수비 w_n으로 대략 분류하면, $w_n=5~20$ 사질토, $w_n=20~30$ 실트 또는 고결토, $w_n=30~60$ 중 정도의 점성토, $w_n \geq 60$ 고위의 점토, $w_n>150$은 주로 부식물을 함유한 점토이다. 자연함수비가 액성한계를 초과하는 점토는 마찰말뚝의 지지층으로 쓰는 것은 피해야 한다.
흙의 습윤밀도시험	흙의 유효 토피 중량은 극히 중요한 지지력의 요소이다. 포화도에 주의하여 수중 중량을 정하는 것이 중요하다.
액성·소성한계시험	액성한계와 자연함수비의 비교에서 흙의 예민성을 판단한다. 소성지수 $I_p(=w_L-w_p)$로 $I_p \leq 10$의 점성토는 특히 시공중의 진동 등 응력에 약하다(퀵크레이). N치와 일축 압축강도의 관계는 I_p에 따라 $1/8~1/2$로 변화된다. 예민성이 높은 흙일수록 I_p가 크나 I_p가 클수록 안전율을 높이 취할 필요가 있다.

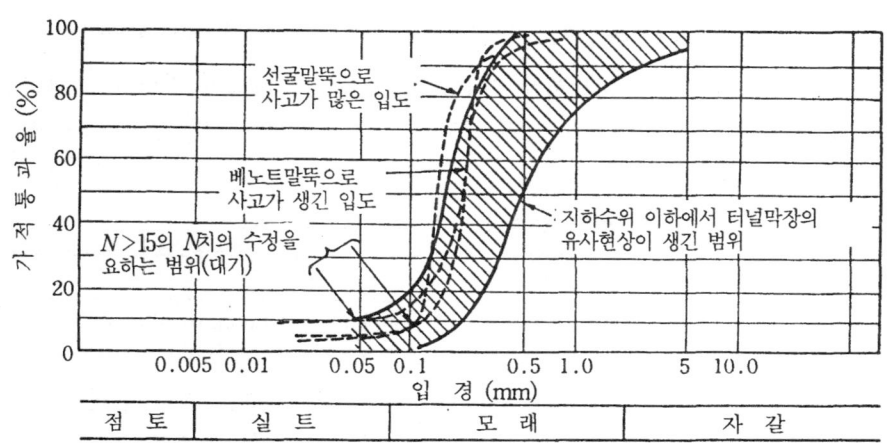

그림-2.18 현장타설말뚝 시공시에 유사현상이 일어나기 쉬운 사질토의 입도

된다. 또한 공시체의 건조 방지를 위해 젖은 타올을 대는 것은 공시체의 흡수 팽창을 돕게 되며 신중히 해야 한다. 사질분을 많이 함유한 점성토는 현상의 시험 방법으로 필요한 시간에서는 원위치의 구속압을 유지한 시험결과(즉 원위치 강도)를 얻는 것은 곤란할 때가 많으므로 실제의 강도보다도 작은 값을 나타내는 경향이다.

점성토 지반에 대한 말뚝의 주면 마찰력은 말뚝과 지반의 비배수 조건의 부착력 c_a로 결정된다. 부착력 c_a는 말뚝의 재료, 흙의 종류, 말뚝의 시공법 등의 요소에 따라 크게 다르다. 지반의 비배수 전단강도 c_u와 c_a를 대비한 연구는 많고, McClleland(1974)는 타입말뚝에 관해서 그림-2.19에 총괄하였다. 일반적으로 연약한 점토($c_u \leq 0.2\text{kgf/cm}^2$)에서는 $c_a/c_u < 1.0$이며 분산이 크다.

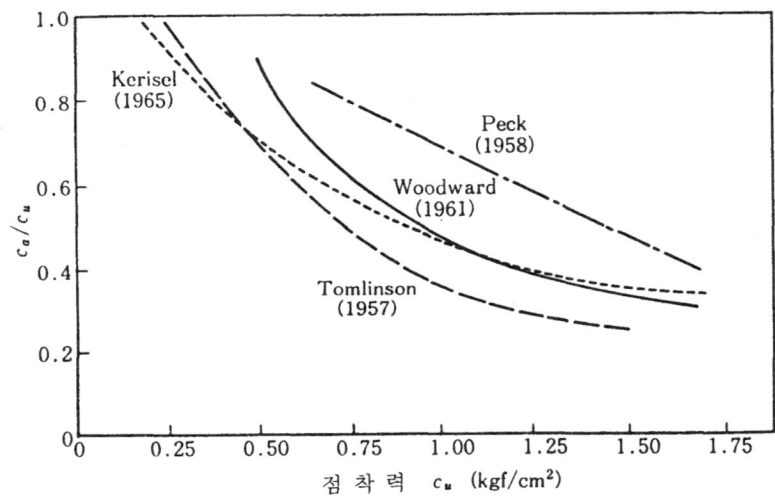

그림-2.19 점토에 타설된 말뚝의 부착력 계수 (McCllelland, 1974)

현장타설 말뚝의 부착력에 대해서는 타입말뚝에 비하여 자료가 빈약하다. 표-2.10은 현장타설 말뚝의 부착력 계수($=c_a/c_u$)를 총괄한 것으로 흙의 교란 강도 c_r와 불교란 강도 c_u의 양자에 대해서 보고되었다.

표-2.10 점토중의 천공말뚝 부착력 계수

흙의종류	부착력계수		제 안 자
런 던 점 토	c_a/c_u	0.25~7 평균 0.45	Golder and Leonard (1954) Tomlinson (1957) Skempton (1959)
예 민 점 토	c_a/c_r	1	Golder (1957)
고위의 팽창성점토	c_a/c_u	0.5	Mohan and Chandra (1961)

연암에 설치된 말뚝의 주면 마찰력(부착력과 같은 의미) c_a와 일축 압축강도 q_u의 비를 m으로하여 q_u와의 관계를 Meigh and Wolski(1979)는 많은 보고문에서 데이터를 정리하여 그림-2.20에 정리하였다.

말뚝이 발휘하는 주면 마찰력은 말뚝시공에 의한 교란의 영향으로 연암의 전단 강도보다도 작은 것이 일반적이다. 이 그림은 말뚝의 재하 시험으로 확인된 주면 마찰력을 기초로하여 연암의 일축 압축강도와 비교한 것이다. 저자는 많은 기존 데이터의 신뢰성을 검토하고 신뢰성이 높은 데이터에 대해 ●표를, 불확실로 생각하는 데이터에 ○표를 붙

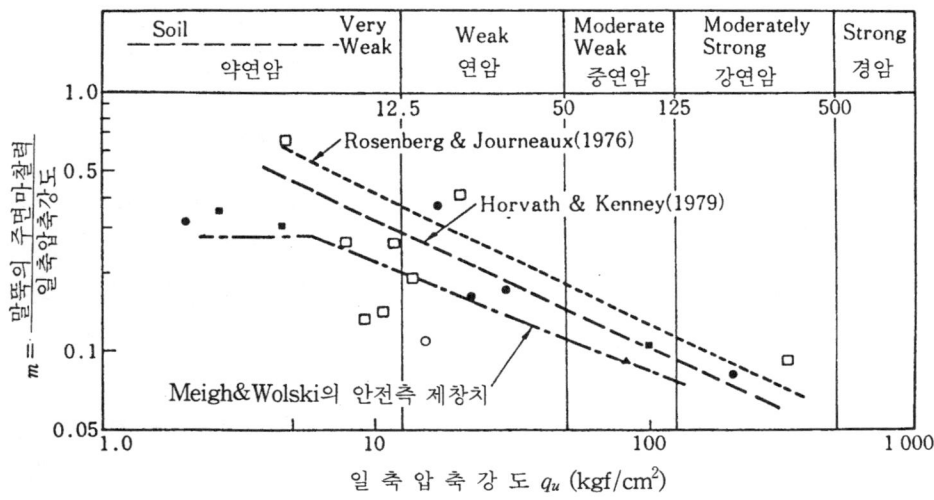

그림-2.20 연암의 현장타설 말뚝의 주면 마찰력과 일축 압축강도

였다. 각점의 분산 관계를 평균선으로 나타낸 것을 중지하고 안전측인 추장치로서 일점 쇄선으로 나타내는 관계를 제창하였다.

2.3.5 지하수위

(1) 지하수위 조사의 원칙 지하수위는 각 지층별로 다른 것이 보통이다. 동일한 모래층으로 판정된 경우에도 얇은 점성토가 협재하는 경우 먼저의 지하수위 저하때에 형성된 산화대가 존재하는 경우에 따라서 개개의 지하수위를 지니게 된다. 예를들면 인력굴착으로 심초 말뚝기초를 시공하기 위해서 사전에 투수성이 좋은 모래층에 지하수위 저하를 목적으로 그림-2.21에 나타낸 심도로 스트레이너를 마련하고 디프웰로 양수하였다. 관측정에서 확실히 수위저하를 확인하고 굴착을 시작하였다. 굴착 심도가 모래층에 도달했을 때 현저한 용수에 조우되어 시공이 곤란하였다. 시공을 중단하고 2개월에 걸

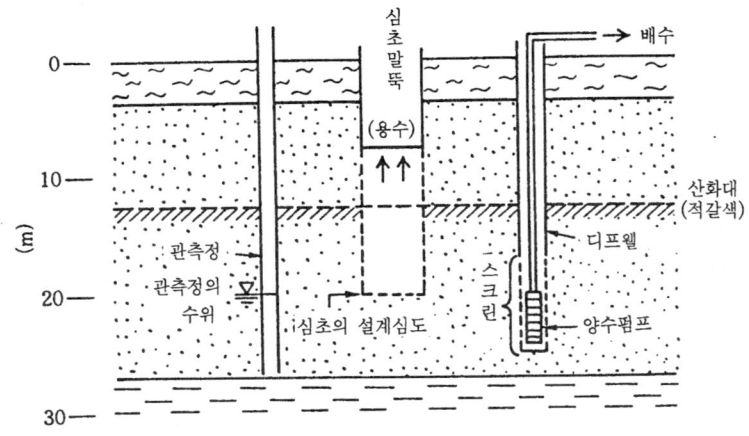

그림-2.21 심초 말뚝시공 장소의 디프웰과 관측수위

친 원인 조사를 한 결과 투수성이 좋은 모래층 속의 산화대(두께 30cm 정도)가 당초 동일한 것으로 생각한 지층의 지하수를 2분한 것이 밝혀지게 되었다. 대개 관측정의 경험에 의하면 점성토의 층두께가 10cm로 얇아도 이것이 면적으로 연속되어 있으면 지하수위는 개개의 심도에 해당되는 것으로 생각하는 편이 좋다. 그것은 지하 수위 조사는 다음과 같이 계획해야 한다는 것을 시사한다.

지하 수위의 조사는 지층의 세밀한 층상을 잘 관찰하여 불투수층으로 된 일부 불연속층을 확인하는 것이 중요하다. 때문에 가장 값싸고 확실한 방법은 표준관입 시험을 심도 50cm마다 실시하고 시료를 잘 관찰하는 일이다. 이 경우 실측 N치의 정확성을 희생하더라도 부득이 하다. 또한 지하수가 담수인 경우 세가지의 전극 간격을 갖춘 전기 검층을 보링 구멍에서 실시하는 방법도 효과적이다.

이와같이 지하수 대수층의 경계조건을 명확히하여 각각의 지하수위를 개별로 관찰하는 것이 원칙이다.

(2) 지하수위 관측 지하수위의 심도가 공사에 중대한 영향을 주는 경우에는 각 대수층별로 공극을 가지며 각층과의 경계부에서 지하수의 유동을 차단하는 구조의 관측정을 설치하여 각층의 지하수위를 시간적으로 변화를 관측해야 한다. 그림-2.22는 자기 수위계를 사용하여 얻은 지하수위의 기록이며 그 관측수위가 아침 9시~12시, 13시~17시의 공장 가동 시간에 저하되는 경우가 이해된다. 지하수위는 일, 월, 년의 단위로 변동을 되풀이 하기 때문에 공사 전후에 걸친 장기 관측의 실시가 요망된다.

지하수위의 조사는 보링 지질 조사와 동시에 실시되는 수가 많다. 그 방법은 그림-2.23에 나타낸 순서로 실시된다. 관측관에 주수하여 평형 수위를 얻으면 간편하게 버

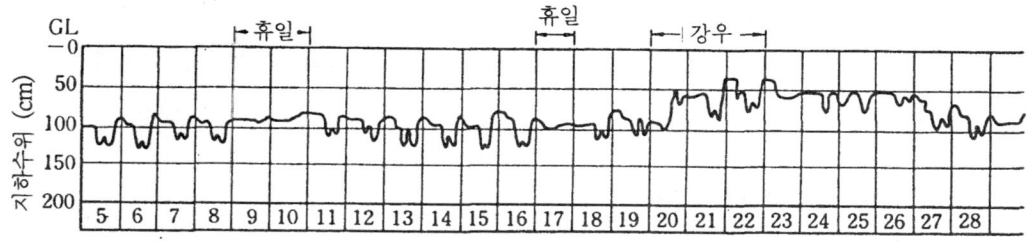

그림-2.22 지하수위 변동 기록예

스킷으로 퍼올려서 수위를 저하시키고 상술한 평형 수위까지 회복되는 상황을 확인하여 지하 수위로 한다.

이와같이 주수와 퍼올리는 두가지 방법으로 이중의 체크를 하여 원위치의 지하 수위를 결정하는 것이다. 통상의 굴착중 보링 구멍의 수위는 정확한 값을 타나낸다고는 할 수 없으므로 설계·시공계획에서 보링 구멍의 수위 기록을 신뢰하는 것은 피해야 한다. 깊은심도에 있는 지하수 대수층의 지하수위를 관측하는 경우 각 심도에 대해 한 개의 관

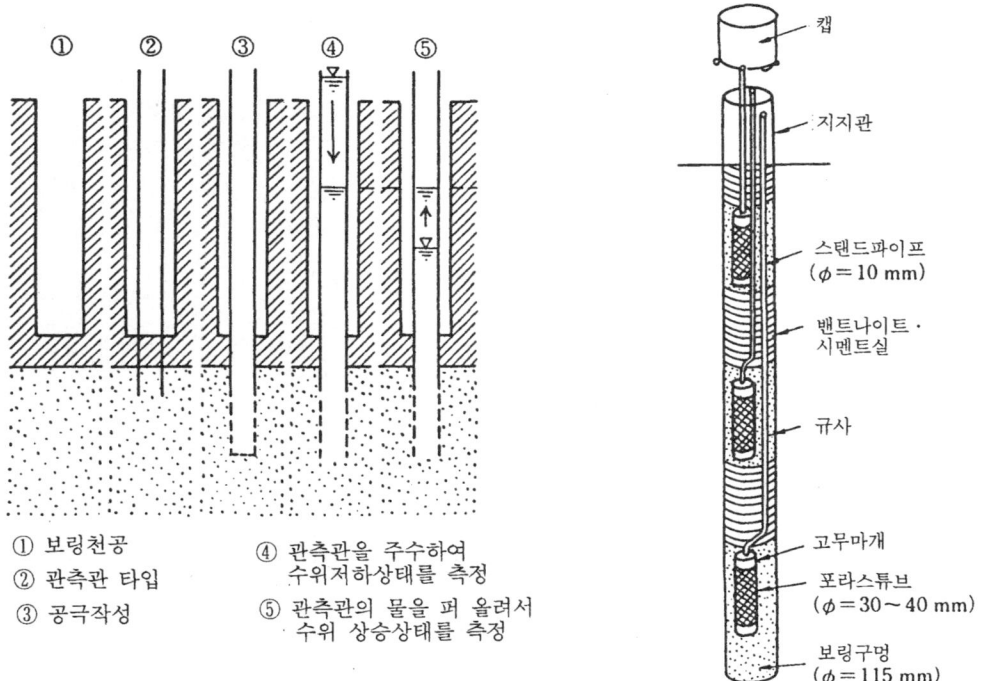

① 보링천공
② 관측관 타입
③ 공극작성
④ 관측관을 주수하여 수위저하상태를 측정
⑤ 관측관의 물을 퍼 올려서 수위 상승상태를 측정

그림-2.23 보링조사와 동시에 실시하는 지하수위 조사순서

그림-2.24 한구멍 다심도 관측정의 구조약도

측정을 설치하는 것이 확실하나 경제적 또는 용지적인 제약에서 한 구멍에 세가지 심도의 지하 수위를 관측할 목적으로 그림-2.24에 나타낸 구조의 관측정을 설치하는 것도 가능하다.

2.3.6 공내 횡방향 재하시험

공내 횡방향 재하시험은 멤브렌을 통하여 벽면에 균등한 압력을 주는 프레쇼미터(PMT)와 원판 또는 둘로 나눈 강판을 공벽에 별도로 가압하는 보아홀잭의 두가지로 대별된다. 현재 PMT가 세계 각국에서 표준적인 조사법으로 인정되었으며 그 연구도 진행되는 한편, 보아홀 잭 시험은 그 적용이 한정되었다.

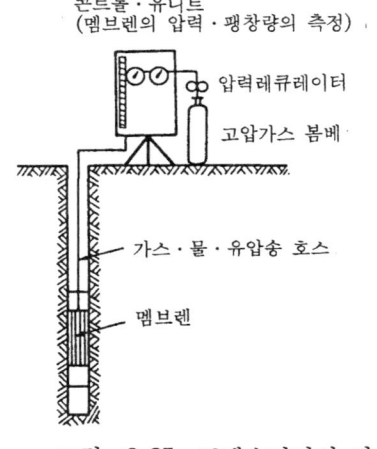

그림-2.25 프레쇼미터의 장치

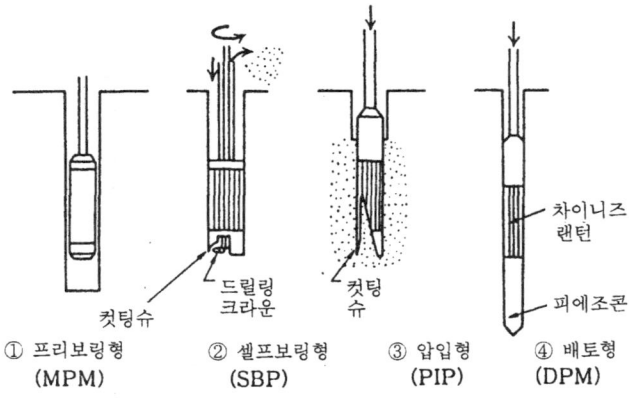

그림-2.26 프로브 삽입법에 의한 프레쇼미터의 분류

PMT는 적용지반의 영역이 넓고, 시험 데이터의 해석에 따라 지반의 변형 특성과 강도 파라미터를 구할 수 있다. 말뚝 기초 설계에 관해서는 선단 지지력, 주면 마찰력, 횡방향 지반반력, 말뚝기초의 침하 측정을 목적으로 PMT는 널리 이용되고 있다.

(1) 측정원리와 종류 PMT의 장치는 고무멤브렌을 외벽에 놓고, 원통관을 물, 기름 또는 불활성 가스로 가압하여 팽창시키고 그때의 압력과 멤브렌의 팽창량(체적변화량 또는 팽창 변위량)의 측정을 하기 위한 장치이다(그림-2.25).

현재까지 개발된 PMT는 프로브의 지반에 대한 삽입법별로 나누어 그림-2.26에 나타낸 4종으로 대별된다. 그림-2.26에 나타낸 기호로 MPM은 가장 역사가 오래된 말뚝 기초 설계를 위해 널리 이용되었다. SBP는 1970년대에 개발되어 지반의 토질 파라미터를 직접 구할 것을 목적으로 연구 이용되었다. PIP 및 DPM의 사용은 한정되었으나 주로 해상 먼곳의 연약 지반을 주요한 대상 지반으로서 개발된 것이다.

측정 결과는 그림-2.27에 나타낸 바와 같이 개발자의 창의를 반영하여 3종류의 양식으로 표현되었다. 이 3가지의 표현법에 대응하는 계산식을 이용하면 이론적으로는 같은 변형계수가 얻어진다.

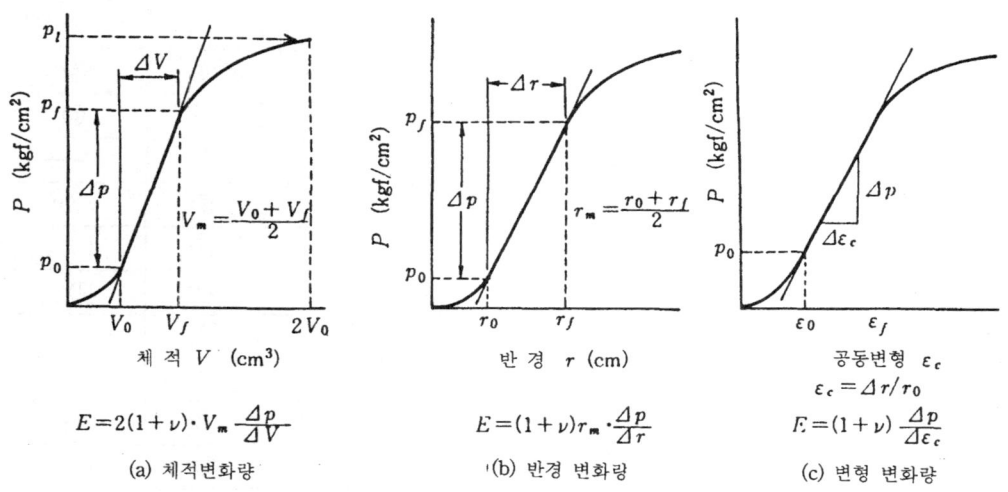

(a) 체적변화량

$$E = 2(1+\nu) \cdot V_m \frac{\Delta p}{\Delta V}$$

(b) 반경 변화량

$$E = (1+\nu) r_m \cdot \frac{\Delta p}{\Delta r}$$

(c) 변형 변화량

$$E = (1+\nu) \frac{\Delta p}{\Delta \varepsilon_c}$$

그림-2.27 프레쇼미터 측정 결과의 표시방법과 변형계수의 계산식
(MPM형의 프레쇼미터를 사용한 경우)

(2) 프랑스형의 설계법 일본에서는 거의 대부분 수평방향 지반 반력계수(k_h)의 설정을 위해 PMT 시험이 실시되었으나 특히 프랑스를 중심으로 유럽 각국에서는 말뚝기초의 지지력과 침하를 해석할 목적으로 PMT가 사용되었다. MPM형을 사용하여 구한 지반

의 정미의 한계압($P_l^* = P_l - P_0$)을 파라미터로하여 말뚝기초의 선단 지지력과 말뚝의 마찰력을 산정하는 방법이 프랑스식이다. 프랑스에서는 그림-2.27에서 구한 변형계수 (PMT 고유의 특성치로서 취급한다)를 말뚝하단 지반의 변형과 지반 반력계수의 해석에 이용하였다.

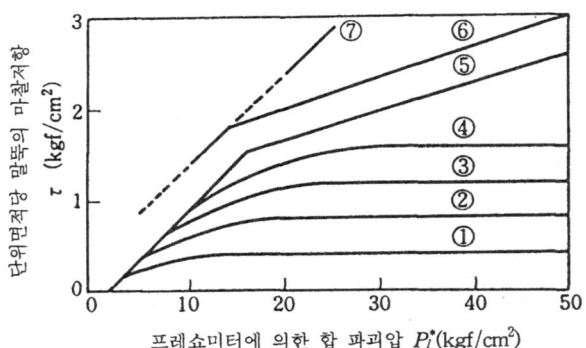

[마찰저항력을 평가하기 위한 선택표]

	점토 실트	모래	자갈	쵸크	마르	변질 또는 균열이 많은 암석
무수천공말뚝	①⁺②₍₂₎③₍₃₎	―	―	③⁺⑥⁺₍₂₎	④⁺⑤₍₂₎	⑥⁺
이수천공말뚝	①⁺②₍₂₎	①⁺₍₆₎②	②₍₆₎③	③⁺⑥⁺₍₂₎	④⁺⑤₍₂₎	⑥⁺
케이싱천공말뚝	①②₍₄₎	①⁺₍₆₎②	②₍₆₎③	③⁺④⁺₍₄₎	④	―
인력굴착심초	②③₍₅₎	―	―	④⁺	⑤	⑥⁺
선단폐합 타설말뚝 강관	①⁺②₍₅₎	②	③	④	④	④⁺₍₇₎
선단폐합 타설말뚝 콘크리트	②	③	③	④⁺	④⁺	④⁺₍₇₎
페데스탈 말뚝	②	②⁺	③	④	④	―
철제페데스탈말뚝	②	③⁺	④	⑤⁺	④⁺	―
저압주입말뚝	②⁺	③⁺	③⁺	⑤⁺	⑤⁺	⑥⁺
고압주입말뚝	⑤⁺	⑤⁺	⑥⁺	⑥⁺	⑥⁺	⑦⁺₍₉₎

(1) 파이프를 쓰지 않고 굴착한다.
(2) 천공 완료시에 재굴착과 리밍한다.
(3) 단단한 점토만 재굴착과 리밍하여 천공을 완료하는데 대해서($P_l \geq 15\text{kgfcm}^2$)
(4) 무수천공·무회전 튜브
(5) 단단한 점토($P_l \geq 15\text{kgfcm}^2$)
(6) 장척말뚝(30m이상)
(7) 타설이 가능한 경우
(8) 한정·반복·완속주입
(9) 공동을 봉입 전처리를 한다. 마이크로 파일에만 적용

그림-2.28 말뚝의 주면 마찰력과 P_l^*의 관계
(프랑스 건설성(LEPC)의 설계지침 1985에서)

이러한 해석법은 많은 실물 크기의 실험과 각종의 실내 토조 실험결과의 경험을 기초로 개발된 것이다. 예를 들면 그림-2.28은 240개의 실물 크기의 계측기 부착 말뚝의 재하 시험 결과와 P_l^*의 직접 대비에 따라 작성된 그림이며, 이 그림에서 각종 공법으로 조성된 말뚝의 단위 면적당 마찰력을 산정한다(Baguelin al 1996).

(3) 측면 재하 말뚝의 비선형 변형해석에 쓰이는 $P-y$곡선 측면에 힘을 받는 말뚝의 변위는 심도 또는 토층 구분 각각의 지반에 관한 재하중 변위($P-y$)곡선을 설정하고 수치를 해석하여 구한다. 이 $P-y$곡선을 결정하는 방법은 PMT곡선을 직접 이용하는 방법이 널리 알려졌다. 원지반의 $P-y$곡선은 PMT의 응력-변형($p-\varepsilon_c$)곡선과 닮은꼴로 가정하여 그림-2.29에 나타낸 바와같이 상사비 α(통상 $\alpha=2.0\sim2.5$)를 곱하여 결정한다.

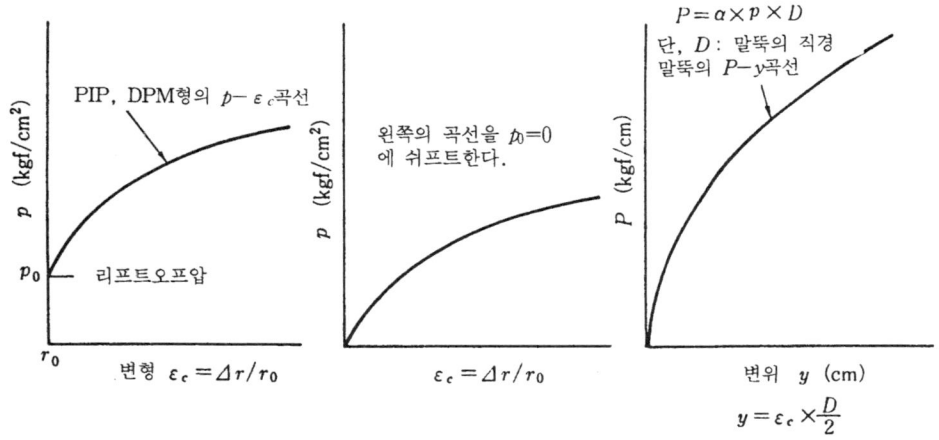

그림-2.29 프레쇼 미터 곡선에서 결정하는 말뚝기초 지반의 $P-y$곡선 결정순서

말뚝의 측면 변위는 말뚝시공에 따라 주어지는 측면 지반이 교란되는 정도에 따라 변화되는 것으로 생각되며, $P-y$ 곡선을 결정하기 위한 PMT의 삽입법은 타입 말뚝과 천공 말뚝으로 나누어 각각 PIP·DPM 및 SBP·MPM이 최적이라고 말한다. 이오같이 결정된 $P-y$곡선을 사용하여 해석된 말뚝의 지표면 변위와 말뚝 본체의 변위량은 실측치의 20%이내의 오차로 예측된 것으로 보고되었다(Robertson et al 1986).

제 3 장 말뚝기초의 설계

3.1 설계 개요

3.1.1 설계상의 기본적 사항

말뚝기초는 소요의 강도를 가지며 상부 구조물을 안전하게 지지하는 동시에 유해한 변위가 생기지 않도록 설계해야 한다.

말뚝기초의 설계는 일반적으로 다음의 각 조건을 만족시켜야 한다.
① 말뚝기초에 작용하는 외력에 대해서 충분한 지지력을 가질 것
② 말뚝기초와 상부구조물의 변위가 각각 허용치 이하일 것
③ 말뚝기초의 각 부재가 소요의 강도를 가질 것
④ 기초 주변의 지형, 지질 등의 조건에 따라서는 그림-3.1, 3.2에 나타낸 것처럼 구조물에 영향을 미치는 범위의 지반 안정에 대해서도 검토한다.

다음에 건축, 도로, 철도 항만 등 각 분야의 특징을 말한다.

(1) 건축

i) 말뚝의 허용지지력은 건축 기준법 및 동 시행령과 건설성 고시, 통첩 등에 정해져 있으나 지방자치단체에서 독자적으로 기준을 정한 곳도 있으므로 참조해야 한다(부록 참조).

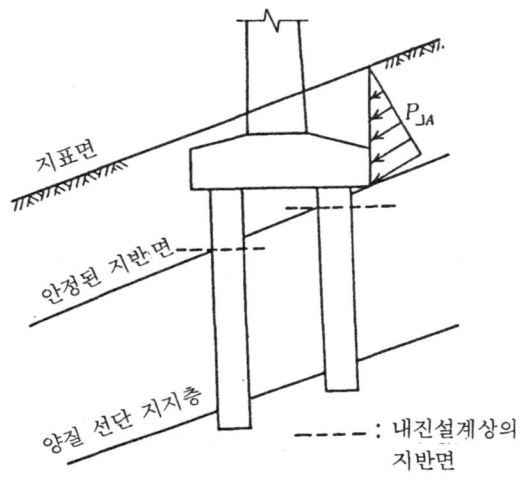

그림-3.1 경사지에 설치되는 말뚝기초

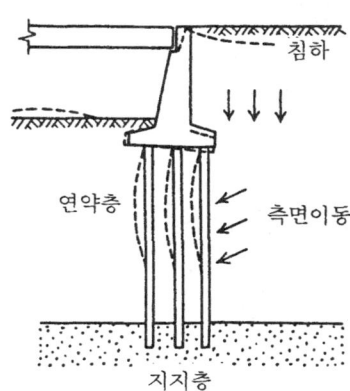

그림-3.2 지반의 측면 이동

ⅱ) 시멘트 밀크 밑고정 공법, 중굴확대 밑고정 공법, 저면확장 말뚝 등의 비교적 새로운 공법에 대한 지지력은 건설부 제정 지지력식을 채택하기 때문에 ⅰ)의 취급과 동시에 주의를 요한다.

ⅲ) 건축에서는 지진때의 수평력에 대해서 말뚝의 수평 저항을 검토하게 되었으며 수평 재하시험으로 구하는 방법 이외의 보통 설계식은 후술하는 바와같이 Chang 및 Broms의 방법으로 산정한다.

ⅳ) 허용 변위량에 관해서는 일본 건축학회 「기초구조 설계지침」에 있는 바와 같이 즉시 침하, 압밀 침하의 각 침하량에 대해서 절대 침하량, 상대 변위 등의 표준적인 값이 표시되었으므로 참고하기 바란다.

(2) 도로

ⅰ) 마찰말뚝의 안전율이 상황에 따라서는 지지말뚝과 동일해도 좋도록 규정이 변경되어 마찰말뚝의 적극적 채택을 권장하고 있다.

ⅱ) 재하시험을 실시한 경우에는 보정계수 $\gamma=1.2$를 고려할 수 있고 안전율은 평상시 $3/1.2=2.5$, 지진때 $1/1.2=1.7$로 할 수가 있다.

ⅲ) 설계 지반면에서 수평방향의 대조 항목에 변위량을 규정하였으며 허용치는 말뚝지름의 1%로 한다.

ⅳ) 시멘트밀크 분출 교반방식 중굴말뚝을 실질적인 공법으로 규정 되었다. 즉, 이 방식에 의한 중굴말뚝 공법은 "재하시험이 10예 이상의 것으로" 적용 조건이 있으며 이 규정에 따라 사용하는 공법이 한정되었다.

ⅴ) 말뚝을 스프링 지점에 확대기초의 안정계산을 "탄성 바닥상의 보"로서 해석하는 방법(변위법)을 적용한다.

(3) 철도

ⅰ) 하중상태는 평상시, 일시, 지진때의 3종류로 규정되었다.

ⅱ) 허용변위량은 열차를 지지하는 구조물의 레일 레벨에 대한 허용 부동변위량(턱, 꺾임각도)을 규정하였다.

ⅲ) 설계법의 구분은 지반 조건, 구조 조건 및 시공 조건 등을 고려하여 보통 설계와 특수 설계로 구분한다.

ⅳ) 지진때의 특수한 취급은
① 내진설계상 특수지반에서 지진때의 지반 변위를 고려한 설계(응답 변위법)를 한다.
② 내진설계상 토질제수치를 저감하는 토층(액상화) 및 무시하는 토층(연약 점성토)이 있다.

ⅴ) 군말뚝에 대해서는 군말뚝의 영향을 고려하여 단말뚝의 수평 지반 반력계수를 보

정한다.

　vi) 단면력 등의 계산법은 변위를 고려한 계산법(변위법)으로 실시한다.
　vii) 안전계수에 대해서는
　① 주면지지력과 선단지지력에서 별개의 계수(a_f, a_p)를 정한다.
　② 현장타설 말뚝의 선단 지지력에 대한 계수(a_p)는 주면지지력의 비에 따라 저감된다.

(4) 항만
　i) 지반을 사질지반과 점성토 지반으로 나누어 생각하고, c와 ϕ 중에서 하나를 가진 재료로 생각한다.
　ii) 수평력이 말뚝의 설계를 좌우하는 경우가 많다.
　iii) 말뚝의 수평 저항 계산은 비선형의 지반반력을 가정한다(항만연구방식 말뚝의 횡저항 계산법).
　iv) 하중, 지반, 시공의 조건 등에서 타입 강관 말뚝이 압도적으로 많이 사용된다.

3.1.2 설계에 쓰이는 하중
기초의 설계에 쓰이는 주요한 하중은 표-3.1에 나타낸 것 등이 있다.

3.1.3 설계에 쓰이는 토질정수
말뚝의 설계에 쓰이는 기초지반의 토질정수를 정리하여 표-3.2에 나타냈다. 이러한 토질정수는 원위치 시험, 실내 토질시험으로 직접 구하는 것이 바람직하나 제2장에서 말한 바와같이 흙의 전단 강도 등의 역학적 성질에 대해서는 N치나 흙의 물리시험 결과에서 추정하는 것도 가능하다. 개략설계의 단계에서는 이와같은 간편한 방법이 특히 유효하며 적극적으로 이용해야 한다.

또 설계에 쓰이는 토질정수 중 단위 체적 중량, 내부 마찰각, 점착력, 수평방향 지반반력계수에 대해서 각 기관의 설정법은 다음과 같다.

(1) 단위 체적중량 γ 「건축」에서 단위 체적 중량 γ는 원위치에서 불교란 시료를 채취하여 구하는 것을 원칙으로 한다. 단, 사질토의 γ측정은 부정확한 경우도 많으므로 N치는 그림-3.3에서 추정할 수 있다.

「도로」에서도 γ는 원위치에서 불교란 시료를 채취하여 구하는 것을 원칙으로 하나 기준으로서 표-3.3(a)에 나타낸 값을 쓰는 경우도 있다.

「철도」에서는 설계에 쓰이는 γ로서 표-3.3(b)에 나타낸 값을 부여한다.

「항만」에서는 γ는 원위치에서 불교란 시료를 채취하여 구하든가 또는 원위치에서 직

표-3.1 설계에 쓰이는 하중

하중	주하중				종하중				특수하중		
		장기	단기		도로			철도		지진시	항만
			지진시	폭풍시	적설시	하중	평상시	폭풍시	하중	평상시	지진시	하중	평상시	지진시
고정하중	사하중	○	○	○	○	사하중	○	○		사하중	○	○	자중	○	○
적설하중	적설하중		△		○	적설하중			○				재하중(적재하중+활하중)	△	△
수압	수압	○	○			수압	○	○		정수압, 부력(평수위)	○	○	정수압		
토압	토압	○	○			토압	○	○		평상시 토압	○	○	동수압	○	△
지반의 축면이동에 의한 하중	상부구조에 의한 하중	○	○							지반의 축면이동에 의한 하중	○	○	잔류수압		
적재하중	활하중	○	○			활하중	○	○		활하중	○	○	토압	○	△
충격하중(충격계수)	충격, 원심하중					충격, 원심하중	△	△		충격, 원심하중	○		지반침하에 의한 하중	○	△
풍하중	풍하중		○			풍하중	○			풍하중	○		부력	○	○
부력	부력 또는 양압력		○			부력 또는 양압력	○	○		파력, 충격하중			파력	○	○
지반침하에 의한 하중	파력	○	○			파력				활하중에 의한 토압			양압력		
	온도변화의 영향			○		온도변화의 영향				지진시관성력(사하중)		○	선박의 견인력	△	△
지진력	지진의 영향					지진의 영향			△	지진시관성력(눈하중)		△	선박의 접안력	△	△
	지반변동의 영향					지반변동의 영향			△	지진시관성력(활하중)		△	지진력	○	○
	지점이동의 영향					지점이동의 영향				지진시동수압		○	풍압력	△	△
										지진시토압		○	표류물의 충돌력	○	○
										지진시 지반변형에 의한 하중		○			

1) 특정 행정청이 지정하는 다설 구역에 대한 경우는 △표도 하중으로서 산정한다.
1) 프리스트레스력, 콘크리트의 클리프, 건조 수축의 영향. △표도 필요에 따라 고려한다.
1) 차량 활하중, 제동하중 또는 시동하중이 있다.
2) 고수위, 저수위 기타 유수압 등(고수위)이 있다.
○표는 항상 고려한다. △표는 필요에 따라 고려한다.

표-3.2 설계에 쓰이는 토질정수

검토항목	토 질 정 수
지 지 력	○단위 체적중량(γ) ○일축 압축강도(q_u) ○점착력(c) ○내부마찰각(ϕ) ○N치 △콘 지지력(q_c)
변 형	△단위 체적중량(γ) ○압밀특성 $\left\{\begin{array}{l} e-\log p\text{곡선, 압밀항복응력}(p_c),\\ \text{압밀계수}(c_v),\text{체적압축계수}(m_v),\\ \text{압축지수}(C_c) \end{array}\right\}$ ○변형계수(E_0) ○N치 ○수평방향 지반 반력계수(k_h) △수직방향 지반 반력계수(k_v)
액상화의 판정	○단위 체적중량(γ) ○입도특징 $\left\{\begin{array}{l} \text{입도곡선, 세립분함유율}(F_c)\\ \text{평균입경}(D_{50}),\text{균등계수}(U_c) \end{array}\right\}$ △소성지수(I_p) ○N치

○ : 흔히 이용된다. △ : 경우에 따라 이용된다.

접 구하는 것을 원칙으로 한다. 점성토에 대해서는 불교란 시료 채취법이 확립되었으므로 원위치를 대표하는 시료가 얻어짐으로 실내 토질 시험으로 γ를 구할 수 있다. 그러나 사질토 또는 모래에 대해서는 불교란 시료의 채취가 곤란하기 때문에 원위치에서 직접 구하는 경우도 있다.

(2) 내부 마찰각 ϕ 내부마찰각 ϕ는 말뚝의 선단 지지력을 산정하기 위한 지지력 계수나 마찰말뚝의 주면 마찰력을 구하기 위해 쓰이는 토질정수이다. 말뚝의 설계상 특히 문제가 되는 사질토의 ϕ에 대해서는 삼축 압축시험에 의해 구하는 것이 바람직하나 사질토는 불교란 시료의 채취가 곤란하기 때문에 N치에서 ϕ를 추정하는 경우도 많다. 또한 N치에서 ϕ를 추정하는 방법에 대해서는 2.3.3(1)을 참조하기 바란다.

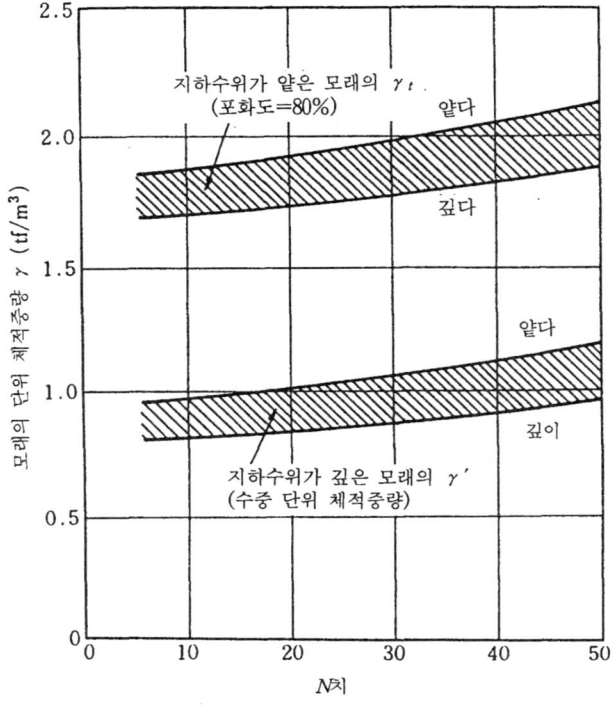

그림-3.3 N치와 모래의 단위 체적중량의 관계

표-3.3 단위 체적중량의 기준

a) 도로교

지반	토 질	완만한 것	밀실한 것
자연지반	모래 및 자갈모래	1.5	2.0
	사 질 토	1.7	1.9
	점 성 토	1.4	1.8

(b) 철도

	N치	단위체적중량	
		일 반	수 중
사질토	50 이상	2.0	1.0
	30~50	1.9	0.9
	10~30	1.8	0.8
	10 미만	1.7	0.7
점성토	30 이상	1.9	0.9
	20~30	1.7	0.7
	10~20	1.5~1.7	0.5~0.9
	10 미만	1.4~1.5	0.4~0.6

주) 피트, 로움, 백사 등의 특수토에 대해서는 실태에 의한다.

(3) 점착력 c 점착력 c는 점성토 지반속에서 말뚝의 선단 지지력이나 말뚝의 주면 마찰력의 산정을 위해 쓰이는 토질정수이다. 점착력 c는 삼축 압축시험으로 구해지나 포화도가 높은 점성토의 비배수 전단 강도 c_u는 일축 압축강도 q_u를 기본으로 다음식으로 구할수도 있다.

표-3.4 각 규준에 대한 k_h 추정식의 비교

		건 축	도 로	철 도	항 만
k_h의 추정식		$0.8 E_0 B^{-\frac{3}{4}}$ 여기서, E_0 : 변형계수 B : 말뚝폭	$(B_H/30)^{-\frac{3}{4}}$ 여기서 $k_0 = \alpha \cdot E_0/30$ α : 보정계수 E_0 : 변형계수 B_H : 환산재하폭 $(=f(D))$	$0.2 \alpha E_0 D^{-\frac{3}{4}}$ 여기서 α : 보정계수 E_0 : 변형계수 D : 말뚝의 직경	$k_h - N$치에서 구한다. (그림-3.61 참조) 비선형의 「항만 연구 방식」이 별도로 있다. (3.5절 참조)
지반반력도 p와 말뚝의 변위 y의 관계식		p (tf/m³)=$k_h \cdot y$ y : 수평변위	(좌동)	(좌동)	(좌동)
k_h의 단위		(kgf/cm³)	(좌동)	(좌동)	(좌동)
기준이 되는 말뚝의 변위량		1cm	말뚝지름의 1%	───	───
하중조건		장 기	하중에 따라 α를 변화시킨다.	(좌동)	장 기
특 징	비선형성	일례로서 $k_h = k_{h1} y^{-0.5}$ k_{h1} : 수평변위 1cm일때의 k_h의 값	직경 1%일때 k_h의 규정	───	「항만 연구방식」의 경우에 고려한다. $p = k_s xy^{0.5}$ (S형 지반) $p = k_c y^{0.5}$ (C형 지반) x : 깊이
	말뚝폭의 보정	대구경의 경우는 보정한다.	추정식에 고려한다.	───	말뚝폭의 영향은 고려하지 않는다.
	군말뚝효과의 보정	───	말뚝간격이 2.5D 이하의 경우 보정한다.	말뚝개수·말뚝간격에 따라 보정계수 e를 구한다.	───
비 고		1) k_h의 추정은 실험식과 경험식이 있으므로 추정식의 차원은 우변과 좌변에서 일치되지 않는다. 2) 변형계수 E_0의 산정방법과 보정계수 α에 대해서는 표-3.5를 참조할 것 3) 「항만」에서는 비선형의 항만 연구방식을 주로 사용한다. 4) 이표는 수평방향 지반 반력계수가 깊이방향으로 변화되지 않는 경우이나 깊이 x에 비례하는 경우의 식이 「건축」과 「항만」에는 표시되지 않는다. 5) 표중에서 ───표는 각 규준에서 특히 기술되지 않은 것을 표시한다.			

$$c_u = q_u/2 \tag{3.1}$$

따라서 포화도가 높은 점성토는 특별한 경우를 제외하고 간단한 일축 압축시험으로 q_u를 구하면 그것으로 충분한 경우가 많다.

(4) 지반 반력계수 여기서는 깊이방향으로 변화되지 않는 경우의 수평방향 지반 반력계수 k_h(「도로」에서는 k_H로 나타낸다)에 착안하여 각 규준에 규정된 k_h의 추정식과 기본적인 견해를 비교한다. 표-3.4에 각 규준에 대한 k_h의 추정식과 기본적인 견해를 비교하고 표-3.4에 각 규준에 대한 k_h의 취급을 정리한다.

지반반력도 p-말뚝의 변위 y의 관계식에서 알 수 있듯이 양자에 비선형성을 고려하는 것은 「항만」(항만연구방식)뿐이며 다른 규준은 선형관계(소위 Chang의 식)을 적용한다. 그 대신 k_h의 변위 의존성을 고려하여 「건축」에서는 k_h에 비선형성을 고려할 수 있도록 배려하였다. 도로교 시방서에서는 k_h의 추정식을 개량하여 말뚝폭 1%때의 값으로 하였다.

k_h를 직접 N치의 함수로 나타낸 것은 「항만」에서, 다른 규준에서는 지반의 변형계수 E_0로 k_h를 추정한다. 「도로」 및 「철도」에서는 표-3.5에 나타낸 바와같이 E_0를 구하는 방법으로 계수 a를 바꾸는 연구가 이루어지고 있다.

k_h의 추정식에 대한 비선형성, 말뚝폭의 보정과 군말뚝 효과의 보정에 대해서는 "특징"의 항에 나타낸 바와 같다.

표-3.5 변형계수 E_0의 산정방법과 보정계수

변형계수 E_0의 산정방법	건 축	도 로	철 도	보정계수 a	
				평상시	지진시
평판재하시험	——2)	○	○	1	2
보링 공내 수평재하시험	○	○	○	4	8
일축압축시험	○	○	○	4	8
삼축압축시험	○	○	○	4	8
표준관입시험	○ ($E_0=7N$)	○ ($E_0=28N$)	○ ($E_0=25N$)	1	2
탄성파 시험	——	——	○		0.25

주 1) 표-3.4에서 쓰이는 보정계수 a는 「도로」 및 「철도」의 값이며 「건축」에서는 지반 반력계수의 산정식중에서 보정되었다.
2) ○표는 산정방식을 정했으며, ——는 정해지지 않았다. N은 표준관입시험의 N치를 나타낸다.

3.1.4 연약지반의 고찰방법

(1) 연약지반의 문제점 말뚝기초를 쓰는 것은 지반이 연약하다는 점이 이론의 여지가 없을 것이다. 그렇지만 다시 연약지반이라고 생각하면 명확한 정의가 있는 것도 아닌 것이 사실이다. 연약지반이 학술용어로 되었으며 토질공학회에서는 「충분한 강도를 갖지 않은 지반, 충적평야, 연못, 산지의 계곡 등에 퇴적된 유연한 점토, 유기질토 혹은 느슨한 모래 등 더욱 천공 등의 인공 지반 등에서 많이 볼 수 있다(토질공학 표준용어집 1990.3)」로 설명되고 있으나 이것도 정의라고는 말할 수 없다. 그러나 실무적으로는 정의가 불가피한 것은 아니며 건축에서는 건설성 건축 지도과 통첩에 나타낸 내진 설계에 대한 제3종 지반의 보통 연약지반의 개념에 대응하는 것으로 생각된다. 또한 도로에서의 「내진설계는 극히 연약한 층에서 한다」는 취급이나, 철도에서의 응답 변위법을 적용하는 경우의 「내진 설계상의 특수지반」(특 지진때의 지반변위가 크고 그 영향을 고려하여 말뚝을 설계한다) 등은 이것과 유사한 개념으로 보인다. 항만에서는 주어진 지반과 외력 조건으로 구조물이 안정을 확보할 수 없다던가, 건설중이나 건축후에 예상되는 변형이 허용되지 않는 지반은 연약지반이라고 말하며, 어떠한 대책을 강구할 필요가 있다. 실무상으로는 이와같은 막연한 이미지 이지만 연약지반이라는 개념을 고려하여, 특유한 문제가 있는 것으로 취급한다.

연약지반에 대해서 말뚝기초의 문제는 평상시와 지진때로 대별된다.

평상시에 특히 검토를 요하는 문제의 대표적인 것은 지반침하와 측면 유동이다. 전자는 장기에 걸치는 압밀침하에 따라 지반이 말뚝을 밑으로 끌어 내리는 작용, 즉 부마찰력이 작용한다. 후자는 인접지에 성토 혹은 구조물 등 비교적 대규모적인 하중이 작용하든가, 평지에서도 굴착 등의 하중 변화가 있으면 지반이 측면으로 유동되어, 말뚝에 예기치 않은 하중작용을 주게 된다. 이러한 것은 토질적으로는 연약한 점성토의 경우에 많이 볼 수 있기 때문에 연약 점성토의 문제라고 말할 수도 있다.

지진때에는 가장 중요한 문제로서 액상화를 들 수 있다. 이것은 토질적으로는 완만한 사질지반의 특유한 점에서, 지진때의 문제는 액상화 문제로 말할수도 있다. 단, 연약 점성토 지반의 상태가 문제가 되지 않는다는 의미가 아니라 그것이 주원인이 되는 피해예도 많이 볼 수 있으므로 지진때에는 연약 점성토 지반의 문제는 아니라고 오해해서는 안된다.

또 도로 등에서는 「내진설계상 극히 연약한 층」은 안전예의 조치가 존재하지 않는 것으로서 설계상의 지반면을 설정하는 견해가 있으며 연약지반의 취급으로서 중요한 부분을 차지한다. 아래에는 이런 점에 대해서 설명하기로 한다.

(2) 연약 점성토 지반의 문제점

i) 부마찰력(Negative Friction)

a) 부마찰력의 정의   연약한 지반에서는 근접 성토 또는 지하수위 저하 등으로 말뚝기초의 주변 지반이 침하되고 기초에 부마찰력이 발생할 때가 있다.

부마찰력의 기구는 다음과 같이 설명된다. 일반적으로 말뚝선단 반력과 말뚝주변의 마찰력은 그림-3.4(a)와 같이 상향으로 작용하나 지반 침하에 따라서 주변 지반과 말뚝 사이에 상대적인 침하가 생기면 지반이 말뚝을 아래쪽으로 인하하게 되므로 일부에 마찰력이 생긴다. 또 말뚝선단 지반이 견고하여 말뚝에 침하가 생기지 않는 경우에는 말뚝 전장에 걸쳐 상대적으로 지반의 침하가 커지게 되므로 그림-3.4(c)와 같이 하향의 마찰력이 생긴다. 실제로는 말뚝선단의 침하가 생기므로 말뚝선단 부근은 말뚝의 침하쪽이 커지기 때문에 그림-3.4(b)의 상태가 된다고 생각된다. (b)에서 부마찰력과 마찰력의 변화점을 중립점이라 부른다. 부마찰력의 산정은 중립점보다 상측을 고려하면 좋다. 중립점을 구하는 방법에 대해서는 아직 밝혀지지 않은 점이 많고 반드시 정설이 있는 것은 아니나, 철도에서는 중립점의 위치를 압밀층의 하단이라고 한다.

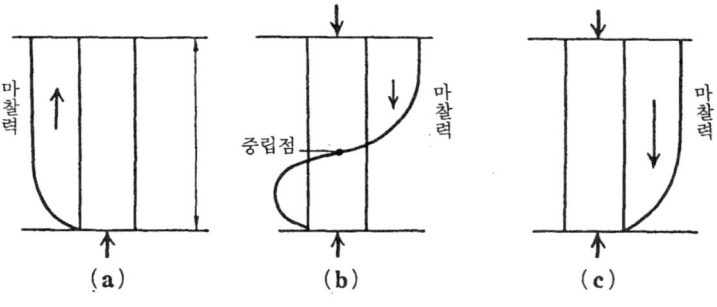

그림-3.4 마찰력의 개요

b) 부마찰력에 대한 대책   과거는 말뚝의 단면을 확대하거나 마찰말뚝을 사용하여 부주면 마찰에 대처하는 경우가 많았으나 최근 부 주면 마찰을 제거하기 위한 대책 공법이 여러 가지로 연구하게 되었다. 앞으로는 공사기간, 공사비와 시공의 쉬운 점 등을 충분히 검토한 다음에 새로운 대책공법의 하나로서 말뚝의 주면에 아스팔트를 박층으로 도포하는 소위 슬리프 레이어 공법이 있다. 이것은 아스팔트의 점탄성 특질을 잘 활용한 것으로 말뚝 타설때의 큰 전단 변형에 대해서 작은 변형으로 끝마치고 주변 지반의 압밀때와 같이 작은 전단 변형 속도에 대해서는 점성적으로 크게 변형하여 아스팔트내에 엇갈림이 생기는 경우도 있다. 이 슬리프 레이어를 실시한 말뚝이 SL 말뚝으로서 제작소에서 공급되고 있다. 이밖의 대책공법은 이중관에 의한 방법, 군말뚝 효과를 고려

하여 외측에 버팀말뚝을 타설하는 방법, 벤트나이트 슬러리를 쓰는 방법 등이 있으나 사용은 과거의 실적을 충분히 검토한 다음에 사용하는 것이 바람직하다.

ii) 측면이동 연약지반상에 교대나 옹벽과 같이 성토 하중에 따라 평상시 편하중을 받는 구조물(항토압 구조물)을 설치하는 경우 지반의 측면 유동의 영향으로 구조물이 측면 이동이 되는 경우가 있다. 이 결과 신축이음이나 받침이 파손되거나 구조물 본체나 말뚝기초에 설계치 이상의 응력이나 변위가 발생된다. 따라서 측면 이동의 우려가 있는 경우에는 다음에 나타낸 것처럼 a) 측면이동을 판정하고 경우에 따라서는 b) 대책공을 검토해야 한다. 또한 측면 이동에 관해서는 도로 및 철도계에 규준이 명기되었다.

a) 측면이동의 판정 구조물이 측면 이동을 일으키는 원인은 연약층의 강도와 그 두께, 배면 성토의 형상이나 치수, 시공법 및 교대 형식이나 기초 형식 등 많은 원인과 관련된다. 측면이동의 판정은 기왕의 변상 사례에 의거하여 원인분석한 결과 다음과 같은 방법이 제안되고 있다.

① 도로의 경우

$$I = \mu_1 \mu_2 \mu_3 \frac{\gamma h}{c} \tag{3.2}$$

여기서 I : 측면이동 판정치

$I < 1.2$일 때 측면이동의 우려는 없고 $I \geq 1.2$일 때 이동이 있다.

μ_1 : 연약층 두께에 관한 보정계수 $\mu_1 = \dfrac{D}{l}$

μ_2 : 기초체 저항폭에 관한 보정계수 $\mu_2 = \dfrac{b}{B}$

μ_3 : 교대 길이에 대한 보정계수 $\mu_3 = \dfrac{D}{A}$ (≤ 3.0)

γ : 성토 재료의 단위 중량(tf/m^3)
h : 성토높이(m)
c : 연약층의 점착력 평균치(tf/m^2)
D : 연약층의 두께(m)
A : 교대길이(m)
B : 교대폭(m)
b : 기초체 폭의 총합(m)
l : 기초 근입 길이(m)

② 철도의 경우

$$F = \frac{\bar{\tau}}{(\gamma H + q)D} \tag{3.3}$$

여기서 F : 측면이동지수(m^{-1})

$F \leq 4 \times 10^{-2}$일 때, 측면이동에 대한 검토가 필요하다.

$\bar{\tau}$: 연약층의 평균 전단 강도(tf/m^2)

γ : 성토의 단위체적 중량(tf/m^3)

H : 성토의 높이(m)

q : 성토의 재하중(tf/m^2)

D : 연약층 두께(m)

b) 측면이동 대책공법 측면이동이 생기는 원인은 측면이동 지수 산정식의 각항을 포함하기 때문에 측면이동을 방지하기 위해서는 지수에 함유된 원인중 설계상 변경이 가능한 것을 증감시키면 된다. 측면 이동 대책공법은 이와같은 견해에서 도출된 것으로 다음의 공법이 있다. 이밖에 루트변경, 대체구조물(라멘고가교 등) 넓은 범위로 검토가 필요하다.

① 지반개량공법 지반속의 수분을 배수하여 압밀을 촉진시키고 점착력(c)을 증가시키는 방법으로서 프리로드 공법, 샌드드레인공법, 페이퍼 드레인공법, 샌드(그라벨) 콤팩션공법 등이 있다. 또한 특수한 약제 등을 투입하여 지반의 고결화를 도모하는 것으로서 케미코 파일공법, 분사 교반공법, 심층혼합 처리공법 등이 있다.

② 하중 저감공법 단위체적 중량(γ)을 감소시키는 방법으로서 교대 배면의 성토속에 박스 칼버트나 콜게이트 파이프를 매설하는 방법과 재료에 경량재를 이용하는 방법이 있다. 또 성토 높이(H)를 낮게 하는 방법으로서 지나친 성토 교대(소교대) 등의 방법이 효과가 있다.

③ 기초체 강화법 기타 지반의 측면 유동으로 말뚝체에 생기는 변형, 단면력에 견디는 말뚝체를 설계하는 방법은 말뚝체 강화, 스트레트, 압성토 등의 방법이 있다.

(3) 액상화의 문제

ⅰ) 설계진도

a) 건축 건축 구조물에 작용하는 지진때의 수평력은 건축 기준법 시행령에 정해져 있으나 액상화의 판정에 쓰이는 지진때의 수평력에 대해서는 현재까지 정설은 없다. 일본 건축학회「건축기초구조 설계지침」에 의하면 액상화 판정용의 지표면에 대한 설계용 수평 가속도치는 200Gal 정도를 예상하면 좋다고 되어 있으나, 지역에 따른 특수성, 구조

물의 중요도 계수 등도 아울러 고려할 필요가 있다.
　b) 도로　지반의 액상화 판정에 쓰이는 전도는 다음식에 의한다.

$$k_s = c_z \cdot c_G \cdot c_I \cdot k_{s0} \tag{3.4}$$

여기서　k_s : 액상화의 판정에 쓰이는 지표면의 설계 수평진도
　　　　c_z : 지역별 보정계수(구분A : 1.0, 구분B : 0.85, 구분C : 0.7)
　　　　c_G : 지반별 보정계수(Ⅰ종 : 0.8, Ⅱ종 : 1.0, Ⅲ종 : 1.2)
　　　　c_I : 중요도별 보정계수(1급 : 1.0, 2급 : 0.8)
　　　　k_{s0} : 액상화의 판정에 쓰이는 표준설계 수평진도(0.15로 한다)
　c) 철도　지반의 액상화에 쓰이는 수평진도는 다음식에 의한다.

$$K_s = \Delta_1 \Delta_2 K_{s0} \tag{3.5}$$

여기서　K_s : 액상화의 판정에 쓰이는 지표면의 수평 진도
　　　　Δ_1 : 지역별 계수(구분A : 1.0, 구분B : 0.75)
　　　　Δ_2 : 지반별 계수(1.0으로 한다)
　　　　K_{s0} : 액상화의 판정에 쓰이는 표준 수평진동(0.15로 한다)

　d) 항만　항만설계에 액상화는 다음에 기술하는 바와같이 가속도와 지반의 N치에 의거하여 판정하는 것이 보통이다. 한편 항만구조물의 설계를 위한 설계진도는 지역별, 지반별, 구조물의 중요도를 고려하여 다음과 같이 정하는 것을 원칙으로 한다.

　　　　설계진도＝지역별 진도×지반별계수×중요도 계수

　단, 설계진도는 구조상 특히 필요한 경우를 제외 수평진도만을 고려한다. 각각의 계수 값은 항만 시설 기술상의 기준·동해설 제2편 12.3을 참조하기 바란다.

　ⅱ) 액상화의 판정방법
　a) 건축
　① 대상 토층　액상화의 가능성은 다음 사항이 만족될수록 일어나기 쉽다.
　(a) 포화지반은 세립토(74μm 이하)의 함유율 F_c가 낮다.
　(b) 포화지반의 N치가 작다.
　(c) 지하수위가 낮다.
　(d) 지진입력이 크다.

주) 매토층은 세립토 함유율에 관계없이 검토 대상으로 하는 것이 바람직하다. 또 백사 등의 특수토에 대해서는 실내 동적 시험 등으로 별도의 검토를 하는 것이 좋다.
　　: N치에 의한 액상화의 판정(건축)

액상화를 검토하지 않으면 안되는 대상토층은 다음과 같다. 지표면에서 20m 정도 얕고 또 세립토 함유율 $F_c \leq 35\%$의 지층[단, 점토분(5μm 이하)함유율 $\geq 20\%$의 지층은 제외]. $F_c > 35\%$의 지층에서도 점토분의 함유율 $\leq 10\%$, 또는 소성지수 $I_p \leq 15\%$가 낮은 소성 실트층을 검토 대상으로 하는 것이 바람직하다.

② 액상화의 판정순서

(a) 검토지점 지반내의 각 깊이에 발생하는 등가 반복 전단 응력비는 다음식으로 계산한다.

$$\frac{\tau_d}{\sigma'_z} = r_n \frac{\alpha_{max} \sigma_z}{g \sigma'_z} r_d \tag{3.6}$$

여기서 τ_d : 수평면에 생기는 등가 일정 반복 전단 응력 진폭(tf/m²)

σ'_z : 검토 깊이에 대한 유효토피압(수직 유효응력) (tf/m²)

r_n : 등가 반복횟수에 관한 보정계수로 $r_n = 0.1(M-1)$

단, M은 지진의 매개변수·통상의 경우 $M = 7.5$

α_{max} : 지표면에 대한 설계용 수평 가속도(Gal)

통상의 경우 $\alpha_{max} = 200$Gal

g : 중력가속도(980Gal)

σ_z : 검토 깊이에 대한 전토피압(수직전응력) (tf/m²)

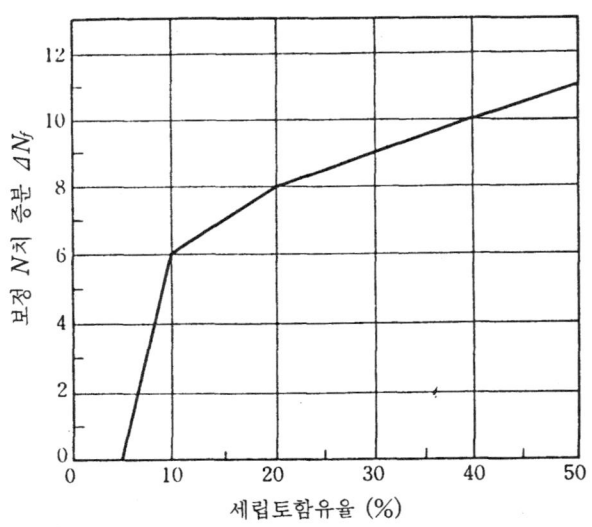

그림-3.5 세립토 함유율과 보정 N치 증분 ΔN_f의 관계

r_d : 지반이 강체가 아닌데 따른 저감계수로(1−0.015z), z는 m단위로 나타낸 지표면의 깊이

(b) 각 깊이에 대한 보정 N치(N_a)는 다음식으로 계산한다.

$$N_a = N_l + \Delta N_f \tag{3.7}$$

$$N_l = C_N \cdot N \tag{3.8}$$

$$C_N = \sqrt{10/\sigma'_z} \tag{3.9}$$

여기서　N_a : 보정 N치

N_l : 환산 N치

ΔN_f : 세립토 함유율에 따른 보정 N치 증분은 그림−3.5에 의함

C_N : 환산 N치 계수(σ'_z의 단위는 tf/m^2)

N : 톰비법 또는 자동 낙하법에 의한 실측 N치 단, 콤프리법을 이용할 때는 로프를 프리에서 벗겨서 해머를 자유낙하 시킬 때는 1할 정도, 자유낙하를 하지 않은 경우 2할 정도 할인한다.

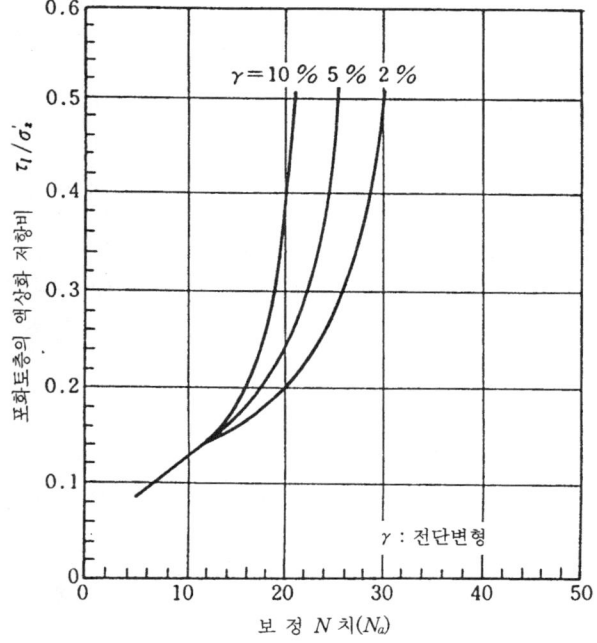

그림−3.6 보정 N치 N_a와 포화토층의 액상화 저항비 τ_l/σ'_z의 관계

(c) 그림-3.6중의 전단 변형 진폭 5% 곡선을 써서 보정 N치(N_a)에 대응하는 포화토층의 액상화 저감비 τ_l/σ'_z를 구한다. 여기서 τ_l은 수평단면에 대한 액상화 저항이다.

(d) 각 깊이에서 액상화 발생에 대한 안전율 F_l은 다음식으로 계산한다.

$$F_l = \frac{\frac{\tau_l}{\sigma'_z}}{\frac{\tau_d}{\sigma'_z}} = \frac{\tau_l}{\tau_d} \qquad \begin{array}{l} F_l \leq 1 \quad \text{액상화한다.} \\ F_l > 1 \quad \text{액상화 하지 않는다.} \end{array} \qquad (3.10)$$

③ 수평지반 반력계수의 저감 말뚝의 수평내력을 검토하는 경우에는 표-3.6의 저감계수 γ를 수평지반 반력계수 k_h에 곱해서 검토한다. 액상화층의 위치, 범위에 따라 위쪽의 비액상화층에 대한 주의가 필요하다.

표-3.6 수평지반 반력계수의 저감계수

액상화발생에 대한 안전율 F_l의 범위	지표면에서의 깊이 z (m)	수평지반 반력계수에 곱하는 저감계수 γ_h			
		$N_a \leq 8$	$8 < N_a \leq 14$	$14 < N_a \leq 20$	$20 < N_a$
$F_l \leq 0.5$	$0 \leq z \leq 10$	0	0	0.05	0.1
	$10 < z \leq 20$	0	0.05	0.1	0.2
$0.5 < F_l \leq 0.75$	$0 \leq z \leq 10$	0	0.05	0.1	0.2
	$10 < z \leq 20$	0.05	0.1	0.2	0.5
$0.75 < F_l \leq 1.0$	$0 \leq z \leq 10$	0.05	0.1	0.2	0.5
	$10 < z \leq 20$	0.1	0.2	0.2	1.0

④ 말뚝주면 마찰력의 저감 N_a 값이 크고, F_l치가 거의 1층을 제외하고 액상화층과 그 위쪽에 존재하는 지층에서는 토질 및 층두께에 관해서 상당한 불투수성으로 보지 않는 한 주면 마찰력을 0으로 말뚝의 지지력을 구한다.

b) 도로 도로교통에서 이용되고 있는 방법(도로교 시방서)

지하 수위면이 현지반면에서 10m 이내에 있는 충적층으로, 또 현 지반면에서 20m 이내의 범위에 대한 평균 입경 D_{50}이 0.02mm 이상 2.0mm 이하인 포화 사질토층은 지진 때에 액상화될 가능성이 있기 때문에 다음식으로 정의되는 액상화에 대한 저항율 F_L을 구하고 이 값이 1.0 이하의 토층에 대해서는 액상화되는 것으로 한다.

$$F_L = R/L \qquad (3.11)$$
$$R = R_1 + R_2 + R_3 \qquad (3.12)$$

$$L = r_d \cdot k_s \frac{\sigma_v}{\sigma_v'} \tag{3.13}$$

$$R_1 = 0.0882 \sqrt{\frac{N}{\sigma_v' + 0.7}} \tag{3.14}$$

$$R_2 = \begin{cases} 0.19 & (0.02 \text{ mm} < D_{50} \leq 0.05 \text{ mm}) \\ 0.225 \log_{10}(0.35/D_{50}) & (0.05 \text{ mm} < D_{50} \leq 0.6 \text{ mm}) \\ -0.05 & (0.6 \text{ mm} < D_{50} \leq 2.0 \text{ mm}) \end{cases} \tag{3.15}$$

$$R_3 = \begin{cases} 0.0 & (0\% \leq FC \leq 40\%) \\ 0.004 FC - 0.16 & (40\% < FC \leq 100\%) \end{cases} \tag{3.16}$$

$$r_d = 1.0 - 0.015x \tag{3.17}$$

$$k_s = c_z \cdot c_G \cdot c_I \cdot k_{s0} \tag{3.18}$$

$$\sigma_v = \{\gamma_{t1} h_w + \gamma_{t2}(x - h_w)\}/10 \tag{3.19}$$

$$\sigma_v' = \{\gamma_{t1} h_w + \gamma_{t2}'(x - h_w)\}/10 \tag{3.20}$$

여기서 F_L : 액상화에 대한 저항율
   R : 동적 전단강도비
   L : 지진때 전단응력비
   R_1 : N치와 유효 상재압 σ_v'의 함수로 표시되는 동적 전단강도비 R의 제1항
   R_2 : 평균 입경 D_{50}의 함수로 표시되는 동적 전단강도비 R의 제2항
   R_3 : 세립분 함유율 FC의 함수로 표시되는 동적 전단강도비 R의 제3항
   r_d : 지진때 전단 응력비의 깊이 방향의 저감 계수
   k_s : 액상화의 판정에 쓰이는 지표면의 설계 수평 진도
    (소수점 이하 2자리로 묶는다)
   σ_v : 전체 상재압(kgf/cm^2)
   σ_v' : 유효 상재압(kgf/cm^2)
   N : 표준 관입시험으로 얻어지는 N치
   D_{50} : 흙의 평균 입경(mm)
   FC : 세립분 함유율(%) (입경 74μm 이하 흙의 질량 백분율)
   x : 지표면에서의 깊이(m)
   c_z : 도로교 시방서에 규정된 지역별 보정계수(1.0, 0.85, 0.7)

c_G : 도로교 시방서에 규정된 지반별 보정계수(0.8, 1.0, 1.2)

c_I : 도로교 시방서에 규정된 중요도별 보정계수(1.0, 0.8)

k_{s0} : 액상화의 판정에 쓰이는 표준설계 수평진동(0.15로 한다)

γ_{t1} : 지하 수위면보다 얕은 위치에서 흙의 단위체적 중량(tf/m³)

γ_{t2} : 지하 수위면보다 깊은 위치에서 흙의 단위체적 중량(tf/m³)

γ'_{t2} : 지하 수위면보다 깊은 위치에서 흙의 유효 단위체적 중량(tf/m³)

h_w : 지표면에서 지하 수위면까지의 깊이(m)

식(3.12)의 동적 전단 강도비의 식은 비교적 느슨한 포화 사질토에서 실시한 시험 결과에 의거하여 구해진 것이므로 다짐이 잘 된 토층에 이용하면 동적 전단 강도비를 과소 평가할 가능성이 있다. 때문에 식(3.21)에서 추정한 상대밀도 D_r가 60%를 초과하는 토층에 대해서 토질 정수를 저감시킬 필요가 있는 것으로 판정되는 경우, 본 규정을 그대로 통용하여 무리하게 기초의 치수를 크게 하는 것은 피해야 한다. 이와같은 경우 상

$$D_r = 21 \sqrt{\frac{N}{\sigma'_v + 0.7}} \quad (\%) \tag{3.21}$$

세한 토질 시험 등으로 흙의 동적 전단 강도비를 구하는 것이 바람직하다. 또한 특히 필요가 있다고 판단되는 경우에는 해당지점에서 상세한 지질·토질조사, 실내의 동적 토질시험 및 지반의 응답 해석 등을 실시하고 또 기존의 데이터를 참고로 액상화를 판정하는 것이 좋다.

이상에 따라 액상화 되는 것으로 판정된 사질토층은 액상화에 대한 저항율 F_L의 값으로 내진 설계상 토질정수(지반의 변형계수, 수평 지반 반력계수)를 저감시킨다. 이 경우의 토질정수는 그 토층이 액상화되지 않을 때 구한 토질정수에 표-3.7의 계수 D_E를 곱

표-3.7 토질정수에 곱하는 계수 D_E

F_L의 범위	현지반면에서의 깊이 x (m)	토질정수에 곱하는 계수 D_E
$F_L \leq 0.6$	$0 \leq x \leq 10$	0
	$10 < x \leq 20$	1/3
$0.6 < F_L \leq 0.8$	$0 \leq x \leq 10$	1/3
	$10 < x \leq 20$	2/3
$0.8 < F_L \leq 1.0$	$0 \leq x \leq 10$	2/3
	$10 < x \leq 20$	1

해서 산출한다.

c) 철도 도로교 시방서 내진설계편에 기술된 것을 기본으로 약간의 보정을 가하였다. 보정된 사항은 다음과 같다.

1) R_1의 산정에 있어서 상대밀도 D_r가 60%를 초과하는 것은 다음 식을 이용한다.

$$R_1=(D_r/123)^2 \tag{3.22}$$

2) R_2의 산정에 있어서 $0.02\text{mm} \leq D_{50} \leq 0.05\text{mm}$의 경우 R_2를 일정하게(0.19)하지 않고, 0.05mm를 초과하는 경우와 동일한 계산식으로 하였다.

3) R_3의 항은 세립분 함유율이 비교적 높은 토층에서는 추론하여 검토했다. 또한 R_3의 산정식은 다음과 같다.

$$R_3=\Delta F_c/80 \tag{3.23}$$

그러므로 ΔF_c는 세립분 함유율의 표준 곡선에서의 편차이며 그림-3.7에 의한다.

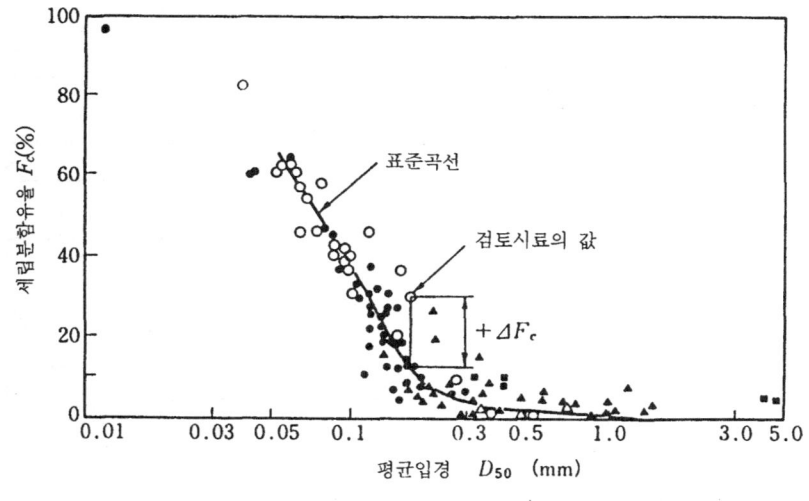

그림-3.7 ΔF_c의 산정도표

4) 항만

(1) 입도와 N치에 의한 액상화의 예측·판정

① 그림-3.8을 써서 입도에 의한 흙을 분류한다. 이 그림은 균등계수(D_{60}/D_{10})이 3.5 보다 큰 여부를 기준으로 사용 분류한다. 범위 A, B_f, B_c 이외로 함유된 흙은 액상화 되지 않는 것으로 판정한다.

② 그림-3.8의 범위 A와 B_c에 함유된 입도의 토층에 대해서는 다음식으로 등가 N치를 산정한다.

$$(N)_{0.66} = \frac{N - 1.828(\sigma'_v - 0.66)}{0.399(\sigma'_v - 0.66) + 1} \qquad (3.24)$$

(적용범위 : $2 \leq (N)_{0.66} \leq 40$, $0 \leq \sigma'v \leq 3\mathrm{kgf/cm}^2$)

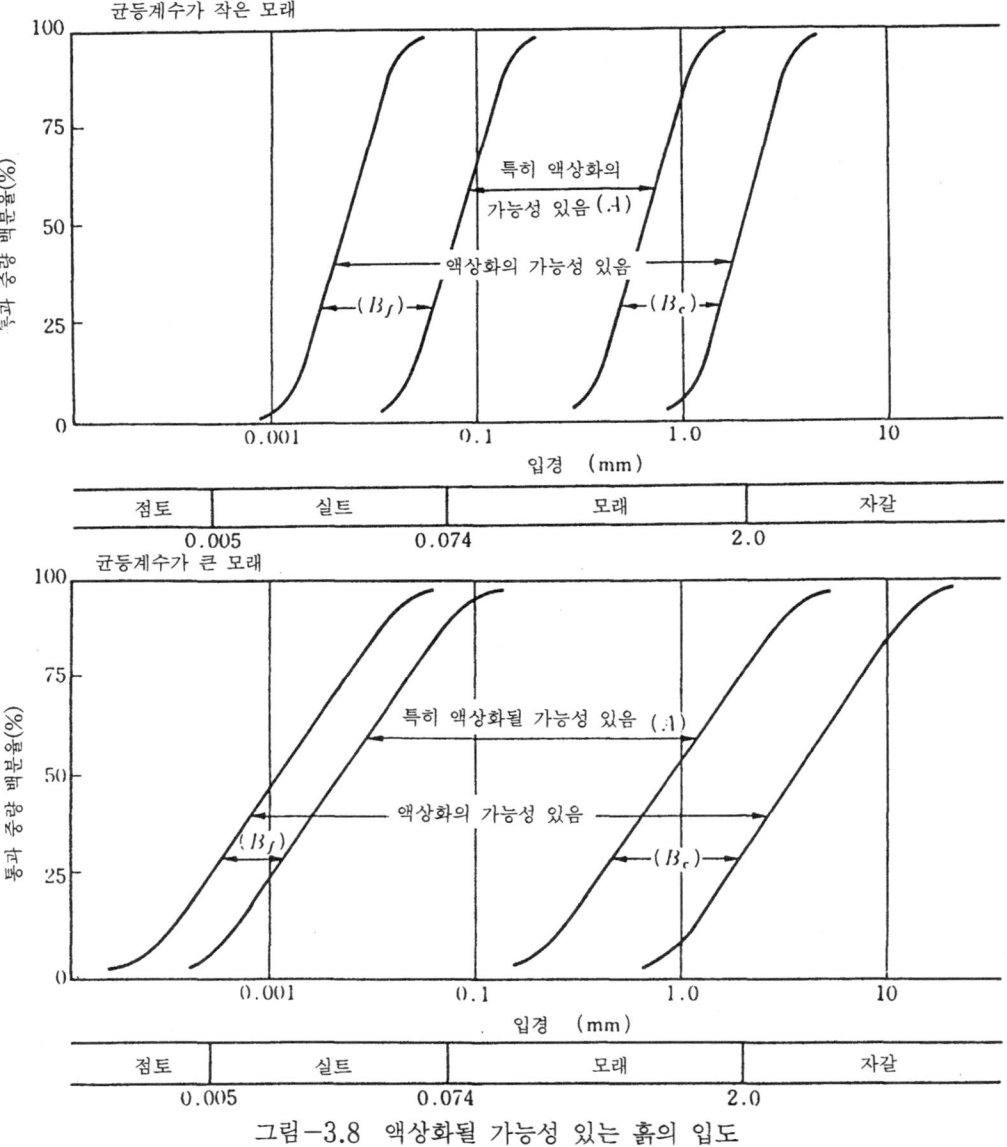

그림-3.8 액상화될 가능성 있는 흙의 입도

여기서 $(N)_{0.66}$: 등가 N치

N : 토층의 N치

σ'_v : 토층의 유효 상재압(kgf/cm^2)

(등가 N치의 산정에서 유효 상재압은 표준 관입 시험을 한 시점에서 지반 높이에 의거하여 구한다)

등가 N치란 각토층의 N치를 유효상재압이 0.66kgf/cm^2 일때의 N치로 환산한 것이다. 또한 범위 B_f로 분류된 토층에 대해서는 그 토층의 N치 그 자체를 등가 N치로 한다.

③ 그림-3.8에서 범위 A, B_f, B_c에 함유된 입도를 가진 토층에 대해서는 지진 응답 계산에서 구한 최대 전단 응력을 써서 등가 가속도를 다음식으로 산정한다.

$$d_{eq} = 0.7 \times \frac{\tau_{max}}{\sigma'_v} \times g \qquad (3.25)$$

여기서 d_{eq} : 등가가속도(Gal)

τ_{max} : 최대 전단응력(kgf/cm^2)

g : 중력 가속도(980Gal)

σ'_v : 유효 상재압(kgf/cm^2) (등가가속도의 산정에 대한 유효 상재압은 지진때의 지반높이에 의거하여 구한다.)

④ 등가 N치와 등가 가속도에서 대상 토층이 그림-3.9에 나타낸 Ⅰ~Ⅳ의 어느 범위에 있는가를 살핀다. 그림-3.8에서 입도가 범위 A의 토층은 그림-3.9(a)에서

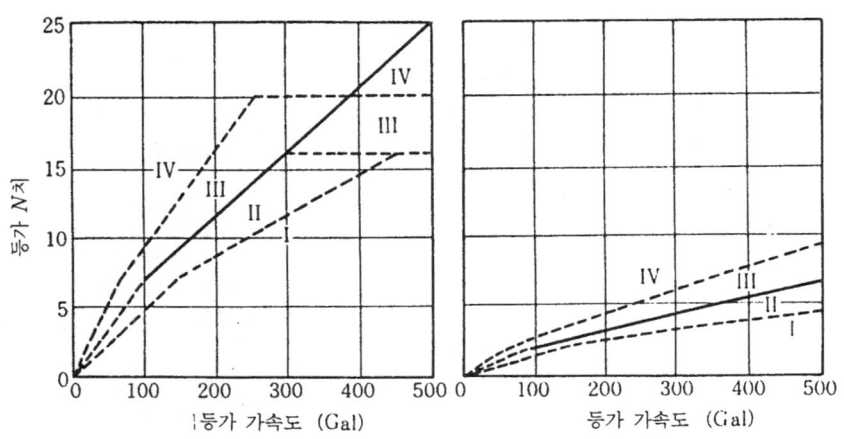

(a) 입도범위 A의 토층에 속하는 것   (b) 입도범위 B_f 및 B_c의 토층에 속하는 것

그림-3.9 등가 가속도와 등가 N치에 의한 액상화 예측을 위한 토층의 분류

또는 입도가 범위 B_f 또는 B_c의 토층은 그림-3.9(b)에서 검토한다.

또 입도가 범위 A의 토층 중 세립분(입경이 $74\mu m$ 이하의 성분)을 5% 이상 함유한 것은 그림-3.8에 나타낸 각 범위의 경계선을 등가 N값에서 그림-3.10에 나타낸 체감계수를 곱해서 인하하여 검토한다. 단, 편의상의 조치로서 각 경계선을 낮추는 대신 각 토층의 등가 N치를 이 그림에 나타낸 계수로 나누어 구한 환산치를 써서 그림-3.9에 의해 검토하더라도 결과는 전적으로 동일하다.

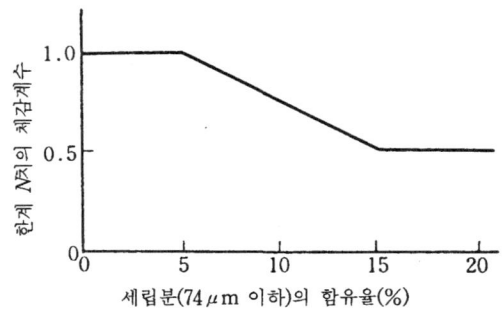

그림-3.10 세립분에 따른 한계 N치의 체감계수
(입도범위 A의 토층에만 적용)

또 범위 B_c의 토층중에서 상측에 점토 또는 실트층과 같이 투수성이 낮은 토층이 존재하는 경우는 범위 A의 토층과 같은 방법으로 검토한다.

⑤ ④에 실시한 분류의 결과에 따라 각 토층에 대해서 표-3.8에 의해 액상화를 예측·판정한다. 액상화의 판정은 대상으로 하는 구조물에 어느 정도의 안전을 예상하는

표-3.8 입도와 N치에 의한 토층마다의 액상화의 예측·판정

그림-3.9에 표시한 범위	입도와 N치에 따른 액상화의 예측	입도와 N치에 따른 액상화의 판정
I	액상화된다.	액상화될 것으로 판정한다.
II	액상화 될 가능성이 높다.	액상화될 것으로 판정하거나 진동 삼축시험으로 판정하는가를 결정한다.
III	액상화 되지 않을 가능성이 높다.	액상화가 안되는 것으로 판정하거나 진동 삼축시험으로 판정하는가를 결정한다.
IV	액상화 되지 않는다.	액상화되지 않는 것으로 판정한다.

가 등, 물리적인 현상 이외의 요소도 고려되므로 각각의 예측 결과에 대한 판정을 일반적으로 설정할 수는 없다. 동표에는 각 예측결과에 대해서 표준적인 판정을 나타냈다. 또한 안전도를 가정할 수 있는 구조물을 대상으로 할 때는 동표의 범위 Ⅲ에 대한 액상화의 판정을 「진동 삼축시험으로 결정한다」로 바꾸어 읽을 수 있는 점을 표준으로 한다.

⑥ ⑤에서 실시한 토층에서 액상화의 판정에 의거하여 액상화하는 것으로 판정되는 토층의 두께나 그 토층이 존재하는 깊이 등을 고려하여 지반 전체를 판정한다.

(2) 진동 삼축시험 결과에 의한 예측·판정

(1)의 결과, 액상화의 유무가 판정되지 않는 경우에는 지반의 지진 응답계산과 순수 모래의 진동 삼축 시험을 실시하여 양자로부터 얻어진 지진때의 지중 전단력과 지반

표-3.9 설계 지반면의 고찰방법

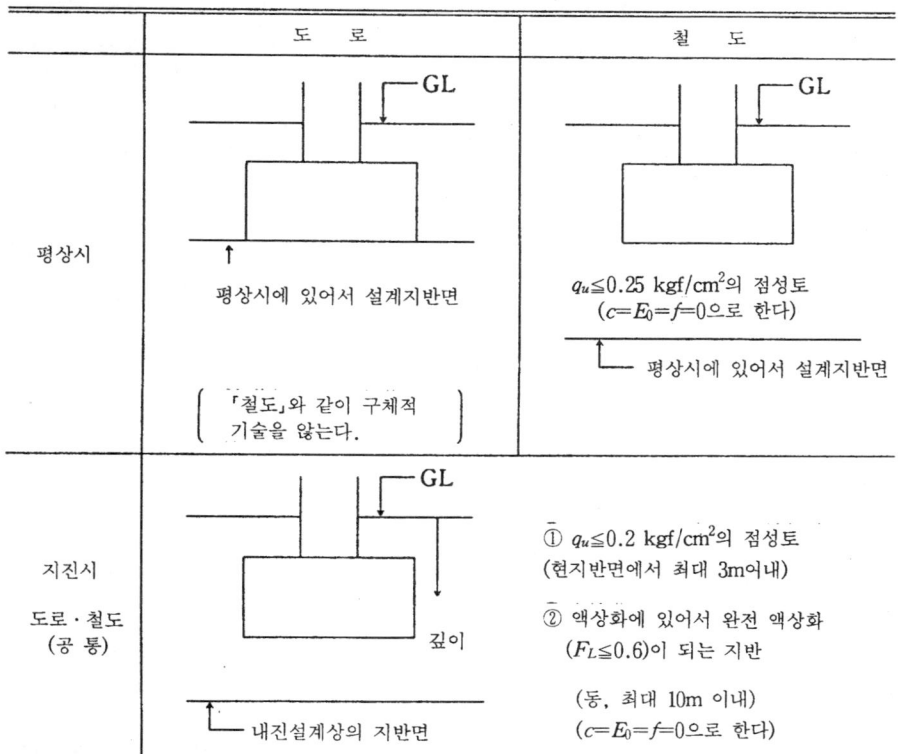

의 액상화 강도를 비교하여 지반의 액상화를 예측·판정한다.

(4) 설계 지반면

설계 지반면의 위치 결정

도로-안정 계산에서 수평변위량을 대조(허용치와의 대비)하는 면이라는 의미가 크다.

철도-설계진도를 추가하는 방법(설계지반면 이하는 무시) 등의 의미가 크다.

3.1.5 말뚝의 배치

(1) 건축   말뚝의 중심 간격과 말뚝 외측에서 확대기초 외단까지의 거리는 표-3.10에 의한다.

표-3.10 말뚝의 중심간격과 기초슬래브 가장자리까지의 거리

공 법	말 뚝 의 종 류	말 뚝 의 중 심 간 격	말뚝중심에서 기초슬래브 가장자리까지의 거리
현장타설 콘크리트말뚝	직접말뚝	$2d$ 이상 또는 $d+1.0$m 이상	$0.5d+20$cm 이상
	저면확장말뚝	$d+d_1$ 이상 또는 $d_1+1.0$m 이상	$0.5d+20$cm 이상
타입말뚝	기성콘크리트말뚝과 폐단강관말뚝	$2.5d$ 이상 또는 75cm 이상	$1.25d$ 이상
	개단강관말뚝과 H형강 말뚝	$2.0d$ 이상 또는 75cm 이상	
천공말뚝	말뚝머리 폐단단면의 장기 허용응력도가 33kgf/cm² 정도일때	$2.0d$ 이상	$1.0d$ 이상
	말뚝머리 폐단단면의 장기 허용응력도가 42kgf/cm² 정도일때		$1.13d$ 이상

d : 말뚝의 직경 (m) d_1 : 저면확장말뚝의 확대부의 직경 (m)

(2) 도로

ⅰ) 말뚝의 최소 중심간격

원칙적으로 말뚝지름의 2.5배로 한다.

ⅱ) 최외주의 말뚝 중심과 확대기초 끝의 거리

(a) 타입말뚝과 중굴말뚝

말뚝지름의 1.25배

(b) 현장타설말뚝

말뚝지름의 1.0배

(3) 철도

ⅰ) 말뚝의 최소간격   말뚝의 최소간격은 말뚝종류에 의하지 않고 시공과 설계상에서 말뚝지름의 2.5배 이상으로 하는 것이 좋으나 될 수 있는한 3배 이상으로 하는 것이 좋다.

ii) 말뚝의 최대간격 말뚝간격이 넓기 때문에 시공상의 제약은 없으나 설계에서는 확대기초의 강성을 고려하여 적절히 설계한다.

iii) 말뚝의 외측에서 확대기초까지의 거리

(a) 말뚝지름이 50cm 미만일 때는 25cm 이상으로 하고 말뚝지름이 50cm 이상일 때 말뚝의 반경보다 크게 한다. 단, 그 최대값은 1m로 한다.

(b) 1주 1말뚝 방식일 때 25cm 이상으로 한다.

(4) 항만 말뚝의 타입 중심 간격은 원칙적으로 말뚝지름의 2.5배 이상으로 한다. 보통 말뚝 간격은 큰편이 단독 말뚝으로서 기능을 발휘할 수 있다는 점에서 유리하나 간격을 너무 넓게 하면 구조물 전체에 오히려 비경제적이 된다는 면도 생긴다. 보통 말뚝지름의 1.5~3.5배의 값이 채택된다. 그러므로 원칙으로한 2.5배의 값은 주로 시공상의 관점에서 경험적으로 정해진 것이며, 말뚝 간격이 말뚝의 지지력에 미치는 영향, 즉 군말뚝의 지지력에 대해서는 별도로 고려해야 한다.

3.2 건축구조물의 말뚝기초 설계

3.2.1 설계의 기본

건축물에서 말뚝기초의 설계에 관한 기본사항을 정리하면 다음과 같다.

① 설계때에 예상 내력이 얻어지는 시공법과 말뚝재를 선택한다.
② 장기에 걸쳐 안정된 설계 내력을 정한다.
③ 말뚝기초의 지지력 산정은 말뚝의 선단 지지력과 주면 마찰력에 대해서만 실시하고 특별히 검토하는 경우 이외에는 기초 슬래브 하단에서 지지력 등을 가산하지 않는다.
④ 기초가 편심 하중을 받을 때는 그에 대한 검토를 해야 한다.
⑤ 기둥 아래에 말뚝이 한 개밖에 없을 때는 말뚝의 허용 내력에 여유를 지니게 하는 동시에 기초보의 강성과 내력을 증대시키는 등의 안정성을 배려한다.
⑥ 충격력·반복력·수평력·인발력·편심하중·경사하중 등을 받을 때는 말뚝기초에 대한 지반의 저항 및 말뚝에 발생하는 복합 응력에 대해서 안전성을 검토한다.
⑦ 지반침하·측면유동·지진때의 액상화와 사면붕괴 등의 우려가 있는 지반의 경우는 말뚝기초에 대한 영향을 고려한다.
⑧ 동일한 건축물에서 지지말뚝과 마찰말뚝 등의 지지력 기구가 다른 말뚝의 혼용과 시공법 및 말뚝종류가 다른 말뚝의 혼용은 가급적 피한다.
⑨ 말뚝의 중심간격 및 말뚝중심에서 기초 슬래브 가장자리까지의 거리는 표-3.10에

의한다.
⑩ 말뚝과 기초 슬래브의 접합부는 말뚝기초의 설계조건에 적합한 것으로 한다.
⑪ 말뚝의 이음부·선단부는 충분히 응력을 전달할 수 있는 것으로 한다. 또한 건축물의 설계때에 근거해야 하는 것은 건축 기준법·동시행령 및 건설성 고시와 통첩, 또는 각 관련 행정청 및 공단 등에서 정한 설계지도 지침류가 있다. 구체적인 말뚝 기초 설계의 기술적 사항이나 검토 방법을 정리한 것은 「건축기초구조 설계지침」(일본건축학회), 「지지력에 대한 건축물의 기초 설계지침」(일본 건축센터), 「건축 내진 설계에 대한 보유내력과 변형성능(1990)」(일본건축학회) 단독 주택 등 소규모인 건축물에는 「소규모 건축물 기초 설계의 참고서」(일본건축학회) 등이 있다. 따라서 본항에서는 이것을 참조하여 설명하기로 한다.

3.2.2 설계의 순서
말뚝기초의 설계 순서를 그림-3.11에 나타낸다.

3.2.3 허용 수직지지력
말뚝의 지지력은 말뚝선단부의 지지력과 말뚝 주면의 마찰저항에 의해 구성되나 말뚝재(재질·지름·길이)·지반과 시공법의 조건에 따라 폭넓게 변화된다. 그 상태는 상기 조건과 하중의 크기에 따라 다른 경우가 많은 재하시험으로 확인되었으며 복잡하다. 말뚝의 수직지지력 고찰 방법은 최신의 것이 「건축기초구조 설계지침」(일본건축학회)에 나타내었으므로 다음에는 주로 해석을 기술하고자 한다. 말뚝의 지지력은 식(3.26)와 같이 말뚝재에 따라 정하는 값과 지반 및 공법에 따라 정하는 값을 계산하여 작은쪽의 값으로 결정된다.

$$R_a = \min(R_{a1}, R_{a2}) \tag{3.26}$$

여기서 R_a : 말뚝의 수직지지력
  R_{a1} : 지반과 공법에 따라 정하는 수직지지력
  R_{a2} : 말뚝재에 따라 정하는 수직지지력

(1) 지반과 시공법에 따라 정하는 수직지지력

ⅰ) 기본적인 고찰방법 지반과 시공법에 따라 정하는 말뚝의 극한 수직지지력은 일반적으로 말뚝선단의 저항력과 말뚝주면의 마찰 저항력으로 성립되었으며 식(3.27)으로 나타냈다.

$$R_u = R_P + R_F \tag{3.27}$$

제3장 말뚝기초의 설계 103

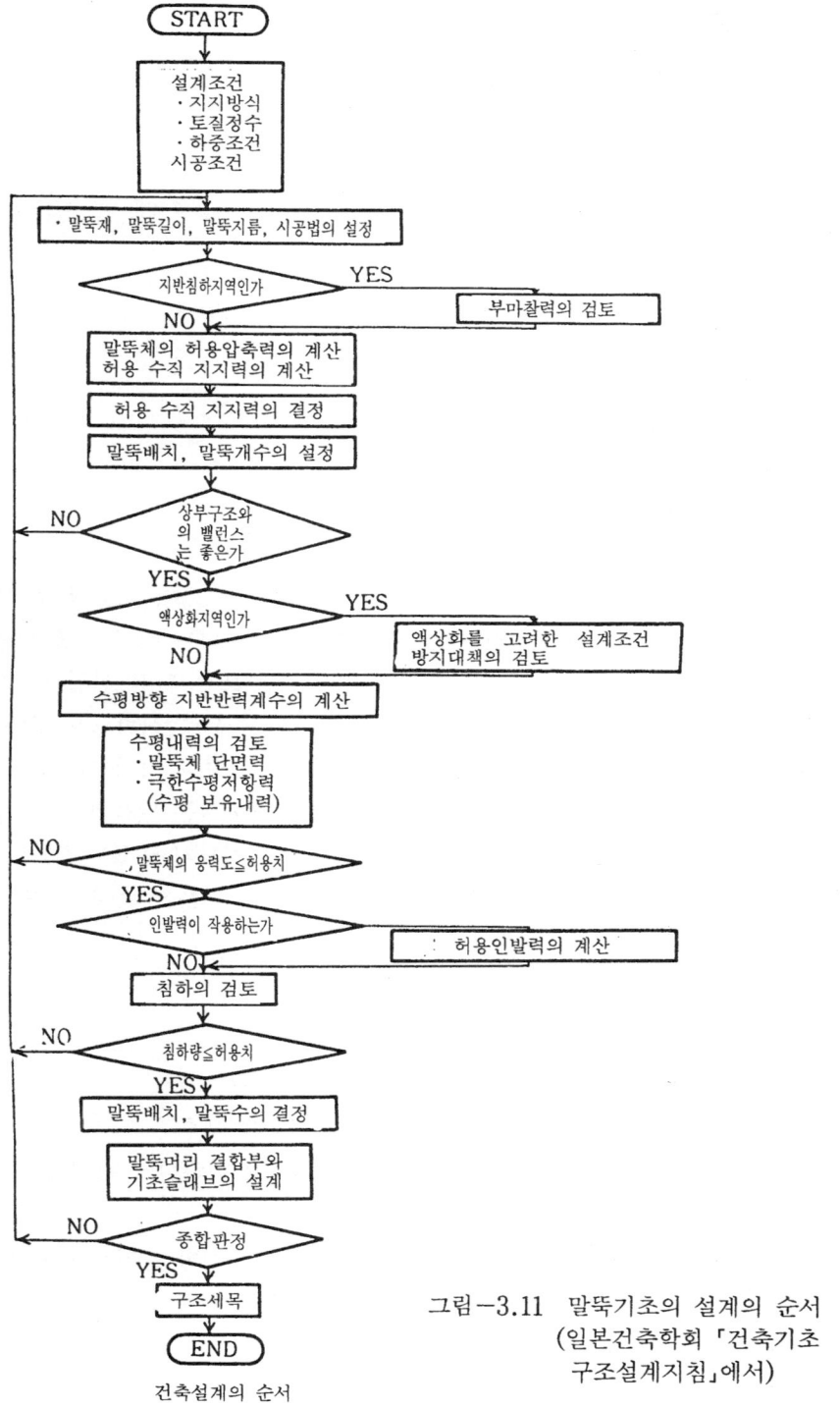

그림-3.11 말뚝기초의 설계의 순서
(일본건축학회 「건축기초
구조설계지침」에서)

건축설계의 순서

$$= R_F + \psi \sum \tau H$$

여기서 R_u : 말뚝의 극한 수직지지력
　　　　R_P : 말뚝선단의 극한 저항력
　　　　R_F : 말뚝주면의 극한 마찰 저항력
　　　　ψ : 말뚝둘레길이
　　　　τ : 말뚝주면 각층의 마찰력도
　　　　H : 각층의 층두께

$$R_a \leq \frac{R_u}{F} - W_P \tag{3.28}$$

여기서 R_a : 말뚝의 허용 수직지지력
　　　　R_u : 말뚝의 극한 수직지지력
　　　　F : 안전율
　　　　W_P : 말뚝의 자중

식(3.27)에서 R_P가 비교적 큰 경우는 지지말뚝이라하며 R_P가 비교적 작거나 0에 가까운 경우는 마찰말뚝이라 한다. 식(3.27) 및 (3.28)에 표시되는 값의 결정 방법은 ① 재하시험, ② 정역학적 지지력 산정식, ③ 표준 관입시험 또는 정적 관입시험의 산정식 ④ 말뚝 타설식의 4가지가 있다. 일반적으로 ①②③④의 순으로 신뢰도가 낮다고 한다. 또한 이러한 지지력의 산정 방법은 법률로서는 1971년 건설성 고시 제111호(개정 1978년 건설성 고시 1623호)에 정해져 있다. 또한 최근의 연구에서는 말뚝의 허용 수직지지력에 상당한 하중이 작용하는 상태에서는 말뚝머리는 어느 정도의 변위(침하)가 생기지만 이 변위에 대응하는 말뚝선단과 말뚝주면의 저항력에 기여되는 비율을 고려한 식(3.29)을 만족하는 점도 바람직하다고 한다.

$$R_a = \frac{R_P}{F_P} + \frac{R_F}{F_F} - W_P \tag{3.29}$$

여기서 F_P : 말뚝선단의 극한 저항력에 대한 기여계수
　　　　F_F : 말뚝주면의 극한 마찰저항력에 대한 기여계수

즉 말뚝의 허용 수직지지력은 식(3.28)으로 표시된 값 이하이며 또 식(3.29)에 의해 지지력 분담의 실상을 확실히 해두는 것도 중요하다.

ii) 장기허용 수직지지력　장기허용 수직지지력은 말뚝재의 장기허용 압축응력도에 최소 단면적을 곱한 값에서 지름비의 저감을 고려한 값 이하로 또, 다음의 ① 또는 ②에 나타낸 값 이하로 한다.

① 재하시험을 하는 경우는 원칙적으로 극한 지지력 이하 또는 기준 지지력 이하 값의 1/3

② 재하시험을 하지 않는 경우는 지지력 계산식에서 구해지는 극한 지지력 또는 기준 지지력의 1/3

또는 재하시험의 실시방법과 결과의 정리법에 대해서는 원칙적으로 토목공학회의 기준에 준하여 실시한다.

a) 타입말뚝 타입말뚝은 말뚝선단 지지력이 극한치에 도달할 때의 말뚝머리 침하량이 비교적 작으므로 식(3.29)에서 $F_P=F_F=3$으로 해도 좋다.

b) 현장타설 콘크리트말뚝 현장타설 콘크리트말뚝은 기준지지력(말뚝지름의 10% 침하 때의 지지력)을 극한 지지력 대신 이용하며 장기 허용 수직지지력의 산정에는 식(3.28)과 식(3.29)의 양자에 대해서 검토하고 작은 쪽의 값을 적용한다. 이때의 안전율과 기여계수는 다음과 같다.

① 식(3.28)에 대한 안전율은 타입말뚝과 같이 $F=3$으로 한다.

② 식(3.28)에 대한 기여계수의 F_P에 대해서는 식(3.29)으로 산출되는 값을 적용한다.

$$F_P = \frac{0.1d}{즉시침하량의\ 표준치} \geq 3 \qquad (3.30)$$

여기서 d : 말뚝지름(cm)

즉시침하량의 표준치 : 일반적으로 3cm로 예시되었다.

F_F에 대해서는 식(3.10)중의 $0.1d$ 대신 말뚝 주면마찰력의 극한치가 생기는 변위에 대해서 같은 비를 취하면 보통 $F_F≒1$ 또는 $F_F<1$이라는 사실이 많으나, 실제의 침하량은 상기 즉시 침하량의 표준치(3cm)보다 작은 것을 고려하여 설계상은 $F_F=2$ 정도를 적용한다.

c) 천공말뚝 천공말뚝의 시공법은 다양하며 공법에 따라 조성되는 말뚝은 말뚝 선단부와 말뚝 주면부의 지지력 특성이 시공방법에 따라 영향이 크므로 지지력 계산식을 포괄적으로 나타내는 것은 곤란하다. 따라서 장기 허용지지력을 정하는 경우에는 원칙적으로 재하시험에 의할 때가 있으나 그 경우 특히 다음의 사항에 유의를 요한다.

① 말뚝 주변 처리가 충분하여 말뚝의 지지력 기구로서 말뚝 주면 마찰력이 기대되는 경우에는 현장타설 콘크리트 말뚝에 준하여 고려하고 장기허용 수직지지력을 정한다.

② 말뚝선단의 처리가 충분하여 말뚝의 지지력 기구가 주로 말뚝선단 지지력에 의해 구해지는 경우에는 타입말뚝에 가까우므로 타입말뚝의 경우를 참고로 장기허용 수직지지력을 정한다.

d) 기타의 공법 중굴말뚝, 시멘트 밀크 선단확대 밑고정 말뚝, 저면확장 등의 지지력 산정에 대해서는 공인공법이므로 각 공법을 개별적으로 공인된 산정식에서 구해진다.

iii) 단기허용 수직지지력 단기허용 수직지지력은 말뚝재의 단기허용 압축응력도에 최소 단면적을 곱한 값에서 긴 지름비의 저감을 고려한 값 또는 지반에 의한 장기 허용수직지지력의 2배 이하로 한다.

iv) 말뚝선단의 극한 수직지지력

a) 타입말뚝

① 사질토와 자갈질토 사질토와 자갈질토의 말뚝선단 극한 수직지지력은 대개의 재하시험에 따라 타당성이 확인되는 식(3.31)을 쓰는 것이 좋다.

$$R_P = 30\overline{N}A_P \tag{3.31}$$

여기서 R_P : 말뚝선단의 극한 수직지지력(tf)

$\overline{N}$: 말뚝선단보다 아래에 $1d$, 위에 $4d$ 범위의 N치의 평균치(d는 말뚝지름) (그림-3.12 참조)

A_P : 말뚝선단면적(m³)

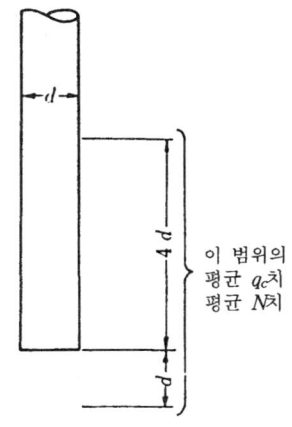

그림-3.12 N치의 평균치를 취하는 방법

단, 대개의 경우 말뚝지름은 60cm 정도까지의 실험 결과이므로 말뚝지름이 큰 경우에는 재하시험을하여 확인하는 것도 고려할 필요가 있다.

정적 관입시험 결과에 따라 지지력을 구하는 경우에는 식(3.32)을 참고로 해도 좋다.

$$R_P = 0.7\,\overline{q_c}A_P \tag{3.32}$$

여기서　$\overline{q_c}$: 말뚝선단보다 아래에 $1d$, 위에 $4d$ 범위의 관입저항 q_c의 평균치(tf/m^2)
(그림-3.12 참조)

② 점성토　말뚝선단이 점성토인 경우의 재하시험은 별로 많지 않으나 식(3.33)을 참고로 해도 좋다.

$$R_P = 6c_u A_P \tag{3.33}$$

여기서　c_u : 점성토층의 비배수 전단강도(tf/m^2)

또 식(3.31), 식(3.32)을 쓰는 경우, 극한 지지력의 상한은 모래자갈층의 경우 1800(tf/m^2) 연암의 경우 2000(tf/m^2)을 고려하는 것도 필요하다.

b) 현장타설 콘크리트 말뚝

① 사질토와 자갈질토　현장타설 콘크리트 말뚝에서 말뚝선단의 침하 상태는 큰 분산이 생기는 것을 확인할 필요가 있다. 말뚝선단의 침하량이 말뚝지름의 10%시점에서의 지지력(말뚝선단 기준지지력)은 과거의 실측결과(지지층 : 모래자갈층)를 총괄적으로 나타낸 그림-3.13에 의하면, 영역 B에서는 7.5$\overline{N}$이상, 영역 A에서는 15$\overline{N}$ 이상으로 되었다. R_p로서 말뚝선단 극한지지력 대신 말뚝선단기준 지지력을 식(3.34)에 나타낸다.

$$R_P = \alpha\, 15\overline{N}A_P \text{ (tf)} \tag{3.34}$$

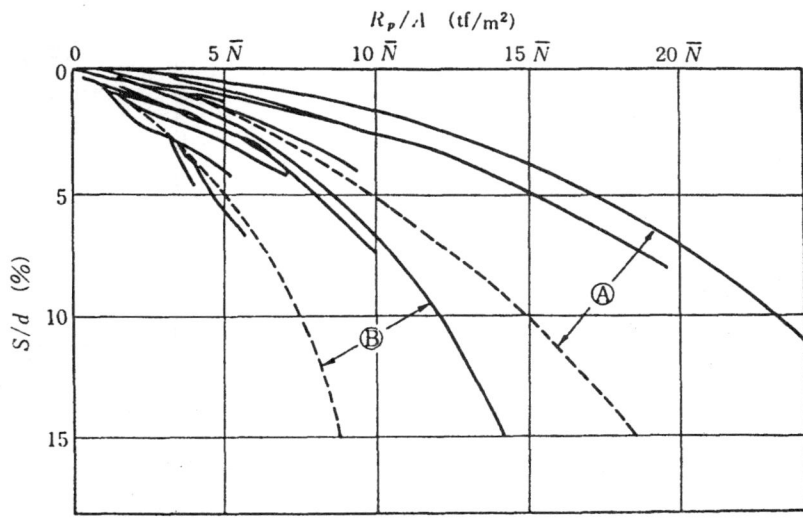

그림-3.13 현장타설 콘크리트 말뚝의 재하시험 결과예(굵은 실선은 실측치의 상한, 파선은 추정 하한치를 표시) (일본건축학회 : 「건축기초구조설계지침에서」)

여기서　　a : 보정계수

　　　　　$\overline{N}$: 말뚝선단에서 아래에 $1d$, 위에 $1d$의 범위 N치의 평균치(d는 말뚝지름) 단, N치의 상한은 60, 평균 N치의 상한은 50으로 한다.

　　　　　A_P : 말뚝선단 면적(m^2)

a는 재하시험으로 확인되지 않을 때는 0.5로 한다.

② 경질 점성토　경질 점성토에 대한 재하시험 실적이 빈약하고 명확하지는 않으나 식 (3.33)을 참고하면 좋다.

v) 말뚝주면의 극한 마찰저항력

a) 타입말뚝

① 사질토　사질토 지반에서 말뚝 재하시험으로 구해진 말뚝 주면마찰력도와 N치의

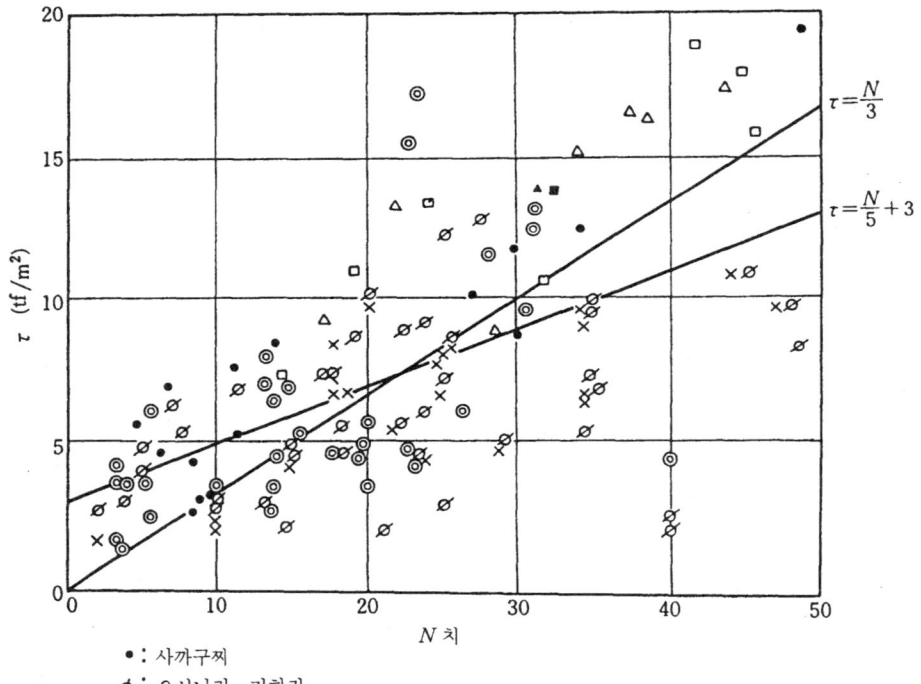

●: 사까구찌
ø: 요시나리·기하라
◎: 후지다
▲: 7m의 평균치　△: 1m마다의 값 ⎫
■: 7m의 평균치　□: 1m마다의 값 ⎭ 고바야시·이노우에
×: 아시다찌·야마가와

그림-3.14　재하시험에 의한 타입말뚝의 주면마찰력도와 N치의 관계(일본건축학회 :「건축기초구조설계지침」에서)

관계를 나타낸 그림이 그림-3.14이다. 이 그림에서 사질토 전체의 평균에 가까운 관계를 식(3.35)으로 나타냈다.

$$\tau = \frac{N}{3} \ (\text{tf/m}^2) \tag{3.35}$$

② 점성토 점성토는 흙의 전단강도와 말뚝 주면 마찰력도 사이에 밀접한 관계가 있으며 정규 압밀점토 등에서는 거의 일치되고 있으므로 과압밀 점토 등, 전단 강도가 큰 경우에는 말뚝 주면 마찰력도의 저감 계수를 고려한 식(3.36)을 쓰는 것이 좋다.

$$\tau = \beta \frac{q_u}{2} \tag{3.36}$$

여기서 β : 말뚝주면 마찰력도의 저감계수 $\beta = \alpha_P L_F$
   α_p : 흙의 과압밀비에 대한 저감계수 [그림-3.15(a) 참조]
   L_F : 말뚝의 세장비에 대응하는 저감계수 [그림-3.15(b) 참조]

b) 현장타설 콘크리트 말뚝

① 사질토 사질토중에서 현장타설 콘크리트 말뚝의 주면 마찰력도에 대해서는 현재는 아직 정설이 없으나, 과거의 현장타설 말뚝의 재하시험 결과를 고려하면 이 경우도 식(3.35)을 적용하는 것이 좋다고 한다.

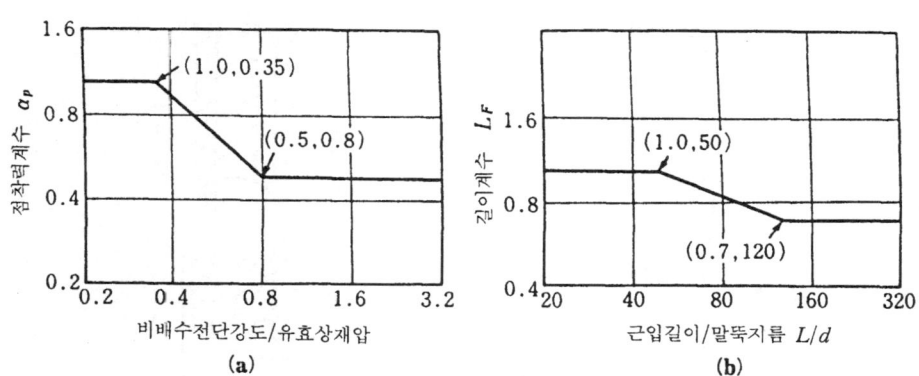

그림-3.15. 점토중의 긴타입말뚝 주면마찰력도 계수
(일본건축학회 : 「건축기초구조설계지침」에서)

② 점성토 점성토의 현장타설 콘크리트 말뚝의 주면 마찰력도와 흙의 비배수 전단강도의 관계에 대해서는 흙의 비배수 전단강도가 5tf/m², 이하의 정규 압밀 점토에서 주면 마찰력도는 흙의 강도와 비등하다고 한다. 따라서 식(3.37)을 써도 좋다.

$$\tau = \frac{q_u}{2} \tag{3.37}$$

그러나, 강도가 높으면 마찰력도가 작아지는 경향도 인정된다.

특히, 과압밀 점토에서 흙의 비배수 전단강도는 값 그 자체를 적용하는 것이 과대평가 될 우려가 있으므로 실용적인 관점에서는 τ의 머리 타설을 생각하는 것도 필요하며 경험적으로는 8tf/m²라고 말한다.

vi) 특정 행정청 행정 지도의 지지력 산정식 특정 행정청의 행정 지도에 대한 지지력 산정식의 예를 부록편에 기재하였으므로 참조하기 바란다.

3.2.4 군말뚝 효과

건축물에 사용되는 말뚝기초는 군말뚝의 경우가 많으나 그 거동은 대단히 복잡하므로 설계상 중요한 것으로 생각되는 몇가지 사항에 대해서 다음에 말해둔다. 군말뚝의 극한 지지력은 대국적으로 관입 파괴와 블록 파괴로 분류되며(그림-3.1.6 참조), 관입파괴에 의한 극한 지지력 R_{gp}는 단말뚝의 극한 지지력의 말뚝 개수 비로 식(3.38)이 된다.

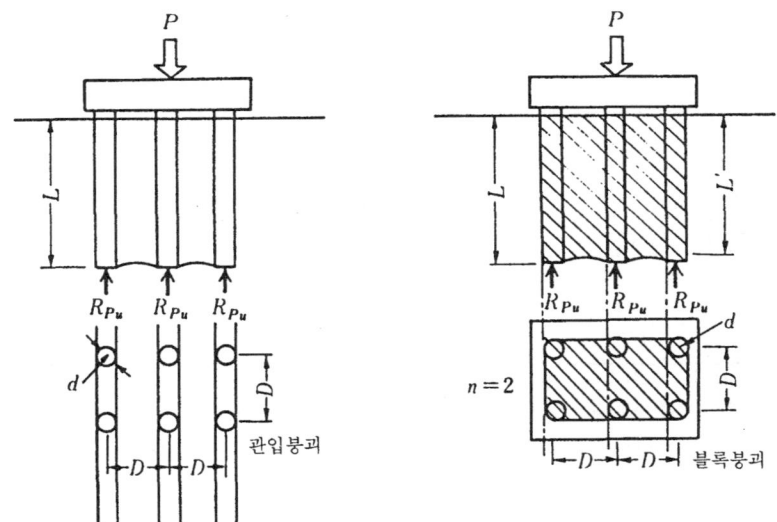

그림-3.16 군말뚝의 지지력기구 설명도(일본건축학회 : 「건축기초구조설계지침」에서)

$$R_{gp} = nm\tau(\pi dL) + nmR_{Pu} \tag{3.38}$$

블록파괴에 의한 극한 지지력 R_{gB}는 식(3.39)으로 나타낸다.

$$R_{gB} = 2(n+m-2)DL's + \pi\tau dL + A_g R_{PuB} \qquad (3.39)$$

여기서 τ : 말뚝 주면마찰력도
s : 군말뚝 블록 외주부 지반의 전단 강도
A_g : 군말뚝 블록 부분의 선단면적
R_{Pu} : 단말뚝의 선단 극한지지력
R_{PuB} : 군말뚝 블록부분의 선단 극한지지력
D : 말뚝간격
n, m : n행 m열의 nm개 군말뚝
d : 말뚝직경
L : 말뚝의 근입깊이
L' : 블록길이

군말뚝 효율 η을, $\eta = R_{gB}/R_{gp}$로서 정의한 경우, 느슨한 모래층에 근입된 군말뚝에서 η는 1보다 높은 경향이며, 점성토중의 타입 군말뚝, 혹은 천공말뚝, 현장타설 말뚝에 의한 군말뚝에서는 말뚝간격이 극단으로 조밀하게 설치되어 블록 파괴가 생기는 경우를 제외하고 η는 거의 1에 가까운 값을 나타낸다.

그러나, 현재 사용되고 있는 말뚝간격의 범위내에서도 극한 상태에 이르기까지의 침하량 혹은 군말뚝중 각말뚝의 축력분포 특징 등은 군말뚝의 영향을 무시할 수 없는 경우도 많다. 따라서 군말뚝의 설계는 침하량이 문제가 되는 경우도 많으므로 주의를 요한다.

3.2.5 허용 인발저항력
(1) 허용 인발저항력

ⅰ) 극한 인발 저항력 지반에서 말뚝의 극한 인발력은 ① 또는 ②에 나타낸 값이하로 하면 좋다.

① 인발 시험을 하는 경우 극한 저항에서 말뚝의 자중을 빼낸 값

② 인발 시험을 하지 않은 경우 하기의 말뚝 인발 저항력 계산식으로 구해지는 값, 또는 재하시험 결과의 추정치

$$_tR_u = \int_0^L \pi d\tau_t dz \qquad (3.40)$$

여기서 $_tR_u$: 지반에서 말뚝의 극한 인발 저항력(tf)
d : 말뚝지름(m)

z : 지표면의 임의 깊이(m)

τ_t : 말뚝둘레 표면에 생기는 인발 저항응력(tf/m²)

말뚝의 인발 저항력(tf)에 관해서는 압입때에 말뚝 주면 마찰력과 같거나 또는 80% 정도라고 말하고 있으나 불확정 요소도 많고 지금 현재 압입시의 2/3 정도를 쓰는 등 예비수치를 적용하는 편이 좋다.

(2) 장기 허용 인발저항력

ⅰ) 단말뚝의 경우   말뚝재의 장기허용 인장력도에 말뚝체의 최소 단면적을 곱한 값이하로, 또 식(3.41))에 의한 값 이하로 한다.

$$_tR_a = \frac{1}{3} {_tR_u} + W_P \tag{3.41}$$

여기서 $_tR_a$: 말뚝의 장기 허용 인발저항력(tf)

$_tR_u$: 지반에서 말뚝의 극한 인발 저항력(tf)

W_P : 말뚝의 자중(지하수위 이하의 부근에는 부력을 고려한다) (tf)

ⅱ) 군말뚝의 경우   ⅰ)이외로, 군말뚝으로서 검토하는 경우 식(3.42)의 값 이하로 한다(그림-3.17 참조).

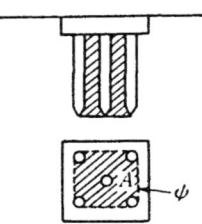

그림-3.17 말뚝군의 인발저항 (일본건축학회「건축기초구조설계 지침」에서)

$$_tR_a = \frac{1}{3n}(1.5AW + \psi Ls) \quad (tf/개) \tag{3.42}$$

여기서 $_tR_a$: 군말뚝의 영향을 고려한 말뚝의 장기 허용 인발저항력(tf/개)

s : 흙의 전단 강도(tf/m²)

n : 말뚝의 개수(개)

L : 말뚝의 길이(m)

A : 말뚝군의 외측을 연결한 면에 둘러쌓인 다각기둥의 단면적(m²)

W: 말뚝군 하단면상에 작용하는 말뚝과 흙의 단위면적당 중량(tf/m²)

ψ : 말뚝군의 외측 말뚝 표면을 연결한 면에 둘러싸인 다각기둥의 주면길이 (m)

(3) 단기 허용 인발저항력 단기허용 인발저항력에 대해서는 일본 건축학회와 일본 건축센터의 산정식이 약간 다르므로 비교한 다음에 아울러 기재한다.

ⅰ)「기초구조 설계지침」에 규정된 단기 허용 인발저항력

① 단말뚝의 경우 말뚝재의 단기 허용 인장응력도에 말뚝체의 최소 단면적을 곱한 값 이하 또는 식(3.43)의 값 이하로 한다.

$$_tR_a = \frac{2}{3} {_t}R_u + W_P \tag{3.43}$$

여기서 $_tR_a$: 말뚝의 단기 허용 인발저항력(tf)

② 말뚝군에 인발력을 작용시키는 경우 식(3.42)에 의한 값의 2배 이하로 한다.

지진때에 액상화의 가능성있는 포화 사질토 지반에 시공된 말뚝은 그 영향을 고려한 허용 인발저항력을 정한다.

ⅱ)「지지력에 대한 구조물의 기초 설계 지침」에 규정된 단기 허용 인발저항력

① 인발 시험은 극한 하중의 ⅔, 또는 항복 하중 중에서 작은 값을 적용한다.

② 인발 시험을 하지 않는 경우 식(3.4.4)와 식(3.4.5)에 의해 산정한 값중 작은 값을 적용한다.

$$_tR_a = \frac{2}{3} \int_0^L \psi_P \tau dz + W_P \tag{3.44}$$

여기서 $_tR_A$: 단기 허용 인발저항력(tf)

ψ_P : 말뚝의 둘레길이(m)

L : 말뚝의 길이(m)

τ : 말뚝체 표면에 생기는 단위면적당 인발저항력은 하기의 값으로 한다.

점성토 : $\tau = q_u/4$(tf/m²)

사질토 : 타입말뚝의 경우 $\tau = N/5$(tf/m²)

　　　　시멘트 밀크 공법에 의한 천공말뚝 또는 올 케이싱 공법 등에 의한 현장 타설 콘크리트 말뚝의 경우 $\tau = N/10$(tf/m²)

q_u : 점성토 지반의 일축 압축 강도(타입 말뚝은 20을 초과할 때 20으로 하고, 시멘트 밀크 공법에 의한 천공 말뚝 또는 올 케이싱 공법 등에 의한 현장타설 콘크리트 말뚝에서는 10을 초과할 때는 10으로 한다)(tf/m²)

N : 사질토 지반의 표준 관입시험에 의한 타격횟수(타입말뚝은 50을 초과할 때는 50으로 하고 시멘트 밀크 공법에 의한 천공말뚝 또는 베노토 공법 등에 의한 현장타설 콘크리트 말뚝은 25를 초과할 때는 25로 한다.

W_P : 말뚝의 자중(지하수면밑의 부분에 대해서는 부력을 고려한다)(tf)

군말뚝에 인발력을 작용시키는 경우는 말뚝 한 개마다 식(3.4.5)에 의해 계산한 값으로 한다.

$$_tR_a = \frac{1}{n}\left(AW + \frac{2}{3}\int_0^L \psi s dz\right) \tag{3.45}$$

여기서, n : 말뚝의 개수
A : 말뚝군의 외측을 연결한 면에 둘러싸인 다각주의 단면적(m^2)
W : 말뚝군 하단면상에 작용하는 말뚝과 흙의 단위 면적당 중량(tf/m^2)
 (지하수면밑의 부분에 대해서는 부력을 고려한다)
ψ : 말뚝군의 외측을 연결한 면에 둘러싸인 다각주의 길이(m)
s : 흙의 전단강도(tf/m^2)

3.2.6 부마찰력

지반 침하가 생기는 지역과 가능성이 있는 지역으로 압밀층을 관통하거나 그 층내에 설치되는 말뚝의 설계는 통상 하중을 검토하는 한편 부마찰력에 대해서 말뚝의 안전성을 검토한다. 단, 지진력·풍력 등 단기 하중에 대해서는 부마찰력을 검토하지 않아도 된다.

(1) 수직지지력과 말뚝체 응력도에 대한 검토

$$P + P_{FN} \leq \frac{R_P + R_F}{1.2} \tag{3.46}$$

$$\frac{P + P_{FN}}{a_P} \leq {_sf} \tag{3.47}$$

여기서 P : 말뚝머리에 작용하는 장기 하중(tf)
P_{FN} : 부마찰력에 의해 중립점에 생기는 말뚝의 최대 축력(tf)
a_P : 말뚝의 실제 단면적(cm^2)
$_sf$: 말뚝재료의 단기 허용응력도(tf/cm^2)
R_P : 극한 지지력 혹은 기준 지지력의 말뚝 선단지지력(tf)

R_F : 극한 마찰력(tf)

여기서, $P_{FN} = \psi \int_0^{L_n} \tau dz$ \hfill (3.48)

$R_F = \psi \int_{L_n}^{L} \tau dz$ \hfill (3.49)

ψ : 말뚝의 둘레길이(m)
τ : 말뚝주면의 마찰력도(tf/m^2)
L_n : 말뚝머리에서 중립점까지의 거리(m)
L : 말뚝머리의 전장

(2) 단말뚝에 작용하는 부마찰력도

식(3.48)에 쓰이는 τ 는 다음과 같이 구한다.

ⅰ) 점토층

① 성토에 의한 지표면 재하의 경우

$$\tau = (0.3 \sim 0.5) \sigma_z' \qquad (3.50)$$

여기서, $\sigma_z' = \sum \overline{\gamma_i} \cdot H_i$ \hfill (3.51)

$\overline{\gamma_i}$: i층 흙의 유효 단위 체적중량(tf/m^3)
  지하수위 이상 흙의 습윤 단위 체적중량 γ_t
  지하수위 이하 흙의 수중 단위 체적중량 γ'
H_i : i층의 층두께(m)

② 지반 침하에 의한 경우

$$\tau = 0.3 \sigma_z' \qquad (3.52)$$

여기서, $\sigma_z' = \sum \gamma_i H_i - u$

γ_i : i층 흙의 습윤 단위 체적중량(tf/m^3)
u : 압밀층내의 간극수압(원칙적으로 측정에 의함)

또한 $u = 0.8 \gamma_w (\overline{\gamma} = \gamma_t - 0.8 \gamma_w)$로서 식(3.51)에서 σ_z'를 구해도 좋다.

γ_w : 물의 단위 체적중량(tf/m^3)

ⅱ) 모래층

$$\tau = 3 + N/5 \text{ 또는 } \frac{N}{3} \text{이 큰 편 (tf/m}^3) \qquad (3.53)$$

여기서　　N : 표준 관입 시험에서 얻은 N치

(3) 중립점 깊이

① $N \geqq 50$의 모래 또는 자갈모래층 속의 지지말뚝

$$L_n = 0.95 L_a \text{ (m)} \tag{3.54}$$

② 암반 혹은 경질 토단층의 지지말뚝

$$L_n = 1.0 L_a \text{ (m)} \tag{3.55}$$

여기서　　L_a : 압밀층 하면까지의 깊이(m)

③ $N<50$의 지반에 지지시키는 선단폐합 타입말뚝 그림-3.18에서 구해도 좋다.

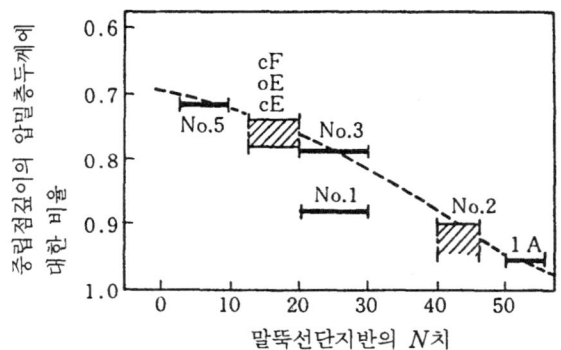

그림-3.18　말뚝 선단지반의 N치와 중립점깊이
(일본건축학회 「건축기초구조설계지침」에서)

(4) 침하에 대한 검토

ⅰ) 검토의 대상 $N<50$의 지반에 지지시키는 말뚝이나, 마찰말뚝 혹은 식(3.46)을 만족하지 않는 말뚝은 이하의 방법을 참고로 침하량을 계산하고 기초의 변형각을 허용치 이내에 들어가도록 설계한다.

ⅱ) 침하량의 계산법(선단폐합의 타입말뚝) 말뚝머리 침하량은 그림-3.18에서 중립점 깊이를 구하고 그 깊이에서 지반 침하량을 실측 또는 계산으로 구하고 이 값에 말뚝머리에서 중립점까지의 말뚝체 압축량을 가해서 구한다.

(5) 군말뚝의 검토법　다음식에서 등가 중량 부담 반경 γ_e를 구한다.

$$r_e = \left[\frac{dP_{FN}}{\overline{\gamma}_{ave}\psi L_n} + \frac{d^2}{4} \right]^{1/2} \tag{3.56}$$

여기서 d : 말뚝의 직경(m)

$\overline{\gamma}_{ave}$: 중립점까지 흙의 유효 단위체적중량의 평균치(tf/m³)

압밀층에서는 $\overline{\gamma} = \gamma_t - 0.8\gamma_w$로서 $\overline{\gamma}_{ave}$를 산출한다.

그림-3.19에 나타낸 말뚝의 배치에 따라 반경 r_e의 원을 그리고 각 말뚝의 부담범위 A_{GPi}(그림 중 허치부분)를 구하고 원의 면적 A_s와 β_i를 각 말뚝에서 구한다.

$$\beta_i = \frac{A_{GPi}}{A_s} \tag{3.57}$$

P_{FN}에 각각의 β를 곱해서 각 말뚝의 군말뚝 효과를 고려하여 부마찰력에 의한 최대 축력 P_{FN}을 구한다.

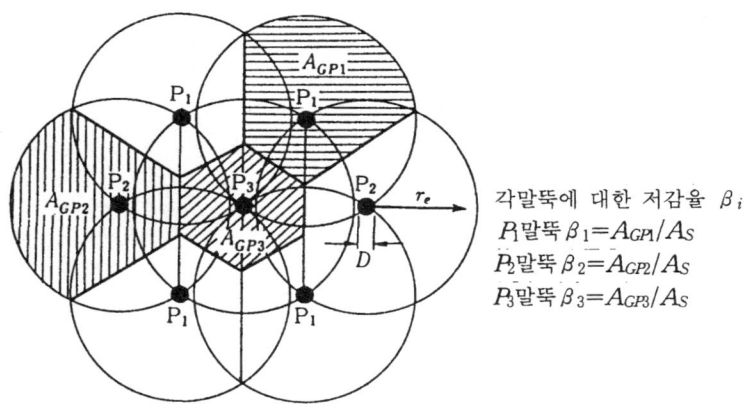

그림-3.19 군말뚝에 있어서 마찰력의 부담 범위
「건축기초구조설계지침에서」

$$P_{FNi} = \beta_i P_{FN} \text{ (tf)} \tag{3.58}$$

각 말뚝에 대해서 식(3.46)과 식(3.47)중의 P_{FN} 대신 P_{FNi}를 써서 수직지지력과 말뚝체의 응력도를 검토한다. 이 경우의 R_F는 식(3.49)에 의한다.

3.2.7 허용 수평지지력

(1) **일반 사항** 수평력을 받는 말뚝에 대해서는 말뚝재의 응력이 그 허용치를 초과하

지 않을 것, 또는 말뚝의 변위가 윗쪽 구조에 유해한 영향을 미치지 않는 것을 확인한다. 또한 말뚝이 전장에 걸쳐서 회전 혹은 횡이동하는 지반의 파괴에 대해서도 안전한가를 확인한다.

ⅰ) 말뚝의 수평력 분담률   말뚝기초의 경우, 기초 슬래브 밑면에 대한 수평력은 일본건축센터 「지지력에 대한 건축물의 기초 설계지침」에 의하면 건물에 가해지는 수평력을 지상 부분의 높이와 기초 슬래브의 근입 깊이에서 0.7을 초과하지 않는 범위에서 식 (3.59)에 의한 비율만 저감시키는 것으로 되어 있다(그림-3.20 참조). 단, 저감된 수평력은 지하 외벽 등에서는 깊이 방향으로 등분포 하중의 외력으로 생각한다.

$$\alpha = 1 - 0.2 \frac{\sqrt{H}}{\sqrt[4]{D_f}} \tag{3.59}$$

여기서 α : 기초 슬래브 근입분의 수평력 분담율
         H : 지상 부분의 높이(m)
         D_f : 기초의 근입 깊이(m)

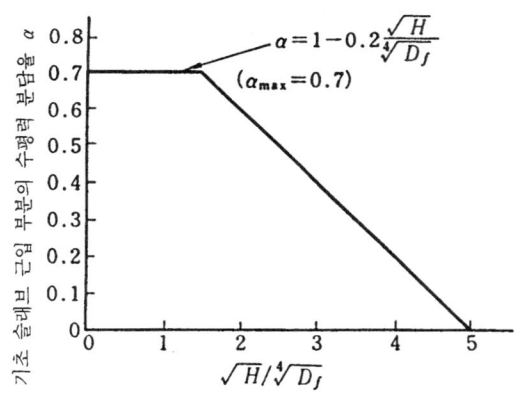

그림-3.20 근입부분의 부담율 (일본건축학회 : 「건축기초구조설계지침」에서)

단, 본 식은 $D_f > 2m$의 경우에 적용된다.
ⅱ) 계산방법
a) 말뚝머리가 충분히 회전 구속되는 경우

① 말뚝체에 충분히 변형 능력이 기대되지 않는 경우
　　탄성받침보의 계산법(탄성 지반 반력법)
② 말뚝체가 변형 능력을 충분히 가진 경우
　　Broms의 계산법(극한 지반반력법의 일종)
③ 말뚝체의 변형 능력이 ①과 ②의 중간 영역의 경우
　　①에 준한다.
　b) 말뚝머리가 충분히 회전 구속되지 않는 경우　a)의 방법에 의한 계산치(말뚝머리 휨 모멘트)를 저감하여 구하던가 또는 별도로 그 효과를 가미한 계산법에 의한다(본절(2) ii 참조).

(2) 탄성 받침보의 말뚝 설계

ⅰ) 긴말뚝과 짧은말뚝의 판별은 식(3.60), (3.61)으로 실시한다.
$p(x)=k_h By$의 경우

$$\left.\begin{array}{l} L>2.25/\beta : 긴말뚝 \\ L<2.25/\beta : 짧은말뚝 \end{array}\right\} \quad 여기서\ \beta=\sqrt[4]{\dfrac{k_h B}{4EI}} \quad (3.60)$$

$p(x)=n_h xy$ 의 경우

$$\left.\begin{array}{l} L>4.0/\eta : 긴말뚝 \\ L>2.0/\eta : 짧은 말뚝 \\ 4.0/\eta \geq L \geq 2.0/\eta : 중간이 긴 말뚝 \end{array}\right\} \quad 그러므로\ \eta=\sqrt[5]{\dfrac{n_h}{EI}} \quad (3.61)$$

여기서　$p(x)$: 깊이 x에서의 수평 지반반력(tf/m, kgf/cm)
　　　　x : 지표면에서의 깊이(m, cm)
　　　　y : 깊이 x에서의 말뚝 변위(m, cm)
　　　　B : 말뚝폭(m, cm)
　　　　I : 말뚝의 단면 2차 모멘트(m^4, cm^4)
　　　k_h, n_h : 수평 지반 반력 계수(tf/m^3, kgf/cm^3)

ⅱ) 말뚝머리의 고정도를 고려한 말뚝의 응력과 변형
　a) 긴말뚝　수평력에 의해 생기는 말뚝머리 변위 y_0, 말뚝머리 휨 모멘트 M_0, 말뚝의 지중부 최대 휨 모멘트 M_{max} 그 발생 깊이 l_m은 식(3.62~3.66)으로 산정한다. 단, 말뚝 길이 L에 관해서는 $\beta L \geq 3.0$의 조건을 만족한다.

$$y_0 = \frac{Q}{4EI\beta^3} R_{y_0} \quad \text{(cm)} \quad (3.62)$$

$$M_0 = \frac{Q}{2\beta} R_{M_0} \quad \text{(kgf·cm)} \quad (3.63)$$

$$M_{max} = \frac{Q}{2\beta} R_{M_{max}} \quad \text{(kgf·cm)} \quad (3.64)$$

$$l_m = \frac{1}{\beta} R_{l_m} \quad \text{(cm)} \quad (3.65)$$

단,

$$\beta = \sqrt[4]{\frac{k_h B}{4EI^3}} \quad \text{(cm}^{-1}\text{)} \quad (3.66)$$

$$R_{y_0} = 2 - \alpha_r \quad (3.67)$$

$$R_{M_0} = \alpha_r \quad (3.68)$$

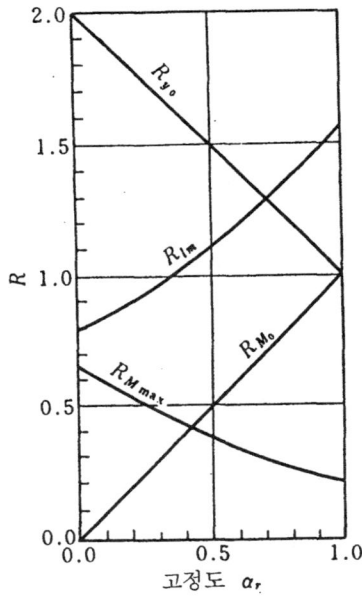

그림-3.21 고정도 α_r에 의한 각 파라미터의 변화(일본 건축센터 「지진력에 대한 건축물의 기초 설계 지침」에서)

$$R_{M_{max}} = \sqrt{(1-\alpha_r)^2 + 1} \exp\left(-\tan^{-1}\frac{1}{1-\alpha_r}\right) \quad (3.69)$$

$$R_{l_m} = \tan^{-1}\left[\frac{1}{1-\alpha_r}\right] \quad (3.70)$$

여기서　Q : 말뚝머리의 수평력(kgf)
　　　　k_h : 수평방향 지반 반력계수(kgf/cm^3)
　　　　B : 말뚝지름(cm)
　　　　E : 말뚝의 영계수(kgf/cm^2)
　　　　I : 말뚝의 단면 2차모멘트(cm^4)
　　　　α_r : 말뚝머리의 고정도(고정일 때 1, 핀일 때 0)

b) 짧은 말뚝 $\beta L < 3.0$의 경우는 이하의 짧은 말뚝의 계산에 의한다.

말뚝머리 변위

$$y_0 = \frac{Q_0}{4EI\beta^3}(2\phi_1 - \phi_2 \alpha_r \alpha_z) = \frac{Q_0}{4EI\beta^3} R_{y_0} \tag{3.71}$$

말뚝머리 휨 모멘트

$$M_0 = \frac{Q_0}{2\beta} \alpha_r \alpha_z = \frac{Q_0}{2\beta} R_{M_0} \tag{3.72}$$

여기서 α_r : 말뚝머리 고정도

   α_z : 유한 길이에 따른 영향 계수

ϕ_1, ϕ_2, α_z : 표-3.11에 의함

c) 말뚝머리 고정도 말뚝머리의 고정도 α_r는 말뚝과 기초 슬래브의 접합 방법에 따라 값이 다르다. 현장타설 콘크리트 말뚝에서는 통상 $\alpha_r = 1.0$으로 간주하는 수가 많다.

기성말뚝의 고정도에 대해서 그림-3.23은 많은 연구 결과를 정리한 것이다. 기성말뚝의 말뚝머리 접합부는 말뚝머리에 작용하는 외력에 따라서 그림을 참고로 접합 방법을 정하고 말뚝재에 대해서는 말뚝머리 고정($\alpha_r = 1$), 말뚝머리 변위에 대해서는 그림의 고정도를 참고하여 계산한다.

(3) 극한 수평저항력의 계산법(Broms의 계산법)   전항의 탄성 설계법에 대해서 말뚝의 극한 수평 저항력(수평 보유내력)의 산출을 목적으로 한 설계법이다. 말뚝의 극한 수평 저항력을 간단히 계산하는 방법은 Broms의 계산법이 있다.

Broms의 계산법은 「긴말뚝」과 「짧은 말뚝」으로 나누고 각각의 파괴 형식에 따라 말뚝

표-3.11 말뚝머리의 제수치

말뚝의 종류와 말뚝선단조건		ϕ_1	$\phi_2 = \phi_3$	α_z
유한길이의 말뚝	자유	$\dfrac{H_c H_s - T_c T_s}{H_s^2 - T_s^2}$	$\dfrac{H_s^2 + T_s^2}{H_s^2 - T_s^2}$	$\dfrac{H_s^2 + T_s^2}{H_c H_s + T_c T_s}$
	핀	$\dfrac{H_s^2 + T_s^2}{H_c H_s - T_c T_s}$	$\dfrac{H_c H_s + T_c T_s}{H_c H_s - T_c T_s}$	$\dfrac{H_c H_s + T_c T_s}{H_s^2 + T_c^2}$
	고정	$\dfrac{H_c H_s - T_c T_s}{H_c^2 + T_c^2}$	$\dfrac{H_s^2 + T_s^2}{H_c^2 + T_c^2}$	$\dfrac{H_s^2 + T_s^2}{H_c H_s + T_c T_s}$
유한길이의 말뚝		1	1	1

$H_c = \cos hZ$, $H_s = \sin hZ$, $T_c = \cos Z$, $T_s = \sin Z$, $Z = \beta L$, L : 말뚝길이

일본건축센터 「지진력에 대한 건축물의 설계지침」

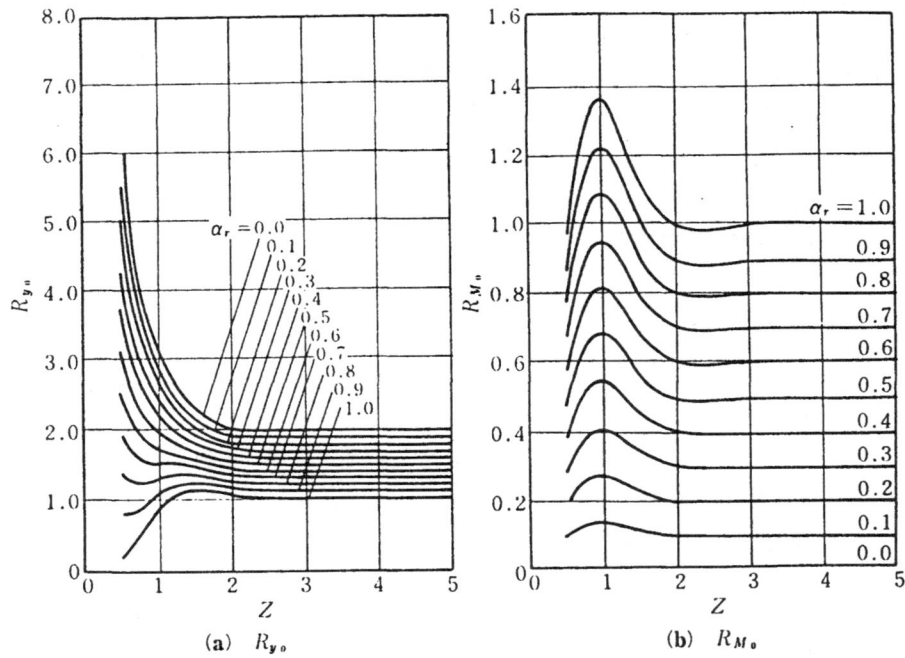

그림-3.22 유한길이 말뚝의 응력변위 산정도표(말뚝 선단이 핀인 경우) (일본건축센터『지진력에 대한 건축물의 설계지침·질문과 해답)

의 극한 저항력을 구하는 방법으로 다음과 같은 특징을 갖는다.
① 말뚝체 또는 지반의 파괴 가능성을 빠짐없이 고려한다.
② 말뚝체의 강도에 따라 설계가 정해지는 긴말뚝의 경우에도 지표면 부근의 지반이 항복되는 조건이 받아들여진다(탄소성 설계)
③ 지반 반력이 흙의 정수로 명확히 주어진다.
④ 계산은 수계산으로 간단히 할 수 있다.

ⅰ) 극한 수평 저항력, 지중보 힌지 깊이 Broms의 계산 방식에 대한 극한 수평 저항력 Q_u, 지중보 힌지 깊이 D_r의 계산식을 점성토 지반에 대해서 표-3.12, 사질토 지반에 대해서는 표-3.13에 나타낸다. 표중의「긴말뚝」,「중간길이의 말뚝」,「짧은 말뚝」의 판별은 식(3.60)과 식(3.61)에 의함.

ⅱ) 적용상의 유의점 이 설계법을 쓰는 경우 다음 사항을 충분히 검토하거나 또는 확인한다.

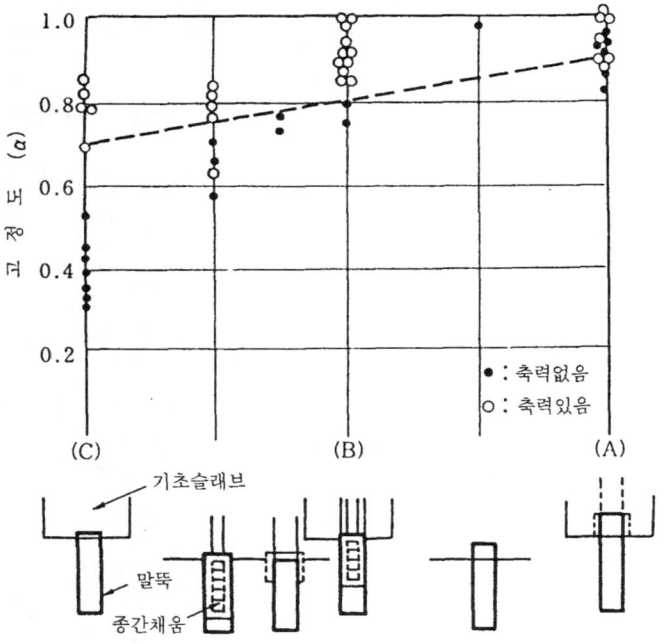

(A)는 말뚝을 기초 슬래브에 말뚝지름 정도 매립한다.
(B)는 중간채움 보강과 PC 강봉 앵커.
(C)는 단순히 말뚝을 10cm 정도 기초슬래브에 매립한다.

그림-3.23 시험으로 구해진 고정도
(건축기초구조설계)

① 실상에 맞는 점성토의 점착력 c_u 및 사질토의 수동 토압 계수 K_p의 평가
② 말뚝체의 항복 휨 모멘트(M_y)와 그 인성평가(靭性評價)
③ 「긴말뚝」의 경우 지중부의 최대 휨 모멘트 M_{max}가 항복 휨 모멘트 M_y에 도달할 때까지 말뚝머리의 휨 모멘트 M_t이 M_y를 유지하는가를 확인한다.
④ 말뚝의 변형은 본 설계법으로 구해지지 않기 때문에 다른 해석법으로 구할 필요가 있다. 특히 상기 ②와 ③의 확인은 매우 어려운 것으로 생각되며 특히 ②에 대해서는 실제로 이것을 만족하는 것을 강관 콘크리트 말뚝 등 일부의 말뚝에 한하는 것으로 한다. 이와같은 말뚝에 해당되지 않는 것으로 판단된 경우는 본 설계법에 의한 Q_u치는 참고치에 머무르는 등의 주의가 필요하다. 또한, 말뚝체의 M_y는 지진 때의 축력 변동에도 크게 좌우되기 때문에 이점에 대해서도 충분한 유의가 필요하다.

표-3.12 점성토 지반의 Q_u, D_y, M_0, M_{max} (M_y: 말뚝체의 항복모멘트)

점성토지반		외력과 반력	Q_u, D_y, M_0, M_{max}
말뚝머리 자유	짧은 말뚝 ($\beta l < 2.25$)		$Q_u = 9\, c_u B^2 \Big[\Big\{ 4\Big(\dfrac{h}{B}\Big)^2 + 2\Big(\dfrac{l}{B}\Big)^2 + 4\Big(\dfrac{h}{B}\Big)\Big(\dfrac{l}{B}\Big) + 6\Big(\dfrac{h}{B}\Big) + 4.5 \Big\}^{\frac{1}{2}} - \Big\{ 2\Big(\dfrac{h}{B}\Big) + \Big(\dfrac{l}{B}\Big) + 1.5 \Big\} \Big]$ $D_y = \dfrac{Q_u}{9\, c_u B}$ $M_{max} = Q_u(h + 1.5\,B + 0.5\,D_y)$
	긴 말뚝 ($\beta l > 2.25$)		$\Big(\dfrac{Q_u}{c_u B^2}\Big)^2 + \Big(18\dfrac{h}{B} + 27\Big)\Big(\dfrac{Q_u}{c_u B^2}\Big) = 18\Big(\dfrac{M_y}{c_u B^3}\Big)$ $D_y = \dfrac{Q_u}{9\, c_u B}$ $M_{max} = M_y$
말뚝머리 고정	짧은 말뚝 ($\beta l < 2.25$)	$l_0 = 1.5\,B + \dfrac{1}{2}(l - 1.5\,B)$	$Q_u = 9\, c_u B^2 \Big(\dfrac{l}{B} - 1.5\Big)$ $l_0 = 1.5\,B + \dfrac{1}{2}(l - 1.5\,B)$ $M_0 = Q_u l_0 = 4.5\, c_u B^3 \Big\{ \Big(\dfrac{l}{B}\Big)^2 - 2.25 \Big\}$
	중간길이말뚝		$\Big(\dfrac{Q_u}{c_u B^2}\Big)^2 + \Big(18\dfrac{l}{B} + 27\Big)\Big(\dfrac{Q_u}{c_u B^2}\Big) - 81\Big(\dfrac{l}{B} - 1.5\Big)^2 = 36\Big(\dfrac{M_y}{c_u B^3}\Big)$ $D_y = \dfrac{Q_u}{9\, c_u B}$ $M_0 = M_y$
	긴 말뚝 ($\beta l > 2.25$)		$\Big(\dfrac{Q_u}{c_u B^2}\Big)^2 + 27\Big(\dfrac{Q_u}{c_u B^2}\Big) = 36\Big(\dfrac{M_y}{c_u B^3}\Big)$ $D_y = \dfrac{Q_u}{9\, c_u B}$ $M_0 = M_{max} = M_y$

표-3.13 점성토 지반의 Q_u, D_y, M_0, M_{max} (M_y: 말뚝체의 항복모멘트)

		사질토지반	외력과 반력	Q_u, D_y, M_0, M_{max}
말뚝머리자유	짧은말뚝	$\eta l < 2.0$ (그림: Q_u, h, l, P_B, $3K_P\gamma Bl$, M_{max}, D_y)	Q_u, P_1, P_2, P_3 ($P_3 = P_1 + P_2$)	$Q_u = \dfrac{K_P\gamma Bl^2}{2\left(\dfrac{h}{l}+1\right)}$ $D_y = \sqrt{\dfrac{2Q_u}{3K_P\gamma B}} = \dfrac{l}{\sqrt{3(1+h/l)}}$ $M_{max} = Q_u\left\{h + \dfrac{2}{3}\dfrac{l}{\sqrt{3(1+h/l)}}\right\}$ $= Q_u\left\{h + \dfrac{0.385\,l}{\sqrt{1+h/l}}\right\}$
	긴말뚝	$\eta l > 2.0$ (그림: 힌지, $3K_P\gamma Bl$, M_{max}, D_y)	Q_u, M_{max}, $3K_P\gamma BD_y$	$\dfrac{Q_u}{K_P\gamma B^3}\left(\dfrac{h}{B}+0.544\sqrt{\dfrac{Q_u}{K_P\gamma B^3}}\right)$ $= \dfrac{M_y}{K_P\gamma B^4}$ $D_y = \sqrt{\dfrac{2Q_u}{3K_P\gamma B}}$ $M_{max} = M_y$
말뚝머리고정	짧은말뚝	$\eta l < 2.0$ (그림: Q_u, M_0, y, $3K_P\gamma Bl$)	Q_u, M_0, Q_u ($l_0 = \dfrac{2}{3}l$)	$Q_u = \dfrac{3}{2}K_P\gamma Bl^2$ $M_0 = \dfrac{2}{3}Q_u l = K_P\gamma Bl^3$
	중간길이말뚝	$2 \leq \eta l \leq 4$ (그림: Q_u, M_0, D_y, $3K_P\gamma Bl$, M_{max})	Q_u, M_0, P_1, P_2, P_3 ($P_3 = P_1 + P_2$)	$\dfrac{Q_u}{K_P\gamma B^3}\left(\dfrac{l}{B}\right) - \dfrac{1}{2}\left(\dfrac{l}{B}\right)^3 = \dfrac{M_y}{K_P\gamma B^4}$ $D_y = \sqrt{\dfrac{2Q_u}{3K_P\gamma B}}$ $M_0 = M_y$
	긴말뚝	$\eta l > 4$ (그림: Q_u, M_0, D_y, $3K_P\gamma BD_y$, M_{max})	Q_u, M_0, Q_u, (A), M_{max}	$\dfrac{Q_u}{K_P\gamma B^3} = 2.38\left(\dfrac{M_y}{K_P\gamma B^4}\right)^{\frac{2}{3}}$ $D_y = \sqrt{\dfrac{2Q_u}{3K_P\gamma B}}$ $M_0 = M_{max} = M_y$

3.2.8 허용 변위량

이제까지 말한 것은 말뚝 재료와 지반에서 검토된 수직 및 수평방향 말뚝의 지지력에 대한 것으로 말뚝의 설계에서 상부 구조에 유해한 변형이 생기지 않도록 하는 것이 중요하다.

상부구조의 허용변형각은 구조 종류에 따라서 여러 가지가 있으나 보통 1/1200~1/1000 정도로 생각된다. 지지말뚝으로 지지되는 구조물에 대해서는 많은 경우 침하에 대한 불안은 적으나 지지층에 점토층이 있는 경우는 충분한 검토가 요망된다. 또한 마찰말뚝을 적용할 때도 동일하다.

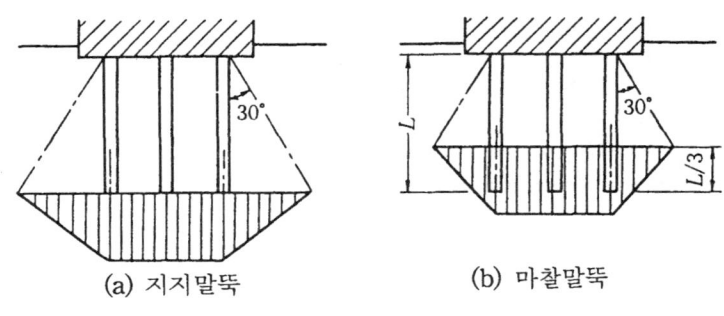

그림-3.24 말뚝기초에서 지반에 전해지는 응력

그림-3.24는 말뚝기초에서 지반에 전해지는 말뚝선단부의 응력 분포를 모식적으로 나타낸 것이다. 지지말뚝은 말뚝선단에서 전달되는 응력에 따라 그 하중을 산정하고 말뚝군에 대해서는 일정한 분포 하중으로 충분하다. 마찰말뚝의 경우 하중의 작용선이 말뚝선단보다 위에 있는 것으로 예상한다. 이 그림의 경우는 거의 균등한 지반 구성으로 말뚝의 주면 저항력 τ가 깊이와 거의 비례하여 증가되는 것으로 생각할 때와 같다. 중간에 모래층 등이 있어서 τ의 분포가 예상과 다를 때에는 τ의 분포형에서 이 작용선 위치를 설정해야 한다.

이러한 하중에 대해서 압밀층과 침하층의 침하량을 산정하고 상부구조의 안전성을 검토하여 최종적인 말뚝의 설계 내력을 결정해야 한다.

건축물의 침하에 대한 허용치는 현재까지 많은 조사나 제안이 있었으나 지반의 구성이나 상부구조의 강성 문제가 복잡하게 뒤얽혀서 명확하지 않은 점이 있다. 따라서 어디까지나 대충의 허용치로서 변형각 θ_{cr}는 다음 값이 고려된다.

철근 콘크리트조 $\theta_{cr} = (1 \sim 2) \times 10^{-3}$ (rad)   (3.73)

콘크리트 블록조 $\theta_{cr} = (0.5 \sim 1) \times 10^{-3}$ (rad)   (3.74)

또, 최대 침하량이 커지면 상대 침하량도 커지는 경향이 밝혀졌으므로 최대 침하량을 계산하여 대충의 기준으로 할 수 있으나 그 판단은 표-3.14에 의한다.

표-3.14 허용 최대 침하량의 기준치 (압밀침하의 경우) (cm)

구조종별	콘크리트 블록조	철근콘크리트조		
기초형식	줄기초	독립기초	줄기초	전체기초
표 준 치	2	5	10	10~(15)
최 대 치	4	10	20	20~(30)

( )는 큰 보춤 이중 슬래브 등으로 충분히 강성이 큰 경우
(일본건축학회 : 건축기초구조설계지침에서)

한편 3.2.1에서 말한 바도 있으나 말뚝의 허용 수직지지력의 값은 이때까지의 설계 시공의 경험에서, 혹은 말뚝재의 종류와 시공법의 차이에 따라 결정되는 것으로 생각해도 된다. 또한 그 값은 그 지역의 지반과 상황에 따라 특정 행정청이 정한 지도치가 대표적인 것이다. 기타 공사 발주자의 지표가 설정된 경우도 있다. 따라서 설계에서는 이제까지 설명한 상황 이외로 이러한 값을 충분히 조사한 다음에 말뚝의 지지력을 결정해야 한다.

3.3 도로교의 말뚝기초 설계

3.3.1 설계의 기본

말뚝기초 설계에 관한 기본사항을 정리하면 다음과 같다.

(1) **대조항목** 말뚝기초는 상부구조의 하중에 따라 각 말뚝머리에 생기는 반력이 말뚝의 허용지지력 이하가 되도록 설계한다. 또한 말뚝기초의 변위량은 허용 변위량을 초과해서는 안된다.

(2) **하중분담** 수직하중, 수평하중은 원칙적으로 말뚝만으로 지지한다. 수평 하중을 확대기초 근입부분과 공동으로 분담시킬 때는 양자의 분담비율을 충분히 검토해야 한다.

(3) **말뚝의 배치** 말뚝은 장기적으로 지속 하중이 균등하게 하중을 받도록 배열한다. 또한 말뚝의 최소 중심간은 군말뚝 영향을 고려하여 말뚝 지름의 2.5배로 한다.

표-3.15 각 기초의 안정 대조의 기본과 설계법의 적용범위

기초형식		조사내용					기초 강성평가	설계법의 적용 범위를 표시하는 $\beta \cdot l$의 기준
		전도	수직지지		수평지지·활동·수평변위량			1 2 3 4
		조사항목	조사면	조사항목	조사면	조사항목		
직접기초		하중 합력의 작용위치	저 면	지지력	저 면 [전 면]	전단저항력 [수평변위량]	강 체	
케이슨기초		—	저 면	지지력도	저 면 [전 면] (설계지반면)	전단저항력 수평저항력 [수평변위량]	강 체 (탄성체)	←→ (←→)
강관널말뚝기초		—	저 면	지지력	설계지반면	수평변위량	탄성체	←→
말뚝기초	유한길이말뚝	—	두 부	지지력	설계지반면	수평변위량	탄성체	←→
	반무한길이말뚝							←→

[ ] : 전면지반의 수평저항을 기대하는 경우에 대해서만 대조한다.
( ) : $1 < \beta l < 2$의 케이슨기초에 대해서는 기초의 강성을 평가하여 수평변위량에 대해서도 대조한다.
l : 기초의 유효 근입 깊이(cm)

β : 기초의 특성치 (cm^{-1}), $\beta \sqrt[4]{\dfrac{k_H D}{4EI}}$

EI : 기초의 휨 강성(kgf·cm^2)
D : 기초의 폭 또는 직경(cm)
k_H : 기초의 수평방향 지반 반력계수(kgf/cm^3) (βl의 판정은 평상시의 k_H를 쓴다)

(4) 설계 지반면 말뚝의 평상시 설계에서 설계 지반면은 세굴, 압밀침하, 동결융해의 영향과 시공에 의한 지반의 교란을 고려하여 장기간에 걸쳐서 지지력을 기대할 수 있는 지반면으로 정한다. 또한 내진 설계상의 설계 지반면은 표-3.9에 나타낸 바와같이 보통 평상시의 설계 지반면으로 하는 수가 많으나 액상화 등을 고려하여 토질 정수를 0으로 하는 토층이 있을 때는 밑면에 설정한다.

(5) 해석 모델 말뚝기초의 설계는 허용 응력도 설계법으로 실시되며 현재의 하중 레벨에 대해서는 말뚝 기초가 탄성적 거동 범위에서 설계가 실시된다. 때문에 지반 반력계수를 선형 스프링으로 등선형 해석법이 적용된다.

3.3.2 설계의 순서
말뚝기초의 설계 순서를 그림-3.25에 나타낸다.

3.3.3 말뚝의 축방향 허용지지력

제3장 말뚝기초의 설계 129

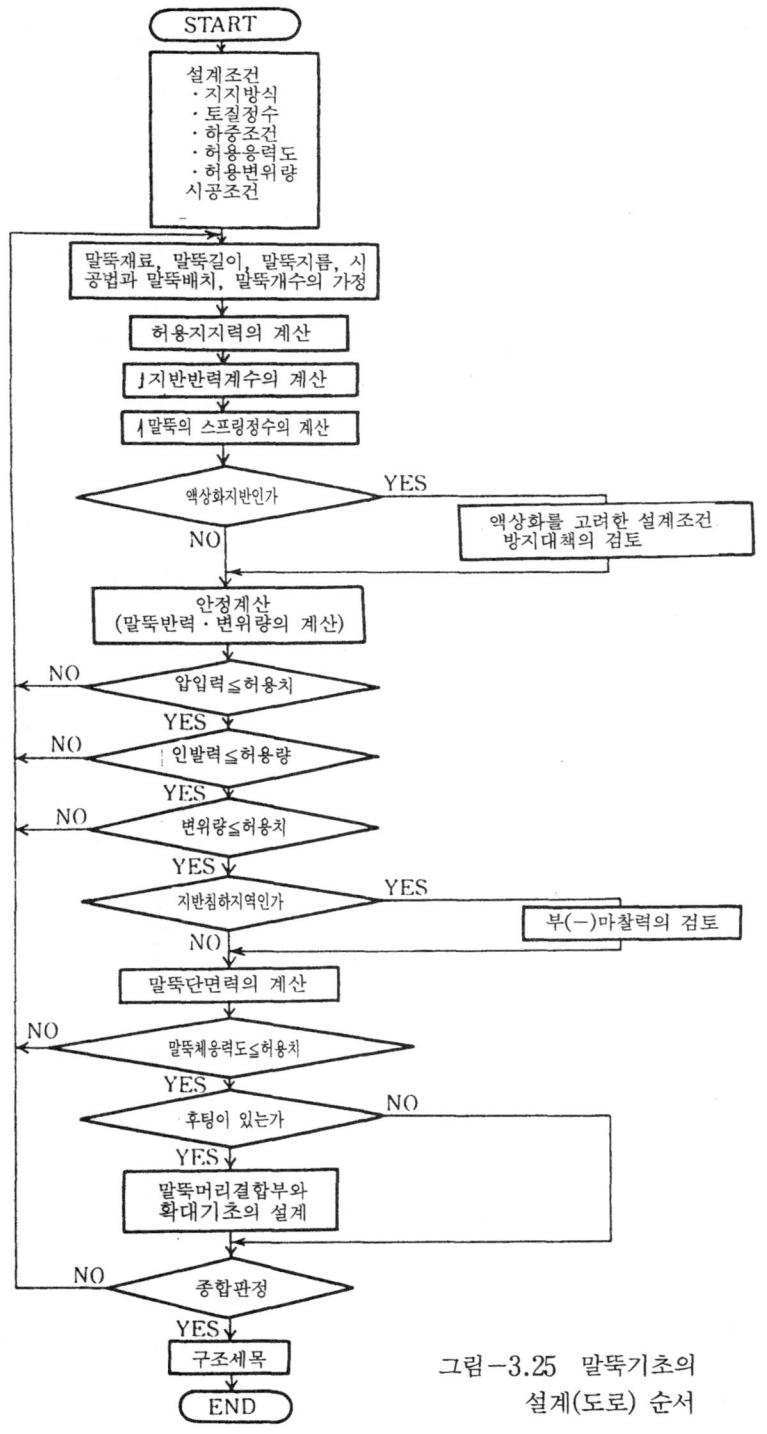

그림-3.25 말뚝기초의 설계(도로) 순서

(1) 축방향 허용 압입지지력 말뚝의 축방향에 대한 압입 지지력은 말뚝 선단의 지지력과 말뚝 주면부의 마찰력에 의해 구성된다. 이것을 식으로 나타내면,

$$R_u = R_p + R_F \tag{3.75}$$

여기서 R_u : 지반에서 정하는 말뚝의 극한 지지력(tf)
  R_p : 선단 지지력(tf)
  R_F : 주면 마찰력(tf)

또한, 말뚝 한 개의 축방향 허용 압입 지지력은 다음식으로 산출한다.

$$R_a = \frac{\gamma}{n}(R_u - W_s) + W_s - W \tag{3.76}$$

여기서 R_a : 말뚝머리의 축방향 허용 압입지지력(tf)
  n : 표-3.16에 나타낸 안전율
  γ : 표-3.17에 나타낸 극한지지력 추정법의 차이에 따른 안전율의 보정계수
  W_s : 말뚝으로 치환되는 부분의 흙의 유효 중량(tf)
  W : 말뚝과 말뚝 내부 흙의 유효 중량(tf)

표-3.16 안 전 율

재하시의 종류 \ 말뚝의 종류	지지말뚝	마찰말뚝*
평 상 시	3	4
지 진 시	2	3

* : 지지말뚝과 동등한 안정성을 가진 마찰말뚝은 지지말뚝의 안전율을 적용한다.

표-3.17 극한 지지력 추정법의 차이에 의한 안전율의 보정계수 γ

극한지지력 추정법	안전율의 보정계수
지 지 력 추 정 식	1.0
수 직 재 하 시 험	1.2

단, R_a는 말뚝본체의 허용 축방향 압축력과 허용 변위량에서 정하는 축방향 허용 압입지지력을 초과하도록 한다. 말뚝의 지지력은 지지력·추정식으로 산출하는 것 보다도

재하 시험으로 그 지점의 지지력을 직접 구하는 편이 지지력의 신뢰성이 높다고 생각된다. 따라서 말뚝의 지지력에 관한 안전성을 극한 지지력 추정법에 동등 하기 때문에 추정 정도를 고려한 보정계수 γ에 의해 안전율을 보정할 수 있다.

마찰말뚝(모래층, 모래자갈층은 대략 N치가 30 이상, 점성토층은 대략 N치가 20 이상 또는 일축 압축강도 q_u가 4kgf/cm³ 정도 이상 양질의 지지층에 근입되지 않는 말뚝)의 안전율에 대해서는 다음 조건을 만족할 때 지지말뚝과 동등의 안전성을 가졌으므로 지지말뚝의 안전율을 적용한다.

① 지반 침하가 현재 진행중이 아닌 점, 그리고 장래에도 예상되지 않는 점
② 말뚝길이가 말뚝지름의 25배(말뚝지름 1m 이상의 말뚝에 대해서는 25m) 정도 이상일 것
③ 점성토계 지반에서 말뚝 전장의 1/3 이상이 과압밀 지반에 근입된 점

또한 마찰말뚝의 경우 말뚝선단의 지지력은 고려하지 않고 안전율의 보정 계수는 장기적 안전성을 고려하여 1.0으로 하는 것을 주의해야 한다. 또한 중굴말뚝은 그 지지기구에서 마찰말뚝은 피하는 것이 좋다.

지반에서 정하는 말뚝의 극한 지지력 R_u는 직접말뚝의 재하 시험에 의해 구하는 이외로 각종의 지반 조사 결과에 의하여 아래식으로 추정한다.

$$R_u = q_d A + U \sum l_i f_i \tag{3.77}$$

여기서　R_u : 지반에서 정하는 말뚝의 극한지지력(tf)
　　　　A : 말뚝 선단면적(m²)
　　　　q_d : 말뚝 선단에서 지지하는 단위 면적당 극한지지력도(tf/m³)
　　　　U : 말뚝의 둘레길이(m)
　　　　l_i : 주면 마찰력을 고려하는 층의 층두께(m)
　　　　f_i : 주면 마찰력을 고려하는 층의 최대 주면마찰력도(tf/m²)

ⅰ) 말뚝선단의 극한 지지력도 q_d의 추정
① 타입말뚝 타입말뚝 말뚝선단의 극한 지지력도는 그림-3.26에서 추정한다.
그림-3.26에서 말뚝 선단 지반의 설계용 N치 $\overline{N}$는 다음 식으로 구한다.

$$\overline{N} = \frac{N_1 + \overline{N_2}}{2} \quad (\overline{N} \leq 40) \tag{3.78}$$

여기서　N_1 : 말뚝선단위치의 N치
　　　　$\overline{N_2}$: 말뚝선단에서 상측에 $4D$(D는 말뚝지름)의 범위에 대한 평균 N치

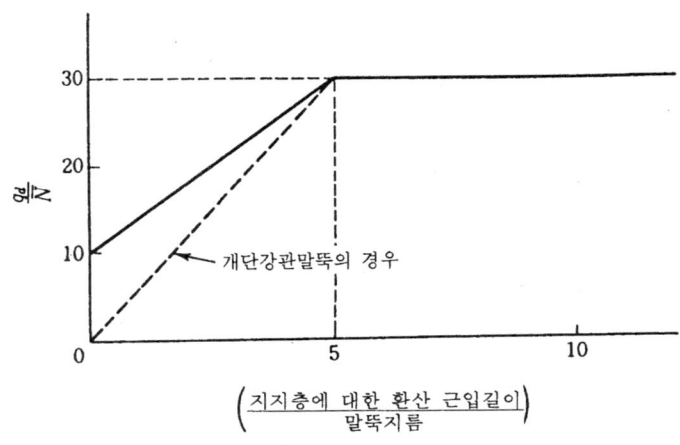

그림-3.26 말뚝 선단 지반의 극한 지지력도 q_d의 산정도

② 현장타설 말뚝 현장타설 말뚝 말뚝선단의 극한 지지력도는 표-3.18에 나타낸 값으로 한다.

표-3.18 현장타설 말뚝의 q_d 추정표

지 반 종 별	말뚝선단의 극한 지지력도(tf/m²)
자갈모래층과 모 래 층 ($N \geq 30$)	300
경 질 점 성 토 층	$3q_u$

단, q_u는 일축 압축강도(tf/m²)

단, 이러한 값을 운용할 때는 다음 항목에 주의해야 한다.
㈎ 말뚝길이 말뚝지름비(l/D)가 10 이상일 것
㈏ 말뚝선단은 지지층에 말뚝지름 정도 근입할 것
㈐ 슬라임 처리를 충분히 할 것
㈑ 심초 공법에 의한 말뚝에 대해서는 이 적용범위외로 별도의 검토가 필요하다.

또한 박층에 지지된 현장타설 말뚝의 선단 극한 지지력도 q_d'를 지지층 두께가 충분히 확보되는 경우의 극한 지지력도 q_d에서 보정하여 구하는 방법도 제안되었다(출전/판신 고속도로공단 : 현장타설 말뚝의 지지력 설계요령, 1990년 6월).

$$q_d' = \alpha q_d \tag{3.79}$$

여기서 q_d' : 박층 지지말뚝의 선단 극한 지지력도(tf/m²)

q_d : 지지말뚝의 선단 극한 지지력도(tf/m²)

모래자갈층의 경우 500tf/m², 모래층의 경우 250f/m²

α : 박층을 고려한 지지력도의 보정계수

지지층이 모래자갈인 경우의 예를 그림-3.27(a)에 나타낸다. 여기에서 H 및 D는 그림-3.27(b)에 의한 것으로 하고 q_u는 하위 점성토층의 일축 압축강도로 한다.

이 방법은 오사카 지반을 대상으로 한 것이기 때문에 보통 쓰이는 경우는 적용조건의 확인이 필요하다.

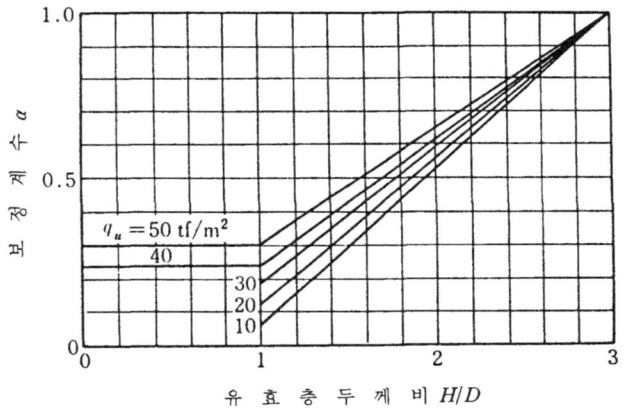

그림-3.27(a) 지지층이 자갈모래층일 때의 보정계수 α

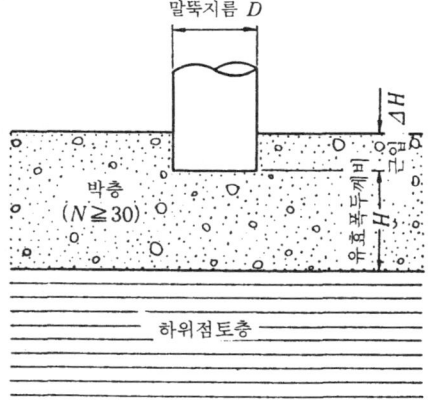

그림-3.27(b) 기호의 설명

③ 중굴말뚝 중굴말뚝 말뚝선단의 극한 지지력도는 표-3.19에 나타낸 값으로 한다. 단, 중굴말뚝에서는 말뚝선단을 지지층에 말뚝지름 이상 근입시킨다.

또, 표-3.19의 시멘트 밀크 분출 교반방식의 극한 지지력도에 대해서는 과거의 수직 재하시험결과 10예 이상으로 동등한 지지력이 확인되었으며 그 관리방법이 확인되는 공법에 적용한다.

표-3.19 중굴 말뚝공법에 의한 말뚝선단의 극한 지지력도

선 단 처 리 방 법	말뚝선단의 극한 지지력도 산정법
최종타격방식	타입말뚝의 산정법을 적용한다.
시멘트 밀크 분출 교반방식	극한지지력도(tf/m²) $q_u = \begin{cases} 15N\,(\leq 750) & \text{모래층} \\ 20N\,(\leq 1\,000) & \text{모래자갈층} \end{cases}$ 여기서 N: 말뚝선단지반의 N치
콘크리트 타설방식	현장타설말뚝의 극한지지력도를 적용한다.

ii) 말뚝주면에 작용하는 최대 주면 마찰력도는 시공방법 지반 종류에 따라 표-3.20에서 추정한다.

(2) 축방향 허용인발력 말뚝의 허용인발력은 지반의 최대 인발저항력을 소정의 안전율로 나눈 값과 말뚝자중의 합으로서 다음식으로 산출한다.

표-3.20 최대주면 마찰력도 (tf/m²)

지반의 종류 \ 시공법	타입말뚝공법	현장타설말뚝공법	중굴말뚝공법
사 질 토	$0.2N\,(\leq 10)$	$0.5N\,(\leq 20)$	$0.1N\,(\leq 5)$
점 성 토	c 또는 N (≤ 15)	c 또는 N (≤ 15)	$0.5c$ 또는 $0.5N$ (≤ 10)

주) $N \leq 2$의 연약층에서는 신뢰성이 빈약하므로 주면마찰저항을 고려해서는 안된다.

$$P_a = \frac{1}{n}P_u + W \tag{3.80}$$

여기서　　P_a : 말뚝머리에 대한 말뚝의 축방향 허용인발력(tf)
　　　　　n : 표-3.21에 나타낸 안전율
　　　　　P_u : 지반에서 정하는 말뚝의 극한 인발력(tf)
　　　　　　　식(3.77)의 제2항, 최대 주면 마찰력에 준하여 산출한다.
　　　　　W : 부력을 고려한 말뚝의 유효중량(tf)

표-3.21 안전율

평 상 시	지 진 시
6	3

말뚝에 인발력이 가해지는 경우, 그 힘은 말뚝의 주변 흙에 대한 유효 응력을 감소시켜 흙을 이완시키는 경향이 있다. 따라서 말뚝에 장기적으로 인발력이 가해지는 것은 흙의 저항력에 대해 대단히 불리한 영향을 주게 된다. 또한 장기적인 인발 저항에 대해서는 과거의 실험 데이터가 거의 없고, 말뚝이 인발된 경우는 구조물에 주는 영향이 큰 점을 고려하면 보통 평상시의 인발력이 가해지지 않도록 말뚝배치를 검토한다든지 또는 인발측의 말뚝을 무시하더라도 말뚝기초의 안정이 얻어지도록 하는 것이 바람직하다.

3.3.4 부 주면 마찰력

압밀 침하가 생길 우려가 있는 지반을 관통하여 타설되는 말뚝에서는 말뚝 주면에 하향으로 작용하는 부 주면 마찰력을 고려해야 한다. 부 주면 마찰력을 고려할 필요가 있는 지반에서는 말뚝머리 부근의 굴착에 의한 지반의 교란이나 압밀 침하에 따라 말뚝이 지반에서 돌출된 상태가 되는 수가 있다. 따라서 필요에 따라 돌출 말뚝으로서 설계하는 것이 좋다. 부 주면 마찰력이 작용하는 지반중에서도 활하중은 일시적으로 부 주면 마찰력을 감소시키거나, 경우에 따라서는 주면 마찰력이 되는 수도 있으므로 평상시만 검토하는 것이 좋다. 부 주면 마찰력을 저감하는 대책은 기성말뚝의 경우 말뚝주면에 역청재를 도포한 말뚝(SL말뚝) 등을 쓰는 방법이 있으나, 대책 공법의 선정은 그 종류와 설계·시공법에 대해서 명확히 검토해야 한다.

부 주면 마찰력에 대한 검토는 다음 순서로 실시한다.

(1) 중립점의 위치　부 주면마찰력이 작용하는 범위는 중립점에서 위를 생각하면 좋으나(그림-3.28 참조), 그 위치는 선단 지반의 경도에 따라 변화되고 일률적으로 줄 수는 없다. 그러나 특히 데이터가 없는 경우는 중립점의 위치를 압밀층의 하단으로 가정해도 좋다.

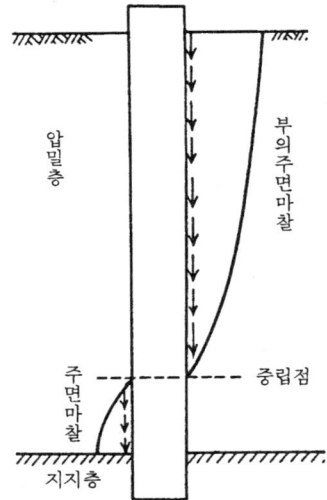

그림-3.28 부 주면마찰력과 중립점

(2) 수직지지력의 검토 부마찰력을 고려한 경우의 허용지지력은 다음 식으로 구한다.

$$R'_a = \frac{1}{1.5}(R'_u - W'_s) + W'_s - (R_{nf} + W) \tag{3.81}$$

여기서 R'_a : 부 주면 마찰력을 고려한 허용지지력(tf)

R'_u : 중립점보다 아래에 있는 지반에서 말뚝의 극한 지지력(tf). 즉 중립점의 아래층에서 말뚝 선단까지의 최대 주면마찰력과 말뚝선단의 극한 지지력(마찰말뚝의 경우는 무시)의 합이며, 3.3.3에 준하여 계산한다.

R_{nf} : 부 주면 마찰력(tf). 즉 중립점에서 윗층의 최대 주면마찰력의 합. 최대 주면 마찰력은 표-3.20에 준하여 계산하나 이 경우는 $N \leq 2$의 연약층에 서도 무시해서는 안된다.

W'_s : 중립점보다 아래쪽의 말뚝에 치환되는 부분의 흙의 유효 중량(tf)

W : 말뚝 및 말뚝내부 토사의 유효 중량(tf)

(3) 말뚝체 응력도의 검토 부마찰력을 고려한 말뚝 본체의 검토는 다음 식으로 실시한다.

$$1.2 \times (P_0 + R_{nf} + W') \leq \sigma_y A_p \tag{3.82}$$

여기서 P_0 : 말뚝머리에 가해지는 사하중에 의한 말뚝머리 하중(tf)
  R_{nf} : 부 주면 마찰력(tf)
  W' : 중립점 윗쪽 부분에서 말뚝의 유효 중량(tf)
  σ_y : 말뚝재료의 항복 응력도(tf/m^2)
  A_p : 대조 단면에서 말뚝의 순단면적(m^2)

(4) 말뚝머리 침하량의 검토 지지말뚝의 경우 말뚝머리 침하량은 말뚝 선단 지반의 탄성 침하량과 말뚝체의 수축량의 합으로 탄성 침하량에서 구해진다. 마찰 말뚝의 경우는 상기의 탄성 침하량 이외에 압밀 침하량이나 성토 하중의 말뚝 선단 잔류 침하량이 있으며 장기적인 침하의 영향이 고려되는 경우는 3.3.5 등에서 상세하게 검토할 필요가 있다.

(5) 군말뚝 부 주면마찰력 군말뚝의 경우 다음 중의 방법으로 부 주면마찰력을 저감할 수 있다.

① 말뚝기초 전체를 하나의 기초로 생각하여 주면 마찰력을 저감시키는 방법

$$R_{nf} = \frac{L\sum l_i \tau_i + A \bar{\gamma}_s l_e}{n} \tag{3.83}$$

여기서 R_{nf} : 부 주면마찰력(tf)
  L : 말뚝군의 둘레길이(m)
  l_i : 확대기초 밑면에서 선단 지지층까지 각층의 층두께(m)
  τ_i : 각 토층에서 흙의 전단 저항력도(tf/m^2)
  A : 말뚝군의 밑면적(m^2)
  $\bar{\gamma}_s$: l_e사이의 흙의 평균 단위체적 중량(tf/m^3)
  l_e : 확대기초 밑면에서 중립점까지의 말뚝길이(m)
  n : 말뚝개수

② 부 주면마찰력을 말뚝 중심으로 원통내의 흙의 중량에 환산하고 원통이 겹치는 부분의 비율만 저감하는 방법

그림-3.30에 나타낸 원통반경은 다음 식으로 계산한다.

$$r_e = \left[\frac{Df_n}{\gamma_s} + \frac{D^2}{4} \right]^{1/2} \tag{3.84}$$

여기서 r_e : 원통반경(m)
  D : 말뚝지름(m)

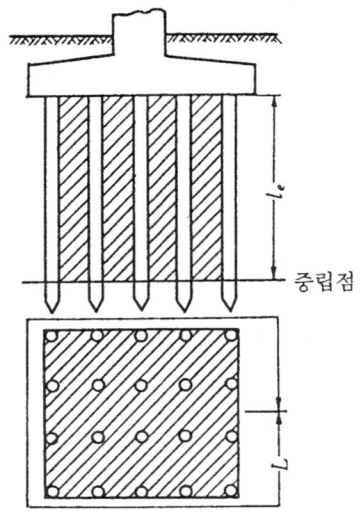
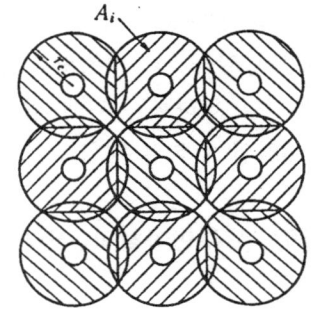

그림-3.29 부 주면마찰력의 저감   그림-3.30 부 주면마찰력의 저감

f_n : 부 주면마찰력도(tf/m²)
γ_s : 흙의 단위 체적중량(tf/m³)

이 r_e를 써서 그림-3.30에 나타낸 바와 같이 각 말뚝을 중심으로 반경 r_e의 원을 그리고 원이 겹쳐지는 부분을 각 말뚝으로 분할하여 각각의 부담면적 A_i를 구한다(그림중 사선 부분). 각각의 A_i와 원의 면적 $A_0(=\pi r_e^2)$의 비에서 다음식으로 말뚝의 부 주면마찰력이 계산된다.

$$R_{nfi} = \frac{A_i}{A_0} R_{nf0} \tag{3.85}$$

여기서 R_{nfi} : 각 말뚝의 부 주면마찰력(tf)
  A_i : 그림-3.30에 나타낸 각 말뚝의 부담면적(m²)
  A_0 : πr_e^2(m²)
  R_{nf0} : 단말뚝으로 했을 때의 말뚝의 부 주면마찰력(tf)

이 R_{nfi}에 관해서 각각 말뚝을 검토한다.

3.3.5 군말뚝의 고려

(1) 축방향 압입력에 대한 군말뚝의 고려 축방향 허용 압입지지력은 말뚝기초 전체를 가상 케이슨 기초로 생각하고 지지력의 상한치를 계산한다. 검토는 그림-3.3.1의 사

선부에 나타낸 가상 케이슨 기초를 고려하여 다음식으로 실시한다.

$$Q_a = \frac{1}{n}(Q_p + Q_f) \qquad (3.86)$$

여기서 Q_a : 군말뚝의 축방향 허용 압입지지력(tf)
  n : 안전율(표-3.16 참조)
  Q_p : 군말뚝의 말뚝선단 극한지지력(tf)

$$Q_p = A q_d' - W \qquad (3.87)$$

  A : 그림-3.31의 사선을 그은 부분의 밑면적(m^2)
  q_d' : 말뚝선단 지반의 극한지지력도(tf/m^2)
  W : 가상 케이슨 기초에 치환하는 흙의 유효 중량(tf)
  Q_f : 군말뚝의 주면 마찰력(tf)

$$Q_f = L \sum l_i \tau_i \qquad (3.88)$$

  L : 그림-3.3.1의 사선을 그은 부분의 둘레길이(m)
  l_i : 확대기초 밑면에서 선단 지지층까지 각층의 층두께(m)
  τ_i : 각 토층의 전단 저항력도(tf/m^2)

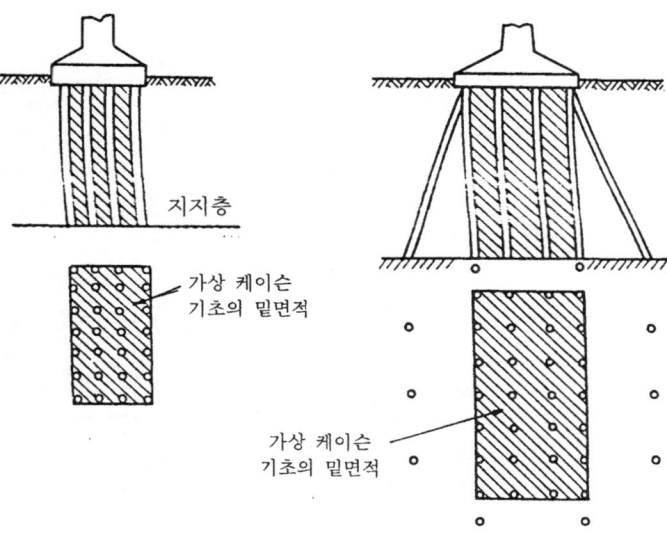

그림-3.31 가상 케이슨기초

또한 군말뚝의 경우, 각 말뚝의 축방향 허용 압입지지력은 단말뚝의 허용지지력과 식 (3.86)으로 나타낸 군말뚝의 허용지지력 중 작은쪽을 취해야 한다. 마찰말뚝으로서 군말뚝을 사용하는 경우에는 그림-3.32에 나타낸 바와 같이 하중의 분산을 고려하여 말뚝 주면에서 전달되는 증가 하중 등에 수반하는 압밀 침하량을 검토한다. 얇은 지지층밑에

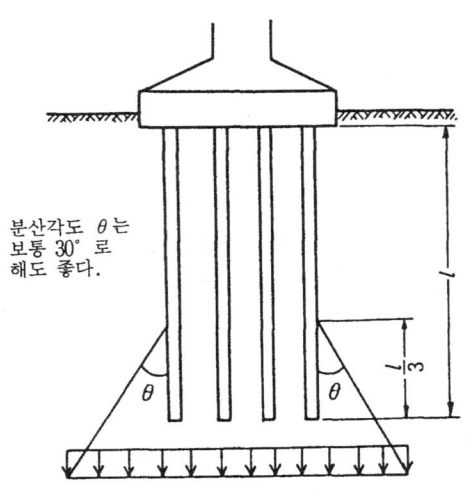

그림-3.32 마찰말뚝의 압밀 침하량을 검토할때의 하중분산 고찰법

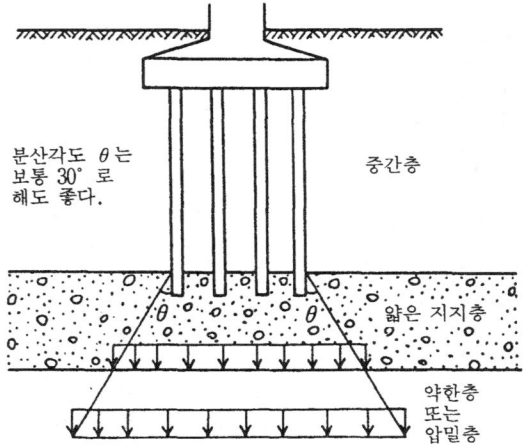

그림-3.33 하부층의 지지력과 압밀침하량을 검토할 때의 하중 분산 고찰방법

연약층 혹은 압밀층이 있는 경우는 그림-3.33에 나타낸 것처럼 지지층 이상 깊이의 하중 분산을 고려하여 압밀 침하량을 검토한다.

또한 중간층의 마찰력이 충분히 기대되는 경우는 2층을 포함하여 하중 분산을 고려해도 좋다.

(2) 축 직각방향력에 대한 군말뚝의 고려 군말뚝이 축 직각방향력을 받는 경우에는 말뚝 상호의 간섭에 의해 각말뚝의 하중 분담이 차이가 나고 전체적인 효율도 단말뚝의 경우에 비하여 저하된다. 수평 저항에 대해서 특히 설계상 고려해야 하는 것은 말뚝 중심간격에 따른 효율의 저하이다. 이것은 과거 말뚝 중심간격이 2.5D 정도라면 단말뚝의 수평 저항 지반반력계수를 그대로 사용하더라도 실용상 지장이 없는 것으로 취급한다. 이것은 수평방향 지반반력계수의 차이는 응력적으로는 그만큼 큰 영향을 주지 않으며 수평방향 지반 반력계수의 추정 단계에서 다소 안전으로 볼 수 있다. 그러나 부득이 말뚝 중심간격을 더욱 작게 하는 경우 수평방향 지반 반력계수에 다음의 보정계수 μ를 곱해야 한다.

$$\mu = 1 - 0.2\left(2.5 - \frac{L}{D}\right) \quad [L < 2.5D] \tag{3.89}$$

여기서 L : 말뚝 중심 간격(m)
　　　　D : 말뚝지름(m)

3.3.6 허용 변위량

말뚝기초의 설계에서 허용 변위량은 상부구조에서 정하는 허용 변위량과 하부 구조에서 정하는 허용 변위량이 있으며 하부구조에서 정하는 허용 변위량은 평상시, 지진때 모두 말뚝지름의 1%로 하나 말뚝지름 1500mm 이하의 말뚝에 대해서는 이제까지의 실적을 고려하여 1.5cm로 한다. 단, 교대에 대해서는 측면 유동의 영향 등을 고려하여 말뚝지름 1500mm 이상의 말뚝이라도 평상시의 설계에는 허용 변위량을 1.5cm로 억제한다. 하부구조에서 정하는 허용 변위량은 기초의 수평 변위량을 탄성 변위내에 억제한다.

3.3.7 말뚝반력과 변위량의 계산

(1) 수평방향 지반 반력계수의 산정 수평방향 지반 반력계수는 보통 변형 의존성이 있기 때문에 말뚝이 탄성적 거동을 하는 범위, 즉 기존 변위량(말뚝지름의 1%)에서 정의되며 지반조사 결과에 의하여 추정하던가 수평 재하시험에 의한 하중-변위곡선에서 역산하여 구한다.

① 지반조사 결과에서 추정하는 경우

$$k_H = k_{H0}\left(\frac{B_H}{30}\right)^{-\frac{3}{4}} \tag{3.90}$$

여기서 k_H : 수평방향 지반 반력계수(kgf/cm^3)
  k_{H0} : 직경 30cm의 강체 원판에 의한 평판 재하시험의 값에 상당한 수평방향 지반 반력계수(kgf/cm^3)를 각종 토질시험, 지반조사 결과에서 구한 변형계수에서 추정하는 경우는 다음식으로 구한다.

$$k_{H0} = \frac{1}{30}\alpha E_0 \tag{3.91}$$

  B_H : 하중 작용방향으로 직교되는 기초의 환산 재하폭(m)은 식(3.92)으로 나타낸 방법으로 구한다. 보통 탄성체 기초의 수평 저항에 관계되는 지반은 설계 지반면에서 $1/\beta$ 정도까지 고려한다. 또 지진때에는 평상시와 같은 값을 이용한다.

$$B_H = \sqrt{D/\beta} \tag{3.92}$$

  E_0 : 표-3.22에 나타낸 방법으로 측정 또는 추정한 설계 대상 위치에서 지반의 변형계수(kgf/cm^2)
  α : 지반 반력계수의 추정에 쓰이는 계수를 표-3.22에 나타낸다.
  D : 하중작용 방향으로 직교되는 기초의 재하폭(cm)
  $1/\beta$: 수평저항에 관계되는 지반의 깊이(cm)는 기초의 길이 이하로 한다.

  β : 기초의 특성치 $\sqrt[4]{\dfrac{k_H D}{4EI}}$ (cm^{-1})

  EI : 기초의 휨 강성($kgf \cdot cm^2$)

통상 k_H는 그림-3.34에 나타낸 바와 같이 반복 계산으로 구한다. 그러나 표층이 균일 지반인 경우에는 식(3.93)을 써서 직접 k_H를 구할수 있다.

$$k_H = 0.34(\alpha E_0)^{1.10} D^{-0.31}(EI)^{-0.103} \tag{3.93}$$

② 수평 재하시험으로 구하는 경우 수평지반 반력계수를 말뚝의 수평 재하시험에 의한 하중-변위량 곡선에서 구하는 경우는 설계 지반면에 대한 기준 변위량(말뚝지름의 1%)과 그에 대응하는 하중에서 역산한다.

표-3.22 E_0와 a

다음의 시험방법에 의한 변형계수 E_0 (kgf/cm²)	a	
	평상시	지진시
직경 30cm의 강체 원판에 의한 평판 재하시험의 반복곡선에서 구한 변형계수의 1/2	1	2
보링 공내에서 측정한 변형계수	4	8
공시체의 일축 또는 삼축 압축시험에서 구한 변형계수	4	8
표준관입시험의 N치에서 $E_0=28N$으로 추정된 변형계수	1	2

주) 폭풍시는 평상시의 값을 쓴다.

(2) 말뚝의 축방향 스프링정수 말뚝의 축방향 스프링정수 K_V는 말뚝머리 하중-말뚝머리 침하량 곡선의 항복점에서 할선구배로 정의되며 일반적으로는 토질시험의 결과나 기존의 수직 재하시험에 의한 추정식으로 구한다.

① 기왕의 재하 시험에 의한 추정법 기왕의 수직 재하시험에 의한 추정법은 다수의 재하시험 결과에서 식(3.95) a를 실측 K_V에서 역산하여 말뚝 종류와 시공법별로 근입비의 관계에 착안하여 식(3.95)에 그 추정식을 나타낸다.

$$K_V = a\frac{A_P E_P}{l} \tag{3.94}$$

여기서 K_V : 말뚝의 축방향 스프링정수(kgf/cm)
　　　　A_P : 말뚝의 순단면적(cm²)
　　　　E_P : 말뚝체의 영계수(kgf/cm²)
　　　　l : 말뚝길이(cm)

a는 식(3.95)으로 산정한다.

$$\left.\begin{array}{ll} \text{타입 강관말뚝} & a=0.014(l/D)+0.78 \\ \text{타입 PC, PHC말뚝} & a=0.013(l/D)+0.61 \\ \text{현장타설 말뚝} & a=0.031(l/D)-0.15 \\ \text{중굴 강관 말뚝} & a=0.009(l/D)+0.39 \\ \text{중굴 PC, PHC말뚝} & a=0.011(l/D)+0.36 \end{array}\right\} \tag{3.95}$$

② 토질시험의 결과에 따른 추정법 토질시험의 결과에서 K_V를 추정하는 경우 말뚝을 주면과 선단에 스프링을 가진 탄성체로서 생각하고 스프링을 토질시험으로 추정하는 것

으로 식(3.96)에서 구해지는 a를 식(3.94)에 대입하여 추정한다.

$$a = \frac{\lambda \tanh\lambda + \gamma}{\gamma \tanh\lambda + \lambda}\lambda \tag{3.96}$$

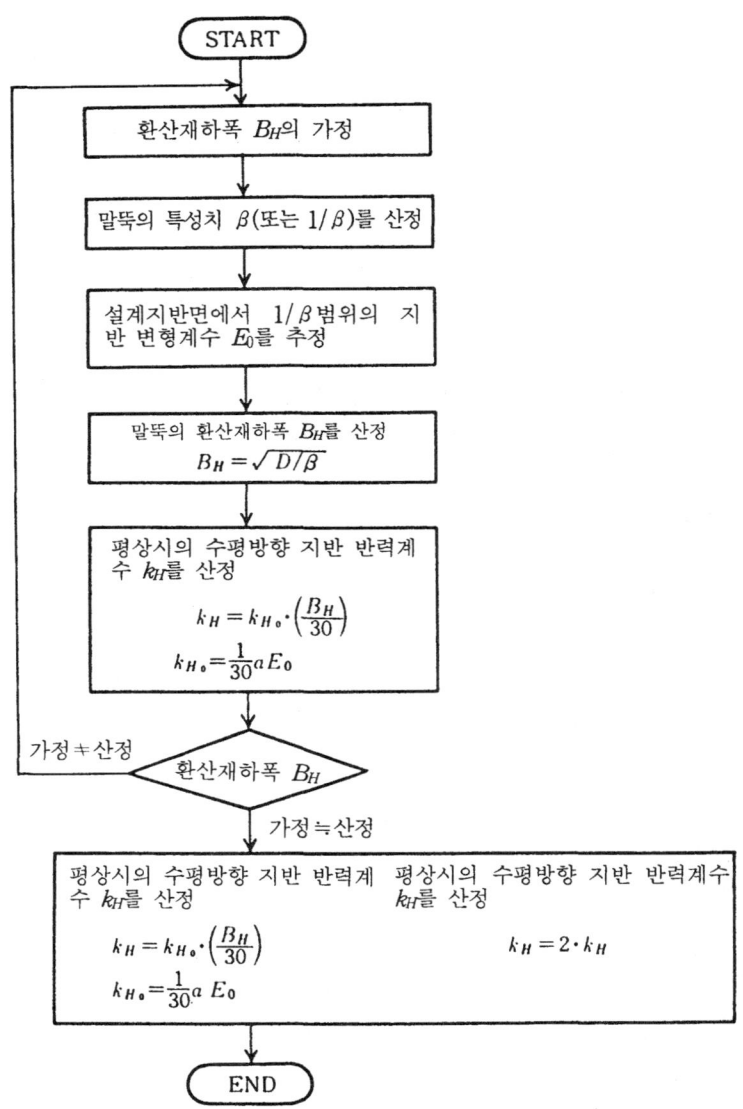

그림-3.34 수평방향 지반 반력계수 k_H 순서도

그러므로, $\gamma = \dfrac{A_i k_v l}{A_P E_P}$

$$\lambda = l\sqrt{\dfrac{C_s U}{A_P E_P}}$$

A_i : 말뚝의 선단 폐합 면적(cm^2)
U : 말뚝의 둘레길이(cm)
k_v : 말뚝 선단 지반의 수직방향 지반 반력계수(kgf/cm^3)
C_s : 말뚝과 주면 지반의 활동계수(kgf/cm^3)

(3) 말뚝의 축 직각방향 스프링 정수

$K_1 \sim K_4$는 수평방향 지반 반력계수가 깊이에 의하지 않고 일정하며 말뚝의 근입 깊이가 충분한 경우($\beta l \geq 3$)에는 표-3.23에서 구할 수 있다.

유한길이 ($1 < \beta l < 3$) 말뚝의 경우는 축 직각방향 및 모멘트에 대한 거동이 말뚝선단에 지지조건의 영향을 받기 때문에 지지조건을 고려할 필요가 있다. 단, 일반적으로는 양질인 지지층에 말뚝지름 정도의 근입이 확보되면 선단 힌지로 생각해도 좋다. 수평 방향 지반 반력계수 k_H가 깊이 방향으로 일정하게 가정될 때에는 축직각 스프링정수 K_1, K_2, K_3, K_4에 보정계수 ϕ_i를 곱한 $K_1\phi_1$, $K_2\phi_2$, $K_3\phi_3$, $K_4\phi_4$를 이용하여 계산할 수 있다. 이 보정계수 ϕ_i는 βl과 βh와의 함수로 그림-3.35에 나타낸 바와같은 값을 취한다. 단, 이 그림은 $1 < \beta l < 3$의 범위내에서 적용한다.

표-3.23 말뚝의 축직각 방향 스프링정수

	말뚝머리 강결합		말뚝머리 힌지결합	
	$h \neq 0$	$h = 0$	$h \neq 0$	$h = 0$
K_1	$\dfrac{12 EI\beta^3}{(1+\beta h)^3 + 2}$	$4 EI\beta^3$	$\dfrac{3 EI\beta^3}{(1+\beta h)^3 + 0.5}$	$2 EI\beta^3$
K_2, K_3	$K_1 \cdot \dfrac{\lambda}{2}$	$2 EI\beta^2$	0	0
K_4	$\dfrac{4 EI\beta^3}{1+\beta h} \cdot \dfrac{(1+\beta h)^3 + 0.5}{(1+\beta h)^3 + 2}$	$2 EI\beta$	0	0

여기서, β : 말뚝의 특성치 $\beta = \sqrt[4]{\dfrac{k_H D}{4 EI}}$ (m^{-1})
λ : $h + \dfrac{1}{\beta}$ (m)
k_H : 수평방향 지반반력계수(tf/m^3)
D : 말뚝지름(m)
EI : 말뚝의 휨강성($tf \cdot m^2$)
h : 말뚝의 설계지반면에서 윗부분 말뚝축방향의 길이(m)

(4) 말뚝머리 반력 등의 계산   일반적으로 확대기초 밑면에는 그림-3.36에 나타낸 바와같이 수평하중 H_0, 수직하중 V_0, 회전 모멘트 M_0가 작용하나 외력이 각 말뚝머리에 어느 정도 분배되는가를 계산하는 것이 말뚝머리 반력의 계산이다. 말뚝머리 반력 및 확대기초의 변위는 말뚝기초가 2차원 구조이며, 말뚝머리에 대한 축방향 및 축직각 방향의 스프링정수는 하중에 의하지 않고 일정하며, 압입, 인발 모두 같은 값을 이용하고 확대기초는 강체라는 것을 가정하여 계산한다. 말뚝머리 반력 계산은 말뚝의 재질, 말뚝지름, 판두께, 배치 등을 우선 가정하고 실시하여 얻어진 반력과 변위량이 허용치내에 들어갈 때까지 최초의 가정을 반복하여 실시한다. 말뚝머리의 반력은 말뚝기초 전체의 변위(확대기초의 변위)를 스프링 매트릭스를 통하여 말뚝기초 전체에 작용하는 수평력, 수직력, 회전 모멘트에 균형시키고 계산하면 얻어진다. 이때 외력과 확대기초의 변위관계는 식(3.97)으로 나타낸다. 이 계산방법은 그림-3.36과 같이 좌표를 짜고 확대기초의 임의 1점 0을 원점으로하여 0점에 작용하는 외력을 그림중에 표시하도록 정하고 0점의 좌표 축방향의 변위 δ_x, δ_y와 회전각 α를 그림 방향으로 맞춘다. 원점 0은 임의 점으로 선택해도 지장이 없으나 확대기초밑면 말뚝군의 도심에 일치시키는 것이 좋다.

① 일반식

$$\left.\begin{array}{l} A_{xx}\cdot\delta_x + A_{xy}\cdot\delta_y + A_{xa}\cdot\alpha = H_0 \\ A_{yx}\cdot\delta_x + A_{yy}\cdot\delta_y + A_{ya}\cdot\alpha = V_0 \\ A_{ax}\cdot\delta_x + A_{ay}\cdot\delta_y + A_{aa}\cdot\alpha = M_0 \end{array}\right\} \quad (3.97)$$

확대기초 밑면을 수평으로 하면 각 계수는 다음식에서 구해진다.

$$\left.\begin{array}{l} A_{xx} = \sum(K_1\cdot\cos^2\theta_i + K_v\cdot\sin^2\theta_i) \\ A_{xy} = A_{yx} = \sum(K_v - K_1)\cdot\sin\theta_i\cdot\cos\theta_i \\ A_{xa} = A_{ax} = \sum\{(K_v - K_1)x_i\cdot\sin\theta_i\cdot\cos\theta_i - K_2\cdot\cos\theta_i\} \\ A_{yy} = \sum(K_v\cdot\cos^2\theta_i + K_1\cdot\sin\theta_i^2) \\ A_{ya} = A_{ay} = \sum\{(K_v\cdot\cos^2\theta_i + K_1\cdot\sin^2\theta_i)x_i + K_2\cdot\sin\theta_i\} \\ A_{aa} = \sum\{(K_v\cdot\cos^2\theta_i + K_1\cdot\sin^2\theta_i)x_i^2 + (K_2 + K_3)x_i\cdot\sin\theta_i + K_4\} \end{array}\right\} \quad (3.98)$$

여기서 H_0 : 확대기초밑면에서 윗쪽으로 작용하는 수평하중(tf)

V_0 : 확대기초 밑면에서 윗쪽으로 작용하는 수직하중(tf)

M_0 : 원점 0 둘레의 외력 모멘트(tf·m)

δ_x : 원점 0의 수평 변위량(m)

δ_y : 원점 0의 수직 변위량(m)

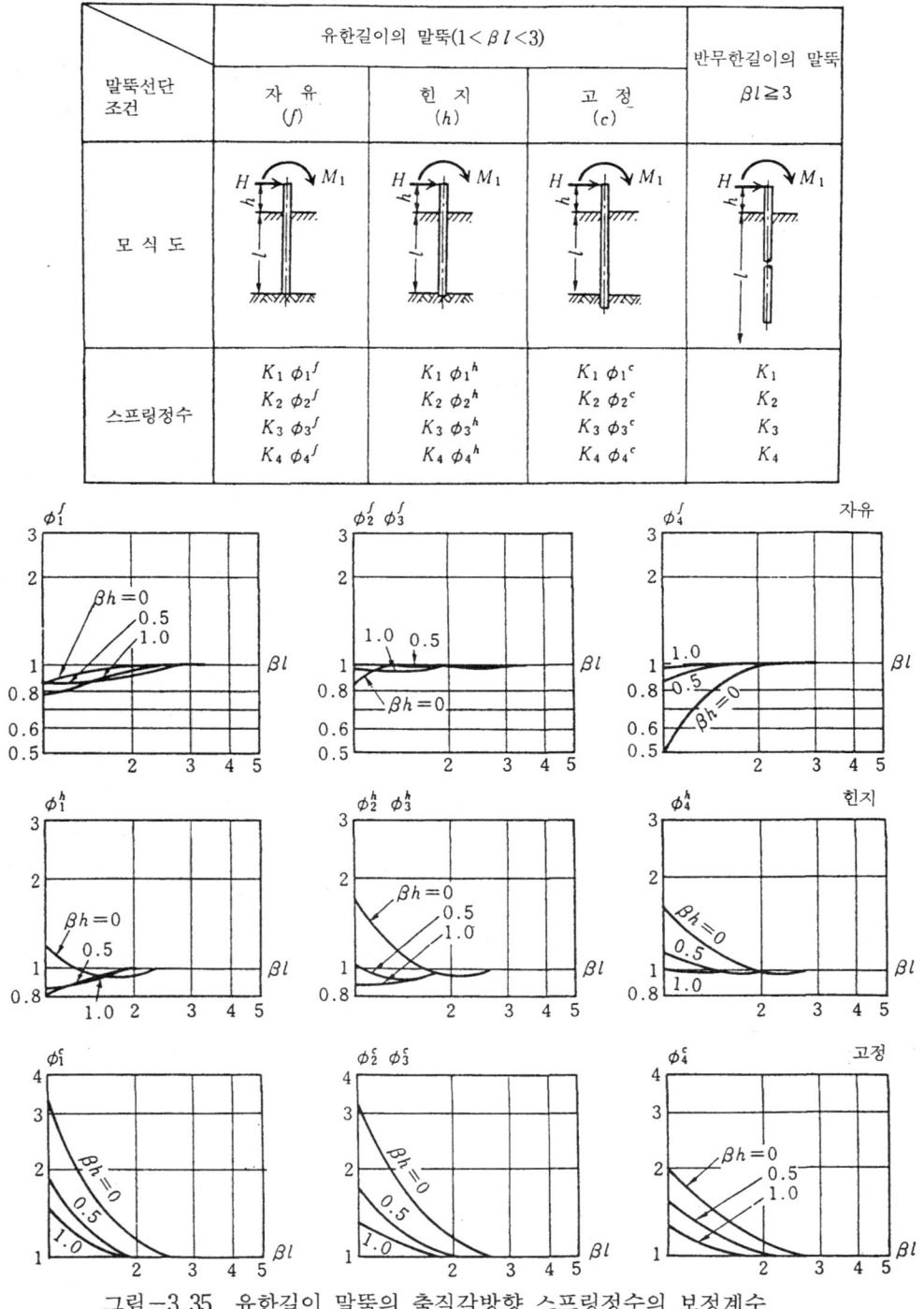

그림-3.35 유한길이 말뚝의 축직각방향 스프링정수의 보정계수

α : 확대기초의 회전각(rad)

x_i : i번째 말뚝의 말뚝머리 x좌표(m)

θ_i : i번째 말뚝의 말뚝축이 수직축과 이루는 각도(도)

부호는 그림-3.36과 같다.

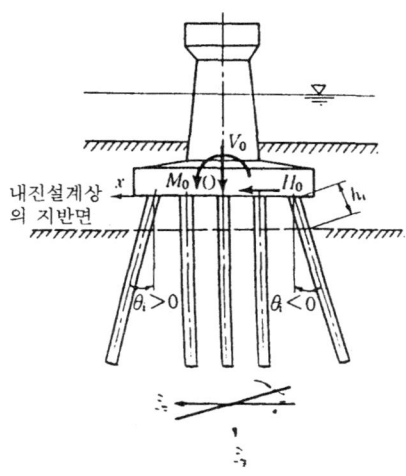

그림-3.36 변위법에 대한 계산 좌표

또한 말뚝의 축방향 직각 스프링정수 K_1, K_2, K_3와 K_4는 수평방향 지반 반력계수가 깊이 방향으로 일정하고 말뚝의 근입 깊이가 매우 긴 경우에는 표-3.23에서 구할 수 있다. 원점 0의 변위는 식(3.97)의 3원 연립방정식에서 얻어지며(δ_x, δ_y, α)가 구해지면, 각 말뚝에 분배되는 말뚝 축 방향력 P_{Ni}, 말뚝 축 직각 방향력 P_{Hi}, 말뚝머리 모멘트 M_{ti}는 다음식으로 구해진다.

$$\left.\begin{array}{l}\delta'_{xi} = \delta_x \cdot \cos\theta_i - (\delta_y + \alpha x_i) \cdot \sin\theta_i \\ \delta'_{yi} = \delta_x \cdot \sin\theta_i - (\delta_y + \alpha x_i) \cdot \cos\theta_i\end{array}\right\} \quad (3.99)$$

$$\left.\begin{array}{l}P_{Ni} = K_V \delta'_{yi} \\ P_{Hi} = K_1 \delta'_{xi} - K_2 \alpha \\ M_{ti} = -K_3 \delta'_{xi} + K_4 \alpha\end{array}\right\} \quad (3.100)$$

여기서　δ'_{xi} : i번째 말뚝의 말뚝머리 축 직각방향 변위량(m)

δ'_{yi} : i번째 말뚝의 말뚝머리 축방향 변위량(m)

K_V : 말뚝머리에 단위량의 축방향 변위량이 생기게 하는 말뚝 축 방향력(말뚝

표-3.24 말뚝축 직각 방향력과 외력모멘트에 대한 일반식(1)

		지상부분 : $EI\dfrac{d^4 y_1}{dx^4}=0$	k_H : 수평방향 지반 반력계수(kgf/cm³)
처짐곡선의 미분방정식		지중부분 : $EI\dfrac{d^4 y_2}{dx^4}+p=0$ $p=k_H D y_2$	h : H, M_t가 작용하는 지상높이(cm) $\beta=\sqrt[4]{k_H D/4EI}$ $h_0=\dfrac{M_t}{H}$ (cm)
		H : 말뚝축 직각 방향력(kgf) M_t : 말뚝머리 외력의 모멘트(kgf·cm) D : 말뚝지름(cm) E : 말뚝의 영계수(kgf/cm²) I : 말뚝의 단면 2차 모멘트(cm⁴)	

말뚝상태	가) 기본계	나) $M_t=0$의 경우($h=0$)	다) 말뚝머리가 회전되지 않는 경우
처짐곡선도 처짐모멘트도			
a 처짐곡선 y(cm)	$y=\dfrac{H}{2EI\beta^3}e^{-\beta x}[(1+\beta h_0)\cos\beta x - \beta h_0 \sin\beta x]$	$y=\dfrac{H}{2EI\beta^3}e^{-\beta x}\cos\beta x$	$y=\dfrac{H}{4EI\beta^3}e^{-\beta x}(\cos\beta x+\sin\beta x)$
b 말뚝머리 변위 δ(cm)	$\delta=\dfrac{H}{2EI\beta^3}+\dfrac{M_t}{2EI\beta^2}=\dfrac{1+\beta h_0}{2EI\beta^3}H$	$\delta=\dfrac{H}{2EI\beta^3}$	$\delta=\dfrac{H}{4EI\beta^3}=\dfrac{\beta H}{k_H D}$

c	지표면변위 f (cm)	$f = \delta$	$f = \delta$	$f = \delta$
d	말뚝머리경사각 α (rad)	$\alpha = \dfrac{H}{2EI\beta^2} + \dfrac{M_t}{EI\beta} = \dfrac{1+2\beta h_0}{2EI\beta^2}H$	$\alpha = \dfrac{H}{2EI\beta^2}$	$\alpha = 0$
e	말뚝 각부의 휨모멘트 M (kgf·cm)	$M = -\dfrac{H}{\beta}e^{-\beta x}\{\beta h_0 \cdot \cos\beta x + (1+\beta h_0)\sin\beta x\}$	$M = -\dfrac{H}{\beta}e^{-\beta x}\sin\beta x$	$M = -\dfrac{H}{2\beta}e^{-\beta x}(\sin\beta x - \cos\beta x)$
f	말뚝 각부단면의 전단력 S (kgf)	$S = -He^{-\beta x}\{\cos\beta x - (1+2\beta h_0)\sin\beta x\}$	$S = -He^{-\beta x}(\cos\beta x - \sin\beta x)$	$S = -He^{-\beta x}\cos\beta x$
g	말뚝머리 휨모멘트 M_0 (kgf·cm)	$M_0 = -M_t = -Hh_0$	$M_0 = 0$	$M_0 = \dfrac{H}{2\beta}$
h	지중부 l_m 점의 휨모멘트 M_m (kgf·cm)	$M_m = -\dfrac{H}{2\beta}\sqrt{(1+2\beta h_0)^2 + 1}\exp(-\beta l_m)$	$M_m = -\dfrac{H}{\beta}e^{-\frac{\pi}{4}}\sin\dfrac{\pi}{4} = -0.3224\dfrac{H}{\beta}$	$M_m = -\dfrac{H}{2\beta}e^{-\frac{\pi}{2}} = -0.2079\,M_0$
i	l_m (cm)	$l_m = \dfrac{1}{\beta}\tan^{-1}\dfrac{1}{1+2\beta h_0}$	$l_m = \dfrac{\pi}{4\beta}$	$l_m = \dfrac{\pi}{2\beta}$
j	제1부동점의 깊이 l (cm)	$l = \dfrac{1}{\beta}\tan^{-1}\dfrac{1+\beta h_0}{\beta h_0}$	$l = \dfrac{\pi}{2\beta}$	$l = \dfrac{3\pi}{4\beta}$
k	처짐각 0 이 되는 깊이 L (cm)	$L = \dfrac{1}{\beta}\tan^{-1}\{-(1+2\beta h_0)\}$	$L = \dfrac{3\pi}{4\beta}$	$L = \dfrac{\pi}{\beta}$

제3장 말뚝기초의 설계 151

표-3.25 말뚝축 직각 방향력과 외력이 모멘트에 대한 일반식(2)

처짐곡선의 미분방정식	지상부분 : $EI\dfrac{d^4y_1}{dx^4}=0$ 지중부분 : $EI\dfrac{d^4y_2}{dx^4}+p=0$ $p=k_HDy_2$	H : 말뚝축 직각 방향력(kgf) M_t : 말뚝머리 외력의 모멘트(kgf·cm) D : 말뚝지름(cm) E : 말뚝의 영계수(kgf/cm²) I : 말뚝의 단면 2차 모멘트(cm⁴)	k_H : 수평방향 지반 반력계수(kgf/cm³) h : H, M_t가 작용하는 지상높이(cm) $\beta=\sqrt[4]{k_HD/4EI}$ (cm⁻¹) $h_0=\dfrac{M_t}{H}$ (cm)

말뚝의 상태	가) 기본계	나) $M_t=0$의 경우($h_0=0$) 지상에 돌출된 말뚝($h>0$)	다) 말뚝머리가 회전되지 않는 경우
처짐곡선도 처짐모멘트도			
처짐곡선 y (cm)	$y_1=\dfrac{H}{6EI\beta^3}\{\beta^3x^3+3\beta^3(h+h_0)x^2$ $-3\{1+2\beta(h+h_0)\}\beta x+3\{1+\beta(h+h_0)\}\}$ $y_2=\dfrac{H}{2EI\beta^3}e^{-\beta x}[\{1+\beta(h+h_0)\}\cos\beta x$ $-\beta(h+h_0)\sin\beta x]$	$y_1=\dfrac{H}{6EI\beta^3}\{\beta^3x^3+3\beta^3hx^2$ $-3(1+2\beta h)\beta x+3(1+\beta h)\}$ $y_2=\dfrac{H}{2EI\beta^3}e^{-\beta x}\{(1+\beta h)\cos\beta x$ $-\beta h\sin\beta x\}$	$y_1=\dfrac{H}{12EI\beta^3}\{2\beta^3x^3-3(1-\beta h)\beta^2x^2$ $-6\beta^2hx+3(1+\beta h)\}$ $y_2=\dfrac{H}{4EI\beta^3}e^{-\beta x}[(1+\beta h)\cos\beta x$ $+(1-\beta h)\sin\beta x]$

152 말뚝기초설계 조사·설계·시공

	구분		
b	말뚝머리 변위 δ (cm)	$\delta = \dfrac{(1+\beta h)^3 + 1/2}{3EI\beta^3}H + \dfrac{(1+\beta h)^2}{2EI\beta^2}M_t$	$\delta = \dfrac{(1+\beta h)^3 + 1/2}{3EI\beta^3}H$	$\delta = \dfrac{(1+\beta h)^3 + 2}{12EI\beta^3}H$
c	지표면 변위 f (cm)	$f = \dfrac{1+\beta(h+h_0)}{2EI\beta^3}H$	$f = \dfrac{1+\beta h}{2EI\beta^3}H$	$f = \dfrac{1+\beta h}{4EI\beta^3}H$
d	말뚝머리경사각 α (rad)	$\alpha = \dfrac{(1+\beta h)^2}{2EI\beta^2}H + \dfrac{1+\beta h}{EI\beta}M_t$	$\alpha = \dfrac{(1+\beta h)^2}{2EI\beta^2}H$	$\alpha = 0$
e	말뚝 각부의 휨모멘트 M (kgf·cm)	$M_1 = -H(x+h) - M_t = -H(x+h+h_0)$ $M_2 = -\dfrac{H}{\beta}e^{-\beta x}\{\beta(h+h_0)\cos\beta x + \{1+\beta(h+h_0)\}\sin\beta x\}$	$M_1 = -H(x+h)$ $M_2 = -\dfrac{H}{\beta}e^{-\beta x}\{\beta h\cos\beta x + (1+\beta h)\sin\beta x\}$	$M_1 = \dfrac{H}{2\beta}(-2\beta x + (1-\beta h))$ $M_2 = \dfrac{H}{2\beta}e^{-\beta x}\{(1-\beta h)\cos\beta x - (1+\beta h)\sin\beta x\}$
f	말뚝 각부의 전단력 S (kgf)	$S_1 = -H$ $S_2 = -He^{-\beta x}\{\cos\beta x - \{1+2\beta(h+h_0)\}\sin\beta x\}$	$S_1 = -H$ $S_2 = -He^{-\beta x}\{\cos\beta x - (1+2\beta h)\sin\beta x\}$	$S_1 = -H$ $S_2 = -He^{-\beta x}(\cos\beta x - \beta h\sin\beta x)$
g	말뚝머리 휨모멘트 M_0 (kgf·cm)	$M_0 = -M_t = -Hh_0$	$M_0 = 0$	$M_0 = \dfrac{1+\beta h}{2\beta}H$
h	지중부 l_m 점의 휨모멘트 M_m (kgf·cm)	$M_m = -\dfrac{H}{2\beta}\sqrt{\{1+2\beta(h+h_0)\}^2+1}\cdot\exp(-\beta l_m)$	$M_m = -\dfrac{H}{2\beta}\sqrt{(1+2\beta h)^2+1}\cdot\exp(-\beta l_m)$	$M_m = -\dfrac{H}{2\beta}\sqrt{(1+\beta h)^2}\cdot\exp(-\beta l_m)$
i	l_m (cm)	$l_m = \dfrac{1}{\beta}\tan^{-1}\dfrac{1}{1+2\beta(h+h_0)}$	$l_m = \dfrac{1}{\beta}\tan^{-1}\dfrac{1}{1+2\beta h}$	$l_m = \dfrac{1}{\beta}\tan^{-1}\dfrac{1}{\beta h}$
j	제1부동점의 깊이 l (cm)	$l = \dfrac{1}{\beta}\tan^{-1}\dfrac{1+\beta(h+h_0)}{\beta+(h+h_0)}$	$l = \dfrac{1}{\beta}\tan^{-1}\dfrac{1+\beta h}{\beta h}$	$l = \dfrac{1}{\beta}\tan^{-1}\left(\dfrac{\beta h+1}{\beta h-1}\right)$
k	처짐각 0의 깊이 L (cm)	$L = \dfrac{1}{\beta}\tan^{-1}\{-\{1+2\beta(h+h_0)\}\}$	$L = \dfrac{1}{\beta}\tan^{-1}\{-(1+2\beta(h))\}$	$L = \dfrac{1}{\beta}\tan^{-1}(-\beta h)$

제3장 말뚝기초의 설계

표-3.26 유한 길이 말뚝의 계산식

			지 상 부	지 중 부
	처짐곡선의 미분 방정식 처짐 곡선도 휨 모멘트도		지상부분 : $EI\dfrac{d^4 y_1}{dx^4} = 0$ 지중부분 : $EI\dfrac{d^4 y_2}{dx^4} + p = 0$ $p = k_H D y_2$	
a	처 짐 곡 선 y (cm)		$y_1 = f - \dfrac{1}{2EI\beta^2}(-C_1 - C_2 + C_3 - C_4)x$ $+ \dfrac{M_t + Hh}{2EI}x^2 + \dfrac{H}{6EI}x^3$	$y_2 = \dfrac{1}{2EI\beta^3}\{e^{\beta x}(C_1\cos\beta x + C_2\sin\beta x)$ $+ e^{-\beta x}(C_3\cos\beta x + C_4\sin\beta x)\}$
b	말뚝 각 부의 휨 모 멘 트 M (kgf·cm)		$M_1 = -H(x+h) - M_t$	$M_2 = \dfrac{1}{\beta}\{e^{\beta x}(C_1\sin\beta x - C_2\cos\beta x)$ $+ e^{-\beta x}(-C_3\sin\beta x + C_4\cos\beta x)\}$
c	말뚝각부의 전단력 S (kgf)		$S_1 = -H$	$S_2 = e^{\beta x}\{(C_1 - C_2)\cos\beta x + (C_1 + C_2)\cos\beta x\}$ $+ e^{-\beta x}\{-(C_3 + C_4)\cos\beta x + (C_3 - C_4)\sin\beta x\}$
d	말뚝머리 변위 δ (cm)		$\delta = f + \alpha h - \dfrac{M_t}{2EI}h^2 - \dfrac{H}{6EI}h^3$	
e	지 표 면 변 위 f (cm)		$f = \dfrac{1}{2EI\beta^3}(C_1 + C_3)$	
f	말뚝 머리 경사각 α (rad)		$\alpha = \dfrac{1}{2EI\beta^2}(-C_1 - C_2 + C_3 - C_4) + \dfrac{M_t}{EI}h + \dfrac{H}{2EI}h^2$	
g	l_m (cm)		$\beta l_m^{(1)} = \tan^{-1}\dfrac{(C_3 + C_4) - (C_1 - C_2)\exp(2\beta l_m^{(0)})}{(C_3 - C_4) + (C_1 + C_2)\exp(2\beta l_m^{(0)})}$ (축차근사식)	

표-3.27 유한길이 말뚝의 적분정수 C_1, C_2, C_3, C_4

	말뚝선단 자유	말뚝선단 힌지	말뚝선단 고정
C_1	$\dfrac{H^*}{\varDelta}[(1-(1-\sin 2\beta l)\,e^{-2\beta l}-e^{-4\beta l}]$ $-\dfrac{\beta M^*}{\varDelta}[(\cos 2\beta l+\sin 2\beta l)\,e^{-2\beta l}-e^{-4\beta l}]$	$\dfrac{H^*}{\varDelta}[-\cos 2\beta l \cdot e^{-2\beta l}+e^{-4\beta l}]$ $+\dfrac{\beta M^*}{\varDelta}[(\sin 2\beta l-\cos 2\beta l)\,e^{-2\beta l}-e^{-4\beta l}]$	$-\dfrac{H^*}{\varDelta}[(1+\sin 2\beta l)\,e^{-2\beta l}+e^{-4\beta l}]$ $-\dfrac{\beta M^*}{\varDelta}[(\cos 2\beta l+\sin 2\beta l)\,e^{-2\beta l}-e^{-4\beta l}]$
C_2	$\dfrac{H^*}{\varDelta}[(2-\cos 2\beta l+\sin 2\beta l)\,e^{-2\beta l}-e^{-4\beta l}]$	$-\dfrac{H^*}{\varDelta}[\sin 2\beta l \cdot e^{-2\beta l}]$ $-\dfrac{\beta M^*}{\varDelta}[(\cos 2\beta l+\sin 2\beta l)\,e^{-2\beta l}+e^{-4\beta l}]$	$\dfrac{H^*}{\varDelta}[(1+\cos 2\beta l)\,e^{-2\beta l}]$ $+\dfrac{\beta M^*}{\varDelta}[(2+\cos 2\beta l-\sin 2\beta l)\,e^{-2\beta l}+e^{-4\beta l}]$
C_3	$\dfrac{H^*}{\varDelta}[1+(1+\sin 2\beta l)\,e^{-2\beta l}]$ $+\dfrac{\beta M^*}{\varDelta}[1-(\cos 2\beta l+\sin 2\beta l)\,e^{-2\beta l}]$	$\dfrac{H^*}{\varDelta}[1-\cos 2\beta l)\,e^{-2\beta l}]$ $+\dfrac{\beta M^*}{\varDelta}[1+(\cos 2\beta l+\sin 2\beta l)\,e^{-2\beta l}]$	$\dfrac{H^*}{\varDelta}[1+(1-\sin 2\beta l)\,e^{-2\beta l}]$ $+\dfrac{\beta M^*}{\varDelta}[1-(\cos 2\beta l-\sin 2\beta l)\,e^{-2\beta l}]$
C_4	$\dfrac{H^*}{\varDelta}[(1-\cos 2\beta l)\,e^{-2\beta l}]$ $-\dfrac{\beta M^*}{\varDelta}[1-(2-\cos 2\beta l-\sin 2\beta l)\,e^{-2\beta l}]$	$\dfrac{H^*}{\varDelta}[\sin 2\beta l \cdot e^{-2\beta l}]$ $-\dfrac{\beta M^*}{\varDelta}[1+(\cos 2\beta l-\sin 2\beta l)\,e^{-2\beta l}]$	$\dfrac{H^*}{\varDelta}[(1+\cos 2\beta l)\,e^{-2\beta l}]$ $-\dfrac{\beta M^*}{\varDelta}[1+(2+\cos 2\beta l+\sin 2\beta l)\,e^{-2\beta l}]$
$\varDelta$	$1-2(2-\cos 2\beta l)\,e^{-2\beta l}+e^{-4\beta l}$	$1-2\sin 2\beta l \cdot e^{-2\beta l}-e^{-4\beta l}$	$1+2(2+\cos 2\beta l)\,e^{-2\beta l}+e^{-4\beta l}$

$H^* = H$, $M^* = M_t + Hh$

의 축방향 스프링정수)(tf/m)

K_1, K_2, K_3, K_4 : 말뚝의 축 직각방향 스프링 정수

x_i : 번째 말뚝의 말뚝머리 좌표(m)

θ_i : 번째 말뚝의 말뚝축이 수직축과 이루는 각도(도)

P_{Ni} : 번째 말뚝의 말뚝 축방향(tf)

P_{Hi} : 번째 말뚝의 말뚝 축직각 방향력(tf)

M_{ti} : 번째 말뚝머리에 작용하는 외력 모멘트(tf · m)

다음으로 말뚝머리에서 수직방향 V_i 및 수평반력 H_i는 다음식과 같이 주어지며,

$$\left.\begin{array}{l} V_i = P_{Ni}\cos\theta_i - P_{Hi}\sin\theta_i \\ H_i = P_{Ni}\sin\theta_i + P_{Hi}\cos\theta_i \end{array}\right\} \tag{3.101}$$

또,

$$\left.\begin{array}{l} \sum H_i = H_0 \\ \sum V_i = V_0 \\ \sum (M_{ti} + V_i x_i) = M_0 \end{array}\right\} \tag{3.102}$$

가 성립되지 않으면 안되므로 이것에서 계산의 과정이 정확한가 여부를 체크할 수 있다.

② 말뚝배치가 대칭인 수직 말뚝의 경우 여기에서 계산되는 경우 많다고 생각되는 원점 0에 관해서 대칭 배치의 수직말뚝($\theta_i=0$)만으로 구성되며 $K_1 \sim K_4$, K_V가 각 말뚝 모두 같은 경우의 실용 계산식을 다음에 나타낸다.

말뚝의 총개수를 n으로 하면

$$\left.\begin{array}{l} \delta_x = \dfrac{H_0 + \dfrac{nK_2}{K_V\sum x_i^2 + nK_4} M_0}{nK_1 - \dfrac{(nK_2)^2}{K_V\sum x_i^2 + nK_4}} \\[2em] \delta_y = \dfrac{V_0}{nK_v} \\[1em] \alpha = \dfrac{M_0 + \dfrac{1}{2}\lambda H_0}{K_V\sum x_i^2 + n\left(K_4 - \dfrac{K_2^2}{K_1}\right)} \end{array}\right\} \tag{3.103}$$

$$\left.\begin{array}{l} P_{Ni} = \dfrac{V_0}{n} + \dfrac{M_0 + \dfrac{1}{2}\lambda H_0}{\sum x_i^2 + \dfrac{n}{K_V}\left(K_4 - \dfrac{K_2^2}{K_1}\right)} x_i \\[2em] P_{Hi} = \dfrac{H_0}{n} \\[1em] M_{ti} = \dfrac{1}{n}(M_0 - \sum P_{Ni} \cdot x_i) \end{array}\right\} \qquad (3.104)$$

여기서

$$\lambda = h + \dfrac{1}{\beta}, \quad \text{말뚝머리 힌지일때는 } \dfrac{1}{2}\lambda H_0 = 0$$

로 한다.

(5) 말뚝체의 단면력 계산 말뚝머리의 말뚝축 직각 방향력과 외력 모멘트가 작용하는 경우 반무한 길이의 말뚝($\beta l \geq 3$)의 말뚝체 단면력의 산정은 표-3.24가 토중에 천공된 말뚝($h=0$), 표-3.25가 지상에 돌출된 말뚝($h>0$)의 경우이며 각각 가) 기본계, 나) $M_t=0$의 경우, 다) 말뚝머리가 회전되지 않는 경우로 나누어 일반식을 나타냈다. 말뚝머리가 강결합인 경우의 계산은 가), 힌지 결합의 계산은 나)를 쓴다. 다)는 확대기초의 회전을 거의 무시할 수 있는 경우에만 이용된다.

또 유한길이($1 < \beta l < 3$)인 말뚝의 경우 계산식을 표-3.26, 3.27에 나타낸다.

3.4 철도 구조물의 말뚝기초 설계

3.4.1 설계일반

(1) 설계방침 말뚝기초는 소요의 강도를 가지며 상부 구조물을 안전하게 지지하는 동시에 유해한 변위가 생기지 않도록 설계해야 한다.

말뚝기초 설계는 보통 다음의 각 조건을 만족시켜야 한다.

① 말뚝기초에 작용하는 외력에 대해서 충분한 지지력을 가질 것
② 말뚝기초와 상부 구조물의 변위가 각각 허용치 이하일 것
③ 말뚝기초의 부재가 소요의 강도를 가질 것

또한 기초주변의 지형, 지질 등의 조건에 따라서 구조물에 영향을 미치는 범위의 지반

안정에 대해서도 검토한다.

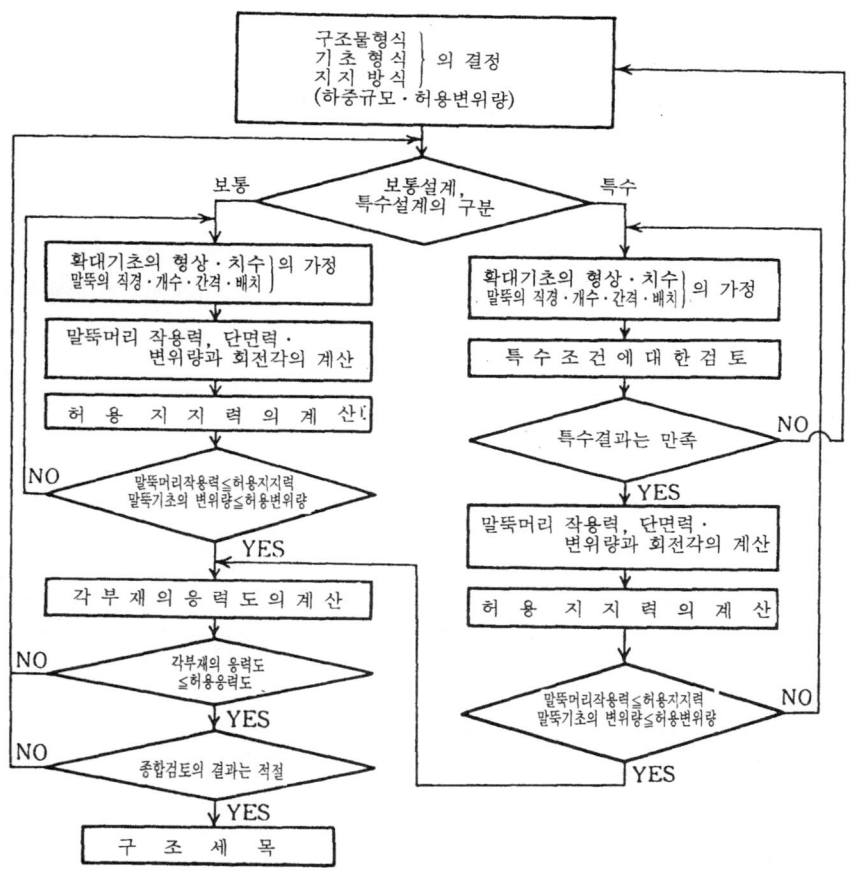

그림-3.37 말뚝기초의 설계순서 예

  (2) **설계순서** 말뚝기초의 일반적인 설계순서를 그림-3.37에 나타냈다. 말뚝기초의 설계는 보통설계와 특수설계로 분류되며 각각의 조건을 검토한다.
  (3) **보통설계와 특수설계의 구분** 말뚝기초의 보통설계와 특수설계의 구분은 지반조건, 구조조건, 규모조건과 시공조건 등을 고려하여 실시하고 특수설계일 때는 각각의 조건을 검토한다.
  보통설계에 해당되는 조건은 표-3.28을 모두 만족시키는 일반적인 말뚝기초이다. 또한 특수설계는 보통설계에 해당되지 않는 특수한 조건을 고려하여 주요한 특수설계의 조건을 표-3.29에 나타낸다.

표-3.28 말뚝기초의 보통 설계조건

분류	보 통 설 계 의 조 건
지반조건	① 내진 설계상의 보통 지반 ② 완전지지의 말뚝기초 ③ 지표면과 지지층이 거의 수평인 경우
구조조건	④ 일반적인 말뚝지름 ⑤ 수직말뚝만으로 구성된 말뚝기초 ⑥ 일반적인 말뚝길이로 반무한 길이로 간주되는 말뚝 ⑦ 동일 구조물내의 말뚝지름이 같고 말뚝길이의 차이가 적은 경우 ⑧ 평상시에 있어서 수직과 수평하중의 합력 작용점이 확대기초 도심에 가까운 말뚝기초
시공조건	⑨ 일반적인 시공방법에 의한 경우

표-3.29 말뚝기초의 주요한 특수 설계조건

분류	특 수 설 계 의 조 건
지반조건	① 내진설계상의 특수지반 ② 내진설계상 지지력을 저감 또는 무시하는 토층이 확대기초밑면보다 하측에 있는 경우 ③ 불완전 지지의 말뚝기초 ④ 주면 지지의 말뚝기초 ⑤ 부마찰력 생기는 지반 ⑥ 지지층 또는 기초 주변의 지표면이 경사가 심한 경우 ⑦ 측면이동이 생기는 지반
구조조건	⑧ 특히 짧은 말뚝 ⑨ 확대기초 중심에 대한 말뚝군의 편심이 심한 경우 ⑩ 동일 확대기초 또는 동일 구조물내에서 말뚝지름이 다른 말뚝기초 ⑪ 동일 확대기초 또는 동일 구조물내에서 말뚝길이의 차이가 심한 말뚝기초 ⑫ 사면말뚝을 가진 말뚝기초 ⑬ 파일벤트 구조 ⑭ 특히 굵은 말뚝 ⑮ 확대기초의 형상이 직사각형 이외의 말뚝기초 ⑯ 평면치수가 현저하게 큰 확대기초을 가진 말뚝기초
시공조건	⑰ 단계시공을 하는 경우 ⑱ 특수한 시공법에 의한 말뚝
기 타	⑲ 재하시험으로 말뚝의 허용 지지력 등을 산정하는 경우

3.4.2 지반 반력계수와 스프링정수

(1) 변형계수 지반의 변형계수는 다음 중에서 한가지 방법으로 구한다.

ⅰ) 직경 30cm의 강성 원판 또는 일변의 길이 30cm의 강성 정사각형판을 이용하여 평판 재하시험의 반복 곡선에서 다음식으로 구한다(그림-3.38 참조).

$$E_0 = \frac{13 p I_p}{\Delta \delta}$$

여기서 E_0 : 지반의 변형계수(kgf/cm^2)
  p : 재하강도(kgf/cm^2)
  $\Delta \delta$: 재하시험의 반복 하중에 대한 변위량(cm)
  I_p : 형상계수(정사각형 0.88, 원형 0.79)

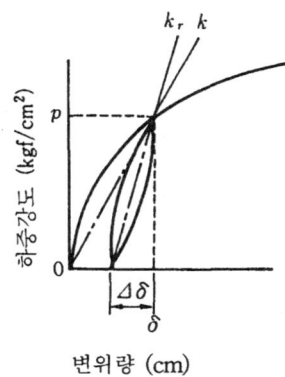

그림-3.38 하중-변위곡선

ⅱ) 보링공내 수평 재하시험에서 구한다.
ⅲ) 공시체의 삼축 압축시험으로 다음식에서 구한다.

$$E_0 = \frac{(\sigma_1 - \sigma_3)_{max}}{2 \varepsilon}$$

여기서 $(\sigma_1 - \sigma_3)_{max}$: 최대 주응력도차(kgf/cm^2)
  σ_1 : 최대 주응력도(kgf/cm^2)
  σ_3 : 최소 주응력도(kgf/cm^2)
  ε : $\frac{(\sigma_1 - \sigma_3)_{max}}{2}$ 에 대응하는 변형

iv) 공시체의 일축 압축시험에서 다음식으로 구한다.

$$E_0 = \frac{q_u}{2\varepsilon}$$

여기서 q_u : 일축 압축강도(kgf/cm²)

  ε : q_u의 $\frac{1}{2}$ 압축강도에 상당하는 변형

v) 표준 관입시험에서 다음식으로 구한다. 단, 사질토에 한함

$$E_0 = 25N$$

여기서 N : 표준 관입 시험의 N치

vi) 탄성파 시험으로 구한다.

vii) 설계에 쓰이는 변형계수는 표-3.30에 나타낸 보정계수 α를 곱해서 보정한다.

표-3.30 E_0의 산정방법과 하중 조건에 대한 보정계수

E_0의 산정방법	α	
	평상시하중	일시하중과 지진하중
평 판 재 하 시 험	1	2
보 링 공 내 수 평 재 하 시 험	4	8
삼 축 압 축 시 험	4	8
일 축 압 축 시 험	4	8
표 준 관 입 시 험	1	2
탄 성 파 시 험	—	0.25

주) 1) 특수한 지반조건일 때는 하중조건에 따라 보정해야 한다.
  2) 지진하중이라는 점에 주의를 요한다. 지진시에 작용하는 하중중 지진에 의해 일시적으로 작용하는 하중을 대상으로 한다.

(2) 지반 반력계수

ⅰ) 수직방향 지반 반력계수 말뚝 선단의 수직방향 지반 반력계수와 말뚝주면의 수직방향 전단 지반 반력계수는 표-3.31에서 구한다.

ⅱ) 수평방향 지반 반력계수

a) 단말뚝의 수평방향 지반 반력계수

$$k_h = 0.2\, \alpha E_0 D^{-\frac{3}{4}} \tag{3.105}$$

여기서 k_h : 수평방향 지반 반력계수(kgf/cm³)

  기타의 기호는 표-3.31과 같다.

표-3.31 말뚝의 수직방향 지반 반력계수

말뚝종류·공법 지반반력계수	타 입 말 뚝			현장타설말뚝	심 초 말 뚝
	선단폐쇄	선 단 개 방			
	콘크리트말뚝	강관말뚝	H형강 말뚝		
말뚝선단의 수직방향 지반 반력 계수 k_v(kgf/cm³)	$\alpha E_0 D^{-\frac{3}{4}}$	$\alpha_v \cdot \alpha E_0 D^{-\frac{3}{4}}$	$\alpha E_0 B_v^{-\frac{3}{4}}$	$0.2\,\alpha E_0 D^{-\frac{3}{4}}$	$0.5\,\alpha E_0 D^{-\frac{3}{4}}$
말뚝주면의 수직방향 전단 지반 반력계수 k_{sv}(kgf/cm³)	사질토의 경우 $0.05\,\alpha E_0 D^{-\frac{3}{4}}$ 점성토의 경우 $0.1\,\alpha E_0 D^{-\frac{3}{4}}$		사질토의 경우 $0.03\,\alpha E_0 B_s^{-\frac{3}{4}}$ 점성토의 경우 $0.1\,\alpha E_0 B_s^{-\frac{3}{4}}$	$0.03\,\alpha E_0 D^{-\frac{3}{4}}$	흙막이재 배면에 시멘트 밀크를 주입하는 경우 $0.03\,\alpha E_0 D^{-\frac{3}{4}}$

주 1) 기호의 설명: E_0 : 지반의 변형계수(kgf/cm²), α : E_0의 산정방법과 하중조건에 대한 보정 계수, D : 말뚝의 직경(cm), α_v : 강관말뚝의 폐쇄율($=0.2(l/D)\leq 1$), (l/D) : 환산근입비, B_v : 말뚝선단의 환산폭(cm), ($=\sqrt{A_v}$), A_v : H형강 말뚝의 실단면적(cm²), B_s : 말뚝주면의 환산폭(cm) ($=\sqrt{BH}$), B, H : H형강 말뚝의 변 및 높이(cm).
2) 연약한 충적 점성토층(N치<2, q_u<0.5kgf/cm²)의 경우는 평상시의 상태에서 말뚝주면의 수직방향 전단 지반 반력 계수 k_{sv}를 고려할 수 없다.

b) 군말뚝의 수평방향 지반 반력계수 수평하중 작용 방향의 말뚝개수, 하중 직각방향의 말뚝개수와 말뚝간격에서 다음식으로 단말뚝의 수평방향 지반 반력계수를 보정한다.

$$k_{hg} = e_g k_h \tag{3.106}$$

여기서 k_{hg} : 군말뚝의 수평방향 지반 반력계수(kgf/cm³)
  k_h : 단말뚝의 수평방향 지반 반력계수(kgf/cm³)
  e_g : 군말뚝에 대한 보정계수

군말뚝에 대한 보정계수 e_g는 그림-3.39에서 구하나 적용할 때는 다음에 나타낸 조건을 따르지 않으면 안된다.

① 말뚝간격 개수가 2 이상인 경우에 적용한다.
② m, n이 10 이상 말뚝배열의 경우는 m, n을 10으로 적용해도 좋다. 단, 그 경우에는 d는 3 이상이어야 한다.

수평하중의 작용방향, 직각방향의 말뚝간격이 다른 경우와 말뚝배치가 지그재그 배열인 경우는 그림-3.4에 나타낸 방법으로 m, n, d를 구해도 좋다.

iii) 말뚝선단의 수평방향 전단 지반반력계수

$$k_{sh} = \lambda k_v \tag{3.107}$$

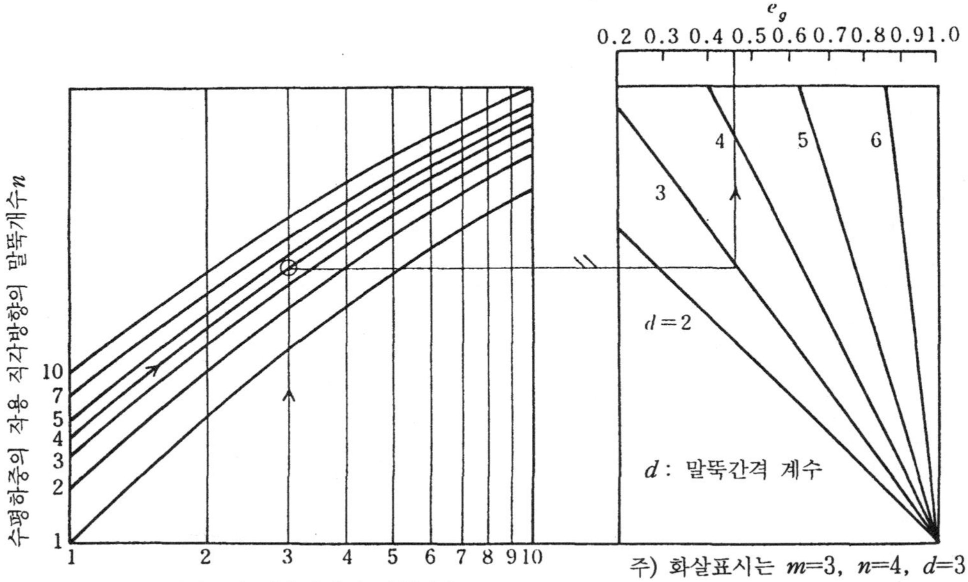

그림-3.39 군말뚝에 대한 보정계수 e_g의 노모그램

주) 화살표시는 $m=3$, $n=4$, $d=3$의 예로 $e_g≒0.45$가 된다.

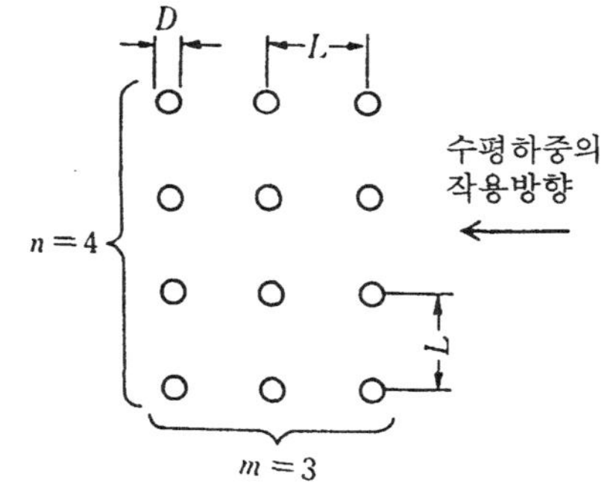

여기서, m : 수평하중의 작용방향의 말뚝개수
n : 수평하중의 작용 직각방향의 말뚝개수
d : 말뚝간격 계수
$\quad d=L/D$
L : 말뚝중심 간격(m)
D : 말뚝지름(m)

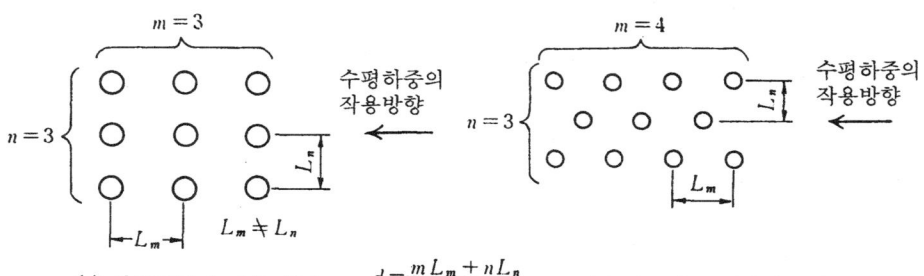

(a) 말뚝간격이 다른 경우 $d=\dfrac{mL_m+nL_n}{D(m+n)}$ (b) 지그재그 배열의 경우

그림-3.40 말뚝배열과 말뚝간격이 표준적이 아닌 경우의 m, n, d를 구하는 방법

여기서　k_{sh} : 말뚝선단의 수평방향 전단 지반반력계수(kgf/cm³)

λ : 환산계수($\lambda = \dfrac{1}{3}$)

iv) 확대기초 전면의 수평방향 지반반력계수

$$k_{hF} = 0.5\ \alpha_s \alpha E_0 B_h^{-\frac{3}{4}} \tag{3.108}$$

여기서　k_{hF} : 확대기초 전면의 수평방향 지반반력계수(kgf/cm³)
　　　　α_s : 측면에 대한 보정계수(α_s=1 또는 1.2)
　　　　α : E_0의 산정 방법과 하중 조건에 대한 보정계수(표-3.30 참조)
　　　　B_h : 확대기초 전면의 환산폭(cm)

$$B_h = \sqrt{A_h}$$

　　　　A_h : 확대기초 전면의 면적(cm²)

(3) 스프링정수

ⅰ) 말뚝머리 수직 스프링정수

$$K_v = \dfrac{\lambda \tanh\lambda + \gamma}{\gamma \tanh\lambda + \lambda} K' \tag{3.109}$$

여기서　K_v : 말뚝머리 수직 스프링정수(tf/m)

$$\gamma = \dfrac{k_v A_v l}{EA},\ \ \lambda = l\sqrt{\dfrac{k_{sv} U}{EA}},\ \ K' = \sqrt{k_{sv} UEA}$$

　　　　k_v : 말뚝선단의 수직방향 지반반력계수(tf/m³)
　　　　A_v : 말뚝선단의 면적(m²)
　　　　l : 말뚝의 근입길이(m)
　　　　k_{sv} : 말뚝주면의 수직방향 전단지반 반력계수(tf/m³)
　　　　U : 말뚝의 둘레길이(m)
　　　　EA : 말뚝의 압축 강성(tf)
　　　　E : 말뚝체의 영계수(tf/m²)
　　　　A : 말뚝체의 단면적(m²)

ⅱ) 변위법에 말뚝머리 수평 스프링정수($K_1,\ K_2,\ K_3,\ K_4$)

$$\left.\begin{array}{l} K_1 = 4EI\beta^3\ \text{(tf/m)} \\ K_2 = 2EI\beta^2\ \text{(tf/rad)} \\ K_3 = 2EI\beta^2\ \text{(tf·m/m)} \end{array}\right\} \tag{3.110}$$

$$K_4 = 2EI\beta \ (\text{tf·m/rad})$$

여기서 EI : 말뚝의 휨 강성(tf·m^2)
  I : 말뚝체의 단면 2차 모멘트(m^4)
  β : 말뚝의 특성치(m^{-1})

$$\beta = \sqrt[4]{\frac{k_h D}{4EI}}$$

iii) 말뚝머리에 대한 말뚝군의 회전 스프링정수

$$K_r = K_v I_y \tag{3.111}$$

여기서 K_r : y축 둘레의 말뚝머리에 대한 말뚝군의 회전 스프링 정수(tf·m/rad)
  I_y : y축 둘레의 말뚝군의 2차 모멘트

$$I_y = \sum x_i^2 \ (\text{m}^2)$$

  x_i : y축과 i번째 말뚝의 거리(m)

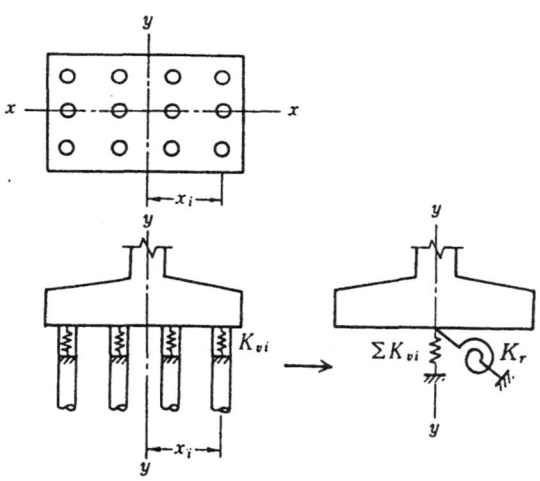

그림-3.41 말뚝군의 회전 스프링정수

iv) 확대기초 전면의 수평 스프링정수

$$K_{hF} = k_{hF} A_F \tag{3.112}$$

여기서 K_{hF} : 확대기초 전면의 수평 스프링정수(tf/m)
  k_{hF} : 확대기초 전면의 수평방향 지반 반력계수(tf/m^3)
  A_F : 확대기초 전면의 면적(m^2)

3.4.3 단말뚝의 허용지지력

(1) 허용 수직지지력

ⅰ) 타입말뚝·현장타설 말뚝·깊은 기초

$$Q_a = \alpha_f Q_f + \alpha_p Q_p \tag{3.113}$$

여기서 Q_a : 말뚝머리에서 단말뚝의 허용 수직지지력(tf)

Q_f : 단말뚝의 최대 주면지지력(tf)

Q_p : 단말뚝의 기준 선단지지력(tf)

α_f : 표-3.32에 나타낸 말뚝의 주면지지력에 대한 안전계수

α_p : 표-3.32에 나타낸 말뚝의 선단 지지력에 대한 안전계수

단, 현장타설 말뚝에 $Q_p/(Q_f+Q_p)$가 0.6 이상이 되는 경우는 그림-3.42에서 α_p를 저감시켜 생각해야 한다.

표-3.32 수직지지력에 대한 안전계수

말뚝의 종류	하중상태		α_f	α_p
타입말뚝	평상시		0.3	0.3
	일시		0.4	0.4
	지진시	사하중	0.5	0.5
		열차하중	0.6	0.6
현장타설말뚝	평상시		0.3	0.6
	일시		0.5	0.8
	지진시	사하중	0.7	1.0
		열차하중	0.8	1.1

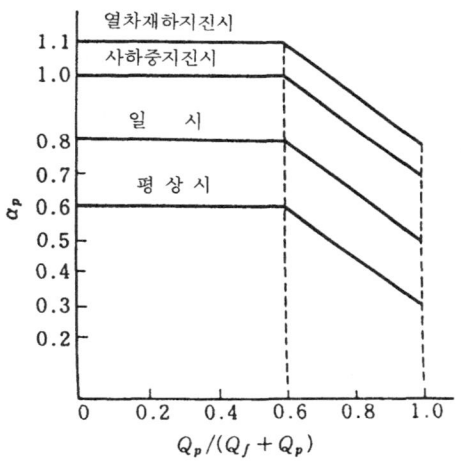

그림-3.42 현장타설 말뚝의 α_p의 저감

ⅱ) 중굴 선단 밑고정 말뚝

$$R_a = \frac{1}{F_s}(Q_p + Q_f) \tag{3.114}$$

여기서 R_a : 말뚝머리에서 허용 수직지지력(tf)

F_s : 각 하중조건에 대한 안전율(표-3.33)

Q_p : 말뚝의 극한 선단지지력(tf)

Q_f : 말뚝의 극한 주면마찰력(tf)

표-3.33 수직 지지력에 대한 안전율

하중상태		안전율
평상시		3
일시		2
지진시	사하중	1.5
	열차재하	1.2

(2) 허용 인발력

ⅰ) 타입말뚝, 현장타설 말뚝

$$Q_t = \alpha_t Q_f + W_p \tag{3.115}$$

여기서　Q_t : 말뚝머리에 대한 단말뚝의 허용인발력(tf)
　　　　Q_f : 단말뚝의 최대 주면지지력(tf)
　　　　α_t : 표-3.34에 나타낸 말뚝의 인발력에 대한 안전계수
　　　　W_p : 말뚝의 유효중량(tf)

표-3.34 인발력에 대한 안전계수

말뚝의 종류	하중상태		α_t
타입말뚝	평상시		0
	일시		0.15
	지진시	사하중	0.3
		열차하중	0.35
현장타설말뚝	평상시		0
	일시		0.15
	지진시	사하중	0.3
		열차하중	0.35

ⅱ) 중굴 선단 밑고정 말뚝

　사하중 지진때 :　$R_t = W_p$

　열차 재하 지진때 :　$R_t = \dfrac{1}{2} Q_f + W_p$

여기서 R_t : 말뚝머리에서 말뚝의 허용 인발저항력(tf)
(3) 최대 주면마찰력
ⅰ) 단말뚝의 최대 주면지지력

$$Q_f = U\sum f_i l_i \tag{3.116}$$

여기서 Q_f : 단말뚝의 최대 주면지지력(tf)
            U : 말뚝의 둘레길이(m)
            f_i : 각 토층의 말뚝 최대 주면지지력도(tf/m²)
            l_i : 각 토층의 두께(m)

ⅱ) 각 토층의 말뚝 최대 주면 지지력도

각 토층의 말뚝 최대 주면지지력도는 표-3.35에서 구해진다.

표-3.35 말뚝의 최대 주면 지지력도 f (단위 : tf/m²)

말뚝 종류 · 공법			말뚝 주면 토층의 토질	
			사질토(사력)	점성토
타입 말뚝		선단폐쇄 콘크리트말뚝	$0.3N+3 \leq 15$	$q_u/2$ 또는 $N \leq 15$
	선단개방	강관말뚝	$0.2N \leq 10$	$q_u/2$ 또는 $N \leq 10$
		H형강 말뚝	사질토 : $0.3N \leq 15$ 사 력 : $0.4N \leq 20$	$q_u/2$ 또는 $N \leq 15$
현장타설말뚝		올 케이싱, 리버스 말뚝	$0.5N \leq 20$	$q_u/2$ 또는 $N \leq 15$
		어스 드릴, 리버스 말뚝으로 벤트나이트 이수 사용	$0.2N \leq 10$	$q_u/2$ 또는 $N \leq 8$
심초말뚝(흙막이재 배면에 시멘트 밀크를 주입하는 경우)			$0.2N \leq 10$	$q_u/2$ 또는 $N \leq 15$
중굴말뚝(콘크리트말뚝, 강관말뚝)			$0.1N \leq 3$	$q_u/4$ 또는 $0.5N \leq 3$

주 1) 기호의 설명 : N : 토층의 N치, q_u : 점성토층의 1축 압축강도(tf/m²)
   2) 연약한 충적점성토층(N치<2, q_u<5tf/m²)의 경우는 평상시 상태에 있어서 그 토층과 그보다 상측의 토층의 말뚝주면 지지력을 고려할 수 없다.
   3) 지진시 상태에 있어서는 말뚝머리에서 $1/\beta$ 정도의 깊이까지 토층의 주면 지지력은 고려하지 않는다.
   4) 벤트나이트 농도의 범위가 3~10%에 적용된다.
   5) 중굴말뚝의 경우는 극한 주면마찰력도라 한다.

(4) 단말뚝의 기준 선단지지력

ⅰ) 단말뚝의 기준 선단지지력

$$Q_p = q_p A_p \tag{3.117}$$

표-3.36 말뚝의 기준 선단 지지력도 q_p (단위 : tf/m²)

말뚝종류 · 공 법			말뚝선단지반의 토질		
			사 질 토	사 력	경질점성토 또는 연암
타입말뚝	선단폐쇄말뚝 (콘크리트말뚝)		$30\bar{N} \leq 1\,000$	$30\bar{N} \leq 1\,500$	$4.5\overline{q_u}$ 또는 $10\bar{N}$ $\leq 2\,000$
	선단개방말뚝 강관말뚝	$D \leq 0.8\,\text{m}$	$(l/D)<5$ 의 범위 $5(l/D)\bar{N} \leq 800$ $(l/D)\geq 5$ 의 범위 $25\bar{N} \leq 800$	$(l/D)<5$ 의 범위 $5(l/D)\bar{N} \leq 1\,200$ $(l/D)\geq 5$ 의 범위 $25\bar{N} \leq 1\,200$	$(l/D)<5$ 의 범위 $0.8(l/D)\overline{q_u}$ 또는 $1.6(l/D)\bar{N} \leq 1\,000$ $(l/D)\geq 5$ 의 범위 $4\overline{q_u}$ 또는 $8\bar{N} \leq 1\,000$
		$D > 0.8\,\text{m}$	$(l/D)<5$ 의 범위 $\dfrac{4}{D}\left(\dfrac{l}{D}\right)\bar{N} \leq 800$ $(l/D)\geq 5$ 의 범위 $\dfrac{20}{D}\bar{N} \leq 800$	$(l/D)<5$ 의 범위 $\dfrac{4}{D}\left(\dfrac{l}{D}\right)\bar{N} \leq 1\,200$ $(l/D)\geq 5$ 의 범위 $\dfrac{20}{D}\bar{N} \leq 1\,200$	$(l/D)<5$ 의 범위 $\dfrac{0.64}{D}\left(\dfrac{l}{D}\right)\overline{q_u}$ 또는 $\left(\dfrac{1.28}{D}\right)\left(\dfrac{l}{D}\right)\bar{N} \leq 1\,000$ $(l/D)\geq 5$ 의 범위 $\dfrac{3.2}{D}\left(\dfrac{l}{D}\right)\overline{q_u}$ 또는 $\dfrac{6.4}{D}\left(\dfrac{l}{D}\right)\bar{N} \leq 1\,000$
	H형 강말뚝		$30\bar{N} \leq 1\,000$	$30\bar{N} \leq 1\,500$	$4.5\overline{q_u}$ 또는 $10\bar{N}$ $\leq 2\,000$
현장타설말뚝			$7\bar{N} \leq 350$	$10\bar{N} \leq 750$	$3\overline{q_u}$ 또는 $6\bar{N}$ ≤ 900
심 초 말 뚝			지하수위가 말뚝선단에서 깊은 경우 $15\bar{N} \leq 750$		$3\overline{q_u}$ 또는 $6\bar{N}$ ≤ 900
중굴선단 밑고정말뚝 (콘크리트말뚝, 강관말뚝)			$10\bar{N} \leq 750$ $(15\bar{N} \leq 1\,125)^{7)}$	$15\bar{N} \leq 1\,125$ $(20\bar{N} \leq 1\,500)^{7)}$	적용외

주 1) 기호의 설명 : $\bar{N}$, $\overline{q_u}$: 선단지반에 대한 지지력 산정상의 N치 또는 일축압축강도(tf/m²). (l/D) : 환산근입비
2) 타입말뚝의 $\bar{N}$, $\overline{q_u}$를 구하는 방법은 그림-3.43에 의함
3) 강관말뚝의 환산근입비를 구하는 방법은 그림-3.44에 의함
4) 현장타설말뚝의 지지층에 대한 최소 근입깊이는 표-3.37을 표준으로 한다.
5) 심초말뚝은 말뚝길이가 말뚝지름의 5배 이상이 적용된다.
6) 중굴선단 밑고정 말뚝의 경우는 극한 선단지지력도라 하며 N은 말뚝선단지반의 평균 N치로 말뚝선단에서 하측에 말뚝지름의 3배의 범위의 N치 평균이다(그림-3.45).
7) 재하시험에 따라 지지력을 확인하면 이 값까지 크게 할 수 있다.

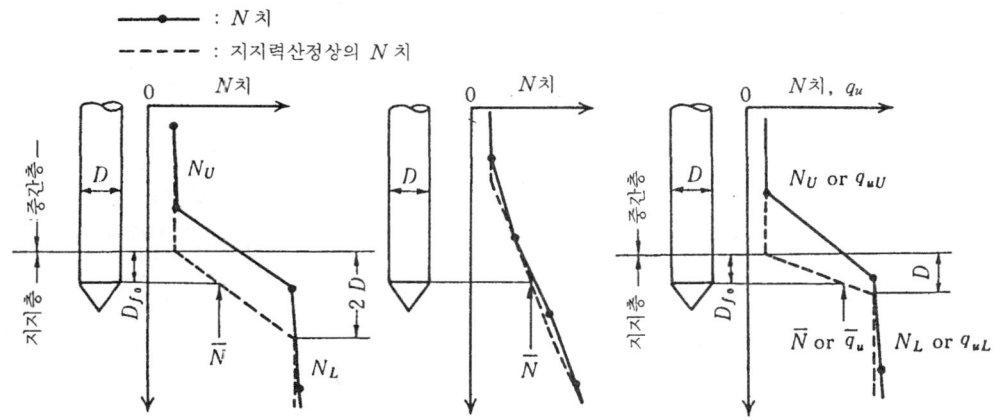

(a) 지지층이 명확한 사질토 또는 사력의 경우
(b) 중간층과 지지층이 불명확한 사질토 또는 사력의 경우
(c) 지지층이 경질 점성토 또는 연암의 경우

그림-3.43 타입말뚝의 $\overline{N}$ 및 $\overline{q_u}$를 구하는 방법

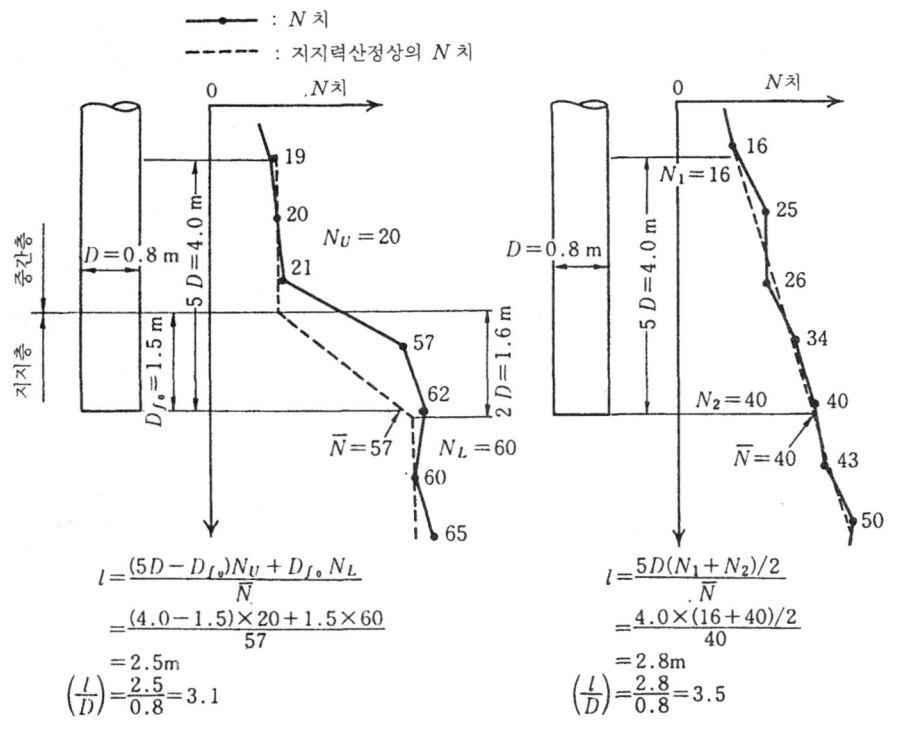

$$l = \frac{(5D - D_{f_0})N_U + D_{f_0}N_L}{\overline{N}}$$
$$= \frac{(4.0 - 1.5) \times 20 + 1.5 \times 60}{57}$$
$$= 2.5 \text{m}$$
$$\left(\frac{l}{D}\right) = \frac{2.5}{0.8} = 3.1$$

(a) 지지층이 명확한 경우

$$l = \frac{5D(N_1 + N_2)/2}{\overline{N}}$$
$$= \frac{4.0 \times (16 + 40)/2}{40}$$
$$= 2.8 \text{m}$$
$$\left(\frac{l}{D}\right) = \frac{2.8}{0.8} = 3.5$$

(b) 중간층과 지지층이 불명확한 경우

그림-3.44 환산 근입비(l/D)를 구하는 방법

여기서 Q_p : 단말뚝의 기준 선단지지력(tf)
  q_p : 말뚝의 기준 선단지지력도(tf/m²)
  A_p : 말뚝의 선단면적(m²)

ii) 말뚝의 선단 지지력도 말뚝의 지지력도는 표-3.36에서 구한다.

표-3.37 현장타설 말뚝선단의 지지층에 대한 최소 근입깊이 D_{f0}

지지층의 토질구분	사질토 또는 자갈모래	경질점성토 또는 연암	경암
D_{f0}의 값(m)	1.0	0.5	0

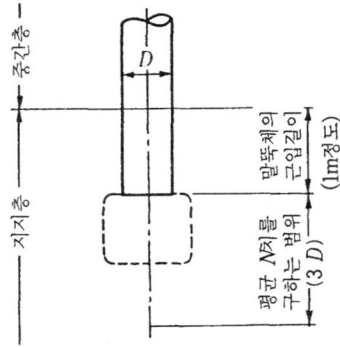

그림-3.45 중굴선단 밑고정 말뚝의 N치를 구하는 방법

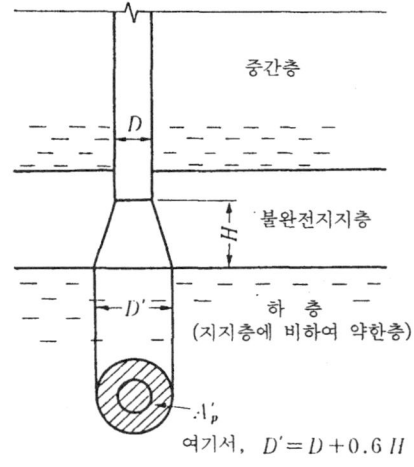

여기서, $D' = D + 0.6H$

그림-3.46 단말뚝의 불완전 지지말뚝

3.4.4 불완전지지말뚝과 주면 지지말뚝(특수설계)
(1) 불완전 지지의 말뚝기초
ⅰ) 허용 수직지지력

불완전 지지 말뚝기초의 허용 수직지지력은 단말뚝의 지지력과 군말뚝 지지력의 양쪽에 대해서 검토할 필요가 있다. 각각의 허용 수직지지력은 다음의 각항에 의한다.

a) 단말뚝의 지지력   말뚝선단의 기준 지지력은 다음식으로 산정한 값과 3.4.3(4)에서 산정된 값에서 작은 편으로 한다.

$$Q_p' = q_p' A_p' \tag{3.118}$$

여기서 Q_p' : 불완전 지지 단말뚝의 선단지지력(tf)
   q_p' : 불완전 지지 단말뚝의 선단지지력도(tf/m^2)
   A_p' : 불완전 지지 단말뚝의 유효면적(m^2)

불완전 지지 단말뚝의 선단지지력도는 그림-3.46에 나타낸 아래층의 점성토 토질의 제수치에서 다음의 각식으로 산정한다.

타입말뚝의 경우

$$q_p' = 4.5 \overline{q_u} \quad 또는 \quad 10\overline{N} \tag{3.119}$$

현장타설 말뚝의 경우

$$q_p' = 3 \overline{q_u} \quad 또는 \quad 6\overline{N} \tag{3.120}$$

여기서 $\overline{q_u}$: 아래층에 대한 지지력 산정의 일축 압축강도(tf/m^2)
   $\overline{N}$: 아래층에 대한 지지력 산정의 N치

불완전 지지 단말뚝의 유효면적은 그림-3.46에 나타낸 말뚝선단보다 아래측 불완전 지지층의 두께에서 다음식으로 구한다.

$$A_p' = \frac{\pi}{4}(D + 0.6H)^2 \tag{3.121}$$

여기서 H : 말뚝선단보다 아래측 불완전 지지층의 두께(m)

b) 군말뚝의 지지력

$$Q_{ag} = \frac{1}{F_s}(Q_{fg} + Q_{pg}) \tag{3.122}$$

여기서 Q_{ag} : 말뚝군의 불완전 지지기초의 허용 수직지지력(tf)

F_s : 군말뚝의 지지력을 산정한 경우의 안전율(표-3.33)

Q_{fg} : 군말뚝의 유효 주면에 대한 최대 주면지지력(tf)

Q_{pg} : 군말뚝의 유효 면적에 대한 극한 수직지지력(tf)

군말뚝의 유효주면에 대한 최대주면지지력은 다음식으로 산정해도 좋다(그림-3.47).

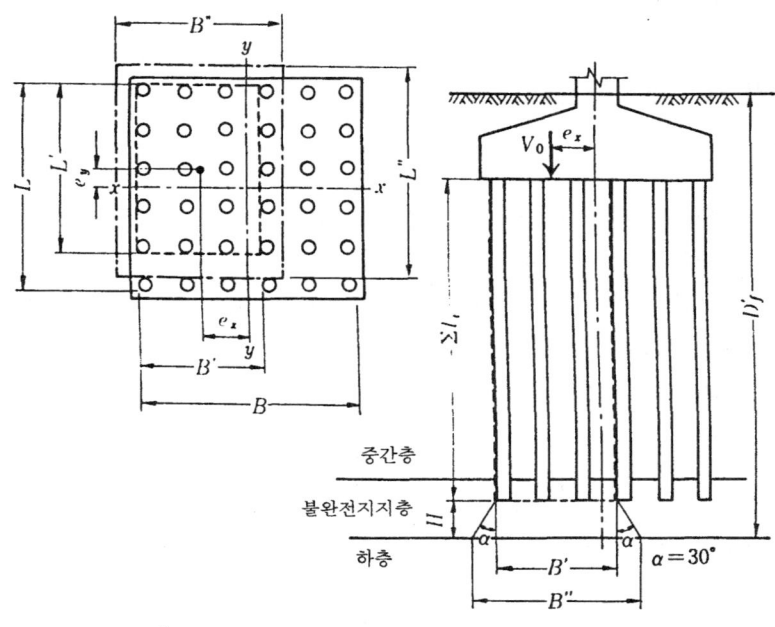

그림-3.47 불완전 지지 군말뚝 기초의 유효폭

$$Q_{fg} = U_g \sum f_{gi} l_i \tag{3.123}$$

여기서 U_g : 군말뚝의 유효 둘레길이(m)

f_{gi} : 군말뚝의 유효주면에 대한 각 토층의 최대 주면지지력도(tf/m²)

l_i : 각 토층의 두께(m)

군말뚝의 유효 주면에 대한 각 토층의 최대 주면지지력도는 토질에 따라 다음의 각 식으로 산정한다.

사질토의 경우

$$f_g = 0.5N \tag{3.124}$$

점성토의 경우

$$f_g = \frac{q_u}{2} \quad \text{또는} \quad N \tag{3.125}$$

군말뚝의 유효 면적에 대한 극한 수직지지력은 다음식으로 산정한다.

$$Q_{pg} = 3q_u A_g \tag{3.126}$$

여기서 A_g : 군말뚝의 유효 면적(m²)

q_u : 불완전 지지층 아래층의 일축 압축강도(tf/m²)

군말뚝의 유효 둘레길이와 유효 면적은 다음식으로 구한다.

$$U_g = 2(B' + L') \tag{3.127}$$

$$A_g = B''L'' \tag{3.128}$$

여기서, $B' = B - 2e_x$ (m), $L' = L - 2e_y$ (m)

B : x방향의 군말뚝 폭(m)

L : y방향의 군말뚝 폭(m)

e_x : 확대기초 밑면에 대한 합력 작용점의 x방향 편심량(m)

e_y : 확대기초 밑면에 대한 합력 작용점의 y방향 편심량(m)

$B'' = B' + 2H \tan \alpha$ (m), $L'' = L' + 2H \tan \alpha$ (m)

또 α는 보통 30°으로 해도 좋다.

H : 말뚝선단에서 아래측 불완전 지지층의 두께(m)

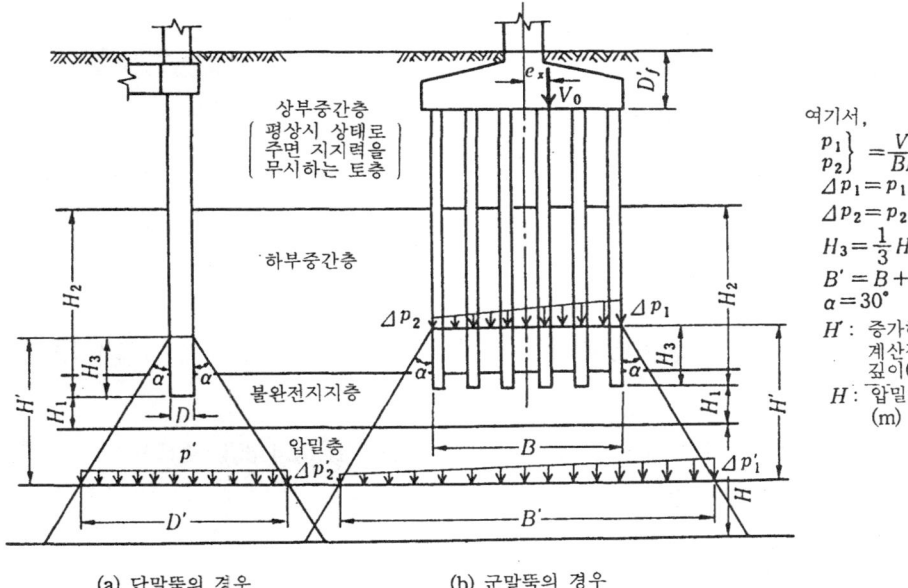

(a) 단말뚝의 경우   (b) 군말뚝의 경우

그림-3.48 불완전 지지기초의 하중분포

ii) 압밀에 의한 침하량과 경사각도

불완전 지지 말뚝기초의 압밀 침하량 및 경사각도는 직접 기초에 준하여 산출해도 좋다. 단, 이 경우의 하중 분포는 평상시 상태에서 주면지지력을 가진 토층의 상면과 말뚝선단 하측 1/3의 위치에 분포한다.

(2) 주면지지력의 말뚝기초

i) 허용 수직지지력 주면 지지 말뚝기초의 허용지지력은 단말뚝의 지지력과 군말뚝 지지력의 쌍방에 대해서 검토할 필요가 있다. 단말뚝의 허용 수직지지력은 3.4.3에 의한다.

군말뚝의 허용 수직지지력은 다음식에 의한다.

$$Q_{ag} = \frac{1}{F_s}(Q_{fg} + Q_{pg}) \tag{3.129}$$

여기서 q_{ag} : 군말뚝 주면지지 기초의 허용 수직지지력(tf)

최대 주면지지력은 (1)과 같이 산정한다.

군말뚝의 유효면적에서 극한 수직지지력도 (1)과 같이 산정한다. 단, 군말뚝의 유효면적은 다음식에 의한다.

$$A_g = B'L' \tag{3.130}$$

여기서 A_g : 주면지지력 기초에 대한 군말뚝의 유효면적(m^2)

ii) 압밀에 의한 침하량과 경사각도

불완전 지지의 말뚝기초와 같이 산정한다.

3.4.5 부마찰력

(1) 수직지지에 대한 검토

i) 단말뚝의 지지력

$$Q_a = \alpha_f Q_f + \alpha_p Q_p - \alpha_n(F_n + W_p') \tag{3.131}$$

여기서 Q_a, α_f, α_p, Q_p : 식(3.13) 참조

Q_f : 중립점에서 아래측 토층 최대 주면지지력(tf)(3.4.3(3) 참조)

α_n : 부마찰력 보정계수

F_n : 중립점보다 위쪽 토층의 부마찰력(tf)

W_p' : 중립점보다 위쪽 말뚝의 자중(tf)(평상시만)

α_n, F_n과 중립점의 위치는 a)~c)에 의함

a) a_n은 표-3.38을 기준으로 한다.

표-3.38 부마찰력 보정계수 a_n의 적용표

조건	하중상태	
	평상시	일시와 지진시
① ・중간층의 압밀이 계속되나 연간 1cm 미만으로 예상되는 경우 ・중간층의 연간 압밀량이 2cm 미만으로 감소가 예상되는 경우	0	0
② 중간층의 연간 압밀량이 4cm 초과하는 것으로 예상되는 경우	1.0	0

주) 중간층의 압밀량이 ①, ②의 중간 정도로 예상되는 경우의 a_n값은 적당히 정해도 좋다.

b) F_n은 다음식으로 구한다.

$$F_n = F_{n1} \text{ 또는 } \frac{1}{n} F_{n2} \text{가 작은 편} \tag{3.132}$$

여기서 F_{n1} : 단말뚝의 부마찰력(tf)
F_{n2} : 군말뚝의 부마찰력(tf)
n : 군말뚝의 말뚝개수

F_{n1}은 다음식으로 산정한다.

$$F_{n1} = U \sum f_{ni} l_{ni} \tag{3.133}$$

여기서 U : 말뚝의 둘레길이(m) ($U = \pi D$)
f_{ni} : 부마찰력을 고려한 각 토층의 최대 주면력도(tf/m²)
l_{ni} : 부마찰력을 고려한 각 토층의 두께(m)

F_{n2}는 다음식으로 산정한다.

$$F_{n2} = U_g \sum f_{ngi} l_{ni} + (W_g) \tag{3.134}$$

여기서 U_g : 군말뚝의 외주길이(m) $U_g = 2(B+L)$
B : x방향의 군말뚝 폭(m)
L : y방향의 군말뚝 폭(m)
f_{ngi} : 군말뚝의 외주면에 대한 각 토층의 최대 주면력도(tf/m²)
l_{ni} : 부마찰력을 고려한 각 토층의 두께(m)

W_g : 군말뚝의 외주면에 둘러싸인 중립점에서 상측의 토층중량(tf)

c) 중립점의 위치는 보통 압밀층의 하단으로 해도 좋다.

ii) 군말뚝의 지지력

$$Q_{ag} = \frac{1}{F_s}(Q_{fg} + Q_{pg}) - \alpha_n F_{ng} \tag{3.135}$$

여기서 Q_{ag} : 군말뚝의 허용 수직지지력(tf)

F_s : 군말뚝 지지력을 산정한 경우의 안전율(3.4.4(1), (2) 참조)

Q_{fg} : 군말뚝의 유효 주면에 대한 최대 주면지지력(tf) (3.4.4(1), (2) 참조)

Q_{pg} : 군말뚝의 유효 밑면에 대한 극한 수직지지력(tf) (3.4.4(1), (2) 참조)

α_n : 부마찰력 보정계수(표-3.38 참조)

F_{ng} : 중립점보다 상측 토층의 부마찰력(tf)

$$F_{ng} = n'F_{n1} \quad \text{또는} \quad \frac{n'}{n}F_{n2} \text{ 의 작은쪽}$$

n' : 군말뚝의 허용 수직지지력 산정에서 유효 주면으로 둘러싸인 말뚝의 개수(그림-3.47 참조)

n : 군말뚝의 말뚝개수

(2) 침하에 대한 검토   부마찰력에 의한 말뚝기초의 침하량은 평상시 하중을 대상으로 다음의 각항에서 산정한다.

i) 중립점의 위치에 작용하는 하중

a) 단말뚝의 경우

$$P_{Nn} = P_N + F_n + W_p' \tag{3.136}$$

여기서 P_{Nn} : 중립점에 작용하는 말뚝의 축력(tf)

P_N : 말뚝머리에 작용하는 수직력(tf)

F_N : 부마찰력(tf) [식(3.132) 참조]

W_p' : 중립점보다 상측 말뚝의 자중(tf)

b) 군말뚝의 경우

$$V_{0n} = V_0 + F_{ng} \tag{3.137}$$

여기서 V_{0n} : 중립점에 작용하는 말뚝기초의 하중(tf)

V_0 : 말뚝기초의 수직하중(tf)

F_{ng} : 군말뚝의 부마찰력(tf)

ii) 말뚝기초의 말뚝머리에 대한 침하량은 i)에서 구한 하중을 써서 산정한 침하량과 중립점보다 상측의 말뚝체 압축량의 합계로 한다.

(3) 말뚝체의 강도에 대한 검토

$$P_{Nn} \leq 1.2 \, \sigma_{ca} A \tag{3.138}$$

여기서 P_{Nn} : 단말뚝의 중립점에 작용하는 말뚝축력(kgf)[식(3.136) 참조]
σ_{ca} : 말뚝체의 기준 허용 압축력도(kgf/cm²)
A : 말뚝체의 단면적(cm²)

3.4.6 말뚝기초의 내진설계

(1) 내진설계때의 특수지반 내진설계때의 특수 지반에 대한 말뚝기초의 변위, 단면력 등의 산정은 지진때의 지반변위를 고려하여 검토한다.

특수 지반이란 다음에 나타낸 지반 구분에 따라 분류된 연약 지반을 말한다. 이 경우 응답 변위법으로 검토할 필요가 있다.

① 표층지반의 N치와 층두께가 표-3.39의 조건에 해당되는 경우

표-3.39 N치와 층두께에 따른 특수 지반의 조건

점 성 토		사 질 토	
N 치	층두께	N 치	층두께
$N=0$	2 m 이상	$N \leq 5$	5 m 이상
$N \leq 2$	5 m 이상	$N < 10$	10 m 이상
$N < 4$	10 m 이상		

② 표층 지반의 N치가 점성토로 8 미만, 사질토로 15 미만이며 또, (2)에서 구한 내진 설계상의 지반면의 변위량이 3cm 이상인 경우

(2) 지진때의 지반 변위량

i) 지반상태 지반상태는 원칙적으로 A, B, C의 3종류로 한다(그림-3.49).

ii) 내진 설계때의 지반면의 변위량

$$\text{A지반} \quad a_g = 0.20 \, TS_v K_h \tag{3.139}$$

$$\text{B지반} \quad a_g = 0.25 \, TS_v K_h \tag{3.140}$$

$$\text{C}_2\text{지반} \quad a_g = 0.16 f \, TS_v K_h \tag{3.141}$$

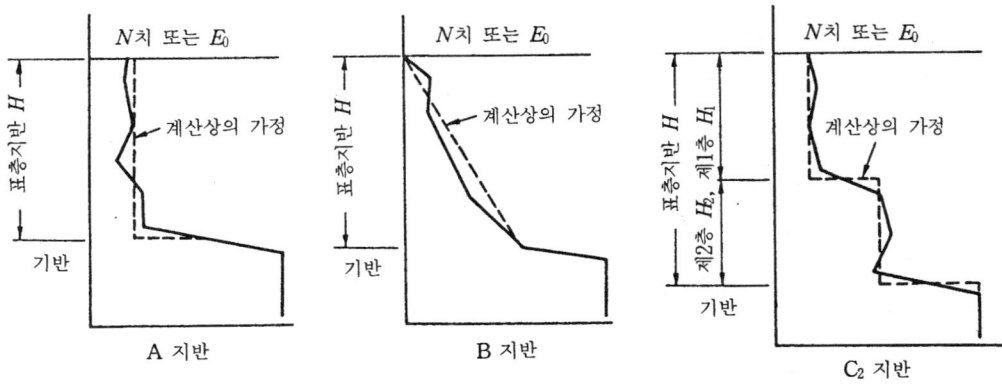

그림-3.49 지반상태

여기서　a_g : 내진설계때의 지반면의 수평 변위량(cm)
　　　　T : 표층 지반의 고유주기(s)
　　　　S_v : 응답 속도의 기준치(cm/s) (그림-3.50)
　　　　K_h : 기반면에 대한 수평진도
　　　　　　　기준 수평진도 K_0에 지역별 계수를 곱한 값
　　　　f : 자극계수

$$f = \frac{2\gamma_2 v_{s2} \cos\dfrac{\omega_0 H_1}{v_{s1}} \sin\dfrac{\omega_0 H_2}{v_{s2}}}{\omega_0 \left\{ \gamma_1 H_1 \sin^2\dfrac{\omega_0 H_2}{v_{s2}} + \gamma_2 H_2 \cos^2\dfrac{\omega_0 H_1}{v_{s1}} \right\}} \tag{3.142}$$

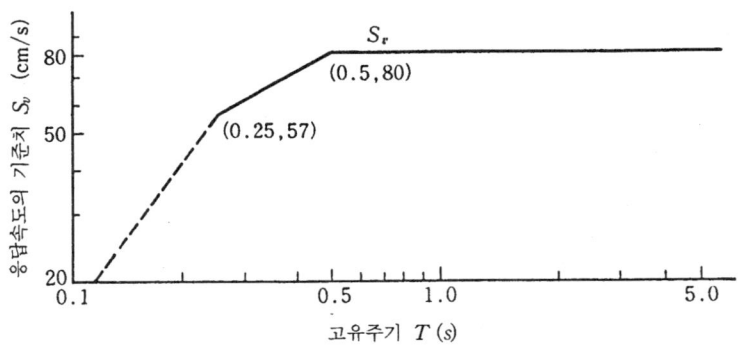

그림-3.50 응답속도의 기준치

ω_0 는 표층지반의 고유 원진동수이며 다음식에서 구한다.

$$\tan\frac{\omega_0 H_1}{v_{S1}} \tan\frac{\omega_0 H_2}{v_{S2}} = \frac{\gamma_2 v_{S2}}{\gamma_1 v_{S1}} \tag{3.143}$$

v_{s1}, v_{s2} : 제1층, 제2층의 전단 탄성파속도(m/s)
H_1, H_2 : 제1층, 제2층의 두께(m)
γ_1, γ_2 : 제1층, 제2층의 습윤 단위 체적중량(tf/m³)

iii) 표층 지반의 고유주기

A지반 $T = 4\dfrac{H}{v_s}$ \hfill (3.144)

B지반 $T = 5.2\dfrac{H}{v_s}$ \hfill (3.145)

C_2지반 $T = \dfrac{6.3}{\omega_0}$ \hfill (3.146)

여기서 T : 표층지반의 고유주기(s)
H : 표층지반의 두께(m)
v_s : 표층지반의 전단 탄성파 속도(m/s)
표준관입시험의 N치에서 추정하는 경우는 다음식에 의한다.
$N \geqq 2$의 경우

사질토 $v_s = 20\sqrt{N}$ (m/s)
점성토 $v_s = 30\sqrt{N}$ (m/s)

$N < 2$의 경우

$v_s = 60 q_u^{0.36}$ (m/s)

여기서 q_u : 일축 압축강도(kgf/cm²)

iv) 지반변위의 수직방향 분포

A지반 $f_A(z) = a_g \cos\dfrac{\pi z}{2H}$ \hfill (3.147)

B지반 $f_B(z) = a_g\left\{1 - 1.446\left(\dfrac{z}{H}\right) + 0.517\left(\dfrac{z}{H}\right)^2 - 0.071\left(\dfrac{z}{H}\right)^3\right\}$
\hfill (3.148)

C_2지반　　$f_{C1}(z_1) = a_g \cos\dfrac{\omega_0 z_1}{v_{S1}}$ 　　　　　　　　　　　　　　(3.149)

$$f_{C2}(z_2) = a_{g2}\left(\cos\dfrac{\omega_0 z_2}{v_{S2}} - \cot\dfrac{\omega_0 H_2}{v_{S2}} \sin\dfrac{\omega_0 z_2}{v_{S2}}\right) \quad (3.150)$$

$$a_{g2} = a_g \cos\dfrac{\omega_0 H_1}{v_{S1}}$$

(3) 말뚝기초의 변위와 단면력　말뚝기초의 변위와 단면력은 다음의 균형식에 경계조건을 주어서 산정한다(그림-3.51 참조).

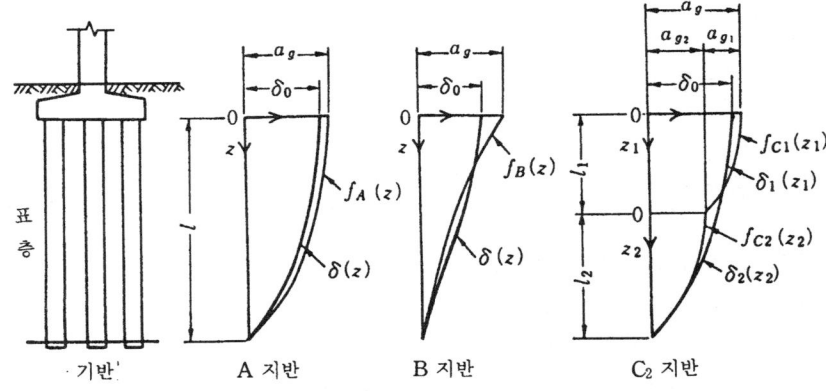

그림-3.51 지반과 말뚝기초의 변위

A지반　$EI'\dfrac{d^4\delta(z)}{dz^4} = k_h D\{f_A(z) - \delta(z)\}$ 　　　　　　　(3.151)

B지반　$EI'\dfrac{d^4\delta(z)}{dz^4} = \dfrac{k_h}{l}zD\{f_B(z) - \delta(z)\}$ 　　　　　(3.152)

C_2지반　$EI'\dfrac{d^4\delta_1(z_1)}{dz_1^4} = k_{h1}D\{f_{C1}(z_1) - \delta_1(z_1)\}$ 　(제1층)

　　　　　$EI'\dfrac{d^4\delta_2(z_2)}{dz_2^4} = k_{h2}D\{f_{C2}(z_2) - \delta_2(z_2)\}$ 　(제2층)　　(3.153)

여기서　EI' : 응답 변위법에 대한 말뚝의 휨 강성(tf·m²)

　　　　EI'는 RC말뚝, 현장타설 말뚝과 깊은기초에서 계산한 말뚝의 휨 강성(EI)

의 $\frac{2}{3}$로 한다.

k_h, k_{h1}, k_{h2} : 수평방향의 지반 반력계수(tf/m^3)
k_h는 지반 종류에 따라 다음과 같이 고려한다.
  A지반 평균치
  B지반 최하단점의 값
  C$_2$지반 제1층, 제2층 각층의 평균치
$\delta(z)$, $\delta_1(z_1)$, $\delta_2(z_2)$: 말뚝의 수평변위(m)
$f_A(z)$, $f_B(z)$, $f_{c1}(z_1)$, $f_{c2}(z_2)$: 수평지반 변위의 수직방향 분포(m)

3.4.7 말뚝반력과 변위량의 계산

강체 확대기초의 말뚝 기초에서 말뚝머리에 작용하는 수직력, 수평력과 모멘트 및 말뚝머리 위치의 변위량과 회전각의 산정은 원칙적으로 변위를 고려한 계산법(변위법)으로 실시한다.

(1) 말뚝머리에 작용하는 수직력, 수평력과 모멘트 및 말뚝머리 위치의 변위량과 회전각의 산정

ⅰ) 말뚝배치가 대칭인 경우

그림-3.52에 나타낸 계산 좌표에서 원점 0의 변위량과 회전각은 다음식으로 구한다.

$$\left.\begin{aligned}\delta_x &= \frac{(K_r+nK_4)H_0+nK_2M_0}{(nK_1+K_{hF})(K_r+nK_4)-(nK_2)^2} \\ \delta_z &= \frac{V_0}{nK_v} \\ \theta &= \frac{nK_2H_0+(nK_1+K_{hF})M_0}{(nK_1+K_{hF})(K_r+nK_4)-(nK_2)^2}\end{aligned}\right\} \quad (3.154)$$

각 말뚝머리에 작용하는 수직력, 수평력, 모멘트는 다음식에서 구한다.

$$\left.\begin{aligned}P_{Ni} &= K_v(\delta_z+\theta x_i) \\ P_{Hi} &= K_1\delta_x - K_2\theta \\ M_{ti} &= -K_3\delta_x + K_4\theta\end{aligned}\right\} \quad (3.155)$$

여기서 H_0 : 확대기초 밑면보다 위에 작용하는 수평하중(tf)
  V_0 : 확대기초 밑면보다 위에 작용하는 수직하중(tf)
  M_0 : 원점 0에 작용하는 모멘트(tf·m)

δ_x : 원점 0의 수평 변위(m)

δ_z : 원점 0의 수직 변위(m)

θ : 확대기초의 회전각(rad)

x_i : i번째 말뚝 말뚝머리의 x좌표(m)

K_v : 말뚝머리 수직 스프링정수(tf/m) (3.4.2(3) i))

K_r : 말뚝군의 회전 스프링정수(tf·m/rad) (3.4.2(3)iii))

n : 1확대기초 마다의 말뚝개수

K_1, K_2, K_3, K_4 : 말뚝머리 수평 스프링정수(3.4.2(3)ii))

K_{hF} : 확대기초 전면의 수평 스프링정수(tf/m) (3.4.2(3)iv))

P_{Ni} : i번째 말뚝의 말뚝머리에 작용하는 수직력(tf)

P_{Hi} : i번째 말뚝의 말뚝머리에 작용하는 수평력(tf)

M_{ti} : i번째 말뚝의 말뚝머리에 작용하는 모멘트(tf·m)

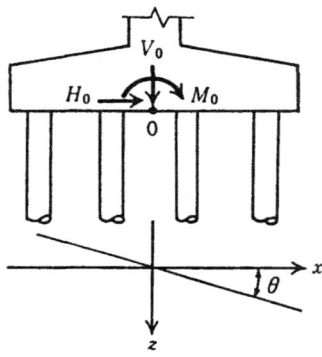

그림-3.52 계산좌표
(말뚝배치가 대칭)

ii) 말뚝배치가 비대칭인 경우 그림-3.53에 나타낸 계산 좌표에서 원점 0의 변위량과 회전각은 다음에 나타낸 3원 연립방정식 풀이로 구한다.

$$\left.\begin{array}{l} A_{xx}\delta_x + A_{xz}\delta_z + A_{x\theta}\theta = H_0 \\ A_{zx}\delta_x + A_{zz}\delta_z + A_{z\theta}\theta = V_0 \\ A_{\theta x}\delta_x + A_{\theta z}\delta_z + A_{\theta\theta}\theta = M_0 \end{array}\right\} \tag{3.156}$$

각 계수는 다음식에서 구한다.

$$A_{xx} = nK_1 + K_{hF}, \quad A_{xz} = A_{zx} = 0,$$

$$A_{x\theta}=-nK_2=A_{\theta x}=-nK_3$$
$$A_{zz}=nK_v, \quad A_{z\theta}=A_{\theta z}=K_v\sum x_i,$$
$$A_{\theta\theta}=K_r+nK_4$$

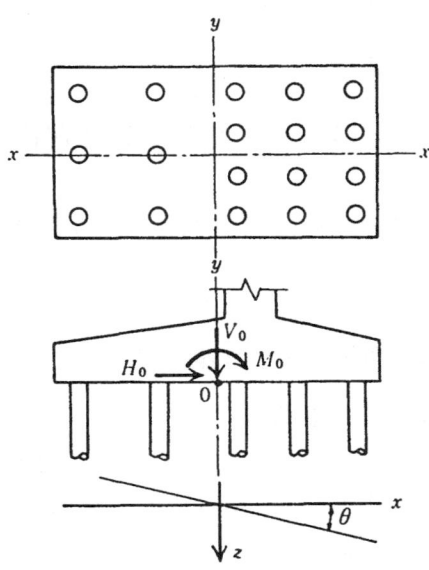

그림-3.53 계산좌표 (말뚝배치가 비대칭)

(2) 말뚝체의 단면력 말뚝체의 단면력 산정은 평상시와 일시 상태에 대해서는 말뚝머리와 확대기초의 결합을 강결합으로 한 경우에 실시하며 지진시 상태에 대해서는 강결합 이외로 말뚝머리를 힌지 결합으로 한 경우에도 실시한다.

ⅰ) 말뚝체 각부의 휨 모멘트와 전단력
① 말뚝머리와 확대기초의 결합을 강결합으로 가정한 경우

$$\left. \begin{array}{l} M_z=-e^{-\beta z}\left\{\dfrac{P_H}{\beta}\sin\beta z+M_t(\cos\beta z+\sin\beta z)\right\} \\ S_z=-e^{-\beta z}\{P_H(\cos\beta z-\sin\beta z)-2\beta M_t\sin\beta z\} \end{array} \right\} \quad (3.157)$$

② 말뚝머리와 확대기초의 결합을 힌지 결합으로 가정한 경우

$$\left. \begin{array}{l} M_z=\dfrac{-P_H}{\beta}e^{-\beta z}\sin\beta z \\ S_z=-P_H e^{-\beta z}(\cos\beta z-\sin\beta z) \end{array} \right\} \quad (3.158)$$

여기서 M_z : 말뚝머리에서 깊이 z의 위치에 대한 말뚝체의 휨 모멘트(tf·m)
 S_z : 말뚝머리에서 깊이 z의 위치에 대한 말뚝체의 전단력(tf)
 z : 말뚝머리에서 단면력 산정점까지의 깊이(m)
 M_t : 말뚝머리에 작용하는 모멘트(tf·m)
 P_H : 말뚝머리에 작용하는 수평력(tf)
 β : 말뚝의 특성치(m^{-1})

ii) 말뚝체 각부의 축력
① 수직력이 압입방향으로 작용하는 경우 말뚝체 각부의 축력은 말뚝머리에 작용하는 수직력으로 해도 좋다.
② 수직력이 인발방향으로 작용하는 경우 말뚝체 각부의 축력은 그 위치까지 말뚝체의 자중을 고려해도 좋다.

3.5 항만 구조물의 말뚝기초 설계

3.5.1 항만 구조물 말뚝기초의 특징

항만 구조물의 말뚝기초 설계에 대해서 말하기 전에 항만 구조물의 말뚝기초에 관한 특징에 대해서 언급할 필요가 있다. 항만의 말뚝기초를 생각할 때 전제가 되는 조건, 기타 기술분야와 다른 조건이 있으며 항만에서는 일반적인 조건에 대해서 설명한다. 우선 최초로 특유한 하중으로서 파력이 있으나 이것은 말뚝기초를 생각할 때 중요하지 않다.

항만시설의 말뚝기초에서 중요한 특징은 수평력이 지배적인 설계 조건이 되는 수가 있다. 이것은 대개의 항만 구조물에 타당하나 항만구조물에서 말뚝의 사용량이 가장 많은 잔교의 말뚝기초를 생각해 보자. 제4장 4.4.1의 그림-4.54에 나타냈지만 잔교의 기초말뚝은 길이가 대단히 길기 때문에 수평력에 의한 휨 응력으로 말뚝의 설계가 정해지는 경우가 많다. 또한 마찬가지로 항만구조물에서 많이 볼 수 있는 구조로서 널말뚝 벽에 의한 안벽의 버팀말뚝의 경우를 생각한다. 버팀공이라고 하는 것은 토압을 받는 널말뚝 벽의 머리부 가까이를 횡방향으로 지탱하므로 처짐성의 널말뚝벽을 사용하며 깊은 수심에서 안벽을 세우기 위한 방법이다. 이것에 직접 말뚝을 사용하는 형식의 버팀 말뚝식 널말뚝 벽은 제4장 4.4.2의 그림-4.68에 나타낸 것과 같다. 따라서 이 경우 널말뚝벽이 받는 토압은 큰 횡방향 하중을 직접 말뚝이 지탱하며 더구나 그것은 반영구적으로 작용하는 하중이 된다. 대단히 많이 사용되는 형식의 2예에서 구체적인 항만 구조물의 말뚝기초에 횡하중이 지배적이라는 점을 나타냈으며 기타 많은 형식에서도 상황은 대개 같으며 횡하중이 지배적인 경우가 많다.

다음으로는 항만 장소의 특수성에서 오는 특별한 조건이 있다. 즉, 대개의 경우 항만 구조물의 건설 공사는 해상 공사이며 공사용의 장비는 선박에 장비되고 작업선에서 실시된다. 작업선에 장비된 종류는 지상 공사에서 쓰는 장비류에 비하여 큰 것이 특징이다. 크레인 등을 보더라도 잘 이해될 것이다. 또한 주위가 넓고 넓은 공간이 있는 것이 보통이므로 말뚝이나 널말뚝 등 재료의 핸드링이 편리하다. 또 항만이라는 장소에서는 소음이나 진동 등이 별로 문제되지 않으므로 말뚝의 시공법은 디젤 해머 등의 타격에 의한 타입공법이 일반적으로 사용된다. 결국 장척이며 중량이 큰 말뚝이 타입 공법으로 시공되므로 말뚝의 지지력면에서는 혜택되는 조건이다.

지반을 조사하면 항만 지역의 지반 조건은 연약지반이 두껍게 퇴적되어 있기 때문에 공사를 곤란하게 하는 특징이 있다. 특히 태평양측의 항만지역은 몇가지 예를 제외하고 반드시 연약지반에 대처해야 한다. 동경만, 오사카만, 이세만을 생각하면 밝혀일 수 있다. 이 때문에 일반적으로 말뚝의 사용이 많으며 또 말뚝의 길이가 길다는 경향이다. 또 대개의 경우에 지반 개량공사가 불가피한 공정으로 되었다. 따라서 개량된 지반의 말뚝 설계를 생각하는 경우가 많다.

이상의 모든 조건에서 항만 구조물은 강관 말뚝의 사용이 압도적이며 이 자체가 항만 구조물의 말뚝에 관한 최대의 특징이라고 말할 수 있다. 또한 해수가 있는 곳에 강재를 사용하므로 방식 기술이 대단히 중요하며 많은 이론적 기술적 축적이 이루어져 왔다.

3.5.2 설계의 순서
말뚝기초의 설계순서를 그림-3.54에 나타낸다.

3.5.3 축방향 지지력
단말뚝의 축방향 극한 지지력을 재하시험, 정영학 지지력 공식에서 구한 경우 기준 축방향 허용지지력은 표-3.40의 안전율로 나눈 값이 된다.

(1) 축방향 극한지지력 축방향 극한지지력은 축방향 재하시험으로 추정하는 것이 바람직하다. 재하시험을 하는 것이 곤란할 때는 정역학적 공식으로 추정해도 좋다.

ⅰ) 재하시험에 의한 추정 재하시험에 의한 방법은 제6장 6.3을 참조하기 바란다.

표-3.40 안전율

평 상 시		2.5 이상
지진시	지지말뚝	1.5 이상
	마찰말뚝	2.0 이상

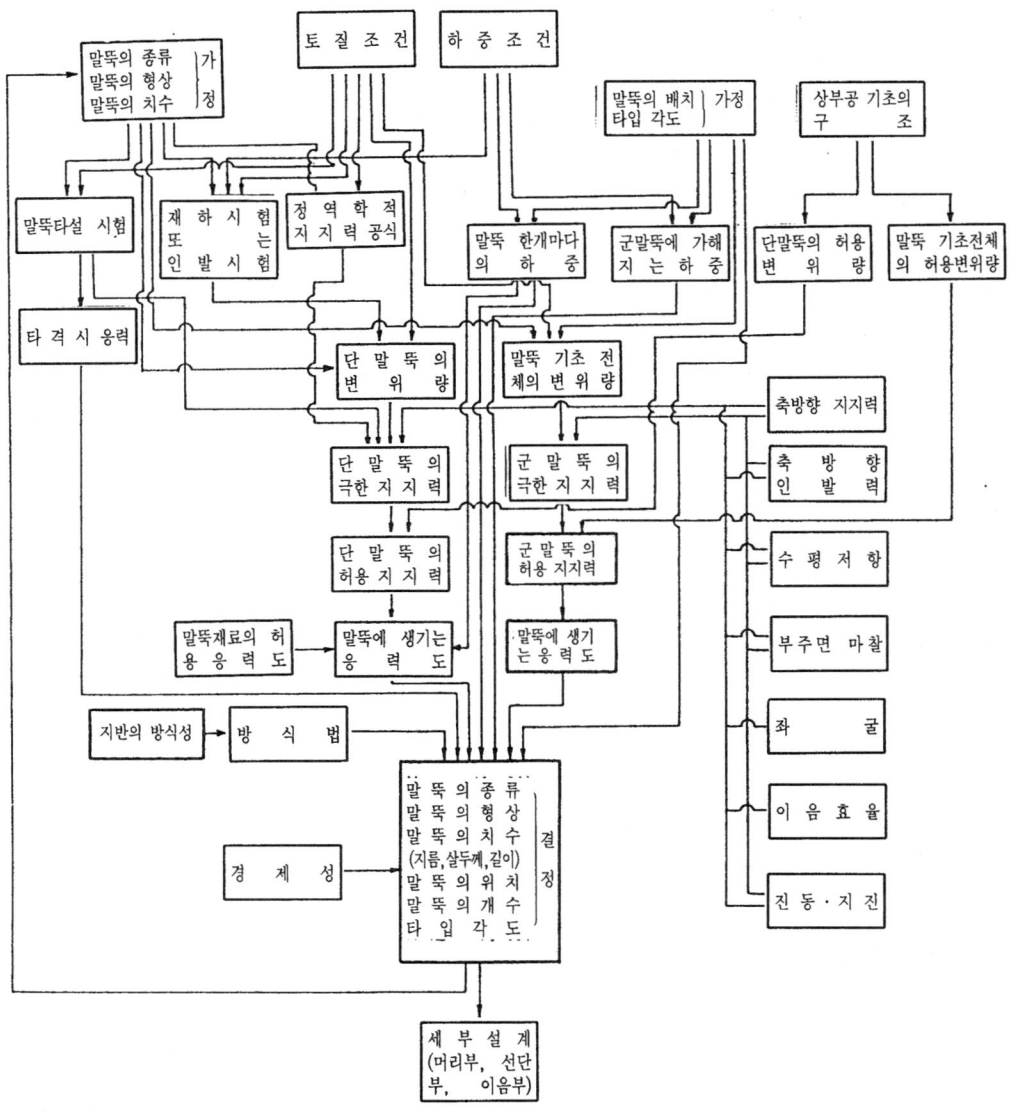

그림-3.54 설계의 순서

ii) 정역학적 공식에 의한 추정

[모래지반의 경우]

$$R_u = 30NA_p + \overline{N}A_s/5 \tag{3.159}$$

여기서　R_u : 말뚝의 극한지지력(tf)
　　　　A_p : 말뚝의 선단면적(m^2)
　　　　A_s : 말뚝둘레의 전표면적(m^2)
　　　　N : 말뚝선단 지반의 N치
　　　　$\overline{N}$: 말뚝 근입 전장에 대한 평균 N치
　　　　　단, $\overline{N}=(N_1+\overline{N_2})/2$
　　　여기서 N_1 : 말뚝 선단 위치의 N치
　　　　　　$\overline{N_2}$: 말뚝선단보다 상측 $4B$ 범위내의 평균 N치
　　　　　　B : 말뚝의 직경 또는 폭(m)

[점성토 지반의 경우]

$$R_u=8c_pA_p+\bar{c}_aA_s \qquad (3.160)$$

여기서　c_p : 말뚝 선단 위치의 점착력(tf/m^2)
　　　　$\bar{c}_a$: 말뚝 근입 전장에 대한 평균 점착력(tf/m^2)
　　　　　단, $c_a=c$　　　($c \leq 10$ tf/m^2)
　　　　　　$c_a=10$ tf/m^2　($c>10$ tf/m^2)

　iii) **말뚝 타설 공식과 기존의 자료에 의한 추정**　Hiley, 도로교 시방서, Smith 방법인 말뚝의 동적 지지력공식은 그 적용성의 한계를 충분히 인식해둘 필요가 있다. 따라서 말뚝 타설 공식에 의해서만 축방향 극한지지력을 구하는 것은 좋지 않으나 지지말뚝의 시공 관리에 사용해도 좋다.

　또한, 기존의 자료에서 축방향 극한지지력을 추정할 때는 충분히 신뢰할 수 있는 경우에 한하여 추정할 수 있다.

　(2) 축방향 허용지지력을 결정할 때의 고려사항　축방향 허용지지력을 결정할 때는 다음 항목과 군말뚝의 작용, 부마찰력을 고려해야 한다.

　i) **말뚝재의 압축 응력도**　말뚝의 축방향 허용지지력은 말뚝재의 허용 압축응력도에 말뚝의 유효 단면적을 곱한 값을 초과해서는 안된다. 단, 말뚝재의 허용 압축응력도는 부록에 나타낸 값으로 한다.

　ii) **이음에 의한 저감**　말뚝을 이음하는 경우에는 적절한 관리로 시공하고, 이음의 신뢰성을 검사하고 확인하는 조건으로 이음에 의한 저감은 하지 않아도 좋다. 이 조건이 만족되지 않는 경우에는 말뚝의 종류와 이음의 종류 및 수에 따라 축방향 허용지지력을 저감한다.

iii) 세장비에 의한 저감 재하시험으로 안전성을 확인하지 않는 한 3.5.3에 의한 저감율을 기준으로 축방향 허용지지력을 저감한다.

$$\mu = (L/B - 60) \qquad L/B > 60 \qquad (3.161)$$

단, 강재말뚝에서는

$$\mu = 1/2 \times (L/B - 120) \qquad L/B > 120$$

여기서 μ : 세장비에 의한 저감율(%)
  L : 말뚝길이(m)
  B : 말뚝지름(m)

세장비의 저감은 주변의 지반이 저항되기 때문에 말뚝의 길이 좌굴을 고려한 저감이 아니라 시공때에 생기는 말뚝의 경사가 지지력을 저하시키는 것을 고려하기 때문이다.

iv) 말뚝의 침하량 말뚝머리부의 추정 침하량은 상부 구조물에서 정하는 허용 침하량을 초과하지 않는다. 상부 구조물에서 정하는 허용 침하량은 구조물 개개의 조건에 따라 다르기 때문에 그 특성을 파악하여 검토할 필요가 있다. 예를들면 잔교나 크레인 기초 등의 활하중이 지배적인 구조물에서는 말뚝머리의 전침하량이 아니라 말뚝의 탄성 침하량이 문제가 되는 수가 있다. 또한 말뚝머리의 탄성 침하량을 식(3.162)에 나타낸다.

$$S_E = S_{PE} + S_{SE} \qquad (3.162)$$

여기서 S_E : 말뚝머리의 탄성 침하량(cm)
  S_{PE} : 말뚝자체의 탄성 변형량(cm)
  S_{SE} : 말뚝 선단지반의 탄성 침하량(cm)

재하시험을 하면 S_E 그 자체가 아니라 탄성 반복량이 측정되나 상부 구조의 계산은 탄성 침하량의 값을 쓰면 좋다. 말뚝 자체의 탄성 변형량 S_{PE}는 축력 분포를 가정하여 표-3.41에서 산정할 수 있다. 또한 마찰말뚝이나 지지층밑에 연약한 층이 있는 경우, 말뚝의 하중에 의해 점토층이 압밀을 일으키는 것으로 생각하여 침하량을 계산한다. 이 경우 실용상 하중면을 말뚝의 근입 부분 하단에서 1/3의 등분포 하중으로 압밀침하를 계산할 수 있다. 또 하중면의 말뚝머리와 말뚝선단 양극단의 계산도 필요한 경우가 있다.

또한 모래층 속의 마찰말뚝에서 말뚝 선단 아래에 연약층이 있는 경우는 상기의 방법으로 계산한다. 이와같은 말뚝에서는 말뚝선단 아래의 연약층부터 2~3m 이상 떨어지지 않으면 연약지반에서 관입 파괴가 생길 가능성이 있다.

표-3.41 탄성 변형량 S_{PE}의 산정식

	순수한 지지말뚝	점성토중의 순수한 마찰말뚝	사질토중의 순수한 마찰말뚝
강성 변형량 S_{PE}	$S_{PE} = \dfrac{P_0 L_t}{AE}$	$S_{PE} = \dfrac{P_0(L_t + \lambda)}{2AE}$	$S_{PE} = \dfrac{P_0(2L_t + \lambda)}{3AE}$
축력분포도	주면마찰없음 / 축력분포	주면마찰분포 / 축력분포	주면마찰분포 / 축력분포

3.5.4 군말뚝의 지지력

말뚝은 군말뚝으로 이용하는 것이 보통이므로 조건에 따라서 지지력 검토에 군말뚝 작용을 고려할 필요가 있다.

마찰 말뚝을 군말뚝으로 이용하는 경우 말뚝군의 최외측 말뚝의 표면을 연결하는 면으로 둘러싸인 하나의 깊은 기초에서 지지력을 계산한다. 한편 지지말뚝의 경우는 통상 선단 지지층의 응력 집중이 문제가 되지는 않는다.

마찰 말뚝도 모래속에 타입된 말뚝은 다짐효과에 따라 단말뚝의 지지력보다 커지는 경향이 있다. 따라서 군말뚝의 검토가 필요한 것은 주로 점성토의 경우이다. 또 축방향 지지력은 군말뚝에서 정하는 지지력과 단말뚝의 지지력중 작은쪽을 각 말뚝의 지지력으로 한다.

군말뚝의 지지력 계산방법은 테르자기·펙에 의해 제창된 것이 있으며 말뚝간격이 작은 경우 그림-3.55에 나타낸 사선 부분의 흙과 말뚝이 일체로서 작용하며 군말뚝의 기초 파괴는 그림의 사선부분 전체의 파괴로 생각한다. 이와 같이 생각한 경우의 군말뚝의 지지력은 식(3.163)으로 나타낸다.

$$R_{gu} = q_d A_G + \bar{s} UL \tag{3.163}$$

R_{gu} : 하나의 블록으로 된 군말뚝의 지지력(tf)

q_d : 블록 밑면을 기초 하중면으로 했을 때의 극한 지지력(tf/m^2) 산정 방법을 표-3.42(사질토), 표-3.43(점성토)에 나타낸다.

A_g : 말뚝군의 밑면적(m^2)

$\bar{s}$: 말뚝에 접하는 흙의 평균 전단강도(tf/m^2)

U : 말뚝군의 둘레길이(m)

L : 말뚝의 근입길이(m)

말뚝 한 개마다의 허용지지력은 식(3.163)의 R_{gu}에서 말뚝군의 블록 말뚝과 흙의 중량을 빼고 표-3.40의 안전율과 말뚝 개수로 나누어 산정한다.

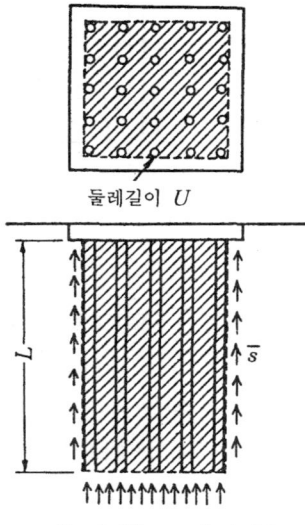

그림-3.55 군말뚝기초

3.5.5 부마찰력

지지말뚝이 압밀이 생길 위험이 있는 지반을 관통하는 경우는 축방향 허용지지력을 구할 때 부 주면마찰의 영향을 고려한다. 또한 지진때의 단기 하중에 대해서는 그 영향을 고려하지 않아도 좋다.

(1) 부 주면마찰의 검토방법 부 주면마찰이 작용하는 말뚝의 축방향 허용지지력의 검토는 식(3.164), (3.165)을 만족시키지 않으면 안된다.

$$R_a \leq 1/1.2 R_p - R_{nf,\max} \tag{3.164}$$

$$R_a \leq \sigma_f A_e - R_{nf,\max} \tag{3.165}$$

여기서 R_a : 축방향 허용지지력(평상시) (tf)

R_p : 말뚝의 선단 지지력(극한치) (tf)

표-3.42 q_d의 산정방법(사질토) (q_a는 q_d를 안전율로 나눈 값)

사질토 지반에 대한 기초의 허용 지지력은 식(1)에 의해 산정한다.

$$q_a = \frac{1}{F}(\beta\gamma_1 BN_\gamma + \gamma_2 DN_q) + \gamma_2 D \tag{1}$$

여기서, q_a : 허용 지지력(수중부분의 부력을 고려한 값)(tf/m²)
           B : 기초의 최소폭(원형기초의 경우는 직경)(m)
           D : 기초의 근입깊이(m)
           γ_1 : 기초밑면 지반흙의 단위 체적중량(수면밑에 있는 부분은 수중 단위체적중량)(tf/m³)
           γ_2 : 기초 밑면에서 윗 지반 흙의 단위 체적중량(수면밑에 있는 부분은 수중 단위체적중량)(tf/m³)
           F : 안전율
              다음의 값을 표준으로 한다.
              중요한 구조물   2.5 이상
              기타의 구조물   1.5 이상
       N_γ, N_q : 지지력계수(그림-1 참조)
           β : 기초의 형상계수(표-1 참조)

표-1 형 상 계 수

기초면의 형상	연 속 형	정 사 각 형	원 형	직 사 각 형
β	0.5	0.4	0.3	$0.5 - 0.1\left(\dfrac{B}{L}\right)$

주) B : 직사각형의 단변길이(m)
     L : 직사각형의 장변길이(m)

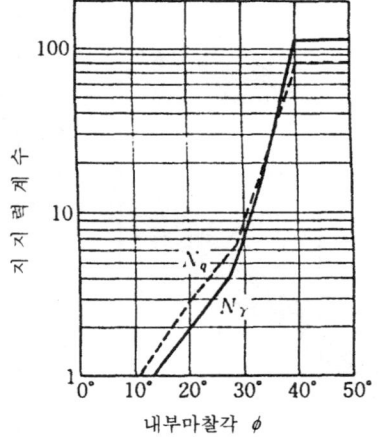

그림-1 지지력계수
일본건축학회「건축기초구조설계규준·동해설」에서

$R_{nf,\max}$: 부 주면마찰의 최대치(tf)
          단말뚝과 군말뚝의 경우 작은쪽의 값

σ_f : 말뚝의 항복점 압축응력도, 장기 허용 압축응력도의 1.5배(tf/m²)

A_e : 말뚝의 유효 단면적(m²)

R_p의 값은 지지말뚝의 경우 식(3.159) 중의 선단 지지력 $30NA_p$와 지지층 속의 주면마찰력을 가산하여 생각한다.

표-3.43 q_d의 산정방법(점성토) (q_a는 q_d를 안전율로 나눈 값)

점성토지반에 대한 기초의 허용지지력은 식(2)에 의해 산정된다.

$$q_a = N_c \frac{c_0}{F} + \gamma_2 D \tag{2}$$

여기서,
- q_a : 허용지지력(수중부분의 부력을 고려한 값) (tf/m²)
- N_c : 지지력계수(그림-2 참조)
- c_0 : 기초밑면에 대한 흙의 점착력(tf/m²)
- F : 안전율
  다음의 값을 표준으로 한다.
  중요한 구조물   2.5 이상
  기타의 구조물   1.5 이상
- γ_2 : 기초 밑면에서 윗 지반 흙의 단위 체적중량(수면밑에 있는 부분은 수중 단위 체적중량)(tf/m³)
- D : 기초의 근입깊이(m)

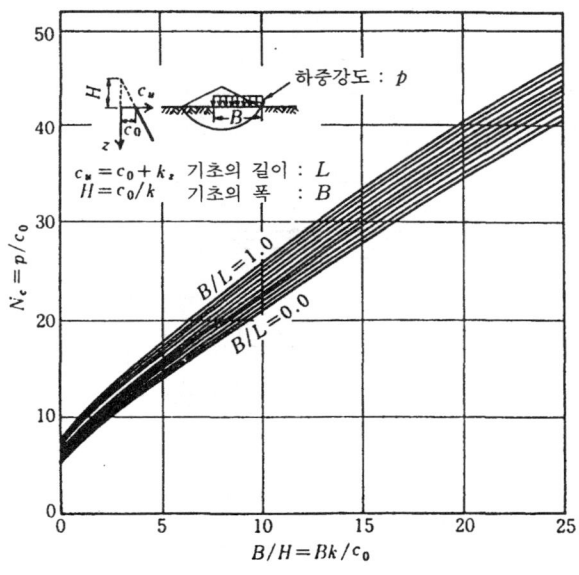

그림-2 지지력계수 N_c

(2) 부 주면마찰의 최대치 단말뚝과 군말뚝의 경우 부 주면마찰의 산정 방법을 다음에 나타낸다.

ⅰ) 단말뚝의 경우

$$R_{nf,\max} = \psi L_2 \bar{f}_s \tag{3.166}$$

여기서 ψ : 말뚝의 둘레길이
L_2 : 말뚝의 압밀층 속의 깊이(m)
$\bar{f}_s$: 압밀층 중에서 평균 주면 마찰강도(tf/m²)

f_s는 점성토의 경우는 $q_u/2$를 취하면 좋으나 압밀층속에 모래층이 끼워진 경우 압밀층 상에 모래층이 있는 경우에는 식(3.167)에서 부 주면마찰력의 최대치를 산정한다.

$$R_{nf,\max} = \left(\frac{\bar{N}_{s2} L_{s2}}{5} + \frac{\bar{q}_u L_c}{2} \right) \psi \tag{3.167}$$

여기서 L_{s2} : L_2중에 함유된 모래층의 두께(m)
L_c : L_2속에 함유된 점토층의 두께(m)
$\bar{N}_{s2}$: 두께 L_2의 모래층중의 평균 N치
$\bar{q}_u$: 두께 L_c의 점토층군의 평균 일축 압축강도(tf/m³)

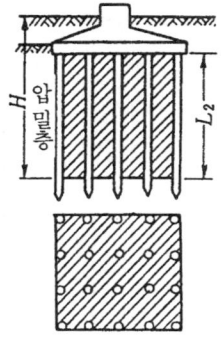

그림-3.56 군말뚝의 주면마찰

ⅱ) 군말뚝의 경우 군말뚝의 경우는 그림-3.56에 나타낸 바와같이 전체를 하나의 깊은 기초로 생각하여 부 주면마찰을 구하고 그것을 말뚝 개수로 나누어 한 개 마다의 부 주면마찰로 한다.

$$R_{nf,\max} = (\bar{s} U H + A_g \gamma L_2)/n \tag{3.168}$$

여기서 U : 말뚝군의 둘레길이(m)
           H : 지표에서 압밀층 하단까지의 깊이(m)
           $\bar{s}$: H구간 흙의 평균 전단 강도(tf/m²)
           A_g : 말뚝군의 밑면적(m²)
           γ : L_2 구간 흙의 평균 단위 체적중량(tf/m³)
           n : 말뚝군중의 말뚝개수(개)

(3) 마찰말뚝과 사면말뚝의 고찰방법

마찰말뚝은 지반 침하에 수반하여 말뚝도 침하된다. 따라서 상부 구조물의 강성이 작으면 부동침하를 일으킬 우려가 있기 때문에 충분히 안전한 구조물로 하지 않으면 안된다.

또 사면말뚝의 경우는 말뚝에 부마찰력과 함께 큰 휨이 작용하기 때문에 특히 주의가 필요하다.

3.5.6 허용 인발력

기준 허용 인발력은 원칙적으로 단말뚝의 최대 인발력을 표-3.44의 안전율로 나눈 값으로 한다. 말뚝에 인발 저항을 기대하는 것은 구조물 밑면에 가해지는 양압력, 직접 말뚝으로 지탱하는 구조물의 전도 모멘트, 조립 말뚝으로 수평력을 지탱하는 경우 등이다. 단, 말뚝자체가 충분한 인발 저항을 갖더라도 말뚝머리부와 윗쪽의 결합이 나쁘면 저항을 발휘하지 않는 경우도 있다.

표-3.44 안전율

평 상 시	3이상
지 진 시	2.5이상

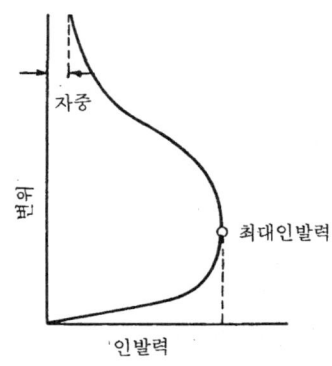

그림-3.57 최대인발력

(1) 단말뚝의 최대 인발력   단말뚝의 최대 인발력은 그림-3.57에 나타낸 바와 같이 인발 하중의 최대치를 나타낸다. 그림은 인발 시험의 경우이며 변위가 어느 한계를 초

과하면 하중은 감소되고 최후는 말뚝의 자중뿐이다. 이와같이 최대 하중과 극한 하중의 크기가 다르기 때문에 여기서는 혼란을 피하기 위해 최대 인발력이라는 말을 쓴다. 또 단말뚝의 최대 인발력은 인발 시험으로 구하는 것이 바람직하나 부득이 할 때는 재하시험 결과 또는 정역학적 지지력 산정식으로 추정할 수 있다.

 i) 재하시험에 의한 추정 단말뚝의 인발시험 결과는 축방향 지지력의 경우와 달리 비교적 자료가 빈약하고 기존의 자료에서 추정하는 것은 위험을 수반한다. 단, 비교적 연약한 점성토에서는 압입과 인발의 경우 주면 마찰이 거의 같다고 생각되며 재하시험(압입방향) 결과나 정역학적 지지력 산정식에서 최대 인발력을 추정해도 좋다.

인발시험을 하는 경우에는 작은 하중으로 충분하기 때문에 최대 인발력에 도달할 때까지의 시험이 좋으나 안되는 경우에는 최대 인발 하중을 최대 인발력으로 한다. 또한 재하시험(압입방향)의 반력 말뚝에 가해지는 하중과 변위를 측정하면 인발시험의 대용이 된다.

ii) 정역학적 공식에 의한 추정
[모래지반의 경우]

$$R_{ut} = \overline{N} A_s / 5 \tag{3.169}$$

[점성토 지반의 경우]

$$R_{ut} = \overline{c}_a A_s \tag{3.170}$$

여기서 R_{ut} : 말뚝의 최대 인발력(tf)
  $\overline{N}$: 말뚝 근입 전장에 대한 평균 N치
  A_s : 말뚝둘레의 전표면적(m²)
  $\overline{c}_a$: 말뚝 근입 전장에 대한 평균 부착력(tf/m²)

[테르자기의 산정식]

식(3.171)을 써서 말뚝의 최대 인발력을 산정하고 검토 하는 수도 있다. 이 경우 식(3.170)으로 산정한 값과 비교하여 적절한 값을 산정한다.

$$R_{ut} = R_f = \psi L \overline{f}_s \tag{3.171}$$

$$\overline{f}_s = \sum (c_{ai} + K_s q_i \mu) l_i / L \tag{3.172}$$

여기서 R_{ut} : 말뚝의 최대 인발력(tf)
  R_f : 말뚝의 주면 마찰력(tf)
  ψ : 말뚝의 둘레길이(m)
  L : 말뚝의 근입길이(m)

$\bar{f_s}$: 평균의 주면 마찰강도(tf/m²)
c_{ai} : 제 i층에 대한 흙과 말뚝의 부착력(tf/m²)
c_i : 제 i층에 대한 점착력(tf/m²)
K_s : 말뚝에 작용하는 수평 토압계수
q_i : 제 i층에서 평균 유효토피압(tf/m²)
μ : 말뚝과 흙의 마찰계수
l_i : 제 i층의 층두께(m)

(2) 말뚝자중과 안전율 말뚝의 자중은 중간에 막힌 흙의 중량과 동시에 확실한 인발 저항으로 기대되기 때문에 안전율을 고려할 필요가 없다. 따라서 최대 인발력에서 기준 허용 인발력을 산정하는 경우에는 부력을 고려한 말뚝의 자중에 안전율을 고려할 필요는 없다.

(3) 허용 인발력을 결정할 때의 고려사항

i) 말뚝재의 인장 응력도 말뚝의 허용 인발력은 말뚝재의 허용 인장응력도에 말뚝의 유효 단면적을 곱한 값을 초과해서는 안된다.

ii) 이음의 저감 이음 말뚝의 경우 이음에서 아래의 저항은 무시하는 것을 원칙으로 한다. 단, 강재말뚝 등 양호한 이음을 할 수 있는 경우 신뢰성을 확인한 다음에 이음의 허용 인장력 범위내에서 인발 저항을 고려할 수 있다.

iii) 군말뚝 말뚝군의 최외측 말뚝이 표면을 연결하는 면으로 둘러싸인 하나의 블록으로 인발 저항을 검토한다.

iv) 허용 인발량 말뚝의 허용 인발력은 상부 구조에서 정하는 말뚝머리의 허용 인발량에 따라 제한을 받는다.

3.5.7 축직각방향 허용지지력

단말뚝의 축 직각방향 허용지지력은 그 말뚝이 축 직각방향력을 받을 때의 거동에 따라 판정한다. 말뚝의 축 직각방향 허용지지력을 고려하는 경우에는 그점을 만족하지 않으면 안된다.

① 말뚝체에 발생하는 휨 응력이 말뚝재의 허용 휨 응력을 초과하지 않을 것
② 말뚝머리의 변위량(축 직각방향 변위량)이 상부구조에서 정하는 허용 변위량을 초과하지 않을 것

단말뚝의 경우는 긴말뚝에 비하여 말뚝머리 변위가 커지며, 전도의 위험도 있다. 또한 말뚝머리 변위나 휨 모멘트가 근입길이의 영향을 받기 때문에 예측은 긴말뚝의 경우보다 어렵다. 또, 단말뚝은 보통 크리프나 반복 하중에 대해서는 불리하다. 이런점에서

횡방향력을 지지하는 말뚝은 단말뚝을 쓰는 것을 가급적 피하는 것이 좋다.

(1) 말뚝의 거동 추정 축 직각방향력을 받는 단말뚝의 거동은 다음에 나타낸 것 중 어느 방법으로 추정하는가이다. 또 이러한 조합으로 추정하는 것이 바람직하다.

ⅰ) 재하시험에 의한 추정 재하시험으로 추정하는 경우에는 실제 구조물의 말뚝과 하중조건, 재하시험에 대한 말뚝과 하중 조건의 차이를 충분히 고려한다. 재하시험 방법에 대해서는 제6장 6.4를 참조하기 바란다.

ⅱ) 해석적 방법에 의한 추정 축 직각 방향력을 받는 단말뚝의 거동을 해석적으로 추정할 때는 항만 연구방식을 표준으로 하나 적용이 곤란한 경우나 항만 연구 방식과 Chang의 방법 사이에 특별한 차이가 없는 경우는 Chang의 방법을 써도 좋다. 항만 연구방식은 운수성 항만 기술 연구소에서 개발된 방식이며 지반의 비탄성적인 거동을 고려하여 Chang의 방법과 비교할 때 응용면에서는 난점도 있으나 비교적 단순한 조건으로 말뚝의 거동이 실용적으로 계산된다.

① 항만 연구방식 항만 연구방식은 지반반력과 말뚝의 변위관계를 식(3.173)으로 나타낸다.

$$p = kx^m y^{0.5} \tag{3.173}$$

여기서 p : 깊이 x에 대한 말뚝의 단위 면적당 지반반력(kgf/cm^2)=P/B
P : 깊이 x에 대한 말뚝의 단위 길이당 지반반력(kgf/cm)
B : 말뚝폭(cm)
k : 지반의 횡저항 정수(kgf/cm$^{3.5}$ 또는 kgf/cm$^{2.5}$)
m : 지수1 또는 0
x : 지표면에서의 깊이(cm)
y : 깊이 x에 대한 말뚝의 변위(cm)

a) 지반의 분류 항만 연구방식은 지반을 S형 지반과 C형 지반으로 나누고 각각 적용 조건이 다르다. 조건의 정리를 표-3.45에 나타낸다. 대상 지반을 S형인가 C형인가를

표-3.45 지반의 분류

지반의 분류	S 형 지 반	C 형 지 반
$p-y$ 관계	$p=k_s xy^{0.5}$	$p=k_c y^{0.5}$
N 치	깊이와 함께 직선적으로 증가된다.	깊이에 의하지 않고 일정하다.
지반의 예	일정한 밀도의 모래지반 정규 압밀의 점토지반	표면이 다져진 모래지반 큰 선행압밀을 받는 점토지반
k_s, k_c의 산정법	그림-3.58 참조	그림-3.59 참조

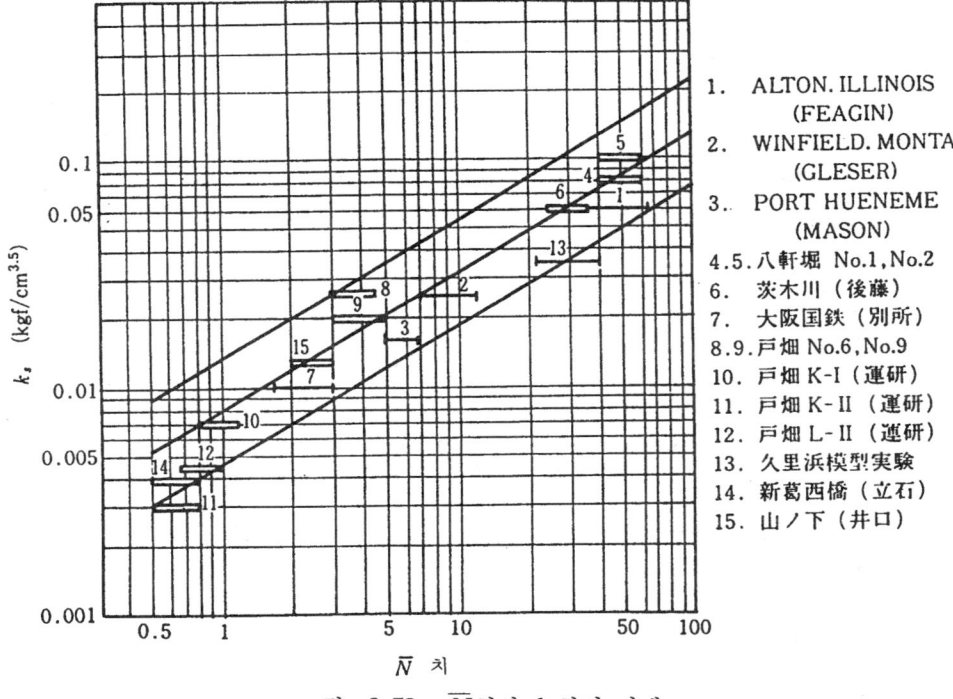

그림-3.58 $\overline{N}$ 치와 k_s 치의 관계

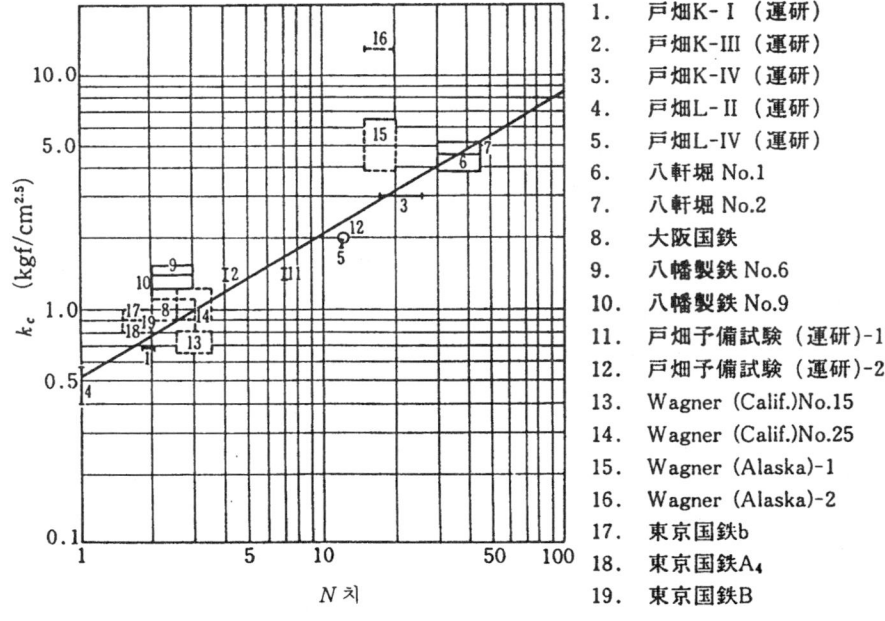

그림-3.59 N 치와 k_c 치의 관계

정할 때에는 말뚝의 횡저항에 지배적인 범위만을 고려한다. 일반적으로는 지표에서 $0.5l_{m1} \sim l_{m1}(l_{m1}$: 머리부 자유말뚝의 휨 모멘트 제 1 제로점의 깊이, 혹은 머리부 고정 말뚝의 휨 모멘트 제 2 제로점의 깊이)까지 고려하면 충분하다. S형과 C형의 중간적인 경우도 많으나 가까운 쪽으로 취급하면 좋다. 또한 그림-3.58의 N치의 평균구배에서 결정하면 좋다.

　b) 재하시험에 의한 횡저항 정수의 추정　N치에 의한 횡저항 정수의 추정은 어디까지나 개략적인 것이며 보다 정밀도가 높은 추정을 위해서는 재하시험을 실시하는 것이 바람직하다. k_s와 k_c는 지반 조건에서만 정해지는 정수이며, 재하시험에 따라서 k_s 또는 k_c를 구하면 그 수치는 그대로 다른 조건에 적용된다.

　c) 환산계수와 기존곡선　항만 연구 방식은 어떤 말뚝(원형 말뚝=p말뚝)의 거동을 추정할 때 일정한 기준말뚝(s말뚝)에서 구한 기준 곡선을 환산계수를 써서 환산하는 방법을 취한다. 환산 계수는 상사측과 $p-y$관계를 조합시켜서 구하고 다음 식으로 나타낸다.

[S형 지반]

$$\left.\begin{aligned}
\log R_s &= 7(\log R_x) - (\log R_{EI}) + 2(\log R_{Bk}) \\
\log R_M &= 8(\log R_x) - (\log R_{EI}) + 2(\log R_{Bk}) \\
\log R_i &= 9(\log R_x) - 2(\log R_{EI}) + 2(\log R_{Bk}) \\
\log R_y &= 10(\log R_x) - 2(\log R_{EI}) + 2(\log R_{Bk})
\end{aligned}\right\} \quad (3.174)$$

[C형 지반]

$$\left.\begin{aligned}
\log R_s &= 5(\log R_x) - (\log R_{EI}) + 2(\log R_{Bk}) \\
\log R_M &= 6(\log R_x) - (\log R_{EI}) + 2(\log R_{Bk}) \\
\log R_i &= 7(\log R_x) - 2(\log R_{EI}) + 2(\log R_{Bk}) \\
\log R_y &= 8(\log R_x) - 2(\log R_{EI}) + 2(\log R_{Bk})
\end{aligned}\right\} \quad (3.175)$$

식(3.174), (3.175)의 R은 p말뚝과 s말뚝에 대응하는 양의 비이며, R_s는 S_p/S_s로 나타내는 전단력의 비이다. 실제의 계산에서는 다음식으로 한다.

$$\begin{aligned}
R_s &= R_T \\
R_x &= R_h \\
R_i &= R_x = R_h
\end{aligned} \quad (3.176)$$

이런 기준 곡선중 $T-l_{s1}$(변위의 제 1 제로점의 깊이), l_{i1}(머리부 자유 말뚝의 처짐각 제 1 제로점의 깊이, 말뚝머리 고정말뚝의 처짐각 제 2점의 깊이), l_{s1}(전단력 제 1 제

표-3.46(a) 기준곡선(S형 지반, 머리부 자유말뚝)

(단위 : kgf, cm)

말뚝 머리 하 중 $\log T$	말뚝 머리 변 위 $\log y_{top}$	지중부최대 휨모멘트 $\log M_{max}$	휨모멘트 제1제로점 의 깊이 $\log l_{m1}$	지표면변위 $\log y_0$	말뚝머리 처 짐 각 $\log i_{top}$	지 표 면 처 짐 각 $\log i_0$
15.0	16.1219	18.5236	4.1062	16.1139	12.3820	12.3819
14.5	15.4108	17.9540	4.0348	15.4014	11.7416	11.7415
14.0	14.7003	17.3847	3.9634	14.6892	11.1016	11.1014
13.5	13.9905	16.8158	3.8919	13.9774	10.4621	10.4619
13.0	13.2814	16.2474	3.8205	13.2660	9.8232	9.8229
12.5	12.5733	15.6795	3.7491	12.5551	9.1849	9.1845
12.0	11.8662	15.1122	3.6777	11.8448	8.5475	8.5469
11.5	11.1604	14.5455	3.6063	11.1352	7.9110	7.9101
11.0	10.4560	13.9797	3.5349	10.4263	7.2755	7.2743
10.5	9.7533	13.4148	3.4635	9.7184	6.6413	6.6397
10.0	9.0525	12.8510	3.3922	9.0115	6.0085	6.0064
9.5	8.3540	12.2884	3.3208	8.3057	5.3774	5.3745
9.0	7.6581	11.7272	3.2495	7.6013	4.7481	4.7442
8.5	6.9653	11.1676	3.1782	6.8984	4.1210	4.1158
8.0	6.2758	10.6098	3.1069	6.1973	3.4963	3.4894
7.5	5.5902	10.0540	3.0357	5.4981	2.8744	2.8652
7.0	4.9090	9.5005	2.9645	4.8010	2.2556	2.2434
6.5	4.2327	8.9494	2.8935	4.1063	1.6403	1.6242
6.0	3.5619	8.4009	2.8225	3.4142	1.0286	1.0078
5.5	2.8972	7.8553	2.7516	2.7248	0.4212	0.3944
5.0	2.2391	7.3128	2.6809	2.0385	−0.1817	−0.2161
4.5	1.5881	6.7735	2.6104	1.3553	−0.7799	−0.8234
4.0	0.9448	6.2374	2.5401	0.6755	−1.3730	−1.4275
3.5	0.3096	5.7047	2.4700	−0.0010	−1.9607	−2.0285
3.0	−0.3173	5.1752	2.4002	−0.6740	−2.5430	−2.6263
2.5	−0.9355	4.6490	2.3307	−1.3434	−3.1197	−3.2211
2.0	−1.5450	4.1259	2.2616	−2.0094	−3.6907	−3.8129
1.5	−2.1458	3.6058	2.1928	−2.6719	−4.2560	−4.4018
1.0	−2.7381	3.0884	2.1245	−3.3311	−4.8160	−4.9881
0.5	−3.3221	2.5735	2.0565	−3.9871	−5.3705	−5.5720
0	−3.8980	2.0608	1.9890	−4.6401	−5.9200	−6.1535
−0.5	−4.4664	1.5501	1.9218	−5.2902	−6.4646	−6.7329
−1.0	−5.0277	1.0411	1.8551	−5.9376	−7.0046	−7.3103
−1.5	−5.5824	0.5337	1.7887	−6.5827	−7.5404	−7.8860
−2.0	−6.1310	0.0275	1.7228	−7.2254	−8.0723	−8.4601
−2.5	−6.6742	−0.4776	1.6572	−7.8662	−8.6006	−9.0329
−3.0	−7.2123	−0.9818	1.5919	−8.5051	−9.1257	−9.6043
−3.5	−7.7459	−1.4853	1.5269	−9.1423	−9.6478	−10.1747
−4.0	−8.2755	−1.9881	1.4622	−9.7781	−10.1673	−10.7441
−4.5	−8.8014	−2.4903	1.3977	−10.4125	−10.6844	−11.3125
−5.0	−9.3241	−2.9922	1.3335	−11.0458	−11.1995	−11.8803
−5.5	−9.8440	−3.4937	1.2695	−11.6780	−11.7126	−12.4473
−6.0	−10.3614	−3.9949	1.2056	−12.3094	−12.2241	−13.0138
−6.5	−10.8766	−4.4959	1.1420	−12.9399	−12.7342	−13.5797
−7.0	−11.3898	−4.9967	1.0784	−13.5697	−13.2429	−14.1452
−7.5	−11.9013	−5.4973	1.0150	−14.1989	−13.7506	−14.7103
−8.0	−12.4113	−5.9978	0.9517	−14.8275	−14.2575	−15.2751
−8.5	−12.9200	−6.4983	0.8886	−15.4557	−14.7630	−15.8396
−9.0	−13.4276	−6.9986	0.8255	−16.0834	−15.2680	−16.4038
−9.5	−13.9344	−7.4989	0.7624	−16.7109	−15.7726	−16.9678

표-3.46(b) 기준곡선(S형 지반, 말뚝머리 고정말뚝)

(단위 : kgf, cm)

말뚝머리 하중 $\log T$	말뚝머리 변위 $\log y_{top}$	말뚝머리 휨모멘트 $\log M_{max-t}$	휨모멘트 제2제로점 의 깊이 $\log l_{m1}$	지표면변위 $\log y_0$	지중부최대 휨모멘트 $\log M_{max-1}$	말뚝머리 처짐각 $\log i_0$
15.0	15.5685	18.5204	4.1178	15.5683	18.0436	10.5138
14.5	14.8569	17.9502	4.0463	14.8566	17.4738	9.9425
14.0	14.1457	17.3802	3.9748	14.1453	16.9043	9.3711
13.5	13.4350	16.8105	3.9032	13.4345	16.3351	8.7997
13.0	12.7251	16.2410	3.8316	12.7244	15.7663	8.2284
12.5	12.0158	15.6719	3.7600	12.0148	15.1980	7.6571
12.0	11.3075	15.1032	3.6884	11.3061	14.6303	7.0857
11.5	10.6002	14.5350	3.6168	10.5984	14.0632	6.5145
11.0	9.8941	13.9673	3.5451	9.8916	13.4969	5.9432
10.5	9.1895	13.4002	3.4733	9.1861	12.9314	5.3720
10.0	8.4865	12.8338	3.4016	8.4819	12.3670	4.8008
9.5	7.7855	12.2683	3.3297	7.7793	11.8038	4.2296
9.0	7.0869	11.7037	3.2579	7.0784	11.2420	3.6585
8.5	6.3908	11.1403	3.1859	6.3794	10.6818	3.0875
8.0	5.6979	10.5780	3.1139	5.6826	10.1235	2.5165
7.5	5.0085	10.0172	3.0418	4.9881	9.5673	1.9456
7.0	4.3232	9.4579	2.9697	4.2962	9.0136	1.3748
6.5	3.6426	8.9005	2.8975	3.6071	8.4627	0.8041
6.0	2.9673	8.3449	2.8252	2.9209	7.9148	0.2336
5.5	2.2979	7.7914	2.7529	2.2377	7.3704	−0.3368
5.0	1.6351	7.2403	2.6806	1.5579	6.8297	−0.9069
4.5	0.9796	6.6916	2.6084	0.8814	6.2931	−1.4769
4.0	0.3321	6.1456	2.5361	0.2083	5.7607	−2.0466
3.5	−0.3071	5.6023	2.4640	−0.4614	5.2326	−2.6161
3.0	−0.9374	5.0617	2.3921	−1.1277	4.7088	−3.1852
2.5	−1.5584	4.5241	2.3204	−1.7906	4.1894	−3.7541
2.0	−2.1701	3.9894	2.2491	−2.4502	3.6740	−4.3225
1.5	−2.7724	3.4575	2.1781	−3.1066	3.1624	−4.8906
1.0	−3.3654	2.9284	2.1076	−3.7601	2.6541	−5.4584
0.5	−3.9495	2.4020	2.0375	−4.4107	2.1486	−6.0257
0	−4.5251	1.8782	1.9680	−5.0587	1.6456	−6.5926
−0.5	−5.0927	1.3569	1.8990	−5.7042	1.1446	−7.1592
−1.0	−5.6529	0.8377	1.8306	−6.3474	0.6450	−7.7253
−1.5	−6.2062	0.3207	1.7627	−6.9886	0.1466	−8.2912
−2.0	−6.7534	−0.1944	1.6953	−7.6279	−0.3510	−8.8566
−2.5	−7.2949	−0.7078	1.6284	−8.2655	−0.8481	−9.4218
−3.0	−7.8314	−1.2196	1.5620	−8.9016	−1.3449	−9.9867
−3.5	−8.3634	−1.7300	1.4960	−9.5364	−1.8415	−10.5513
−4.0	−8.8914	−2.2391	1.4304	−10.1699	−2.3381	−11.1156
−4.5	−9.4159	−2.7471	1.3652	−10.8024	−2.8347	−11.6798
−5.0	−9.9373	−3.2541	1.3003	−11.4340	−3.3315	−12.2437
−5.5	−10.4559	−3.7602	1.2357	−12.0647	−3.8285	−12.8075
−6.0	−10.9721	−4.2656	1.1714	−12.6947	−4.3257	−13.3711
−6.5	−11.4862	−4.7702	1.1072	−13.3240	−4.8230	−13.9345
−7.0	−11.9985	−5.2743	1.0433	−13.9528	−5.3206	−14.4979
−7.5	−12.5092	−5.7778	0.9796	−14.5811	−5.8185	−15.0611
−8.0	−13.0185	−6.2809	0.9160	−15.2089	−6.3165	−15.6243
−8.5	−13.5266	−6.7835	0.8526	−15.8364	−6.8147	−16.1873
−9.0	−14.0336	−7.2859	0.7893	−16.4636	−7.3131	−16.7503
−9.5	−14.5396	−7.7879	0.7261	−17.0905	−7.8117	−17.3132

표-3.47(a) 기준곡선(C형 지반, 머리부 자유말뚝)

(단위 : kgf, cm)

말뚝 머리 하중 $\log T$	말뚝 머리 변위 $\log y_{top}$	지중부최대 휨모멘트 $\log M_{max}$	휨모멘트 제1제로점 의 깊이 $\log l_{m1}$	지표면변위 $\log y_0$	말뚝 머리 처짐각 $\log i_{top}$	지표면 처짐각 $\log i_0$
15.0	17.7181	18.9153	4.7519	17.7161	13.3980	13.3980
14.5	16.9194	18.3162	4.6519	16.9168	12.6991	12.6991
14.0	16.1211	17.7174	4.5518	16.1178	12.0005	12.0005
13.5	15.3231	17.1190	4.4518	15.3189	11.3023	11.3023
13.0	14.5257	16.5209	4.3517	14.5204	10.6046	10.6045
12.5	13.7289	15.9233	4.2516	13.7223	9.9074	9.9073
12.0	12.9330	15.3263	4.1515	12.9246	9.2109	9.2107
11.5	12.1380	14.7301	4.0514	12.1276	8.5153	8.5151
11.0	11.3445	14.1348	3.9512	11.3313	7.8209	7.8205
10.5	10.5525	13.5407	3.8510	10.5358	7.1277	7.1272
10.0	9.7625	12.9480	3.7508	9.7416	6.4362	9.4354
9.5	8.9751	12.3572	3.6505	8.9487	5.7469	5.7457
9.0	8.1909	11.7685	3.5501	8.1575	5.0602	5.0583
8.5	7.4105	11.1825	3.4497	7.3685	4.3766	4.3737
8.0	6.6349	10.5997	3.3493	6.5819	3.6968	3.6924
7.5	5.8652	10.0207	3.2488	5.7984	3.0215	3.0149
7.0	5.1026	9.4462	3.1483	5.0185	2.3516	2.3418
6.5	4.3485	8.8468	3.0479	4.2427	1.6880	1.6737
6.0	3.6046	8.3132	2.9476	3.4719	1.0317	1.0110
5.5	2.8724	1.7560	2.8475	2.7065	0.3836	0.3542
5.0	2.1536	7.2055	2.7477	1.9471	−0.2554	−0.2964
4.5	1.4497	6.6621	2.6484	1.1944	−0.8845	−0.9406
4.0	0.7624	6.1256	2.5498	0.4488	−1.5030	−1.5783
3.5	0.0917	5.5955	2.4520	−0.2898	−2.1108	−2.2100
3.0	−0.5612	5.0715	2.3552	−1.0210	−2.7076	−2.8355
2.5	−1.1968	4.5527	2.2595	−1.7451	−3.2937	−3.4555
2.0	−1.8155	4.0384	2.1650	−2.4622	−3.8694	−4.0703
1.5	−2.4188	3.5276	2.0717	−3.1730	−4.4356	−4.6806
1.0	−3.0076	3.0197	1.9796	−3.8778	−4.9927	−5.2867
0.5	−3.5834	2.5139	1.8886	−4.5772	−5.5419	−5.8893
0	−4.1479	2.0097	1.7987	−5.2718	−6.0838	−6.4888
−0.5	−4.7021	1.5068	1.7097	−5.9621	−6.6192	−7.0856
−1.0	−5.2482	1.0047	1.6216	−6.6489	−7.1494	−7.6803
−1.5	−5.7867	0.5033	1.5342	−7.3324	−7.6748	−8.2730
−2.0	−6.3189	0.0023	1.4474	−8.0133	−8.1960	−8.8641
−2.5	−6.8459	−0.4984	1.3612	−8.6918	−8.7138	−9.4540
−3.0	−7.3683	−0.9989	1.2755	−9.3684	−9.2287	−10.0427
−3.5	−7.8869	−1.4993	1.1901	−10.0433	−9.7410	−10.6305
−4.0	−8.4025	−1.9995	1.1051	−10.7168	−10.2513	−11.2175
−4.5	−8.9153	−2.4997	1.0204	−11.3892	−10.7599	−11.8039
−5.0	−9.4260	−2.9998	0.9359	−12.0606	−11.2670	−12.3898
−5.5	−9.9348	−3.4998	0.8516	−12.7312	−11.7729	−12.9752
−6.0	−10.4422	−3.9999	0.7675	−13.4011	−12.2777	−13.5603
−6.5	−10.9482	−4.4999	0.6835	−14.0705	−12.7818	−14.1450
−7.0	−11.4533	−4.9999	0.5996	−14.7394	−13.2851	−14.7295
−7.5	−11.9574	−5.5000	0.5158	−15.4079	−13.7879	−15.3138
−8.0	−12.4608	−6.0000	0.4321	−16.0761	−14.2902	−15.8980
−8.5	−12.9637	−6.5000	0.3485	−16.7440	−14.7921	−16.4820
−9.0	−13.4660	−7.0000	0.2649	−17.4117	−15.2936	−17.0659
−9.5	−13.9632	−7.5000	0.1813	−18.0793	−15.7951	−17.6497

표-3.47(b) 기준곡선(S형 지반, 머리부 자유말뚝)

(단위 : kgf, cm)

말뚝 머리 하중 $\log T$	말뚝 머리 변위 $\log y_{top}$	말뚝 머리 휨모멘트 $\log M_{max-t}$	휨모멘트 제2 제로점 의 깊이 $\log l_{m1}$	지표면변위 $\log y_0$	지중부최대 휨모멘트 $\log M_{max-1}$	지 표 면 처 짐 각 $\log i_0$
15.0	17.2757	19.0193	4.7926	17.2757	18.4285	11.0171
14.5	16.4766	18.4199	4.6925	16.4765	17.8292	10.4172
14.0	15.6775	17.8205	4.5924	15.6774	17.2298	9.8172
13.5	14.8787	17.2215	4.4923	14.8786	16.6308	9.2173
13.0	14.0803	16.6226	4.3921	14.0802	16.0319	8.6174
12.5	13.2822	16.0240	4.2919	13.2821	15.4334	8.0175
12.0	12.4847	15.4259	4.1917	12.4845	14.8353	7.4176
11.5	11.6878	14.8281	4.0913	11.6875	14.2376	6.8178
11.0	10.8918	14.2310	3.9909	10.8913	13.6406	6.2180
10.5	10.0968	13.6345	3.8904	10.0961	13.0443	5.6183
10.0	9.3031	13.0389	3.7898	9.3020	12.4491	5.0186
9.5	8.5111	12.4445	3.6890	8.5093	11.8551	4.4190
9.0	7.7213	11.8513	3.5880	7.7185	11.2627	3.8196
8.5	6.9340	11.2597	3.4867	6.9297	10.6723	3.2202
8.0	6.1502	10.6701	3.3852	6.1435	10.0844	2.6210
7.5	5.3708	10.0828	3.2833	5.3605	9.4998	2.0220
7.0	4.5969	9.4983	3.1810	4.5811	8.9194	1.4233
6.5	3.8299	8.9171	3.0783	3.8061	8.3440	0.8248
6.0	3.0717	8.3395	2.9750	3.0361	7.7751	0.2266
5.5	2.3240	7.7662	2.8713	2.2716	7.2139	−0.3711
5.0	1.5891	7.1975	2.7671	1.5133	6.6617	−0.9684
4.5	0.8696	6.6339	2.6626	0.7619	6.1200	−1.5650
4.0	0.1673	6.0756	2.5580	0.0175	5.5893	−2.1610
3.5	−0.5157	5.5230	2.4538	−0.7193	5.0699	−2.7562
3.0	−1.1789	4.9760	2.3504	−1.4487	4.5606	−3.3506
2.5	−1.8217	4.4344	2.2481	−2.1707	4.0598	−3.9439
2.0	−2.4450	3.8981	2.1475	−2.8858	3.5655	−4.5362
1.5	−3.0501	3.3668	2.0487	−3.5943	3.0754	−5.1275
1.0	−3.6390	2.8398	1.9517	−4.2968	2.5876	−5.7177
0.5	−4.2135	2.3169	1.8567	−4.9941	2.1006	−6.3069
0	−4.7758	1.7975	1.7633	−5.6866	1.6134	−6.8952
−0.5	−5.3277	1.2811	1.6715	−6.3752	1.1254	−7.4827
−1.0	−5.8708	0.7673	1.5811	−7.0602	0.6363	−8.0696
−1.5	−6.4066	0.2558	1.4919	−7.7423	0.1459	−8.6558
−2.0	−6.9363	−0.2539	1.4037	−8.4218	−0.3457	−9.2416
−2.5	−7.4609	−0.7619	1.3162	−9.0992	−0.8385	−9.8269
−3.0	−7.9813	−1.2686	1.2295	−9.7748	−1.3323	−10.4119
−3.5	−8.4983	−1.7742	1.1434	−10.4489	−1.8271	−10.9966
−4.0	−9.0123	−2.2788	1.0578	−11.1217	−2.3227	−11.5810
−4.5	−9.5239	−2.7826	0.9725	−11.7935	−2.8191	−12.1653
−5.0	−10.0335	−3.2858	0.8876	−12.4644	−3.3160	−12.7494
−5.5	−10.5414	−3.7885	0.8030	−13.1346	−3.8134	−13.3334
−6.0	−11.0480	−4.2906	0.7186	−13.8042	−4.3113	−13.9172
−6.5	−11.5534	−4.7924	0.6344	−14.4732	−4.8095	−14.5010
−7.0	−12.0579	−5.2939	0.5503	−15.1419	−5.3081	−15.0847
−7.5	−12.5616	−5.7952	0.4664	−15.8102	−5.8069	−15.6683
−8.0	−13.0647	−6.2962	0.3825	−16.4782	−6.3058	−16.2519
−8.5	−13.5672	−6.7970	0.2988	−17.1460	−6.8050	−16.8354
−9.0	−14.0693	−7.2977	0.2151	−17.8136	−7.3043	−17.4189
−9.5	−14.5711	−7.7983	0.1315	−18.4811	−7.8037	−18.0024

로점의 깊이)를 제외하고 표-3.46, 3.47에 나타낸다. 또한 기준 말뚝의 제원을 표 -3.48에 나타낸다.

또, 지상부 길이 $h=0$의 경우는 식(3.177)~(3.180)에서 계산한다.

표-3.48 기준말뚝의 제원

지 상 부 길 이	$h=100$ cm
휨 강 성	$EI = 10^{10}$ kgf·cm²
횡 저 항 정 수	$Bk_s = 50$ cm × 0.02 kgf/cm³·⁵ = 1.0 kgf/cm²·⁵ $Bk_c = 50$ cm × 2.0 kgf/cm²·⁵ = 100 kgf/cm¹·⁵

[S형 지반 말뚝머리 자유말뚝]

$$\left.\begin{array}{ll}\log y_0 &= 0.38958 - \frac{4}{7}\log EI - \frac{6}{7}\log Bk_s + \frac{10}{7}\log T \\ \log M_{\max} &= -0.05825 + \frac{1}{7}\log EI - \frac{2}{7}\log Bk_s + \frac{8}{7}\log T \\ \log i_0 &= 0.22539 - \frac{5}{7}\log EI - \frac{4}{7}\log Bk_s + \frac{9}{7}\log T \\ \log l_{m1} &= 0.53473 + \frac{1}{7}\log EI - \frac{2}{7}\log Bk_s + \frac{1}{7}\log T\end{array}\right\} \quad (3.177)$$

[S형 지반 말뚝머리 고정말뚝]

$$\left.\begin{array}{ll}\log y_0 &= -0.16047 - \frac{4}{7}\log EI - \frac{6}{7}\log Bk_s + \frac{10}{7}\log T \\ \log M_{\max-t} &= -0.05787 + \frac{1}{7}\log EI - \frac{2}{7}\log Bk_s + \frac{8}{7}\log T \\ \log M_{\max-1} &= -0.53703 + \frac{1}{7}\log EI - \frac{2}{7}\log Bk_s + \frac{8}{7}\log T \\ \log l_{m1} &= 0.54689 + \frac{1}{7}\log EI - \frac{2}{7}\log Bk_s + \frac{1}{7}\log T\end{array}\right\} \quad (3.178)$$

[C형 지반 말뚝머리 자유말뚝]

$$\log y_0 = 0.11328 - \frac{2}{5}\log EI - \frac{6}{5}\log Bk_c + \frac{8}{5}\log T$$

$$\left.\begin{aligned}\log M_{\max} &= -0.28846 + \frac{1}{5}\log EI - \frac{2}{5}\log Bk_c + \frac{6}{5}\log T \\ \log i_0 &= -0.00634 - \frac{3}{5}\log EI - \frac{4}{5}\log Bk_c + \frac{7}{5}\log T \\ \log l_{m1} &= 0.55205 + \frac{1}{5}\log EI - \frac{2}{5}\log Bk_c + \frac{1}{5}\log T\end{aligned}\right\} \quad (3.179)$$

〔C형 지반 말뚝머리 고정말뚝〕

$$\left.\begin{aligned}\log y_0 &= -0.32731 - \frac{2}{5}\log EI - \frac{6}{5}\log Bk_c + \frac{8}{5}\log T \\ \log M_{\max - t} &= -0.18301 + \frac{1}{5}\log EI - \frac{2}{5}\log Bk_c + \frac{6}{5}\log T \\ \log M_{\max - 1} &= -0.77377 + \frac{1}{5}\log EI - \frac{2}{5}\log Bk_c + \frac{6}{5}\log T \\ \log l_{m1} &= 0.59296 + \frac{1}{5}\log EI - \frac{2}{5}\log Bk_c + \frac{1}{5}\log T\end{aligned}\right\} \quad (3.180)$$

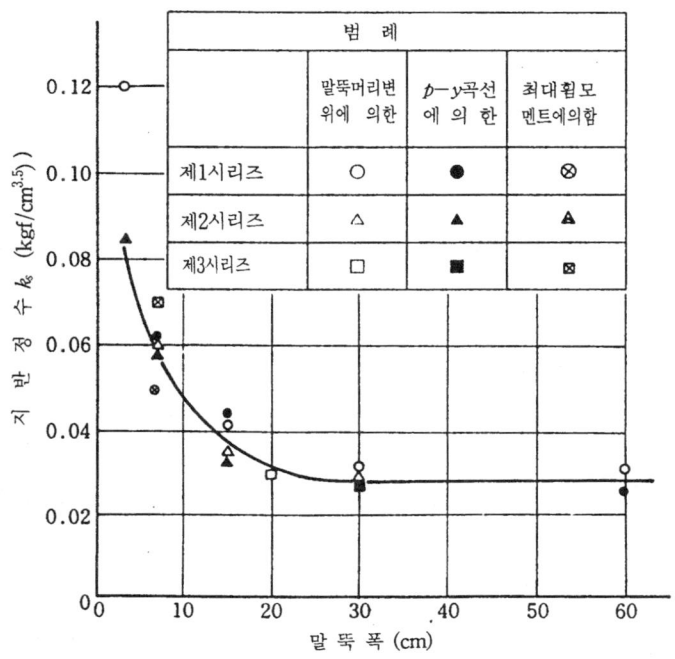

그림-3.60 k_s와 말뚝폭의 관계

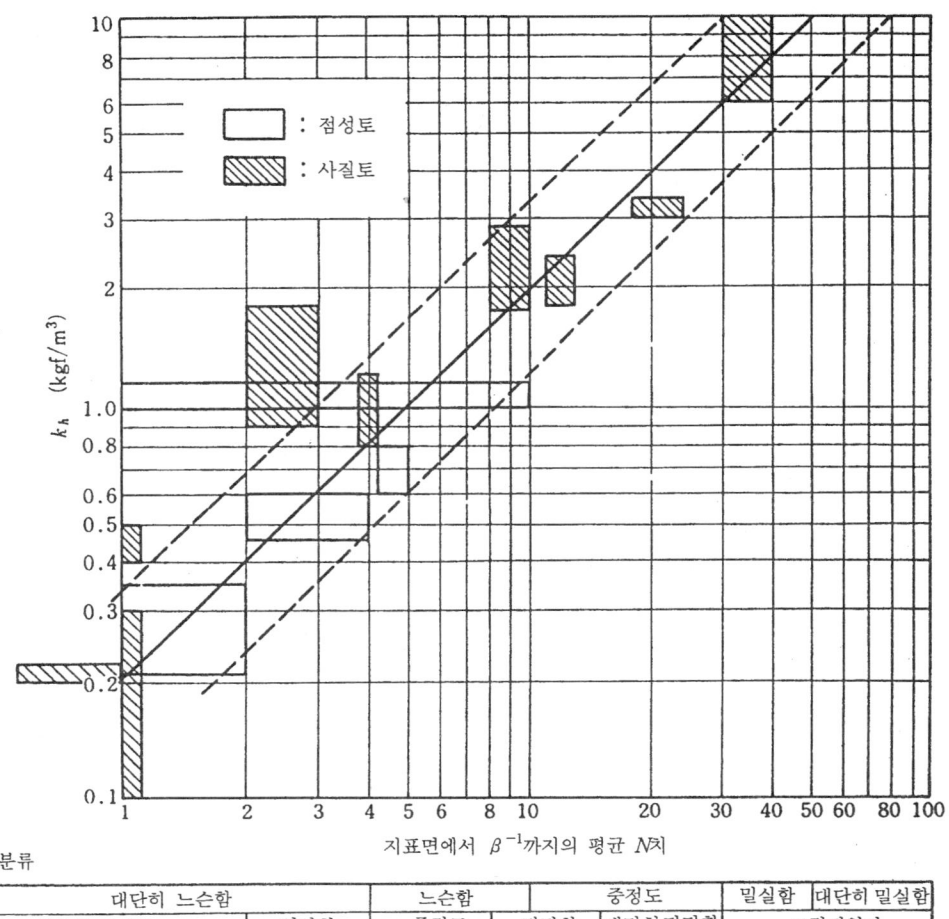

그림-3.61 말뚝의 횡저항 시험에서 역산한 k_h값 (요꼬야마)

d) 유효길이 어떤 말뚝을 긴말뚝으로 작용시키기 위해서는 근입 길이가 유효길이보다 긴 것이 필요하다. 근입 길이가 $1.5l_{m1}$을 초과하면 말뚝의 하부는 완전히 지반속에 고정되는 것이다. 실제로는 근입길이가 l_{m1}을 초과하면 그 거동은 긴말뚝과 거의 변함이 없으나 반복 하중이나 크리프의 영향을 고려하여 긴말뚝의 최소 근입깊이는 $1.5l_{m1}$을 취하는 것이 좋다.

e) 말뚝폭의 영향 말뚝폭의 영향에 대해서는 두가지의 견해가 있다. ① 단위 면적당 지반반력 p와 변화 y의 관계에 대해 말뚝폭 B는 영향되지 않는다. ② 어떤 y에 대한 p의 값은 B에 반비례 된다(테르자기). 이러한 영향에 대해서 모형 실험을하여 그림-3.60

의 결과를 얻어 어느 정도 말뚝폭 B가 커지면 ①의 견해가 성립되는 결과를 얻었다. 이 결과에 따라 항만 연구방식은 말뚝폭의 영향을 고려하지 않기로 하였다.

② Chang의 방법   Chang의 방법을 쓰는 경우에는 지반 반력계수를 구하는 방법으로 그림-3.61에 나타낸 요꼬야마가 제안한 그림을 사용한다. 이 그림은 일본에서 실시된 강재말뚝의 횡방향 재하시험 결과에 따라 k_h를 역산하여 지표에서 β^{-1}까지 깊이의 평균 N치와 대비하였다. 이 경우 사질토와 점성토에 대해서도 $E_s=k_hB$가 성립되며, 또 k_h는 B의 영향을 받지 않는 것으로 생각한다. 실측치에서 역산한 k_h는 하중의 증대와 함께 감소되며 그림-3.61은 강재의 휨 응력이 $1000~1500kgf/cm^2$가 되는 하중에 대응하는 k_h를 취한다.

그림-3.61은 재하시험을 하지 않고 토질 조건에서만 k_h의 대강을 추정할 때 이용된다.

iii) 기존의 자료에 의한 추정   소규모 구조물이나 축 직각방향 지지력이 중요하지 않은 구조물에 한하여 재하시험이나 해석적 방법에 의하지 않고 기존 자료에서 단말뚝의 거동을 추정할 수 있다.

(2) 축 직각방향 지지력을 결정할 때의 고려사항

ⅰ) 군말뚝의 작용   말뚝이 군말뚝으로 사용될 때는 말뚝의 거동에 미치는 군말뚝 작용의 영향을 고려해야 한다. 단 말뚝의 중심간격이 표-3.49의 값을 초과하는 경우에는 군말뚝 작용을 고려하지 않아도 좋다. 여기에서 횡방향은 외력에 직각방향, 종방향은 외력의 방향을 말한다.

표-3.49 말뚝의 중심간격

사 질 토	횡 방 향	말뚝지름의 1.5배
	종 방 향	말뚝지름의 2.5배
점 성 토	횡 방 향	말뚝지름의 3.0배
	종 방 향	말뚝지름의 4.0배

3.5.8 말뚝 반력과 변위량의 계산

(1) **하중분담**   수직하중과 수평하중은 모두 말뚝만으로 지지된다. 단, 수평하중은 상부공 근입의 전면 토압만으로 저항되는 경우는 그것으로 지지되는 수도 있다.

(2) **하중배분**   동일 기초에서는 각 말뚝에 작용하는 수직, 수평 하중이 같은 값이 되도록 말뚝을 배치하는 것이 바람직하다.

(3) 수직하중의 배분 말뚝의 재질 형상이 같고 배치가 대칭이며, 외력의 합력이 대칭축상에 있는 경우 수직력의 배분은 다음식으로 구한다.

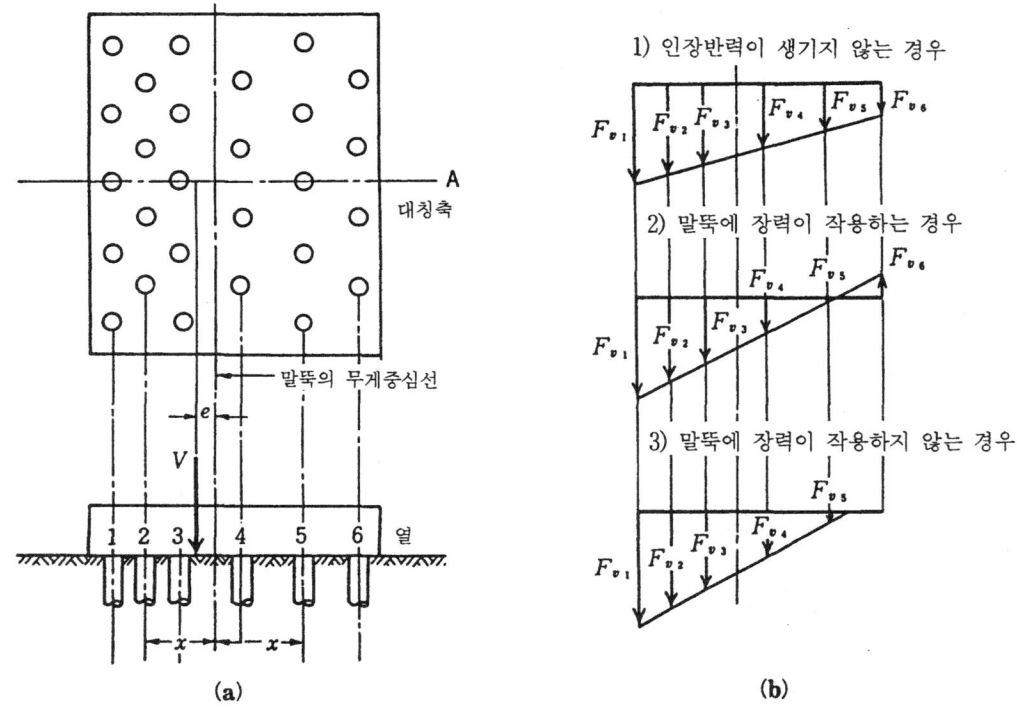

그림-3.62 수직하중의 배분

$$F_{vi} = V/\sum n_i + Vex_i/\sum(n_i x_i^2) \tag{3.181}$$

여기서 F_{vi} : i열째 말뚝의 수직반력(tf)
  V : 외력 합력의 수직력(tf)
  e : 전체 말뚝 무게 중심의 편심량(m)
  n_i : i열째 말뚝의 개수
  x_i : 전체 말뚝의 무게 중심에서 i열째까지의 거리(m)

(4) 수평하중의 배분

ⅰ) 수직말뚝만의 경우 말뚝이 전장에 걸쳐 주위의 지반에 구속을 받는 수직말뚝 기초의 경우는 각각 말뚝의 수평방향 스프링정수(수평방향의 단위변위를 생기게 하는 수평방향력)의 비에 수평력을 분배한다.

$$F_{Hi} = HK_{Hi}/\sum K_{Hi} \tag{3.182}$$

여기서　F_{Hi} : i번째 말뚝의 수평반력(kgf)
　　　　H : 수평력(kgf)
　　　　K_{Hi} : i번째 말뚝의 수평방향 스프링정수(kgf/cm)

또한 K_{Hi}의 값은 다음식으로 구한다.

$$K_H = E_s/2\beta \quad [\text{말뚝머리 힌지의 경우}]$$

$$K_H = E_s/\beta \quad [\text{말뚝머리 고정의 경우}]$$

여기서　E_s : 지반의 탄성계수(kgf/cm^2)=$R_h B$
　　　　k_h : 횡방향 지반 반력계수(kgf/cm^3)
　　　　B : 말뚝폭(cm)

$$\beta = \sqrt[4]{E_s/4EI} \quad (\text{cm}^{-1})$$

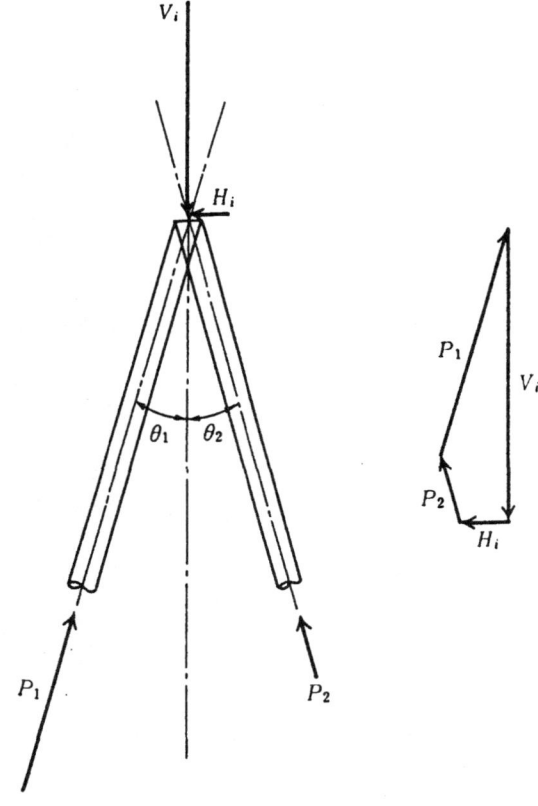

그림-3.63 틀말뚝의 축방향력

E : 말뚝의 탄성계수(kgf/cm^2)

I : 말뚝의 단면 2차 모멘트(cm^4)

ii) 수직말뚝과 틀말뚝을 병용한 경우 수직말뚝과 틀말뚝을 병용한 경우는 틀말뚝만으로 수평력에 저항시키므로 각 틀말뚝의 재질, 형상과 타입각도가 같은 경우는 전체 틀말뚝이 평등하게 수평력을 받도록 한다.

iii) 틀말뚝의 반력 틀말뚝에 작용하는 수평력은 각 사면말뚝의 축방향 지지력으로 저항되도록 설계한다. 그림-3.63에 나타낸 바와같이 틀말뚝 머리부에 작용하는 수직 외력과 수평 외력을 각 말뚝의 축방향으로 나누어 각각 축방향 허용지지력(허용인발력)이하로 한다. 각 축방향력은 다음식으로 구한다.

$$\left.\begin{array}{l} P_1 = (V_i \sin \theta_2 + H_i \cos \theta_2)/\sin(\theta_1 + \theta_2) \\ P_2 = (V_i \sin \theta_1 - H_i \cos \theta_1)/\sin(\theta_1 + \theta_2) \end{array}\right\} \quad (3.183)$$

여기서 P_1, P_2 : 각 말뚝에 작용하는 압입력(인발력) (tf)

θ_1, θ_2 : 각 말뚝의 경사각(도)

V_i : 틀말뚝의 수직반력(tf)

H_i : 틀말뚝의 수평반력(tf)

(5) 변위량 말뚝머리에 대한 축방향과 축 직각방향의 변위량은 상부구조에서 정하는 허용변위량을 초과해서는 안된다.

3.5.9 강재의 부식속도

강재의 부식속도는 환경 조건에 따라 다르므로 해당 시설이 놓여진 조건을 고려하여 적절하게 결정한다. 항만에 대한 강재의 부식 속도는 환경, 기상, 해상 조건 등에 따라

표-3.50 강재의 부식속도

	부 식 환 경	부식속도 (mm/년)
해측	HWL 이상	0.3
	HWL~LWL-1.0m	0.1~0.3
	LWL-1.0m~해저부까지	0.1~0.2
	해저2층중	0.03
지상측	지상 대기중	0.1
	토중(잔류 수위상)	0.03
	토중(잔류 수위하)	0.02

주) HWL : 평균 만조면
    LWL : 평균 간조면

다르기 때문에 일률적으로 규정하기가 어려우므로, 강재의 부식 속도를 결정할 때는 가급적 유사한 조건에서 부식 조사 결과를 참조하는 것이 바람직하다. 또한 기존 구조물의 조사 결과에서 표-3.50의 값을 참고로 할 수 있다. 단, 표중의 값을 사용하는 경우 강재 양면의 상황을 고려하여 양면의 수치를 맞춰서 사용한다. 또한 이 표의 값은 평균적인 값이며 사용 조건에 따라 이 값을 상회하는수도 있으므로 주의가 필요하다.

3.6 말뚝 본체의 설계

3.6.1 설계의 기본

말뚝머리는 통상 축방향력, 축직각 방향력과 말뚝머리 외력 모멘트의 세가지 하중이 작용한다. 이러한 하중이 작용하는 경우 말뚝머리부와 함께 말뚝 본체에 생기는 단면력을 평가할 때의 기본적인 견해에 대해서 말한다.

1) 축방향 압입력 또는 축방향 인발력에 대해서 말뚝체 각부의 축력은 지반의 성질을 고려하여 구한다.

압입력에 대해서는 그림-3.64(b)에 나타낸 바와같이 말뚝체의 축력은 깊이 방향으로 감소되나 일반적으로는 축력은 깊이 방향으로 변화되지 않는 것으로 취급해도 좋다.

인발력에 대해서 지반이 양호하고 일정한 경우 그림-3.64(c)와 같이 말뚝 선단의 응력이 0이므로, 말뚝머리까지 직선적으로 변화되는 것이 좋으나 상부 지반이 연약한 경우는 그림-3.64(d)와 같이 연약한 지반의 부분에서는 말뚝의 축력이 변화되지 않는 것으로 계산한다.

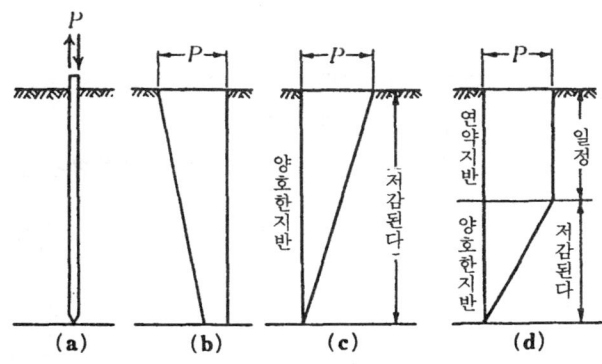

그림-3.64 축력을 고려한 방법

2) 축 직각방향력과 말뚝머리 모멘트에 의한 말뚝체 각부의 휨 모멘트와 전단력의 평가는 앞절까지 말한 말뚝의 수평저항의 견해와 말뚝머리의 결합 조건에 따라 다르기 때문에 적절한 방법으로 구한다.

도로 관계는 말뚝체의 설계용 휨 모멘트를 구할 때의 말뚝머리 결합 조건은 다음의 2점을 고려하여 결정하는 것이 바람직하다.

① 말뚝 머리부의 설계용 휨 모멘트는 말뚝머리 강결합의 경우, 말뚝머리 휨 모멘트의 값으로 한다. 이 값과 말뚝머리 힌지 결합을 고려한 지중부 최대 휨 모멘트의 값을 비교하여 큰쪽을 쓴다.

② 말뚝머리 중간부는 말뚝머리 강결합이라도 말뚝머리 힌지 결합으로 가정한 휨 모멘트와 비교하여 큰 쪽으로 설계한다.

상기의 규정은 말뚝과 확대기초의 결합을 강결합으로 설계하는 경우에도 이상적인 결합 조건을 설계시공에서 확보하는 것은 곤란하며 지진때에 최악의 조건을 고려하면 말뚝머리 힌지 결합 상태의 검토에도 필요하다.

3.6.2 축방향력과 휨모멘트를 받는 말뚝단면의 계산

통상 말뚝에서는 제일 불리한 하중 조건으로 축방향력과 휨모멘트가 동시에 작용하는 경우가 많다. 이 경우의 계산 방법은 말뚝 재질별로 다음과 같다. 전단력에 대해서는 별도로 계산되나 말뚝머리 부근을 제외한 응력적으로는 여유가 있는 경우가 많다.

(1) 강관말뚝 말뚝 단면에 발생하는 응력도 σ는 다음식으로 계산된다.

$$\sigma = \frac{N}{A} \pm \frac{M}{I} \gamma \tag{3.184}$$

여기서 N : 말뚝에 작용하는 축방향력(kgf)
  A : 말뚝 단면적(cm^2)
  M : 말뚝에 작용하는 휨 모멘트(kgf/cm)
  I : 말뚝의 단면 2차 모멘트(cm^4)
  γ : 말뚝의 도심에서 연단까지의 거리 강관 말뚝에서는 반경(cm)

또 전단 응력도는 다음 식으로 계산된다.

$$\tau_{max} = \alpha \cdot \frac{H}{A} \tag{3.185}$$

여기서 τ_{max} : 최대 전단 응력도(kgf/cm^2)
  H : 전단력(kgf)

A : 말뚝 단면적(cm^2)

α : $\dfrac{\text{최대응력도}}{\text{평균응력도}}$

$$\alpha = \dfrac{4(D^2 + D \cdot d + d^2)}{3(D^2 + d^2)}$$

D : 외경(cm)

d : 내경(cm)

단, 통상 관용적으로는 다음 식으로 전단 응력도 τ 를 검토한다.

$$\tau = H/A$$

(2) 철근콘크리트 말뚝(RC말뚝, 현장타설 말뚝) 철근 콘크리트 말뚝의 경우는 원형에 대해서는 단면이 조밀하거나 링에 의해 표-3.51의 계산식을 써서 응력도를 산정한다. 표-3.51의 주요한 기호는 다음과 같다. 기타의 기호는 표중의 그림, 혹은 식 (3.184)의 기호를 참조하기 바란다.

A_s : 철근의 단면적(cm^2)

n : 철근콘크리트의 영계수비

E_s/E_c

σ_c : 콘크리트 단면에 발생하는 압축응력도(kgf/cm^2)

σ_s : 철근에 발생하는 인장응력도(kgf/cm^2)

n의 값은 보통 15로 한다.

표-3.51의 계산은 최초에 ψ를 가정하여 2, 3번 시험 계산을 할 필요가 있으며 식이 복잡하므로 계산 도표를 사용하는 것이 편리하다.

또한 최근 컴퓨터로 계산하는 경우가 많다.

(3) PHC말뚝 허용 응력도법에 의한 설계는 콘크리트 인장연, 압축연의 응력도를 전단면 유효로 다음 식으로 계산한다(그림-3.65 참조).

$$\left. \begin{aligned} \sigma_c &= \sigma_{ce} + \dfrac{M}{Z_e} + \dfrac{N}{A_e} \\ \sigma_c' &= \sigma_{ce} - \dfrac{M}{Z_e} + \dfrac{N}{A_e} \\ \sigma_p &= \sigma_{pe} + n\dfrac{N}{Z_e} + n\dfrac{N}{A_e} \end{aligned} \right\} \quad (3.186)$$

214 말뚝기초설계 조사·설계·시공

표-3.51 축력 N과 휨 모멘트 M이 작용하는 경우

원형단면(e가 핵반경보다 작은 경우)	원형단면(e가 핵반경보다 큰 경우) $e=\dfrac{M}{N}$ 핵반경 $r_K \risingdotseq \dfrac{r}{4}$	원형단면(e가 핵반경보다 큰 경우) $e=\dfrac{M}{N}$ $r=\dfrac{r_0+r_i}{2}$ 핵반경: $r_K \risingdotseq \dfrac{r_0^2+r_i^2}{4r_0}$	원형단면(e가 핵반경보다 큰 경우로 r이 γ에 비하여 작은 경우의 간략식) $r=r_0-\dfrac{t}{2} \risingdotseq r_0$
$P=\dfrac{A_s}{\pi r^2}$	$P=\dfrac{A_s}{\pi r^2}$	$P=\dfrac{A_s}{2\pi rt}$	$P=\dfrac{A_s}{2\pi rt}$
$C=\dfrac{1}{1+np}+\dfrac{e}{r}\cdot\dfrac{4}{[1+2np(r_u/r)^2]}$	$\dfrac{e}{r}=\dfrac{\dfrac{p}{4}\left(\dfrac{5}{12}-\dfrac{1}{6}\cos^2\varphi\right)\sin\varphi\cos\varphi+\dfrac{n\pi p}{2}\left(\dfrac{r_u}{r}\right)^2}{\dfrac{\sin\varphi}{3}(2+\cos^2\varphi)-\varphi\cos\varphi-n\pi p\cos\varphi}$	$\dfrac{e}{r}=\dfrac{\dfrac{3p(r_0^2+r_i^2)}{4((4r^2-hr_i)\sin\varphi-3r^2(\varphi+}-(2r^2+r_0r_i)\sin 2\varphi}{+6\pi hpr_u^2}$ $n\pi p)\cos\varphi$	$\dfrac{e}{r}=\dfrac{1}{2}\cdot\dfrac{\varphi+n\pi p-\sin\varphi\cos\varphi}{\sin\varphi-(\varphi+n\pi p)\cos\varphi}$
	$C=\dfrac{\sin\varphi}{3}(2+\cos^2\varphi)-\varphi\cos\varphi-n\pi p\cos\varphi}{1-\cos\varphi}$	$C=\dfrac{h-r\cos\varphi}{(4r^2-hr_i)\sin\varphi-3r^2(\varphi+n\pi p)\cos\varphi}$	$C=\dfrac{h_0-r\cos\varphi}{\sin\varphi-(\varphi+n\pi p)\cos\varphi}$
$\sigma_c=\dfrac{N}{\pi r^2}C$	$\sigma_c=\dfrac{N}{r^2}C$	$\sigma_c=\dfrac{3N}{2rt}C$	$\sigma_c=\dfrac{N}{2rt}C$
	$\sigma_s=n\dfrac{r_u/r+\cos\varphi}{1-\cos\varphi}\sigma_c$	$\sigma_s=n\dfrac{r_u+r\cos\varphi}{h-r\cos\varphi}\sigma_c$	$\sigma_s=n\dfrac{r(1+\cos\varphi)}{r_0-r\cos\varphi}\sigma_c$

여기서　　M : 설계 휨 모멘트(kgf·cm)

　　　　　N : 설계 축방향력(kgf)

　　　　　σ_c : 콘크리트의 압축연에서 합성 응력도(kgf/cm²)

　　　　　σ'_c : 콘크리트의 인장연에서 합성 응력도(kgf/cm²)

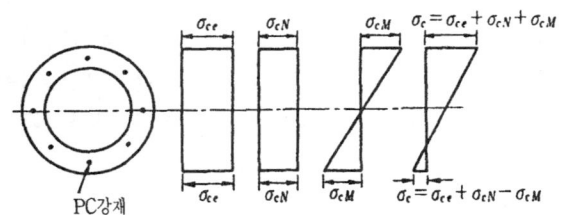

그림-3.65 PHC말뚝의 응력도

　　　　　σ_p : PHC 강재의 인장 응력도(kgf/cm²)

　　　　　σ_{ce} : 유효 프리스트레스(kgf/cm²)

　　　　　σ_{pe} : PHC 강재의 유효 인장응력도(kgf/cm²)

　　　　　Z_e : 말뚝 환산 단면계수(cm³)

　　　　　A_e : 말뚝의 환산 단면적(cm²)

　　　　　n : PHC 강재와 콘크리트의 탄성계수비

(4) 외각 강관 부착 콘크리트 말뚝(SC말뚝)

SC말뚝의 경우는 철근 콘크리트 말뚝과 같은 계산식에 의하거나 철근으로 바꾸어 외각 강관의 단면적을 A_s로 주게 된다.

단, SC말뚝에 쓰이는 콘크리트는 ① 초고강도이며(σ_c=800kgf/cm² 이상), ② 콘크리트의 타설, 양생법이 특수하며, ③ 원주공시체 시험에 의한 영계수가 E_c=3.8×10⁵~4.2×10⁵kgf/cm² 정도일 것, ④ 영계수는 파괴 강도 가까이까지 선형일 것, ⑤ 크리프계수가 보통 콘크리트와 비교할 때 작은 점 등의 특성을 가졌다.

또한 SC말뚝은 콘크리트 단면에 대해서 강재비가 높고 휨 모멘트에 대해서 강한 저항력을 가졌기 때문에 주로 지진의 영향을 받는 말뚝기초에 쓰이는 경우가 많고 평상시 하중 작용때에는 휨 모멘트의 영향이 거의 없어서 단면적 응력도에서는 상당한 여유를 가진 상태로 사용되는 경우가 많다.

이상의 이유에서 강재와 콘크리트의 영계수비 n은, 원칙적으로 6을 쓴다.

3.6.3 구조세목

여기서는 구조 세목으로서 단면 변화의 설계와 단면 변화부나 말뚝선단의 구조예를 나타낸다.

(1) 강관말뚝

ⅰ) 단면력의 평가 말뚝의 축 방향력은 그림-3.66에 나타낸 바와같이 압입력은 말뚝 머리부에 작용하는 하중이 말뚝 선단부까지 작용하므로 인발력은 지반면보다 서서히 감소되며 말뚝 선단부에서는 0으로 생각한다. 휨 모멘트는 말뚝머리를 고정한 경우의 모멘트와 말뚝머리 힌지로한 경우의 모멘트를 고려하여 설계 단면내에서 큰 모멘트의 쪽을 설계용 휨 모멘트로 생각한다(그림-3.67 참조), 또한 전단력은 설계 단면내에서 최대 전단력을 고려한다.

ⅱ) 단면 변화 위치의 설계(그림-3.68)

① 제 1 단면 변화위치 확대기초 밑면에서의 제 1단면 변화 위치는 다음식으로 구한다.

$$l_1 \geq l_a \tag{3.187}$$

여기서 l_1 : 확대기초 밑면에서 제 1단면 변화위치까지의 거리(m). 단, 1m 단위로

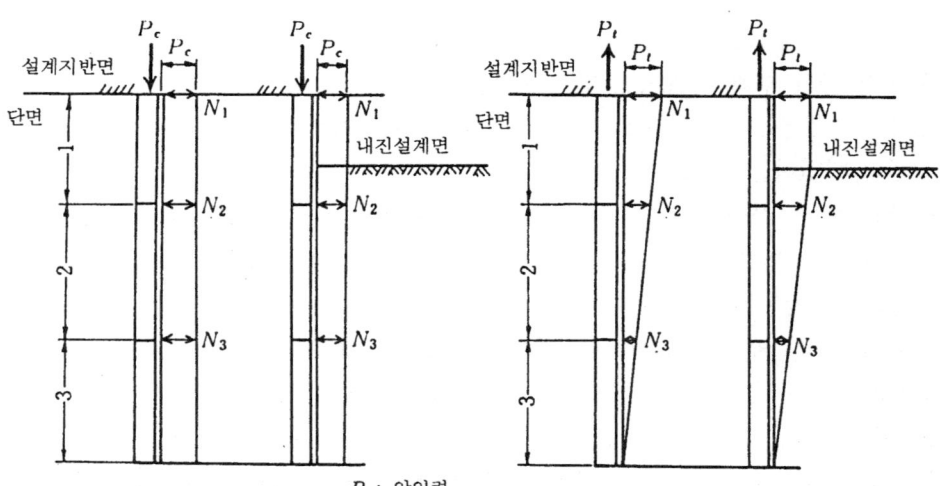

P_c : 압입력
P_t : 인발력
N_n : 설계단면 n 에서의 설계축력

그림-3.66 말뚝축 방향력

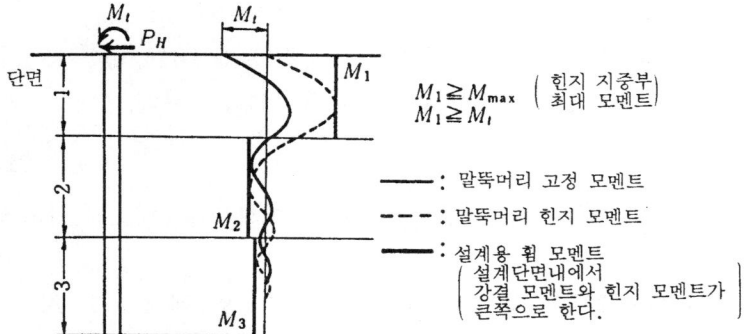

그림-3.67 설계용 휨 모멘트

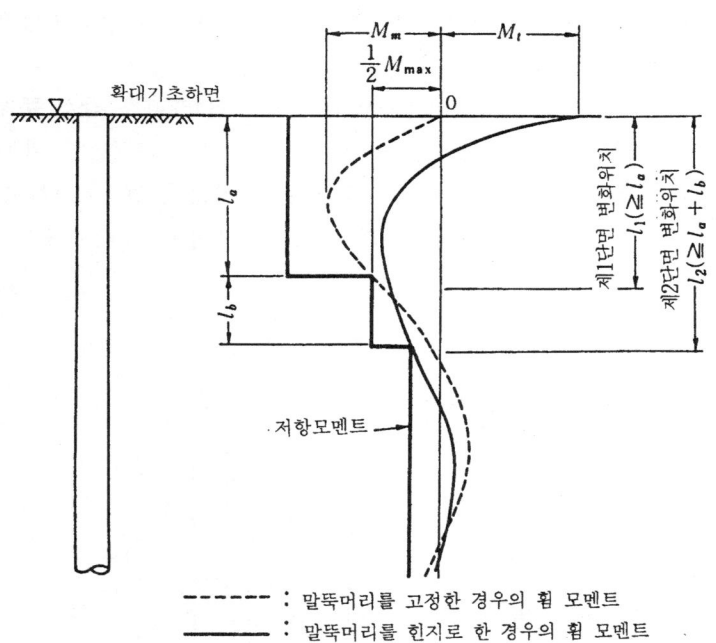

그림-3.68 단면변화의 설계위치

절상한다(반올림).

l_a : 확대기초 밑면에서 지중부의 휨 모멘트 값이 최대 휨 모멘트 M_{max}의 1/2이 되는 위치까지의 길이(m)

M_{max} : M_t, M_m 중에서 큰 쪽(tf·m)

M_t : 말뚝머리 고정으로 구한 말뚝머리 휨 모멘트(tf·m)

M_m : 말뚝머리 힌지로서 구한 지중부 최대 휨 모멘트(tf·m)

② 제 2단면 변화 위치 제 2단면 변화 위치는 다음식으로 구한다.

$$l_2 \geq l_a + l_b \tag{3.188}$$

여기서 l_2 : 설계 지반면에서 제 2단면 변화 위치까지의 거리(m). 단, 1m 단위로 절상한다.

l_b : l_a의 위치에서 설계용 휨 모멘트와 최소 판두께에 대한 저항 모멘트가 일치되는 위치까지의 거리(m)로 $l_b \geq 2m$ 이다.

단, 이 길이는 부등 두께 엑스트라가 관계되므로 경제성을 검토하는 편이 좋다.

응력대조는 설계 각 단면내에서 판두께를 가정하고 각 단면내에서 축방향과 휨 모멘트 합성 응력의 대조와 전단력을 대조하면 좋다.

강관 말뚝의 판두께는 강도 계산상 필요한 두께에 부식에 따른 감소 두께를 증가할 필요가 있다. 도로 시방서에서는 최소 판두께를 9mm로 하고 외경별로 판두께의 사용 범위를 참고로 게시하였다. 또한 부식 여분은 2mm를 예상하는 경우가 많다.

iii) 이음구조 현장 이음부의 강도에 대해서 도로교 시방서에서는 공장 용접부의 강재

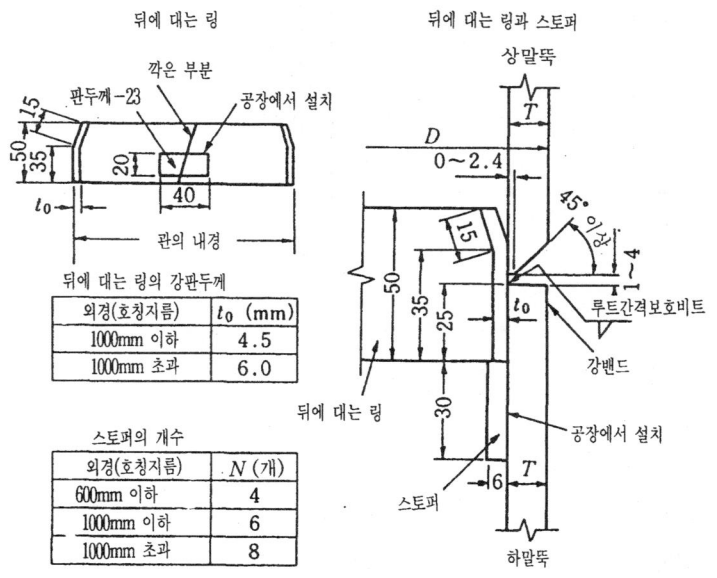

그림-3.69 반자동 용접 현장이음 표준 형상 치수

허용 응력도의 90%를 허용 응력도로 하고 이음 위치에 작용하는 수직력, 수평력 휨 모멘트의 합성 응력도가 이 허용 응력도를 초과하지 않도록 하고 있다. 또, 최상부의 현장 이음 위치는 말뚝의 최대 휨 모멘트 발생 위치를 피하여 가급적 휨 모멘트가 작은 것이 바람직하다.

그림-3.69에 강관 말뚝의 반자동 용접에 의한 현장 이음 표준 형상 치수의 예를 나타냈다.

(2) 현장타설 말뚝
  ⅰ) 주철근의 설계

① 말뚝의 휨 모멘트 설계는 말뚝머리 고정으로 계산한 휨 모멘트, 말뚝머리 힌지로 계산한 휨 모멘트중 어느 것에 대해서도 만족하도록 철근량을 정하여 실시한다. 이 경우 축력의 취급은 말뚝의 인발시험 데이터가 전혀 없는 점에서 말뚝머리 반력(압입, 인발)을 말뚝 전장으로 생각하는 경우가 많다. 또한 말뚝머리에 인발력이 가해지지 않는 경우(압입력만의 경우)에도 압입력=0인 경우도 대조한다.

② 철근은 가급적 정척물(3.5~12.0m까지 50cm단위)을 사용할 수 있도록 배치하고 끝수 조정은 최하단의 철근으로 실시한다.

③ 주철근의 배근은 단일 배근이 좋다. 이것을 이중 배근으로 한 경우 확대기초 밑면의 철근과 말뚝머리를 정착시키기 위한 철근이 중복되어 양호한 시공이 안되며 현장타설 말뚝에서는 콘크리트의 타입이나 철근 박스의 조립 등 시공상의 문제가 많기 때문이다. 도로교 시방서에서는 철근의 최소 간격은 10cm, 피복은 15cm로 규정되었다.

④ 현장타설 말뚝의 철근비, 철근 지름, 철근 중심 간격과 철근 길이를 표-3.52와 같이 정리하였다.

⑤ 단면 변화는 그림-3.70에 나타낸 바와같이 3단면 변화까지 그림중에 나타낸 순서로 실시한다.

표-3.52 주 철 근

항 목	최 대	최 소
철 근 비 (%)	6	0.4
철 근 지 름 (mm)	일반적으로는 35mm 정도	D 22
철 근 순 간 격 (cm)	30*	철근지름의 2배 이상, 또는 조골재 최대치수 2배 이상
철 근 길 이 (cm)	1200	350

* 철근 중심 간격을 표시한다.

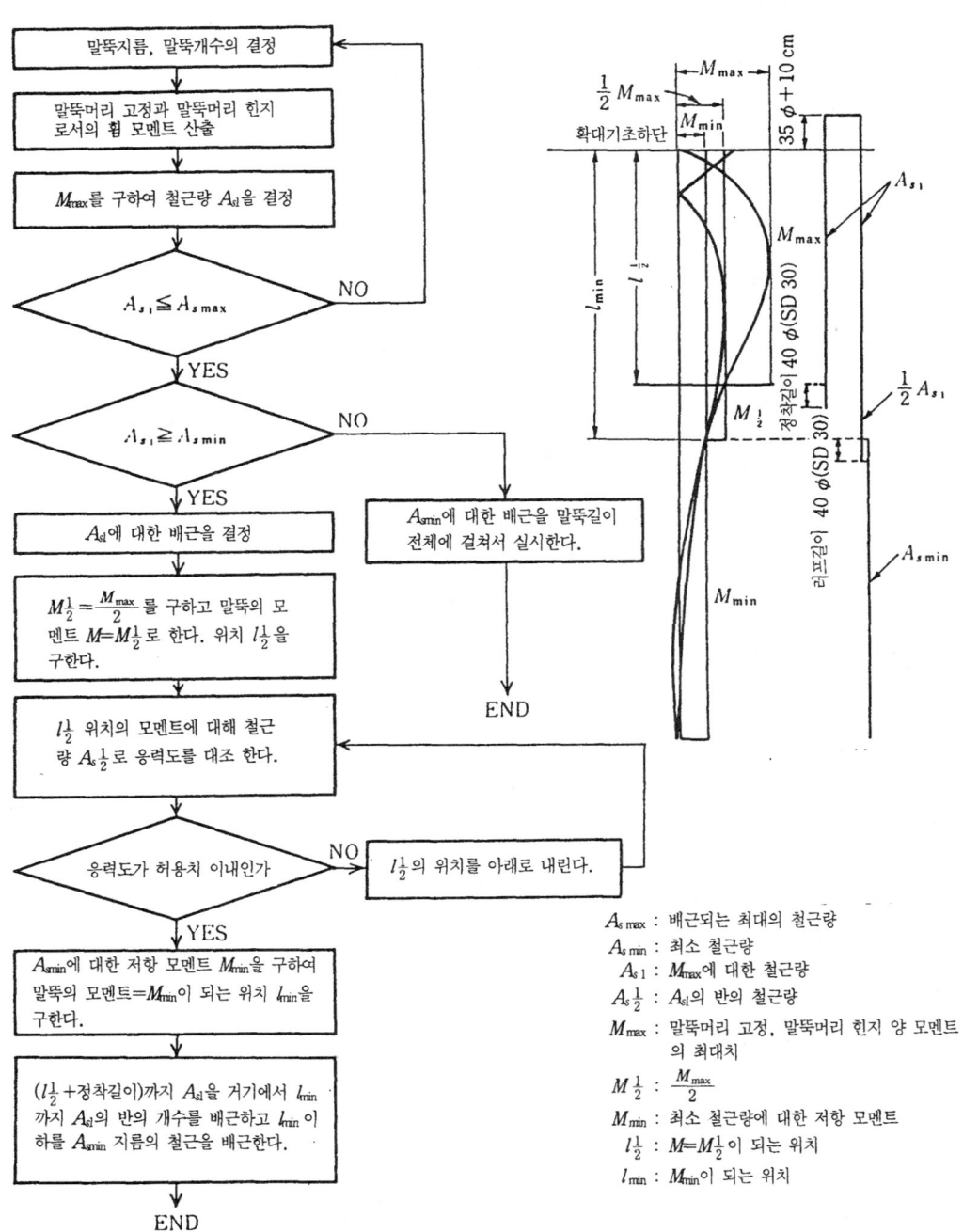

그림-3.70 주철근 단면 변화도

ii) 띠철근 띠철근은 확대기초 밑면에서 말뚝지름이 2배(설계 지반면이 확대기초 밑면 이하의 경우는 설계 지반면보다 말뚝지름의 2배)위치까지 띠철근의 중심 간격을 15cm 이하 또는 철근량을 측단면적의 0.2% 이상 배근한다. 띠철근 간격을 15cm로 하면 띠철근의 지름은 $A_s \geq 0.001 \cdot D \cdot 150$으로 계산되며 표-3.53과 같다.

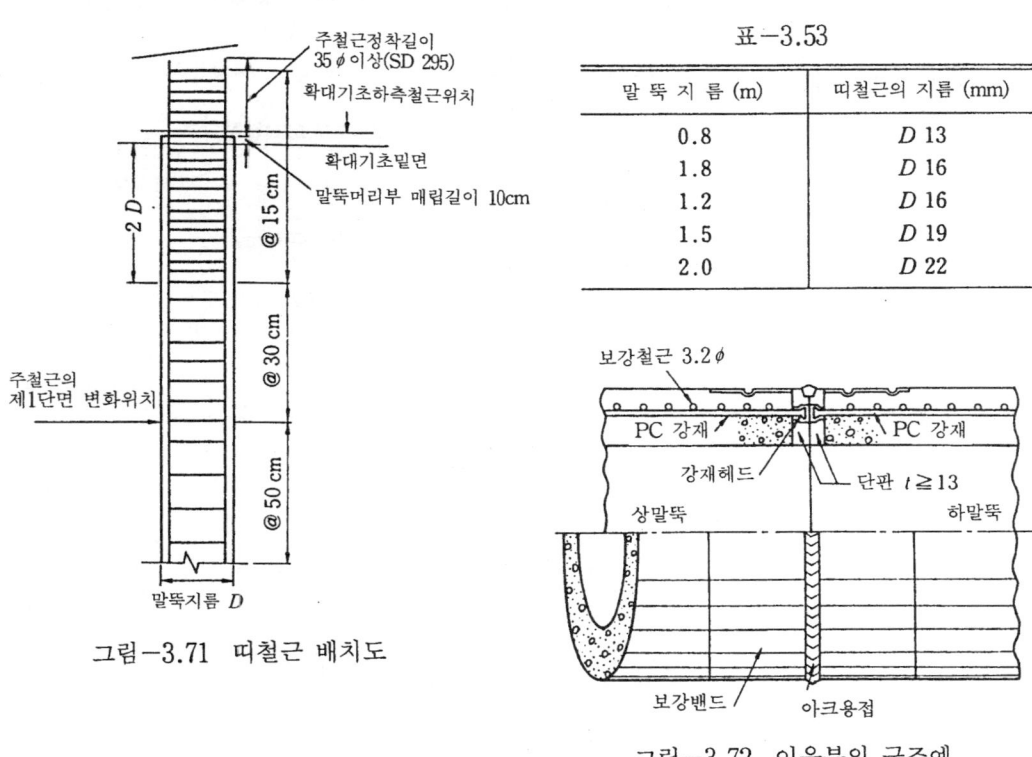

그림-3.71 띠철근 배치도

그림-3.72 이음부의 구조예

단, A_s : 띠철근의 단면적(cm²)
  D : 말뚝의 직경(cm)
2D 이하 띠철근의 철근 중심 간격의 설정 방법을 그림-3.71에 나타낸다.

iii) PHC말뚝 PHC말뚝 이음부의 구조예를 그림-3.72에 나타낸다. PHC말뚝의 이음 구조는 측판식 용접이음과 단판식 용접 이음의 두 종류가 있으나 현재에는 그림에 나타낸 단판식이 사용되고 있다.

그림-3.73에 PHC말뚝 선단부의 구조를 타입말뚝 공법과 중굴말뚝공법으로 분류하여 나타냈다. 중굴말뚝 공법은 말뚝주면과 지반 사이의 마찰저항을 작게하여 압입을 용이하게 하기 때문에 플릭션 컷터를 말뚝의 선단외주에 장착한다.

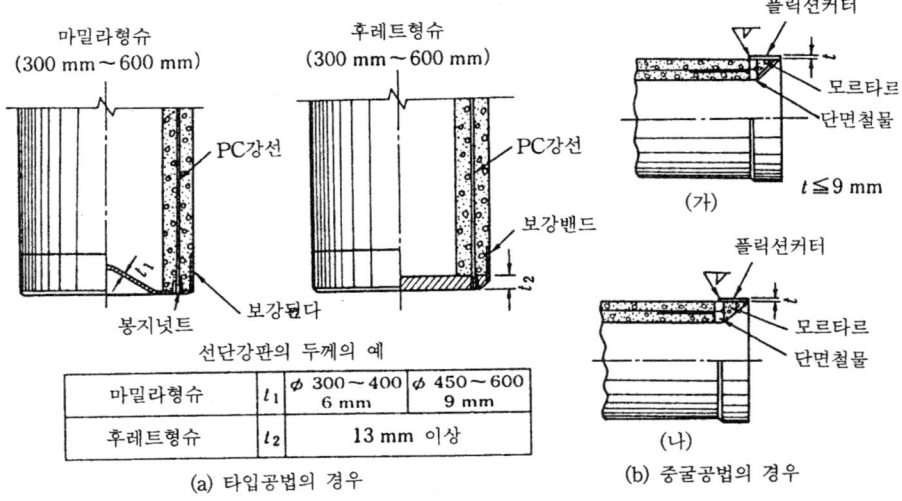

그림-3.73 말뚝선단부의 구조

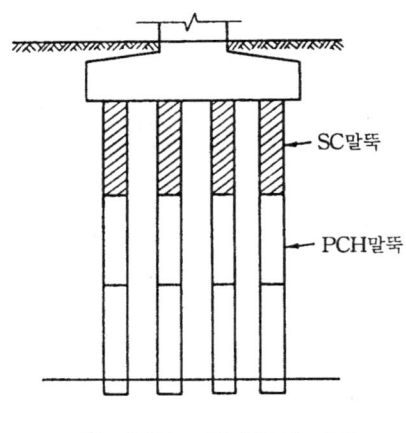

그림-3.74 SC말뚝의 위치

iv) SC말뚝 SC말뚝에 사용되는 강관은 JIS A 5525에 규정된 강관 말뚝이며, 콘크리트는 PHC말뚝과 같은 고강도 콘크리트이기 때문에 다른 말뚝에 비교하여 큰 압축내력과 휨 내력이 있다. 말뚝 외경은 $\phi 318.5 \sim \phi 800$mm, 강관 두께는 4.5mm에서 22mm까지가 표준시방이며 부식여부는 외주 2mm를 고려한다.

SC말뚝은 그림-3.74에 나타낸 바와 같이 휨 모멘트가 큰 윗말뚝에만 사용하며, 아래 말뚝은 PHC말뚝을 접합하여 사용한다. 그림-3.75에 SC말뚝 이음부의 구조예를 나타

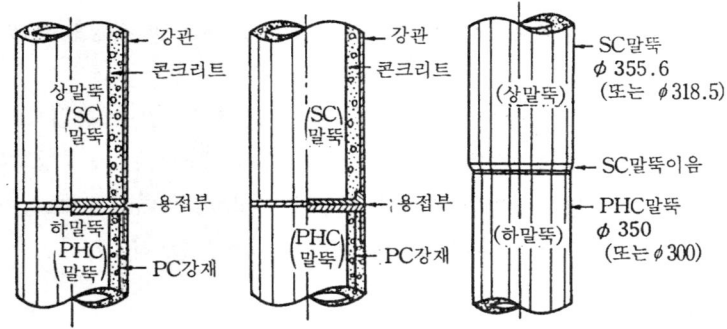

그림-3.75 SC말뚝의 이음부

낸다. 이음 방식은 ① 강관에 개선(開先)을 마련하여 용접부로 하는 경우와, ② 강관에 부착된 이음 철물에 개선을 마련하여 용접부로 하는 경우의 두종류가 있으나 보통 ②의 방법이 많이 이용된다.

3.7 말뚝과 확대기초의 결합부 설계

3.7.1 설계의 기본

 말뚝과 확대기초의 결합 방법은 일반적으로 강결합과 힌지 결합이 고려된다. 도로교나 철도교의 기초는 말뚝머리를 강결합으로 설계하는 편이 수평 변위에 대해서 유리한 점이 있으나 부정정 차수가 크기 때문에 내진상의 안전성이 높은 이유로 통상 전자에 의해 설계가 이루어진다. 건축 기초에서는 말뚝머리부의 결합 방법에 따라 고정도를 고려한 설계가 이루어지고 있으나 지상 층수가 3층 이상을 초과하는 건물은 강결합으로 하는 것이 바람직하다. 본절에서는 도로교 시방서의 규정을 중심으로 말뚝머리 결합부의 설계법을 해설한다.

(1) **결합방법** 말뚝과 확대기초의 결합은 강결합으로 하고 다음중에서 실시한다.

방법 A : 확대기초중에 말뚝을 일정 길이만 천공하고 천공된 부분에서 말뚝머리 휨 모멘트에 저항하는 방법, 말뚝머리부의 천공길이는 말뚝지름 이상으로 한다. 강관말뚝, PHC말뚝 및 RC말뚝에 적용된다.

방법 B : 확대기초내의 말뚝의 천공길이는 최소한도로 멈추고 주로 철근으로 보강하여 말뚝머리 휨 모멘트에 저항하는 방법. 말뚝머리부의 천공길이는 10cm로 한다. 강관말뚝, PHC말뚝, RC말뚝과 현장타설 말뚝에 적용된다.

(2) 설계의 기본 말뚝과 확대기초의 결합부는 강결합으로 설계하고 말뚝머리부에 작용하는 압입력, 인발력, 수평력과 모멘트의 모든 외력에 대해서 저항할수 있도록 설계한다.

구체적으로는 확대기초 콘크리트의 수직 허용 응력도, 압출 전단 응력도, 수평 허용 응력도에 대해서 검토한다. 또한 확대기초 끝부의 말뚝에 대해서는 수평방향의 압출 전단 응력도에 대해서도 검토한다. 방법 B에서 철근에 따라 말뚝머리를 보강하는 경우에는 철근 콘크리트 단면을 가정하여 콘크리트와 철근의 응력도를 검토한다.

3.7.2 결합부의 설계법

방법 A와 방법 B에 대한 말뚝과 확대기초 결합부의 설계법을 표-3.54에 나타낸다.

여기서 σ_{cv} : 수직 허용 응력도(kgf/cm^2)

σ_{ch} : 수평 허용 응력도(kgf/cm^2)

σ_{ca} : 콘크리트의 허용응력도(kgf/cm^2)

τ_v : 수직방향의 압출 전단 응력도(kgf/cm^2)

τ_{vt} : 수직방향의 인발 전단 응력도(kgf/cm^2)

τ_h : 수평방향의 압출 전단 응력도(kgf/cm^2)

τ_c : PHC말뚝의 외주에 대한 전단 응력도(kgf/cm^2)

τ_a : 콘크리트 허용 압출 전단 응력도(kgf/cm^2)

τ_{at} : 콘크리트 허용 인발 전단 응력도(kgf/cm^2)

τ_{ac} : PHC말뚝과 콘크리트 허용 부착응력도(kgf/cm^2)

σ_{sa} : 철근의 허용 인장 응력도(kgf/cm^2)

τ_{0a} : 철근과 콘크리트의 허용 부착 응력도(kgf/cm^2)

P : 축방향 압입력(kgf)

P_t : 축방향 인입력(kgf)

H : 축직각 방향력(kgf)

M : 모멘트(kgf/cm)

l : 말뚝의 천공길이(cm)

D : 말뚝의 외경(cm)

A_{st} : 철근의 단면적(cm^2)

d : 철근지름(cm)

u : 철근의 둘레길이(cm)

L_0 : 철근의 필요한 정착길이(cm)

제3장 말뚝기초의 설계 225

표-3.54 말뚝과 확대기초의 결합부의 설계법

대조항목			말뚝종류	방 법 A	방 법 B	해 설 도
압 연 력	콘크리트 확대기초	말뚝머리 수직허용응력도	강관말뚝 PHC말뚝	$\dfrac{P}{\pi D^2/4} \leq \sigma_{ca}$	(좌동)	
		말뚝머리에서 위측에 대한 압축전단응력도	〃	$\dfrac{P}{\pi(D+h)h} \leq \tau_a$	(좌동)	
인 발 력		말뚝머리에서 하측에 대한 인발전단응력도	강관말뚝	$\dfrac{P_t}{\pi(D+h_t)h_t} \leq \tau_a$	현치적으로 대조 불필요	
		부 하 력	PHC말뚝	$\dfrac{P_t}{\pi Dl} \leq \tau_{ac}$	인발이 작용하는 경우에는, 말뚝체내 보강철근을 쓴다. 그 경우는 현치적으로 대조 불필요	
수평력과 모멘트		말뚝주면 수평허용응력도	강관말뚝 PHC말뚝	$\dfrac{H}{Dl} + \dfrac{6M}{Dl^2} \leq \sigma_{ca}$	$\dfrac{H}{Dl} \leq \sigma_{ca}$	
		말뚝전면에서 외측에 대한 압축전단응력도	〃	$\dfrac{H}{h'(2l+D+2h')} \leq \tau_a$	(좌동)	
		콘크리트와 철근의 응력도	강관말뚝	—	철근카스를 말뚝내에 잡입말이에서 15mm 내측) 가상 단면은 말뚝에서 10cm 외측	
			PHC말뚝	—	PC강재는 무시 가상 단면은 말뚝에서 10 cm 외측	
비 고				RC말뚝은 PHC말뚝에 준함	RC말뚝, 현장타설말뚝은 원 척적으로 PHC말뚝에 준함	

ϕ : PC강재의 지름(mm)

h : 수직방향의 압출 전단 응력에 저항되는 확대기초의 유효두께(cm)

h' : 수평방향의 압출 전단력에 저항하는 확대기초의 유효두께(cm)

h_t : 인발 전단력에 저항되는 확대기초의 유효두께(cm)

PHC말뚝, 방법 A에 대한 인발력의 대조는 새로 규정된 것이며 τ_{ac}는 실험치보다

표-3.55(a) 방법 A의 구조세목

			강관 말뚝	PHC 말뚝
해 설 도			(그림)	(그림)
확대기초에 대한 근입길이 l			$l \geq D$	$l \geq$ max [D, 50ϕ (컷트오프)]
엇갈림방지	살두께	t	t는 비교참조, 2단	───
	폭	b	$b \geq 2t$	───
	배치		$D/4$, $D/2$	───
중간채움 콘크리트길이 L			$L \geq 1.5D$	(좌 동)
띠 철 근			───	───
철 근 의 정 착 길 이			───	───
비 고			말뚝체 내외 엇갈림방지의 살두께 | 말뚝지름 (mm) | 엇갈림방지 두께 (mm) | | --- | --- | | 800 미만 | 9 | | 800 이상~1200 미만 | 12 | | 1200 이상~1500 미만 | 16 |	

1.4kgf/cm^2(평상시의 값, 지진때는 5할 할증)가 제안되었다. 또한 RC말뚝과 현장타설 말뚝의 설계법은 PHC말뚝에 준한다.

표-3.55(b) 방법 B의 구조세목

	강 관 말 뚝	PHC 말뚝
해 설 도	(그림)	(그림)
확대기초에 대한 근입길이 l	$l = 10$ cm	(좌 동)
엇갈림방지 살두께 t	t는 비고1) 참조, 2단	—
엇갈림방지 폭 b	$b \geq 2t$	—
엇갈림방지 배 치	$D/4$, $D/2$	—
중간채움콘크리트길이 L	$L \geq \max [D, L_0 + 10$ cm$]$	$L \geq 35d + 50\phi$(컷트오프)$+10$cm 0 cm
띠 철 근	특히 규정하지 않고, 비고2) 참조	D 13 mm, 150 mm 간격
철근의 정착길이	$L_0 \geq 35 d$	$L_0 = 35d$ (말뚝머리 컷트오프에 따라 정착길이는 50ϕ만 증대한다)
비 고	1) 말뚝체 내외 엇갈림 방지의 살두께 | 말뚝지름 (mm)	엇갈림방지 (mm)
---	---
800 미만	9
800 이상~1200 미만	12
1200 이상~1500 미만	16 | 2) 말뚝체내에서는 보강철근의 내측에 배치한다. (조립근)	

그림-3.76 확대기초배근

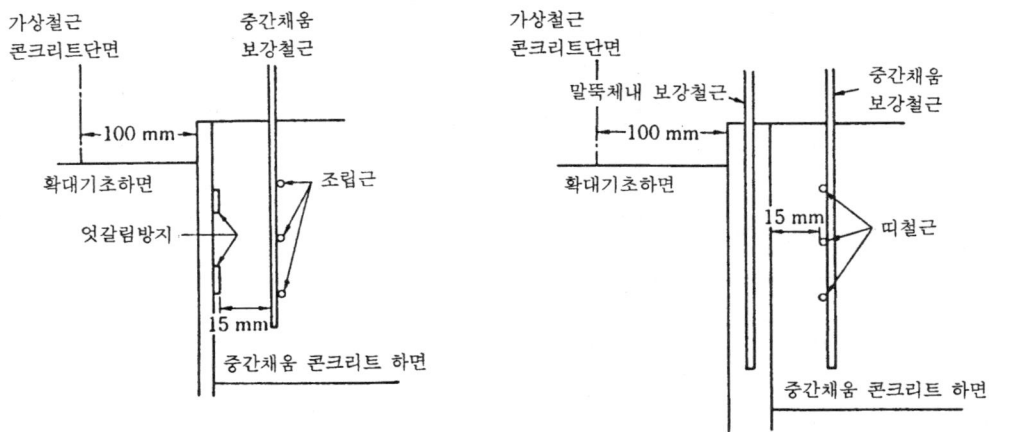

그림-3.77(a) 방법B의 구조 상세도 (강관말뚝) 그림-3.77(b) 방법B의 구조 상세도 (PHC말뚝)

3.7.3 구조세목

표-3.55(a)에 방법 A 표-3.55(b)에 방법 B의 말뚝머리부의 구조 세목을 나타낸다. RC말뚝과 현장타설 말뚝은 PHC말뚝에 준한다.

방법 A에 따라 말뚝머리부를 처리하는 경우에는 말뚝의 확대기초 하측 철근이 절단되므로 그림-3.76에 나타낸 것처럼 배근한다.

방법 B에 대한 강관말뚝과 PHC말뚝의 정착 길이는 보통 $35d$ 이상으로 한다. 단, 후자에서 말뚝머리를 컷트 오프하는 경우 철근의 길이는 $\phi 50$만 확대하고 이 부분의 말뚝은 RC단면으로 취급하는 동시에 PC강재는 무시한다.

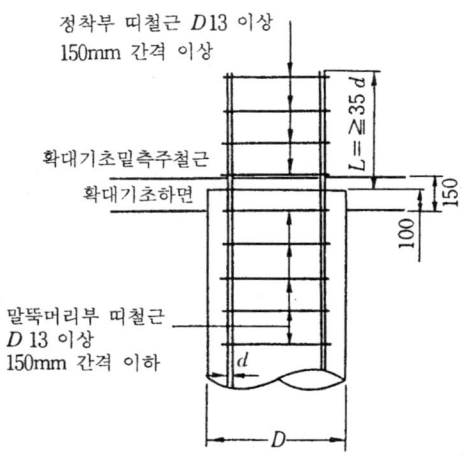

그림-3.78 현장타설말뚝 방법 B

그림-3.77에 방법 B의 구조 상세도를 나타낸다. 강재말뚝과 PHC말뚝에서는 중간 막힘 보강 철근에 대한 조립근과 띠철근의 배치가 다른점에 유의해야 한다. 그림-3.70 과 그림-3.71도 아울러 참조하기 바란다.

제 4 장 말뚝 기초의 설계예

4.1 건축 구조물

4.1.1 시가지에 세우는 지상 5층 건물 숙박 시설

(1) 건물개요 건물은 어느 시가지에 건설된 철근 콘크리트조 지상 5층 건물의 숙박시설이며, 그 기준층과 입면의 개략도는 각각 그림-4.1, 그림-4.2와 그림-4.3에 나타낸 바와 같다. 기초는 고강도 프리스트레스트 콘크리트 말뚝에 의한 프리보링 확대 밑고정 공법(인정공법)이다.

(2) 지반상황 본 건물의 계획에서 2개소의 보링을 중심으로 조사를 실시하고 지층 상태의 확인과 불교란 시료에 의한 토질시험으로 토질의 제정수를 구하였다.
그림-4.4에 대표적인 토질 주상도를 나타낸다.

(3) 하중조건

 i) 설계축력 상부 구조 최아래층 주각 기초보밑의 설계 축력을 그림-4.5에 나타낸다. 이것은 기초 슬래브의 중량은 포함하지 않았다. 그림 중 N_L은 장기 축력을, N_{EX}는 X방향 지진때의 축력을, N_{EY}는 Y방향 지진때의 축력을 나타내었다. $N_L\pm\widetilde{N_{EX}}$, $N_L\pm N_{EY}$가 각 방향의 단기 축력이다.

 ii) 설계 수평력 상부 구조의 설계 수평력을 표-4.1의 구조 제원과 지진층 전단력도를 나타냈다.

(4) 설계 방침

 i) 지지지반의 선정 건물의 규모, 지반조건 및 시공성에서 이 건물의 기초는 GL-17.8m 이상 깊이의 자갈 섞인 왕모래 지지층에서 말뚝기초로 한다. 그 아래층은 실트와 점토로 되었으며, N치는 10 정도이나 아래층은 삼축 압축시험으로 충분한 과압밀 상태에 있으며, 침하의 우려는 없는 것으로 판단되었다.

 ii) 말뚝공법의 선정 말뚝공법은 건물규모와 주변지역의 시공실적을 참고하여 고강도 프리스트레스트 콘크리트말뚝을 채택하고 저소음, 저진동 공법인「프리보링 확대 밑고정 공법(말뚝둘레 고정액 사용)」을 쓰기로 한다. 주변 고정액의 사용은 지지층 두께의 변화와 하부층의 영향에 수반하는 지지력의 분산으로 주면 마찰력을 발생시키고 지지력의 안정을 목적으로 하였다.

 iii) 사용 재료 사용 재료와 그 정수 및 허용응력도를 표-4.2와 표-4.3에 나타낸다. 유효 프리스트레스 및 콘크리트의 허용 응력도는 고강도 프리스트레스트 콘크리트 말

232 말뚝기초설계 조사·설계·시공

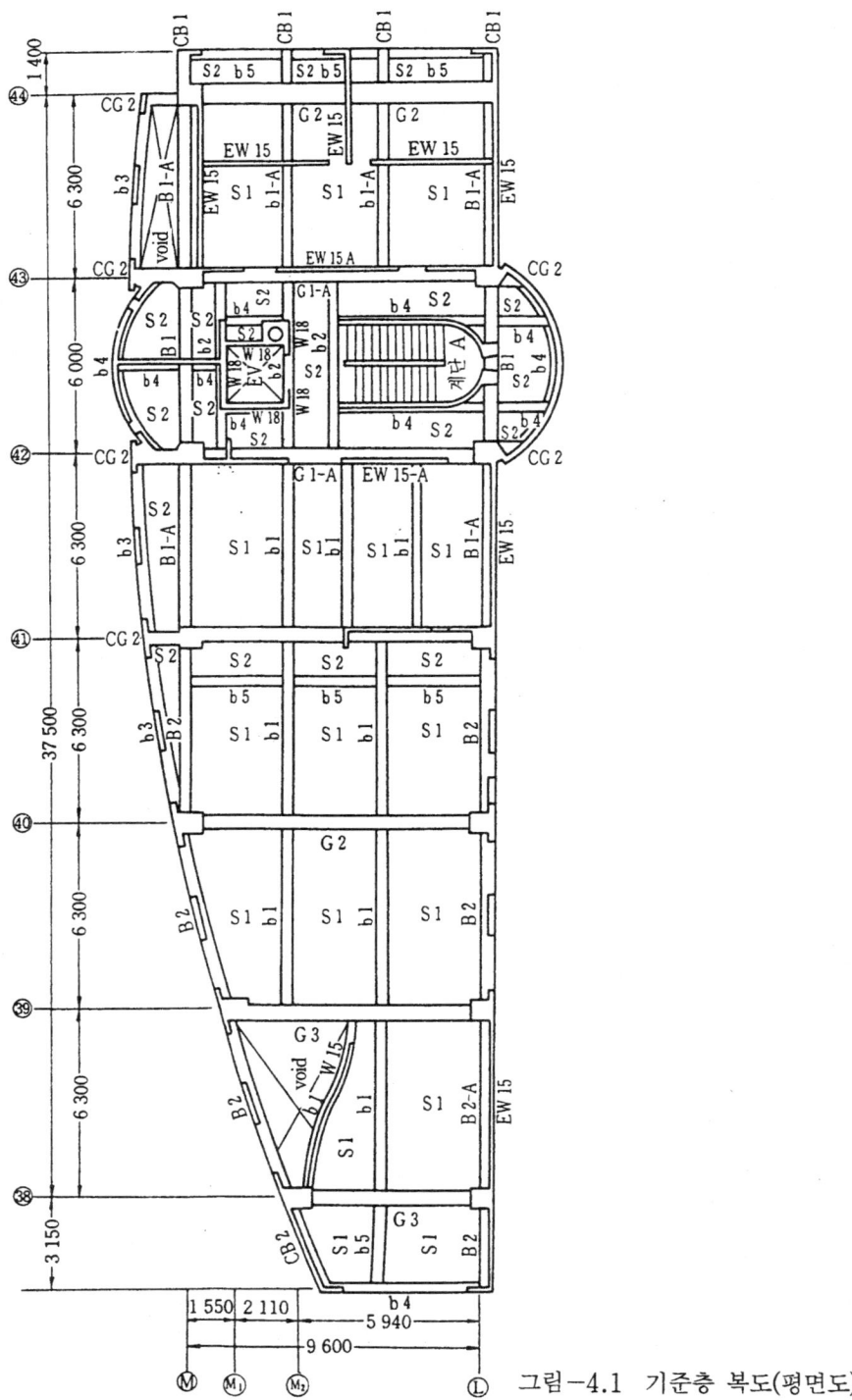

그림-4.1 기준층 복도(평면도)

제4장 말뚝기초의 설계예 233

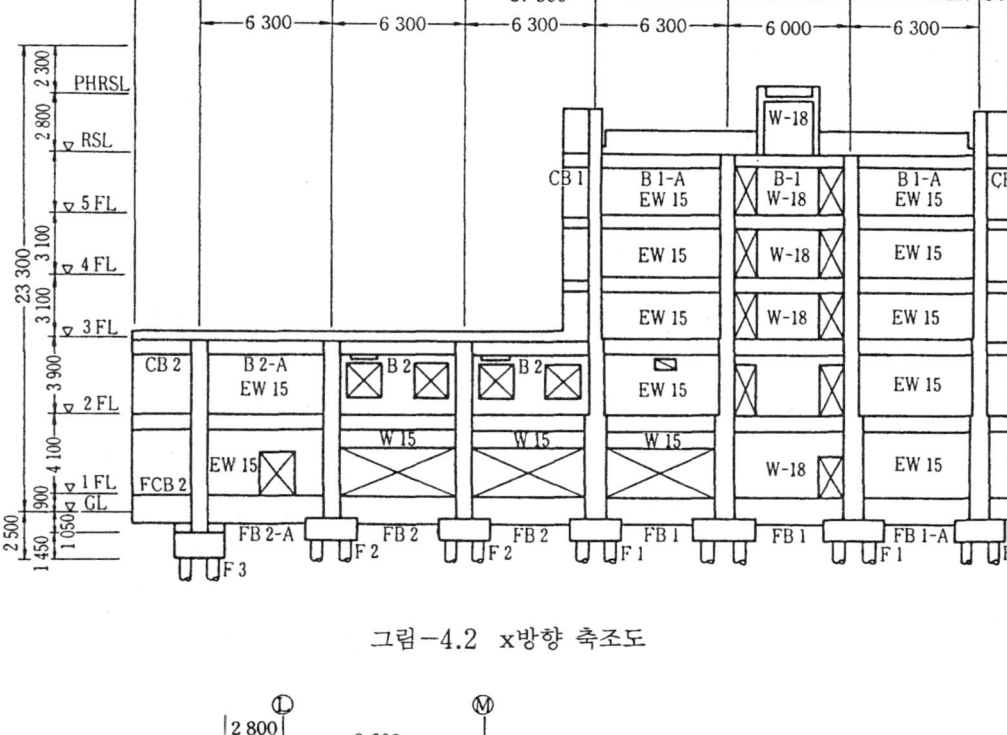

그림-4.2 x방향 축조도

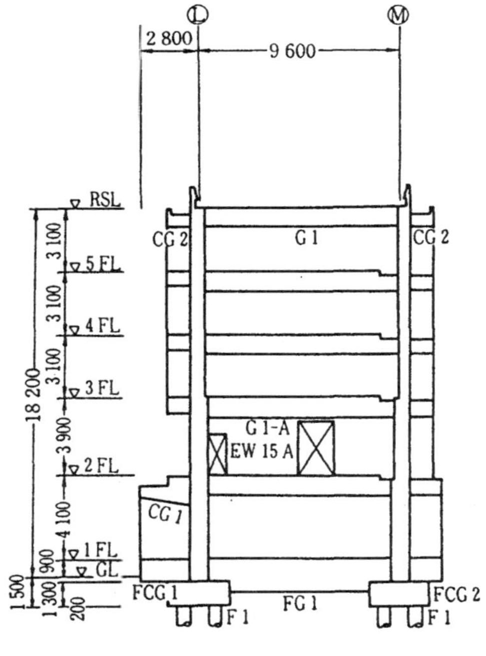

그림-4.3 Y방향 축조도

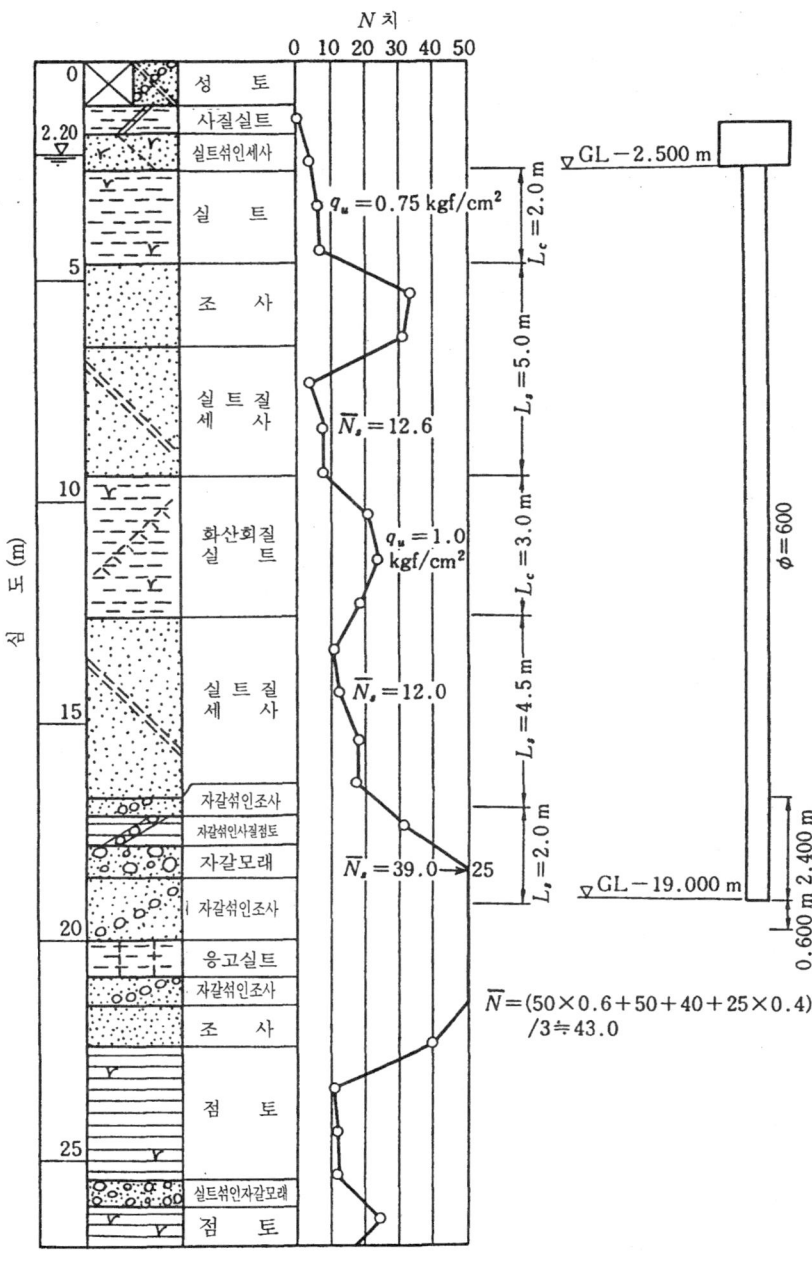

그림-4.4 토질 주상도

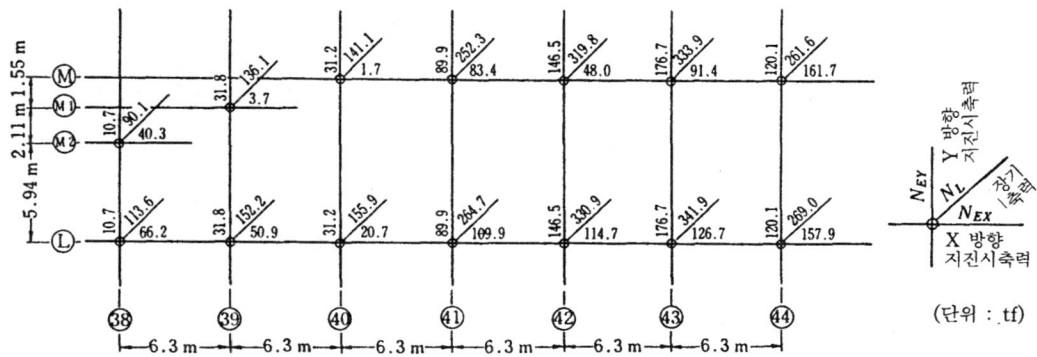

그림-4.5 설계 축력

표-4.1 설계 수평력

구조제원

지진력	지 진 지 역 계 수	$Z=1.0$
	지 반 종 별	제2종 지반 $T_c=0.6s$
	설 계 용 1 차 고유주기	$T=0.364s$ (개산)
	진 동 특 성 계 수	$R_t=1.0$
	표 준 전 단 력 계 수	$C_0=0.2$
	지 하 진 도	$K=0.1$

지진층전단력표

층	W_i(tf)	ΣW_i(tf)	α_i	A_i	$C_0=0.2$	
					C_i	Q_i(tf)
5	393.7	393.7	0.163	1.805	0.361	142.1
4	332.5	726.2	0.301	1.530	0.306	222.2
3	338.2	1064.4	0.441	1.370	0.274	291.7
2	604.4	1668.8	0.692	1.178	0.236	393.1
1	744.0	2412.8	1.0	1.0	0.2	482.6

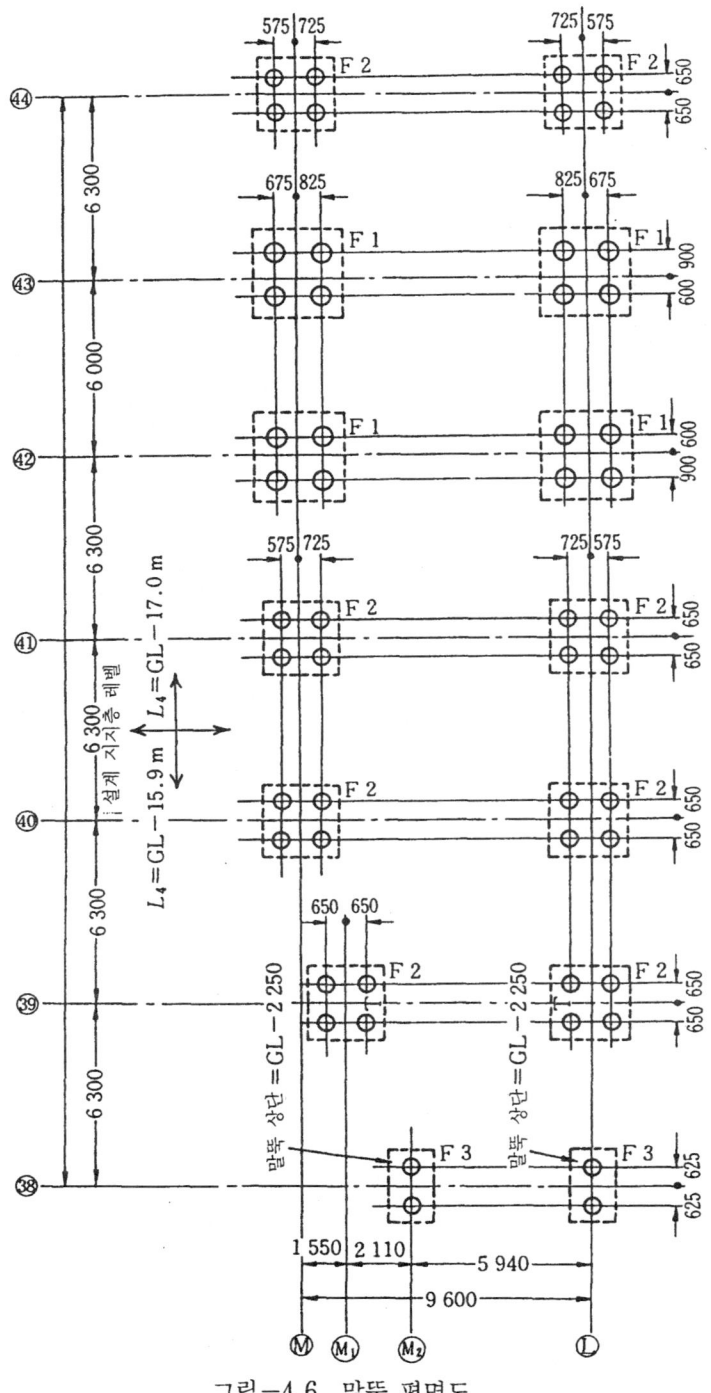

그림-4.6 말뚝 평면도

표-4.2 기성 콘크리트 말뚝의 사용 재료와 정수

고강도 프리스트레스트 콘크리트 말뚝 C 종			
설계기준강도 F_c (kgf/cm²)	설계인장력 기준강도 $F^*=0.07 F_c$ (kgf/cm²)	유효 프리스트레스 σ_e (kgf/cm²)	영율 E (kgf/cm²)
800	56	100	4.0×10^5

표-4.3 기성 콘크리트 말뚝(PHC, C종) 콘크리트의 허용응력도(kgf/cm²)

	압 축	휨 인 장	사장응력도
장기	$\frac{F_c}{4}$ 또는 225 이하 즉 $f_c=200$	$\frac{\sigma_e}{4}$ 또는 25 이하 즉 $f_b=25$	$\frac{F^*}{4}$ 또는 12 이하 즉 $f_d=12$
단기	$2 \times \frac{F_c}{4}$ 또는 450 이하 즉 $f_c=400$	$2 \times \frac{\sigma_e}{4}$ 또는 50 이하 즉 $f_b=50$	$1.5 \times \frac{F^*}{4}$ 또는 18 이하 즉 $f_d=18$

뚝(PHC말뚝) C종의 것에 의한다.

(5) 허용지지력 말뚝의 허용지지력은 제3장 3.2.3에서 설명한 바와 같이 말뚝재의 강도와 지반의 강도에서 결정된다.

ⅰ) 말뚝재에서 정하는 허용지지력 말뚝재의 장기 압축응력도에서 정하는 허용지지력은 아래식으로 산정한다. (수치는 말뚝지름 $\phi 600$의 경우)

$$R_{a1} = (f_c - \sigma_e) A_e (1 - \alpha_1 - \alpha_2)$$
$$= (200 - 100) \times 1540 \times (1 - 0.0 - 0.05) \times 10^{-3}$$
$$= 146.3 \text{ tf/개}$$

여기서 f_c : 콘크리트의 장기 허용압축응력도
  σ_e : 유효 프리스트레스
  A_e : 콘크리트의 환산 단면적
  α_1 : 세장비에 의한 저감율($=(L/B-85)/100$)

α_2 : 이음에 의한 저감율(용접이음 1개소에 대해 5%)

ii) 지반에서 정하는 허용지지력 지반에서 정하는 말뚝의 허용지지력은 아래식으로 산정한다. (수치는 말뚝지름 $\phi 600$의 경우)

$$R_{a2}=1/3[25\overline{N}A_P+\{(\overline{N_S}/5)L_s+(\overline{q_u}/2)L_c\}\varphi]$$

$$\overline{N}=(50\times 0.6\,\text{m}+50\times 1.0\,\text{m}+40\times 1.0\,\text{m}+25\times 0.4\,\text{m})/3.0\,\text{m}$$

$$\fallingdotseq 43.0$$

$$A_P=0.3^2\pi\fallingdotseq 0.282\,\text{m}^2$$

$$\varphi=0.6\,\pi\fallingdotseq 1.884\,\text{m}$$

$$(\overline{N_S}/5)L_s=(12.6\times 5.0\,\text{m}+12.0\times 4.5\,\text{m}+25\times 2.0\,\text{m})/5\fallingdotseq 33.4\,\text{tf/m}$$

$$(\overline{q_u}/2)L_c=(7.5\times 2.0\,\text{m}+10.0\times 3.0\,\text{m})/2=22.5\,\text{tf/m}$$

$$R_a=136.0\,\text{tf/개}$$

iii) 허용지지력의 결정 특정 행정청에서 인정하는 천공 말뚝에 관한 허용지지력은 취급하지 않는다.

따라서 허용지지력은 R_{a1}과 R_{a2}의 비교에서는 지반의 조건으로 정해지며, R_a=136tf/개가 되나 $N<50$의 하부층에 대한 영향도 고려하여 R_a=120tf/개를 적용한다. 이와 같은 계산으로 말뚝지름 $500\,\phi$는 R_a=85tf/개가 된다.

(6) 수중력에 대한 검토

i) 말뚝 개수의 결정과 배치 그림 4.5의 설계 축력에 대해서 말뚝의 개수 산정 결과와 배치는 각각 표-4.4와 그림 4.6에 나타낸 바와 같다. 말뚝의 총 개수는 52개가 된다.

ii) 지진때 수직력에 대한 검토 각 위치의 말뚝은 지진때 최대 축력 N_{max}와 최소 축력 N_{min}은 그림-4.5의 설계 축력에서 표-4.5와 같이 산정한다.

a) 단기 허용지지력의 검토 단기 허용지지력은 장기 허용지지력의 2배로 설계한다.

표-4.4 말뚝 본체의 결정

기초	장기축력 N_L(tf)	기초슬래브의 중량 (tf)	말뚝개수 n(개) - ϕ(말뚝지름)
F_1	341.9	32.4	3.1 → 4-600 ϕ
F_2	269.0	22.5	3.4 → 4-500 ϕ
F_3	113.6	13.5	1.5 → 2-500 ϕ

표-4.5 지진시에 있어서 말뚝의 최대와 최소 축력

기초	말뚝갯수	기초슬래브의 중량 (tf)	최 대 축 력		최 소 축 력	
			직 상 층 N_L+N_E (tf)	말 뚝 N_{max} (tf/개)	직 상 층 N_L-N_E (tf)	말 뚝 N_{min} (tf/개)
F_1	4	32.4	518.6	137.8	157.2	47.4
F_2	4	22.5	426.9	112.4	72.3	23.7
F_3	2	13.5	179.8	96.7	47.4	30.5

이 값은 표-4.5의 어느 값보다도 큰 안전측이다.

b) 단기 허용 인발저항력의 검토 본예에서는 표-4.5에 나타낸 바와 같이 어느 위치 어느 방향에도 인장력은 생기지 않으므로 인발력 저항력에 관한 검토는 하지 않는다.

(7) 수평력에 대한 검토

ⅰ) 말뚝의 응력

a) 말뚝에 작용하는 수평력 말뚝에 작용하는 수평력은 아래식으로 산정한다.

$$\Sigma Q_0 = \{Q_1 + K(w_0 + w_F)\}(1-\alpha)$$
$$= 482.6 + 0.1 \times (750.3 + 336.6) = 591.3 \text{tf}$$

여기서 ΣQ_0 : 말뚝 부담 수평력

Q_1 : 기초의 바로 윗층의 수평력

K : 지하진도($\geq 0.1(1-Hf/40)z$)

w_0 : 1층 하부 중량

w_F : 기초 슬래브 중량

α : 근입 부분의 수평력 분담율(식(3.59) 참조)

b) 말뚝지름에 의한 수평력의 분담 말뚝지름이 두종류이므로 말뚝머리 변위 y_0를 같은 조건에서 표-4.6에 나타낸 바와 같이 말뚝의 $I\beta^3$에 비례하여 수평력을 구한다.

수평지반 반력계수

여기서 E_0 : 지반의 변형계수($=7N$)

N : 평균 N치($=2.7$)

B : 말뚝지름

말뚝의 특성치 $\beta = \sqrt[4]{\dfrac{k_h B}{4EI}}$ (식(3.66) 참조)

여기서 E : 말뚝의 영계수($=4.0\times10^5\text{kgf/cm}^2$)
    I : 말뚝의 단면 2차 모멘트
    L : 말뚝길이($=16.5\text{m}$)

표-4.6 말뚝 지름에 의한 수평력의 분담

말뚝지름 (mm)	단면 2차 모멘트 (1cm^4)	k_h (kgf/cm³)	β (cm⁻¹)	$\beta_L > 3$	$I\beta^3$	n (개)	$nI\beta^3$	ΣQ_0 (tf)	Q_0 (tf)
600	503 300	0.70	0.002 69	4.4	0.009 78	16	0.156 5	208.7	
500	253 900	0.80	0.003 15	5.2	0.007 97	36	0.286 9	382.6	

표-4.7 말뚝의 응력과 변위

말뚝지름 B (mm)	전단력 Q (tf)	말뚝머리변위 y/d (cm)	말뚝 머리 휨 모멘트 M_0 (tf·m)	지중 최대 휨 모멘트 M_{max} (tf·m)	M_{max} 발생 위치 L_m (m)
600.0	13.53	0.86	25.23	5.25	5.86
500.0	11.02	0.86	17.47	3.63	4.98

c) 말뚝의 변위와 응력 말뚝머리는 고정으로 하고 $BL>3.0$이므로 긴 말뚝의 계산에 의한다. 각 계수는 식(3.66)~식(3.70)에서 구한다.

말뚝의 응력과 변위의 정리를 표-4.7에 나타낸다.

• 말뚝지름 $\phi=600\text{mm}$

$$\alpha_r = 1.0$$

$$\beta_L = 4.4, \quad 4EI\beta^3 = 15.67 \times 10^3 \text{ kgf·cm}^{-1}$$

$$R_{y_0} = 2 - \alpha_r = 1.0, \quad R_{M_0} = \alpha_r = 1.0$$

$$R_{M\max} = \exp[-\arctan\{1/(1-\alpha_r)\}]\text{SQR}[(1-\alpha_r)^2 + 1] = 0.2079$$

$$R_{lm} = \arctan[1/(1-\alpha_r)] = 1.5708$$

말뚝머리 변위 $y_0 = \dfrac{Q_0}{4EI\beta^3} \cdot R_{y_0}$

$$= \frac{13.53 \times 10^3}{15.67 \times 10^3} = 0.86 \text{ cm}$$

말뚝머리 모멘트 $M_0 = \dfrac{Q_0}{2\beta} \cdot RM_0$

$$= \frac{13.53}{2 \times 2.68 \times 10^{-1}} = 25.23 \text{ tf·m}$$

지중부 최대 휨 모멘트

$$M_{max} = \frac{Q_0}{2\beta} \cdot R_{M max}$$

$$= \frac{13.53}{2 \times 2.68 \times 10^{-1}} \times 0.2079 = 5.25 \text{ tf·m}$$

지중부 최대 휨 모멘트 발생깊이

$$l_m = \frac{1}{\beta} R_{lm} = \frac{1}{2.68 \times 10^{-1}} \times 1.5708 = 5.86 \text{ m}$$

· 말뚝지름 $\phi = 500$ mm

$\alpha_r = 1.0$

$\beta_L = 5.2$, $4EI\beta^3 = 12.70 \times 10^3$ kgf·cm^{-1}

$R_{y0} = 2 - \alpha_r = 1.0$, $R_{M0} = \alpha_r = 1.0$

$R_{M max} = \exp[-\arctan\{1/(1-\alpha_r)\}] \text{SQR}[(1-\alpha_r)^2 + 1] = 0.2079$

$R_{lm} = \arctan[1/(1-\alpha_r)] = 1.5708$

말뚝머리 변위 $y_0 = \dfrac{Q_0}{4EI\beta^3} \cdot R_{y0}$

$$= \frac{11.02 \times 10^3}{12.70 \times 10^3} = 0.86 \text{ cm}$$

말뚝머리 모멘트 $M_0 = \dfrac{Q_0}{2\beta} \cdot R_{M0}$

$$= \frac{11.02}{2 \times 3.15 \times 10^{-1}} = 17.47 \text{ tf·m}$$

지중부 최대 휨 모멘트

$$M_{max} = \frac{Q_0}{2\beta} \cdot R_{M max}$$

$$= \frac{11.02}{2 \times 3.15 \times 10^{-1}} \times 0.2079 = 3.63 \text{ tf} \cdot \text{m}$$

지중부 최대 휨 모멘트 발생깊이

$$l_m = \frac{1}{\beta} R_{lm} = \frac{1}{3.15 \times 10^{-1}} \times 1.5708 = 4.98 \text{ m}$$

ii) 말뚝체 응력도의 검토

a) 축력−휨 모멘트에 대한 검토 지진때에 대한 말뚝의 설계용 축력과 설계용 휨 모멘트를 표−4.8에 나타낸다.

단면의 검정은 그림−4.17과 그림−4.8의 PHC말뚝의 $N\sim M$ 인터렉션 커브를 사용하여 실시한다.

말뚝 응력은 $\phi 500$과 $\phi 600$ 모두 이 그림의 ($N\sim M$) 허용범위내를 만족하고 있다.

표−4.8 단면설계용하중

말뚝 지름	설계용축력		설계용휨 모멘트
	N_{max} (tf/개)	N_{min} (tf/개)	M (tf·m)
ϕ 500	112.4	23.7	17.47
ϕ 600	137.75	47.4	25.23

b) 전단력에 대한 검토 전단력도의 검토식은 다음식으로 나타낸다.

$$\tau_{max} \leq \frac{1}{2}\sqrt{(\sigma_g + 2\sigma_d)^2 - \sigma_g^2}$$

여기서 τ_{max} : 최대 전단력도($=Q_D S_0 / 2tI$)

Q_D : 설계용 전단력($=1.5 Q_0$)

t : 말뚝벽 두께

S_0 : 말뚝의 중립축에서 편측에 있는 말뚝 단면의 중립축에 대한 단면 2차 모멘트($=2(r_0^3 - r_i^3)/3$)

I : 말뚝의 중립축에 대한 단면 2차 모멘트

$$(= \pi(r_0^4 - r_i^4)/4)$$

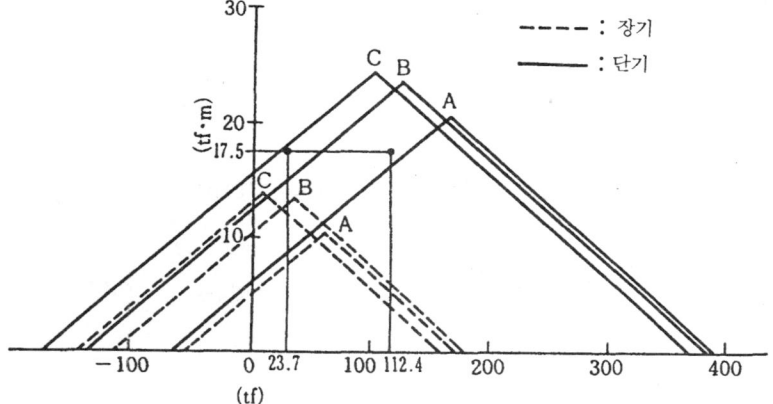

그림-4.7 허용 $M-N$도 (PHC 500ϕ)

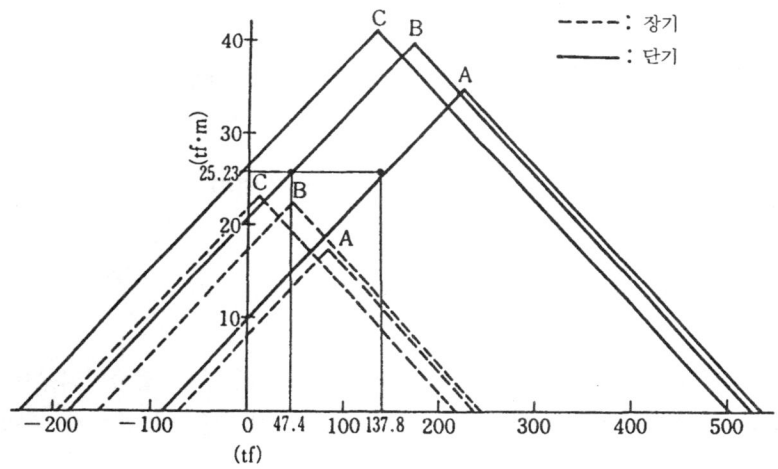

그림-4.8 허용 $M-N$도 (PHC 600ϕ)

σ_g : 축방향 응력도($=\sigma_e+N/A_e$)
N : 설계용 축력
σ_d : 콘크리트의 허용 사장(斜張) 응력도
r_0 : 말뚝의 외반경
r_i : 말뚝의 내반경

· 말뚝지름 $\phi=600$ mm
  설계용 전단력 $Q_D=1.5\times13.53=21.0$ tf

$$\sigma_d = 1.5 \times 12 = 18 \text{ kgf/cm}^2$$

$$\sigma_g = \frac{N_{min}}{A_e} + \sigma_e = \frac{47.4 \times 10^3}{1540} + 100 = 131.0 \text{ kgf/cm}^2$$

$$\sigma_R = \frac{1}{2}\sqrt{(131.0 + 2 \times 18)^2 - 131.0^2} = 51.8 \text{ kgf/cm}^2$$

$$\tau_{max} = \frac{21.0 \times 10^3 \times 1.18 \times 10^4}{2 \times 9 \times 5.03 \times 10^5} = 27.4 \text{ kgf/cm}^2 < \sigma_R \qquad \text{OK}$$

- 말뚝지름 $\phi = 500$ mm

  설계용 전단력 $\quad Q_D = 1.5 \times 11.02 = 16.53$ tf

$$\sigma_d = 1.5 \times 12 = 18 \text{ kgf/cm}^2$$

$$\sigma_g = \frac{N_{min}}{A_e} + \sigma_e = \frac{23.70 \times 10^3}{1127} + 100 = 121.0 \text{ kgf/cm}^2$$

$$\sigma_R = \frac{1}{2}\sqrt{(121.0 + 2 \times 18)^2 - 121.0^2} = 50.0 \text{ kgf/cm}^2$$

$$\tau_{max} = \frac{16.53 \times 10^3 \times 0.71 \times 10^4}{2 \times 8 \times 2.57 \times 10^5} = 28.5 \text{ kgf/cm}^2 < \sigma_R \qquad \text{OK}$$

(8) 말뚝머리 접합부의 설계 기초슬래브와 말뚝의 접합부는 말뚝머리부에 작용하는 수직력, 수평력과 고정도에 따라 발생하는 구속 모멘트의 전반에 대해서 저항될 수 있도록 설계한다.

4.1.2 시가지에 세우는 지하 1층 지상 5층의 연수시설

(1) 건물개요 건물은 어떤 시가지에 세운 철근 콘크리트조 지하 1층 지상 5층 건물의 연수시설이며 기초층과 입면의 개략은 각각 그림-4.9, 그림-4.10과 그림-4.11에 나타낸 바와 같다.

기초는 현장타설 콘크리트 말뚝 저면확대 어스드릴 공법이다.

(2) 지반 상황 본 건물의 계획에서 3개소의 보링을 중심으로 조사를 실시하고 지층 상태의 확인과 불교란 시료에 의한 토질 시험을 실시하여 토질의 제정수를 구하였다.

그림-4.12에 대표적인 토질 주상도를 나타낸다.

(3) 하중조건

i) 설계축력 상부 구조 최아래층 주각 기초보 아래의 설계 축력을 그림—4.13에 나

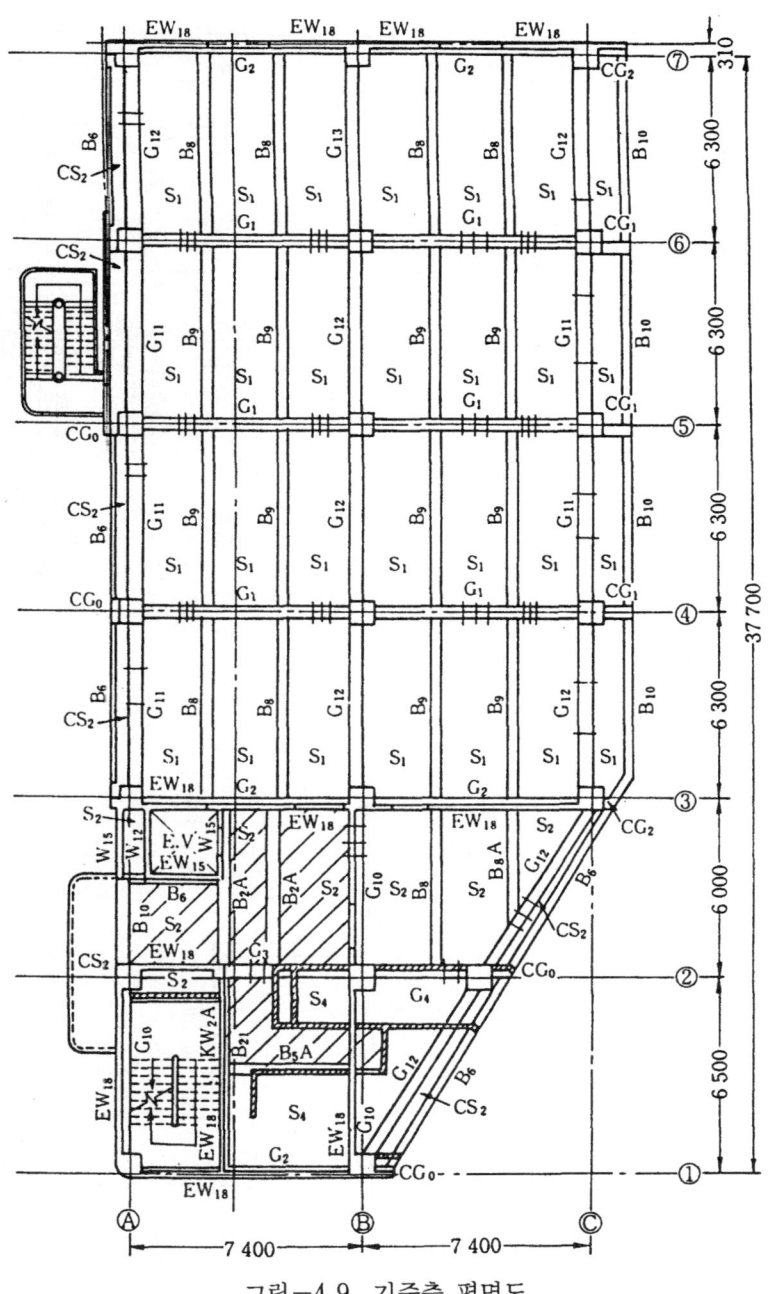

그림—4.9 기준층 평면도

246 말뚝기초설계 조사·설계·시공

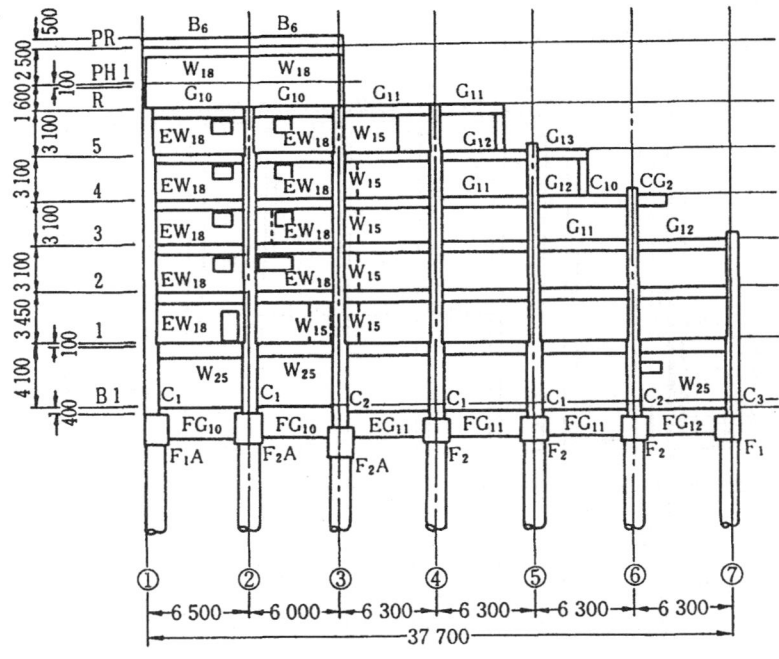

그림-4.10 X방향 축조도

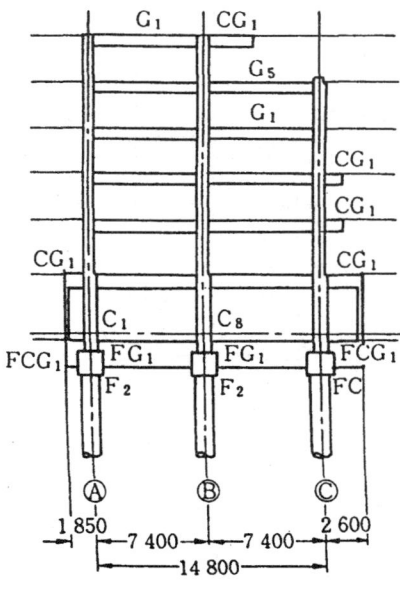

그림-4.11 Y방향 축조도

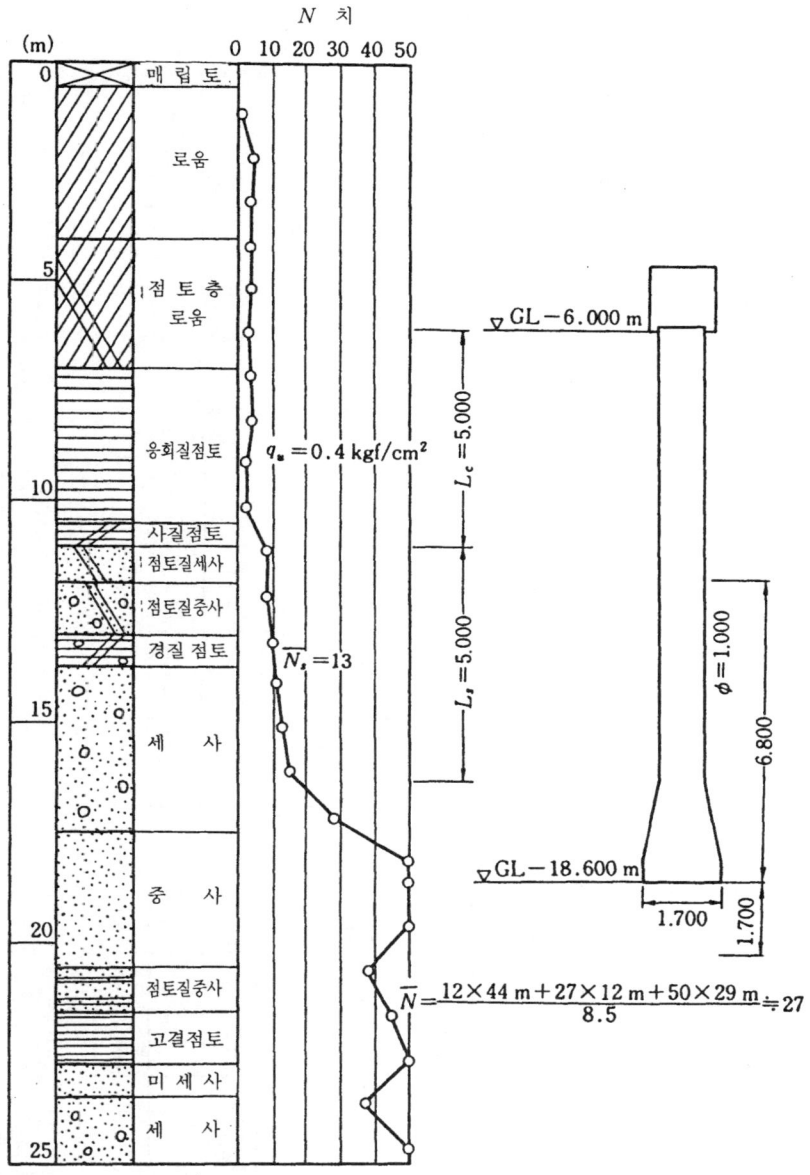

그림-4.12 토질 주상도

타낸다. 이것은 기초 슬래브의 중량은 포함되지 않았다. 그림중 N_L은 장기 축력을, N_{EX}는 X방향 지진때의 축력을, N_{EY}는 Y방향 지진때의 축력을 나타내었다. $N_N \pm N_{EX}$, N_L

표-4.9 설계 수평력

구조제원

지진력		
지진지역계수	$Z = 1.0$
지반종별	제3종 지반 $T_c = 0.8$ s
설계용 1차 고유주기	$T = 0.308$ s (개산)
진동특성계수	$R_t = 1.0$
표준전단력계수	$C_0 = 0.2$
지하진도	$K = 0.1$

지진층전단력표

층	W_i(tf)	ΣW_i(tf)	α_i	A_i	$C_0 = 0.2$	
					C_i	Q_i(tf)
PH	133.4	133.4			1.0	133.4
5	305.3	438.6	0.141	1.806	0.361	158.4
4	570.5	1009.1	0.325	1.457	0.291	294.1
3	637.0	1646.1	0.530	1.269	0.253	418.0
2	729.3	2375.4	0.765	1.120	0.224	532.4
1	726.7	3102.1	1.0	1.0	0.2	620.4
B1	1110.4	4112.5			0.1	729.9

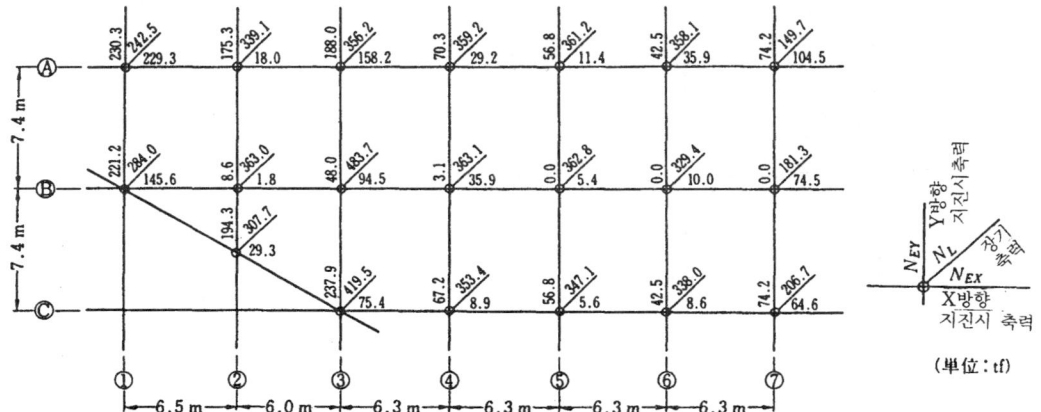

그림-4.13 설계 축력

$\pm N_{EY}$가 각 방향의 단기 축력이다.

ii) 설계 수평력   상부 구조의 설계 수평력은 표-4.9의 구조 제원과 지진층 전단력을 표로 나타낸다.

(4) 설계방침

i) 지지지반의 선정   건물의 규모, 지반 조건과 시공성에서 이 건물의 기초는 GL-18.6m의 모래층을 지지층으로 한 말뚝기초이다. 지지층은 GL-18.6m~GL-26.0m까지가 N치=35~50의 점토섞인 모래 GL-26.0 이상 깊이는 N치≧50의 자갈섞인 모래로 구성되었다.

ii) 말뚝 공법의 선정   말뚝 공법은 건물 규모, 시공성 및 경제성에서 현장타설 콘크리트 말뚝에 의한 저면확대 어스드릴 공법을 쓰기로 한다. 저면확대 말뚝의 채택은 선단 지지지반이 N치 30 이상의 중간 지지층이기 때문에 축부에 대해 선단부의 말뚝 단면적을 크게 하고 말뚝 선단지지력의 저하를 개선하여 경제성을 높이는 것을 목적으로 한다.

iii) 사용 재료   사용 재료와 그 정수 및 허용 응력도를 표-4.10, 표-4.11 및 표-4.12에 나타낸다.

표-4.10 현장 타설 콘크리트 말뚝의 사용 재료와 정수

보통 콘크리트		이형철근 ($\begin{smallmatrix}SD\ 30\\ \phi 28 \text{이하}\end{smallmatrix}$)	
설계기준강도 F_c (kgf/cm²)	영율 E_c (kgf/cm²)	기준강도 F (kgf/cm²)	영율 E_s (kgf/cm²)
240	2.3×10^5	3 000	2.1×10^6

(5) 허용지지력

i) 지반에서 정하는 허용지지력

a) 지지력 산정 공식으로 구하는 내력

$$R_{a1} = 1/3[15\ \alpha\beta\overline{N}A_P + \{(\overline{N_s}/5)L_s + (\overline{q_u}/2)L_c\}\varphi] - W$$

$\alpha = 0.85$

$\beta = 1 - \{(D-1.5)/2.5\}0.3$

$\overline{N} = (12 \times 4.4\,\text{m} + 27 \times 1.2\,\text{m} + 50 \times 2.9\,\text{m})/8.5\,\text{m} \fallingdotseq 27$

$\overline{N_s} = 13$

$L_s = 5.0\,\text{m}$

표-4.11 현장타설 콘크리트 말뚝 콘크리트
(물 또는 이수가 있는 상태)의 허용 응력도 (kgf/cm²)

	압 축	전 단 력	철근의 콘크리트에 대한 부착
장기	$\dfrac{Fc}{4.5}$ 또는 60 이하 즉 $f_c=53.3$	$\dfrac{Fc}{45}$ 또는 $\dfrac{1}{1.5}\left(5+\dfrac{Fc}{100}\right)$ 이하 즉 $f_s=4.93$	$\dfrac{Fc}{15}$ 또는 $\dfrac{1}{1.5}\left(13.5+\dfrac{Fc}{25}\right)$ 이하 즉 $f_a=15.4$
단기	$2\times\dfrac{Fc}{4.5}$ 또는 120 이하 즉 $f_c=106.7$	$1.5\times\dfrac{Fc}{45}$ 또는 $\left(5+\dfrac{Fc}{100}\right)$ 이하 즉 $f_s=7.4$	$1.5\times\dfrac{Fc}{15}$ 또는 $\left(13.5+\dfrac{Fc}{25}\right)$ 이하 즉 $f_a=23.1$

표-4.12 현장타설 콘크리트 말뚝 철근
(SD 30, $\phi 28$ 이하)의 허용 응력도(kgf/cm²)

	압 축	인 장 력	전 단 보 강
장기	$\dfrac{F}{1.5}$ 즉 $_rf_c=2\,000$	$\dfrac{F}{1.5}$ 즉 $f_t=2\,000$	$\dfrac{F}{1.5}$ 즉 $wf_t=2\,000$
단기	F 즉 $_rf_c=3\,000$	F 즉 $f_t=3\,000$	F 즉 $wf_t=3\,000$

$\overline{q_u}=4.0\text{ tf/m}^2$

$L_c=5.0\text{ m}$

- 축부 1000 저면확장부 1700

　$\beta=1-\{(1.7-1.5)/2.5\}\times 0.3=0.976$

　$A_P=2.27\text{ m}^2$

　$\psi=3.14\text{ m}$

　$W=7.9\text{ tf}$

$$R_{a1}=1/3[15\times0.85\times0.976\times27\times2.27+\{(13.0)/5\}\times5.0+(4.0/2)\times5]$$
$$\times3.14]-7.9=270.4\text{ tf}$$

- 축부 1200 저면확장부 2100

$$\beta=1-\{(2.1-1.5)/2.5\}\times0.3=0.928$$
$$A_P=3.464\text{ m}^2$$
$$\psi=3.77\text{ m}$$
$$W=11.3\text{ tf}$$
$$R_{a1}=1/3[15\times0.85\times0.928\times27\times3.464+\{(13.0/5)\times5.0+(4.0/2)\times5\}$$
$$\times3.77]-11.3=386.5\text{ tf}$$

b) 동경도의 행정지도에 의한 내력 본 지지층이 중간층 N치 50의 층이 말뚝 선단밑 5.0m 연속되지 않으므로 N치 30 이상의 층이 존재하는 경우를 준용하여, N치 50의 동경도의 행정지도에 의한 내력을 0.6배로 산정하면 표-4.13에 나타낸 바와 같다.

c) 말뚝재에 의한 내력

$$R_{a3}=(F_c/4.5)A_P$$

- 1000 ϕ 에 대해서

$$R_{a3}=(240/4.5)\times7854\times10^{-3}=418.8\text{ (tf/개)}$$

- 1200 ϕ 에 대해서

$$R_{a3}=(240/4.5)\times11\,310\times10^{-3}=603.2\text{ (tf/개)}$$

설계용 말뚝의 허용지지력은 R_{a1}, R_{a2}, R_{a3}의 최소치는 아래의 값을 취한다.

- 1 000 - 1 700 ϕ $R_a=270$ (tf/개)
- 1 200 - 2 100 ϕ $R_a=386$ (tf/개)

표-4.13 행정지도에 의한 내력

말뚝지름 $d-D\phi$ (m)	L/d	내력* (tf)	L/d에 의한 저감치 (tf)	말뚝내력 R_{a2} (tf)
1.0~1.7	12.5	482	0	289
1.2~2.1	10.4	736	0	441

* 동경도의 행정지도에 의한 내력
  $A_P\times250(\text{tf/m}^2)\times0.85$로서 산정한다.

표-4.14 말뚝 개수의 결정

기초	장기축력 N_L(tf)	기초슬래브의 중량 (tf)	말뚝개수 n (개)
F_1	242.5	9.4	0.93 → 1
F_2	363.1	12.3	0.97 → 1
F_3	483.7	21.1	1.87 → 2

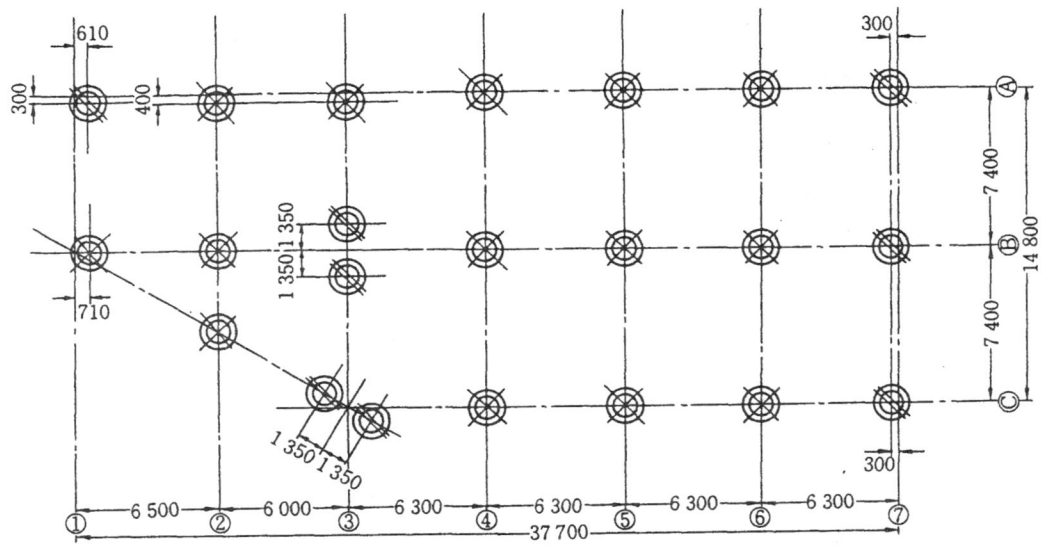

그림-4.14 말뚝 평면도

(6) 수직력에 대한 검토

ⅰ) 말뚝 개수의 결정과 배치 그림-4.13의 설계 축력에 대해서 말뚝 개수의 산정 결과와 배치는 각각 표-4.14 및 그림-4.14, 그림-4.15에 나타낸 바와 같다. 말뚝 총 개수는 22개가 된다.

ⅱ) 지진때 수직력에 대한 검토 각 위치에서 말뚝의 지진때 최대 축력 N_{max} 및 최소 축력 N_{min}은 그림-4.13의 설계 축력에서, 표-4.15와 같이 산정한다.

a) 단기 허용지지력의 검토 단기 허용지지력은 장기 허용지지력의 2배로 설계한다. 이 값은 표-4.15 중 어떤 값보다도 큰 안전측이다.

b) 단기 허용 인발저항력의 검토 본예에서는 표-4.15에 나타낸 바와 같이 어느 위치, 어느 방향에도 인장력은 생기지 않으므로 인발 저항력에 관한 검토는 하지 않는다.

표-4.15 지진시에 있어서 말뚝의 최대 및 최소 축력

기초	말뚝개수	기초슬래브의 중량 (tf)	최대 축력		최소 축력	
			직상층 N_L+N_E (tf)	말뚝 N_{max} (tf/개)	직상층 N_L-N_E (tf)	말뚝 N_{min} (tf/개)
F_1	1	9.4	472.8	482.2	12.2	21.6
F_2	1	12.3	544.2	556.5	62.8	75.1
F_3	2	21.1	657.4	339.3	181.6	101.4

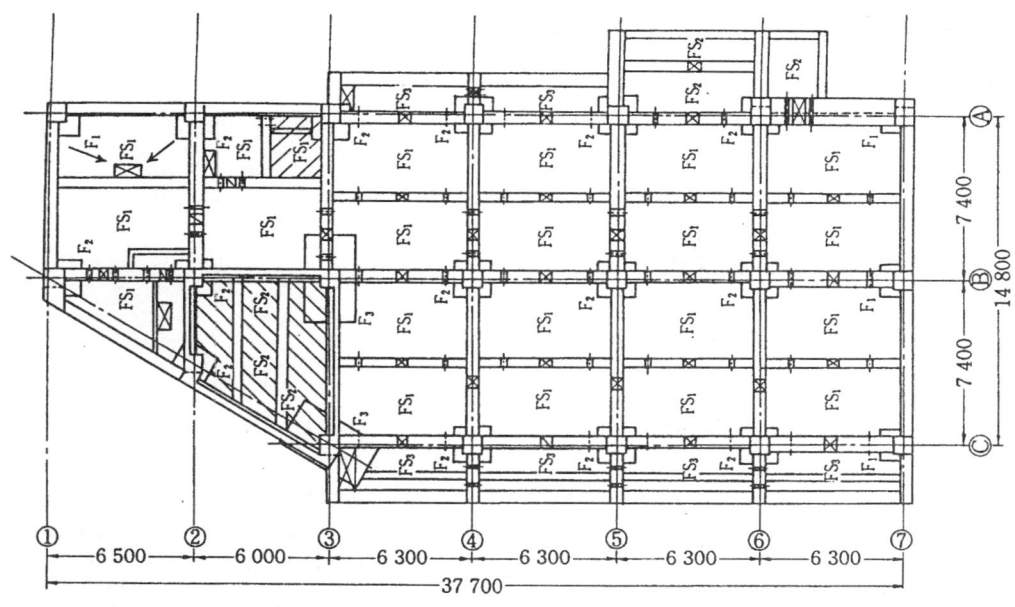

그림-4.15 기초 평면도

(7) 수평력에 대한 검토

ⅰ) 말뚝의 응력

a) 말뚝에 작용하는 수평력 말뚝에 작용하는 수평력은 다음 식으로 산정한다.

$$\Sigma Q_0 = [Q_1 + K(w_0 + w_F)](1-\alpha)$$
$$= [825 + 0.1 \times (1972 + 531)](1-0.49)$$
$$= 548.4 \text{ tf}$$

여기서 ΣQ_0 : 말뚝 부담 수평력
  Q_1 : 기초의 직상층의 수평력
  K : 지하 진도($\geq 0.1(1-Hf/40)z$)
  w_0 : 1층 하부 중량
  w_F : 기초 슬래브 중량
  α : 근입 부분의 수평력 분담율(식(3.59) 참조)

b) 말뚝지름에 대한 수평력의 분담 말뚝지름이 두 종류이므로 말뚝머리 변위 y_0를 동일하게 하는 조건에서 표-4.16에 나타낸 바와 같이 말뚝의 $I\beta^3$에 비례하여 수평력을 구한다.

수평지반 반력계수 $\quad k_h = 0.8 E_0 B^{-\frac{3}{4}}$

여기서 E_0 : 지반의 변형계수($=7N$)
$\quad\quad\quad N$: 평균 N치($=3$)
$\quad\quad\quad B$: 말뚝지름

말뚝의 특성치 $\quad \beta = \sqrt[4]{\dfrac{k_h B}{4EI}}\quad\quad$ (식(3.66) 참조)

여기서 E : 말뚝의 영계수($=2.3 \times 10^5 \text{kgf/cm}^2$)
$\quad\quad\quad I$: 말뚝의 단면 2차 모멘트
$\quad\quad\quad L$: 말뚝길이(12.5m)

표-4.16 말뚝지름에 의한 수평력의 분담

말뚝지름(m)	I (cm⁴×10⁷)	k_n (kgf/cm²)	β (cm⁻¹)	βL	장말뚝의 판정	$I\beta^3$ (cm)	n (개수)	$nI\beta^3$	분배수평 (tf)	Q_0 (tf/개)
1.0	0.49	0.531	1.895×10^{-3}	2.37	$\beta L < 3$ (단말뚝)	0.033	8	0.264	170.0	21.3
1.2	1.02	0.464	1.598×10^{-3}	2.00	$\beta L < 3$ (단말뚝)	0.042	14	0.588	378.4	27.0
								0.852	548.4	

c) 말뚝의 변위와 응력

말뚝머리는 고정으로 하고, $\beta L < 3.0$이므로 짧은 말뚝의 계산에 의한다. 각 계수는 식(3.71)~(3.72)에서 구한다.

· 말뚝지름 1000mm(저면확대 지름 1700mm)

$\quad \alpha_r = 1.0$

$\quad \beta L = 2.37, \quad 4EI\beta^3 = 30.677 \times 10^3 \text{kgf} \cdot \text{cm}^{-1}$

$\quad R_{y0} = 1.02, \quad R_{M0} = 0.98$

$\quad RM_{max} = 0.17, \quad Rl_m = 1.4$

말뚝머리 변위 $y_0 = \dfrac{Q_0}{4EI\beta^3} \cdot R_{y0}$

$\quad\quad\quad\quad\quad\quad = \dfrac{21.3 \times 10^3}{30.677 \times 10^3} \times 1.02 = 0.71 \text{ cm}$

말뚝머리 모멘트 $\quad M_0 = \dfrac{Q_0}{2\beta} \cdot RM_0$

$$= \dfrac{21.3}{2 \times 1.895 \times 10^{-1}} \times 0.98 = 55.1 \text{ tf·m}$$

지중부 최대 휨 모멘트

$$M_{max} = \dfrac{Q_0}{2\beta} \cdot RM_{max} = \dfrac{21.3}{2 \times 1.895 \times 10^{-1}} \times 0.17 = 9.55 \text{ tf·m}$$

지중부 최대 휨 모멘트 발생 깊이

$$l_m = \dfrac{1}{\beta} \cdot Rl_m = \dfrac{1}{1.895 \times 10^{-1}} \times 1.4 = 7.4 \text{ m}$$

・말뚝 축 지름 1 200 mm (저면확장지름 2 100mm)

$a_r = 1.0$

$\beta L = 2.0, \quad 4EI\beta^3 = 38.293 \times 10^3 \text{ kgf·cm}^{-1}$

$R_{y_0} = 1.06, \quad RM_0 = 0.99$

$RM_{max} = 0.1, \quad Rl_m = 1.32$

말뚝머리 변위 $y_0 = \dfrac{27 \times 10^3}{38.293 \times 10^3} \times 1.06 = 0.75 \text{ cm}$

말뚝머리 모멘트 $\quad M_0 = \dfrac{27}{2 \times 1.598 \times 10^{-1}} \times 0.99 = 83.6 \text{ tf·m}$

지중부 최대 휨 모멘트

$$M_{max} = \dfrac{27}{2 \times 1.598 \times 10^{-1}} \times 0.1 = 8.4 \text{ tf·m}$$

지중부 최대 휨 모멘트 발생 깊이

$$l_m = \dfrac{1}{1.598 \times 10^{-1}} \times 1.32 = 8.3 \text{ m}$$

(8) 말뚝의 단면 설계

ⅰ) 축력-휨 모멘트에 대한 검토 설계응력이 가장 커지는 것은 아래의 말뚝이며 이

것들을 대표로 검토한다.
- 말뚝지름 1000에서는 (1-A 말뚝)
- 말뚝지름 1200에서는 (3-A 말뚝), (1-B 말뚝)

또, 깊이 방향에 대한 단면 검토 위치는 말뚝 전장을 대상으로 하나 그중에서 말뚝머리와 지중부 최대 휨 모멘트가 발생하는 깊이를 대표로 실시한다.

- 말뚝지름 1000(1-A) 말뚝에 대해서

　　설계용 축력

　　　압축시　　　$N_{max}=242.5+230.3+9.4 \Rightarrow 482.2$ tf

　　　인발시　　　$N_{min}=242.5-230.3+9.4=21.6$ tf

　　설계용 휨 모멘트

　　　말뚝머리부　$M=55.1$ tf·m

　　　중간부　　　$M=9.55$ tf·m

- 말뚝지름 1200(3-A) 말뚝에 대해서

　　설계용 축력

　　　압축시　　　$N_{max}=356.2+188.0+12.3=556.5$ tf

　　　인발시　　　$N_{min}=356.2-188.0+12.3=180.5$ tf

　　설계용 휨 모멘트

　　　말뚝머리부　$M=83.6$ tf·m

　　　중간부　　　$M=8.4$ tf·m

- 말뚝지름 1200(1-B) 말뚝에 대해서

　　설계용 축력

　　　압축시　　　$N_{max}=284.0+221.2+12.3=517.5$ tf

　　　인발시　　　$N_{min}=284.5-221.2+12.3=75.6$ tf

　　설계용 휨 모멘트

　　　말뚝머리부　$M=83.6$ tf·m

　　　중간부　　　$M=8.4$ tf·m

산정 결과를 표-4.17에 나타낸다.

표-4.17 축력-휨 모멘트에 대한 검토 결과

말뚝지름 B (cm)	검토 위치	① $M/B^3 f_c$	② $N_{max}/B^2 f_c$	③ $N_{min}/B^2 f_c$	④ $M/B^3 f_t$	⑤ $N_{min}/B^2 f_t$	⑥ P_g(%)	⑦ a_g(cm²)	⑧ 배근	⑨ a(cm²)
100	말뚝머리부	0.052	0.452	0.020	0.0018	0.0007	0.8	62.8	14-D 25	71.0
100	중간부	0.009	0.452	0.020	0.0003	0.0007	0.4	31.4	7-D 25	35.5
120	말뚝머리부	0.045	0.362	0.117	0.0016	0.0042	0.4	45.2	18-D 25	91.3
120	중간부	0.005	0.362	0.117	0.0002	0.0042	0.4	45.2	9-D 25	45.6
120	말뚝머리부	0.045	0.337	0.049	0.0016	0.0018	0.42	47.5	18-D 25	91.3
120	중간부	0.005	0.337	0.049	0.0002	0.0018	0.4	45.2	9-D 25	45.6

P_g를 구할 때에는 일본 건축 학회 「철근 콘크리트 구조 계산 규준·동해설」에서 그림 -15.3 원형 단면 기둥의 계산 도표를 쓴다. 주근의 철근비는 말뚝 머리부에서는 말뚝 지름 1000으로 4와 5의 관계, 말뚝지름 1200에서는 1과 3의 관계에서 결정되며 중간부는 어느 경우도 최저 철근비의 규정으로 결정된다.

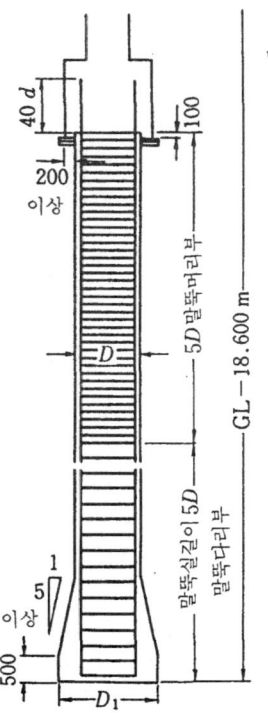

말뚝리스트

말뚝기호	말뚝지름		말뚝배근		HOOP	
	축부지름	확저부지름	말뚝머리부	말뚝다리부	말뚝머리부	말뚝다리부
P1	φ 1000	φ 1700	14-D 25	7-D 25	@D13-150	@D13-300
P2	φ 1200	φ 2100	18-D 25	9-D 25	@D13-150	@D13-300

주 기

저면확장 어스드릴 공법
1. 말뚝 콘크리트 강도 F_c=240 (kgf/cm²)
2. 말뚝 주근 SD 35, HOOP SD 30 A
3. HOOP 이음은 15d 겹쳐서 평면 전장을 용접한다.
4. HOOP와 말뚝 주근은 모두 0.8mm 이상의 철사로 결속한다.
5. 말뚝머리는 800mm의 여분을하여 후에 깎아낸다.
6. 보강링은 FB-65×6(SS 41)은 말뚝머리와 말뚝다리에 설치하여 중간부는 @ 3000으로 한다(1-D 25를 첨가).
7. 스페이서는 FB-65×6(SS 41)원주방향 4개소 말뚝길이 방향 @ 3000 이하로 한다.
8. 주근의 이음 길이는 45d 이상으로 한다.
9. 철근의 피복은 100mm 이상으로 한다.

그림-4.16 말뚝 배근도

ii) 전단력에 대한 검토 검토식은 다음식으로 나타낸다.

$$(4/3) \times (Q_D/A_s) \leq f_s$$

단기 허용 전단응력도

$$f_s = (F_c/45) \times 1.5 = 8 \text{ kgf/cm}^2$$

• 말뚝지름 1000에 대해서

  설계용 전단력 $Q_D = 21.3 \times 1.5 = 32.0 \text{ tf}$

  말뚝 단면적 $A_s = 7854 \text{ cm}^2$

$$(4/3) \times (32 \times 10^3 / 7854) = 5.4 \text{ kgf/cm}^2 < f_s \quad \text{OK}$$

• 말뚝지름 1200에 대해서

  설계용 전단력 $Q_D = 27.0 \times 1.5 = 40.5 \text{ tf}$

  말뚝 단면적 $A_s = 11\,310 \text{ cm}^2$

$$(4/3) \times (40.5 \times 10^3 / 11\,310) = 4.8 \text{ kgf/cm}^2 < f_s \quad \text{OK}$$

iii) 말뚝 배근도 말뚝 머리와 말뚝의 배근은 그림-4.16과 같다.

4.2 도로 구조물

4.2.1 도로교 교대(강관말뚝)의 설계

(1) 설계조건

 i) 구조형식

상부공 형식

  3경간연속 강재 거더교

  지 간 길 이 : 3@ 40.0m

  폭   원 : 총폭원 11.650m, 유효폭원 10.0m

  사 하 중 : TL-20

  상부공하중 : 사하중 330.0tf 수평하중 34.5tf

             사하중반력 230.0tf 활하중반력 100.0tf

하부공 하중

  형   식 : 박스식 교대(H=10.0m, 가동)

  구 조 치 수 : 그림-4.17을 참조할 것

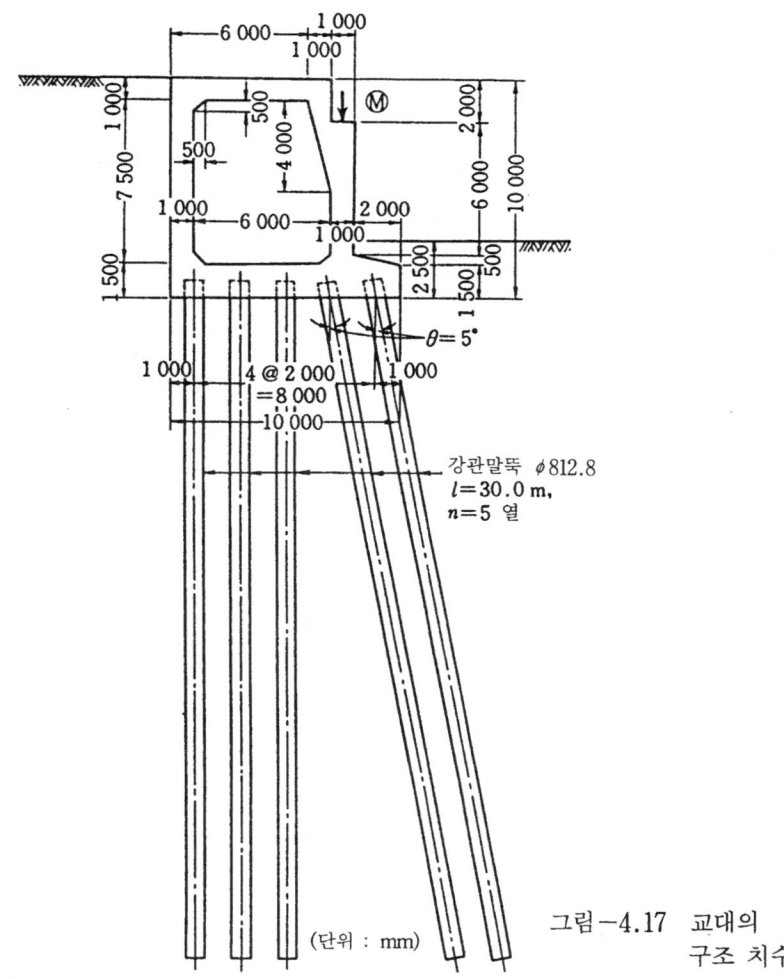

그림-4.17 교대의 구조 치수

기 초 형 식

　말뚝 종류 : 강관 말뚝(타입 개단말뚝)

　말뚝 지름 : $\phi 812.8$mm, $t=12$mm(윗말뚝), 9mm(아래말뚝)

　말뚝 길이 : $l=30.0$m

　말뚝 제원 : 말뚝체의 탄성계수　　$E_P = 2\,100\,000$ kgf/cm²

　　　　　　순단면적　　　　　　A_P(cm²) ; 251($t=12$), 176($t=9$)

　　　　　　단면 2차 모멘트　　　I_P(cm⁴) ; 200 000, 142 000

　　　　　　단면계수　　　　　　Z_P(cm³) ; 4 950, 3 500

　　　　　(부식 여분 $\Delta = 2$mm를 고려한 값)

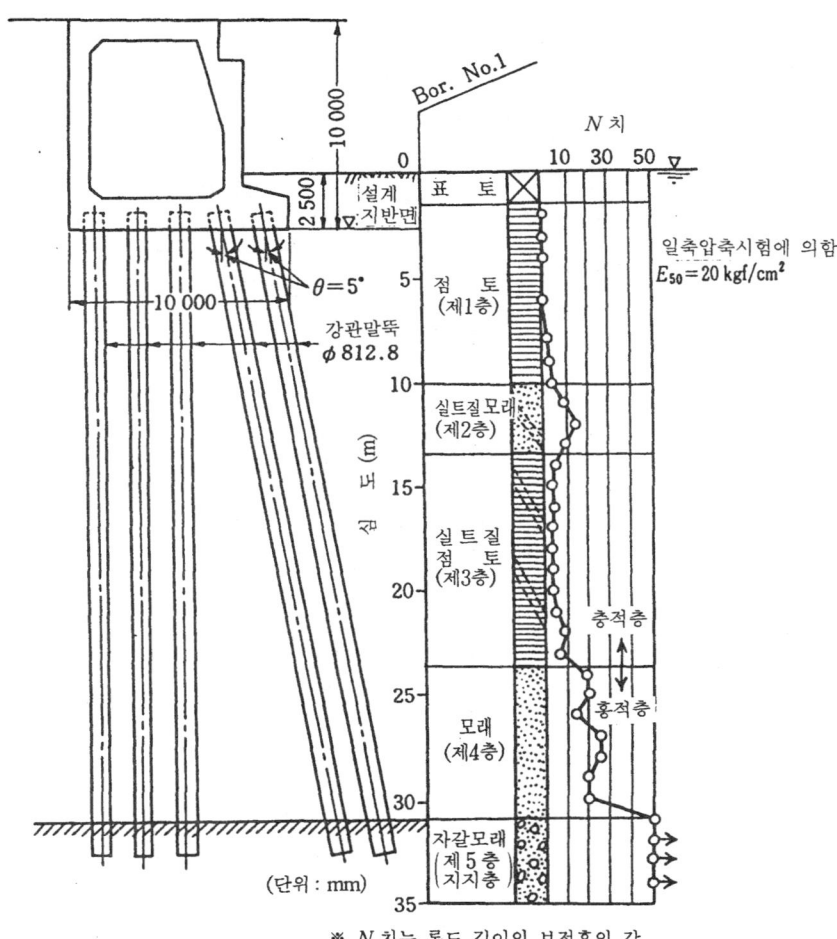

그림-4.18 교대 부근의 토질 주상도

ii) 지반조건 그림-4.18에 의함

iii) 설계진도 「도로교 시방서」에서 구한다. 여기서는 다음과 같이 설정한다.
　　설계수평진도 $k_h = 0.24$

내진 설계상의 지반면은 확대기초 밑면을 위치로 한다.

iv) 허용지지력(4.2.1(2) 참조) (표-4.18)

v) 말뚝의 스프링정수와 변위량 (4.2.1(3) 참조)

기준 변위량 : 수평방향 지반 반력계수를 산정을 하기 위한 기준치

표-4.18 허용 지지력 일람

(단위 : tf)

상 태	압입력에 대한 지지력 R_a	인 발 력 P_a
평상시	145	−35
지진시	217	−69

0.8cm (기초폭의 1%)

허용 변위량 (δ_a) : 설계 지반면에서 δ_a=1.5cm

수평방향 지반 반력계수(k_H치) :

k_H=0.9kgf/cm³ (평상시), 1.8kgf/cm³ (지진때)

여기서, β=0.259m⁻¹ (평상시), 0.308m⁻¹ (지진때)

축 직각방향 스프링정수($K_1 \sim K_4$) :

확대기초 말뚝머리부의 결합 조건은 강결합으로 한다.

  평상시 K_1=2 773(4 663) (tf/m)

 (지진때) $K_2(=K_3)$=5 353(7 570) (tf/rad, tf·m/m)

               K_4=20 668(24 578) (tf/rad)

축방향 스프링정수(K_V) : K_V=22 930 tf/m

vi) 허용 응력도와 할증

강관 말뚝 : 재질 SKK400

허용 응력도 인   장 σ_{st}=1400kgf/cm²

               압   축 σ_{sc}=1400kgf/cm²   전   단 τ_a=800kgf/cm²

콘크리트(확대기초)

설계기준강도 σ_{ck}=210kgf/cm²

허용 응력도 휨 압 축 σ_{ca}=70kgf/cm²

            압출전단 τ_a=8.5kgf/cm²

            지   압 σ_{ca}=0.3σ_{ck}=63kgf/cm²

지진때는 상기 평상시 값의 5할증 한다. 단, τ_a에 관해서는 할증을 하지 않는다.

(2) 말뚝의 허용지지력

ⅰ) 축방향 압입력에 대한 허용지지력

a) 말뚝 선단 지반의 극한 지지력

그림-3.26에서, 말뚝 선단의 극한 지지력도 q_d를 구한다.

N_1=50 : 말뚝 선단 위치의 N치

$$\overline{N_2} = \frac{20+50+50}{2} = 40 \;:\; \text{말뚝 선단에서 윗쪽에 } 4D$$
$$(D : \text{말뚝 지름})\text{의 범위에 대한 평균 } N\text{치}$$

따라서 말뚝선단 지반의 설계용 $\overline{N}$치 N은

$$\overline{N} = \frac{\overline{N_1}+\overline{N_2}}{2} = \frac{50+40}{2} = 45 \quad (N \leq 40)$$

따라서 $\overline{N}=40$으로 한다.

또, 지지층의 근입 길이는 1.5m이므로,

$$\frac{\text{지지층의 환산 근입길이}}{\text{말뚝지름}} = \frac{1.5}{0.8} = 1.875$$

따라서 개단 강관 말뚝의 경우, 그림-3.26에서 $q_d/\overline{N}=11.25$를 얻는다.

$$\therefore q_d = 11.25 \times \overline{N} = 11.25 \times 40 = 450 \text{ tf/m}^2$$

따라서 말뚝 선단 지반의 극한 지지력은

$$q_d A = 450 \times 0.503 = 226 \text{ tf}$$

여기서 $A = \frac{\pi}{4}D^2 = \frac{3.14}{4} \times 0.80^2 = 0.503 \text{ m}^2$

b) 말뚝의 주면 마찰력 말뚝의 최대 주면 마찰력도 f는, 표-3.20에서 구한다.
타입 말뚝 공법의 경우
사질토 $f = 0.2N (\leq 10\text{tf/m}^2)$
점성토 $f = c$ 또는 $N (\leq 15\text{tf/m}^2)$
말뚝의 주면 마찰력 계산 결과를 표-4.19에 나타낸다. 따라서 주면 마찰력은

$$U\Sigma l_i f_i = \pi \times 0.8 \times \Sigma l_i f_i = 2.513 \times 82.8 = 208 \text{ tf}$$

c) 허용지지력의 계산 이상의 결과에서 지반에서 정하는 말뚝의 극한 지지력 R_u를 구한다. R_u는 식(3.77)에서,

$$R_u = q_d A + U\Sigma l_i f_i$$
$$= 226 + 208$$
$$= 434 \text{ tf}$$

강관 말뚝(타입 말뚝)과 같이 말뚝의 자중이 작은 경우에는 허용지지력은 식(3.76)의 W_s와 W의 영향을 무시할 수 있다.

표-4.19 말뚝의 주면 마찰력 $l_i f_i$

심도(m)	층두께 l_i(m)	토 질 명	평균 N치 $\overline{N_i}$	주면마찰력도 f_i(tf/m²)	$l_i f_i$ (tf/m)	습윤중량 γ_t(tf/m²)
2.5~10.0	7.5	점 토	$c=2.0$ tf/m²	(무시한다)		1.4
10.0~13.5	3.5	실트질 모래	9	1.8	6.3	1.8
13.5~23.5	10.0	실트질 점토	$c=3.0$ tf/m²	3.0	30.0	1.6
23.5~31.0	7.5	모 래	21	4.2	31.5	1.8
31.0~32.5	1.5	모래 자갈	50	10.0	15.0	2.0
계	30.0	—	—	—	82.8	—

즉

$$R_a = \frac{\gamma}{n} R_u$$

여기서　R_a : 말뚝머리에 대한 말뚝의 축방향 허용 압입지지력(tf)

　　　　R_u : 지반에서 정하는 말뚝의 극한지지력(tf)

　　　　n : 안전율

　　　　γ : 안전율의 보정계수

여기서는 말뚝선단이 양질인 지지층에 근입되었으므로 지지말뚝으로 한다. 표-3.16에서,

　　　　$n = 3$ (평상시)

　　　　　$= 2$ (지진때)

따라서 지반에서 정하는 말뚝의 축방향 허용 압입지지력은

　평상시　$R_a = \frac{1}{3} \times 434 = 145$ tf

　지진때　$R_a' = \frac{1}{2} \times 434 = 217$ tf

ii) 축방향 인발력에 대한 허용 인발력　식(3.80)에서

$$P_a = \frac{1}{n} P_u + W$$

여기서　P_a : 말뚝머리에 대한 말뚝의 축방향 허용인발력(tf)

　　　　n : 안전율로, 표-3.21에서

　　　　　평상시 6, 지진때 3

P_u : 지반에서 정하는 말뚝의 극한인발력

　　　　ⅰ), b)의 계산 결과에서

$$P_u = U\Sigma l_i f_i = 208 \text{ tf}$$

W : 말뚝의 유효 중량

　　　　강관 말뚝의 중량은 작으므로 무시한다.

따라서, 축방향 허용 인발력은 다음의 값으로 한다.

평상시　　$P_a = \dfrac{1}{6} \times 208 = 35 \text{ tf}$

지진때　　$P_a' = \dfrac{1}{3} \times 208 = 69 \text{ tf}$

(3) 말뚝의 스프링정수

ⅰ) 축방향 스프링정수(K_V) 식(3.94)에서

$$K_V = a \dfrac{A_P E_P}{l}$$

여기서　A_P : 말뚝의 순단면적, $A_P = 251 \text{cm}^2$(상말뚝)

　　　　E_P : $2.1 \times 10^6 \text{kgf/cm}^2$ 말뚝의 탄성계수

　　　　$l = 3000\text{cm}$: 말뚝길이

　　　　a : 계수, 식(3.95)에서,

　　　　　　$a = 0.014(l/D) + 0.78$

　　　　　　　 $= 0.014 \times (30/0.8) + 0.78$

　　　　　　　 $= 1.305$

따라서, $K_V = 1.305 \times 251 \times 2.1 \times 10^6 / 3\,000$

　　　　　$= 229\,289 \text{ kgf/cm}$ ($\fallingdotseq 22\,930 \text{ tf/m}$)

ⅱ) 말뚝 축 직각방향 스프링정수

a) 수평방향 지반 반력계수(k_H) 일축 압축시험으로 구해지는 변형계수 E_{50}(=20kgf/cm^2)에서 k_H치를 추정한다.

점토층(제1층)은 균일 지반이기 때문에, k_H 값은 식(3.93)에서 구한다.

$$k_H = 0.34(\alpha E_0)^{1.10} D^{-0.31} (E_P I_P)^{-0.103}$$

여기서, $\alpha E_0 = 4 \times 20 = 80$ kgf/cm² (평상시)
$= 8 \times 20 = 160$ kgf/cm² (지진때)

$D = 80$ cm² : 말뚝지름

$E_P I_P = 2.1 \times 10^6 \times 1.9 \times 10^5$
$= 3.99 \times 10^{11}$ kgf/cm²

따라서,

평상시 : $k_H = 0.34 \times 80^{1.10} \times 80^{-0.31} \times (3.99 \times 10^{11})^{-0.103}$
$= 0.9$ kgf/cm³

지진때 : $k_H' = 2 \times 0.9 = 1.8$ kgf/cm³

k_H 값에서 β를 아래식에서 구한다.

$\beta = \sqrt[4]{k_H D / 4 E_P I_P}$
$= 0.00259$ cm⁻¹ ($= 0.259$ m⁻¹, 평상시),
0.00308 cm⁻¹ ($= 0.308$ m⁻¹, 지진때)

b) 축직각 방향 스프링정수 ($K_1 \sim K_4$)

$K_1 \sim K_4$는 표-3.23에서 말뚝머리 강결합(돌출길이 $h=0$)으로서 구한다.

$K_1 = 4 E_P I_P \beta^3$
$= 4 \times 2.1 \times 10^7 \times 1.9 \times 10^{-3} \times 0.259^3 = 2\,773$ tf/m (평상시)
$= 4 \times 2.1 \times 10^7 \times 1.9 \times 10^{-3} \times 0.308^3 = 4\,663$ tf/m (지진때)

$K_2 = 2 E_P I_P \beta^2$
$= 2 \times 2.1 \times 10^7 \times 1.9 \times 10^{-3} \times 0.259^2 = 5\,353$ tf/m (평상시)
$= 2 \times 2.1 \times 10^7 \times 1.9 \times 10^{-3} \times 0.308^2 = 7\,570$ tf/m (지진때)

$K_3 (\text{tf·m/m}) = K_2$

$K_4 = 2 E_P I_P \beta$
$= 2 \times 2.1 \times 10^7 \times 1.9 \times 10^{-3} \times 0.259 = 20\,668$ tf·m/rad (평상시)
$= 2 \times 2.1 \times 10^7 \times 1.9 \times 10^{-3} \times 0.308 = 24\,579$ tf·m/rad (지진때)

(4) 측면 이동의 판정 본 사례의 경우 그림-4.18에서 알 수 있는 것처럼 연약 점토

지반의 높은 성토가 되기 때문에, 식(3.2)에서 편하중을 받는 말뚝 기초로서 측면 이동의 판정을 한다(그림-4.19 참조)

$$I = \mu_1 \, \mu_2 \, \mu_3 \, \frac{\gamma h}{c}$$

여기서　　I : 측면 이동 판정치

　　　　　　$I<1.2$ 측면 이동의 우려가 없다.

　　　　　　$I\geqq1.2$ 측면 이동의 우려가 있음.

　　　　　γ : 성토 재료의 단위 체적중량, $\gamma=1.8\text{tf}/\text{m}^3$

　　　　　h : 성토 높이 $h=7.5\text{m}$

　　　　　c : 연약층에서 점착력의 평균치, $c=2.0\text{tf}/\text{m}^2$

　　　　　D : 연약층의 두께, $D=10.0\text{m}$

　　　　　A : 교대 길이, $A=10.0\text{m}$

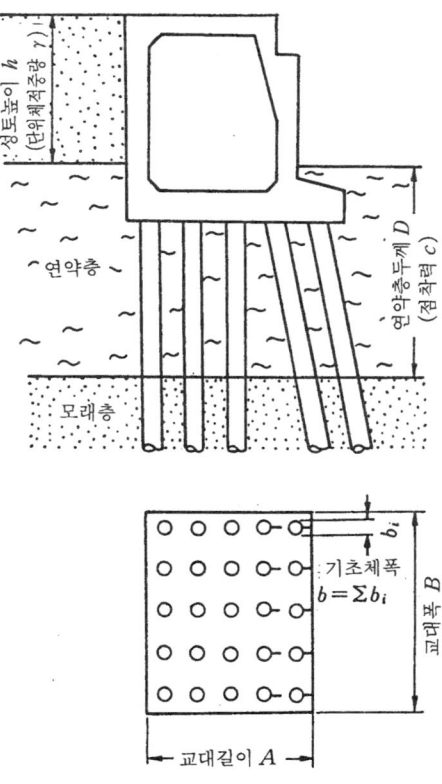

그림-4.19 측면 이동의 판정

B : 교대 길이, $B=12.0$m
b : 기초체 폭의 총합, $b=0.8\times 5=4.0$m
l : 기초 근입길이 $l=30.0$m
μ_1 : 연약층 두께의 보정계수, $\mu_1=D/l=10.0/30.0=0.333$
μ_2 : 기초체 저항폭의 보정계수, $\mu_2=b/B=4.0/12.0=0.333$
μ_3 : 교대의 길이에 관한 보정계수, $\mu_3=D/A=10.0/10.0=1.0$

$$\therefore I=0.333\times 0.333\times 1.0\times \frac{1.8\times 7.5}{2.0}=0.75<1.2 \quad OK$$

참고 : F치에 의한 판정

$$F=\frac{c}{\gamma\cdot h}\cdot \frac{1}{D}$$

여기서 F : 측면 이동지수($\times 10^{-2}$m^{-1})
  $F\geqq 4$ 측면 이동의 우려가 없음
  $F<4$ 측면 이동의 우려가 있음

$\left.\begin{array}{l} c=2.0 \text{ tf/m}^2 \\ \gamma=1.8 \text{ tf/m}^3 \\ h=7.5 \text{ m} \\ D=10.0 \text{ m} \end{array}\right\}$ (기호는 전기와 같음)

$$\therefore F=\frac{2.0}{1.8\times 7.5}\times \frac{1}{10.0}=1.5<4 \quad NG$$

(5) 부 주면 마찰력의 검토 압밀 침하가 생길 우려가 있는 지반에 말뚝이 타설하기 때문에 말뚝의 수직지지력, 말뚝체 응력도와 말뚝머리 침하량에 대해서 부 주면 마찰력의 영향을 검토한다.

ⅰ) 수직지지력

$$R_a'=\frac{1}{1.5}(R_u'-W_s')+W_s'-(R_{nf}+W)$$

여기서 R_a' : 부 주면 마찰력을 고려한 허용지지력(tf)
  R_u' : 중립점보다 아래에 있는 지반에서 말뚝의 극한 지지력(tf)
 실트질 점토층(제3층) 하단을 중립점 위치로 한다. (2)에서

$$R_u' = q_d A + U\Sigma l_i f_i$$
$$= 226 + 2.513(31.5 + 15.0)$$
$$= 226 + 117 = 343 \text{ tf}$$

W_s' : 중립점보다 아래쪽의 말뚝으로 바꾸는 부분의 흙의 유효 중량(tf)

W : 말뚝과 말뚝 내부 토사의 유효 중량(tf)

여기서는 W_s' 와 W는 무시한다.

R_{nf} : 부 주면 마찰력(tf), 점토층(제1층)도 고려한다.

$$R_{nf} = U\Sigma l_i f_i$$
$$= 2.513(2.0 \times 7.5 + 6.3 + 30.0)$$
$$= 129 \text{ tf}$$

$$\therefore R_a' = \frac{1}{1.5} \times 343 - 129 = 229 - 129 = 100 \text{ tf} > P_0 = 70.3 \text{ tf}$$

(사하중에 의한 최대 말뚝머리 하중) OK

ii) 말뚝체 응력도의 검토

$$1.2(P_0 + R_{nf} + W') \leq \sigma_y A_p$$

여기서 P_0 : 사하중의 의한 최대 말뚝머리 하중, $P_0 = 70.3$tf

R_{nf} : 부 주면 마찰력, $R_{nf} = 129$tf

W' : 중립점보다 윗쪽부분은 말뚝의 유효 중량(tf)을 무시한다.

σ_y : 강관말뚝의 항복 응력도(tf/m^2)

SKK400일 때 $\sigma_y = 2400$kgf/cm^2(=24000tf/m^2)

A_p : 대조단면에서 말뚝의 순단면적(m^2)

$$A_p = 176 \text{ cm}^2(t = 9 \text{ mm}) = 0.0176 \text{ m}^2$$

$$\therefore 1.2 \times (70.3 + 129) = 239.2 \text{ tf} < 24000 \times 0.0176 = 422.4 \text{ tf} \quad \text{OK}$$

iii) 말뚝머리 침하량의 검토   지지말뚝이므로 부 주면마찰력에 의한 말뚝머리 침하량의 검토는 생략한다.

(6) 기초의 안정계산

i) 계산조건

a) 말뚝배치   말뚝배치는 그림-4.20과 같이 배치한다.

b) 설계정수   (1) 설계조건을 참조할 것

c) 하중   교대 1기마다 확대기초 밑면 중심에 작용하는 하중을 표-4.20에, 작용 하중도를 그림-4.21에 나타낸다.

ii) 기초의 안정계산   제3장 3.3.7에서 말뚝 기초의 안정계산을 변위법으로 실시한다. 변위법에 의한 계산은 일반적으로 전자 계산기로 실시되기 때문에 여기서는 계산과정을 생략하고 계산결과(표-4.21)만을 나타낸다.

여기서 P_{Ni}, P_{Hi}, M_{ti} : 지지력 대조 및 말뚝 본체의 설계

V_i, H_i : 안정계산 과정의 대조 및 확대기초의 배근 계산에 사용된다.

안정계산 과정의 대조를 지진때의 예를 들면 아래와 같다.

$\Sigma H_i = 5$ 열 $\times (41.8+39.0+31.4\times 3) = 875 (=H_0)$ OK

$\Sigma V_i = 5$ 열 $\times (146+107+53.7+13.6-26.4) \risingdotseq 1470 (=N_0)$

$\Sigma(M_{ti}+V_i \cdot x_i) = 5$ 열 $\times [(-36.1+146\times 4.0)$

$+(-37.3+107\times 2.0)+(-40.2+53.7\times 0.)+(-40.2-13.6\times 2.0)$

$+(-40.2+26.4\times 4.0) = 3412 (\risingdotseq M_0)$ OK

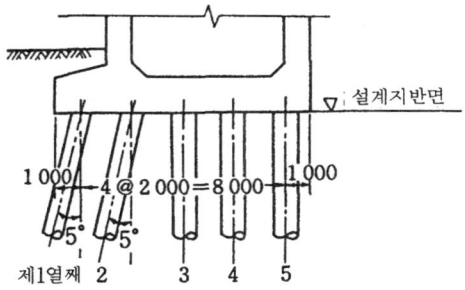

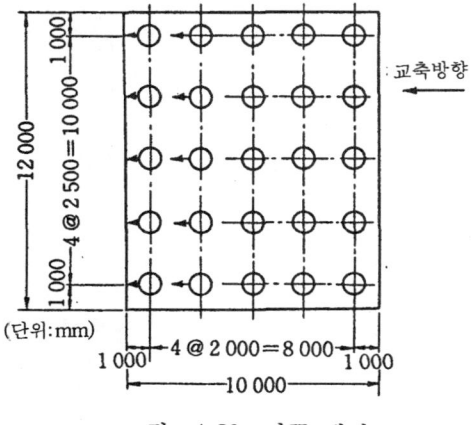

그림-4.20 말뚝 배치도

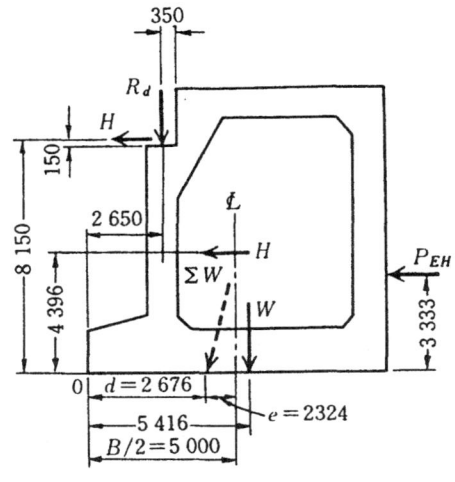

그림-4.21 작용 하중도

(7) 말뚝 본체의 설계

ⅰ) 완성후의 하중 설계

a) 말뚝의 특성에 대한 계산상의 분류   말뚝 본체 각부의 단면력은 말뚝을 탄성 바닥상의 보로 구한다. 또한 다음 식의 관계에서 말뚝의 반무한 길이의 말뚝으로 계산한다.

$$\beta l = 0.259 (\text{평상시의 값}) \times 30.0 = 7.8 (>3)$$

여기서 $\beta l = \sqrt[4]{\dfrac{k_H D}{4 E_P I_P}}$: 말뚝의 특성치(m^{-1})

l : 말뚝 길이(m)

b) 말뚝 본체의 휨 모멘트 계산

말뚝머리 고정 및 말뚝 머리 힌지의 2 케이스로 계산한다.

말뚝 본체 각 부의 휨 모멘트 계산식은 표-3.24의 「토중에 천공된 말뚝($h=0$)」에서 구한다.

말뚝머리 고정의 경우 (표중의 가) 기본계에서)

$$M = -\dfrac{H}{\beta} e^{-\beta x} [\beta h_0 \cos \beta x + (1 + \beta h_0) \sin \beta x]$$

말뚝머리 힌지의 경우 (표중의 나) 말뚝머리가 자유인 경우에)

$$M = -\dfrac{H}{\beta} e^{-\beta x} \sin \beta x$$

표-4.20 하중의 집계

케이스		항 목	W (tf/m)	H (tf/m)	x (m)	y (m)	Wx (tf·m/m)	Hy (tf·m/m)
평상시		상부공반력 구 체 토 압 력 계 (m 당)	27.500 (0.) 103.339 5.091 135.930 (108.430)	0. 0. 28.821 28.821	2.650 5.416 10.000 —	8.150 4.396 3.333 —	72.875 (0.) 559.684 50.910 683.469 (610.594)	0. 0. 96.060 96.060
		합력의 작용위치 $d = \dfrac{\Sigma Wx - \Sigma Hy}{\Sigma W} = \dfrac{683.469(610.594) - 96.060}{135.930(108.430)} = 4.321$ m (4.745) ∴ 편심거리 $e = B/2 - d = 5.000 - 4.321(4.745) = 0.679$ m (0.255) ∴ 모멘트 $M = \Sigma W \cdot e = 0.679 \times 135.930 = 92.296$ tf·m/m (0.255×108.430) (27.616)						
	확대기초밑면에 작용하는 하중 (교대 1 기당)	수평하중 $H_0 = H \times B = 28.821 \times 12.0 = 346$ tf 수직하중 $V_0 = W \times B = 135.930 \times 12.0 = 1631$ tf (108.430) (1301) 외력의 모멘트 $M_0 = M \times B = 92.296 \times 12.0 = 1108$ tf (27.616) (331)						

케이스		항 목	W (tf/m)	H (tf/m)	x (m)	y (m)	Wx (tf·m/m)	Hy (tf·m/m)
지진시		상부공반력 구 체 토 압 력 계 (m 당)	19.200 103.339 0. 122.539	2.880 24.225 45.810 72.915	2.650 5.416 10.000 —	8.150 4.396 3.333 —	50.880 559.684 0. 610.564	23.472 106.493 152.682 282.650
		합력의 작용위치 $d = \dfrac{\Sigma Wx - \Sigma Hy}{\Sigma W} = \dfrac{610.564 - 282.650}{122.539} = 2.676$ m ∴ 편심거리 $e = B/2 - d = 5.000 - 2.676 = 2.324$ m ∴ 모멘트 $M = \Sigma W \cdot e = 122.539 \times 2.324 = 248.781$ tf·m/m						
	확대기초밑면에 작용하는 하중 (교대 1 기당)	수평하중 $H_0 = H \times B = 72.915 \times 12.0 = 875$ tf 수직하중 $V_0 = W \times B = 122.539 \times 12.0 = 1\,470$ tf 외력의 모멘트 $M_0 = M \times B = 284.781 \times 12.0 = 3\,717$ tf						

상표에 있어서 1) 거리 x, y, d 및 e는 그림-4.21를 참조할 것
2) 평상시의 ( )의 값은 부 주면 마찰력 검토용

여기서 M : 말뚝 각부의 휨 모멘트
H : 말뚝 축 직각방향력
M_t : 말뚝머리 외력으로서의 모멘트
x : 말뚝 각부의 지표면에서의 깊이
h_0 : M_t/H

표-4.21 안정 계산 결과

케이스	항 목		단위	계 산 치					허용치
평상시	확대기초의 변위	수평변위 δ_x	cm	0.45					1.50
		수직변위 δ_y	cm	0.27					
		회전각 α	rad	0.000289					
	말뚝열번호			1열 ($\theta=5°$)	2열 ($\theta=5°$)	3열	4열	5열	
	축직각 방향 변위량	δ'_{xi}	cm	0.42	0.42	0.45	0.45	0.45	
	축 방 향 변 위 량	δ'_{yi}	cm	0.43	0.37	0.27	0.21	0.16	$\begin{cases} R_a=140 \\ R_a'=-35 \end{cases}$
	말뚝 축 방 향 력	P_{Ni}	tf	97.4 (70.3)	84.2 (64.1)	62.2 (49.0)	49.0 (42.8)	35.8 (36.5)	
	말뚝 축 직각 방향력	P_{Hi}	tf	10.1	10.1	11.1	11.1	11.1	
	말뚝머리에 작용하는 외력으로서의 모멘트	M_{ti}	tf·m	-16.4	-16.7	-18.3	-18.3	-18.3	
	말뚝머리에서의 수직반력	V_i	tf	96.2	83.0	62.2	49.0	35.8	
	말뚝머리에서의 수평반력	H_i	tf	18.5	17.5	11.1	11.1	11.1	

케이스	항 목		단위	계 산 치					허용치
지진시	확대기초의 변위	수평변위 δ_x	cm	0.81					1.50
		수직변위 δ_y	cm	0.23					
		회전각 α	rad	0.000873					
	말뚝열번호			1열 ($\theta=5°$)	2열 ($\theta=5°$)	3열	4열	5열	
	축직각 방향 변위량	δ'_{xi}	cm	0.76	0.78	0.81	0.81	0.81	
	축 방 향 변 위 량	δ'_{yi}	cm	0.65	0.48	0.23	0.06	-0.12	$\begin{cases} R_a=210 \\ R_a'=-69 \end{cases}$
	말뚝 축 방 향 력	P_{Ni}	tf	150	110	53.7	13.6	-26.4	
	말뚝 축 직각 방향력	P_{Hi}	tf	28.9	29.6	31.4	31.4	31.4	
	말뚝머리에 작용하는 외력으로서의 모멘트	M_{ti}	tf·m	-36.1	-37.3	-40.2	-40.2	-40.2	
	말뚝머리에서의 수직반력	V_i	tf	146	107	53.7	13.6	-26.4	
	말뚝머리에서의 수평반력	H_i	tf	41.8	39.0	31.4	31.4	31.4	

상기에 의해서 1) 상시의 P_{Ni}의 항, ( )내의 값은 부의 주면마찰력 검토용.
2) R_a : 허용압삽입지지력, P_a : 허용응력반력(부의 표시)

$$\beta = \sqrt[4]{\frac{k_H D}{4 E_P I_P}} \ : \ \text{말뚝의 특성치}$$

윗식에

평상시 : $H = 18.5$ tf, $M_t = -16.4(0.0)$ tf·m

$\beta = 0.259$ m^{-1}

지진때 : $H=41.8$ tf, $M_t=-36.1(0.0)$ tf·m

$\beta=0.308$ m^{-1}

(주) 어느 것이나 제1열 말뚝(사면 말뚝), ( )는 말뚝머리 힌지의 경우

을 대입하여 말뚝체 각부의 휨 모멘트를 구한 경우를 표-4.22, 그림-4.22에 나타낸다. 여기서는 제1열 말뚝(사면 말뚝)의 결과만 나타낸다.

c) 말뚝의 응력도 계산 지진때에 대해서 검토한다.

$$\sigma=\frac{P_N}{A_P}\pm\frac{M_{max}}{Z_P}\leqq\sigma_a$$

여기서 σ : 말뚝의 휨 압축(인장) 응력도(kgf/cm^2)

P_N : 말뚝 축 방향력(kgf)

표-4.22 말뚝체각부의 휨 모멘트 M (tf·m)

(제1열 말뚝의 값)

깊이 방향	평상시 고정	평상시 힌지	지진시 고정	지진시 힌지	깊이 방향	평상시 고정	평상시 힌지	지진시 고정	지진시 힌지
0	16.4	0	36.1	0	16	0.161	0.572	0.464	0.721
1	7.771	-8.471	12.416	-22.713	17	0.202	0.499	0.362	0.469
2	1.824	-12.641	-2.104	-31.813	18	0.205	0.404	0.256	0.268
3	-1.906	-13.816	-9.653	-32.292	19	0.185	0.305	0.163	0.122
4	-3.931	-13.085	-12.384	-28.048	20	0.155	0.215	0.090	0.026
5	-4.731	-11.294	-12.133	-21.845	21	0.120	0.139	0.038	-0.029
6	-4.717	-9.058	-10.305	-15.448	22	0.087	0.079	0.005	-0.055
7	-4.220	-6.788	-7.881	-9.840	23	0.058	0.035	-0.013	-0.061
8	-3.487	-4.733	-5.472	-5.438	24	0.035	0.005	-0.021	-0.056
9	-2.690	-3.018	-3.409	-2.303	25	0.018	-0.012	-0.023	-0.045
10	-1.936	-1.684	-1.819	-0.288	26	0.005	-0.022	-0.020	-0.033
11	-1.286	-0.715	-0.706	0.839	27	-0.002	-0.025	-0.016	-0.022
12	-0.766	-0.064	-0.007	1.332	28	-0.006	-0.025	-0.011	-0.013
13	-0.377	0.330	0.371	1.412	29	-0.008	-0.022	-0.007	-0.006
14	-0.106	0.531	0.524	1.258	30	-0.008	-0.018	-0.004	-0.001
15	0.066	0.596	0.533	1.000					
					L_m	5.456	3.032	4.364	2.549
					M_m	-4.803	-13.817	-12.763	-32.868

주) l_m : 지중부 최대 휨 모멘트가 생기는 위치 (m)

  M_m : 지중부 최대 휨 모멘트 (tf·m)

  l_m 및 M_m의 계산식을 표-3.24에 의함

A_P=251cm² : 말뚝의 순단면적(t=12mm)

Z_P=4950cm³ : 말뚝의 단면계수

M_{max} : 말뚝체에 생기는 휨 모멘트(kgf·cm)

M_0(말뚝머리 고정) 또는 $|M_m|$의 큰 쪽의 값을 채택하나 여기서는 어느 경우도 전자를 결정한다.

σ_a : 허용 응력도, 평상시 1400kgf/cm², 지진때 2100kgf/cm²

평상시 :

제1열 말뚝(경사면 말뚝)

$$\sigma = \frac{97.4 \times 10^3}{251} \pm \frac{16.4 \times 10^5}{4950}$$

$$= 386 \pm 331 = 719, \ 57 \ kgf/cm² \leq \sigma_a = 1\ 400 \ kgf/cm²$$

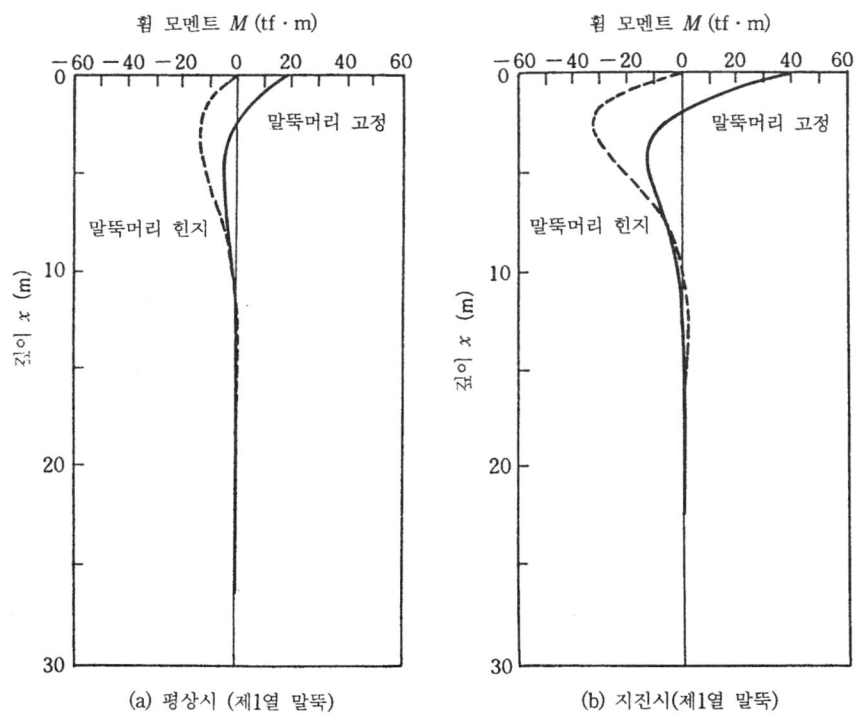

(a) 평상시 (제1열 말뚝) (b) 지진시(제1열 말뚝)

그림-4.22 말뚝체 각부의 휨 모멘트 분포도

제3열 말뚝(직접 말뚝)

$$\sigma = \frac{62.2 \times 10^3}{251} \pm \frac{18.3 \times 10^5}{4950}$$

$$= 248 \pm 370 = 619, \quad -122 \text{ kgf/cm}^2 \leq \sigma_a$$

지진때 :

제1열 말뚝(경사면 말뚝)

$$\sigma = \frac{150 \times 10^3}{251} \pm \frac{36.1 \times 10^5}{4\,950}$$

$$= 596 \pm 729 = 1\,325, \quad -133 \text{ kgf/cm}^2 \leq \sigma_a = 2\,100 \text{ kgf/cm}^2$$

제3열 말뚝(직접 말뚝)

$$\sigma = \frac{53.7 \times 10^3}{251} \pm \frac{40.2 \times 10^5}{4\,950}$$

$$= 214 \pm 812 = 1\,026, \quad -598 \text{ kgf/cm}^2 \leq \sigma_a$$

d) 말뚝의 단면 변화 위치

말뚝의 단면 변화 위치는 다음식으로 구한다.

$$l_1 \geq l_a$$

여기서 l_1 : 확대기초 하면에서 단면 위치까지의 거리

l_a : 확대기초 하면에서 지중부의 휨 모멘트 값이 M_{max}의 1/2이 되는 위치까지의 거리(m)

M_{max} : M_t, M_m 중에서 큰 쪽의 값(tf·m)

M_m : 말뚝머리 힌지로서 구한 지중부 최대 휨 모멘트(tf·m)

단면 응력도의 가장 큰 제1열 말뚝의 지진때에 대해서 검토한다.

최대 휨 모멘트 M_{max}의 1/2

$$\frac{1}{2} M_{max} = \frac{1}{2} \times 32.868 = 16.434 \text{ tf·m}$$

표-4.22에서 l_a는 5m와 6m 사이에 있기 때문에 $x=6$m로서 $M(x=6\text{m}) = -15.448$을 얻는다.

따라서 단면 변화의 위치를 $l_1 = 6$m로 하고 이보다 깊은 말뚝의 판 두께는 9mm로 한다. 단면 변화 위치에서 단면 응력도의 대조는 다음식으로 실시한다.

$$\sigma = \frac{P_N}{A_P} \pm \frac{M_{max}}{Z_P} \leq \sigma_a$$

여기서 P_N : 말뚝의 축 방향력(kgf)
  M : 말뚝체에 생기는 휨 모멘트(kgf·cm)
  A_P : 말뚝의 순단면적 $A_P = 176 cm^2$ ($t = 9mm$)
  Z_P : 말뚝의 단면계수, $Z_P = 3500 cm^3$

$$\sigma = \frac{150 \times 10^3}{176} \pm \frac{15.448 \times 10^5}{3500}$$

$$= 852 \pm 441 = 1293, \ 411 \ kgf/cm^2 > \sigma_a = 2100 \ kgf/cm^2 \quad OK$$

ii) 말뚝과 확대기초의 결합부 말뚝과 확대기초의 결합부는 말뚝머리 고정으로 설계한다. 또한 여기서 접합 방법은 방법 A에 의한다. 그림-4.23에 방법 A에 의한 말뚝머리부 형상도를 나타낸다. 또한 기호의 설명은 제3장 3.7.2를 참조한다.

a) 압입력에 대한 대조

① 확대기초 콘크리트의 수직 허용응력도 σ_{cv}

$$\sigma_{cv} = \frac{P}{\pi \cdot D^2 / 4} \leq \sigma_{ca}$$

평상시 : $\sigma_{cv} = \dfrac{97.4 \times 10^3}{\pi \times 80^2 / 4} = 19 \ kgf/cm^2 < \sigma_{ca} = 63 \ kgf/cm^2$

지진때 : $\sigma_{cv} = \dfrac{150 \times 10^3}{\pi \times 80^2 / 4} = 30 \ kgf/cm^2 < \sigma_{ca} = 94.5 \ kgf/cm^2$

② 확대기초 콘크리트의 압출 전단응력도 τ_v

$$\tau_v = \frac{P}{\pi(D+h)h} \leq \tau_a$$

평상시 : $\tau_v = \dfrac{97.4 \times 10^3}{\pi(80+60) \times 60}$

$= 3.7 \ kgf/cm^2 < \tau_a$
$= 8.5 \ kgf/cm^2$

지진때 : $\tau_v = \dfrac{150 \times 10^3}{\pi(80+60) \times 60}$

$= 5.7 \ kgf/cm^2 < \tau_a$
$= 8.5 \ kgf/cm^2$

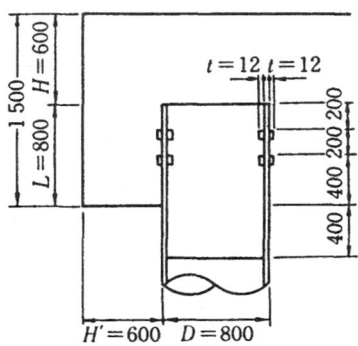

그림-4.23 말뚝머리부 형상도

b) 인발력에 대한 대조

확대기초 콘크리트의 인발 전단응력도(τ_{vt})

$$\tau_{vt} = \frac{P_t}{\pi(D+h_t)h_t} \leqq \tau_{at} \ (=\tau_a)$$

지진때 : $\tau_{vt} = \dfrac{26.4 \times 10^3}{\pi \times (80+37.5) \times 37.5}$

$$= 1.9 \ \text{kgf/cm}^2 < \tau_a = 8.5 \ \text{kgf/cm}^2$$

c) 수평력과 모멘트에 대한 대조

① 확대기초 콘크리트의 수평 허용응력도 σ_{ch}

$$\sigma_{ch} = \frac{H}{Dl} + \frac{6M}{Dl^2} \leqq \sigma_{ca}$$

평상시 :

$$\sigma_{ch} = \frac{10.1 \times 10^3}{80 \times 80} + \frac{6 \times 16.4 \times 10^5}{80 \times 80^2}$$

$$= 1.6 + 19.2 = 20.8 \ \text{kgf/cm}^2 < \sigma_{ca} = 63 \ \text{kgf/cm}^2$$

지진때 :

$$\sigma_{ch} = \frac{28.9 \times 10^3}{80 \times 80} + \frac{6 \times 36.1 \times 10^5}{80 \times 80^2}$$

$$= 4.5 + 42.3 = 46.8 \ \text{kgf/cm}^2 < \sigma_{ca} = 94.5 \ \text{kgf/cm}^2$$

② 확대기초 각 단부의 말뚝에 대한 수평방향의 압출 전단응력도 τ_h

$$\tau_h = \frac{H}{h'(2l+D+2h')} \leqq \tau_a$$

평상시 :

$$\tau_h = \frac{10.1 \times 10^3}{60 \times (2 \times 80 + 80 + 2 \times 60)}$$

$$= 0.5 \ \text{kgf/cm}^2 < \tau_a = 8.5 \ \text{kgf/cm}^2$$

지진때 :

$$\tau_h = \frac{28.9 \times 10^3}{60 \times (2 \times 80 + 80 + 2 \times 60)}$$

$= 1.3 \, \text{kgf/cm}^2 < \tau_a = 8.5 \, \text{kgf/cm}^2$

4.2.2 도로교 교각(현장타설 말뚝)의 설계
(1) 설계 조건
 i) 구조형식

상부공형식
  3경간 연속 강재 거더교
  지간 길이 : 3@ 30.0m
  폭   원 : 총폭원 11.650m, 유효폭원 10.0m
  사 하 중 : TL-20
  상부공하중 : 전 사 하 중   640.0tf
            수 평 하 중   330.0tf (교축방향), 115.0tf (직각방향)
            사하중 반력   480.0tf
            활하중 반력   160.0tf
하부공하중
  형   식 : 역 T형 교각(H=10.0m, 고정)
  구 조 치 수 : 그림-4.24를 참조할 것
기 초 형 식
  말 뚝 종 류 : 현장타설 말뚝
  말 뚝 지 름 : ϕ1000mm
  말 뚝 길 이 : l=30.0m
  지 지 형 식 : 마찰 말뚝
  말 뚝 제 원 : 말뚝체의 탄성계수 E_P=250000kgf/cm^2
            순단면적 A_P=7850cm^2
            단면 2차 모멘트 단면계수 I_P=4909000cm^4
 ii) 지반 조건   그림-4.25에 의함
 iii) 설계 수평 진도 「도로교 시방서」에서 구하며 여기서는 k_H=0.24로 설정한다.
 iv) 허용지지력(4.2.2(2) 참조) (표-4.23)
 v) 말뚝의 스프링정수와 변위량(4.2.2(3) 참조)
기준 변위량 : 수평방향 지반 반력계수를 산정하기 위한 기준치 1.0cm(기초폭의 1%)
허용 변위량 (δ_a) : 설계 지반면에서 δ_a=1.5cm
  수평방향 지반 반력계수(k_H 값) :

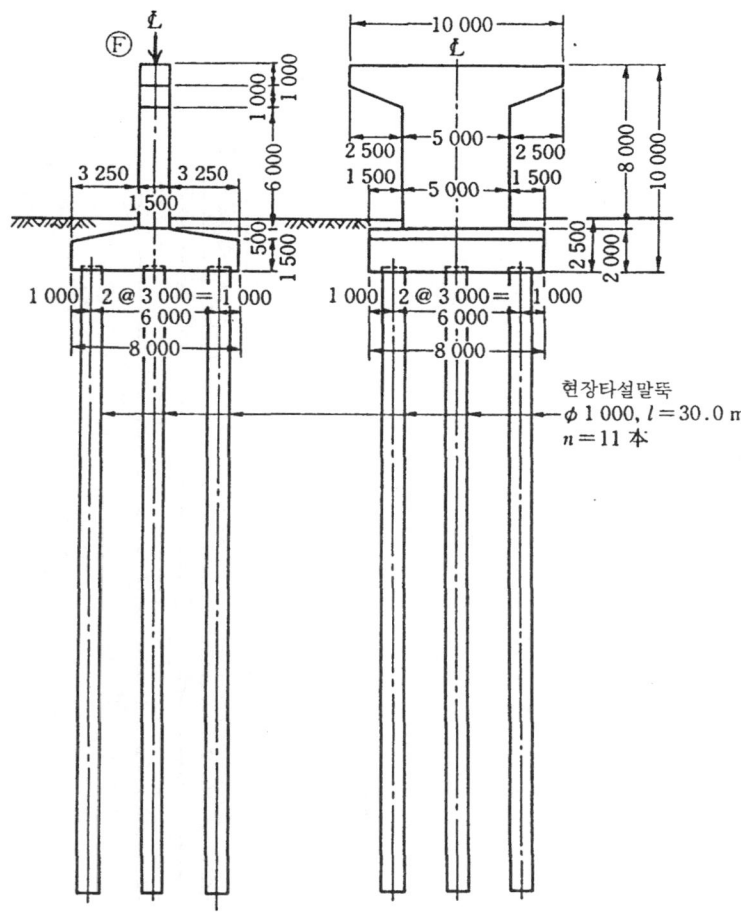

그림-4.24 교각의 구조 치수

k_H=2.8kgf/cm³ (평상시), 5.6kgf/cm³ (지진때)
여기서, β=0.275m⁻¹ (평상시), 0.327m⁻¹ (지진때)

축 직각방향 스프링정수($K_1 \sim K_4$) :

확대기초와 말뚝머리부의 경우 조건은 강결합으로 한다.

　　평상시　K_1=10207 (17161) (tf/m)
　(지진때)　$K_2(=K_3)$=18558 (26240) (tf/rad, tf·m/m)
　　　　　K_4=67485 (80246) (tf·m/rad)

축방향 스프링정수(K_V) : K_V=47798 tf/m

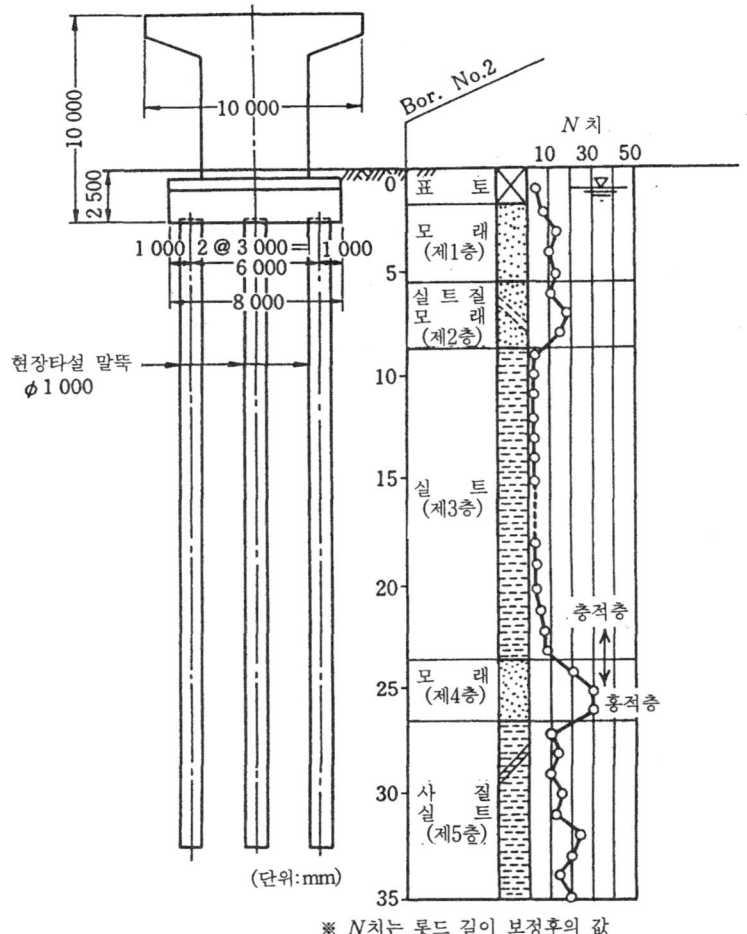

그림-4.25 교각 부근의 토질 주상도

표-4.23 허용 지지력 일람

(단위 : tf)

케이스	압입력에 대한 대한 지지력 R_a	인발력 P_a
평상시	238	-166
지진시	367	-297

(2) 말뚝의 허용지지력 그림-4.25의 토질 주상도에서 알 수 있는 것처럼 양질인 지지층(사질토 지반에서는 N치 30 이상, 점성토 지반에서는 N치 20 이상 또는 일축 압축강도 q_u가 4kgf/cm^2 이상은 지표면에서 -50m 이상 깊이로 존재하지 않는다. 따라서 말뚝의 지지형식은 제4층의 얇은 모래층에 지지(여기서는 이 지지형식의 말뚝을 박층 지지말뚝이라 한다)시키던가 마찰 말뚝이 대상이 된다. 여기서는 말뚝 1개당 설계 하중(말뚝 반력)을 200~250tf(평상시) 정도로 가정하여 상기 2타입의 지지력을 검토하여 지지형식을 결정할 수 있다.

 i) 박층지지 말뚝의 경우

 a) 축방향 압입력에 대한 허용지지력

 ① 극한 지지력의 계산 현장타설 말뚝에 의한 박층 지지말뚝의 경우 말뚝 선단 지반의 극한 지지력도 q_d'는 그림-3.27(a)를 준용하여 그림-4.26에서 구한다. 말뚝 선단은 3m의 박층 두께중 말뚝 지름(=1.0m) 정도의 근입을 가정하여 유효 층두께는 2m(유효층 두께비 $H/D=2.0/1.0=2.0$)이기 때문에 q_d'는 다음과 같이 구한다. 이 경우 말뚝 길이는 $l=22$m가 된다.

$$q_d' = (300 - 3q_u) \times \frac{H/D - 1}{3 - 1} + 3q_u$$

$$= (300 - 3 \times 30) \times \frac{1}{2} + 3 \times 30 = 195 \text{ tf/m}^2$$

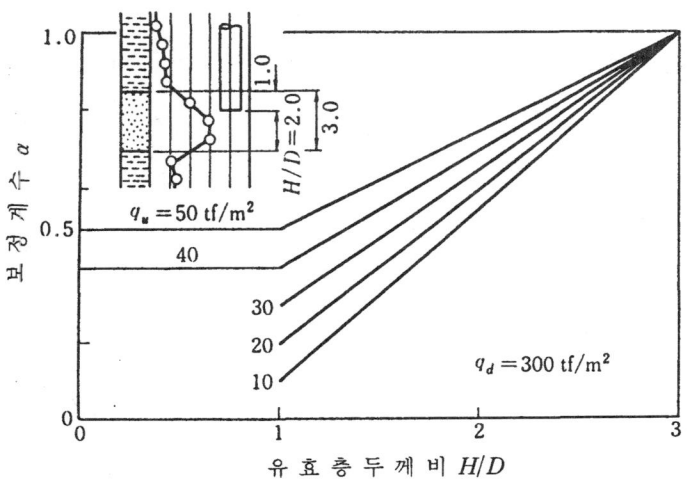

그림-4.26 유효층 두께비 H/D - 보정계수 α

여기서　　$q_d{}'$: 박층 지지말뚝의 선단 극한지지력도(tf/m²)

　　　　　q_u : 하위 점토층(사질실트, 점토층)의 일축 압축 강도

　　　　　　(tf/m²), $q_u = 30$ tf/m²

　　　　H/D : 유효층 두께비

또 말뚝의 최대 주면 마찰력도 f는 표-3.20에서

현장타설 말뚝공법의 경우

　　사질토　　$f = 0.5N$ （≤ 20 tf/m²）

　　점성토　　$f = c$ 　또는　 N （≤ 15 tf/m²）

말뚝 주면 마찰력의 계산결과를 표-4.24에 나타낸다.

표-4.24 말뚝의 주면 마찰력 $l_i f_i$

심도(m)	층 두께 l_i(m)	토 질 명	평균 N치 $\overline{N_i}$	주면마찰력도 f_i(tf/m²)	주면마찰력 $l_i f_i$(tf/m)	습윤중량 γ_t(tf/m³)
2.5～5.5	3.0	모래	12	6.0	18.0	1.8
5.5～8.5	3.0	실트질사	15	7.5	22.5	1.8
8.5～23.5	15.0	실트	$c = 5$ tf/m²	5.0	75.0	1.7
23.5～24.5	1.0	모래	20	10.0	10.0	1.9
계	22.0	—	—	—	125.5	—

따라서 지반에서 정하는 박층 지지말뚝의 극한 지지력은 다음의 값이 된다.

$$R_u = q_d{}' A_P + U \Sigma l_i f_i$$

　　$= 195 \times 0.785 + 3.14 \times 125.5$

　　$= 153 + 394 = 547$ tf

② 허용지지력의 계산　말뚝의 허용지지력은 식(3.76)에서 구한다.

$$R_a = \frac{\gamma}{n}(R_u - W_s) + W_s - W$$

여기서　　R_a : 말뚝머리에서 말뚝의 축방향 허용 압입지지력(tf)

　　　　　n : 표-3.16에 나타낸 안전율

　　　　　γ : 표-3.17에 나타낸 극한 지지력 추정법의 차이에 따른 안전율의 보정 계수

R_u : 지반에서 정하는 말뚝의 극한 지지력(tf)
W_s : 말뚝으로 치환되는 부분의 흙의 유효 중량(tf)
W : 말뚝과 말뚝 내부 흙의 유효 중량(tf)

흙과 말뚝의 평균 유효 중량을 $\gamma'=0.7\text{tf/m}^3$, $\gamma_c'=1.5\text{tf/m}^3$로 하면

$$W_s = \frac{\pi}{4}D^2 l\gamma' = \frac{\pi}{4} \times 1.0^2 \times 22.0 \times 0.7 = 12 \text{ tf}$$

$$W = \frac{\pi}{4}D^2 l\gamma_c' = \frac{\pi}{4} \times 1.0^2 \times 22.0 \times 1.5 = 26 \text{ tf}$$

안전율의 보정 계수 γ는 지지력 추정식에 의한 경우는 1.0이기 때문에 말뚝의 축방향 압입 지지력은 다음의 값이 된다.

평상시 $R_a = \frac{1}{3}(547-12) + 12 - 26 = 164 \text{ tf}$

지진때 $R_a' = \frac{1}{2}(547-12) + 12 - 26 = 254 \text{ tf}$

그러나 이 허용지지력에서 목표로 하는 200~250tf(평상시)를 만족하지 않기 때문에 여기서는 원위치에서 수직 재하시험을 실시하여 말뚝의 지지력을 직접 확인하는 것을 전제로 다시 허용지지력을 구한다. 이 경우 표 3.17에서 보정계수 γ는 1.2로 할 수 있기 때문에,

평상시 $R_a = \frac{1.2}{3}(547-12) + 12 - 26$
$\qquad\qquad = 200 \text{ tf}$

지진지 $R_a' = \frac{1.2}{2}(547-12) + 12 - 26$
$\qquad\qquad = 307 \text{ tf}$

가 얻어진다.

b) 축방향 인발에 대한 허용 인발력 식(3.80)에서

$$P_a = \frac{1}{n}P_u + W$$

여기서 P_a : 말뚝머리에 대한 말뚝의 축방향 허용 인발력(tf)
$\qquad\quad n$: 안전율로 표-3.21에서 평상시 6, 지진때 3

P_u : 지반에서 정하는 말뚝의 극한 인발력

a)의 계산 결과에서

$P_u = U\Sigma l_i f_i = 3.14 \times 125.5 = 394 \text{tf}$

$W = 264 \text{tf}$: 말뚝의 유효 중량

따라서 축방향 허용 인발력은 다음의 값으로 한다.

평상시 $\quad P_a = \dfrac{1}{6} \times 394 + 26 = 92 \text{ tf}$

지진때 $\quad P_a' = \dfrac{1}{3} \times 394 + 26 = 157 \text{ tf}$

ii) 마찰 말뚝의 경우

a) 축방향 압입력에 대한 허용지지력

① 설계조건 그림-4.27에 해당지점 지반의 압밀 항복 응력 p_c 및 일축 압축 강도 q_u의 깊이방향 분포를 나타낸다. 이와 같이 -15m 보다 깊은 점성토 지반은 과압밀 지반(과압밀비 2~3 정도)이라는 것을 알 수 있다. 따라서 여기서의 마찰 말뚝은 지지말뚝과

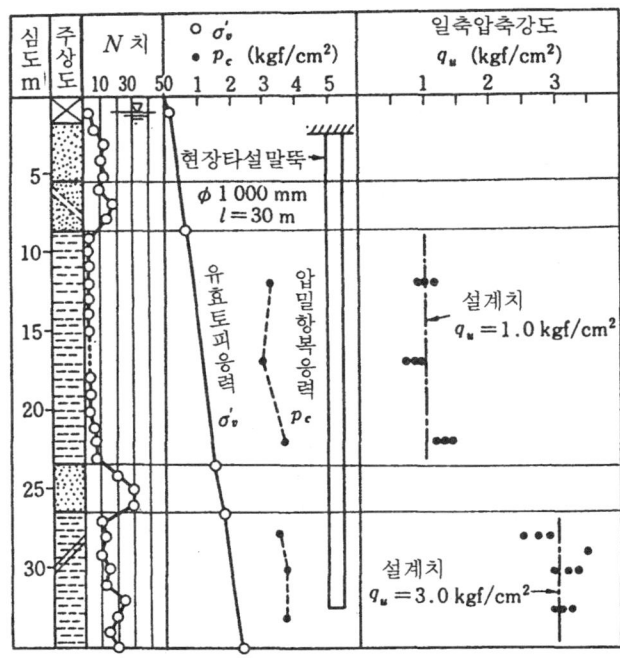

그림-4.27 마찰 말뚝의 지반 조건

동일한 안전율(평상시 3, 지진때 2, 표-3.16 참조)을 적용하는 것이 가능하다.

여기서는 말뚝 길이를 $l=30m(l/D<25)$로서 허용지지력을 구한다. 또한 마찰 말뚝의 경우 선단 지지력은 무시한다.

② 극한 및 허용지지력의 계산 말뚝의 주면 마찰력 계산 결과를 표-4.25에 나타낸다. 이와 같이 지반에서 정하는 마찰 말뚝의 극한 및 허용지지력은 다음 값이 된다.

표-4.25 말뚝의 주면 마찰력 $l_i f_i$

심도(m)	층두께 l_i(m)	토질명	평균 N치 $\bar{N}_i$	주면마찰력도 f_i(tf/m²)	주면마찰력 $l_i f_i$(tf/m)	습윤중량 γ_t(tf/m³)
2.5～5.5	3.0	모래	12	6.0	18.0	1.8
5.5～8.5	3.0	실트질사	15	7.5	22.5	1.8
8.5～23.5	15.0	실트	$c=5$ tf/m²	5.0	75.0	1.7
23.5～26.5	3.0	모래	30	15.0	45.0	1.9
26.5～32.5	6.0	사질실트	$c=15$ tf/m²	15.0	90.0	1.8
계	30.0	—	—	—	250.5	—

극한 지지력 : $R_u = U\Sigma l_i f_i = 3.14 \times 250.5 = 787$ tf

허용지지력 :

평상시 $R_a = \frac{1}{3}(787-16)+16-35 = 238$ tf

지진때 $R_a' = \frac{1}{2}(787-16)+16-35 = 367$ tf

여기서, $W_s = \frac{\pi}{4}D^2 l \gamma' = \frac{\pi}{4} \times 1.0^2 \times 30.0 \times 0.7 = 16$ tf

$W = \frac{\pi}{4}D^2 l \gamma_c' = \frac{\pi}{4} \times 1.0^2 \times 30.0 \times 1.5 = 35$ tf

b) 축방향 인발력에 대한 허용 인발력

평상시 $P_a = \frac{1}{6} \times 787 + 35 = 166$ tf

지진때 $P_a' = \frac{1}{3} \times 787 + 35 = 297$ tf

iii) 지지형식의 선정 표-4.26에 박층 지지말뚝과 마찰말뚝의 지지력을 정리하였다. 여기서는 말뚝 1개당의 지지력이 크게 취해지는 마찰 말뚝을 채택하여 다음의 계산을 추진한다.

표-4.26 지지형식과 지지력

지지형식	말뚝지름 D 말뚝길이 l	말뚝근입의 특징	극한지지력 R_u(tf)			평상시의 허용지지력 R_a(tf)		비고
			선단	주면	계	압입(안전율)	인발(안전율)	
지지말뚝	1.0 m 22 m	3 m의 박층에 1D 근입 (유효층 두께비 $H/D=2$)	153	394	547	200(3/1.2)	92(6)	수직 재하 시험을 실 시하는 것 이 전제
마찰말뚝	1.0 m 30 m	과압밀 지반에 말뚝길이의 2/3 약하게 근입	0	787	787	238(3)	166(6)	-15m 이상 깊이가 과 압밀 지반

(3) 말뚝의 스프링정수

 i) 축방향 스프링정수(K_V)

$$K_V = \frac{A_P E_P}{l}$$

여기서 A_P : 말뚝의 순 단면적, $A_P=7850\text{cm}^2$

$E_P=2.5\times10^5\text{kgf/cm}^2$: 말뚝의 탄성계수

$l=3000$cm : 말뚝길이

a : 계수, 식(3.95)에서

$a=0.031\ (l/D)-0.15=0.031\times(30/1.0)-0.15$

$=0.780$

따라서 $K_V = 0.780\times7\,850\times2.5\times10^5/3\,000$

$=510\,520\text{ kgf/cm}\ (=51\,052\text{ tf/m})$

ii) 말뚝 축 직각방향 스프링정수

a) 수평방향 지반 반력계수(k_H) N치에서 구해지는 변형 계수를 써서 그림-4.25에서 k_H를 추정한다. 제1층 모래지반의 평균 N치를 $\overline{N}=12$로서, 식(3.91), 표-3.22에서

$$k_{H0}=\frac{1}{30}\,\alpha E_0$$

여기서 k_{H0} : 직경 30cm의 강체 원판에 의한 평판 재하시험의 값에 상당한 수평방향 지반 반력계수(kgf/cm³)

α : 지반 반력계수의 추정에 쓰이는 계수, $\alpha=1$

E_0 : 설계 대상 위치에서 지반의 변형계수(kgf/cm²), $E_0=28\overline{N}$에서

$$\therefore k_{H0}=\frac{1}{30}\times(1\times 28\overline{N})=\frac{1}{30}\times 1\times 28\times 12$$

$$=11.2 \text{ kgf/cm}^3$$

우선, 그림-3.34에서 기초의 환산 재하폭 B_H를 말뚝지름 D의 3배로 가정한다.

$$B_H=3D=3\times 100=300 \text{ cm}$$

식(3.90)에서

$k_H=k_{H0}(B_H/30)^{-3/4}$

$\quad =11.2\times(300/30)^{-3/4}=1.99 \text{ kgf/cm}^3$

$\beta=\sqrt[4]{k_H D/4E_P I_P}$

$\quad =\sqrt[4]{1.99\times 100/(4\times 2.5\times 10^5\times 4.909\times 10^6)}$

$\quad =0.00252 \text{ cm}^{-1}$

$l/\beta=1/0.00252=397$cm, 이 범위의 평균 N로서 $\overline{N}=12$가 얻어진다.

식(3.92)에서

$$B_H=\sqrt{D/\beta}=\sqrt{100/0.00252}=199 \text{ cm}$$

$B_H=199$cm를 이용하여 다시 k_H를 구하고 앞의 k_H와 같게 될 때까지 계산을 반복한다.

$k_H=11.2\times(199/30)^{-3/4}=2.7 \text{ kgf/cm}^3$ (≠앞의 k_H의 1.99kgf/cm³)

$\therefore \beta=\sqrt[4]{2.71\times 100/(4\times 2.5\times 10^5\times 4.909\times 10^6)}=0.00273 \text{ cm}^{-1}$

$1/\beta=1/0.00273=367$ cm, $\therefore \overline{N}=12$

$B_H=\sqrt{D/\beta}=\sqrt{100/0.00273}=191$ cm

$k_H=11.2\times(191/30)^{-3/4}=2.79 \text{ kgf/cm}^3$ (≠앞의 k_H의 2.7kgf/cm³)

$\therefore \beta=\sqrt[4]{2.79\times 100/(4\times 2.5\times 10^5\times 4.909\times 10^6)}=0.00275 \text{ cm}^{-1}$

$1/\beta=1/0.00275=364$ cm, $\therefore \overline{N}=12$

$$B_H = \sqrt{D/\beta} = \sqrt{100/0.00275} = 191 \text{ cm}$$

$$k_H = 2.79 \text{ kgf/cm}^3 \quad (= \text{앞의 } k_H)$$

따라서, 평상시의 $k_H = 2.8 \text{kgf/cm}^3 (\beta = 0.00275 \text{cm}^{-1})$

지진때의 $k_H = 2 \times 2.8 = 5.6 \text{kgf/cm}^3 (\beta = 0.00327 \text{cm}^{-1})$

b) 축 직각방향 스프링정수($K_1 \sim K_4$) $K_1 \sim K_4$는 표-3.23에서 말뚝머리 강결합(돌출길이 $h=0$)로서 구한다.

$$K_1 = 4E_P I_P \beta^3 = 4 \times 2.5 \times 10^6 \times 0.049\ 09 \times 0.275^3 = 10\ 207 \text{ tf/m} \quad (평상시)$$

$$= 4 \times 2.5 \times 10^6 \times 0.049\ 09 \times 0.327^3 = 17\ 161 \text{ tf/m} \quad (지진때)$$

$$K_2 = 2E_P I_P \beta^2 = 2 \times 2.5 \times 10^6 \times 0.049\ 09 \times 0.275^2 = 18\ 558 \text{ tf/rad} \quad (평상시)$$

$$= 2 \times 2.5 \times 10^6 \times 0.049\ 0 \times 0.327^2 = 26\ 240 \text{ tf/rad} \quad (지진때)$$

$$K_3 (\text{tf} \cdot \text{m/m}) = K_2$$

$$K_4 = E_P I_P \beta = 2 \times 2.5 \times 10^6 \times 0.049\ 09 \times 0.275 = 67\ 485 \text{ tf} \cdot \text{m/rad} \quad (평상시)$$

$$= 2 \times 2.5 \times 10^6 \times 0.049\ 09 \times 0.327 = 80\ 246 \text{ tf} \cdot \text{m/rad} \quad (지진때)$$

(4) 확대기초의 강체 판정 확대기초의 강체 판정은 도로교 시방서에 준하여 실시한다.

$$\beta \cdot \lambda \leq 1.0$$

여기서, $\beta = \sqrt[4]{3k/Eh^3}$

k : 환산 지반 반력계수(tf/m^3)

$$k = K_V \frac{nm}{LB}$$

K_V : 1개 말뚝의 축방향 스프링정수, $K_V = 51052 \text{tf/m}$

L : 확대기초의 폭 $L = 8.0$m

B : 확대기초의 안 길이, $B = 8.0$m

n : 말뚝의 열수 $n = 3$열

m : 말뚝의 행수 $m = 3$열

$$\therefore k = 51\ 052 \times \frac{3 \times 3}{8.0 \times 8.0} = 7\ 179 \text{ tf/m}^3$$

E : 확대기초의 영계수(tf/m^2)

확대기초 콘크리트의 설계 기준강도 $\sigma_{ck}=210\text{kgf/cm}^2$ 일 때 $E=2.35\times 10^6 \text{tf/m}^2$

h : 확대기초의 평균 두께 $h=1.75\text{m}$

λ : 확대기초의 환산 돌출 길이

그림 -4.28 에서 $\lambda=\max(l, b)=\max(1.5, 3.25)=3.25\text{m}$

$$\therefore \beta = \sqrt[4]{\frac{3\times 7\,179}{2.35\times 10^6 \times 3.25^3}} = 0.041$$

$$\therefore \beta \cdot \lambda = 0.041 \times 3.25 = 0.133 < 1.0$$

따라서 이 확대기초는 강체로 판정할 수 있고 말뚝 기초의 안정 계산은 변위법으로 풀 수 있다.

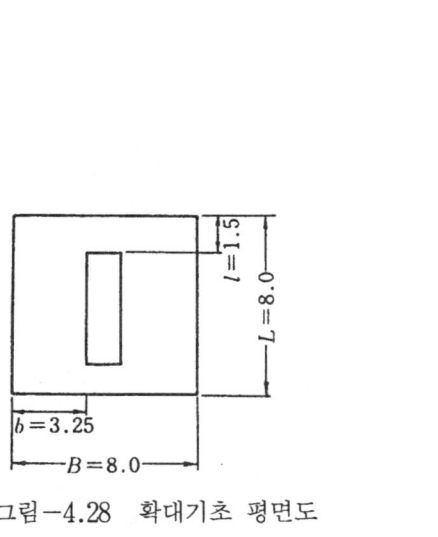

그림 -4.28 확대기초 평면도

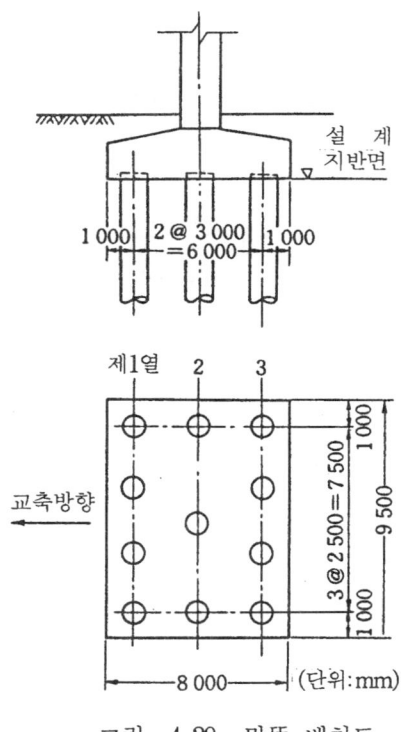

그림 -4.29 말뚝 배치도

(5) 기초의 안정 계산

ⅰ) 계산 조건

a) 말뚝 배치   말뚝 배치는 그림-4.29와 같이 배치한다.
b) 설계 정수   (1) 설계조건을 참조할 것
c) 하   중   교각 1기당 확대기초 밑면중심으로 작용하는 하중(지진때만)을 표 -4.27에 나타낸다.

표-4.27 교각 1기 마다의 작용 하중

	교축방향	직각방향
수 평 방 향 H_0 (tf)	440.0	225.0
수 직 하 중 V_0 (tf)	992.0	992.0
외 력 모 멘 트 M_0 (tf·m)	3 669.0	1634.0

ii) 기초의 안정 계산   말뚝 기초의 안정 계산을 변위법으로 실시한다. 말뚝 배치가 대칭으로 전반이 수직 말뚝으로 또 스프링 정수 K_1, K_2, K_3, K_4 및 K_V가 같으므로 식 (3.103), 식(3.104)에 의한 실용 계산식을 쓸 수 있다.

다음에 교각 방향을 예로 들어 계산한다.

말뚝개수 $n=3\times3=9$개, 말뚝군 강성 $\Sigma x_i^2 = 3.0^2\times3+0^2\times3+(-3.0)^2\times3=54\text{m}^2$이므로

원점 O의 수평 변위 δ_x:

$$\delta_x = \frac{H_0 + \dfrac{nK_2}{K_V\Sigma x_i^2 + nK_4}M_0}{nK_1 - \dfrac{(nK_2)^2}{K_V\Sigma x_i^2 + nK_4}}$$

$$= \frac{440.0 + 9\times 26\,240\times 3\,669.0/(51\,052\times 54.0 + 9\times 80\,246)}{9\times 17\,161 - (9\times 26\,240)^2/(51\,052\times 54.0 + 9\times 80\,246)}$$

$$= \frac{689}{138\,418} = 4.98\times 10^{-3}\text{m}$$

원점 O의 수직 변위 δ_y:

$$\delta_y = \frac{V_0}{nK_V} = \frac{992.0}{9\times 51\,052} = \frac{992.0}{459\,468} = 2.16\times 10^{-3}\text{m}$$

원점 O의 회전각 α:

$$\alpha = \frac{M_0 + \dfrac{1}{2}\lambda H_0}{K_V\Sigma x_i^2 + n\left(K_4 - \dfrac{K_2^2}{K_1}\right)}$$

$$= \frac{3\,669.0 + 0.327^{-1} \times 440.0/2}{51\,052 \times 54.0 + 9 \times (80\,246 - 26\,240^2/17\,161)}$$

$$= \frac{4\,342}{3\,117\,922} = 1.39 \times 10^{-3}\,\text{rad}$$

여기서, $\lambda = h + 1/\beta$, $h = 0$ (돌출길이)

말뚝 축 방향력 P_{Hi} :

$$P_{Ni} = \frac{V_0}{n} + \frac{M_0 + \frac{1}{2}\lambda H_0}{\Sigma x_i^2 + \frac{n}{K_V}\left(K_4 - \frac{K_2^2}{K_1}\right)} \cdot x_i$$

① 제1열 말뚝

$$P_{N1} = \frac{992.0}{9} + \frac{3\,669.0 + 0.327^{-1} \times 440.0/2}{54.0 + 9 \times (80\,246 - 26\,240^2/17\,161)/51\,052} \times 3.0$$

$$= 110.2 + \frac{4\,341.8}{61.1} \times 3.0 = 110.2 + 71.1 \times 3.0 = 323.5\,\text{tf}$$

② 제2열 말뚝

$$P_{N2} = 110.2 + 71.1 \times 0 = 110.2\,\text{tf}$$

③ 제3열 말뚝

$$P_{N3} = 110.2 - 71.1 \times 3.0 = -103.1\,\text{tf}$$

말뚝 축 직각방향력

$$P_{Hi} = \frac{H_0}{n} = \frac{440.0}{9} = 48.9\,\text{tf}$$

말뚝머리에 작용하는 외력의 모멘트 M_{ti} :

$$M_{ti} = \frac{1}{n}(M_0 - \Sigma P_{Ni} \cdot x_i)$$

$$= (3\,669.0 - (323.5 \times 3.0 \times 3 + 110.2 \times 0 \times 3 + (-103.1)$$
$$\times (-3.0) \times 3))/9$$

$$= -18.9\,\text{tf} \cdot \text{m}$$

표-4.28 안정계산 결과 (지진시)

케이스	항 목			단 위	계 산 치			허용치
교축방향	확대기초의 변위	수평변위	δ_x	cm	0.50			
		수직변위	δ_y	cm	0.22			1.50
		회 전 각	α	rad	0.00139			
		말뚝 열 번호			1 열	2 열	3 열	
	축 직각 방향 변위량		δ_x'	cm	0.50	0.50	0.50	
	축방향 변위량		δ_y'	cm	0.63	0.22	-0.20	$\begin{pmatrix} R_a = 367 \\ R_a' = -297 \end{pmatrix}$
	말뚝 축 방향력		P_{Ni}	tf	323.5	110.2	-103.1	
	말뚝 축 직각 방향력		P_{Hi}	tf	48.9	48.9	48.9	
	말뚝머리에 작용하는 외력으로서의 모멘트		M_{ti}	tf·m	-18.9	-18.9	-18.9	

케이스	항 목			단 위	계 산 치			허용치
직각방향	확대기초의 변위	수평변위	δ_x	cm	0.50			
		수직변위	δ_y	cm	0.22			1.50
		회 전 각	α	rad	0.00139			
		말뚝 열 번호			1 열	2 열	3 열	
	축 직각 방향 변위량		δ_x'	cm	0.24	0.24	0.24	
	축방향 변위량		δ_y'	cm	0.41	0.22	-0.03	$\begin{pmatrix} R_a = 367 \\ R_a' = -297 \end{pmatrix}$
	말뚝 축 방향력		P_{Ni}	tf	207.4	110.2	-13.1	
	말뚝 축 직각 방향력		P_{Hi}	tf	25.0	25.0	25.0	
	말뚝머리에 작용하는 외력으로서의 모멘트		M_{ti}	tf·m	-12.8	-12.8	-12.8	

윗표에서 R_a : 허용 압입 지지력, R_a' : 허용 인발력 (부(-)로 표시)

표-4.28에 안정 계산 결과(지진때)를 나타낸다.

4.3 철도 구조물

4.3.1 철도교 교대의 설계

(1) 설계 조건

ⅰ) 일반 조건(그림-4.30)

교대의 형식 : 단선용 반중력식 교대

교대의 높이 : $H=7.20$m(거더 좌면에서 확대기초 윗면)

상부공의 종류 : 단선용 단순 PC하행거더
스팬 : 31.96m

ii) 설계 하중

a) 사하중

철근 콘크리트의 단위 체적 중량

구체, 확대기초 : $2400 kgf/m^3$

말뚝체 : $2500 kgf/m^3$

b) 활하중

열차하중 : EA-17

c) 지진하중

수평진도 : $K_h = 0.20$

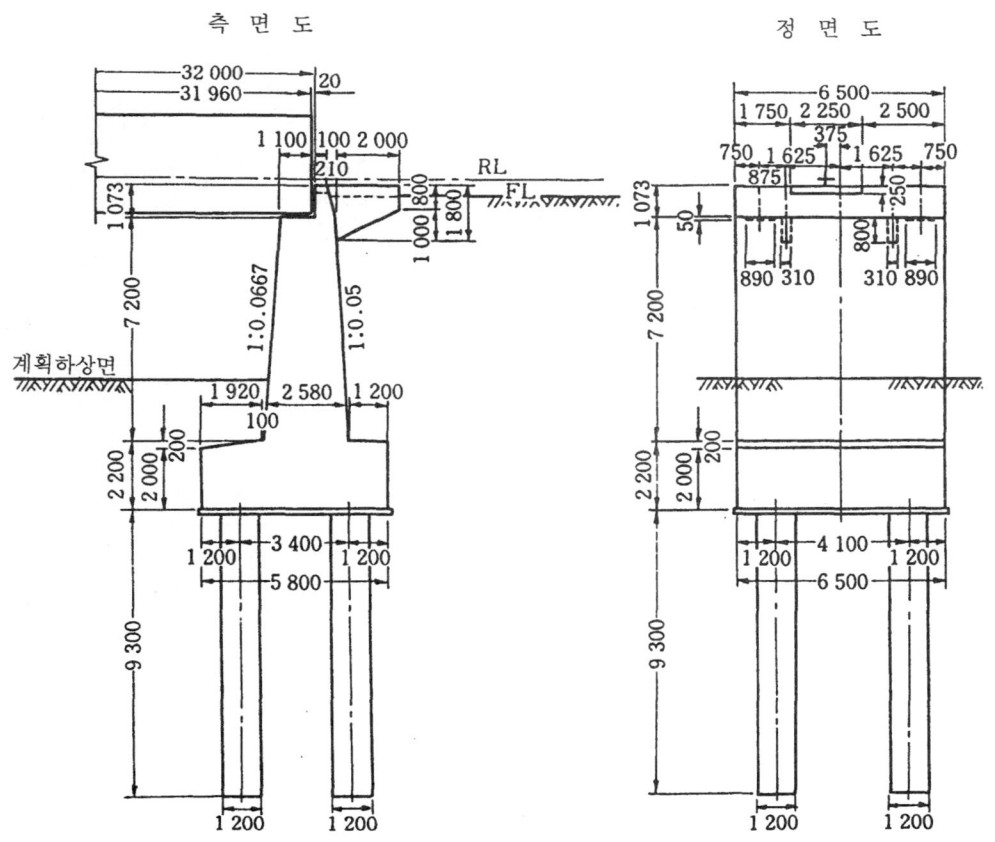

그림-4.30 일반 형상 치수

iii) 사용 재료의 품질

a) 콘크리트

구체·확대기초 : 설계 기준 강도 σ_{ck}=210kgf/cm^2

말뚝체 : 설계 기준 강도 σ_{ck}=240kgf/cm^2

b) 철근

JIS G 3112 철근 콘크리트용 봉강 SD 345

iv) 지질 조건

설계에 이용되는 토질의 제 수치 등을 그림 4.31에 나타낸다.

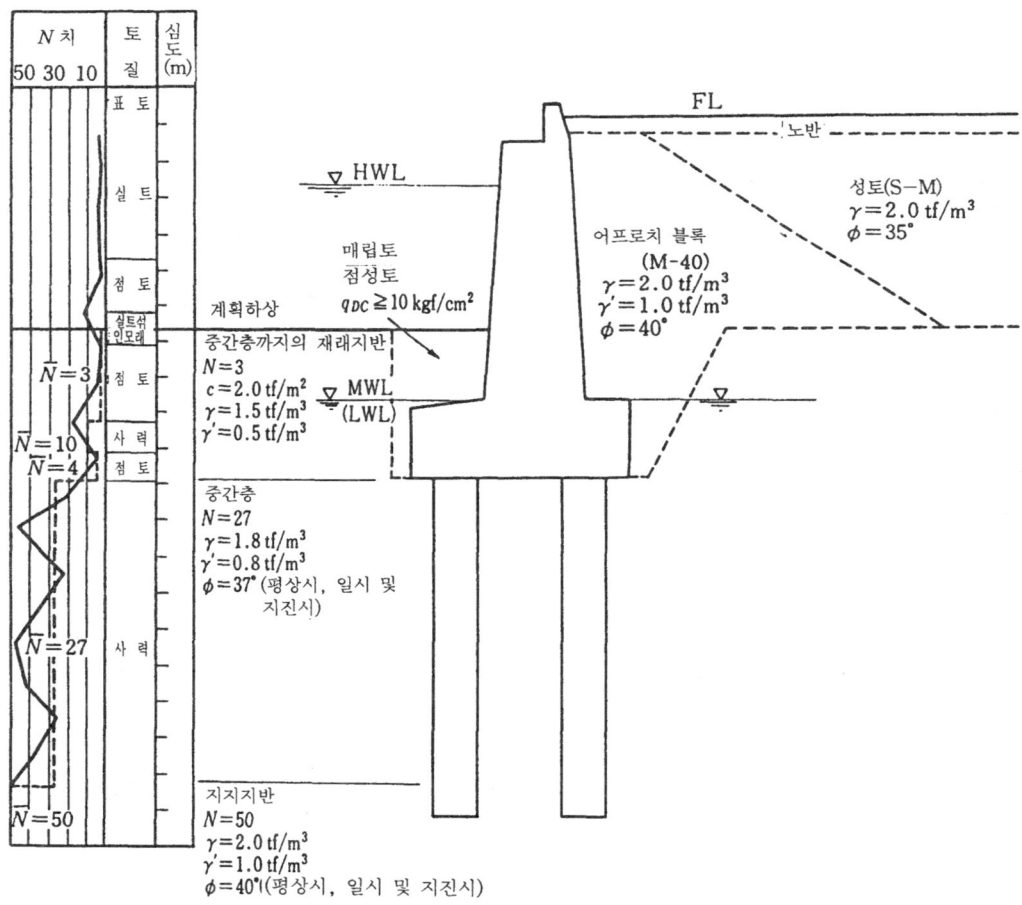

그림-4.31 토질 주상도 및 토질 제수치

v) 내진 설계 조건

내진 설계때의 지반 구분은 보통 지반이다. 또 내진 설계때의 지반면은 확대기초 하면으로 한다.

(2) 하중 계산

i) 교대 배면의 상재하중

a) 사하중

궤도 중량 $q_1=1.0\text{tf/m}^2$

b) 열차하중

안정계산 및 구체를 설계하는 경우 열차 하중은 다음식으로 분포 하중을 취급한다.

$$q_2=\frac{P}{ab}$$

여기서 P : 열차하중의 1동륜축중 $P=17\text{tf}$
  a : 열차하중의 선로방향 분포폭 $a=2.0\text{m}$(축거)
  b : 열차하중의 선로 직각방향 분포폭 $b=6.5\text{m}$(교대의 선로 직각방향의 폭)

$$q_2=\frac{17.0}{2.0\times 6.5}=1.31\ \text{tf/m}^2$$

ii) 교대 자중 및 확대기초 상재토(그림-4.33, 표-4.29)

가상 배면과 확대기초 상재토의 견해는 다음에 의한다.

그림-4.32에서 $(l_1+l_2)/H \leq 0.50$이 되는 경우는 AD를 가상 배면으로 하고 확대기초 상재토로서 △BDE를 생각한다.

본 설계에서는, $(l_1+l_2)/H=(1.714/1.200)/10.090=0.289\leq 0.50$

(3) 안정계산과 확대기초의 설계에 쓰이는 토압력

주동 토압의 작용면과 작용선은 다음과 같이 생각한다(그림-4.34).

작용면 : AB를 가상 배면으로 하고 이 면에 작용시킨다.

작용선 : 가상 배면에 대한 수선에 대해서 $\delta=\phi$의 기울기를 이룬다. 단, 지진때는 $\delta=\phi/2$의 기울기가 되는 것으로 생각한다.

이 계산예에서는 이하, 사하중 지진 상태에 대한 토압력의 계산을 나타낸다.

지진때에 작용하는 주동토압은 계획 하상면보다 윗 부분은 지진때의 주동 토압으로 하나 계획 하상 아래는 지진때에도 평상시 주동 토압으로 한다.

i) 주동 토압 계수

a) 지진때의 주동 토압 계수

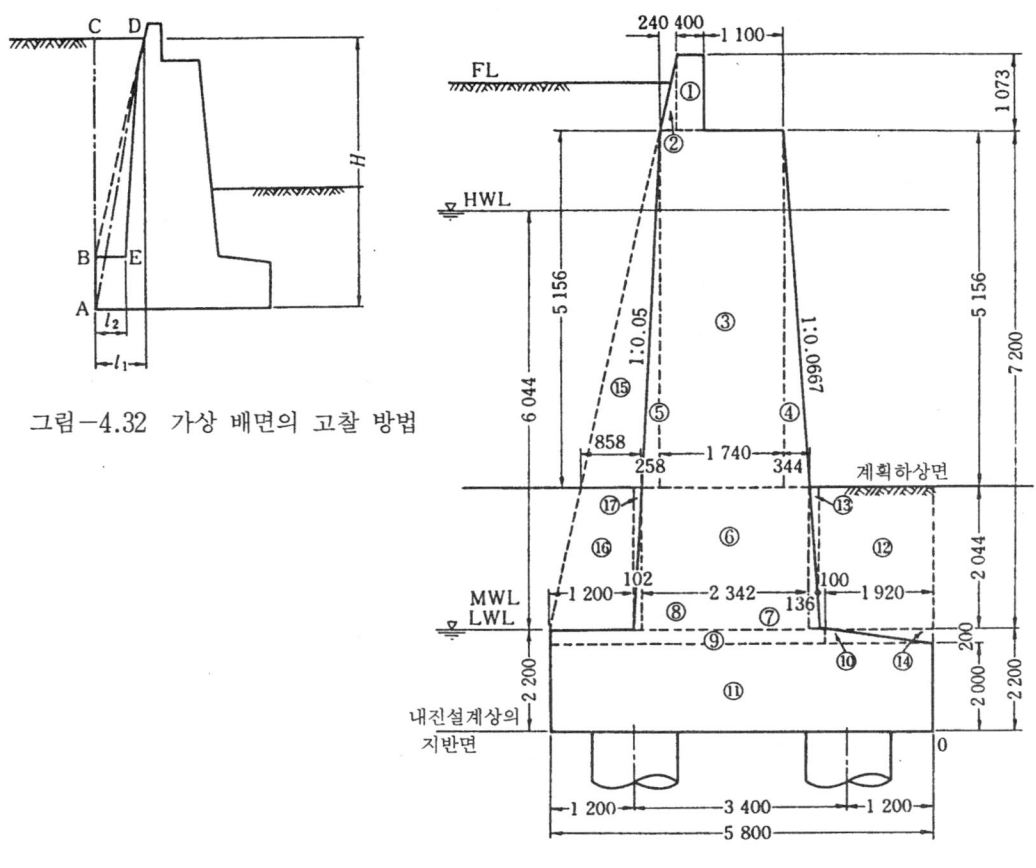

그림-4.32 가상 배면의 고찰 방법

그림-4.33 교대 자중과 확대기초 상재토

① 배면토가 모두 어프로치 블록 재료인 경우

$$K_{AE1}=\frac{\cos^2(\phi-\alpha-\theta)}{\cos\theta\cos^2\alpha\cos(\alpha+\delta+\theta)\left\{1+\sqrt{\frac{\sin(\phi+\delta)\sin(\phi-\beta-\theta)}{\cos(\alpha+\delta+\theta)\cos(\alpha-\beta)}}\right\}^2}$$

$\alpha=9.64°$, $\beta=0$, $\phi=40°$, $\delta=\phi/2=20°$

$\theta=\tan^{-1}K_h=\tan^{-1}0.20=11.3°$

$$K_{AE1}=\frac{\cos^2(40°-9.64°-11.3°)}{\cos 11.3°\cos^2 9.64°\cos(9.64°+20°+11.3°)}$$

제4장 말뚝기초의 설계예 297

표-4.29 교대 자중 및 확대기초 상재토에 의한 작용외력

(단위폭당에서)

			체적 (m³)	γ(tf/m³)	자중 V(tf)	무게중심까지 수평거리 x(m)	회전모멘트 Vx(tf·m)	수평력 H(tf)	작용점까지의 높이 h(m)	회전모멘트 Hh(tf·m)
교대자중	구체	①	0.400×1.073	2.4	0.43	1.03	3.80	3.91	1.03×0.20	0.21	9.94	2.09
		②	0.240×1.073×1.073×1/2	2.4	0.13	0.31	4.08	1.26	0.31×0.20	0.06	9.76	0.59
		③	1.740×5.156	2.4	8.97	21.53	3.37	72.56	21.53×0.20	4.31	6.82	29.39
		④	0.344×5.156×1/2	2.4	0.89	2.14	2.39	5.11	2.14×0.20	0.43	5.96	2.56
		⑤	0.258×5.156×1/2	2.4	0.67	1.61	4.33	6.97	1.61×0.20	0.32	5.96	1.91
		⑥	2.342×2.044	2.4	4.79	11.50	3.33	38.30	4.79×(2.4−1.5)×0.20	0.86	3.22	2.77
		⑦	0.136×2.044×1/2	2.4	0.14	0.34	2.11	0.72	0.14×(2.4−1.5)×0.20	0.03	2.88	0.09
		⑧	0.102×2.044×1/2	2.4	0.10	0.24	4.53	1.09	0.10×(2.5−1.5)×0.20	0.02	2.88	0.06
		Σ			16.12	38.70	−	129.92		6.24		39.46
	후팅	⑨	3.880×0.200	2.4	0.78	1.87	3.86	7.22	0.78×(2.4−1.5)×0.20	0.14	2.10	0.29
		⑩	1.920×0.200×1/2	2.4	0.19	0.46	1.28	0.59	0.19×(2.4−1.5)×0.20	0.03	2.07	0.06
		⑪	5.800×2.000	2.4	11.60	27.84	2.90	80.74	11.60×(2.4−1.5)×0.20	2.09	1.00	2.09
		Σ			12.57	30.17	−	88.55		2.26		2.44
상재토중	전면	⑫	2.020×2.044	1.5	4.13	6.20	1.01	6.26				
		⑬	0.136×2.044×1/2	1.5	0.14	0.21	2.07	0.43				
		Σ	1.920×0.200×1/2	1.5	0.19	0.29	0.64	0.19				
	배면	⑭						6.88				
		⑮	0.858×5.156×1/2	2.0	2.21	6.70	5.96	26.34	4.42×0.20	0.88	5.96	5.24
		⑯	(0.858+1.200)×2.044×1/2	2.0	2.10	4.42	5.07	21.29				
		⑰	0.120×2.044×1/2	2.0	0.10	0.20	−	0.91				
		Σ				4.20	4.57	48.54				
	소 계					8.82	−	273.39				
부력	−u_0		5.80×2.20	1.0	12.76	−12.76	2.90	−37.00				
	−u_1		5.80×2.20	1.0	12.76	−12.76	2.90	−37.00				
	−u_n		5.80×8.244−(2.423+2.156)×4.00×1/2−1.313×6.044×1/2	1.0	34.69	−34.69	−	−106.89				
합계	평수위					71.63	−	−236.89	교대의 배면방향으로 지진력이 작용	9.38		47.14
	저수위					71.63	−	236.89	〃	8.50		41.90
	고수위					49.70	−	167.00	〃 전면방향			

$$\times \frac{1}{\left\{1+\sqrt{\dfrac{\sin(40°+20°)\sin(40°-0-11.3°)}{\cos(9.64°+20°+11.3°)\cos(9.64°-0)}}\right\}^2} = 0.406$$

② 배면토가 모두 성토 재료인 경우

$\alpha = 9.64°, \ \beta = 0, \ \phi = 35°, \ \delta = \phi/2 = 17.5°, \ \theta = 11.3°$

$$K_{AE2} = \frac{\cos^2(35°-9.64°-11.3°)}{\cos 11.3° \cos^2 9.64° \cos(9.64°+17.5°+11.3°)}$$

$$\times \frac{1}{\left\{1+\sqrt{\dfrac{\sin(35°+17.5°)\sin(35°-0-11.3°)}{\cos(9.64°+17.5°+11.3°)\cos(9.64°-0)}}\right\}^2} = 0.467$$

③ 배면토가 어프로치 블록의 재료와 성토 재료인 경우(그림-4.36).

$l_1 = 8.232 \text{ m}, \ l_2 = 2.901 \text{ m}$

$$K_{AE} = \frac{K_{AE1} l_1 + K_{AE2} l_2}{l_1 + l_2} = \frac{0.406 \times 8.232 + 0.467 \times 2.901}{8.232 + 2.901} = 0.422$$

b) 평상시 주동 토압 계수

$K_A = 0.307$ (평상시 상태로 계산함)

ii) 토압력과 그 작용점(그림-4.35)

a) 토압력

$\gamma = 2.0 \text{ tf/m}^3, \ \gamma' = 1.0 \text{ tf/m}^3$

$h_1 = 5.846 \text{ m}, \ h_2 = 2.044 \text{ m}, \ h_3 = 2.200 \text{ m}$

$K_{AE} = 0.422, \ K_A = 0.307$

$q = q_1 = 1.0 \text{ tf/m}^3$

$\alpha = 9.64°, \ \beta = 0, \ \delta_E = \phi/2 = 20°, \ \delta = \phi = 40°$

$p_{aE1} = 1.0 \times 0.422 = 0.42 \text{ tf/m}^2$

$p_{aE2} = 2.0 \times 5.846 \times 0.422 + 0.42 = 5.35 \text{ tf/m}^2$

$p_{a1} = 2.0 \times 5.846 \times 0.307 + 1.0 \times 0.307 = 3.90 \text{ tf/m}^2$

$p_{a2} = 2.0 \times 2.044 \times 0.307 + 3.90 = 5.16 \text{ tf/m}^2$

$p_{a3} = 1.0 \times 2.200 \times 0.307 + 5.16 = 5.84 \text{ tf/m}^2$

$P_{AE} = (0.42 + 5.35) \times 5.846 \times 1/2 = 16.87 \text{ tf/m}$

$P_{A1} = (3.90 + 5.16) \times 2.044 \times 1/2 = 9.26$ tf/m

$P_{A2} = (5.16 + 5.84) \times 2.200 \times 1/2 = 12.10$ tf/m

b) 작용점

$$h_{e1} = \frac{2 \times 0.42 + 5.35}{0.42 + 5.35} \times 5.846 \times \frac{1}{3} + 2.044 + 2.200 = 6.33 \text{ m}$$

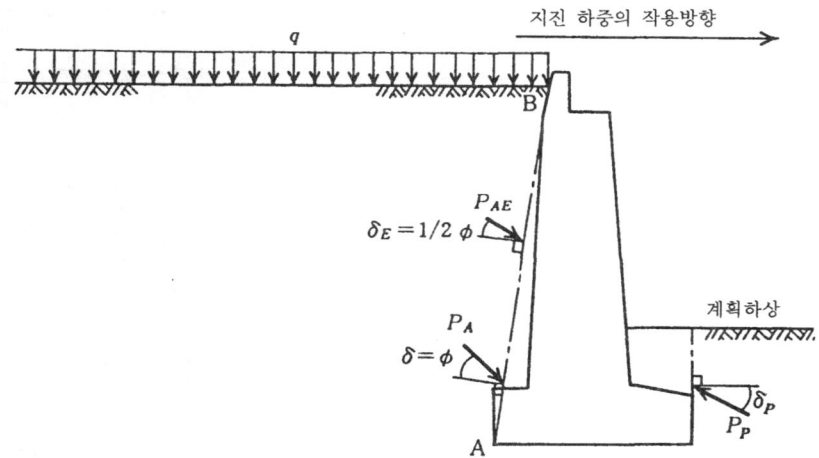

그림-4.34 지진시에 작용하는 토압

$$h_{e2} = \frac{2 \times 3.90 + 5.16}{3.90 + 5.16} \times 2.044 \times \frac{1}{3} + 2.200 = 3.17 \text{ m}$$

$$h_{e3} = \frac{2 \times 5.16 + 5.84}{5.16 + 5.84} \times 2.200 \times \frac{1}{3} = 1.08 \text{ m}$$

$x_{e1} = 5.800 - \tan 9.64° \times 6.33 = 4.72$ m

$x_{e2} = 5.800 - \tan 9.64° \times 3.17 = 5.26$ m

$x_{e3} = 5.800 - \tan 9.64° \times 1.08 = 5.62$ m

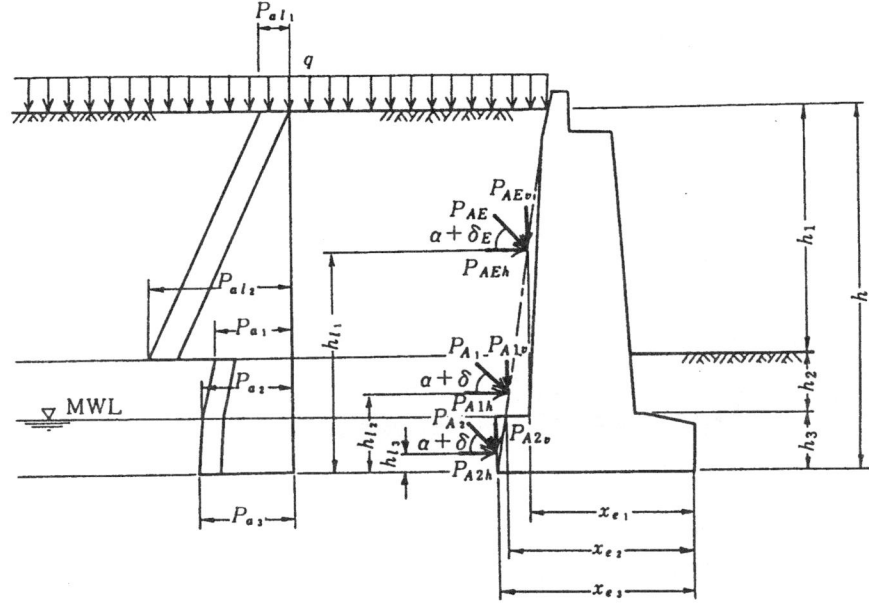

그림-4.35 지진시 상태의 토압 분포

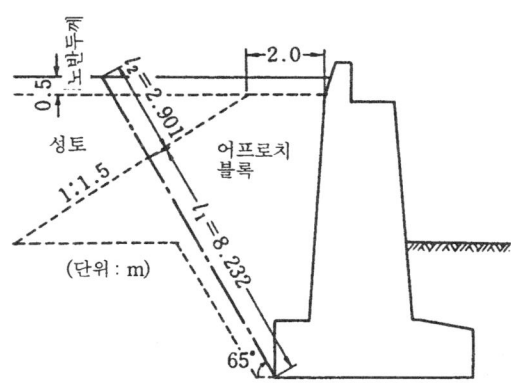

그림-4.36 배면토의 사용 재료

c) 토압분력

$$P_{AEv} = 16.87 \times \sin(9.64° + 20°) = 8.34 \text{ tf/m}$$
$$P_{AEh} = 16.87 \times \cos(9.64° + 20°) = 14.66 \text{ tf/m}$$

$P_{A1v} = 9.26 \times \sin(9.64° + 40°) = 7.06 \text{ tf/m}$

$P_{A1h} = 9.26 \times \cos(9.64° + 40°) = 6.00 \text{ tf/m}$

$P_{A2v} = 12.10 \times \sin(9.64° + 40°) = 9.22 \text{ tf/m}$

$P_{A2h} = 12.10 \times \cos(9.64° + 40°) = 7.84 \text{ tf/m}$

(4) 안정계산, 응력도 계산에 고려하는 하중의 조합과 V, H, M의 산출

ⅰ) 안정 계산, 응력도 계산에 고려하는 하중의 조합   안정계산과 확대기초, 말뚝의 응력도 계산에 고려하는 하중의 조합을 표-4.30에 나타낸다.

ⅱ) 안정계산, 응력도 계산에 쓰이는 V, H, M의 산출   안정 계산과 확대기초, 말뚝의 응력도 계산에 쓰이는 V, H, M을 case 8(사하중 지진때)에 대해서 나타낸다(그림-4.37, 표-4.31)

표-4.30 안정계산 및 응력도 계산에 고려되는 하중의 조합

하중의 작용방향	하중상태	하중의 조합	열차하중의 재하상태		(지하)수위	비 고	case
전면방향	평 상 시	사+흙+부			평	안 응	1
	일 시	사+열①+흙+부	열①	열①	저	안 응	2
					고	안	3
		사+열①+흙+롱+부			저	응	2-1
		사+열②+흙+부			저	응	2'
		사+열②+흙+롱+부			저	응	2'-1
		사+열②+별+흙+부	열②	열②	저	안	4
					고	안	5
		사+열②+별+흙+롱+부			저	응	4-1
		사+열③+시+흙+부	열③	열③	저	안	6
					고	안	7
		사+열③+시+흙+롱+부			저	응	6-1
	사 하 중 지진시	사+지+흙+부			평	안 응	8
	열차재하지진시	사+열②+지+흙+부	열②'	열②'	평	안 응	9
배면방향	사 하 중 지진시	사+지+흙+부			평	안 응	10

주) 안 : 안정계산에 고려하는 하중의 조합
    응 : 응력도 계산에 고려하는 하중의 조합

표-4.31 case 8에 대한 V, H, M 계산표

			수직력에 대한 V, M			수평력에 의한 V, M			ΣM
			V (tf)	x (m)	M_x (tf·m)	H (tf)	h (m)	M_h (tf·m)	$=M_x-M_h$
자 중		V_{d-u}	71.63		236.89	H_d	9.38		47.14	189.75
토 압		P_{AEv}	8.34	4.72	39.36	P_{AEh}	14.66	6.33	92.80	−53.44
		P_{A_1v}	7.06	5.26	37.14	P_{A_1h}	6.00	3.17	19.02	18.12
		P_{A_2v}	9.22	5.62	51.82	P_{A_2h}	7.84	1.08	8.47	43.35
Σ			96.25				37.88			197.78
ⓐ	상기교대전폭마다 6.50×Σ		625.63				246.22			1285.57
ⓑ	상부구조	R_d	283.3	3.08	872.56	T_{dE}	28.3	9.40	266.02	606.54
합 계	ⓐ+ⓑ		908.93				274.52			1892.11

$$e_x = \frac{B}{2} - \frac{M}{V} = \frac{5.80}{2} - \frac{1892.11}{908.93} = 0.818 \text{ m}$$

확대기초 중심의 모멘트 : M_0

$$M_0 = V \cdot e_x = 908.93 \times 0.818 = 744 \text{ tfm}$$

(5) 지반 반력계수 및 스프링 정수 본 계산의 스프링정수의 산출은 지진상태에서 실시한다.

ⅰ) 지반 반력계수의 산출

a) 말뚝 선단의 수직방향 지반 반력계수

여기서 $\alpha = 1$ (평상시)

$\alpha = 2$ (일시, 지진때)

$E_0 = 25N = 25 \times 50 = 1250 \text{ kgf/cm}^2$ (선단 N치=50)

$D = 1.2 \text{ m} = 120 \text{ cm}$

$k_v = 0.2 \times 2 \times 1250 \times 120^{-\frac{3}{4}} = 13.8 \text{ kgf/cm}^3 = 1.38 \times 10^4 \text{ tf/m}^3$

b) 말뚝 주면의 수직방향 전단 지반 반력계수

$k_{sv} = 0.03 \, \alpha E_0 D^{-\frac{3}{4}}$

여기서 $E_0 = 25N = 25 \times 27 = 675 \text{ kgf/cm}^2$ (중간 N치=27)

$$k_{sv}=0.03\times 2\times 675\times 120^{-\frac{3}{4}}=1.12 \text{ kgf/cm}^3=1.12\times 10^3 \text{ tf/m}^3$$

c) 수평방향 지반 반력계수 군말뚝 보정을 고려한 수평지반 반력계수는 다음 식에 의한다.

$$k_{hg}=e_g\cdot 0.2\ \alpha E_0 D^{-\frac{3}{4}}$$

① 군말뚝 보정 계수 e_g의 산출 군말뚝에 의한 수평방향 지반 반력계수의 보정에 쓰이는 말뚝의 간격계수 d를 산출한다(그림-4.38).

$$d=\frac{mL_m+nL_n}{D(m+n)}=\frac{2\times 3.4+2\times 4.1}{1.2\times (2+2)}=3.125$$

보정계수 e_g의 모노그램에서 $e_g=0.66$

② 수평방향 지반 반력계수

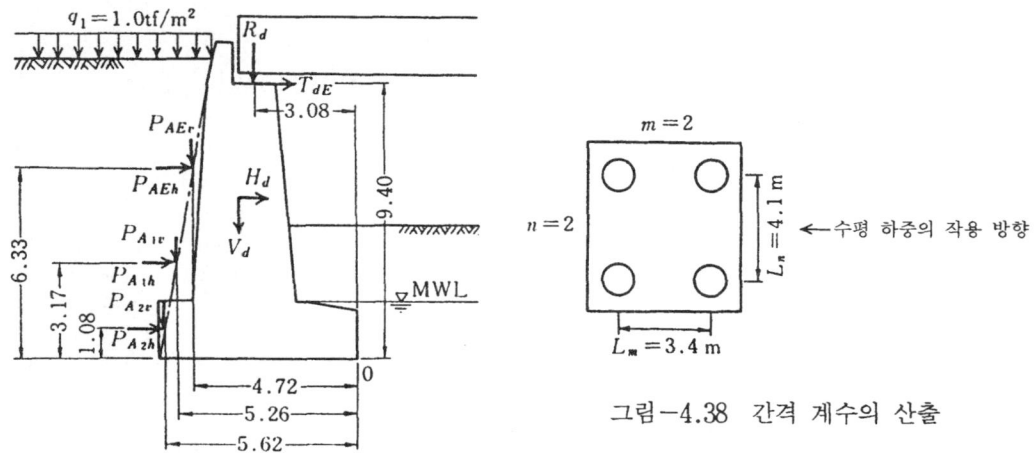

그림-4.37 case 8에 대한 외력

그림-4.38 간격 계수의 산출

$$k_{hg}=0.66\times 0.2\times 2\times 675\times 120^{-\frac{3}{4}}=4.91 \text{ kgf/cm}^3=4.91\times 10^3 \text{ tf/m}^3$$

d) 확대기초 전면의 수평방향 지반 반력계수

$$k_{hF}=0.5\ \alpha_s\alpha E_0 B_h^{-\frac{3}{4}}$$

여기서 α_s : 측면에 대한 보정계수 $\alpha_s=1.2$
         $E_0=15\text{kgf/cm}^2$(되매우기 흙에 점성토를 사용)

B_h : 확대기초 전면의 환산폭

$$B_h = \sqrt{200 \times 650} = 360 \text{ cm}$$

$$k_{hF} = 0.5 \times 1.2 \times 2 \times 15 \times 360^{-\frac{3}{4}} = 0.218 \text{ kgf/cm}^3 = 2.18 \times 10^2 \text{ tf/m}^3$$

ii) 스프링 계수의 산출

a) 말뚝머리 수직 스프링정수

$$K_v = \frac{\lambda \tanh\lambda + \gamma}{\gamma \tanh\lambda + \lambda} K'$$

여기서 $\gamma = \dfrac{k_v A_v l}{EA} = \dfrac{1.38 \times 10^4 \times 1.13 \times 9.3}{2.7 \times 10^6 \times 1.13} = 0.0475$

$$\lambda = l\sqrt{\frac{k_{sv}U}{EA}} = 9.3\sqrt{\frac{1.12 \times 10^3 \times 3.77}{2.7 \times 10^6 \times 1.13}} = 0.346$$

$$K' = \sqrt{k_{sv}UEA} = \sqrt{1.12 \times 10^3 \times 3.77 \times 2.7 \times 10^6 \times 1.13} = 1.14 \times 10^5 \text{ tf/m}$$

$$K_v = \frac{0.346 \tanh 0.346 + 0.0475}{0.0475 \tanh 0.346 + 0.346} \times 1.14 \times 10^5 = 5.13 \times 10^4 \text{ tf/m}$$

$$A_v = \pi D^2/4 = 3.14 \times 1.2^2/4 = 1.13 \text{ m}^2$$

$$U = \pi D = 3.14 \times 1.2 = 3.77 \text{ m}$$

$$E = 2.7 \times 10^6 \text{ tf/m}^2$$

$$A = A_v = 1.13 \text{ m}^2$$

$$l = 9.3 \text{ m}$$

b) 말뚝머리 수평 스프링정수

① 말뚝의 βl 산출

$$\beta = \sqrt[4]{\frac{k_h D}{4EI}}$$

여기서 $I = \pi D^4/64 = 3.14 \times 1.2^4/64 = 0.102 \text{ m}^4$

$$\beta = \sqrt[4]{\frac{4.91 \times 10^3 \times 1.20}{4 \times 2.7 \times 10^6 \times 0.102}} = 0.268 \text{ m}^{-1}$$

$$\beta l = 0.268 \times 9.3 = 2.49 > 1.5 \quad (\text{1층 지반으로 간주됨})$$

② 말뚝머리 수평 스프링정수

$$K_1 = 4EI\beta^3 = 4 \times 2.7 \times 10^6 \times 0.102 \times 0.268^3 = 2.12 \times 10^4 \text{ tf/m}$$

$$K_2 = 2EI\beta^2 = 2 \times 2.7 \times 10^6 \times 0.102 \times 0.268^2 = 3.96 \times 10^4 \text{ tf/rad}$$

$$K_3 = 2EI\beta^2 = K_2 = 3.96 \times 10^4 \text{ tf·m/m}$$

$$K_4 = 2EI\beta = 2 \times 2.7 \times 10^6 \times 0.102 \times 0.268 = 1.47 \times 10^5 \text{ tf·m/rad}$$

c) 말뚝머리에 대한 군말뚝의 회전 스프링정수

$$K_r = K_v I_y$$

여기서 I_y : 선로 방향 군말뚝의 2차 모멘트

$$I_y = \Sigma x_i^2 = 1.70^2 \times 2\text{개} \times 2\text{열} = 11.6 \text{ m}^2 \text{개}$$

$$K_r = 5.13 \times 10^4 \times 11.6 = 5.95 \times 10^5 \text{ tfm/rad}$$

d) 확대기초 전면의 수평 스프링정수

$$K_{hF} = k_{hF} A_F$$

여기서 $A_F = 2.00 \times 6.50 = 13.0 \text{ m}^2$

$$K_{hF} = 2.18 \times 10^2 \times 13.0 = 2.83 \times 10^3 \text{ tf/m}$$

(6) 말뚝머리 위치의 변위량, 회전각과 말뚝머리 작용력

ⅰ) 말뚝머리 위치의 변위량 및 회전각(그림-4.40)

$$\delta_x = \frac{(K_r + nK_4)H_0 + nK_2 M_0}{(nK_1 + K_{hF})(K_r + nK_4) - (nK_2)^2}$$

$$\delta_z = \frac{V_0}{nK_v}$$

$$\theta = \frac{nK_2 H_0 + (nK_1 + K_{hF})M_0}{(nK_1 + K_{hF})(K_r + nK_4) - (nK_2)^2}$$

여기서, $nK_1 + K_{hF} = 4 \times 2.12 \times 10^4 + 2.83 \times 10^3 = 8.76 \times 10^4$

$K_r + nK_4 = 5.95 \times 10^5 + 4 \times 1.47 \times 10^5 = 1.18 \times 10^6$

$nK_2 = 4 \times 3.96 \times 10^4 = 1.58 \times 10^5$

$(nK_2)^2 = (4 \times 3.96 \times 10^4)^2 = 2.51 \times 10^{10}$

$nK_v = 4 \times 5.13 \times 10^4 = 2.05 \times 10^5$

case 8 의 경우

$$V_0 = 909 \text{ tf}, \quad H_0 = 275 \text{ tf}, \quad M_0 = 744 \text{ tf·m}$$

$$\delta_x = \frac{1.18 \times 10^6 \times 275 + 1.58 \times 10^5 \times 744}{8.76 \times 10^4 \times 1.18 \times 10^6 - 2.51 \times 10^{10}} = 5.65 \times 10^{-3} \text{ m}$$

$$\delta_z = \frac{909}{2.05 \times 10^5} = 4.43 \times 10^{-3} \text{ m}$$

$$\theta = \frac{1.58 \times 10^5 \times 275 + 8.62 \times 10^4 \times 744}{8.76 \times 10^4 \times 1.18 \times 10^6 - 2.51 \times 10^{10}} = 1.38 \times 10^{-3} \text{ rad}$$

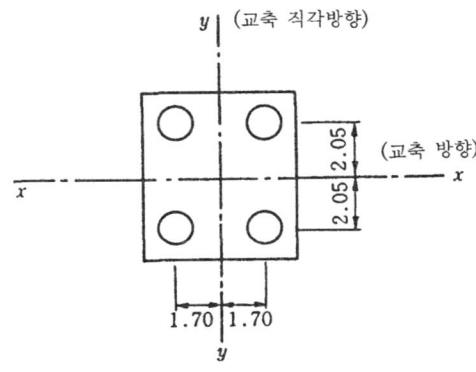

그림-4.39 말뚝의 배치

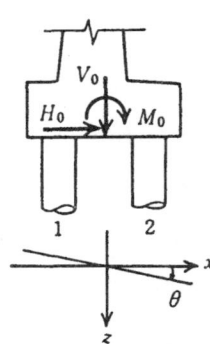

그림-4.40 말뚝의 계산 좌표

ii) 말뚝머리 작용력(그림-4.39)

$$P_{Ni} = K_v(\delta_z + \theta x_i)$$

$$P_{N1} = 5.13 \times 10^4 \times \{4.43 \times 10^{-3} + 1.38 \times 10^{-3} \times (-1.70)\} = 107 \text{ tf}$$

$$P_{N2} = 5.13 \times 10^4 \times \{4.43 \times 10^{-3} + 1.38 \times 10^{-3} \times (+1.70)\} = 348 \text{ tf}$$

$$P_H = K_1 \delta_x - K_2 \theta = 2.12 \times 10^4 \times 5.65 \times 10^{-3} - 3.96 \times 10^4 \times 1.38 \times 10^{-3}$$

$$= 65.1 \text{ tf}$$

$$M_t = -K_3 \delta_x + K_4 \theta = -3.96 \times 10^4 \times 5.65 \times 10^{-3} + 1.47 \times 10^5 \times 1.38 \times 10^{-3}$$

$$= -20.9 \text{ tfm}$$

말뚝체에 발생하는 최대 휨 모멘트는 실제 계산에서는 지중부(말뚝머리-3.1m)이며,

또한 말뚝머리의 힌지 조건에서 검토한 결과 지중부의 최대 휨 모멘트 M_{max}는 75.0tfm 이다.

(7) 허용지지력의 산정

ⅰ) 허용지지력의 산정 지반의 종별, 층별 및 N치를 그림-4.41에 나타낸다.

a) 단말뚝의 최대 주면지지력의 산출

$$Q_f = U \Sigma f_i l_i$$

여기서 f_i : 각 토층의 말뚝 최대 주면지지력도(tf/m²)

l_i : 각 토층의 두께

① 각 토층의 최대 주면지지력도 및 두께

제1층 (Ⓑ층)

$$f_i = 0.5N = 0.5 \times 27 = 13.5 \text{ tf/m}^2$$

$$l_i = 8.3 \text{ m} - 1/\beta = 8.3 - 1/0.268$$

$$= 4.57 \text{ m}$$

(주) 지진상태에 있는 말뚝머리에서 $1/\beta$ 정도의 깊이까지 토층의 주면지지력은 고려하지 않는다.

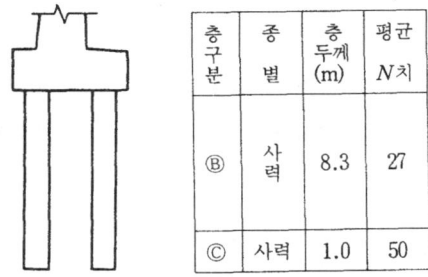

그림-4.41 지반의 종별 층두께와 N치

제2층 (Ⓒ층)

$$f_i = 0.5N = 0.5 \times 50 = 25 \text{ tf/m}^2 \geq 20 \text{ tf/m}^2$$

$$l_i = 1.0 \text{ m}$$

② 단말뚝의 최대 주면지지력

$$Q_f = 3.77 \times (4.57 \times 13.5 + 1.0 \times 20) = 308 \text{ tf}$$

b) 기준 선단 지지력의 산출

$$Q_p = q_p A_p$$
$$q_p = 10N = 10 \times 50 = 500 \text{ tf/m}^2$$
$$A_p = \pi D^2/4 = 3.14 \times 1.2^2/4 = 1.13 \text{ m}^2$$
$$Q_p = 500 \times 1.13 = 565 \text{ tf}$$

c) 단말뚝의 허용 수직지지력의 산출

$$Q_a = \alpha_f Q_f + \alpha_p Q_p$$

여기서 α_f, α_p : 수직지지력에 대한 안전계수(현장타설 말뚝에서 $Q_p/(Q_f+Q_p) \geqq 0.6$의 경우 α_p를 저감한다)

$$Q_p/(Q_f+Q_p) = 565/(308+565) = 0.65 > 0.6$$
$$\alpha_f = 0.7, \quad \alpha_p = 0.96$$
$$Q_a = 0.7 \times 308 + 0.96 \times 565 = 758 \text{ tf}$$

ii) 지지력의 검토 사하중 지진때에 대한 말뚝머리 작용력에 대해서 수직지지력을 검토한다. 또 인발력은 생기지 않는다.

$$P_{N\max} = P_{N2} = 348 \text{ tf} < Q_a = 758 \text{ tf}$$

(8) 말뚝체의 검토

ⅰ) 응력도 계산 각 하중 상태의 말뚝체 단면력에 대해서 평상시 환산하여 말뚝체 최대 휨 모멘트가 크고 말뚝머리 축력이 작은 케이스(case 8)에 대해서 응력도를 계산한다 (그림-4.42).

$$N_{\min} = P_{N\max}/\alpha = 107/1.5 = 71.3 \text{ tf}$$

α : 허용 응력도의 할증 계수

$$M_{\max} = 75.0/1.5 = 50.0 \text{ tfm}$$
$$A_s = D\,22 - 12\,개 = 46.5 \text{ cm}^2$$
$$p = A_s/A_c = 46.5/1.13 \times 10^4 = 0.00412$$
$$r = 60 \text{ cm}, \quad r_s = 44.9 \text{ cm}$$
$$r_s/r = 44.9/60 = 0.748 \fallingdotseq 0.75$$
$$e = M/N = M_{\max}/N_{\min} = 50.0/71.3 = 0.701$$

$M' = M + Nr = 50.0 + 71.3 \times 0.60 = 92.8$ tfm

$\quad = 9.28 \times 10^6$ kgfcm

$np = 15 \times 0.00412 = 0.062$

$e/r = 0.701/0.60 = 1.17$

[RG] 도표에서, $C = 1.5$, $S = 2.3$

$\sigma_c = M'/r^3 C = 9.28 \times 10^6 / 60^3 \times 1.5 = 64.4$ kgf/cm² $< \sigma_{ca} = 90$ kgf/cm²

$\sigma_s = M'/r^3 Sn = 9.28 \times 10^6 / 60^3 \times 2.3 \times 15 = 1482$ kgf/cm² $< \sigma_{sa}$

$\quad = 2000$ kgf/cm²

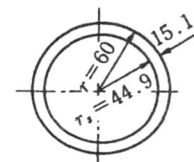

그림-4.42 말뚝의 철근 배치도

저항 휨 모멘트가 작용 휨 모멘트의 4/3배 이상이므로 최소 철근량을 만족한다.

ii) 말뚝의 배근

a) 주철근의 단락   말뚝체 주철근의 단락은 1/2 A_s를 단락으로 하면 최대 주철근 간격 (400mm)을 만족하지 않게 되므로 실시하지 않는다.

b) 말뚝과 확대기초의 결합부

$\quad L = l_0 + l'$

$\quad\quad l_0 = 50$ cm (혹 있음), $l' = 10$ cm

$\quad L = 50 + 10 = 60$ cm

c) 띠철근

말뚝머리 $2D$의 범위 $D16$ ctc 15cm

말뚝머리 $2D$의 이외의 범위 $D16$ ctc 20cm

4.3.2 철도교의 교각 설계

(1) 설계 조건

i) 일반 조건

a) 상부공의 종류

거더의 형식　단선용 단순 하행 트러스 거더
스팬　60.000m
b) 설계 하중
활하중　열차하중　KS-14
사하중　RC부재　2.5tf/m³
설계 수평 진도　K_h=0.22
c) 부재의 품질
확대기초 및 말뚝과 확대기초의 결합부 :
콘크리트　σ_{ck}=240kgf/cm²
철근　SD 345
말뚝 : 강관말뚝　SKK 405
ii) 허용 응력도
확대기초
　철근 기초의 허용 인장응력도　σ_{sa}=2000kgf/cm²
　콘크리트 기준의 허용 휨 압축응력도　σ_{ca}=90kgf/cm²
강관 말뚝
　기준의 허용 인장응력도　σ_{ta}=1500kgf/cm²
　기준의 허용 압축응력도
　　$R/t \leq 50$일 때　σ_{ca}=1500kgf/cm²
　　$R/t < 50$일 때　σ_{ca}=1500-50(R/t-50)kgf/cm²
iii) 확대기초의 형상·치수와 말뚝의 배치
확대기초의 형상·치수와 말뚝의 배치를 그림-4.43에 나타낸다.
iv) 지반 조건
a) 토질 상태도 본 교각 부근의 토질 주상도를 그림-4.44에 나타낸다.
b) 내진 설계상의 지반 구분　표층 지반의 N치가 특수 지반 조건에 상당한(점성토 N치<4로 10m 이상) 특수지반으로 한다. 또한 표층의 지반 강도가 일정함으로 A지반으로 한다.
c) 토질 제수치의 산출
① 표층지반의 전단파 속도

　　B층 : 점성토　$N = 0 \sim 1$, q_u=0.4 kgf/cm²
　　q_u에서　$V_s = 60 q_u^{0.36} = 60 \times 0.4^{0.36} = 43$ m/s

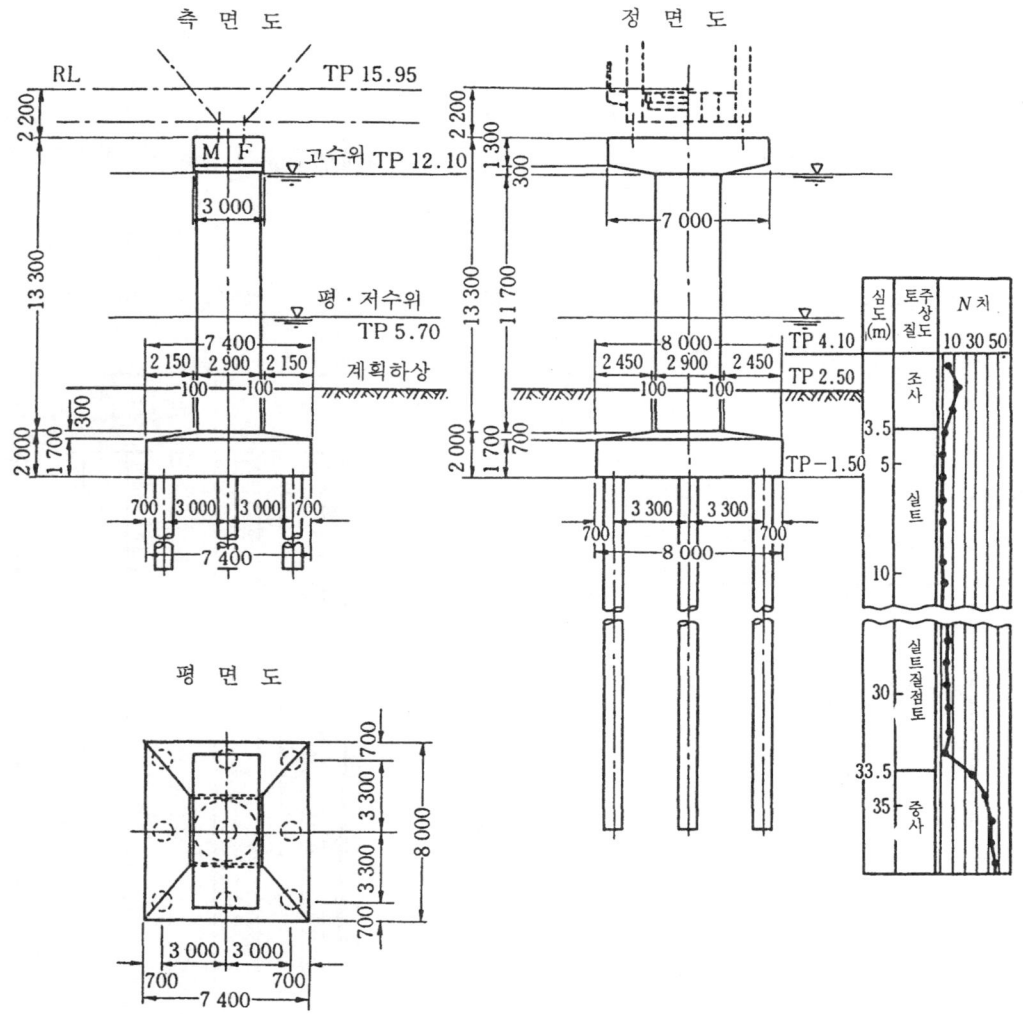

그림-4.43 확대기초의 형상·치수 및 말뚝 배치

C층 : 점성토 $N=3$, $q_u=0.7 \text{ kgf/cm}^2$

N치에서 $V_s=30\sqrt{N}=30\times\sqrt{3}=52 \text{ m/s}$

q_u에서 $V_s=60\times 0.7^{0.36}=53 \text{ m/s}$

∴ $V_s=52 \text{ m/s}$

D층 : 점성토 $N=6$, $q_u=1.2 \text{ kg/cm}^2$

N 값에서 $V_s = 30\sqrt{N} = 30 \times \sqrt{6} = 73 \text{ m/s}$

E층 : 사질토, $N = 36$

N치에서 $V_s = 20\sqrt{N} = 20 \times \sqrt{36} = 120 \text{ m/s}$

② 기타의 토질 제수치 각 층의 단위 체적중량, 변형계수, 일축 압축강도 및 내부마찰각은 그림-4.44의 토질 제 수치난에 나타낸 값으로 한다.

v) 설계 하중 본 계산예는 내진설계상의 특수지반에 해당되는 특수설계의 계산예이므로 필요한 조합의 V, H, M이 교축 직각방향에 대해서 이미 구해진 것으로 한다.

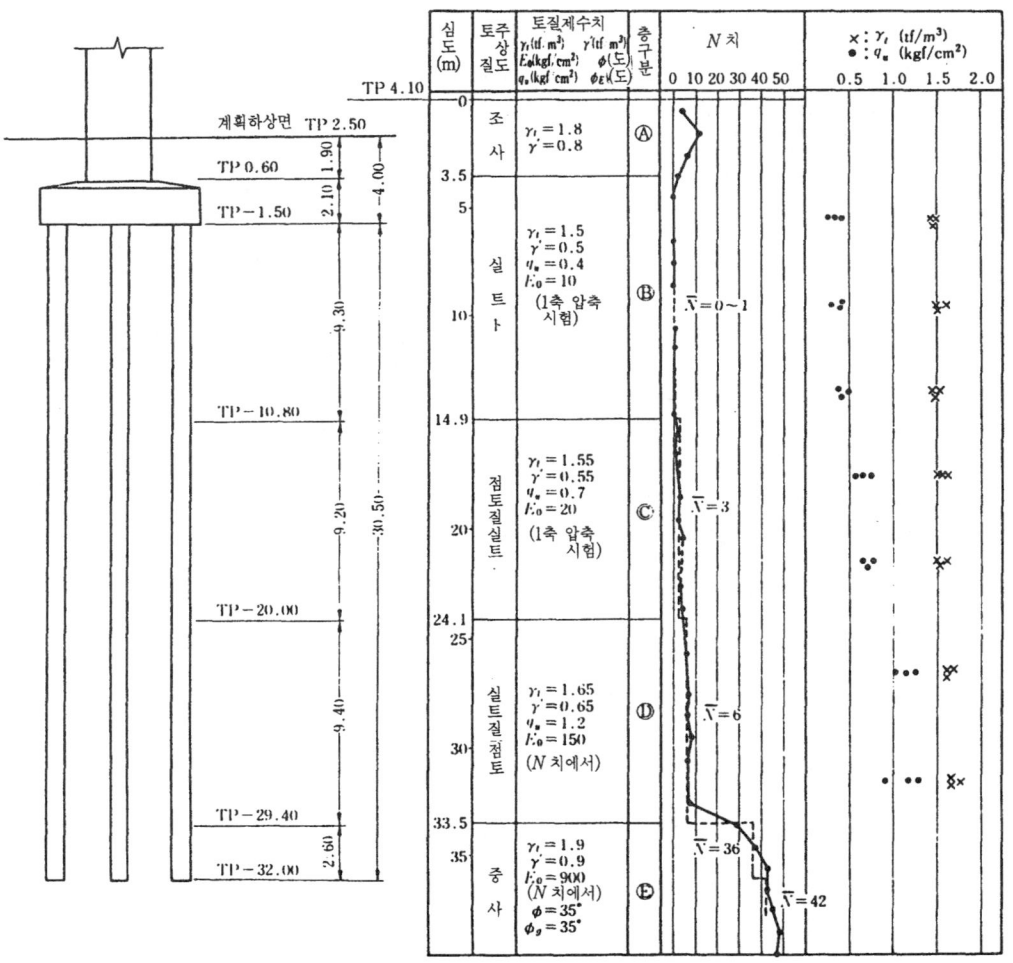

그림-4.44 토질 주상도 및 토질 제수치

그림-4.45에 나타낸 확대기초 밑면 중심점에 관한 V, H, M은 표-4.32와 같다. 아래의 계산은 지진상태(caseY 5, caseY 6)에 대해서 나타내고 다른 하중 상태에 대해서는 결과만을 게재하였다.

(2) 지반 반력계수 및 스프링정수

ⅰ) 지반 반력계수의 산출

a) 말뚝선단의 수직방향 지반 반력계수

$$k_v = \alpha E_0 D^{-3/4}$$

$\alpha = 1$ (평상시), $\alpha = 2$ (일시, 지진때)

$E_0 = 25N = 25 \times 42 = 1\,050 \text{ kgf/cm}^2$

$D = 70 \text{ cm}$

$k_v = 2 \times 1050 \times 70^{-3/4} = 86.8 \text{ kgf/cm}^3$

선단 개방 강관 말뚝의 수직방향 지반 반력계수는 말뚝선단의 지지력과 같이 폐합 효과를 고려하여 다음식으로 구한다.

$k_v = \alpha_n k_v$ (α_n : 폐합율)

$\alpha_n = 0.2(l/D) = 0.2 \times 3.2 = 0.64$

(l/D) : 환산 근입비 = 3.2

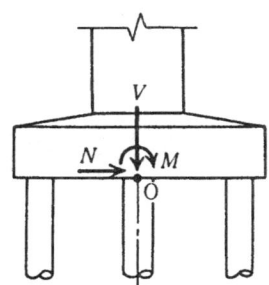

그림-4.45 V, H, M의 작용점

$k_v = 0.64 \times 86.8 = 55.5 \text{ kgf/cm}^3 = 5.55 \times 10^4 \text{ tf/m}^3$

b) 말뚝 주면의 수직방향 전단 지반 반력계수

B층 : 점성토, $N = 0 \sim 1$, $l_1 = 9.3 \text{ m}$

$k_{sv} = 0.1 \, \alpha E_0 D^{-3/4}$

표-4.46 확대기초밑면 중심점 (0점)의 V, H, M 일람표

하중 상태	하중의 조합번호	하중의 조합	수위	확대기초밑면(0점)의 V, H, M			기사
				V (tf)	H (tf)	M(tf·m)	
평상시	case Y 1	사	평	862	1.0	6.5	안 응
일 시	case Y 2	사+열+충+원	저	1219	1.0	6.5	안 응
	case Y 3	사+열+충+원+횡+풍	저	1219	78.9	1410	안 응
	case Y 4	사+열+원+횡+풍	고	1116	79.7	1420	안 응
지진시	case Y 5	사+지	평	862	247.8	2108	안 응
	case Y 6	사+지+지반변위	평	862	247.8	2108	응

범례 사 : 사하중   횡 : 차량횡하중
    열 : 열차하중   풍 : 풍하중
    충 : 충격하중   지 : 지진시관성력
    원 : 원심하중   지반변위 : 지진시 지반변위
    안 : 안정계산에 의한 경우
    응 : 응력계산에 의한 경우

$E_0 = 10$ kgf/cm² (일축 압축 시험에서)

$\alpha = 4$ (평상시), $\alpha = 8$ (일시, 지진때)

$k_{sv1} = 0.1 \times 8 \times 10 \times 70^{-3/4} = 0.331$ kgf/cm³

C층 : 점성토, $N = 3$, $l_2 = 9.2$ m

$E_0 = 20$ kgf/cm² (일축 압축 시험에서)

$k_{sv2} = 0.1 \times 8 \times 20 \times 70^{-3/4} = 0.661$ kgf/cm³

D층 : 점성토, $N = 6$, $l_3 = 9.4$ m

$E_0 = 150$ kgf/cm² (N치에서)

$\alpha = 1$ (평상시), $\alpha = 2$ (일시, 지진때)

$k_{sv3} = 0.1 \times 2 \times 150 \times 70^{-3/4} = 1.24$ kgf/cm³

E층 : 사질토, $N = 36$, $l_4 = 2.6$ m

$k_{sv} = 0.05 \, \alpha E_0 D^{-3/4}$

$E_0 = 900$ kgf/cm² (N치에서)

$k_{sv4} = 0.05 \times 2 \times 900 \times 70^{-3/4} = 3.72$ kgf/cm³ $= 3.72 \times 10^3$ tf/m³

B층에서 D층의 가중 평균을 구한다.

$$l_1' = l_1 + l_2 + l_3 = 9.3 + 9.2 + 9.4 = 27.9 \text{ m}$$

$$k_{sv1}' = \frac{0.331 \times 9.3 + 0.661 \times 9.2 + 1.24 \times 9.4}{9.3 + 9.2 + 9.4}$$

$$= 0.746 \text{ kgf/cm}^3 = 7.46 \times 10^2 \text{ tf/m}^3$$

c) 수평방향 지반 반력계수 군말뚝을 보정한 수평방향 지반 반력계수는 다음식으로 한다.

$$k_h = e_g 0.2 \, \alpha E_0 D^{-3/4}$$

① 군말뚝 보정계수 e_g의 산출 (그림-4.46)

간격계수 $\quad d = \dfrac{mL_m + nL_n}{D(m+n)} = \dfrac{3 \times 3.3 + 3 \times 3.0}{0.70 \times (3+3)} = 4.5$

보정계수 e_g의 산출 노모그램을 써서 e_g를 구한다.

$$e_g = 0.72$$

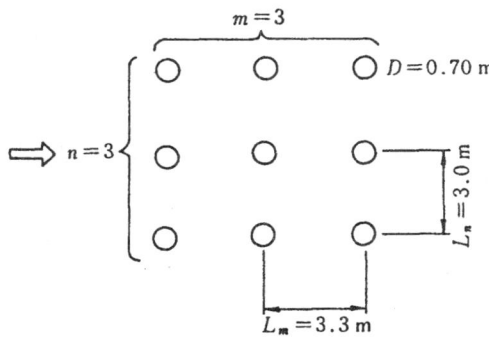

그림-4.6 말뚝 간격 계수

② 수평방향 지반 반력계수의 산정

B층 : $k_{h1} = 0.72 \times 0.2 \times 8 \times 10 \times 70^{-3/4}$

$\qquad = 0.476 \text{ kgf/cm}^3 = 4.76 \times 10^2 \text{ tf/m}^3$

C층 : $k_{h2} = 0.72 \times 0.2 \times 8 \times 20 \times 70^{-3/4}$

$$= 0.952 \text{ kgf/cm}^3 = 9.52 \times 10^2 \text{ tf/m}^3$$

D층 : $k_{h3} = 0.72 \times 0.2 \times 2 \times 150 \times 70^{-3/4}$

$$= 1.79 \text{ kgf/cm}^3 = 1.79 \times 10^3 \text{ tf/m}^3$$

E층 : $k_{h4} = 0.72 \times 0.2 \times 2 \times 900 \times 70^{-3/4}$

$$= 10.7 \text{ kgf/cm}^3 = 1.07 \times 10^4 \text{ tf/m}^3$$

  d) 확대기초 전면의 수평방향 지반 반력계수 특수지반이므로 지진때의 확대기초 전면의 저항은 무시한다.

ii) 스프링정수의 산출

a) 말뚝머리 수직 스프링정수

$$A_v = \pi D^2/4 = 3.14 \times 0.70^2/4 = 0.385 \text{ m}^2$$

$$U = \pi D = 3.14 \times 0.70 = 2.20 \text{ m}$$

$$E = 2.1 \times 10^7 \text{tf/m}^2$$

$$A = \pi(D_1^2 - D_2^2)/4 = 3.14 \times (0.696^2 - 0.676^2)/4 = 2.16 \times 10^{-2} \text{m}^2$$

$D_1 = 0.70 - 2 \times 0.002 = 0.696$m (부식 여분을 고려)

$D_2 = 0.70 - 2 \times 0.012 = 0.676$m (강관 말뚝의 상부 2m는 판두께 t_1=14mm이나, 그 하부 10m의 판두께 t_2=12mm로 대표하여 EA, EI를 계산한다)

$$EA = 2.1 \times 10^7 \times 2.16 \times 10^{-2} = 4.53 \times 10^5 \text{tf}$$

중간층은 B층에서 E층의 4층이나 B층에서 D층을 1층으로 보고 2층으로 환산하여 다음식으로 계산한다.

$$K_v = \frac{\lambda_1 \tanh \lambda_1 + \gamma_1}{\gamma_1 \tanh \lambda_1 + \lambda_1} K_1'$$

$$K_1' = \sqrt{k_{sv1} UEA} = \sqrt{7.46 \times 10^2 \times 2.20 \times 4.53 \times 10^5} = 2.73 \times 10^4$$

$$\gamma_1 = \frac{k_{v1} l_1}{EA} = \frac{3.75 \times 10^4 \times 27.9}{4.53 \times 10^5} = 2.31$$

$$\lambda_1 = l_1 \sqrt{\frac{k_{sv1} U}{EA}} = 27.9 \sqrt{\frac{7.46 \times 10^2 \times 2.20}{4.53 \times 10^5}} = 1.68$$

$$K_{v1} = \frac{\lambda_2 \tanh \lambda_2 + \gamma_2}{\gamma_2 \tanh \lambda_2 + \lambda_2} K_2'$$

$$= \frac{0.349 \times \tanh 0.349 + 0.123}{0.123 \times \tanh 0.349 + 0.349} \times 6.09 \times 10^4 = 3.75 \times 10^4 \text{ tf/m}$$

$$K_2' = \sqrt{k_{sv2} UEA} = \sqrt{3.72 \times 10^3 \times 2.20 \times 4.53 \times 10^5} = 6.09 \times 10^4$$

$$\gamma_2 = \frac{k_v A_v l_2}{EA} = \frac{5.55 \times 10^4 \times 0.385 \times 2.60}{4.53 \times 10^5} = 0.123$$

$$\lambda_2 = l_2 \sqrt{\frac{k_{sv2} U}{EA}} = 2.60 \sqrt{\frac{3.72 \times 10^3 \times 2.20}{4.53 \times 10^5}} = 0.349$$

$$K_v = \frac{1.68 \times \tanh 1.68 + 2.31}{2.31 \times \tanh 1.68 + 1.68} \times 2.73 \times 10^4 = 2.76 \times 10^4 \text{ tf/m}$$

b) 말뚝머리 수평 스프링정수

① 말뚝의 특성치 βl의 산출

$$\beta = \sqrt[4]{\frac{k_h D}{4EI}}$$

$$I = \pi(D_1^4 - D_2^4)/64 = 3.14 \times (0.696^4 - 0.676^4)/64 = 1.27 \times 10^{-3} \text{m}^4$$

$$EI = 2.1 \times 10^7 \times 1.27 \times 10^{-3} = 2.66 \times 10^4 \text{ tfm}^2$$

B층의 βl

$$\beta_1 = \sqrt[4]{\frac{4.76 \times 10^2 \times 0.70}{4 \times 2.66 \times 10^4}} = 0.237$$

$l_1 = 9.3 \text{ m}$

$\beta_1 l_1 = 0.237 \times 9.3 = 2.20 > 1.5$

∴ 깊이 방향으로 일정하게 가정되므로 B층의 β에 따라 스프링정수를 산정한다.

② 말뚝머리 수평 스프링정수

$$K_1 = 4EI\beta^3 = 4 \times 2.66 \times 10^4 \times 0.237^3 = 1.42 \times 10^3 \text{ tf/m}$$

$$K_2 = 2EI\beta^2 = 2 \times 2.66 \times 10^4 \times 0.237^2 = 2.99 \times 10^3 \text{ tf/rad}$$

$$K_3 = 2EI\beta^2 = 2.99 \times 10^3 \text{ tfm/m}$$

$$K_4 = 2EI\beta = 2 \times 2.66 \times 10^4 \times 0.237 = 1.26 \times 10^4 \text{ tfm/rad}$$

c) 말뚝머리에 대한 군말뚝의 회전 스프링정수

$$K_r = K_v I$$

I : 군말뚝의 2차 모멘트

$$I = (3.30^2 \times 3\,개 \times 2열) = 65.3\,\text{m}^2\,개$$

$$K_r = 2.76 \times 10^4 \times 65.3 = 1.80 \times 10^6\,\text{tf·m/rad}$$

(3) 말뚝머리 위치의 변위량, 회전각 및 말뚝머리 작용력

ⅰ) 말뚝머리 위치의 변위량과 회전각

$$\delta_x = \frac{(K_r + nK_4)H_0 + nK_2 M_0}{(nK_1 + K_{hF})(K_r + nK_4) - (nK_2)^2}$$

$$\delta_z = \frac{V_0}{nK_v}$$

$$\theta = \frac{nK_2 H_0 + (nK_1 + K_{hF})M_0}{(nK_1 + K_{hF})(K_r + nK_4) - (nK_2)^2}$$

$$nK_1 + K_{hF} = 9 \times 1.42 \times 10^3 + 0 = 1.28 \times 10^4$$
$$K_r + nK_4 = 1.80 \times 10^6 + 9 \times 1.26 \times 10^4 = 1.91 \times 10^6$$
$$nK_2 = 9 \times 2.99 \times 10^3 = 2.69 \times 10^4$$
$$(nK_2)^2 = (2.69 \times 10^4)^2 = 7.24 \times 10^8$$
$$nK_v = 9 \times 2.76 \times 10^4 = 2.48 \times 10^5$$

caseY 5 및 caseY 6의 작용 외력

$$V_0 = 862\,\text{tf},\quad H_0 = 248\,\text{tf},\quad M_0 = 2110\,\text{tfm}$$

$$\delta_x = \frac{1.91 \times 10^6 \times 248 + 2.69 \times 10^4 \times 2110}{1.28 \times 10^4 \times 1.91 \times 10^6 - 7.24 \times 10^8} = 2.24 \times 10^{-2}\,\text{m}$$

$$\delta_z = \frac{862}{2.48 \times 10^5} = 3.48 \times 10^{-3}\,\text{m}$$

$$\theta = \frac{2.69 \times 10^4 \times 248 + 1.28 \times 10^4 \times 2110}{1.28 \times 10^4 \times 1.91 \times 10^6 - 7.24 \times 10^8} = 1.42 \times 10^{-3}\,\text{rad}$$

ⅱ) 말뚝머리 작용력(그림-4.47)

$$P_{Ni} = K_v(\delta_z + \theta x_i)$$
$$P_H = K_1\delta_x - K_2\theta$$
$$M_t = -K_3\delta_x + K_4\theta$$

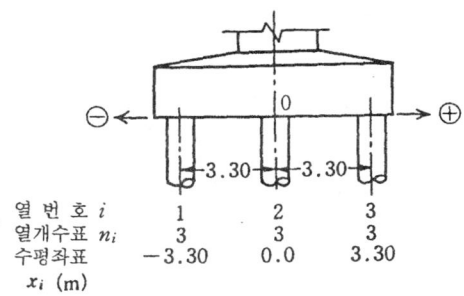

그림-4.47 말뚝의 배치

$i=1$열째 $(X_1 = -3.30 \text{ m})$

$P_{N1} = 2.76 \times 10^4 \times \{3.48 \times 10^{-3} + 1.42 \times 10^{-3} \times (-3.30)\} = -33.3 \text{ tf}$

$P_{H1} = 1.42 \times 10^3 \times 2.24 \times 10^{-2} - 2.99 \times 10^3 \times 1.42 \times 10^{-3} = 27.6 \text{ tf}$

$M_{t1} = -2.99 \times 10^3 \times 2.24 \times 10^{-2} + 1.26 \times 10^4 \times 1.42 \times 10^{-3} = -49.1 \text{ tfm}$

$i=2$열째 $(X_2 = 0.00 \text{ m})$

$P_{N2} = 2.76 \times 10^4 \times \{3.48 \times 10^{-3} + 1.42 \times 10^{-3} \times 0.0)\} = 96.0 \text{ tf}$

$i=3$열째 $(X_1 = +3.30 \text{ m})$

$P_{N3} = 2.76 \times 10^4 \times \{3.48 \times 10^{-3} + 1.42 \times 10^{-3} \times (+3.30)\} = 224.4 \text{ tf}$

iii) 응답 변위법에 의한 계산 caseY6 (사+지+지반변위)에 대해서는 상기 작용 외력 기타에 지반 변위에 의한 말뚝머리 작용력을 가산한다.

a) 내진설계상 지반면에서의 지반 변위량 해당지반은 A지반이므로 지반의 고유주기는 다음식으로 구한다.

$$T = 4H/v_s$$

$$H = 9.3 + 9.2 + 9.4 = 27.9 \text{ m}$$

$$v_s = \frac{43 \times 9.3 + 52 \times 9.2 + 73 \times 9.4}{9.3 + 9.2 + 9.4} = \frac{1560}{27.9} = 56 \text{ m/s}$$

$$T = 4 \times 27.9/56 = 1.99 \text{ s}$$

이것에서 지반 변위량 A_G는

$$A_G = 0.2TS_vK_h = 0.2 \times 1.99 \times 80 \times 0.2 = 6.37 \text{ cm}$$

b) 노모그램 사용으로 각종 파라미터의 정리

B층에서 D층의 βl(가중 평균)

$$k_{h(1-3)} = 1.08 \times 10^3 \text{ tf/m}^3$$

$$\beta_{(1-3)} = \sqrt[4]{\frac{1.08 \times 10^3 \times 0.70}{4 \times 2.66 \times 10^4}} = 0.290 \text{ m}^{-1}$$

$$l_{(1-3)} = H = 27.9 \text{ m}$$

$$\beta l = 0.29 \times 27.9 = 8.10$$

$$G = A_G/l = 0.0637/27.9 = 0.00228 = 2.28 \times 10^{-3}$$

$$T_A = \frac{K_r l}{nEI} = \frac{1.80 \times 10^6 \times 27.9}{9 \times 2.66 \times 10^4} = 210$$

c) 말뚝머리 위치의 변위량, 회전각과 말뚝머리 작용력

① 말뚝머리 변위량

$$(Y/G) = 1.0 \quad (\text{그림} - 4.48)$$

$$\delta_{xG} = (Y/G) \times G \times l = 1.0 \times 2.28 \times 10^{-3} \times 27.9 = 6.36 \times 10^{-2} \text{m}$$

② 회전각

$$(\theta/G) = 0.023 \quad (\text{그림} - 4.49)$$

$$\theta_G = (\theta/G) \times G = 0.023 \times 2.28 \times 10^{-3} = 1.55 \times 10^{-4} \text{rad}$$

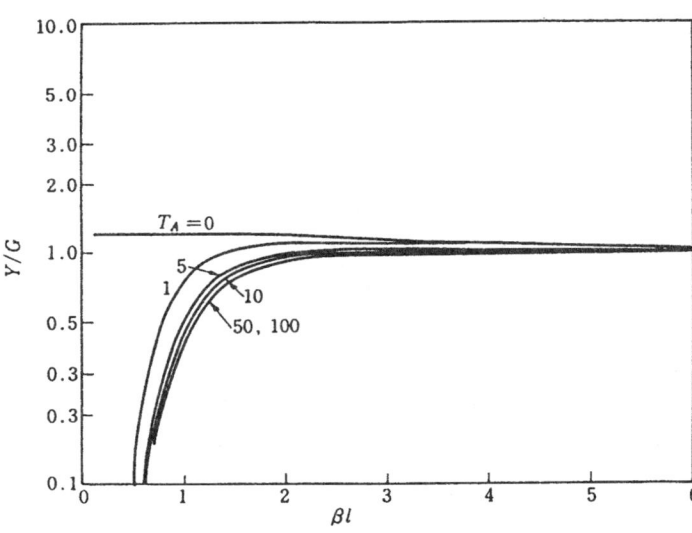

그림-4.48 지반 변위 (A_G)에 의한 말뚝머리 변위 (δ_G)

제4장 말뚝기초의 설계예 321

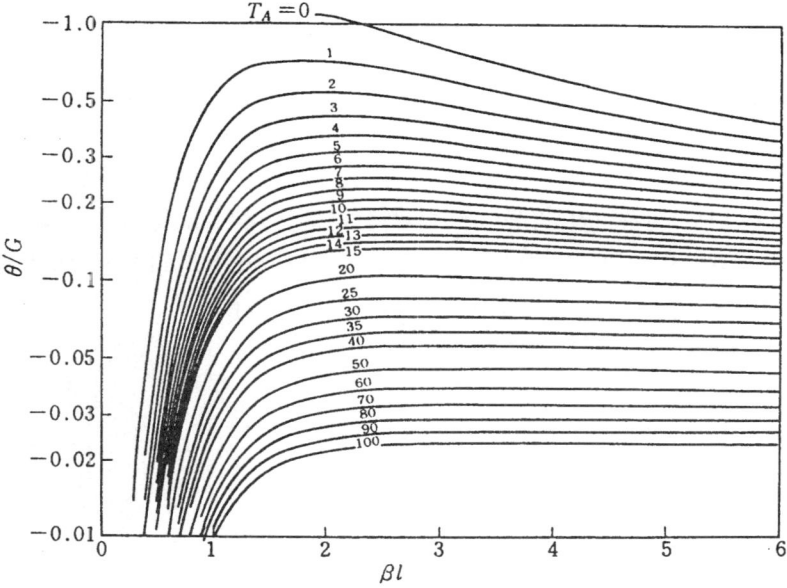

그림-4.49 지반 변위 (A_G)에 의한 말뚝머리 회전각 (θ_G)

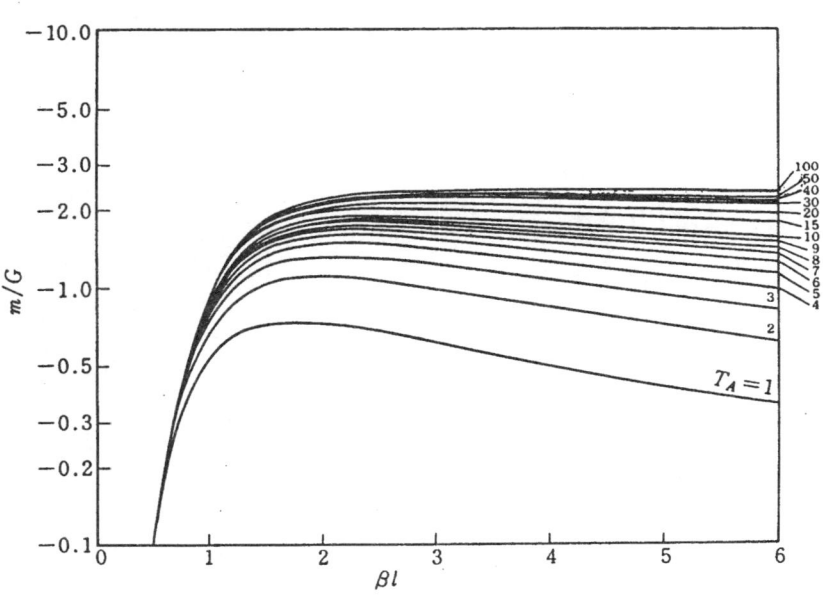

그림-4.50 지반변위(A_G)에 의한 말뚝머리 모멘트(M_G)

③ 말뚝머리 모멘트

$$(m/G) = -2.4 \quad (\text{그림-4.50})$$

$$M_G = (m/G) \times G \times EI/l = -2.4 \times 2.28 \times 10^{-3} \times 2.66 \times 10^4 / 27.9$$
$$= -5.22 \text{ tfm}$$

지진 변위에 의한 말뚝머리 작용력은 이들 1차 모드 외의 2차, 3차 모드의 영향도 고려할 필요가 있다. 또 실제의 지반은 상당히 복잡하기 때문에 다층지반용의 「말뚝 기초 설계 프로그램」을 써서 컴퓨터로 계산한다.

(4) 허용지지력과 지지력의 검토

ⅰ) 허용지지력

a) 단말뚝의 최대 주면지지력도

B층 : 점성토, $q_u = 0.4 \text{ kgf/cm}^2 = 4.0 \text{ tf/m}^2$

$f_1 = q_u/2 = 4.0/2 = 2.0 \text{ tf/m}^2 \leq 10 \text{ tf/m}^2$

$l_1 = 9.3 \text{ m}$

지진상태에서는 말뚝머리에서 $1/\beta$ 정도의 깊이까지 토층의 주면지지력은 고려하지 않는다.

$\beta = 0.237$ ((2), ⅱ), b) 에서)

$1/\beta = 1/0.237 \fallingdotseq 4.3$

지진때의 주면지지력을 고려하는 B층의 두께는

$l_1' = 9.3 - 4.3 = 5.0 \text{ m}$

C층 : 점성토 $q_u = 0.7 \text{ kgf/cm}^2 = 7.0 \text{ tf/m}^2$

$f_2 = q_u/2 = 7.0/2 = 3.5 \text{ tf/m}^2 \leq 10 \text{ tf/m}^2$

$l_2 = 9.2 \text{ m}$

D층 : 점성토 $q_u = 1.2 \text{ kgf/cm}^2 = 12.0 \text{ tf/m}^2$

$f_3 = q_u/2 = 12.0/2 = 6.0 \text{ tf/m}^2 \leq 10 \text{ tf/m}^2$

$l_3 = 9.4 \text{ m}$

E층 : 사질토 $N = 36$

$f_4 = 0.2N = 0.2 \times 36 = 7.2 \text{ tf/m}^2 \leq 10 \text{ tf/m}^2$

$l_4 = 2.6$ m

b) 단말뚝의 최대 주면지지력

$$Q_f = U\Sigma f_i l_i$$

$$U = \pi D = 3.14 \times 0.70 = 2.20 \text{ m}$$

$$Q_f = 2.20 \times (2.0 \times 5.0 + 3.5 \times 9.2 + 6.0 \times 9.4 + 7.2 \times 2.6) = 258 \text{ tf}$$

c) 기준 선단 지지력의 산출 선단 개방의 강관말뚝이므로 환산 근입비(l/D)에서 기준 선단 지지력을 산출한다.

중간층의 N치=6으로 지지층의 N치=42의 1/5이하 이므로 환산 근입깊이는 지지층에 대한 근입 깊이에서 구한다(그림 4.51)

$$l = \frac{29+37+43}{3 \times 42} \times 2.6 = 2.25 \text{ m}$$

$$(l/D) = 2.25/0.70 = 3.2$$

기준 선단 지지력도 q_p

$$D = 0.70 \text{ m} \leq 0.80, \ (l/D) = 3.2 < 5$$

$$q_p = 5(l/D)N = 5 \times 3.2 \times 42 = 672 \text{ tf/m}^2 \leq 800 \text{ tf/m}^2$$

기준 선단 지지력 Q_p

$$A_p = \pi/4 D^2 = 3.14/4 \times 0.70^2 = 0.385 \text{ m}^2$$

$$Q_p = q_p A_p = 672 \times 0.385 = 259 \text{ tf}$$

d) 단말뚝의 허용 수직지지력의 산출

$$Q_a = \alpha_f Q_f + \alpha_p Q_p$$

$$\alpha_f = 0.5, \ \alpha_p = 0.5$$

$$Q_a = 0.5 \times 258 + 0.5 \times 259 = 258 \text{ tf}$$

e) 단말뚝의 허용 인발력의 산출

$$Q_{ta} = \alpha_t Q_f + W_p$$

$$\alpha_t = 0.3$$

W_p : 강관 말뚝은 말뚝 자중이 작으므로 무시한다.

$$Q_{ta} = 0.3 \times 258 = 77 \text{ tf}$$

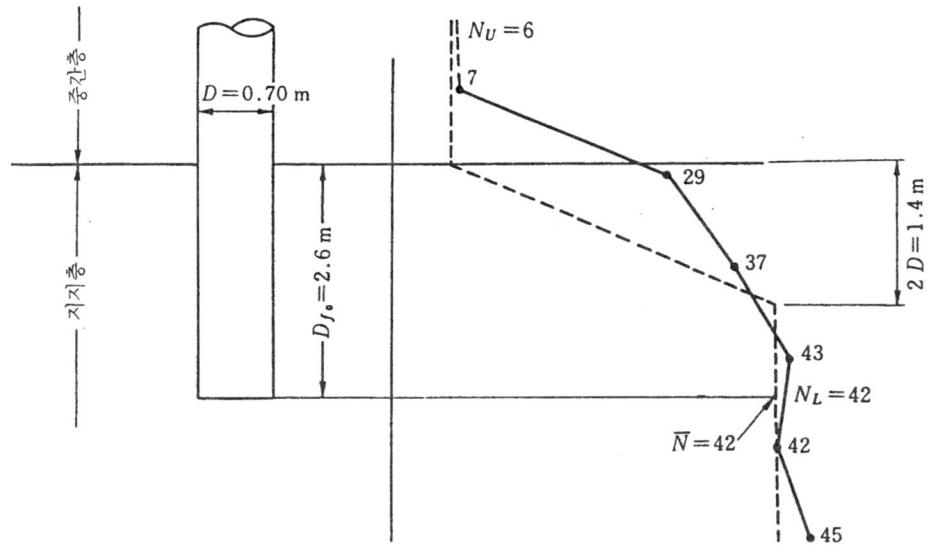

그림-4.51 말뚝 선단 지반의 N치와 말뚝 선단위치의 관계

이상의 결과를 정리하여 표-4.33에 나타낸다.

ii) 지지력의 검토 말뚝머리 작용력과 허용지지력의 비교를 표-4.34에 나타낸다.

(5) 말뚝체의 설계

i) 평상시 환산 단면력 응답 변위법의 할증계수 α는 다음과 같다.

강재 : $\alpha = 2400/1500 = 1.60$

철근 : $\alpha = 3500/2000 = 1.75$

전산 출력 결과에서 평상시 환산한 단면력을 표-4.35에 나타낸다.

이상과 같이 말뚝체의 응력 계산에 대해서는 caseY 5와 caseY6에서 실시하고 말뚝과 확대기초 결합부의 철근(앵커 철근)의 응력도 계산에 대해서는 caseY6에서 실시한다.

표-4.33 단말뚝의 허용지지력

하중상태	허용수직지지력 (tf)	허용인발력 (tf)
평 상 시	148	0
일 시	214	41
사하중 지진시	258	77

표-4.34 안정계산의 총괄표

(1) 수직지지력

하중상태	하중의 조합번호	하중의 조합	수위	$P_{N max}$ (tf)	판정	Q_a (tf)
평 상 시	case Y 1	사	평	96.2	<	148
일 시	Y 3	사+열+충+횡+풍	저	212.2	<	214
사하중지진시	Y 5	사+지	평	224.4	<	258

(2) 인발력

하중상태	하중의 조합번호	하중의 조합	수위	$P_{N max}$ (tf)	판정	Q_{ta} (tf)
사하중지진시	case Y 5	사+지	평	|−33.3|	<	77

표-4.35 평상시 환산 단면력

하중 케이스	단면력				할증계수 α	평상시환산 단면력			
	축력 N (tf)		휨 모멘트 M (tf·m)			축력 N (tf)		휨 모멘트 M (tf·m)	
	N_{max}	N_{min}	M_{F0}	$M_{H\,max}$		N_{max}	N_{min}	M_{F0}	$M_{H\,max}$
case Y 3	212.2	58.7	12.1	—	1.25	169.8	47.0	9.68	—
Y 4	201.3	46.7	12.2	—	1.25	161.0	37.4	9.76	—
Y 5	224.4	−32.9	48.6	37.8	1.55	149.6	−21.9	32.4	25.2
Y 6	231.6	−40.1	64.4	40.0	1.6 / 1.75	144.8 / —	— / −22.9	40.3 / 36.8	25.0 / 22.9

ii) 말뚝체, 강재의 응력도 계산 강관 말뚝은 판두께에 따라 축력을 고려하여 저항 휨 모멘트를 계산하고 말뚝체에 발생하는 휨 모멘트의 분포와 비교 검토한다(그림-4.52).

말뚝체의 저항 휨 모멘트의 계산은 다음식에 의한다.

$$\sigma_c = \frac{N}{A} + \frac{M}{Z} \leqq \sigma_{ca}$$

$$M_R = (\sigma_{ca} - N/A)Z$$

① caseY 5(사하중 지진때)

　　최대 축력　　$N_{max}=224.4$ tf $=224.4\times10^3$ kgf

　　할증계수　　$\alpha=1.5$

　판두께 14mm의 경우

　　유효살두께　$t=14-2=12$ mm

　　단면적　　　$A=257.9$ cm²

　　단면계수　　$Z=4330$ cm³

　　말뚝반경　　$R=D/2=700/2=350$ mm

　　　　　　　$R/t=350/12=29.2\leqq50$

　　일반부　　　$\sigma_{ca}=1500\times1.5=2250$ kgf/cm²

　$M_R=(2250-224.4\times10^3/257.9)\times4330=59.7\times10^5$ kgf·cm $=59.7$ tf·m

　판두께 12mm의 경우

　　유효살두께　$t=12-2=10$ mm

　　단면적　　　$A=215.5$ cm²

　　단면계수　　$Z=3\,640$ cm³

　　말뚝반경　　$R=D/2=700/2=350$ mm

　　　　　　　$R/t=350/10=35.0\leqq50$

　　일반부　　　$\sigma_{ca}=1\,500\times1.5=2\,250$ kgf/cm²

　$M_R=(2\,250-224.4\times10^3/215.5)\times3\,640=44.0\times10^5$ kgf·cm $=44.0$ tf·m

　　이음부　　　$\sigma_{ca}=2\,250\times0.8=1\,800$ kgf/cm²

$M_{RW}=(1\,800-224.4\times10^3/215.5)\times3\,640=27.6\times10^3$ kgf·cm $=27.6$ tf·m

판두께 9mm의 경우는 생략한다.

② caseY 6(응답 변위법시)

　판두께 14mm의 경우

　　일반부　　　$\sigma_{ca}=\sigma_y=2\,400$ kgf/cm²

　$M_R=(2\,400-231.6\times10^3/257.9)\times4\,330=65.0\times10^5$ kgf·cm $=65.0$ tf·m

　판두께 12mm의 경우

제4장 말뚝기초의 설계예 327

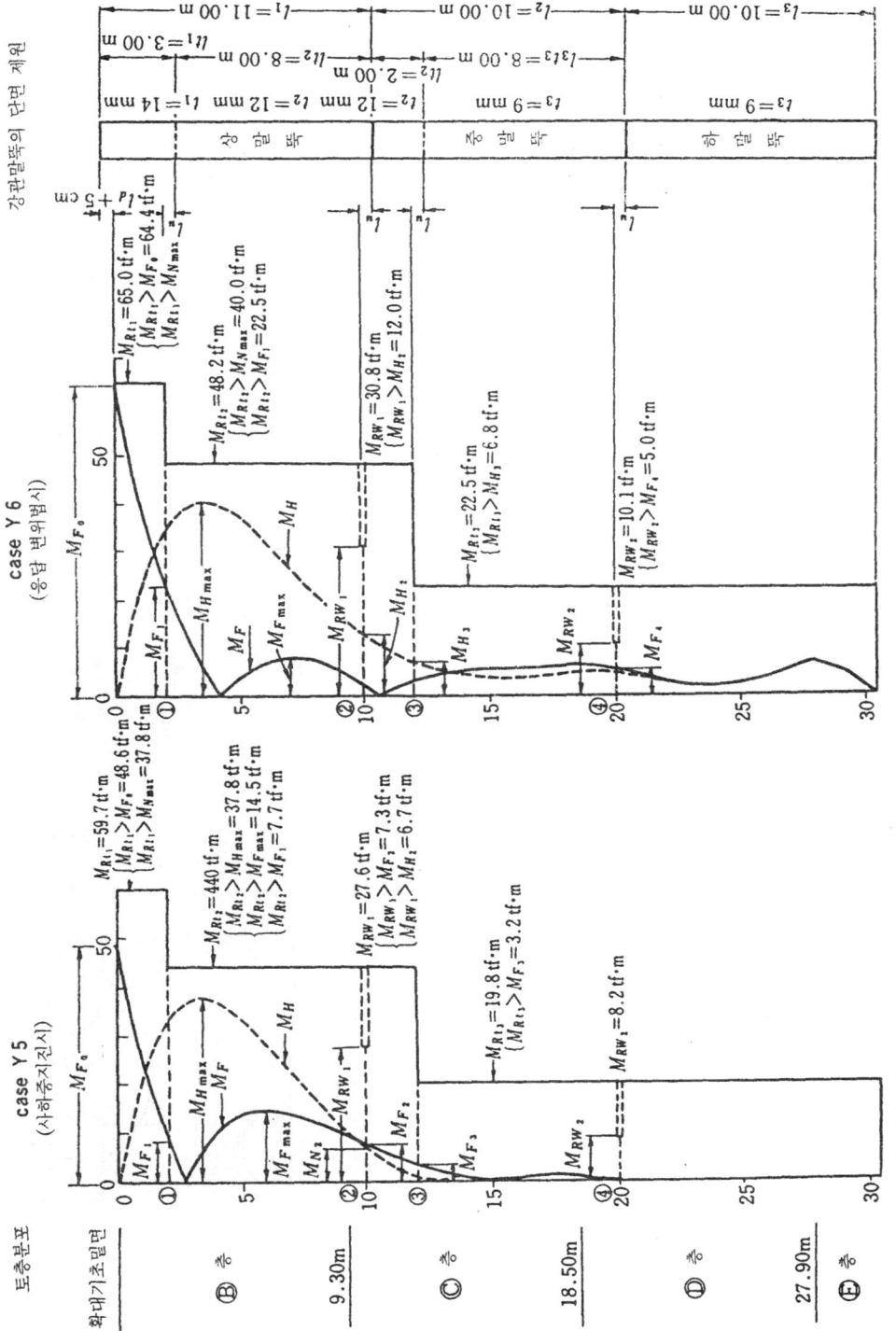

그림-4.52 말뚝체의 휨 모멘트 분포와 저항 휨 모멘트의 관계

일반부 $\sigma_{ca} = \sigma_y = 2400 \text{ kgf/cm}^2$

$M_R = (2\,400 - 231.6 \times 10^3/215.5) \times 3\,640 = 48.2 \times 10^5 \text{ kgf·cm} = 48.2 \text{ tf·m}$

이음부 $\sigma_{ca} = 2\,400 \times 0.8 = 1\,920 \text{ kgf/cm}^2$

$M_{RW} = (1\,920 - 231.6 \times 10^3/215.5) \times 3\,640 = 30.8 \times 10^5 \text{ kgf·cm}$

$= 30.8 \text{ tf·m}$

판두께 9mm 경우는 생략한다.

iii) 앵커 철근의 응력도 계산

$N_{min} = -22.9 \text{ tf} = -22.9 \times 10^3 \text{ kgf}$

$M_{F0} = 36.8 \text{ tfm} = 36.8 \times 10^5 \text{ kgf·cm}$

가상 RC단면 $r = D/2 = 70/2 = 35 \text{ cm}$

철근량 D 32 − 16 개 $A_s = 127 \text{ cm}^2$

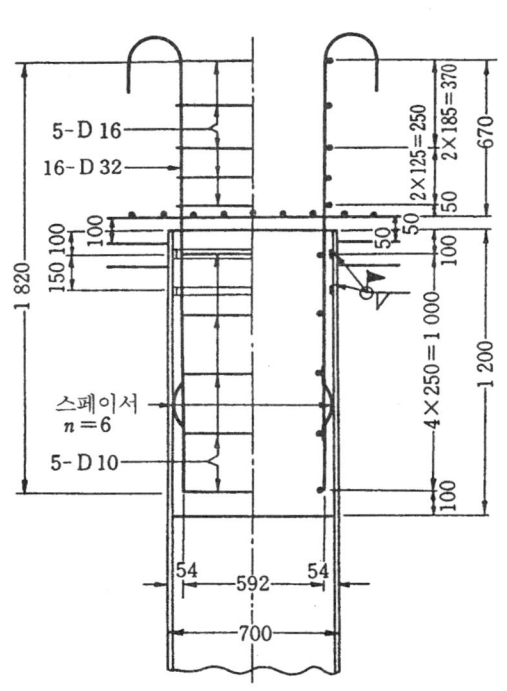
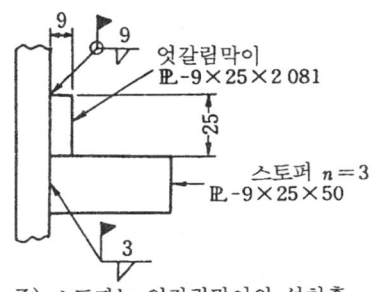
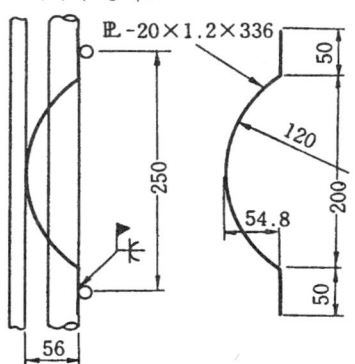

그림-4.53 말뚝과 확대기초 결합부의 구조

철근의 피복 $\quad d'=t+t'+\phi/2+15=14+9+32/2+15=54$ mm$=5.4$ cm

철근반경 $\quad r_s=r-d'=35-5.4=29.6$ cm

$r_s/r=29.6/35=0.85$

$e=M/N=36.8\times10^5/(-22.9\times10^3)=-161$ cm

$e/r=-161/35=-4.6$

$p=A_s/(\pi r^2)=127/(3.14\times35^2)=0.0330$

〔RG〕 B 3 에서 $S=1.93$

$M'=M+Nr=36.8\times10^5+(-22.9\times10^3)\times35=28.8\times10^5$ kgf·cm

$M'/r^8=28.8\times10^5/35^3=67.2$

$\sigma_s=M'/r^3 Sn=67.2\times1.93\times15=1\,945$ kgf/cm² $<2\,000$ kgf/cm²

c) 말뚝과 확대기초 결합부의 형상·치수 말뚝과 확대기초 결합부의 구조도를 그림 −4.53에 나타낸다.

4.4 항만 구조물

항만 구조물의 설계는 일본 항만협회「항만의 시설 기술상의 기준·동해설」(이하「기준」으로 한다)에 준한다.

4.4.1 잔교의 말뚝기초
(1) 사면조 말뚝식 횡잔교의 설계

ⅰ) 설계순서 사면조 말뚝식 횡잔교의 설계는 보통「기준」10.1.1에 나타낸 순서로 실시하는 것이 좋다. 여기서는 주로 말뚝 설계에 대해서 추진하기 때문에 사면의 안정이나 상부공의 상세 설계 등은 생략한다. 개략도를 그림−4.54에 토질조건을 표−4.36에 나타낸다.

(2) 설계조건

ⅰ) 대상 선박

중량톤 : 80000 D.W.T급 화물선

선길이 : $L=250.0$m, 선폭 : $B=38.0$m

만재홀수 : $d_f=14.0$m

접안속도 : $V=0.15$m/s, 대상화물 : 강재 등

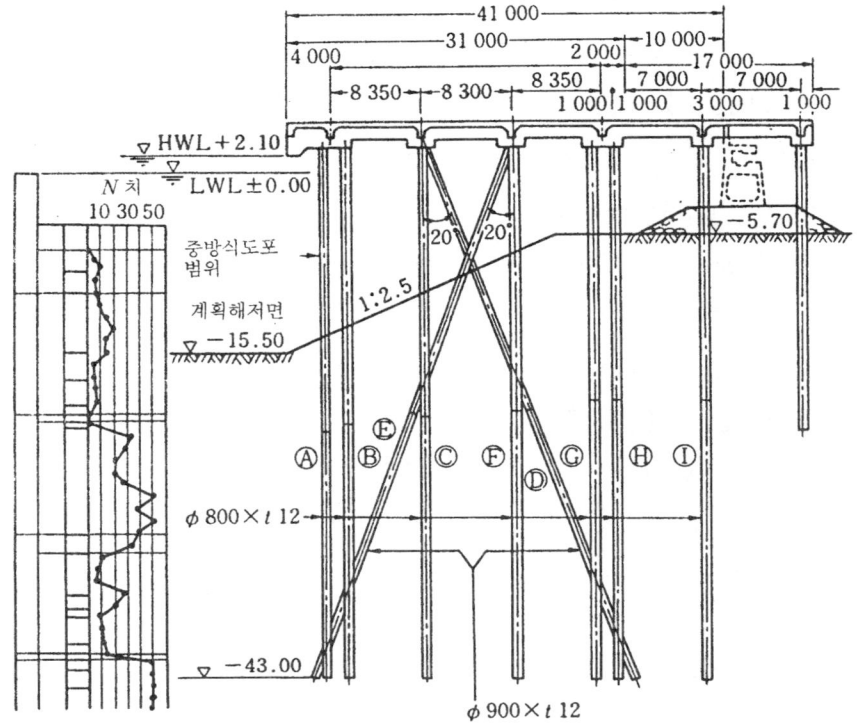

그림-4.54 개략도

표-4.36 토질조건

표고(m)	토질	토질정수
-5.70~-21.00	사질토	$\bar{N}=5$
-21.00~-31.00	사질토	$\bar{N}=33$
-31.00~-41.00	점성토	$c=15\ tf/m^2$
-41.00~	사질토	$\bar{N}=50$

ii) 계획 수심 등

계획 수심 : TP-15.50m, 선단높이 : TP+5.00m

버스길이 : 300.0m

iii) 자연 조건

    설계 조수위 : HWL=TP+2.10m

LWL=TP±0.00m

iv) 상재 하중 상재 하중 조건을 표-4.37에 나타낸다. 표중 평상시는 ②, 지진때는 ⑥에서 계산을 한다.

표-4.37 상재하중조건

평상시	상부공+상재하중+크레인	①	150^{TT}3대 해측 배치, 트롤리 해측
		②	150^{TT}3대 해측 배치, 트롤리 해측
		③	150^{TT}3대 지상측 배치, 트롤리 해측
		④	150^{TT}3대 지상측 배치, 트롤리 해측
지진시	상부공+상재하중+(50%)크레인	⑤	150^{TT}3대 해측 배치, 지진 방향 ←
		⑥	150^{TT}3대 해측 배치, 지진 방향 →
	상부공+크레인	⑦	지진 방향 ← →
	상부공+상재하중(50%)	⑧	지진 방향 ← →
	상부공만	⑨	지진 방향 → ←
접안시	접안력(상부공만)	⑩	지진 방향 →

주) ^{TT} : 트럭 트레일러

[사하중]

안벽부 : 평상시 3.04tf/m², 지진때 1.52tf/m²

가치부 : 평상시 4.00tf/m², 지진때 2.00tf/m²

v) 설계진도

수평진도 : K_h=0.2

vi) 잔교의 구조 형식

평면 형상 : 연장 30.0m×폭 41.0m(1블록)

기초 말뚝의 배치 : 5열×5열

(3) 가상 고정점

i) 가상 지표면 말뚝의 축방향과 축 직각방향 지지력의 계산에 쓰이는 각 말뚝의 가

상 지표면은 「기준」 9.4.2에 따라 그림—4.55에 나타낸 바와 같이 각 말뚝의 축선상의 위치에서 전면 수심과 실제 사면의 1/2 높이로 한다.

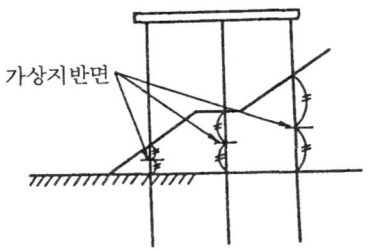

그림—4.55 가상 지반면

ii) 횡방향 지반 반력계수 「기준」 9.5.2에 의해 산출한다.

$$k_h = 0.15N = 0.15 \times 5 = 0.75 \text{ kgf/cm}^3$$

여기서 k_h : 횡방향 지반 반력계수(kgf/cm^3)

  N : 지반의 $1/\beta$의 부근까지 N치

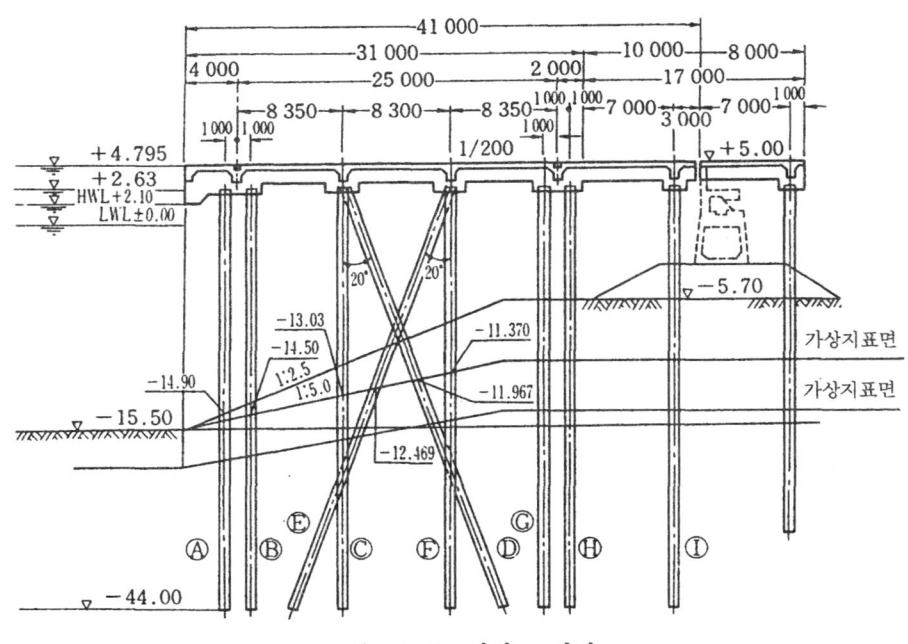

그림—4.56 가상 고정점

iii) 가상 고정점 가구(架構) 프레임 모델로 계산을 하기 위해 가상 고정점은 「기준」 9.5.3에 따라 그림-4.56에 나타낸 바와 같이 가상 지표면 밑의 $1/\beta$ 깊이로 한다.

$$\beta = \sqrt[4]{k_h \times D/(4EI)}$$

강관 말뚝은 제7장 7.6.4항에 나타낸 중방식처리(重防食處理)로 한다. 따라서 강관 말뚝의 녹 여부는 0으로 하고, 말뚝의 단면 제원을 표-4.38에 나타낸다.

표-4.38 단면제원

말뚝지름 D (mm)	살두께 t (mm)	단위 중량 w (kgf/m)	단면적 A (cm²)	단면 2차 모멘트 I (cm⁴)	단면계수 Z (cm³)	회전반경 r (cm)	β (cm⁻¹)	$1/\beta$ (cm)	재질
800	12	233	297.1	2.31×10^5	5.77×10^3	27.9	0.00236	424	SKK 400
900	12	263	334.8	3.30×10^5	7.33×10^3	31.4	0.00222	450	SKK 400

표-4.39 각 말뚝의 자유 길이와 허용 응력도

말뚝부호	A	B	C	D	E
말뚝치수	800×12	800×12	800×12	900×12	900×12
말뚝 상단 좌표	(3.00, 2.63)	(5.00, 2.63)	(12.35, 2.63)	(12.35, 2.63)	(20.65, 2.63)
가상 지면 좌표	(3.00, -14.90)	(5.00, -14.50)	(12.35, -13.03)	(7.66, -11.97)	(15.15, -12.47)
$1/\beta$의 깊이 (m)	4.24	4.24	4.24	4.50	4.50
가상 고정점 좌표	(3.00, -19.14)	(5.00, -18.74)	(12.35, -17.27)	(19.30, -16.47)	(13.51, -16.97)
자유 길이 l (m)	21.77	21.37	19.90	20.33	20.86
평상시 축방향 허용응력도	913	924	968	1,024	1,010
지진시 축방향 허용응력도	1,369	1,387	1,453	1,536	1,515
말뚝부호	F	G	H	I	
말뚝치수	800×12	800×12	800×12	800×12	
말뚝 상단 좌표	(20.65, 2.63)	(28.00, 2.63)	(30.00, 2.63)	(38.00, 2.63)	
가상 지면 좌표	(20.65, -11.37)	(28.00, -10.60)	(30.00, -10.60)	(38.00, -10.60)	
$1/\beta$의 깊이 (m)	4.24	4.24	4.24	4.24	
가상 고정점 좌표	(20.65, -15.61)	(28.00, -14.84)	(30.00, -14.84)	(38.00, -14.84)	
자유 길이 l (m)	18.24	17.47	17.47	17.47	
평상시 축방향 허용응력도	1,019	1,042	1,042	1,042	
지진시 축방향 허용응력도	1,528	1,563	1,563	1,563	

이상의 조건에서 잔교 법선 직각방향의 각 말뚝에 관한 자유길이와 말뚝의 허용 응력도의 정리를 표-4.39에 나타낸다. 또한 말뚝의 허용 응력도 σ_{sa}는 「기준」 2.3.3에서 다음식으로 산출한다.

$$\sigma_{sa} = 1\,400 - 8.4 \times (l/r - 20)$$

여기서 l : 말뚝의 유효 좌굴 길이(m) (말뚝의 유효 좌굴길이는 확대기초 하단에서 가상 고정점까지의 거리로 한다)

r : 말뚝의 단면 2차 반경(m)

(4) 하중 산출의 고찰 방법

ⅰ) 수직하중 수직하중은 그림-4.57에 나타낸 바와 같이 안벽 방향 6m의 범위를 고려하여 각 하중을 프레임 중심선상에 선하중·집중 하중의 2종류로 작용시켜 산정한다.

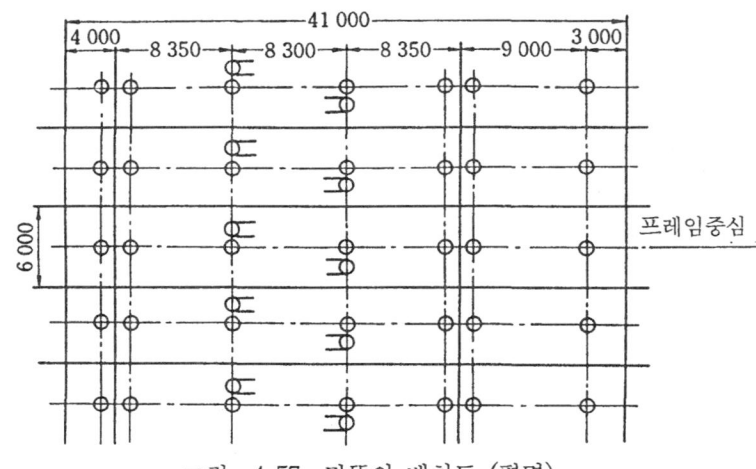

그림-4.57 말뚝의 배치도 (평면)

ⅱ) 수평 하중

a) 지진때의 수평 하중 지진때의 수평 하중은 상부 자중·상재 하중·크레인 자중 및 가상 고정점에서 상부 강관말뚝의 반분의 하중을 합계한 값으로 설계 진도를 곱해서 산출한다.

지진때의 수평 하중 : $\Sigma T = 215.2$tf/블록

(5) 구조 계산

ⅰ) 계산 모델 골조도를 그림-4.58에, 골조의 단면 제원을 표-4.40에 나타낸다. ⑶, ⑷의 검토와 그림-4.59, 4.60의 하중 모델에서 전산기를 써서 구조계산을 한다.

ⅱ) 계산 결과 말뚝 단면력의 평상시와 지진때의 계산결과를 그림-4.61, 4.62와 표

−4.41, 4.42에 나타낸다.

(6) 말뚝의 근입 길이와 지지력(Chang의 방법)

ⅰ) 말뚝의 횡 저항에 대한 근입길이 말뚝의 횡 저항에 대한 근입 길이는 「기준」 9.5.7에 의하면 말뚝의 부재력과 단면력의 결정에 Chang의 방법 $1/\beta$를 가상 고정점으로 수평력에 대한 안정계산을 한 경우에는 가상지표면과 $3/\beta$를 표준으로 한다. 따라서 횡 저항에 대해서 필요한 말뚝의 근입 길이에 대한 말뚝 선단 레벨은 표−4.43이 되며 또 $N=50$ 이상을 표시하는 지지지반에 2m를 타입하게 되면 말뚝의 선단 레벨은

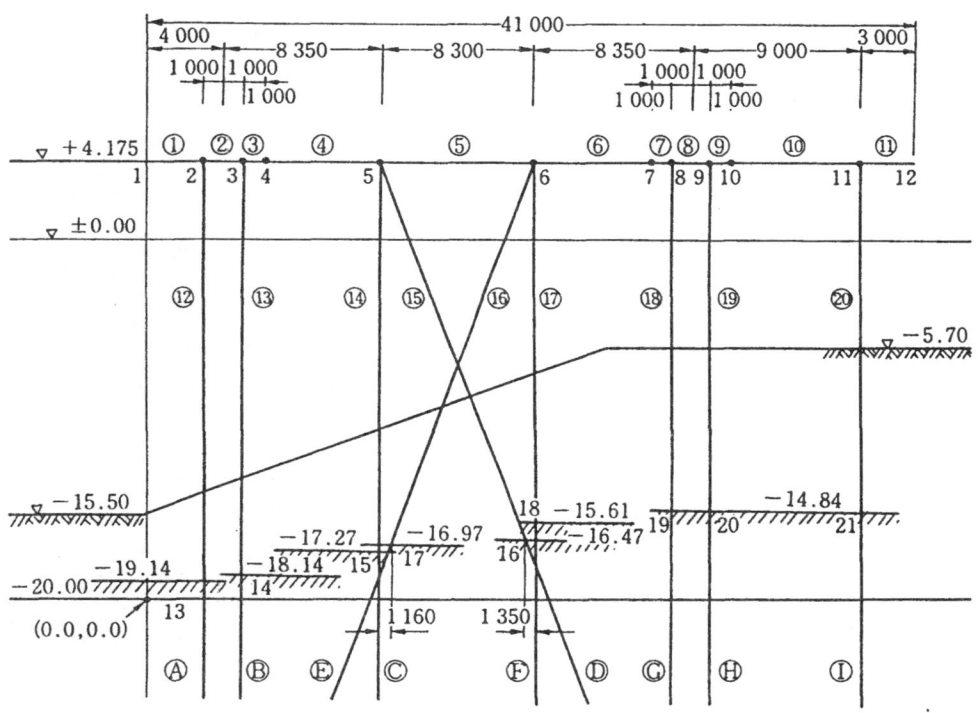

그림−4.58 골조도

표−4.40 골조의 단면 제원

부재번호	재 료	A (cm²)	I (cm⁴)
①∼③, ⑦∼⑨	철근콘크리트	5 714	1.9×10^7
④∼⑥, ⑩, ⑪	H-900×900×16×28	309.8	4.11×10^5
⑫, ⑬, ⑰∼⑳	ϕ 800×12	297.1	2.31×10^5
⑮, ⑯	ϕ 900×12	334.8	3.30×10^5

−43.0m가 된다.

ii) 축방향 극한 지지력의 산정 말뚝의 축방향 극한 지지력은 제3장 3.5.3의 식 (3.159)과 (3.160)에서 산정한다.

여기서는 A말뚝의 계산을 나타낸다.

말뚝의 직경 $B=0.80$m

a) 말뚝의 선단 지지력 산정

말뚝 선단 위치에서는 N치 : $N_1=50$

말뚝 선단에서 윗쪽에 $4B$가 되는 범위의 평균 N치 : N_2

$$N_2=(12\times1.20+50\times2.00)/3.20=35.7$$

$$N=(N_1+N_2)/2\fallingdotseq 42$$

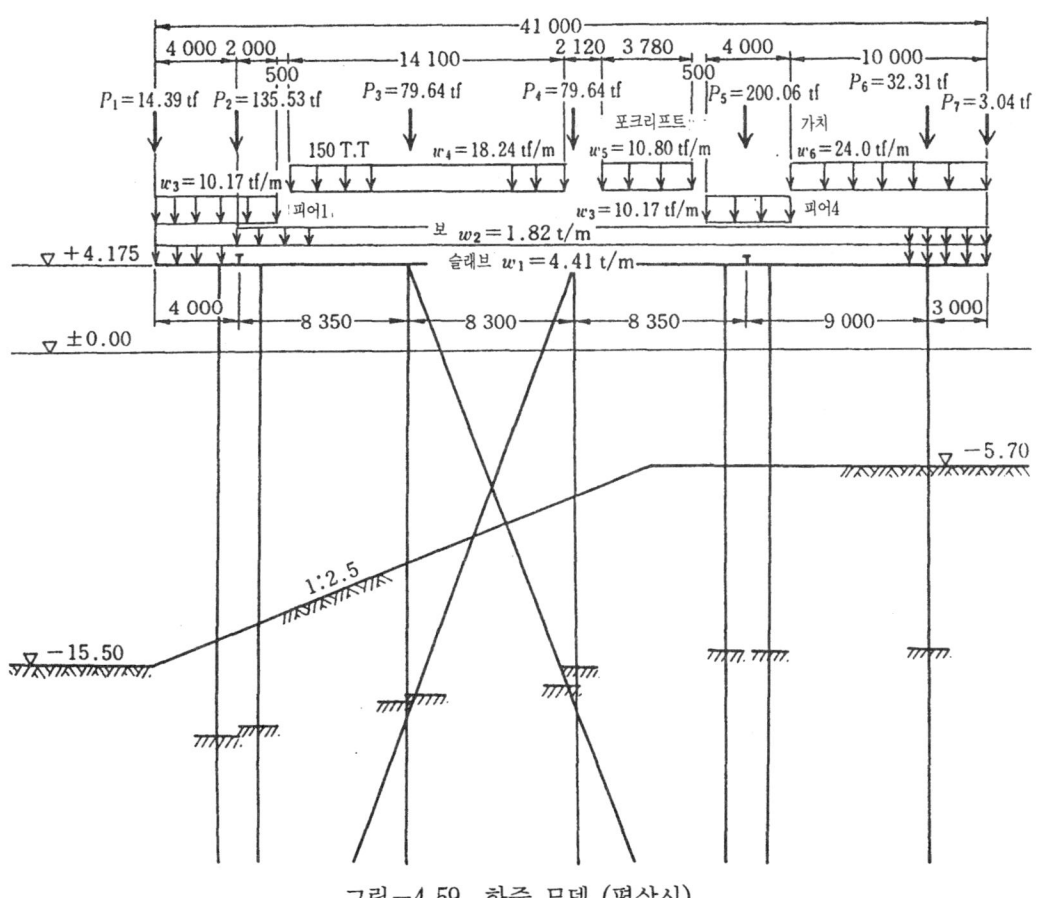

그림-4.59 하중 모델 (평상시)

$$\therefore 30NA_p = 30 \times 42 \times \pi B^2/4 = 633 \text{ tf/개}$$

　b) 말뚝 주면 마찰력의 산정　「기준」 9.5.6에서 가상 지반면 이하의 위쪽을 유효한 지지지반으로 한다.

$$NA_s/5 + \overline{c_a}A_s = (5/5 \times 6.10 + 33/5 \times 10.0 + 10.0 \times 10.0$$
$$+ 50/5 \times 2.0) \times 0.80 \times \pi = 483 \text{ tf/개}$$

　a), b)에서 극한 지지력은 다음과 같다.

$$R_u = 633 + 483 = 1\,116 \text{ tf/개}$$

ⅲ) 말뚝의 허용지지력

a) 기준 축방향 허용지지력　말뚝의 기준 축방향 허용지지력은 「기준」 4.1.2에서 산출한다(안전율은 평상시 2.5 이상, 지진때 1.5 이상으로 한다).

[평상시]　1116/2.5＝446tf/개
[지진때]　1116/1.5＝744tf/개

b) 말뚝재의 압축 응력도에 대한 허용지지력　여기서는 말뚝 : $\phi 800 \times 12$, 재질 : SKK 400으로 한다.

　　허용 응력 : $\sigma_a = 1\,400 \text{ kgf/cm}^2$　(평상시)
　　　　　　　$\sigma_a' = 2\,100 \text{ kgf/cm}^2$　(지진때)

　녹 여분 : 0.03 mm/년 × 50 년 = 1.5 mm

　　　　　(부식 속도는 표－3.50의 해저 니층중의 값을 참고로 하여 결정하고 내용 연수는 50년을 생각한다)

　　유효단면적 : $A = 259.4 \text{cm}^2$

따라서 말뚝재의 압축 응력도에 의한 허용지지력은 다음식으로 산출된다.

　　[평상시] $A \times \sigma_a = 363$tf/개
　　[지진때] $A \times \sigma_a = 544$tf/개

이상의 검토에서 말뚝의 축방향 허용지지력은 다음에 나타낸 값으로 한다.

　　[평상시] 360tf/개
　　[지진때] 540tf/개

ⅳ) 말뚝의 허용 인발력

a) 기준 축방향 허용 인발력　말뚝의 기준 허용 인발력은 제3장 3.5.6의 방법으로 산출한다.

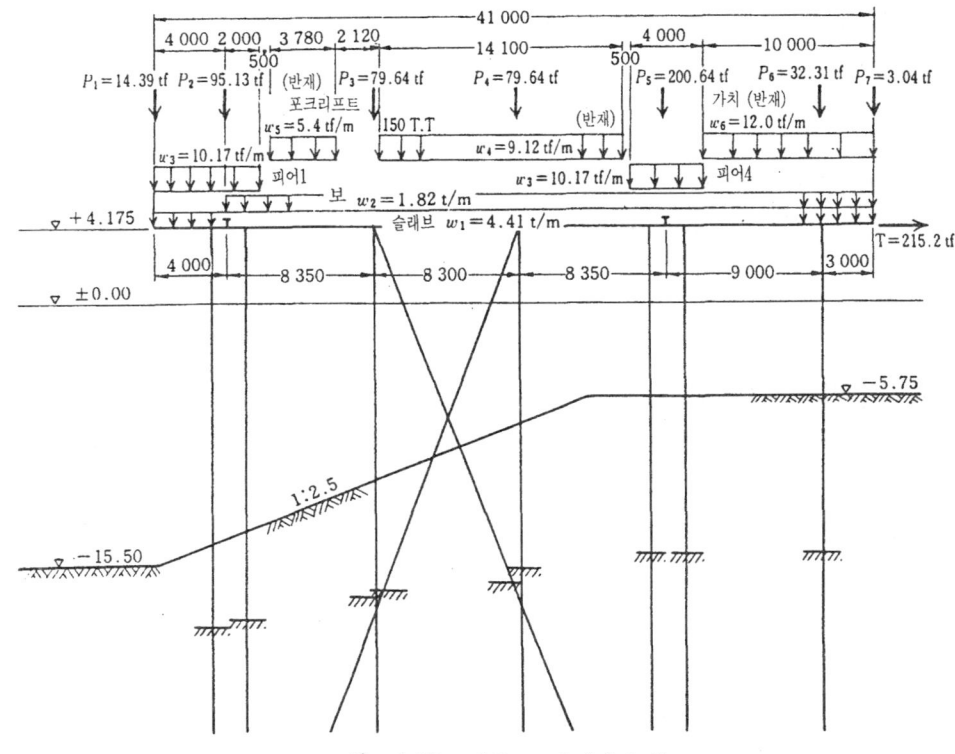

그림-4.60 하중 모델 (지진시)

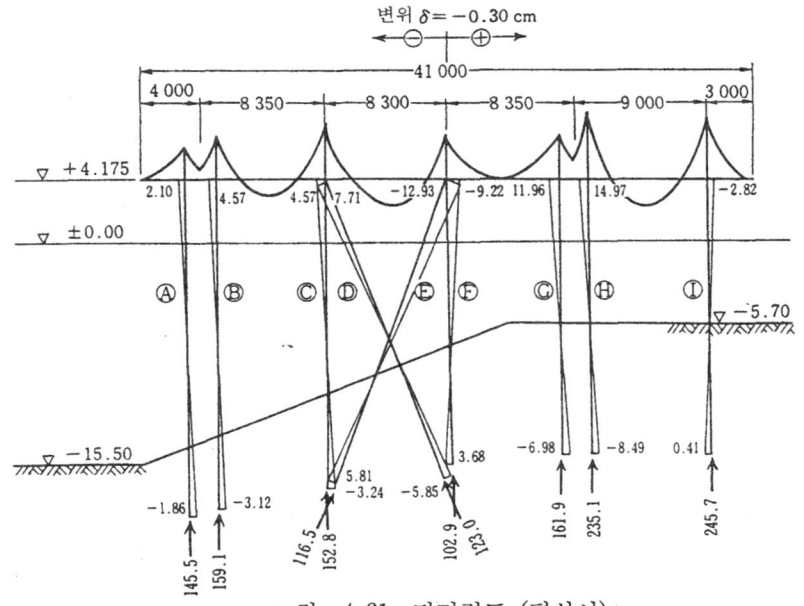

그림-4.61 단면력도 (평상시)

제4장 말뚝기초의 설계예 339

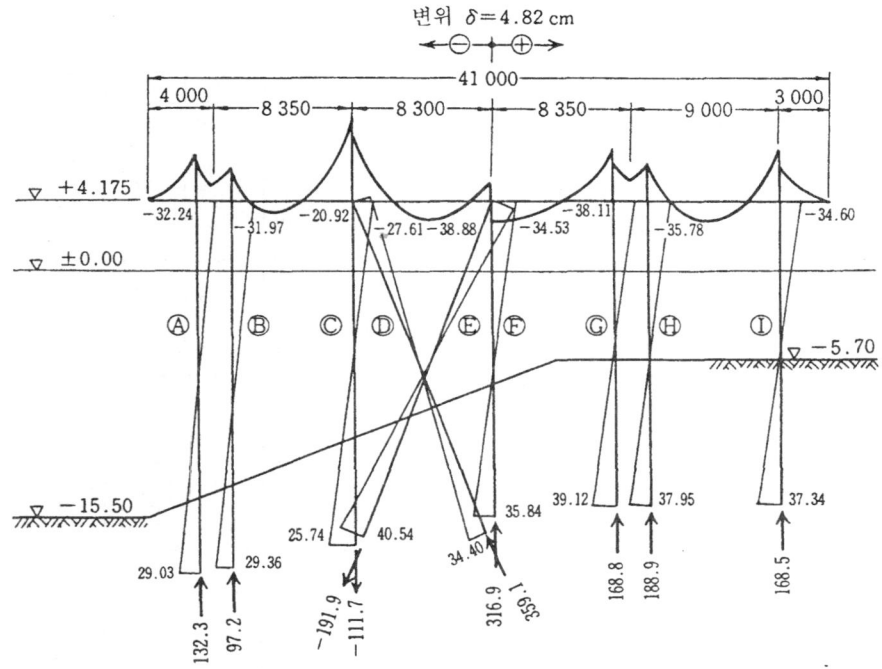

그림-4.62 단면력도 (지진시)

표-4.41 단면력표 (평상시)

말뚝부호		Ⓐ	Ⓑ	Ⓒ	Ⓓ	Ⓔ	Ⓕ	Ⓖ	Ⓗ	Ⓘ
축력	N (tf)	145.5	159.1	152.8	123.0	116.5	102.9	161.9	235.1	245.7
휨모멘트	M (tf·m)	2.10	4.57	4.57	7.71	12.93	9.22	11.96	14.97	2.82
응력도 (kgf/cm²)	$\sigma_c = \dfrac{N}{A}$	490	536	514	367	348	346	545	791	827
	$\sigma_{bc} = \dfrac{M}{Z}$	36	79	79	105	176	160	207	259	49
허용응력도 (kgf/cm²)	σ_{ca}	913	924	968	1024	1010	1019	1042	1042	1042
	σ_{bca}	1400	→							
(1) σ_c/σ_{ca}		0.537	0.580	0.531	0.358	0.345	0.340	0.523	0.759	0.784
(2) σ_{bc}/σ_{bca}		0.026	0.056	0.056	0.075	0.126	0.114	0.148	0.185	0.035
(1) + (2)		0.56	0.64	0.59	0.43	0.47	0.45	0.67	0.94	0.85
허용지지력	R_a (tf)	360	360	360	405	405	360	360	360	360
허용인발력	R_{ta} (tf)	160	160	160	160	160	160	160	160	160
판 정		ok	ok	ok	ok	ok	ok	ok	ok	ok

표-4.42 단면력표 (지진시)

말뚝부호		Ⓐ	Ⓑ	Ⓒ	Ⓓ	Ⓔ	Ⓕ	Ⓖ	Ⓗ	Ⓘ
축 력	N (tf)	132.3	97.2	−111.7	359.1	−191.9	316.9	168.8	188.9	168.5
휨 모멘트	M (tf·m)	32.24	31.97	25.74	34.40	40.54	35.84	39.12	37.95	37.34
응 력 도 (kgf/cm²)	$\sigma_c = \dfrac{N}{A}$	445	327	376	1073	573	1067	568	636	567
	$\sigma_{bc} = \dfrac{M}{Z}$	559	554	446	469	553	621	678	658	647
허용응력도 (kgf/cm²)	σ_{ca}	1361	1387	1453	1536	1515	1528	1563	1563	1563
	σ_{bca}	2100	→							
(1) σ_c / σ_{ca}		0.327	0.236	−	0.699	−	0.698	0.363	0.407	0.362
(2) $\sigma_{bc} / \sigma_{bca}$		0.266	0.264	−	0.223	−	0.296	0.323	0.313	0.308
(1) + (2)		0.59	0.50	822	0.92	1126	0.99	0.69	0.72	0.67
허용지지력	R_a (tf)	540	540	540	610	610	540	540	540	540
허용인발력	R_{ta} (tf)	190	190	190	220	220	190	190	190	190
판 정		ok	ok	ok	ok	ok	ok	ok	ok	ok

표-4.43 말뚝 선단 레벨

말뚝부호		Ⓐ	Ⓑ	Ⓒ	Ⓓ	Ⓔ	Ⓕ	Ⓖ,Ⓗ,Ⓘ
가상지표면레벨	(m)	−14.90	−14.50	−13.03	−11.97	−12.47	−11.37	−10.60
$3/\beta$	(m)	12.77	12.71	12.71	13.51	13.51	12.71	12.71
말뚝선단레벨	(m)	−27.61	−27.21	−25.74	−25.48	−25.98	−24.08	−23.37

$$R_{at} = W_p + R_{ut2}/F$$

여기서　R_{at} : 허용 인발력(tf)

　　　　W_p : 말뚝의 자중(tf) ※말뚝의 자중은 무시한다.

　　　　R_{ut2} : 단말뚝의 최대 인발력(tf)

　　　　F : 안전율(평상시 3.0 이상, 지진때 2.5 이상)

　　　　　$R_{ut2} = NA_s/5 + \overline{c_a}A_s = 483$tf/개

　　　　　[평상시] $R_{at} = 483/3.0 = 161$tf/개

　　　　　[지진때] $R_{at} = 483/2.5 = 193$tf/개

b) 말뚝재의 인장 응력도에 의한 허용 인발력

　[평상시]　$A \times \sigma_a = 363$ tf/개

　[지진때]　$A \times \sigma_a' = 544$ tf/개

이상의 검토에 따라 허용 인발력은 다음에 나타내는 값으로 한다.

　[평상시]　160 tf/개

　[지진때]　190 tf/개

v) 각 말뚝 지지력의 정리를 표-4.44에 나타낸다.

(7) 항만 연구 방식에 의한 수평저항 설계 잔교 말뚝 기초의 검토결과 A말뚝에 주목하여 항만 연구 방식으로 계산한다.

ⅰ) 설계 수평력 지진때에 대해서 검토한다. 그림-4.62에서 말뚝머리부에 작용하는 수평력 T를 산정한다. 그림-4.63에서 수평력을 구한다.

　　$T = 2.63$ tf

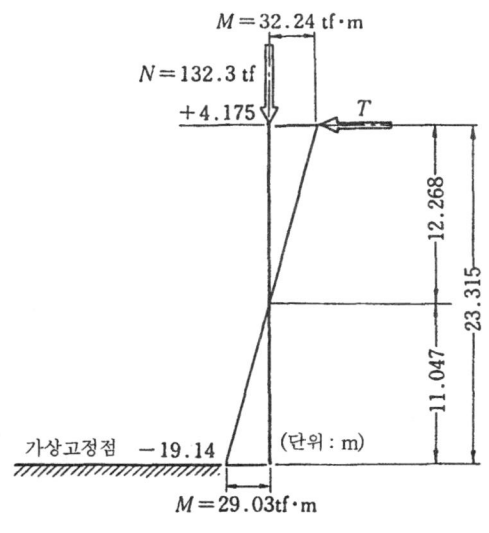

그림-4.63 단면력도 (지진시)

ⅱ) 지반 정수 강관 말뚝의 횡 저항에 지배적인 지반($l_{m1}/3$의 깊이)은 표-4.36에서 $-5.70\text{m} \sim -21.0\text{m}$에서는 사질토 $N=5$, $-21.00\text{m} \sim 31.00\text{m}$에서는 사질토 $N=33$이므로 S형 지반으로 취급한다. 따라서 N치의 증가율은 2.36이 되며 횡저항 정수는 그림

−3.58에서 구한다.

$$k_s = 0.015 \text{ kgf/cm}^{3.5}$$

표-4.44 계산결과

부 호		Ⓐ	Ⓑ	Ⓒ	Ⓓ	Ⓔ	Ⓕ	Ⓖ,Ⓗ,Ⓘ
말뚝치수		800×12	800×12	800×12	900×12	900×12	800×12	800×12
허용지지력 (tf)	평상시	360	360	360	405	405	360	360
	지진시	540	540	540	610	610	540	540
허용인발력 (tf)	평상시	160	160	160	180	180	160	160
	지진시	190	190	190	220	220	190	190

iii) 강관 말뚝 강관 말뚝은 제7장 7.6.4에 나타낸 중방식(重防食)으로 처리한다. 따라서 강관 말뚝의 녹 여분은 0으로 하고, 말뚝의 단면 제원은 표-4.38 $\phi 800 \times$ t12를 쓴다.

iv) 최대 휨 모멘트 말뚝에 작용하는 최대 휨 모멘트 M_{max}는 「기준」 4.3.4에서 구한다. 계산의 대상이 되는 말뚝(원형 말뚝)과 기준말뚝의 제원을 표-4.45에 나타낸다. 우선 환산계수를 구한다.

표-4.45 원형 말뚝과 기준 말뚝의 제원

	기준말뚝(s)	원형말뚝(p)	p/s
h (cm)	100.00	2331.50	R_h = 23.3150
EI (kgf/cm²)	10.00 E+10	4.851 E+11	R_{EI} = 48.5099
Bk_s (kgf/cm$^{2.5}$)	1.000	1.200	R_{BK} = 1.2000

$$\log R_T = 7(\log R_h) - (\log R_{EI}) + 2(\log R_{BK}) = 8.0460$$
$$\log R_M = 8(\log R_h) - (\log R_{EI}) + 2(\log R_{BK}) = 9.4136$$

원형 말뚝의 수평력을 기준 말뚝의 하중으로 바꾼다.

$$\log T_s = \log T_p - \log R_T = -4.6260$$

기준 곡선에서 표-4.46이 된다면 $\log T_s = -4.6260$에 대응하는 각 양을 비례 배분하여 구하면,

$\log(l_{m1})_s = 1.3003 + (-4.6260 - (-5.0)) \times 0.0649/0.5 = 1.3488$

$\log(M_{top})_s = -3.2541 + (-4.6260 - (-5.0)) \times 0.5070/0.5 = -2.8749$

환산계수를 써서 기준 말뚝의 제량을 원형말뚝으로 바꾼다.

$\log(l_{m1})_p = \log(l_{m1})_s + \log R_h = 2.7165$

$\log(M_{top})_p = \log(M_{top})_s + \log R_M = 6.5387$

$l_{m1} = 5.206$ m

$M_{max} = M_{top} = 34.57$ tf·m

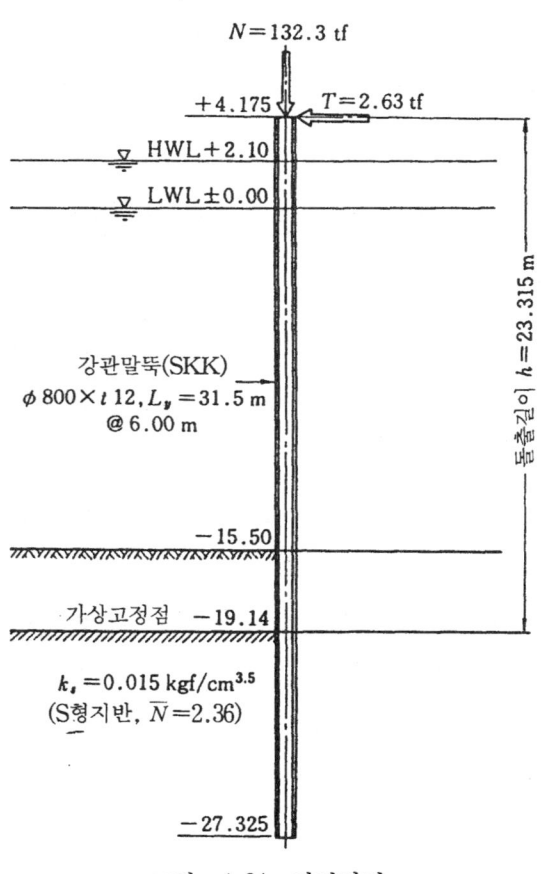

그림-4.64 결정단면

표-4.46 기준 곡선에 의한 값

	$\log Ts$	$\log(M_{top})s$	$\log(l_{m1})s$
	−4.5	−2.7471	1.3652
−)	−5.0	−3.2541	1.3003
	0.5	0.5070	0.0649

v) 응력비의 계산 「기준」 2.3.3에 따라 검토한다.

$$\sigma_c/\sigma_{ca} + \sigma_{bc}/\sigma_{ba} = 0.63 \leq 1.0$$

여기서 σ_{ca} : 허용 축방향 압축 응력도(kgf/cm^2)

σ_c : 축방향에 의한 압축 응력도(kgf/cm^2)

σ_{bc} : 휨 모멘트에 의한 최대 압축 응력도(kgf/cm^2)

σ_{ba} : 허용 휨 압축 응력도(kgf/cm^2)

vi) 말뚝의 횡 저항에 대한 근입 길이와 전장 근입 길이 D는 다음식으로 구한다.

$$D = 1.5 \times l_{m1} = 7.81 \text{m}$$

l_{m1} : 휨 모멘트 제1 제로점 깊이(m)

또한 말뚝 전장 L은 돌출 길이 $L_0 = 23.32$m를 고려하여 다음식으로 구한다.

$$L = L_0 + D = 31.13 \text{ m}$$

따라서 말뚝의 전장은 $L=31.50$m가 되며 결정 단면을 그림-4.64에 나타낸다.

4.4.2 널말뚝벽의 버팀 말뚝 설계

(1) 설계조건

ⅰ) 구조형식 강관말뚝을 버팀 말뚝으로 하는 고정식 강관 널말뚝 호안

ⅱ) 자연·구조조건

전면 설계 수심 $H_2 = 10.30$ m

잔류 수위 $h_w = 1.40$ m

상단 높이 $H_1 = 4.00$ m

벽 높이 $H = 14.30$ m

널말뚝 상단 높이 $H_y = 2.00$ m

타이롯드 높이 $h_t = 11.80$ m

조수위 HWL   +2.10 m
       LWL   +0.00 m

설계 진도

    공중 진도   ; $k=0.20$

    수중 겉보기 진도 ; $k'=\gamma_t/(\gamma_t-1)\times k$

    (γ_t : 흙의 수중 포화 중량)

녹 여분

    부식 속도는 표-3.50의 값을 참고로 결정하고 내용 연수는 50년을 고려하면 녹 여분 t_c는 강관 널말뚝 : 0.1mm/년 (해측), 0.02mm/년 (지상측)

    강관 널말뚝 $t_c=6.00$mm

    타이롯드 $t_c=1.50$mm가 된다.

물의 단위 체적 중량 ; $\gamma_w=1.03$ tf/m³

iii) 지반 조건 그림-4.65에 의함

iv) 하중 조건

    전면 성토 : 없음, 배면 성토 : 없음

    재 하 중

        [평상시] $q_a = 2.00$tf/m² (주동측)

                 $q_b = 0.00$tf/m² (수동측)

        [지진때] $q_a' = 1.00$tf/m² (주동측)

                 $q_b' = 0.00$tf/m² (수동측)

(2) 지점 반력의 계산

i) 가상지점의 위치 가상 지점의 깊이는 설계 지반(설계 수심)으로 한다.

ii) 지점반력 그림-4.66, 4.67의 강관 널말뚝의 타이롯드 설치점 (A)와 가상지점 (B)지점을 단순보로 생각하고 수평력(토압, 수압)과 모멘트의 합력 ΣP_{ai}, ΣM_{ai}를 계산하여 지점 반력 R_A, R_B를 구한다. 여기서 지점 반력 R_A를 써서 타이롯드 장력을 산정한다.

    [평상시]

$$\Sigma P_{ai}=63.21 \text{ tf/m}, \quad \Sigma M_{ai}=397.96 \text{ tf·m/m}$$

$$R_B=\Sigma M_{ai}/h_t'=33.73 \text{ tf/m}$$

$R_A = \Sigma P_{ai} - R_B = 29.49 \text{ tf/m}$

[지진때]

$\Sigma P_{ai} = 115.95 \text{ tf/m}, \quad \Sigma M_{ai} = 769.62 \text{ tf·m/m}$

$R_B = \Sigma M_{ai}/h_t' = 65.22 \text{ tf/m}$

$R_A = \Sigma P_{ai} - R_B = 50.73 \text{ tf/m}$

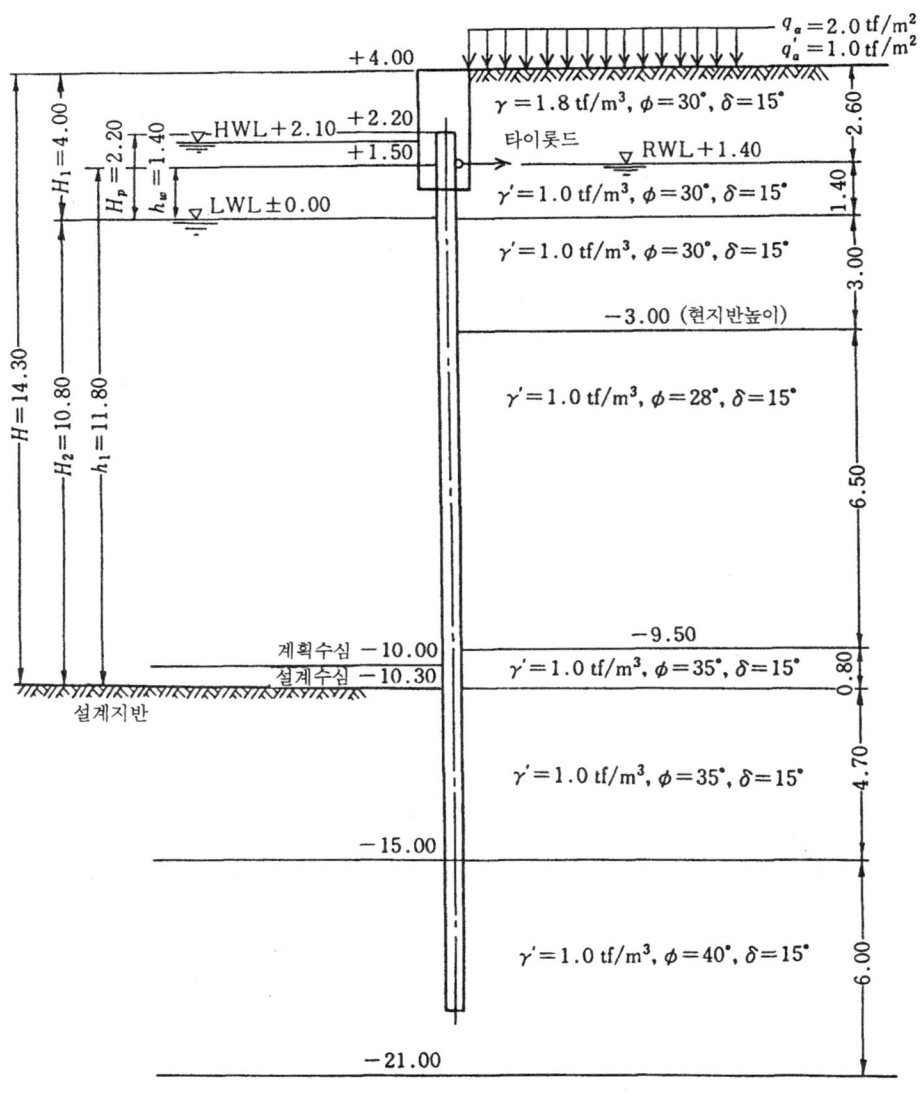

그림-4.65 지반 조건

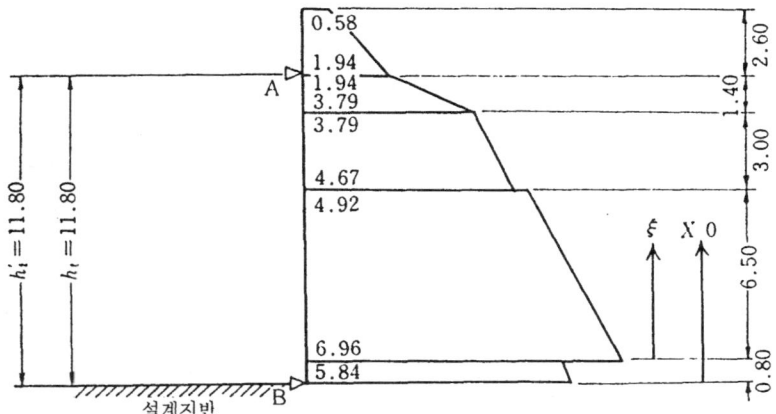

그림-4.66 토압 분포 (평상시)

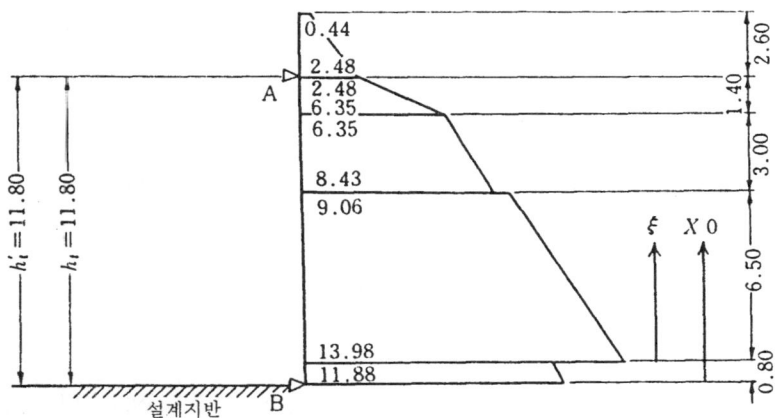

그림-4.67 토압 분포 (지진시)

(3) 버팀공 버팀공은 강관 말뚝에 의한 버팀 직접 말뚝식이 된다.

ⅰ) 타이롯드 장력 타이롯드 장력은 다음식으로 산정한다.

$$T = R_A \times L \times \sec\theta$$

여기에서 타이롯드 장력 　　　　　　　; T (tf)

　　　타이롯드 설치 간격　　　　　　; $L = 2.154$ m

　　　타이롯드가 수평과 이루는 각도 : $\theta = 0.00°$

따라서,

　　[평상시]　　$T = 63.51$ tf

[지진때] $T = 109.27$ tf

ii) 설계 수평력 버팀 직접 말뚝은 타이롯드와 같은 간격으로 설치된다. 따라서 설계 수평력은 타이롯드 장력을 취한다.

iii) 지반 정수 버팀 강관 말뚝의 횡저항에 지배적인 지반($l_{m1}/3$)의 깊이는 표-4.47에서 +1.50m~-3.00m에서는 N치 5 정도의 뒤채움흙이며, C형 지반으로 취급한다. 따라서 평균 N치는 5.0을 취하고 횡저항 정수는 그림-3.59에서 구한다.

$k_c = 1.4$ kgf/cm$^{2.5}$

표-4.47 토질 조건

표고(m)	토질	토질정수
+4.00~-3.00	뒤채움흙	$N=5$
-3.00~-9.50	사질토	$N=9$
-9.50~-15.00	사질토	$N=23$
-15.00~	사질토	$N=35$

iv) 버팀 강관 말뚝 사용하는 강관 말뚝은 $\phi 1000 \times t14$를 가정하고 단면 성능은 다음과 같다.

$I_0 = 527 \times 10^3$ cm^4, $Z_0 = 10,542$ cm^3

$B_0 = 100$ cm

또한 녹 여분 $t_c = 1.0$mm(토중에서의 내용 연수 50년을 고려)의 단면 성능은 다음과 같다.

$I = 488 \times 10^3$ cm^4, $Z = 9\,779$ cm^3

$B = 99.8$ cm

v) 최대 휨 모멘트 말뚝에 작용하는 최대 휨 모멘트 M_{max}는 「기준」 4.3.4에서 구한다. 또한 강관 말뚝의 단면 성능은 녹 여분을 고려한 값을 사용한다.

$\log M_{max} = -0.28846 + 1/5 \times \log EI$
$\qquad\qquad - 2/5 \times \log Bk_c + 6/5 \times \log T$

[평상시] $M_{max} = 104.47$ tfm

[지진때] $M_{max} = 200.34$ tfm

vi) 최대 휨 응력도 최대 휨 응력도 σ_{max}는 다음식으로 구한다. 또한 강관 말뚝의 단면 성능은 녹 여분을 고려한 값을 사용한다.

$$\sigma_{max} = M_{max}/Z$$

  [평상시] $\sigma_{max} = 1\,068 \text{ kgf/cm}^2$ ($\sigma_{sa} = 1\,400 \text{ kgf/cm}^2$)

  [지진때] $\sigma_{max} = 2\,049 \text{ kgf/cm}^2$ ($\sigma_{sa} = 2\,100 \text{ kgf/cm}^2$)

여기서 σ_{sa} : 허용 응력도 (kgf/cm^2)

vii) 버팀 강관 말뚝의 근입 길이와 전장 근입길이의 계산에서 강관 말뚝의 단면 성능은 녹 여분을 고려하지 않고 「기준」 4.3.4에서 구한다.

$$D = 1.5 \times l_{m1}$$

여기서 D : 근입 길이(m)

   l_{m1} : 휨 모멘트 제1 제로점의 깊이(m)

$$\log l_{m1} = 0.55205 + 1/5 \times \log EI_0$$
$$- 2/5 \times \log B_0 k_c + 1/5 \times \log T$$

또한 강관 말뚝의 전장 L은 타이롯드 설치점에서 위의 돌출 길이 $L_0 = 0.50$m를 고려하여 다음식에서 구한다.

$$L = L_0 + D$$

  [평상시] $l_{m1} = 11.56$ m, $L = 17.84$ m

  [지진때] $l_{m1} = 12.89$ m, $L = 19.84$ m

따라서 강관 말뚝의 전장은 $L = 20.00$m로 한다.

viii) 머리부의 변위 머리부의 변위 δ의 계산에서는 강관 말뚝의 단면 성능은 녹 여분을 고려하여 「기준」 4.3.4에서 구한다.

$$\log \delta = 0.11328 - 2/5 \times \log EI$$
$$- 6/5 \times \log B k_c + 8/5 \times \log T$$

  [평상시] $\delta = 2.63$ cm

  [지진때] $\delta = 6.26$ cm

ix) 버팀 강관 말뚝의 위치 버팀 말뚝의 위치는 그림-4.68, 4.69, 표-4.48, 4.49에 나타낸 바와 같이 해저면에서 널말뚝의 주동 붕괴면과 버팀 말뚝에 대해서 타이롯드의 설치점에서 $l_{m1}/3$의 깊이를 뺀 수동 붕괴면이 말뚝과 타이롯드의 설치점을 포함하는 수평면 이하에서 교차되지 않도록하고 다음식으로 구한다.

$$D_A = \Sigma h_{ai} \times \cot \xi_{ai} + \Sigma h_i \times \cot \xi_{pi} + (l_{m1}/3 - \Sigma h_i) \times \cot \xi_{pi}$$

[평상시]　$D_A = 18.50$ m

[지진때]　$D_A = 39.50$ m

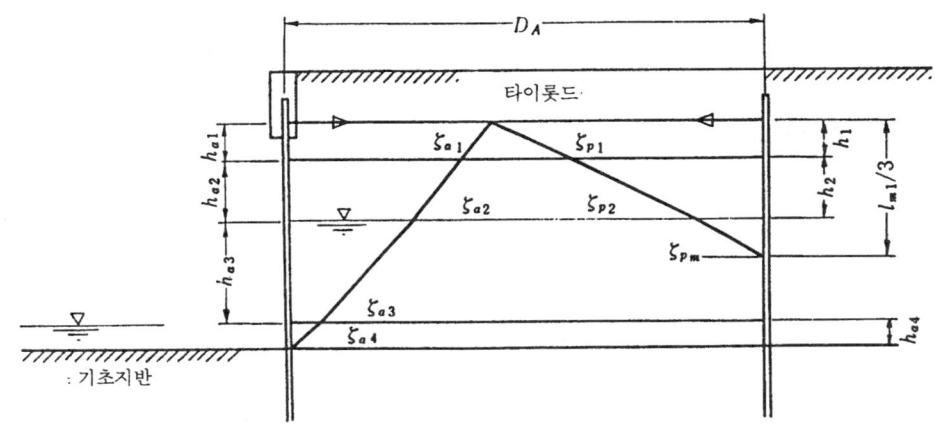

그림-4.68 버팀 강관 말뚝의 위치 (평상시)

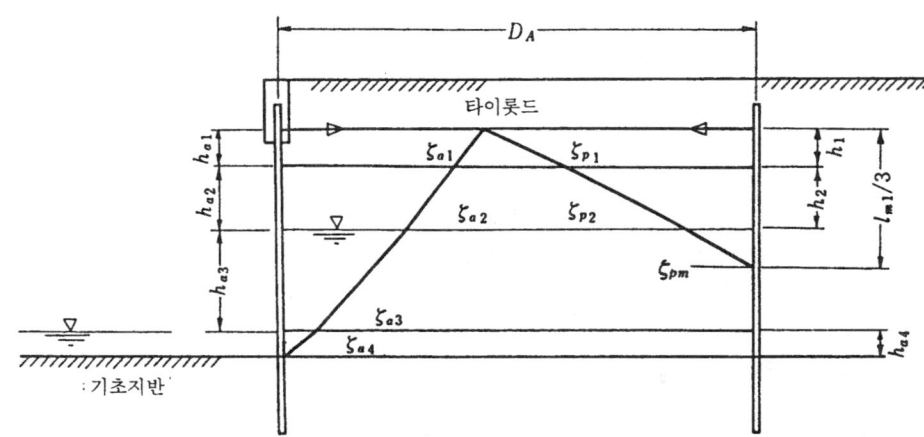

그림-4.69 버팀 강관 말뚝의 위치 (지진시)

표-4.48 붕괴각 (평상시)

층 i	층두께 m	내부 마찰각 ϕ	벽면마찰각 δ_{ai}	벽면마찰각 δ_{pi}	진 도 $k(k')$	주 동 붕괴각 ζ_{ai}	수 동 붕괴각 ζ_{pi}
1	0.10	30	15	15	—	56.86	20.65
2	1.40	30	15	15	—	56.86	20.65
3	3.00	30	15	15	—	56.86	20.65
4	6.50	28	15	15	—	55.50	21.40
5	0.80	35	15	15	—	60.09	18.67

표-4.49 붕괴각 (지진시)

층 i	층두께 m	내부 마찰각 ϕ	벽면마찰각 δ_{ai}	벽면마찰각 δ_{pi}	진 도 $k(k')$	주 동 붕괴각 ζ_{ai}	수 동 붕괴각 ζ_{pi}
1	0.10	30	15	15	0.20	45.32	18.50
2	1.40	30	15	15	0.40	28.81	14.68
3	3.00	30	15	15	0.40	28.81	14.68
4	6.50	28	15	15	0.40	25.02	14.01
5	0.80	35	15	15	0.40	36.36	14.96

따라서 버팀 직접 말뚝의 위치 $D_A=39.50$m로 한다.
이상의 검토에서 구해진 단면을 그림-4.70에 나타낸다.

4.4.3 커튼월식 방파제의 설계

(1) 설계 조건

ⅰ) 구조 형식   프리캐스트 판을 방파판으로한 강관 말뚝에 의한 커튼월식 방파제 구조를 그림-4.71에 나타낸다.

ⅱ) 자연 조건

  조수위 HWL $+4.0$ m
         LWL ± 0.0 m
  설계 해저면 표고 $H_{1/3}=1.5$ m
       설계파고 $H_{max}=2.7$ m

파의 주기	4.0 s
파의 입사각	$\beta = 0°$
설계 수평진도	$k_h = 0.10$
해저 구배	$\tan\theta = 1/100$

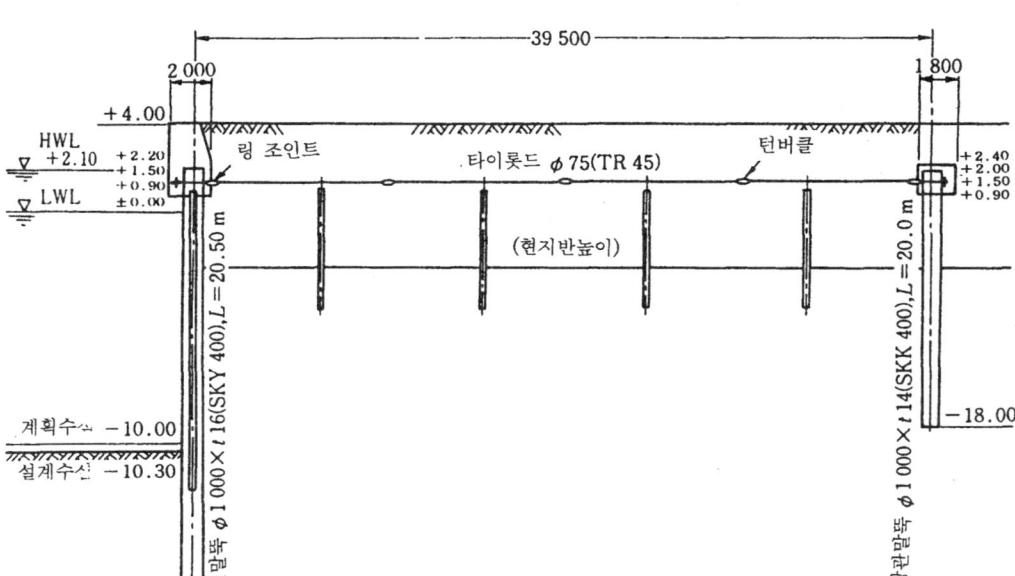

그림-4.70 결정 단면

iii) 지반 조건 그림-4.71에 의함
iv) 하중 조건 하중 조건은 표-4.50에서 가장 심한 조건의 파랑때(HWL)로 한다.

(2) 구조 계산

ⅰ) 구조 모델 구조 계산의 모델을 그림-4.72에, 단면 성능을 표-4.51에 나타낸다. 마운드면에서 $1/\beta$점을 가상 고정점으로 한다.

밑고정 묻힘돌 상단에서 해저면 아래 모래지반 하단까지의 횡방향 지반 반력계수를 N치에서 추정하여 $k_h = 1.0 (\text{kgf/cm}^2)$으로 한다.

$$\beta = \sqrt[4]{k_h \times B / (4EI)} = 0.280 \text{ m}^{-1}$$
$$1/\beta = 3.58 \text{ m}$$

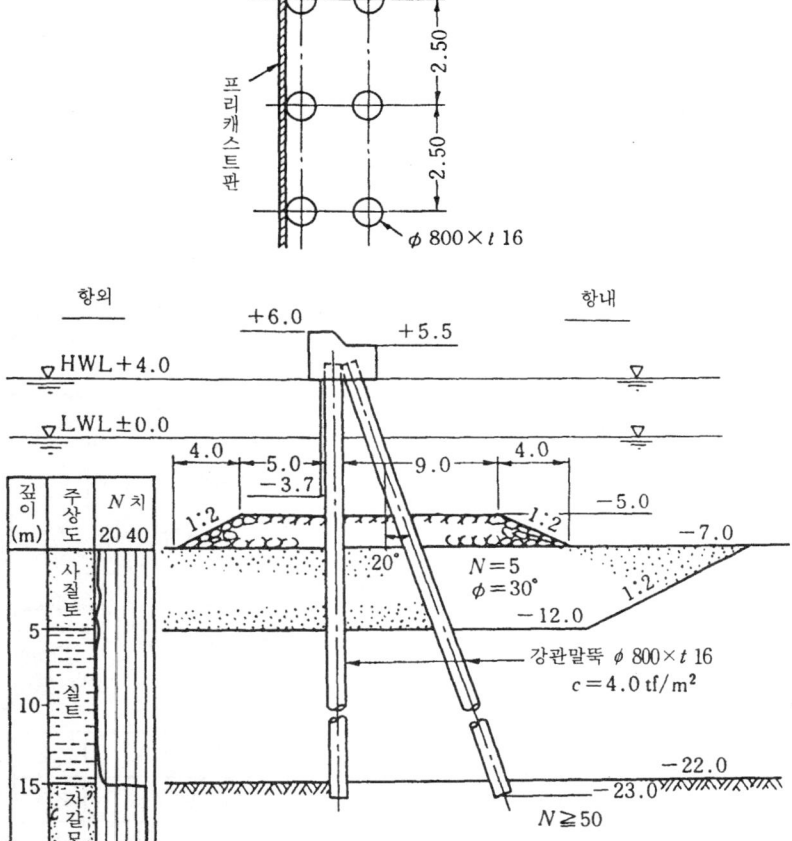

그림-4.71 커튼월식 방파제의 구조와 지반 조건

표-4.50 하중조건 일람표

		수평력 ΣP (tf/m)	모멘트 ΣM (tf·m/m)	작용위치 (m)
파랑시	(HWL)	11.56	76.76	+1.64
파랑시	(LWL)	9.09	41.07	−0.48
지진시	(HWL)	9.14	54.26	+0.94

ii) 파력의 산정과 설계 하중

a) 파력의 산정 설계 파력의 산정은 다음식으로 실시하고 설계 계산에 쓰이는 파압 분포를 그림-4.73에 나타낸다. 또한 HWL때의 각 값은 다음과 같다.

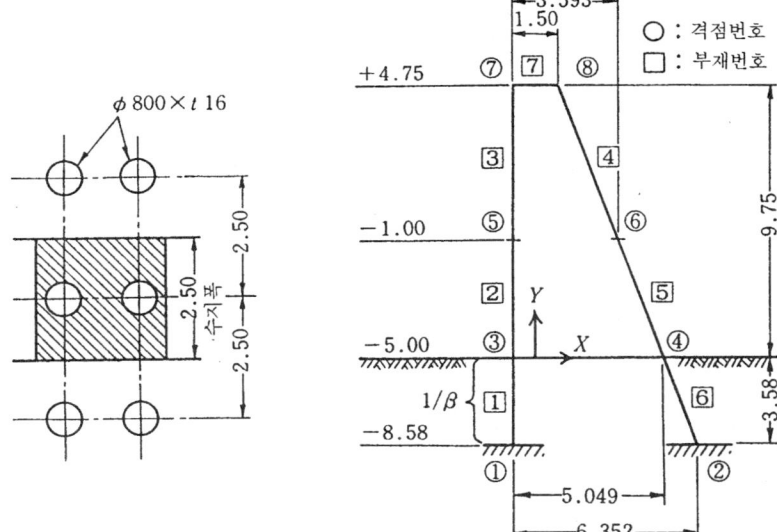

그림-4.72 구조 모델

표-4.51 단면 성능

부재 번호	명칭	외경×두께 (mm)	재질	단면적 A (cm²)	단면 2차 모멘트 I (cm⁴)	단면계수 Z (cm³)	수중단중 W (tf/m)	단면 2차 반경 i (cm)	부식여분 (mm)
1,2	전면 말뚝	ϕ 800×16	SKK 400	207.4	156×10³	398×10	0.142	27.5	7.5
3	전면 말뚝	ϕ 800×16	SKK 400	145.9	109×10³	280×10	0.100	27.4	10.0
4	배면 말뚝	ϕ 800×16	SKK 400	145.9	109×10³	280×10	0.100	27.4	10.0
5,6	배면 말뚝	ϕ 800×16	SKK 400	207.4	156×10³	398×10	0.142	27.5	7.5
7	상부 콘크리트	—	—	3.75×10⁴	703×10⁵	938×10	—	—	—

주) 말뚝의 단면 성능은 표-3.50을 참고하여 하기의 부식 여분을 구한다.
  1) LWL-1.0 보다 위
     내용연수 50년으로 t=0.2(mm/년)×50(년)=10.0mm
  2) LWL-1.0 보다 아래
     내용연수 50년으로 t=0.15(mm/년)×50(년)=7.5mm
  3) 말뚝의 수중 자중은 단면적에 γ_p'=7.85-1.03=6.82tf/m³를 곱한 것

α_1=0.601, α_2=0.006, α_3=0.385

h_b=11.08 m, η^*=4.05 m (EL+8.05)

p_1=1.69 tf/m², p_2=0.21 tf/m²

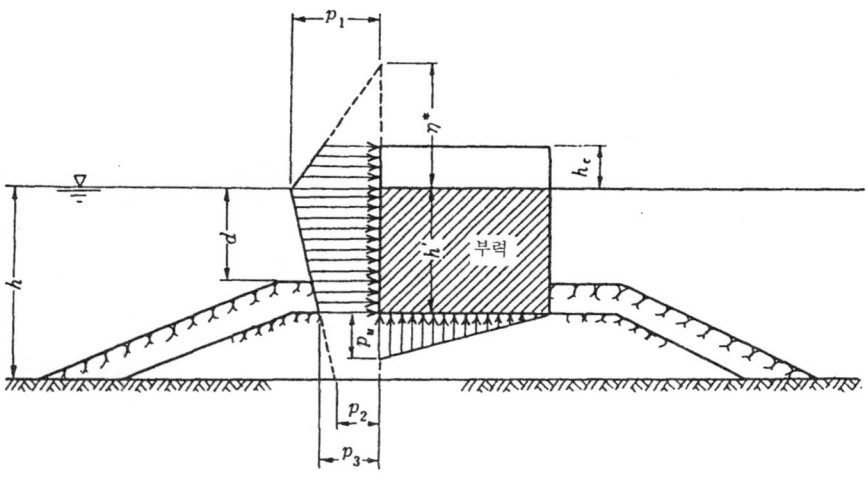

그림-4.73 설계 계산에 쓰이는 파압 분포

$p_3 = 0.65 \text{ tf/m}^2$

b) 설계 하중 설계 하중은 그림-4.74, 표-4.52에 나타낸다.

표-4.52 설계 하중

기호	작용 하중	작용 개소 번호	
w	상부 콘크리트 중량	⑦	$w = 1.50 \times 2.4 \times 2.50 + 1/2 \times 0.5^2 \times 2.4 \times 2.50$ $\times 1/1.5 = 9.50 \text{(tf/m)}$
p_1	파 압	②,③	$p_1 = 1.38 \times 2.50 = 3.45 \text{(tf·m)}$
p_2	파 압	〃	$p_2 = 1.69 \times 2.50 = 4.23 \text{(tf·m)}$
p_3	파 압	〃	$p_3 = 0.65 \times 2.50 = 1.63 \text{(tf·m)}$
V_1	상부 콘크리트의 돌출부 중량	⑦	$V_1 = 1.0 \times 2.0 \times 2.50 \times 2.4 = 12.00 \text{(tf)}$
V_2	〃	⑧	$V_2 = 1.5 \times 1.5 \times 2.50 \times 2.4 = 13.50 \text{(tf)}$
H_1	상부 콘크리트에 작용하는 파력	⑦	$T_1 = 1/2 \times 1.38 \times 1.25 \times 2.50 = 2.16 \text{(tf)}$
H_2	〃	⑦	$T_2 = 1/2 \times 0.86 \times 1.25 \times 2.50 = 1.34 \text{(tf)}$
M_1	상부 콘크리트 중량에 작용하는 파력과 돌출부 중량에 의한 모멘트	⑦	$M_1 = 1/2 \times 1.0 \times 12.0 - (1/3 \times 2.16 \times 1.25) \times 1/2 -$ $(2/3 \times 1.34 \times 1.25) \times 1/2 = 4.99 \text{(tf·m)}$
M_2	〃	⑧	$M_2 = 1/2 \times 1.5 \times 13.5 - (1/3 \times 2.16 \times 1.25) \times 1/2$ $+ (2/3 \times 1.34 \times 1.25) \times 1/2 = 11.13 \text{(tf·m)}$

iii) 구조 계산결과 구조 계산의 결과에서 전면 말뚝, 배면 말뚝의 휨 모멘트 분포와

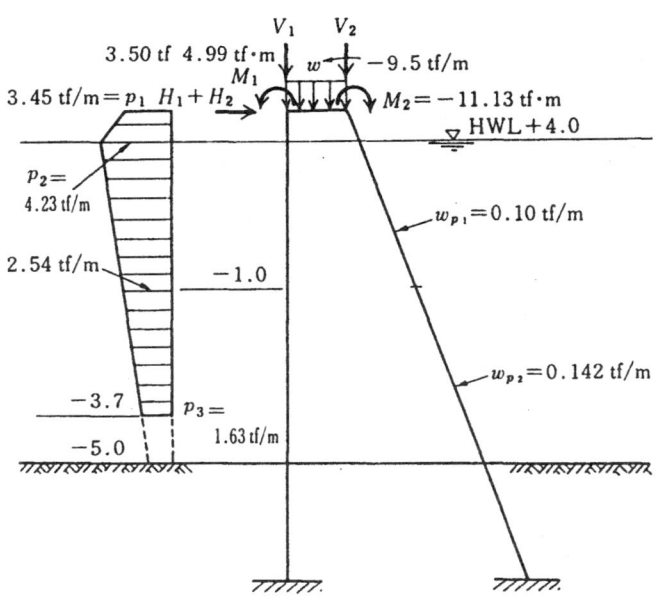

그림-4.74 설계 하중

말뚝 단면력을 그림-4.75에 나타낸다.

iv) 전면 말뚝의 설계 「기준」 2.3.3에 의한다.

a) 지상부의 설계 최대 휨모멘트 발생점에서는 축방향력이 압축되므로 다음식으로 응력을 검토한다.

$$\sigma_t + \sigma_{bt} \leqq \sigma_{ta} \ 또는 \ -\sigma_t + \sigma_{bc} \leqq \sigma_{ba}$$

여기서 σ_t : 단면에 작용하는 축방향 인장력에 대한 인장 응력도(kgf/cm^2)

σ_{bt}, σ_{bc} : 단면에 작용하는 휨 모멘트에 의한 최대 인장응력도와 최대 압축응력도 (kgf/cm^2)

σ_{ta} : 허용 인장응력도(kgf/cm^2)

$\sigma_t = 410/145.9 = 3 \ kgf/cm^2$

$\sigma_{bt} = \sigma_{bc} = 2\,600\,000/2\,800 = 929 \ kgf/cm^2$

$\sigma_t + \sigma_{bt} = 932 \ kgf/cm^2 < \theta_{ta}$

$-\sigma_t + \sigma_{bc} = 926 \ kgf/cm^2 < \sigma_{ba}$

b) 지중부의 설계 구조 해석 결과에서 얻어진 말뚝머리 반력을 써서 Chang의 방법으로 반무한 길이의 말뚝을 계산한다. 말뚝 1개마다의 하중을 그림-4.76에 나타냈다. 지중부의 최대 휨 모멘트 M_{max}는 다음식으로 구한다.

$M_0 = -25.45 \times 6.13$
   $+15.37$
   $\times 9.75 - 4.71$
   $= -10.86 \text{ tf·m}$

$T_0 = -25.45 + 15.37$
   $= -10.08 \text{ tf}$

$h_0 = M_0/T_0 = 1.08 \text{ m}$

$2\beta h_0 = 2 \times 0.280 \times 1.08$
   $= 0.60$

$M_{max} = M_0 \times \{(1+2\beta h_0)^2 + 1\}^{1/2}/2\beta h_0$
   $\times \exp[\tan^{-1}\{1/(1+2\beta h_0)\}]$
   $= -19.54 \text{ tf·m}$

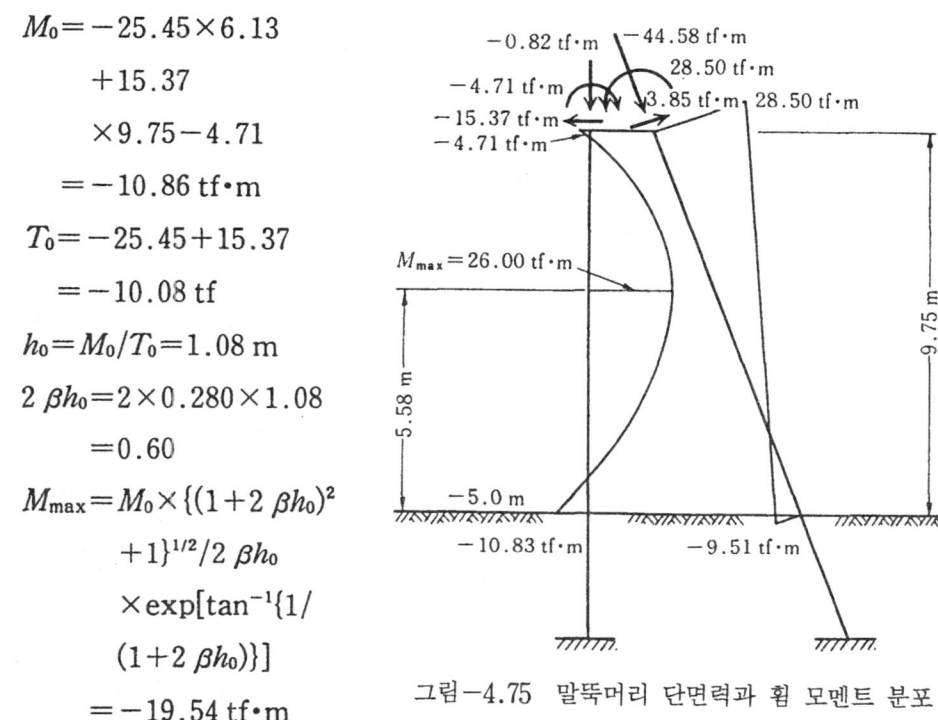

그림-4.75 말뚝머리 단면력과 휨 모멘트 분포

여기서 M_0 : 해저면의 모멘트(tf·m)
         T_0 : 해저면에서 위의 축직각 방향력의 합력(tf)

지중부에서는 축 방향력이 압축되기 때문에 다음식으로 응력을 검토한다.

$\sigma_c + \sigma_{bc} = N/A + M/Z$
   $= 320/207.4$
       $+1\,954\,000/3\,980$
   $= 492 \text{ kgf/cm}^2 < 1\,400 \text{ kgf/cm}^2$

v) 배면의 말뚝 설계
a) 지상부의 설계 배면 말뚝의 최대 휨 모멘트는 말뚝머리부에서 발생하여 축 방향력

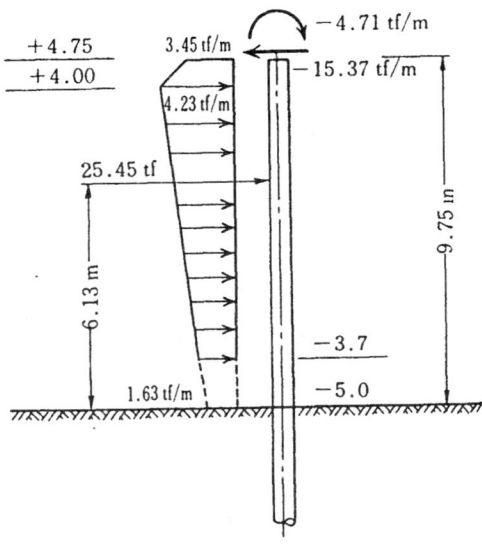

그림-4.76 전면 말뚝에 작용하는 하중

이 압축되기 때문에 다음식으로 응력을 검토한다.

$$\sigma_c/\sigma_{ca} + \sigma_{bc}/\sigma_{ba} \leqq 1.0$$

여기서 σ_c : 단면에 작용하는 축방향 압축력에 의한 압축 응력도(kgf/cm²)

σ_{ca} : 약축에 관한 허용 축방향 압축 응력도(kgf/cm²)

$\sigma_c/\sigma_{ca} + \sigma_{bc}/\sigma_{ba} = 360/1\,251 + 1\,018/1\,400 = 0.972 < 1.0$

$l/r = 1\,038/27.5 = 37.7$

$\sigma_{ca} = 1\,400 - 8.4\{(l/i) - 20\} = 1\,251 \text{ kgf/cm}^2$

$\sigma_c = 44\,580/145.9 = 306 \text{ kgf/cm}^2$

$\sigma_{ba} = 2\,850\,000/2\,800 = 1\,018 \text{ kgf/cm}^2$

b) 지중부의 설계 전면 말뚝과 같이 지중부의 최대 휨 모멘트 M_{max}를 계산하고 응력을 검토한다.

$M_{max} = -13.67 \text{ tf·m}$

$\sigma_c + \sigma_{ba} = N/A + M/Z = 45\,720/207.4 + 1\,367\,000/3\,980$

$\qquad\qquad = 564 \text{ kgf/cm}^2 < 1\,400 \text{ kgf/cm}^2$

vi) 지반 지지력에 대한 검토 지지력은 압입력이 큰 배면 말뚝에 대해서 검토한다.
말뚝 선단의 N치 : $N_1=50$
말뚝 선단에서 윗쪽에 $4B$가 되는 범위의 평균 N치 : $N_2=15.6$

$$N=(N_1+N_2)/2=32.8$$
$$R_u=30NA_p+NA_s/5+\overline{c_a}A_s=30\times32.8\times0.503+(5/5\times5.0$$
$$+4.0\times10.0+50/5\times1.0)\times2.513=633.2\text{ tf}$$

여기서 N : 말뚝 선단 지반의 설계용 N치
R_u : 극한 지지력(tf)

따라서 허용지지력 R_a는 다음과 같다.

$$R_a=633.2/2.5=253.3\text{ tf}>40.03\text{ tf}$$

vii) 필요한 근입 길이 필요한 근입 길이는 마운드 면에서

$$D=\pi/\beta=11.25\text{ m}\quad(\text{EL}-16.25\text{ m})$$

가 된다. 설계 근입 길이는 축방향 및 축 직각방향에 대한 검토 및 해저면에서 16.0m (EL−23.0m)로 한다.

이상의 검토에서 구해진 단면을 그림−4.72에 나타낸다.

제 5 장 시공을 위한 계획

말뚝 공사에서 시공 계획은 사전조사, 기본계획, 실시계획, 시공·시공관리로 대별된다. 그림-5.1에는 시공 계획 전체의 순서를 나타낸다. 사전조사란 대지상황, 지반상황, 작업환경 등에관한 조사이며 공사의 난이도나 시공상의 문제점을 예상한다. 기본 계획이란 시공계획 전체의 기본 방침에 관한 것으로 발주자가 작성해야 할 성질이다. 실시계획이란 공사를 계획대로 실천하기 위한 공법이나 시공에 관한 공사 계획을 의미하며 도급자의 계획이다.

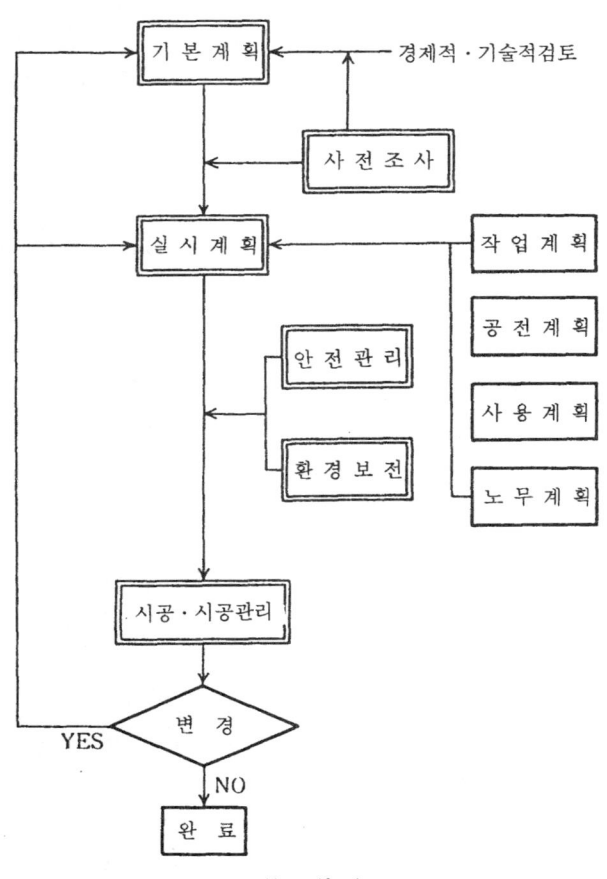

그림-5.1 시공계획순서

실시 계획을 작성하는 데에는 설계조건을 나타내는 설계 도서를 충분히 이해하고 계획을 세우는 것이 필요하다. 실시 계획중에는 시공 방법이나 시공 순서에 관계되는 상세한 작업 계획, 기계 자재에 관계되는 사용계획, 계획을 공기내에 실시하기 위한 공정 계획, 작업원의 모집 등에 관한 노무 계획이 포함된다. 이밖에 공사를 운영하기 위한 동력 설비, 급배수 설비 등 가설비의 계획을 세우는 것도 필요하다.

공사 착수 후에 이런 계획이 확실히 실시되는가 여부를 확인하기 위해서는 계획에 필요한 시공관리가 요구된다. 계획과 관리는 공사착수 전후의 차이는 있으나 표리 일체이며 내용적으로 동등하게 생각해도 지장이 없다.

시공계획의 수립은 말뚝의 품질 확보에 관한 사항 뿐만아니라 안전관리·환경 보전에 대해서도 충분히 배려해야 한다. 특히 최근에는 시가지에서 소음·진동 등 공해 문제에 관한 규제가 심하기 때문에 계획대로 공사를 완료시키기 위해서는 사전에 시공 계획을 치밀하게 세워야 한다. 또한 기초공사 뿐만 아니라 건설 공사에서는 노동 재해가 많다는 특수성을 인식하고 안전 관리면에서도 무리가 없는 계획을 수립하는 것이 필요하다.

5.1 기본 계획

말뚝 공사에 한하지 않고 건설 공사에서는 우선 발주자가 공사기, 공사비 등을 고려하여 작업 방법과 순서에 관한 기술적·경제적 검토를 하고 시공 계획 전반에 관한 기본 계획을 수립하는 것이 필요하다.

일본에서는 건설공사의 거의가 도급 공사이기 때문에 시공 계획 전체가 도급자의 자주적 판단에 맡기는 경우가 많다. 이 때문에 실제 공사의 운영관리에 관한 의견이 발주자와 도급자사이에 다른 경우도 있으므로 발주자가 가급적 정확한 기본 계획을 작성하는 것이 중요하다.

5.2 사전 조사

시공 계획의 작성은 상황, 지반 상황, 작업 환경 등에 관한 조사가 필요하다. 이러한 조사 계획은 기본 계획과 실시 계획의 수립때에 필요한 사전조사라고 할 수 있다. 표-5.1~표-5.3에는 각각의 조사 내용을 나타낸다.

대지 상황의 조사는 인접구조물의 조사가 필요하다. 기초 공사에 따라서는 인접 구조물에 악영향을 줄 우려가 있으므로 공사 전후의 지반 및 건물의 침하 상황이나 건물 외관을 사진 등을 이용하여 정확히 기록·보존하고 후의 트러블에 대비해야 한다.

표-5.1 대지 상황에 관한 조사

조사항목	내용	표시·기록방법
대지개요	위치, 방위, 대지 기준높이, 부동점, 대지 경계선, 용도지구 종류, 교통기관, 병원, 경찰 등 연락기관처, 도시계획·도로계획과의 관계	안내도 연락기관처 대지실록·상황도
대지내외의 지중매설물	지중 잔존물(기초말뚝, 지하실, 유적 등), 구 우물, 구 상하수도, 공동구, 전기·통신케이블, 가스관, 상하수도관, 지하철, 전화관	매설물 상황도 철거·이설·복구도
대지내외의 지상물건	공작물(전주, 전선, 소화전, 교통 표지, 가로등), 수목	지상 물건 현상도 철거·이설·복구도
인접구조물	위치, 형상, 구조, 기초(지하실,지정), 외관(균열, 훼손, 경사, 침하, 노후도 등), 사용 상황	인근 구조물 위치도 인근 구조물 조사도
인근주민의 조사	주변 건설공사에 대한 트러블 상황, 주민 활동 상황, 주민의 사회 의식	

표-5.2 지반 상황에 관한 조사

조사항목	내용	표시·기록방법
지반개요	토층의 층서, 지질, 연대구분, 지반침하, 지지층의 경사상황	주상도, 지층단면도
토성	N 치, 입도, 밀도, 압밀 특성, 강도 변형 특성, 투수성 등	토질정수 일람표
지하수조사	지하수위, 피압수두, 지하수위변동, 지하수량, 화학특성(pH 등)	지하수 조사 결과표

표-5.3 작업 환경에 관한 조사

조사항목	내용	표시·기록방법
공급시설	상하수도, 가스, 전기, 전화	공사용수·전력인입도
교통상황	도로의 폭원·차용가능폭, 교통 제한	도로조사도, 운송경로도
기상상황	우량, 호우, 강설일, 적설 깊이·기온, 바람	일기예상도
법적규제	안전관리·환경보전에 관한 규제, 평상시의 소음·진동측정	법규제 일람표, 소음 진동 측정 결과

주민조사란 현장 주변의 생활 환경에 대한 의식 조사를 의미한다. 최근에는 진동·소음 등 말뚝 공사에 직접 관계되는 문제 상황 등 직접 관계되는 문제 뿐만아니라 기재

등의 반입출시의 교통 방해나 도로 오염에 대해서도 애로가 많다. 이 때문에 주변 주민의 생활 상황이나 지역의 성격을 파악하여 시공 계획에 반영시키는 경우가 필요하며 공사 현장 주변에 대한 과거의 유사한 공사예를 조사하는 것이 중요하다.

지반조사중에서 특히 주의할 점은 지지층의 경사, 피압 지하수의 존재, 지하 수위 변동, 압밀층의 두께, 큰 자갈·호박돌의 존재 등이다. 또한 최근에는 액상화 발생의 유무가 말뚝의 설계때에 문제가 되므로 얕은 모래층 부분은 액상화의 판정이 가능하도록 세립토 함유율 등을 사전에 알아두는 것도 필요하다. 지반 조사의 부족은 말뚝체의 파손, 말뚝 높이의 정지, 공벽의 붕괴, 보일링, 콘크리트의 타설 불량, 유독 가스의 발생 등 트러블의 원인이 된다.

작업환경의 조사중에는 배수용 하수도 시설에 대한 주의가 필요하다. 또한 소음·진동 등 환경 문제에 관한 법적 규제의 조사도 중요하다. 각 규정에 대해서 5.4절에서 간단히 말하였으나 특히 주의해야 할 점은 폐기물이며, 각 행정청에서 규제치가 다른 경우가 있으므로 충분한 주의가 필요하다.

말뚝 공법의 선정은 구조물의 종류, 경제성, 시공성 등을 고려하여 실시하나 시공성이 공법 선정에 크게 관련되는 경우가 많다. 이것은 공법에 따라 시공이 가능한 지반 조건이나 작업 환경, 조건 등이 크게 다르기 때문이며, 사전 조사의 결과를 기본으로 최적의 공법이나 시공 장비 기구를 선택하는 것이 중요하다.

5.3 실시 계획

5.3.1 작업 계획

기본 계획 후에는 시공 방법이나 작업 순서의 상세, 즉 작업 계획을 수립해야 한다. 작업 계획은 우선 작업의 순서도를 작성하여 각 작업의 상호관련을 명확히 하는 것이 필요하다. 이 단계에서 공사기간, 공사비를 고려한 적정한 견적을 할 수 있다. 그림-5.2에 말뚝 공사의 구체적인 시공 순서를 나타냈다. 표-5.4에는 각 작업의 기본적인 검토사항을 나타냈다. 각 작업의 구체적인 내용은 제7, 제8장에 미루기로 하고 여기서는 공통사항을 중심으로 말한다.

건설공사는 토공사와 기초공사에서 출발한다. 따라서 우선 공사현장과 주변 대지를 정비하여 기재·자재 등의 반입출이나 시공 장비의 운전에 지장이 생기지 않도록 해야 한다. 이것은 공사 현장의 정지나 발판의 확보 기타, 가설도로의 준비, 장애물의 철거·이설이 포함된다.

말뚝 공사에서 트라피커 빌리티의 확보가 충분하지 않으면 작업 효율의 저하를 초래할 뿐만아니라 말뚝의 시공 정밀도에도 영향을 미치게 된다. 말뚝 공사에서 중기의 접지압은 통상 $5 \sim 15 tf/m^2$의 범위이다. 지내력이 중기의 접지압에 대해서 충분하지 않은 연약지반에서는 다짐에 의한 지반 개량이 필요하다.

가설비란 급배수 설비, 전기, 설비, 자재 창고 등 공사에 필요한 시설을 말한다. 이 중에서 특히 주의해야 할 점은 급배수 설비이다. 현장타설 말뚝과 같이 다량의 이수가 필요한 경우에는 물 부족에 대한 배려 뿐만아니라 배수 능력에 관해서 충분한 검토가 필요하다. 하수도의 배수용량이 부족하면 특별한 배수 설비를 갖춰야 한다.

장내의 정비나 가설비의 설치가 완료되면 말뚝재의 반입과 검사가 실시된다. 콘크리트 말뚝이나 강관 말뚝 등의 기성 말뚝은 공장에서 직접 현장에 반입되며 일시적으로 가설.

표-5.4 말뚝 공사의 작업계획

작업항목	내 용	주 의 사 항
장내정비	정지, 비계의 준비 가설도로의 준비, 장애물의 철거, 이동	중기의 지내력 확보 잔교, 가포장, 자갈깔기
가설비	급배수설비, 전기설비, 자재 두는 장소, 말뚝시공에 있어서 부속설비 주변에 대한 위해 방지조치	주요 장비 기구 일람표, 하수도 용량 현장타설말뚝(이수 플랜트, 이수침전조·처리조, 철근가공설비) 기름, 흙탕물의 비산방지 처리
말뚝 시공설비의 조립	장대, 양중기 철근가공설비	기계의 취급설명서, 시방서, 점검 주근, 후프, 보강근수량, 피치 철근박스 지름, 이음 시방
자재의 반입 가설치 재질의 검사	말뚝체 말뚝재료	기성말뚝(침목굴름막이), 현장타설말뚝(철근, 레미콘 콘크리트, 시험 반죽), 콘크리트 강도, 표면 결손
시 험	지지층, 지지력의 확인 시공성, 주변의 영향	기성말뚝(타설중지) 현장타설말뚝(슬라임)
말뚝시공	말뚝시방	공법, 말뚝지름, 굴착길이, 말뚝실길이, 개수, 지지력
	말뚝배치도	말뚝번호, 말뚝시방, 말뚝간격, 일련번호, 방위, 표고, 기준점 높이
	말뚝머리	높이 처리, 보강, 낙하방지 처리
시공기록	시험말뚝 시공 결과 본 말뚝 시공 결과	말뚝시방, 시공설비, 말뚝 시공방법, 시공관리, 검사결과, 관찰결과

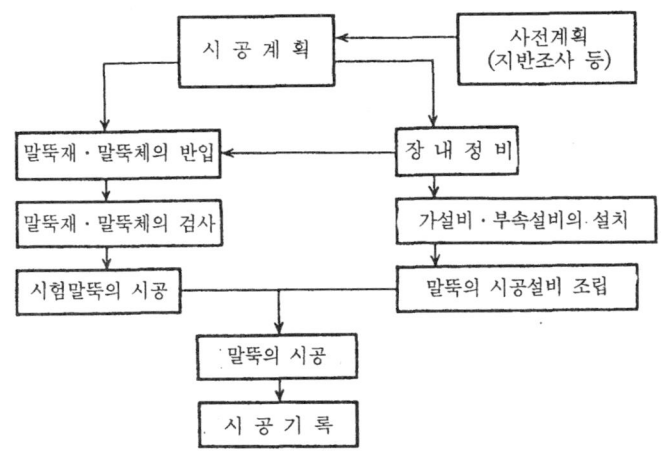

그림-5.2 말뚝 공사의 시공 순서

치된다. 말뚝체의 운반, 적재하역때에는 충격이나 활동으로 말뚝체가 손상되지 않도록 철저한 주의가 필요하다. 말뚝체의 검사는 콘크리트 말뚝에서 표면 결함이나 균열, 강관 말뚝은 말뚝 단부의 변형 유무를 확인한다.

시험 말뚝이란 사전조사를 기본으로 계획된 말뚝의 시공이 실제로 가능한가, 지지력은 충분한가 등 계획과 실제가 일치되는가 여부를 확인하기 위한 시험을 말한다. 통상 작성된 시공계획을 기초로 본 공사의 일환으로서 시험 말뚝이 수차 실시된다. 시험에 쓰이는 말뚝은 본 말뚝과 같은 조건으로 실시되는 것이 기본이나 경우에 따라서는 작은 말뚝을 사용하는 수가 있다. 이것들의 결과를 바탕으로 작업 계획을 시작으로 시공 계획 전체를 재검토한다. 또한 말뚝의 시험법에 대해서는 제6장을 참조하기 바란다.

5.3.2 공정 계획

공정 계획이란 말뚝 공사를 공기내에 완성시키기 위해 자재, 기재를 시간적 및 공간적으로 할당하는 계획을 말하며 공사 운용의 기본이 되는 것이다. 여기서는 품질이나 경제성 뿐만아니라 안전관리·환경 보전에 대해서도 충분히 고려해야 한다. 다소의 트러블이나 예측불가의 상태가 생기더라도 전체 계획에 변경이 생기지 않고 무리가 없는 공정계획을 수립하는 것이 필요하다.

공정계획은 횡선식 공정표를 써서 작성하는 경우가 많으나 최근에는 공정관리 방법의 발달에 따라 네트워크 방식도 현장에서 많이 사용되고 있다.

횡선식 공정표 중에서 대표적인 것은 바차트 방식이다. 바차트란 공사를 공종별로 나누고 공종을 종축, 공사기간을 횡축으로 취하여 각각의 공종에 필요한 작업 일정을 나타낸 것이다. 이 방법은 작업 순서나 필요한 일수가 일목요연하게 나타났으므로 전체의 공정관리가 용이하다. 네트워크 방식은 공종이나 그 필요한 일수를 순서도에 나타낸 것으로, 합리적이고 경제적인 노동력, 자재 등의 공급을 가능하게 한다. 이 방식은 작업의 지연이나 변화가 공사 전체에 어떠한 영향을 미치는가가 정확히 파악된다. 계산기를 사용하여 원가 계산을 하고 자재 등의 사용 배치를 공정에 맞춰서 관리하는 것도 가능하므로 단순한 공사보다도 대규모 공사에 적당하다.

5.3.3 사용 계획

사용 계획이란 표-5.4와 같이 각 작업에 대한 자재·기재의 조달, 반입, 설치, 이동, 해체, 철거 등에 관한 운용계획을 말한다. 이것은 우선 작업 단계에 따라 사용하는 기재, 자재를 일람표로 작성하여 각각의 시방, 성능, 특징, 품질 등을 명확히 하는 것이 요구된다. 다음으로 작업량과 작업일수를 고려하여 필요한 기재·자재를 확보할 계획을 세워야 한다. 이 단계에서 공사에 사용하는 장비, 기구의 작업 능률과 기계 경비의 산정이 가능하다.

각 작업을 지체없이 실시하기 위해서는 기계 설비의 가동율을 음미하여 여유있는 사용 계획을 수립하고 공정계획에 반영시켜야 한다.

5.3.4 노무 계획

노무 계획이란 각 작업의 실시에 필요한 인재의 확보, 배치를 위한 계획을 말한다.

건설 공사에서는 원도급, 하도급, 최하도급의 도급 관계에 있는 몇 몇의 사업자가 동일 장소에서 서로 관련시키며 작업을 병행하는 경우가 많다. 사업자 상호의 신뢰가 없이는 계획에 따른 시공을 확실히 할 수 없으므로 업자간의 연락을 치밀히하여 예측불가 사태 등에 대처할 수 있는 체제를 갖춰야 한다.

최근의 말뚝 공사에서는 대형 장비나 신 공법의 등장에 따라 합리화가 추진되고 작업 내용이 반드시 단순화 되지 않고, 다양화, 복잡화되는 면이 있다. 또한 한편에서는 노동자 특히 숙련 노동자가 부족한 상황이다. 따라서 공사기간의 단축이나 공사비의 절감 등 경제성을 중시한 나머지 노동 환경에 나쁜 여파가 미치는 경우도 생긴다. 노무 문제에 관해서는 관계 관청에서 절차 등 법적인 면 뿐만아니라 인간 관계를 중시하는 계획을 수립하는 것이 필요하다.

5.4 안전관리와 환경보전

5.4.1 안전 관리

건설 공사에서는 사용기기의 점검 정비를 확실히 하는 동시에 작업상의 사고, 질병을 방지하기 위해 안전관리를 철저히 하는 것이 필요하다.

그림-5.3, 그림-5.4는 산업별 사상 재해발생 상황과 사망재해 발생 상황을 나타내었다. 사상자 수는 제조업다음 높고 총수의 약 3할을 차지하나 사망자 수는 전체의 4할 이상으로 다른 업종을 압도하였다. 이것은 잠깐의 실수로 치명적인 건설업의 특수성을 나타낸 것으로 공사 관리자는 최근 관계자 전원에게 안전관리의 지도·교육을 철저히 해야 한다.

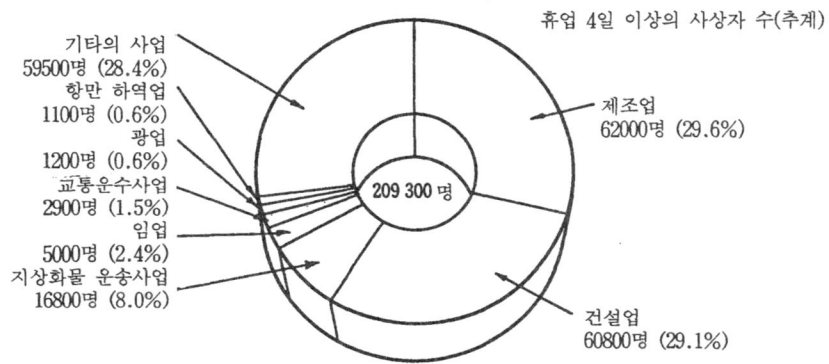

그림-5.3 노동 재해의 산업별 사망자 발생 상황(1989년)

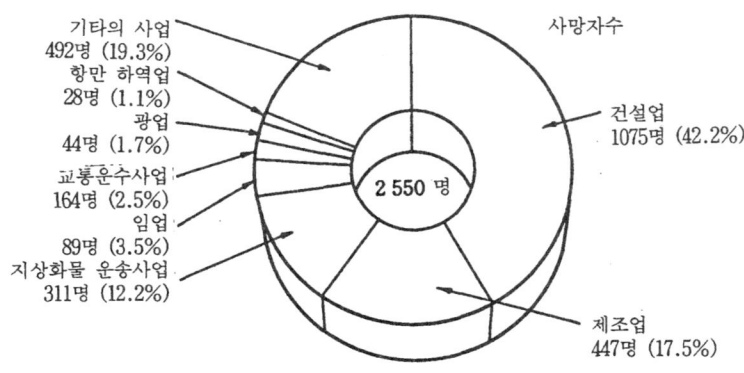

그림-5.4 노동 재해의 산업별 사망자 발생 상황(1989년)

표-5.5 건설공사에서 노동재해의 종류별·공사별 사망자 발생상황(1988년)

재해의 종류 \ 공사의 종류	토목공사											건축공사					설비공사				분류불능등	합계	비율
	터널	지하철	철도	교량	도로	하천	독지정리	상하수도	항만	기타	소계	빌딩조	건축설비	기타	소계		전기통신	기계	기타	소계			
추락에 의함	3	4	0	1	11	7	9	3	7	0	12	61	153	94	9	33	289	16	8	21	45	3	398	39.1
비래·낙하에 의함	0	1	1	1	3	4	3	6	6	2	4	29	19	1	1	3	24	1	1	0	2	1	56	5.5
도괴에 의함	0	0	0	1	4	4	4	3	2	1	2	23	15	2	2	2	20	4	1	1	6	0	49	4.8
토사붕괴에 의함	1	2	0	0	13	1	3	6	13	0	7	46	8	0	0	1	9	0	0	1	1	0	56	5.5
낙반 등에 의함	0	0	0	0	0	0	0	0	0	0	0	0	0	0	0	0	0	0	0	0	0	0	0	0.0
크레인 등에 의함	2	0	2	0	13	2	1	1	1	4	3	29	7	0	0	2	9	1	2	2	5	1	44	4.3
자동차 등에 의함	1	2	0	9	49	8	3	8	10	2	16	111	23	6	0	5	34	2	1	3	6	3	154	15.1
건설장비 등에 의함	2	5	1	1	43	9	4	14	26	2	8	116	13	3	1	1	18	3	0	2	5	2	141	13.9
감전에 의함	0	0	0	0	0	0	0	0	1	0	2	5	4	0	0	4	9	18	0	0	18	1	33	3.2
폭발·화재에 의함	0	1	0	0	1	0	1	0	0	2	0	5	1	0	0	1	2	0	1	3	4	0	11	1.1
취급·운반등에 의함	0	0	0	0	0	1	1	1	1	0	0	5	2	0	0	0	2	2	2	0	2	0	9	0.9
기타	3	1	0	1	7	4	2	3	4	9	8	42	6	3	1	4	14	2	1	2	5	5	66	6.5
합계	12	16	2	14	144	40	30	58	58	20	63	472	251	109	15	55	430	47	17	35	99	16	1017	100.0
비율	1.2	1.6	0.2	1.4	14.2	3.9	2.9	5.7	5.7	2.0	6.2	46.4	24.7	10.7	1.5	5.4	42.3	4.6	1.7	3.4	9.7	1.6	100.0	

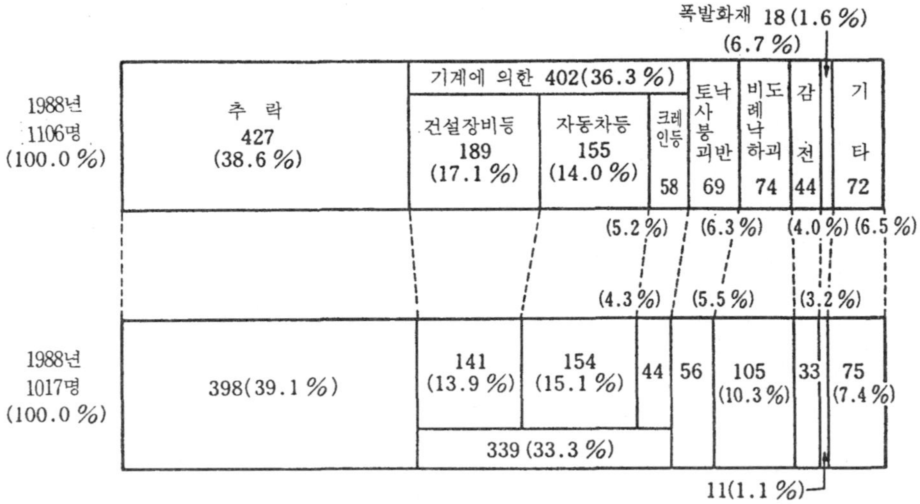

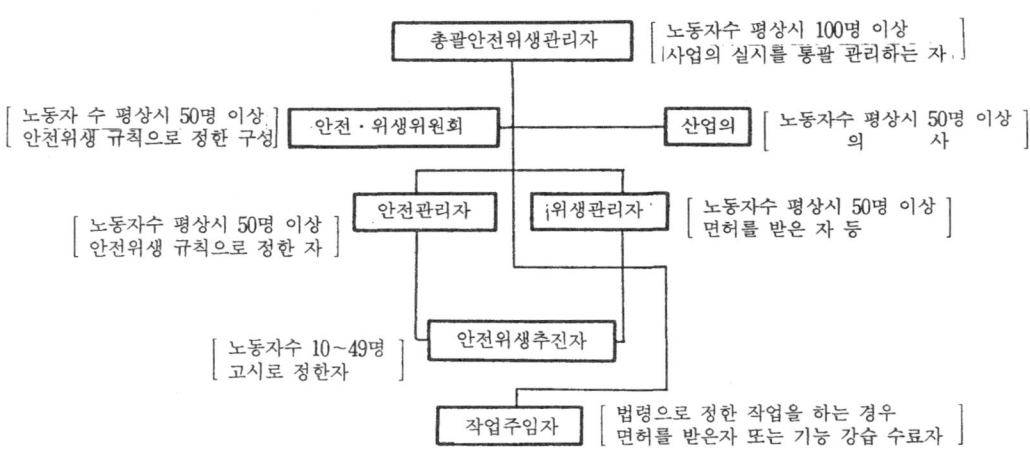

그림-5.5 건설공사에서 노동재해의 종류별·공사별 사망자 발생상황(1988년)

그림-5.6 건설공사에서 안전관리 체제

 노동재해의 발생 원인은 안전 조치의 결함, 장비의 보수 점검의 미비, 위험 장소에 접근, 작동 잘못 등을 들 수 있으나, 초보적인 실수가 원인이 되는 경우가 많다. 그림-5.5, 표-5.5에는 재해의 종류별 사망 재해의 발생상황을 나타내었으며, 빌딩 공사의 추락 사고를 제외하면 건설장비, 자동차, 크레인 장비의 사망자가 많은 것을 알 수 있다. 말뚝 공사에 한하면 말뚝 타설기의 전도, 기재·부재의 낙하, 크레인의 오동작이 사고와 관련될 때가 많다.

노동재해의 방지는 노동자 보호의 입장에서 노동 기준법, 노동 안전위생법이 있으나 기타 중요한 것은 시가지 토목공사 공중재해방지 요강이 정해져 있다. 이것은 앞의 2가지는 노동자 보호의 입장에서 정해졌지만 3번째는 재해 방지를 고려하여 작성하였다.

건설 공사에서 노동 재해를 방지 하는것은 건설사업자의 책임이며 사업자 스스로가 재해 방지에 노력해야 한다. 노동 안전 위생법은 사업자의 안전 위생 관리 체제에 직제나 협의조직을 정하였으며 그림-5.6에 안전관리 체계를 나타낸다.

5.4.2 환경 보전

건설 공사의 공해 애로는 소음, 진동, 수질 오염, 오니, 지반 침하, 지하수 고갈 등이 있으나 말뚝 공사에서는 저소음, 저진동이 요구된다. 시가지에서는 과거의 디젤 해머에 의한 타입 말뚝을 대신하여 비교적 소음이나 진동이 적은 천공 말뚝, 현장 타설 말뚝이 사용되고 있으며 이런 공법도 충분하다고는 말할 수 없다.

건설 공사의 공해는 기타 업종과 비교하여 일시적·단기적인 것이지만 피해 의식은 현

표-5.6 건설 공사에서 안전관리·환경보전에 관한 규제 등

법적 규제	학협회 등의 기준, 지침
노동기준법·동시행령,	•일본 건축학회
노동 안정 위생법·동시행령	일본건축학회 건축공사 표준 시방서·동해설
건축기준법·동시행령·노동 재해 방지 단체법, 건축법, 도로법, 도로 교통법	JASS-3 토공사 및 흙막이 공사 JASS-4 지정 및 기초슬래브 공사
토사 등을 운반하는 대형 자동차에 의한 교통 방지 등에 관한 특별 조치법	•일본 도로협회 도로교 시방서·동해설 IV하부 구조편
공사 또는 작업을 하는 경우의 도로관리자와 경찰서장과의 협의에 관한 명령(건설성령)	•강관말뚝협회 강관-설계와 시공
공해대책 기본법, 공해 분쟁처리법	•강재구락부
사람의 건강에 관한 공해 범죄의 처벌에 관한 법률	건축용 강관말뚝 시공 지침
대기 오염 방지법, 도로 운송 차량법, 악취 규제법	•일본 철도시설협회
소음 규제법·동시행령, 진동 규제법·동시행령	현장타설 콘크리트 말뚝의 설계시공
시가지 토목공사 공중 재해 방지 대책 요강	•일본 기초건설협회
건설공사에 수반하는 소음 진동 대책 기술지침	현장타설 콘크리트말뚝 시공지침·동해설
폐기물의 처리와 청소에 관한 법률	현장타설 콘크리트말뚝
수질오염 방지법, 하수도법, 하천법	(건설성 건설경제국 건설기계과 감수)
배수기준에 관한 총리부령	•일본 공업규격
관련되는 고시, 통첩, 조례, 행정지도 리사이클법	JIS A 7201 원심력 콘크리트 말뚝 표준 시공

장별로 다르기 때문에 예기치 않은 고통이 발생되는 수가 있다. 따라서 공해 대책은 경우에 따라 다르며 법적 규제는 물론 주민의식 등을 고려한 대응이 요구된다.

안전 관리·환경 보전에 관한 법적 규제나 학협회 등의 기준, 지침을 표-5.6에 나타낸다. 이하, 소음·진동 등에 관한 규제를 간단히 말한다.

(1) 소음 말뚝 공사에서 소음 규제법의 규제의 대상이 된 것은 디젤 해머, 스팀 해머, 바이브로 해머, 유압 해머 등이다. 소음의 크기는 통상 "폰"으로 나타내며 JIS Z 8731

표-5.7 소음 레벨과 감각

폰	소음의 느낌	예
-140-		
-130-	귀의 통증을 느낀다.	
-120-		제관, 못박는 작업
-110-		터널내 전차의 열린 창문 착암 드릴의 소리 (1m)
-100-	귀를 막고 싶다.	가드 아래의 전차 통과시 지하철역 통과시
-90-	눈앞의 사람과 말이 안된다.	시끄러운 공장
-85- ← 디젤 해머 등 특정 건설 작업의 규제 기준		
-80-	상당한 소리를 내지 않으면 이야기가 안된다.	고가 철도 (차내)
-75-		
-70-	의식적으로 큰소리로 이야기한다	잡다한 것, 보통의 기계공장
-60- ← 공장 소음에 대한 주간의 규제 규준 상한치 (주거지역)	귀찮은 느낌이나 보통 대화가 된다.	바쁜 사무실내, 실내 경기장
-50-	시끄럽고 언제나 소리가 귀에 들리지 않는다.	사무실, 조용한 보행 군중내
-40- ← 공장 소음에 대한 야간의 규제 규준 하한치 (주거지역)	조용하나 소리에서의 개방감이 없다.	귀를 기울이는 청중내, 영화관 떨리는 대화, 도서관, 방송용 스튜디오내, 정야중, 음악홀
-30-	조용히 느끼는 감이다.	
-20-	신선한 느낌이다.	
-10-		2m에서의 잔소리 방음실에서의 최소 가청음

표-5.8 소음 규제법에 대한 특정 건설작업의 기준

작업의 종류 \ 기준	소음의 크기 (폰)	작업시간		1일에 대한 연작업시간		동일 작업 장소에 대한 작업 기간		일요·휴일의 작업
		1호구역	2호구역	1호구역	2호구역	1호구역	2호구역	
1. 말뚝타설기 말뚝 인발기, 말뚝 타설 말뚝 인발기를 사용하는 작업 몽켄, 압입식 말뚝타설 말뚝 인발 또는 말뚝타설기를 어스오거와 병용하는 작업을 제외	85	오전7시 ~ 오후7시		10 시간 이 내	14 시간 이 내	연속하여 6일이내	연속하여 6일이내	금지
2. 못을 박는 기구를 사용하는 작업	80							
3. 착암기를 사용하는 작업 작업지점이 연속적으로 이동되는 작업에 있어서는 1일에 대한 해당작업에 있어서 이 지점간의 최대 거리가 50m를 초과하지 않는 작업에 한함	75	오전6시 ~ 오후10시						
4. 공기 압축기를 사용하는 작업 전동기 이외의 원동기를 쓰는 것으로 그 적격 출력이 15kW이상에 한함 (착암기의 동력으로서 사용하는 작업을 제외)		오전6시 ~ 오후9시						
5. 콘크리트 플랜트 또는 아스팔트 플랜트를 설치하여 실시하는 작업 혼연기의 혼연량이 콘크리트 플랜트는 0.45m³ 이상 아스팔트 플랜트는 200kg 이상의 것에 한함 (모르타르 제조를 위해 콘크리트 플랜트를 설치하여 실시하는 작업을 제외)						1 개월 이내	2 개월 이내	
적용제외 1. 작업을 개시한 날에 끝나는 작업	○	○		○		○		○
적용제외 2. 재해, 비상사태의 발생에 의한 긴급작업		○		○		○		○

작업의 종류	기준	소음의 크기 (폰)	작업시간		1일에 대한 연작업시간		동일 작업 장소에 대한 작업 기간		일요·휴일의 작업
			1호구역	2호구역	1호구역	2호구역	1호구역	2호구역	
적용제외	3. 생명, 신체 위험방지를 위한 긴급 작업		○		○		○		○
	4. 철도궤도 정상 운행 확인을 위한 작업		○						○
	5. 도로법 도로교통법에 의한 조건부 작업		○						○
	6. 전기 사업법 시행규칙에 정한 변전소의 변경작업								○

(○표는 적용제외로 해당되는 규제내용)

주)
1. 소음의 크기는 특정 건설작업 장소의 대지경계선에 대한 값으로 한다.
2. 폰이란 계량법 법률로 정한 소음 크기의 계량 단위로 한다.
3. 소음의 측정은 JIS C 1502에 정한 보통 소음계 또는 JIS C 1505에 정한 정밀소음계 이것에 상당한 측정기를 써서 실시한다.
4. 소음의 측정방법은 당분간 JIS Z 8731에 정한 소음레벨 측정방법에의하고 소음 크기의 결정은 다음과 같다.
  (1) 소음계의 지시치가 변동되지 않고 또는 변동이 적은 경우는 그 지시로 한다.
  (2) 소음계의 지시치가 주기적 또는 간헐적으로 변동되고 그 지시치가 대충 일정한 경우는 그 변동마다의 지시치의 최대치를 평균치로 한다.
  (3) 소음계의 지시치가 불규칙 또는 대폭으로 변동되는 경우에는 측정치의 90% 렌지의 상단 수치와 같다.
  (4) 소음계의 지시치가 주기적 또는 간헐적으로 변동되고 그 지시치의 최대치가 일정하지 않은 경우는 그 변동마다 지시치의 최대치 90% 렌지의 상단수치로 한다.
5. 지역의 구분은 다음과 같다.
  (1) 제1호구역이란 지정지역중 대충 도시계획법의 주거전용지역, 제2종 주거전용지역, 주거지역, 인근 상업·상업·준공업지역에서 상당수의 주거가 집합된 구역과 학교·병원 등 대지 주위의 대충 80m의 구역이 해당된다.
  (2) 제2호구역이란 제1구역 DLDHOL의 지정지역이다.

에 정한 소음 레벨 측정 방법에 따라 소음을 측정한다. 소음 레벨과 감각은 표−5.7과 같다. 표−5.8, 그림−5.7에는 소음 규제법에 대한 특정 건설작업에 대한 기준치와 말뚝 공법의 소음 레벨을 나타낸다. 디젤 해머 등 특정 건설 작업의 규제치는 대지 경계선에서 85폰으로 되었다. 또한 보통 소음의 크기는 거리가 2배가 되면 6폰이 감쇠되는 것으로 알려져 있다.

(2) 진동 진동 규제법에 의한 규제의 대상은 말뚝 타설기, 말뚝 인발기를 사용하는 작업이다. 진동의 크기는 통상 "데시벨(dB)"로 나타내며, JIS C 1510에 정한 진동 레벨 측정기로 진동을 측정한다. 진동 레벨과 감각은 표−5.9와 같다. 표−5.10, 그림−5.8에는 진동 규제법에서 특정 건설 작업에 대한 기준 및 말뚝 공법에 대한 진동 레벨을 나

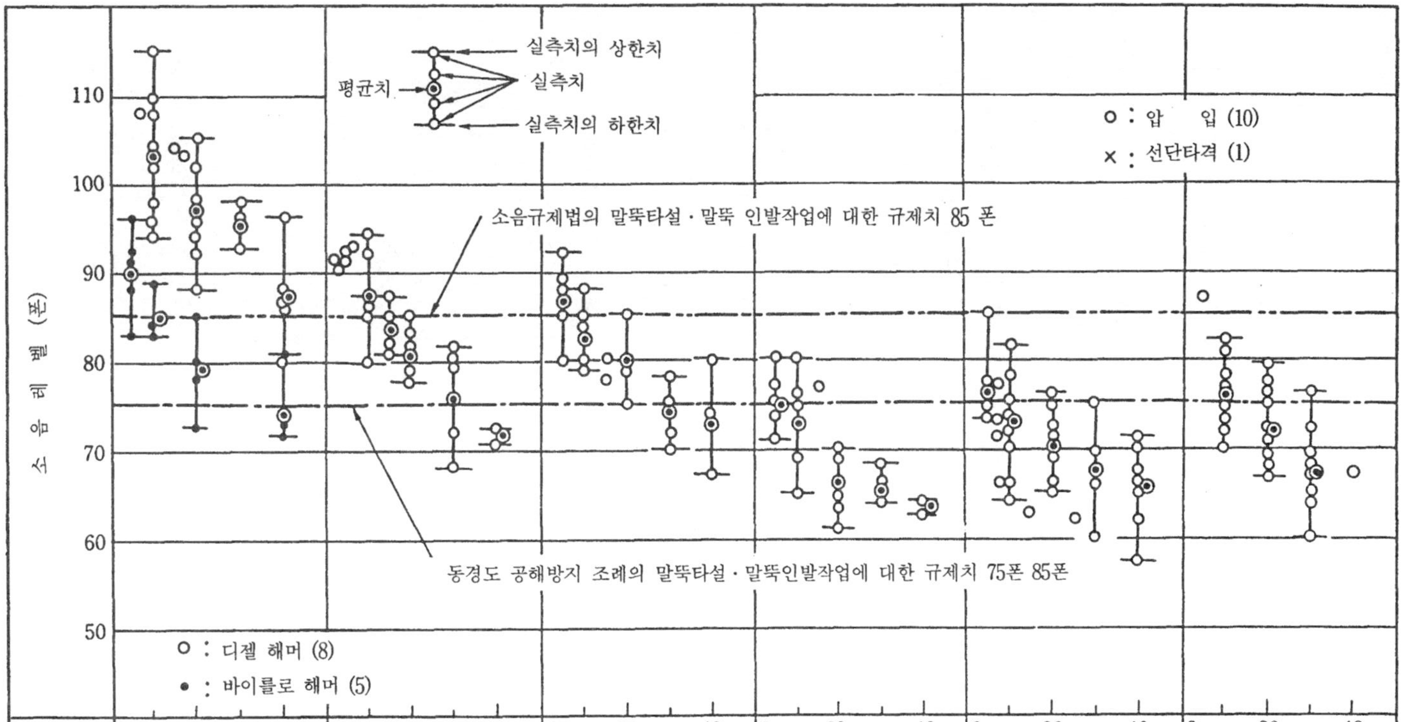

거리(m)	0 20 40	0 20 40	0 20 40	0 20 40	0 20 40	0 20 40
건 수	13 건	7 건	6 건	8 건	9 건	11 건
공 법	타입 공법	올 케이싱 공법	어스 드릴 공법	리버스 공법	어스 오거 공법	중굴 공법
비 고	방음커버 없음				[중굴 / 프리보링] 포함	[압입 / 선단타격]

그림-5.7 시공법에 대한 소음 레벨

타낸다. 진동의 규제치는 상기 특정 건설 작업의 대지 경계선에서 75dB을 초과하지 않는다고 한다.

진동도 소음과 같이 거리에 따라 감쇠되며 진동원이 얕은 경우에는 거리의 2배로 4~6dB이 감쇠된다고 하나 지질이나 지하 수위 등 대지 환경에 따라 다른 경우가 많다. 진동은 소음과 비교하여 차폐물에 의해 잘 감쇠되지 않으므로 대책을 강구하는 것이 보통 어려우므로 시가지에서는 충분한 배려가 필요하다.

(3) 수질 오염 공공 용수역에 오수나 폐액이 유출되어 사람의 건강이나 생활 환경에 피해를 미칠 우려가 있는 경우에는 수질, 오염방지법이나 조례에 따라 규제된다.

말뚝 공사에서는 특히 현장타설 말뚝 공법과 같이 이수가 많고 폐액을 공공수역에 방류하는 경우에는 수질이 규제치 이하가 되는 폐기 이수처리장치, pH 조정장치 등을 써서 처리해야 한다. 수질 기준은 환경 기준, 일률기준, 행정지도에 따라 다르므로, 어떤 기준이 적용되는가는 시공 현장의 행정 담당자에게 확인하는 것이 바람직하다. 표-5.11

표-5.9 진동 레벨과 감각

	(생리적 영향 등)	(수면 영향)	(주민반응)
85dB ↑ 약진 80dB (Ⅲ) ↓	• 인체에 유의한 생리적 영향이 생기게 된다.		
75dB ↑ 경진 70dB (Ⅱ) ↓	• 산업직장에서 쾌감 감퇴 경계(8시간폭로) ┐ 특정건설작업 의 규제규준	• 수면심도 1, 2모두 각성 된다. • 수면심도 1, 2도 모두 각성되는 경우가 많다. • 수면심도 1의 경우는 모두 각성된다.	잘 느낀다는 호소율이 50%가 된다. • 경도의 물적피해에 대한 피해감이 보인다. 잘 느낀다는 호소율이 40%가 된다. 잘 느낀다는 호소율이 30%가 된다.
↑ 미진 (Ⅰ) ↓ 60dB		• 수면심도 1의 경우는 과 반수가 각성된다. • 수면영향은 거의 없다.	약간 느낀다는 호소율이 50%가 된다.
↑ 무감 50dB (0) 40dB	• 진동을 느끼게 된다. 평상시미동		• 주거내의 진동 인지 한계

표-5.10 진동 규제법의 특정 건설작업에 대한 기준

작업의 종류 \ 기준	진동의 크기 (폰)	작업시간		1일에 대한 연작업시간		동일 작업 장소에 대한 작업 기간		일요· 휴일의 작업
		1호구역	2호구역	1호구역	2호구역	1호구역	2호구역	
1. 말뚝타설기, 말뚝인발기, 말뚝 타설 말뚝 인발기를 사용하는 작업 몽켄, 압입식 말뚝타설기, 유압식 말뚝인발기, 또는 말뚝타설, 말뚝인발기를 사용하는 작업을 제외	75	오전7시 ~ 오후7시	오전6시 ~ 오후10시	10시간 이내	14시간 이내	연속하여 6일이내		금지
2. 강구(鋼球)를 사용하여 건축물 기타 공작물을 파괴하는 작업								
3. 포장판 파쇄기를 사용하는 작업 작업 지점이 연속적으로 이동하는 작업에는 1일에 대한 해당작업에 관한 2지점간의 최대거리가 50m를 초과하지 않는 작업에 한한다.								
4. 브레이커를 사용하는 작업 (인력식의 것을 제외)작업 지점이 연속적으로 이동되는 작업에는 1일의 해당작업에 관한 2지점간의 최대거리가 50m를 초과하지 않는 작업에 한함.								
적용제외	1. 작업을 개시한 날에 끝나는 작업	○	○	○	○	○		○
	2. 재해, 비상사태의 발생에 의한 긴급작업		○	○	○	○		○
	3. 생명, 신체 위험방지를 위한 긴급작업		○	○	○	○		○
	4. 철도궤도 정상운행 확보를 위한 작업		○					○
	5. 도로법 도로 교통법에 의한 조건부 작업		○					○

〔○표는 적용제외로 해당되는 규제내용〕

작업의 종류		기 준	소음의 크기 (폰)	작업 시간		1일에 대한 연작업시간		동일 작업 장소에 대한 작업 기간		일요· 휴일의 작업
				1호구역	2호구역	1호구역	2호구역	1호구역	2호구역	
적용제외	6. 전기 사업법 시행규칙에 정한 변전소의 변경작업									○

주)
1. 진동의 크기는 특정 건설작업 장소의 대지 경계선에 대한 값으로 한다.
2. dB(데시벨)이란 계량 단위 규칙에 정하는 진동 레벨의 계량 단위로 한다.
3. 진동의 측정은 JIS C 1510에 정하는 진동 레벨 또는 이것과 같은 정도 이상의 성능을 가진 측정기를 써서 실시한다.
4. 진동 레벨의 결정은 다음과 같다.
 (1) 측정기의 지시치가 변동되지 않고 또는 변동이 적은 경우는 그 지시치로 한다.
 (2) 측정기의 지시치가 주기적 또는 간헐적으로 변동하는 경우는 그 변동 마다 지시치의 최대값을 평균치로 한다.
 (3) 측정기의 지시치가 불규칙 또는 대폭으로 이동되는 경우는 5초간격 100개 또는 이것에 준하는 간격, 개수의 측정치의 80% 렌지의 상단을 수치로 한다.
5. 지역의 구분은 표-5.8과 같다.
6. 이 기준은 75dB를 초과하는 크기의 진동을 발생하는 특정 건설작업에 대해서 개선 권고 또는 명령을 하는데 있어서 1일 작업시간을 ③란에 정하는 시간 미만 4시간 이상의 사이에서 단축시킬 수 있다.

에는 수질 오염 방지법이나 하수도법에 의한 배수 기준 등의 배수처리에 관한 기준치를 나타낸다.

또한 수질오염에 관해서는 이 배수의 문제에 한하지 않고, 공법에 따라서 이수, 콘크리트 타설, 시멘트 밀크 주입에 의한 지하수 오염도 고려된다. 복류수나 피압 지하수가 존재하는 경우에는 말뚝의 품질에 관한 시공상의 문제 뿐만아니라 지하수 오염에 관해서도 충분히 배려해야 한다. 특히 공사현장 주변에 우물이 존재하는 경우에는 철저한 대응이 필요하다.

(4) 오니 건설 공사에서 생기는 폐기물은 일반 폐기물과 산업 폐기물로 대별된다. 일반 폐기물은 나무 조각, 종이는 가정 쓰레기와 같이 시, 구, 동이 처리하나 산업폐기물은 처리업자 또는 원도급자 자신이 처리해야 한다.

폐기물의 처리에는 「폐기물의 처리와 청소에 관한 법률」이 정해져 있으며, 사업자는 이것을 준수하여 폐기물을 처리해야 한다. 이 법률에서는 폐기물의 수집·운반기준, 처리기준, 산업폐기물 처리 시설, 산업폐기물의 처리 형태 벌칙 등을 규정하였다.

말뚝 공사에 수반하여 발생하는 원인은 산업 폐기물의 대상이 된다. 또한 이 오니를 탈수 건조한 것도 법률상으로는 오니로 간주된다. 폐기 오니의 처리 방법은 공사현장내에 처리 시설을 설치하는 경우와 공사현장외로 반출하여 중간처리를 하는 두가지 방법

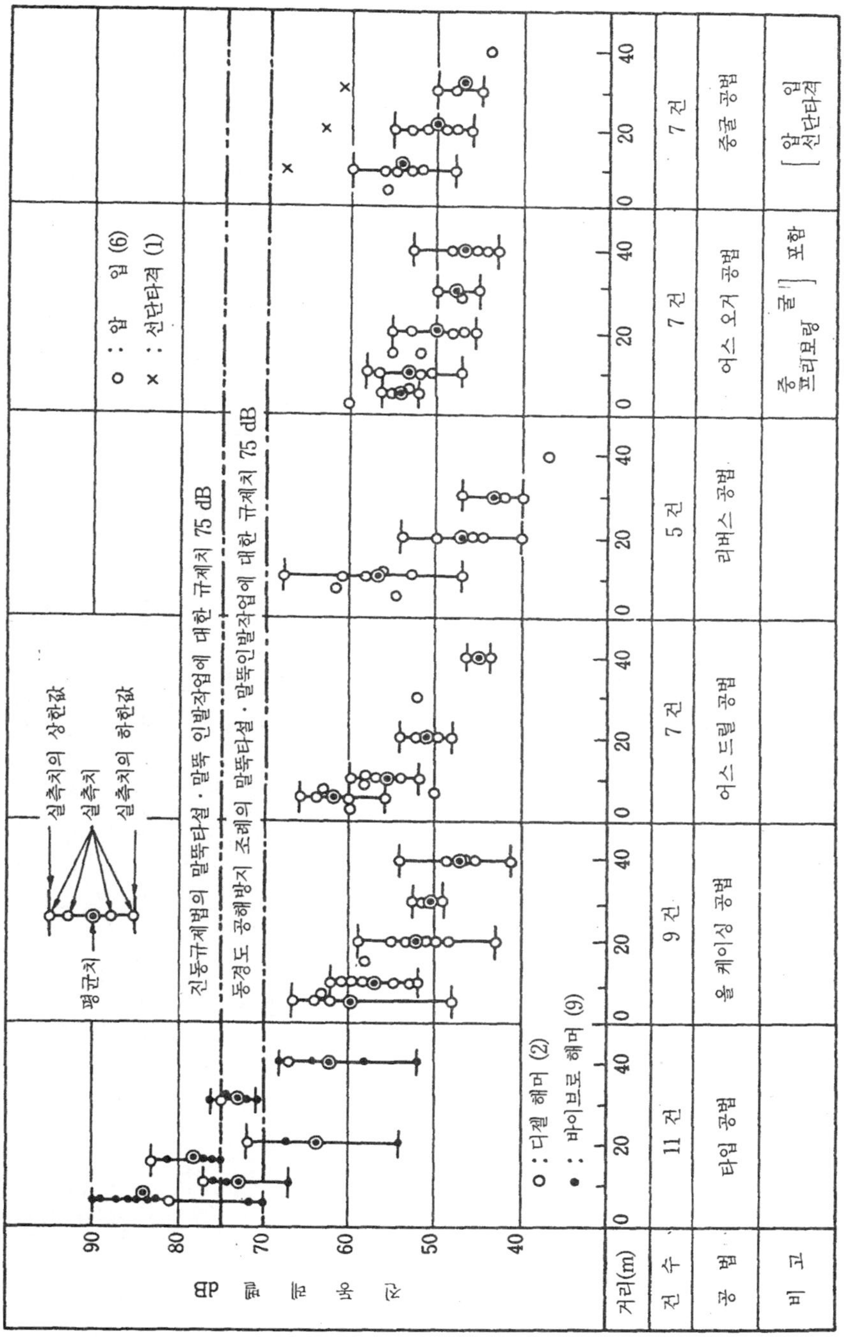

제5장 시공을 위한 계획 279

그림-5.8 말뚝공법에 대한 진동레벨

표-5.11 이・배수처리에 관한 기준

행위		관련법	규제항목과 허용한도								비고・기타
				pH 수소지수	SS (mg/l)	BOD (mg/l)	COD (mg/l)	유분 (mg/l)			
배수로의 방류	공공용수역 하천 호소 항만 연해 등	생활환경 보전항목		5.8~8.6 해역은 5~9	200 (일간 평균) 150	200 (일간 평균) 150	200 (일간 평균) 150	5	기타, 페놀, 동, 아연 등 14 항목에 대해서 정한다.		•1일에 평균 배출량이 50m³ 이상으로 적용. COD는 해역, 호소에 한하여 적용. BOD는 그 이외로 적용
		수질오염 방지법 (전국일률기준)	사람의 건강보호에 관한 물질		카드뮴 (mg/l)	유기인 (mg/l)	납 (mg/l)	6가크롬 (mg/l)	비소 (mg/l)	총수은 (mg/l)	•유해물질
				감역은 0.1	1	1	1	0.5	0.5	0.005	
										PCB (mg/l) 0.003 검출되지 않을 것	
	공공 하수도	하수도법 (적용범위)		pH 수소지수 5 이하 9 이상	SS (mg/l) 600 이상	BOD (mg/l) 5일간에 600이상	온도 (℃) 45도 이상	요소 소비량 (mg/l) 220이상	이밖에 페놀, 시안, 납 등 16항목에 대해서 규제 범위가 정해졌다(규제 하는 수질오염 방지법의 허용한도 와 같다).		•1일 50m³ 이상 흘려보내는 경우는 사전에 하수도 관리자에 사용 개시계를 낸다.
직접 투기 혹은 처리 고형물 (매립 처분)	폐기물의 처리 및 청소에 관한 법률										매유 조건 : 매립지역의 물 때와 처분장소의 표시 등 공수역・지하수와의 차단
				오니 : 소각 또는 함수량 85% 이하로 한다. 유해물을 포함하는 오니 : 총리부령으로 정하는 기준에 적합한 것으로서 콘크리트로 고형화를 한다. 폐유 : 소각한다 (기타 생략)							법율

페기이수
일반적상상
pH : 7.5 ~ 12.5
SS : 5000 ~ 40000 ppm
함수율 : 60 ~ 95%

주) 1) BOD : 생물 화학적 산소 요구량   COD : 화학적 산소 요구량
2) 각 규제 항목의 검정 방법은 각자 총리부령 혹은 성령에 따라 정한다.

이 있다. 어느 경우에도 공중 위생에 필요한 무해화, 안정화된 위에서 천공이나 허양 투입에 의한 최종 처분을 하지 않으면 안된다. 공사현장내에서 처리하는 경우 처리하는 오니와 잔토를 혼합하여 처분하는 수가 있으나 이 경우도 산업폐기물로서 최종 처분을 해야 한다. 또한 잔토와 오니의 구분에 관해서는 이제까지 명확하지 않았으나 최근 "건설 폐기물 처리 가이드라인」이 정리되었으며, 콘지수로 대충 $2kgf/cm^2$ 이하, 또는 일축 압축강도로 대충 $0.5kgf/cm^2$ 이하가 오니로 되었다.

오니의 처리 형태는 원 도급자 스스로가 직접 처리하는 경우와 하도급자에게 위탁하는 경우가 있다. 단, 하도급자에게 위탁하는 경우에도 오니의 수집·운반업자에게 오니의 처리를 포함하여 위탁할 수는 없으며, 오니의 처분에 관해서는 원 도급업자가 산업 폐기물 처리업자에게 직접 위탁해야 한다.

제 6 장 말뚝의 시험

6.1 시험의 목적과 종류

제2장에서 기술한 지반조사나 주변의 환경 조사 결과에 의거하여 말뚝기초의 계획·설계가 실시되고 시공계획이 입안된다. 이것들이 계획대로 시공되고 소정의 성능을 발휘시키는가 여부를 확인하기 위한 각종 시험이 실시된다. 그것은 다음의 3가지로 분류된다.

① 시공에 관한 시험
② 환경에 관한 시험
③ 성능에 관한 시험

시공에 관한 시험은 선정된 공법이나 기계의 작성, 지반조사 결과의 정합성, 타임 스터디 등의 지반 조건·시공조건이 조사된다.

환경에 관한 시험은 시공에 수반하는 소음·진동 등 주변에 대한 영향을 조사하기 위해 실시된다.

성능에 관한 시험은 말뚝의 시공중에 실시하는 말뚝 타설식에 의한 체크, 수직, 수평, 인발 시험에 의한 성능을 확인 혹은 공용중의 거동을 관측하여 설계에 필요하도록 실시하는 장기적인 시험이 있다.

6.2 시험 시공

기본 계획이나 설계 단계에서 실시되는 지반의 조사는 조사 위치와 시공 위치의 불일치나 지형·지층의 복잡성 때문에 상세한 계획이나 구체적인 대책의 검토에 대해서 충분한 정보를 제공할 수 없는 경우가 있다. 이 때문에 본 시공에 앞서 혹은 공사초기 단계에서 대표적인 위치에 있는 말뚝을 써서 시험 시공하는 것이 일반적이다. 도로교 시방서·동해설에서는 이것에 관해서 다음과 같이 기술하였다. 「말뚝의 시공은 사전에 시험말뚝을 시공하는 것을 원칙으로 한다. 단, 시공 지점에서 말뚝의 시공성이 충분히 파악되는 경우에는 시험 말뚝의 시공을 생략할 수 있다.」

시험 시공은 시공, 환경, 성능에 관해 될 수 있는 한 많은 정보가 얻어지도록 계획한다.

6.2.1 타입 말뚝

(1) 타입 시험   타입 시험은 시공성에 관한 시험 기타, 말뚝의 시공에 수반하는 주변에의 영향, 특히 진동·소음 등에 대해서 검토할 필요가 있다. 주요한 검토 항목을 표-6.1에 나타낸다.

표-6.1 타입 말뚝 시험 시공에 대한 검토 항목

검토항목		내 용
시공에 관한 검토	말뚝재 및 시공 장비의 적성	① 말뚝재의 손상의 유무 ② 시공장비의 적성
	타입시의 검토	③ 단위 길이마다의 타격회수와 지반 조사 결과의 대응 ④ 총 타격횟수 ⑤ 각 공정마다의 소요 시간과 전체 소요 시간 ⑥ 지지층까지의 깊이와 최종 타설길이
환경에 관한 검토		⑦ 말뚝 타설에 의한 소음·진동 ⑧ 기름 연기 등의 비산 상황
성능에 관한 검토		⑨ 타설 정지시의 관입량과 리바운드 등

타입 시험은 사전에 시험 말뚝에 0.5~1.0m 마다 눈금을 표시하여 실시하는 것이 일반적이다. 각 심도 마다의 타격 횟수·해머 낙하 높이를 측정하고 지반 조사 결과와 대응시킨다. 그리고 최종 타설정지때에는 1타격 마다의 관입량, 리바운드량 등을 측정하여 말뚝 타설식에서 말뚝의 지지력을 산정한다. 관입량, 리바운드량 등의 측정방법, 말뚝타설식에 대해서는 제7장을 참조하기 바란다.

(2) 말뚝의 근입 상황과 말뚝체 응력   타격에 의해 말뚝체에 발생하는 응력도를 측정하기 위해 말뚝체에 변형계를 장치할 수도 있다.

그림-6.1은 타입때의 타격 응력의 수직 분포 등을 측정한 결과의 일례이다. 근입 깊이가 커지더라도 중간부에 대한 응력의 감소는 비교적 작고 지지층 부근에서 급격히 변화된다. 이런 예는 N치가 작은 층을 관통하여 그 하부의 다짐층에 타입 정지하는 경우의 일반적인 응력 상태를 나타낸다.

N치가 급증하고 있는 모래층이나 고결 점성토층에 대해서는 해머의 낙하 높이가 커져서 타격횟수도 증가되고 N치의 심도 분포와 유사하다. 따라서 지반의 조사 결과를 기초로 사전에 말뚝의 관입 상황을 예상하여 실제가 예상된 상황과 크게 다른 경우는 말뚝의 휨이나 파손 유무 등을 검토할 필요가 있다.

제6장 말뚝의 시험 385

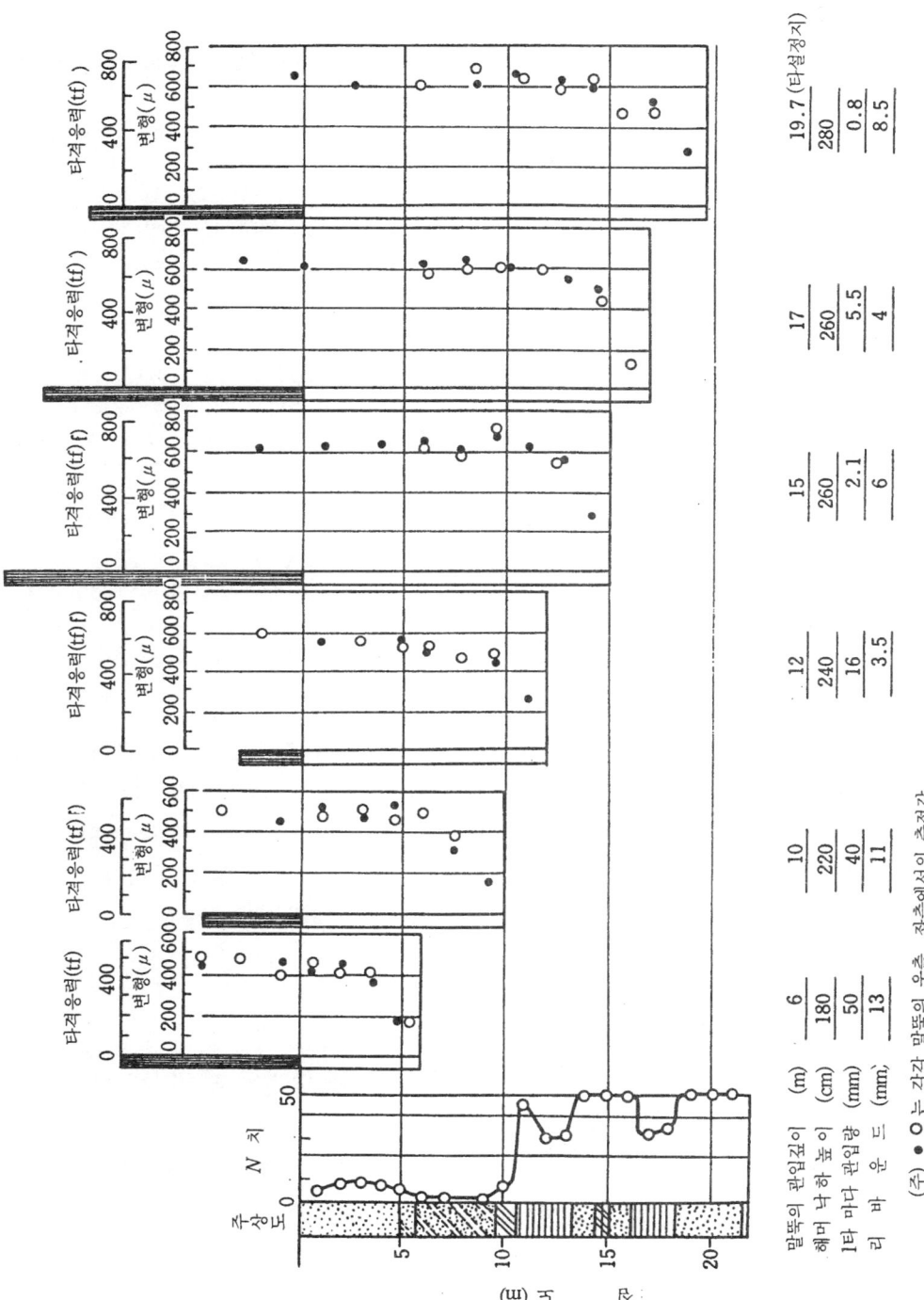

그림-6.1 말뚝 타격 응력의 수직 분포 측정예

6.2.2 천공 말뚝

천공 말뚝중 프리보링 선단 밑고정 공법의 시험 시공에 대한 주요한 검토항목과 내용을 표-6.2에 나타낸다.

표-6.2 천공 말뚝의 실험 시공에 대한 검토 항목

	검토항목	내 용
시공에 관한 검토	시공장비의 적성	① 주행·구동장치, 그라우트 펌프, 믹서 등 제 장비 조합의 적부
	굴착시의 검토	② 굴착, 접속 등 각 공정의 소요 시간 ③ 배출 토사량, 굴착 토량 등의 체크 ④ 주상도와 시공심도·배출토사의 대비 ⑤ 굴착 심도와 전류계 지시치와의 대비에 의한 지지층의 심도 분포 ⑥ 굴착액, 밑고정액 등의 배합이나 사용량 및 브리징·압축강도 ⑦ 굴착액과 밑고정액의 교체 시기 ⑧ 높이 정지량과 그 조치
환경에 관한 검토		⑨ 굴착토사, 배니수의 처리
성능에 관한 검토		⑩ 간접적으로 ⑤ ⑧에 의함

선단 밑고정 공법은 타입공법과 같이 직접적으로 성능을 체크하는 방법이 없기 때문에 특히 지지층까지의 굴착 깊이와 지반조사 결과를 대응시키는 점이나 지지층의 굴착 저항이 증대될 때의 깊이에 주의하여 확실히 말뚝 선단이 지지층에 도달하도록 한다.

천공 말뚝공법은 말뚝의 제조업자가 주체가 되어 여러 가지 공법을 개발하였다. 각각의 공법에 특징적인 시험 시공의 검토 항목이 있으므로 실제로는 적용된 공법의 시방 혹은 시공 요령 등을 따른다.

6.2.3 현장타설 콘크리트 말뚝

현장타설 콘크리트 말뚝의 시험 시공에 대한 검토 항목과 내용을 표-6.3에 나타낸다.

현장타설 콘크리트 말뚝은 말뚝 지름이 크고 1개마다의 지지력도 크기 때문에 특히 신중한 시공이 요망된다. 따라서 시험 시공에 있어서도 각 공정에서 충분히 내용을 검토하고 본 시공에 유효하게 반영시켜야 한다.

표-6.3 현장타설 말뚝의 시험 시공에 대한 검토 항목

검토항목		내 용
시공에 관한 검토	시공장비의 적성	① 굴착기, 크레인, 이수 플랜트 등의 제 장비 조합의 적부
	굴착시의 검토	② 표층 케이싱의 근입 길이 ③ 굴착용 이수의 성질, 안정액의 조합 ④ 주상도와 굴착토사와의 대비(1m마다) ⑤ 지지층의 토질, 깊이, 두께, 피압수위 ⑥ 슬라임 처리(1차, 2차)의 상황 ⑦ 시공 정밀도(공경, 중심 엇갈림, 경사) ⑧ 각 공정마다의 소요시간, 총소요시간
	콘크리트 타설시의 검토	⑨ 레미콘의 배차 상황(소요시간) ⑩ 레미콘의 타설량과 콘상의 상승량 ⑪ 케이싱의 인발에 의한 콘상의 하강량 ⑫ 콘크리트의 말뚝 1개마다의 계산 사용량과 실제의 사용량
환경에 관한 검토		⑬ 굴착 토사 및 폐니수의 처리 ⑭ 굴착시 혹은 표층 케이싱의 근입·인발시의 소음·진동
성능에 관한 검토		⑮ 간접적으로 상기의 ⑤ ⑥에 의함

6.3 수직 재하시험

6.3.1 시험의 목적

말뚝의 수직지지력을 구하는 방법은 지지력 산정식, 말뚝타설식, 재하 시험이 있으나 실제의 하중과 변위량의 관계는 지지력 특성을 파악할 수 있는 점은 재하시험이 가장 신뢰할 수 있는 방법이라는 사실은 말할 필요도 없다.

시험을 실시하는 목적은 말뚝의 수직지지력과 침하량에 관한 정보를 얻고 혹은 정해진 설계 수직지지력의 타당성을 확인하는 점이다.

토질 공학회에서는 1971년에 「말뚝의 수직 재하시험 기준」(이하, 기준 1971이라 브름)을 제정하여 시험의 표준화에 공헌하였다. 그러나 현재까지의 말뚝은 대형화·장척화되고 시공법도 다양화되었다. 그리고 설계법은 허용 응력도법에서 변형을 중시하는 한계 상태법으로 대신하고 있다. 이와 같은 상황에서 기준 1971의 재고 작업이 진행되어 새로 「말뚝의 수직 재하시험 방법(안)」(이하, 학회 기준 수직(안)이라 부른다」이 작성되었다. 흙과 기초(Vol.39, No.6, 1991)에 학회 기준 수직 (안) 본문이 소개되었다. 학회 기준 수직 (안)의 기준 1971에 대한 최대의 특징은 시험 방법이 총 소용시간을 단축하는

방향에서 1개화된 점과 결과의 해석에 있어서 제 1 한계하중, 제 2 한계하중이 새로 정의된 점이다. 여기서는 학회 기준 수직(안)의 주요한 부분에 대해서 그 대강을 말하고 다시 실시때의 주의사항 등에 대해서 설명을 추가한다.

6.3.2 기본계획과 시험의 준비

(1) 계획 최대 하중 계획 최대 하중은 설계 하중에 안전율을 곱한 값 이상, 또는 추정된 극한 지지력 등의 값 이상을 실험의 목적에 따라 설정한다.

시험 말뚝의 조건과 본 말뚝의 조건이 다른 경우는 그 차이에 따른 지지력의 영향을 고려하여 계획 최대 하중을 설정할 필요가 있다. 예를 들면 시험 말뚝을 본 말뚝 보다도 가늘게하여 말뚝길이를 같게 한 경우에는 말뚝 선단 지지력과 말뚝 주면 마찰력의 분담율이 시험 말뚝과 본 말뚝에서는 다르게 되므로 이것을 고려하여 계획 최대 하중을 정한다.

(2) 시험 말뚝 시험 말뚝은 원칙적으로 본 말뚝중의 대표적인 말뚝과 동일 시방으로 하고 본 말뚝과는 별도로 계획한다. 그리고 계획 최대 하중에 대해서 충분히 안전하도록 설계하고 말뚝 머리는 하중의 편심 등을 고려하여 보강할 필요가 있다.

시험 말뚝의 시공에 따라 교란된 지반의 강도 회복, 콘크리트 등의 경화를 고려하여 충분한 양생 기간을 설정한다. 지반의 강도 회복에 필요한 시간은 사질토에서 5일 이상, 점성토에서 14일 이상이 기준이다.

6.3.3 시험 장치

(1) 장치의 구성 시험 장치는 가력 장치, 반력장치와 계측 장치로 구성된다. 수직 재하시험 장치의 일례를 그림-6.2, 사진-6.1에 나타낸다.

(2) 가력 장치 가력 장치의 잭은 보통 유압식이며 구좌가 붙은 것을 사용한다. 그리고 계획 최대 하중에 대해 120% 이상의 가력 능력과 시험 말뚝이나 반력 장치의 변위에 추종되는 충분한 스트로크(20cm 정도)를 가진 것을 선정한다. 복수의 잭을 병용하는 경우에는 동일 시방의 것으로 하고 그것을 연동할 수 있도록 한다.

(3) 반력 장치 반력 장치는 계획 최대 하중의 120% 이상의 하중에 대해서 충분한 저항력을 가진 것으로서 반력 저항체, 재하보와 접합부재로 구성된다.

반력 저항체는 시험 말뚝 주위의 본 말뚝 혹은 그를 위해 설치된 그라운드 앵커를 사용하는 경우가 일반적이다. 짝수로 사용하고 시험 말뚝에 대해서 대칭으로 설치한다. 시험 말뚝과 반력 말뚝 또는 그라운드 앵커의 중심 간격은 시험 말뚝 지름의 3배 이상 또는 1.5m 이상을 확보해야 한다.

제6장 말뚝의 시험 329

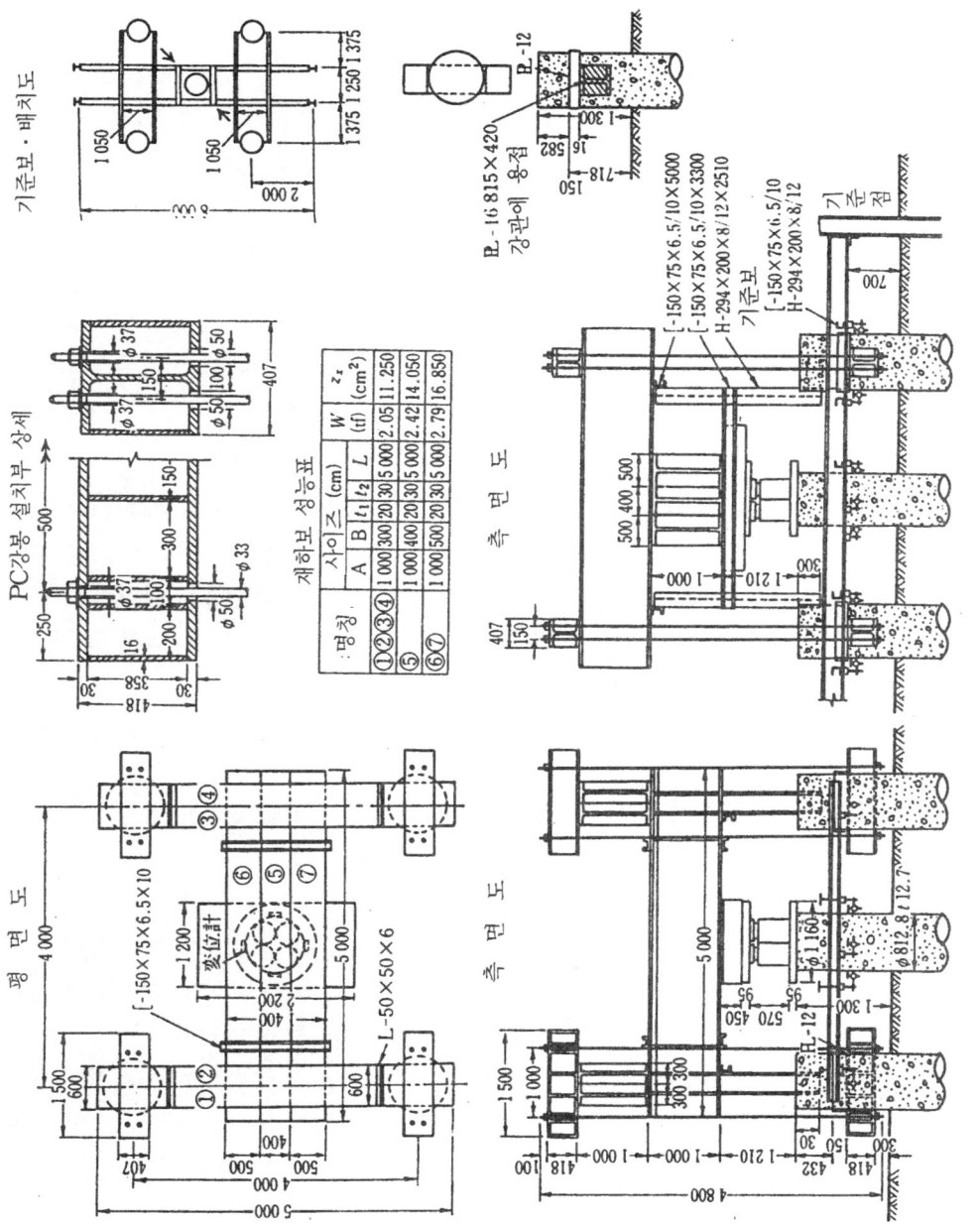

그림-6.2 수직재하 시험 장치의 예

사진-6.1 말뚝의 수직재하 시험장치의 일례

　반력 말뚝에 본 말뚝을 사용하는 경우 본 말뚝에 잔류 부상량이나 말뚝체의 손상 등의 나쁜 영향을 주지 않도록 한다. 그라운드 앵커를 사용하는 경우에는 시험에 앞서 계획시 반력의 1.2배 정도의 인발력을 가하도록하여 인발력에 의한 안전성을 확인하는 동시에 프리스트레스의 도입으로 앵커의 변위량을 사전에 흡수하여 시험의 실시에 지장이 없도록 대책을 강구한다.

(4) 계측 장치　계측 장치는 하중계, 변위계, 변형계 등의 계측기기와 기준점 및 기준보로 구성된다.

　하중은 잭과 재하보 사이에 설치된 롯드셀 혹은 잭의 실린더에 장치된 유압계를 써서 계측한다.

　변위 계측에는 과거 1/100mm 눈금의 다이얼 게이지를 썼으나 최근 정밀도 1/100 mm 이상, 스트로크 50mm 이상의 전기적인 변위 변환기를 쓰는 것이 일반적이다.

　축력 분포를 측정하기 위한 변형계(또는 철근계)는 지층의 변화, 혹은 말뚝 단면 상태의 변화 위치에 설치한다. 각 단면에 2 혹은 4점을 설치하는 것이 일반적이다.

　기준점은 본 말뚝 또는 가설 말뚝에 설정한다. 본 말뚝을 기준점으로 하는 경우에는 시험 말뚝과 반력 말뚝에서 각 말뚝 지름의 2.5배 이상 떨어진 말뚝을 쓴다. 가설 말뚝을 기준점으로 하는 경우에는 시험 말뚝에서 그 지름의 5배 이상 또는 2m 이상, 반력 말뚝에서 그 지름의 3배 이상 떨어진 위치에 설치한다.

　기준보는 자중에 의한 처짐 또는 경도의 외력에 의한 이동이나 파괴 영향을 적게 하기 위해 강성이 큰 부재를 써서 기준점에 확실히 설치한다. 또한 햇빛이 닿지 않도록 시트 등으로 덮어서 온도변화에 따른 기준보의 영향을 극력 작게 하도록 한다.

6.3.4 시험 방법

(1) 재하 방법 재하 방법은 많은 사이클 방식으로서 표-6.4에 의한다. 기준 1971년에서는 1사이클 방식과 다사이클 방식이 있으며, 재하 방법을 A, B 두종류의 방법을 제안하였다. 방법 A는 처녀 하중시의 하중 유지시간을 15분 이상의 일정시간으로하고 방법 B는 말뚝의 침하 진행이 0.03mm/15min 이하를 2~3회 연속 기록할 때까지 한다.

표-6.4 수직재하 시험의 재하방법

하중단계수	8 단층 이상	
사이클수	4 사이클 이상	
재하속도	증 하중시 : $\dfrac{계획최대하중}{하중단계수}$ tf/min 정도	
	감 하중시 : 증하중시의 1배 정도	
각 하중 단계에서 하중 유지시간	처녀하중 단계	30분 이상의 일정시간
	이력내의 하중 단계	2 분 이상의 일정시간
	0하중 단계	15분 이상의 일정시간

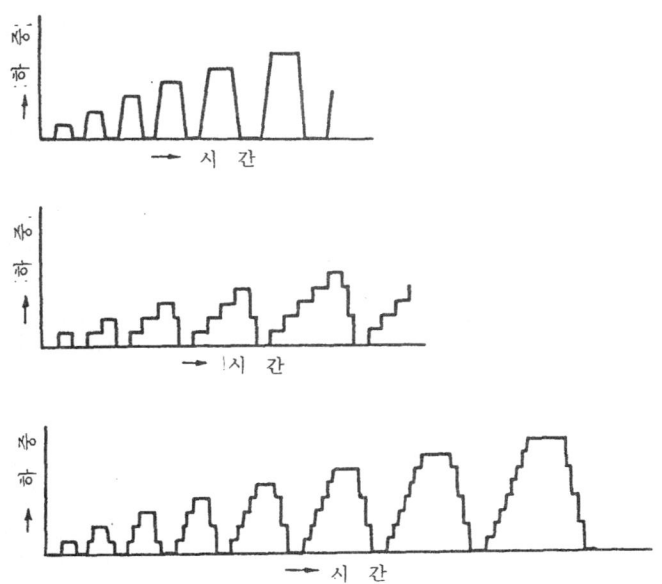

그림-6.3 다사이클 방식의 재하 패턴예

학회 기준 수직 (안)은 다사이클 방식에 일체화로 한다. 다사이클 방식은 탄성 변형과 소성 변형을 분리할 수 있고 말뚝의 지지력 특성을 알기 위해서는 1사이클 방식보다 유효하다. 다사이클 방식의 재하 패턴예를 그림-6.3에 나타낸다.

하중 유지 시간은 기준 1971의 방법 A에 가까운 방법으로 되었으나 이와 같은 방법이 선택된 이유, 경위 등에 대해서는 훗일 발행되는 수직 재하시험 방법·동해설을 참조하기 바란다.

(2) 계측 항목 계측 항목은 다음중에서 시험 목적에 따라 선택한다.
① 시간
② 하중
③ 말뚝머리의 침하량
④ 말뚝 선단 및 중간부의 침하량
⑤ 말뚝체의 축방향 변형
⑥ 말뚝머리의 수평 변위량
⑦ 반력 장치의 변위량

말뚝머리에서 지지력 특성을 알기 위해 최소의 필요한 정보는 ①, ②, ③이다. ③의 측점수는 말뚝머리 부근에서 평면적으로 직교되는 축상에 4개가 일반적이다.

말뚝의 축력 분포, 마찰력, 말뚝 선단 부분의 하중-침하 특성 등 특히 고도의 정보를 얻으려고 하면 ④, ⑤가 필요하다. ⑤가 있으면 이러한 정보는 원칙적으로는 모두 얻어지나 변형에서 응력으로 환산할 때에 이용되는 콘크리트의 탄성계수는 경화열이나 크리프의 영향을 받아서 적절히 설정하기 어렵다는 문제가 있으며 ⑤만의 정보로 불충분한 수가 있다. ④, ⑤의 정보에서 상호 보완하면 정밀도가 높은 정보가 된다. 재하 시험을 계획할 때에는 가급적 많은 예산을 확보하여 ④, ⑤도 계측할 수 있는 준비가 필요하다.

⑥의 수평 변위량은 값이 작은 것이 이상적이며 ⑤값의 체크에 사용된다. 말뚝머리의 직교 2축에 1점씩 계측한다.

⑦은 재하 시험시에서 반력 장치의 안전성 확인에 이용되며, 각 반력말뚝에 1점을 설치한다.

이와 같은 의미에서 ⑥, ⑦은 항상 계측해야 한다.

6.3.5 시험의 실시

시험장의 환경정비, 각 장치의 준비, 인원의 배치 등 조건이 정비된 점을 확인하여 시험을 개시한다. 시험때의 측정치는 표-6.5의 수첩이나 표-6.6의 총괄표에 시시각각의 변화를 기입하여 정리하는 것이 중요하다. 하중~변위 관계 등은 2장에서 도면화하여

표-6.5 변위 측정용 야장

		말뚝(수직·수평)재하 시험(측정치야장)							보고용지	
조사명					시험 연월일 년 월 일					
시험번호 : No. .... 제 사이클					측정자					
경과시간 min	공칭하중 tf	게이지의 판독 1/100 mm		침하 변위량 1/100mm						총누가 평균
				게이지의 판독 차		누 가				
		1	2	1	2	1	2	평균		

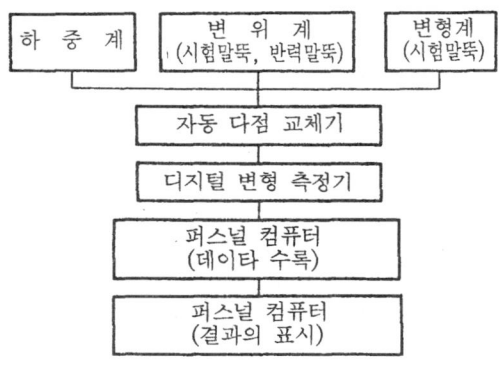

그림-6.4 계측 시스템

시험 상황을 일목요연하게 알 수 있도록 하는 것이 측정 실수의 방지나 측정 내용의 이해에 유효할 뿐만 아니라 안전관리에도 필요하다.

  최근에는 하중, 변위, 변형계의 수치 등 데이터의 수집, 정리에는 컴퓨터를 쓰며 리얼타임으로 결과를 나타내는 경우가 많다. 그 계측 시스템은 그림-6.4와 같다.

표-6.6 측정치의 총괄표

JSF T 21 말뚝의 수직 재하 시험 (측정치총괄표) 보고용지 (1)

조사명·조사지점 _____ 시험연월일 ____년 ____월 ____일 ~ ____월 ____일

말뚝번호: No. _____ 천후 _____ 시험자 _____

하중 P tf	경과시간 t min	시각 시간	말뚝머리 침하량 주1) 1/100 mm				주2)	비고(기온 등)
			1	2	3	4	평균	
사이클								

6.3.6 시험 결과의 정리

(1) 결과의 정리 시험의 결과에서 하중-침하량, 시간-침하량, 시간-하중, 하중-탄성 반복량, 하중-잔류 침하량 등의 관계 곡선을 그림으로 나타냈다. 그림-6.5에 그 일례를 나타낸다.

또한 말뚝의 축 변형을 측정할 때는 말뚝의 축 변형 분포와 축력 분포 등에 대해서도 그림으로 나타냈다.

축 변형 분포는 측정된 변형치를 그대로 플로트하면 얻어지나 축력 분포는 변형의 측정치에 말뚝재의 탄성계수나 단면적을 측정치에 말뚝재의 탄성계수나 단면적을 곱해서 응력으로 환산해야 한다. 변형치는 그 측정치의 정당성을 평가하거나 상황에 따라서는 다른 데이터를 참고로 하며 보정을 할 필요도 생긴다. 또한 말뚝재의 탄성계수는 콘크리트의 조합, 재령, 타설된 깊이, 받고 있는 응력 상태 등에 따라 다르기 때문에 이러한 조건을 고려하여 될 수 있는 한 정확히 평가한다. 축력 분포의 일례를 그림-6.6에 나타낸다.

(2) 결과의 해석 학회 기준 수직 (안)에서 제 1 한계하중, 제 2 한계하중이 정의 되었다.

제 1 한계 하중은 $\log P - \log S$ 곡선(그림-6.7 참조)에 나타낸 명료한 절점의 하중을 말하며, $S - \log t$ 법(그림-6.8 참조), $\Delta S / \Delta \log t - P$ 법(그림-6.9 참조), 잔류 침하량의 급증점 등을 종합하여 판정한다.

$S - \log t$ 법에서는 직선에서 凸형이 될 때의 하중 또는 직선의 구배가 급증 될 때의 하중, $\Delta S / \log t - P$ 법에서는 보통 눈금상에 플로트된 점을 통하는 직선이 급절되는 점의 하중이 기준이 된다.

제 2 한계하중은 말뚝 선단 침하량이 말뚝 선단 직경의 10%에 상당한 하중과 말뚝머리의 하중-침하량 곡선이 침하축에 거의 평행으로 되는 하중중에서 작은쪽으로 한다. 단, 말뚝 선단 침하량 대신 말뚝머리 침하량을 적용해도 좋다.

그림-6.10에 제 1 한계하중, 제 2 한계하중을 모식적으로 나타낸다. 이러한 하중은 각각 과거의 항복 하중, 극한 하중에 상당하다. 제 1 한계하중, 제 2 한계하중의 의의에 대해서 문헌 5)에서는 다음과 같이 기술하였다. 「항복 하중, 극한 하중의 호칭은 오랫동안 이용한 실적이 있으나 말뚝의 규모나 시공법이 다양화 되었기 때문에, 그의 정의나 판정법이 실정과 일치되지 않는 부분이 많다. 그러므로 한계 상태 설계법의 도입을 고려하여 말뚝머리의 하중-침하량 관계는 최초로 나타난 변화점에 대응하는 하중을 제 1 한계하중, 말뚝의 침하량을 고려한 지지력의 한계를 제 2 한계하중이라 호칭한다.」

그림-6.6에 축력 분포를 나타냈으며 이것에서 말뚝 선단의 도달 하중을 알 수 있다.

396　말뚝기초설계 조사·설계·시공

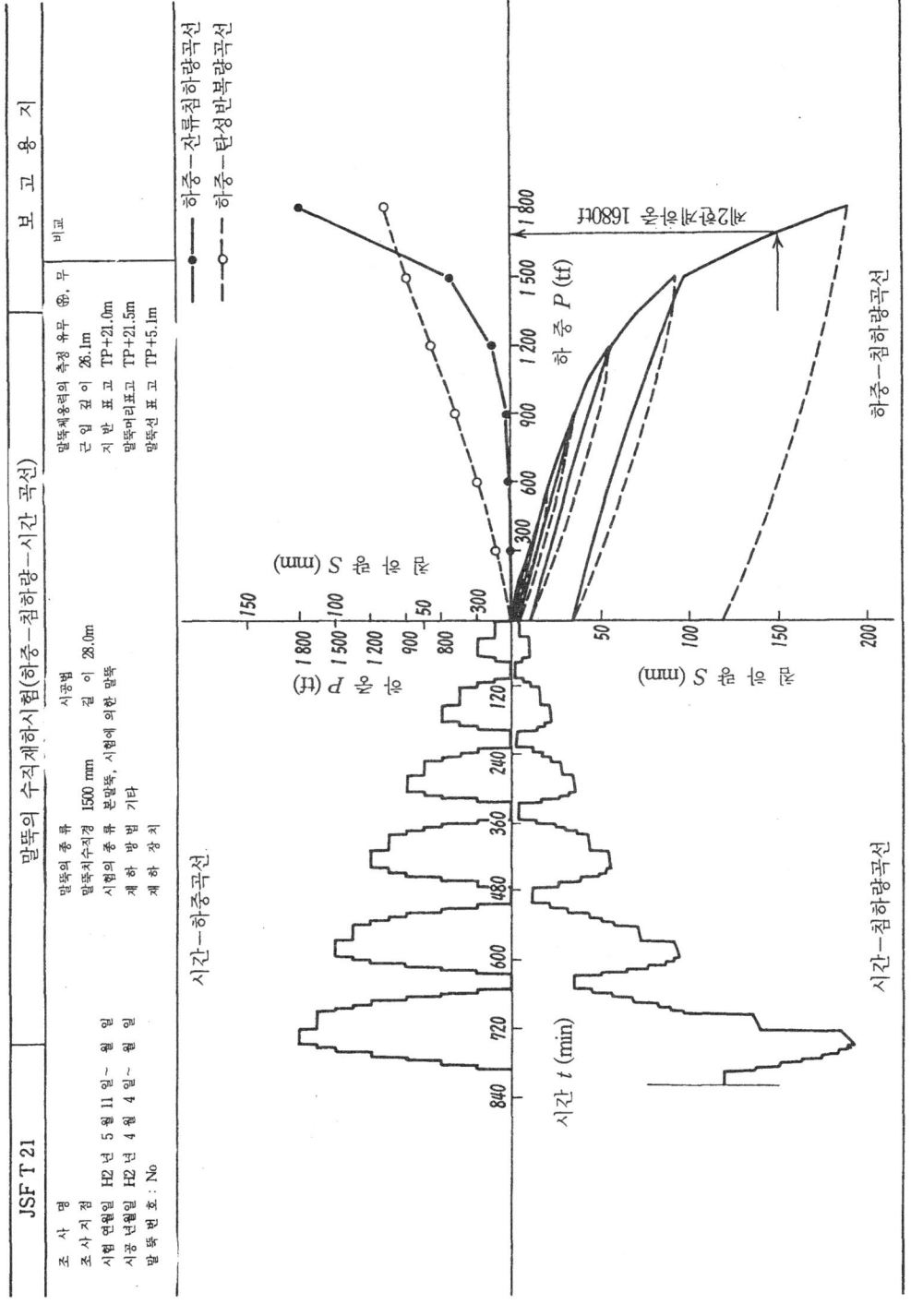

그림-6.5　수직 재하 시험 결과의 예

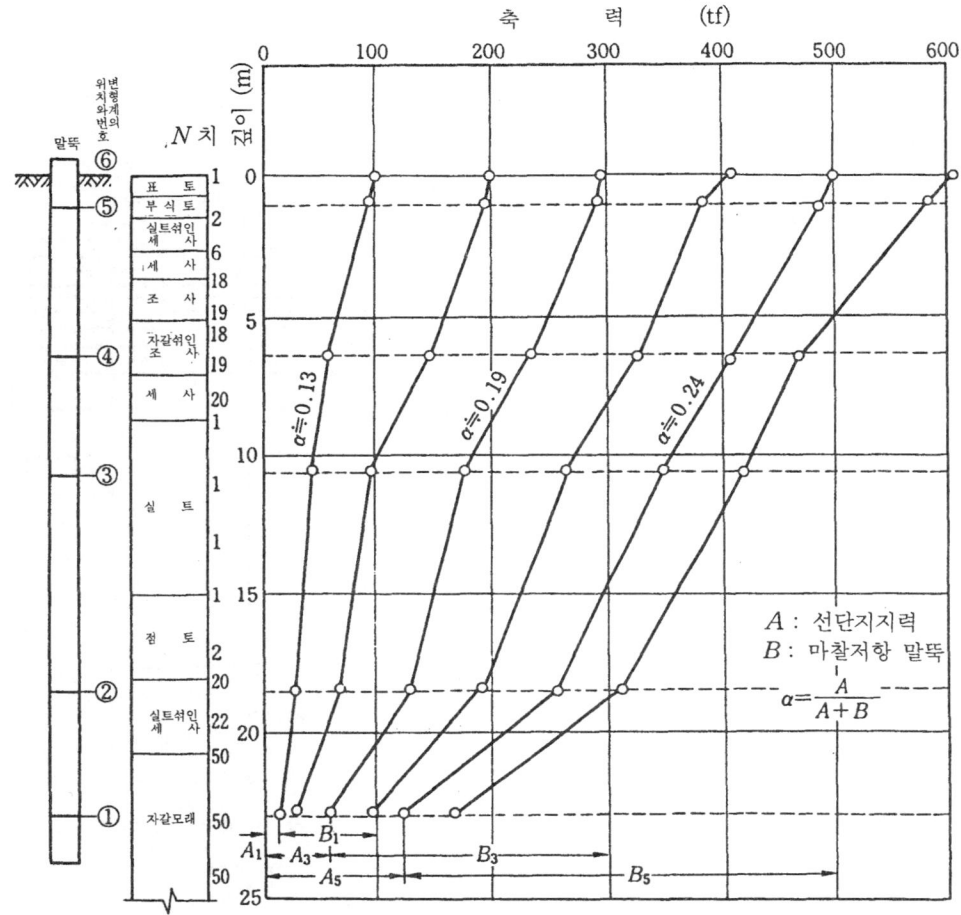

그림-6.6 수직재하 시험에 의한 축력 분포 측정 결과예

그리고 깊이 방향의 축력차를 그 중간의 말뚝체 표면적으로 나누면 주면 마찰력도가 계산된다. 변형을 깊이 방향으로 적분하면 변형량이 구해지고 말뚝머리 변위량의 차이에서 각 깊이에 대한 말뚝과 지반과의 상대 변위량이 계산되므로 변위량과 주면 마찰력도의 관계도 구해진다. 이 관계를 토질 시험 결과와 대응시키는 것도 중요하다. 이와 같이 말뚝의 축력 분포는 말뚝 저면 마찰 저항과 말뚝 선단 저항의 분담 비율, 말뚝 주면의 마찰력 특성, 말뚝 선단의 지지력 특성 등을 검토할 수 있다.

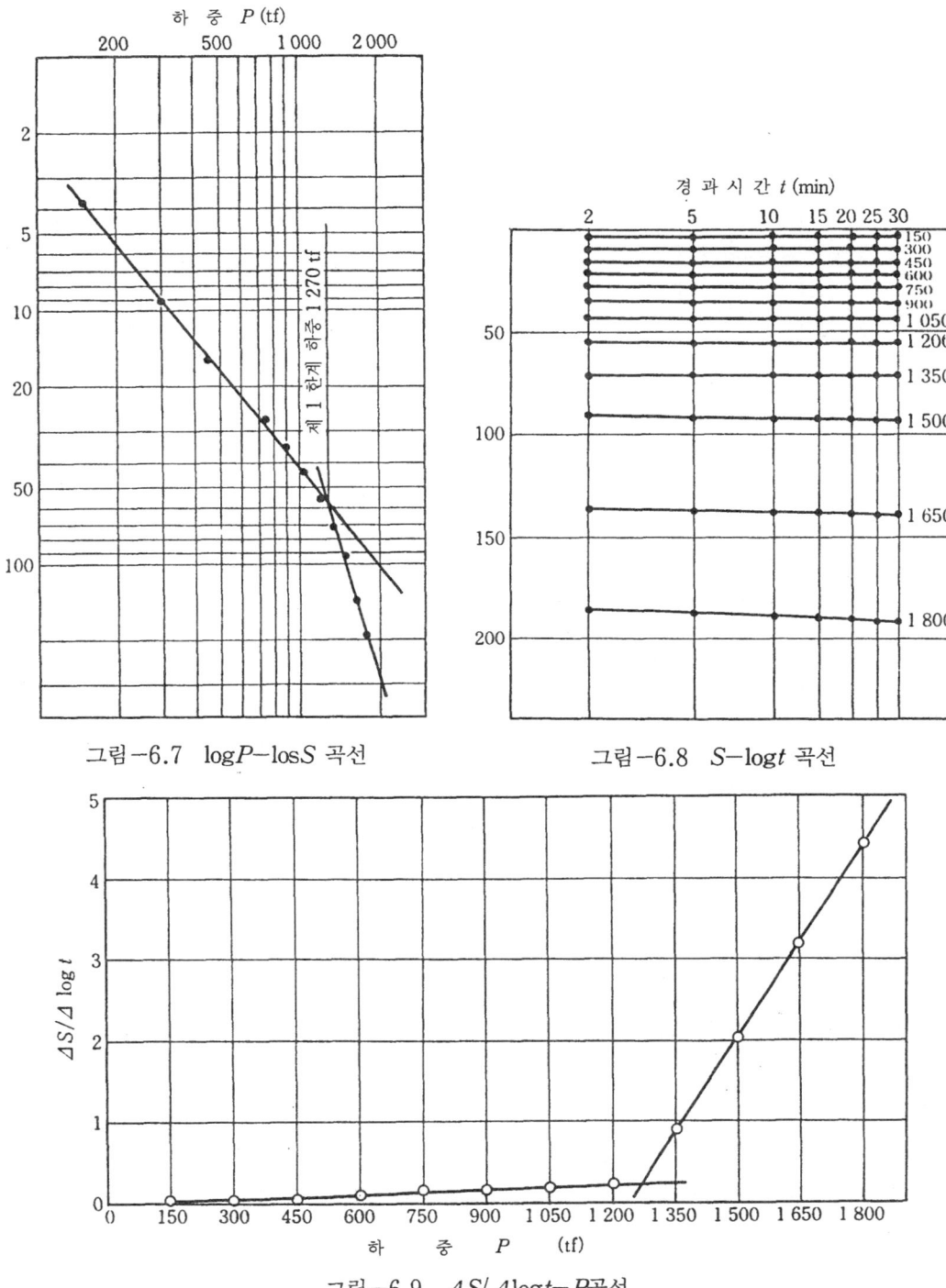

그림-6.7 log$P$-log$S$ 곡선

그림-6.8 S-log$t$ 곡선

그림-6.9 $\Delta S/\Delta \log t - P$ 곡선

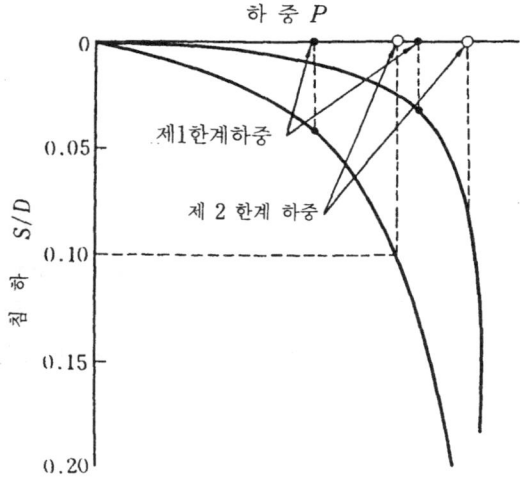

그림-6.10 제1한계하중 및 제2한계하중

6.4 수평재하 시험

6.4.1 시험의 목적

말뚝에 작용하는 수평 하중은 정적인 하중(옹벽에 가하는 토압, 대가구 구조물의 수평분력 등)과 동적인 하중(지진에 대한 상부구조물의 관성력 또는 말뚝과 지반의 상호작용 결과 생기는 수평력, 기계 기초의 진동 하중, 전차나 크레인의 제동 하중 등)이 있으며 이와 같은 하중에 대해서 수평 재하시험이 실시된다.

수평 재하시험은 다음과 같은 종류가 있다.

정적 수평 재하시험 ┬ 일방향 재하시험
　　　　　　　　　└ 정부(±) 교번 재하시험

동적 수평 재하시험 ┬ 자유 진동시험
　　　　　　　　　└ 강제 진동시험

이중에서 본 항에서는 정적 수평 재하시험에 대해서 말한다.

정적 수평 재하시험은 말뚝의 수평저항에 관한 각종 자료를 얻을 목적으로 한다. 특히 말뚝의 수평내력을 확인하거나 수평력과 변위 관계에서 수평 지반반력계수 등의 설계정수를 설정할 목적으로 하는 수가 많다.

토질 공학회에서는 1983년에 「말뚝의 수평재하 시험방법」(이하, 학회 기준 수평이라 한다)을 제정하였다. 이것은 기본적으로 지진 외력을 대상으로 하는 방법이다. 따라서 장기적인 재하시험이나 군말뚝의 재하 시험 등은 대상에서 제외된다. 그러나 이런 시험에서도 기본적인 사항은 동일한 것으로 생각되기 때문에 학회 기준 수평의 내용에 따라 설명을 추가한다.

6.4.2 시험 말뚝

시험 말뚝의 선정 기준, 설치후의 양생기간은 수직 재하시험의 경우와 같다.

시험 말뚝의 변형이 영향되는 범위는 지반 조건, 말뚝 지름, 변위량 등에 따라 다르나 그림-6.11에 나타내는 범위는 구조물, 성토, 반력 말뚝이 없도록 한다.

말뚝머리의 가력점에는 지중하중이 작용하기 때문에 터지거나 혹은 부분 좌굴이 생길 가능성이 있고 말뚝재에 따라 보강할 필요가 있다.

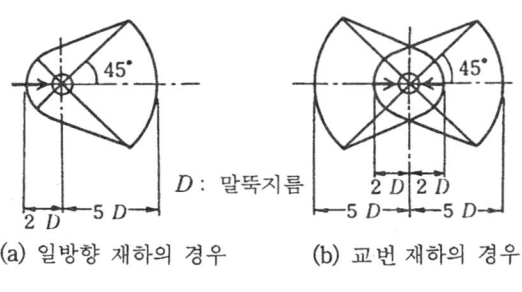

(a) 일방향 재하의 경우   (b) 교번 재하의 경우

그림-6.11 시험말뚝의 위치

6.4.3 시험 방법

(1) 계획 최대 하중 시험의 계획 최대 하중은 다음의 값을 기준으로 한다.
① 시험 말뚝이 본 공사에 전용되는 것은 말뚝체가 파손되지 않을 정도의 하중
② 탄성 설계법으로 설계되는 경우는 설계 하중
③ 극한 설계법으로 설계되는 경우는 말뚝 혹은 지반이 파괴될 때까지의 하중에 더욱 여유를 가미한 하중
④ 구조물에서 구해지는 말뚝의 허용 수평 변위량 이상의 변위가 생기게 하는 하중

상기의 값에 대해서 말뚝머리의 고정조건이나 돌출길이 등을 고려하여 결정한다.

(2) 재하 방법 정적 수평재하 시험으로서 일방향 재하시험과 정부(±) 교번 재하 시험이 있다. 어느쪽을 실시하는가는 시험의 목적에 의하지만 실제의 말뚝이 받는 하중 상태에 가까운 시험을 실시하는 것이 원칙이다.

재하 방법은 장기적인 하중을 대상으로 하는 경우에는 수직 재하시험의 재하 방법에

준하고 단기적인 하중을 대상으로 하는 경우는 표-6.7에 나타낸 학회 기준 수평에 의한 재하 방법으로 실시한다. 학회 기준 수평의 시험 방법에 의한 시간-하중관계의 표준예를 그림-6.12에 나타낸다.

(3) 측정 항목 재하 시험에 대한 일반적인 측정 항목은 다음과 같다.
① 시간, 천후, 기온
② 하중

표-6.7 수평재하 시험의 재하 방법

(a) 정부(+-) 교번 재하

항 목	증 하 시	감 하 시
하 중 단 계	8 단계 이상	좌 동
하 중 속 도	$\frac{계획최대하중}{8\sim20}$ tf/분	$\frac{계획최대하중}{4\sim10}$ tf/분
하 중 유 지 시 간	각 하중단계 3분	좌 동

(b) 일방향 재하

항 목	증 하 시		감 하 시
하 중 유 지 시 간	처녀하중, 이력내하중	3 분	3 분
	0하중	15 분	

주) 하중단계, 하중속도는 (a)와 같음

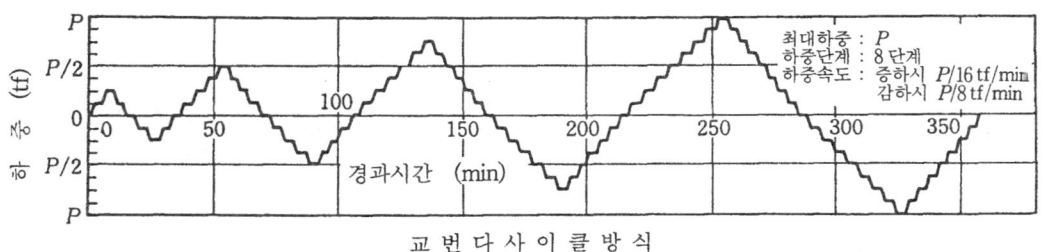

교번다사이클방식

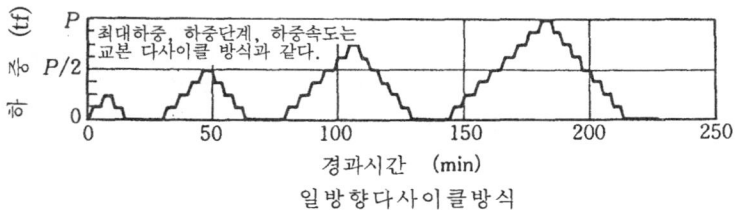

일방향다사이클방식

그림-6.12 시간-하중관계의 표준 예

③ 재하점의 변위
④ 말뚝머리 경사각
⑤ 반력말뚝의 변위
⑥ 주변지반의 상황
⑦ 말뚝체의 휨 변형
⑧ 말뚝체의 처짐각
⑨ 말뚝에 작용하는 토압

여기에서 ①~⑥은 반드시 측정하고자 하는 항목이며 ⑦~⑧는 더욱 상세한 자료를 필요로 할 때의 측정항목이다.

6.4.4 시험 장치

(1) 재하 장치 재하 장치는 가력 장치와 반력 장치에 의한다. 장치는 계획.최대 하중

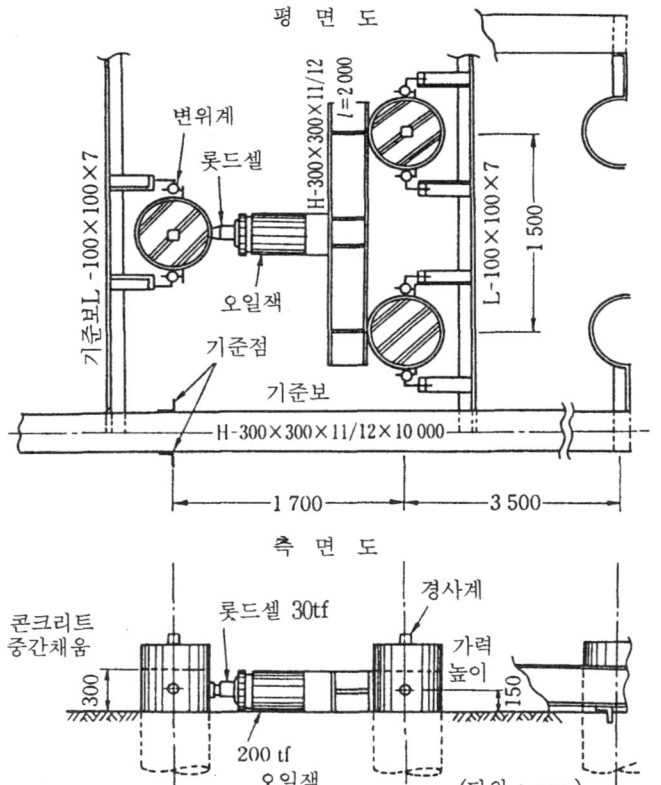

그림-6.13 일방향 수평 재하 시험 장치의 예

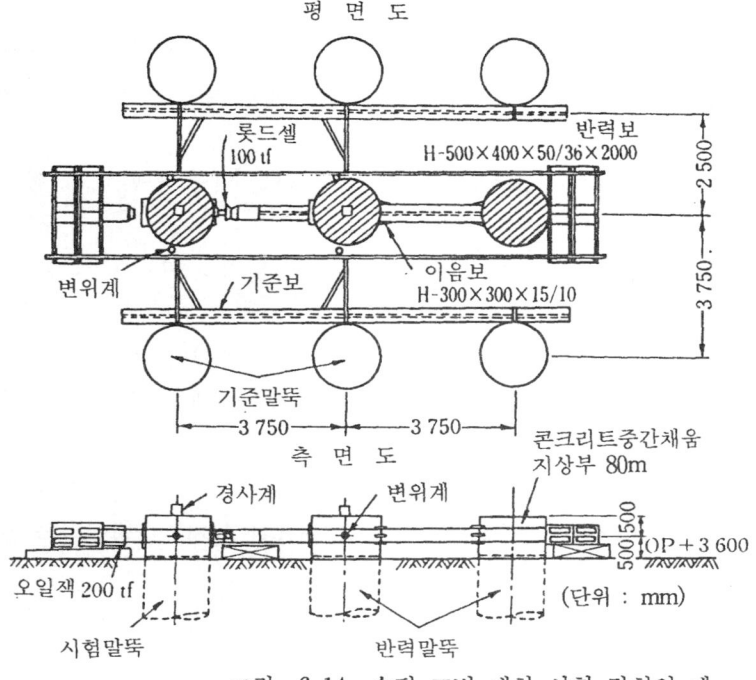

그림-6.14 수평 교번 재하 시험 장치의 예

의 120% 하중에 대해서 안전하도록 설계한다. 잭의 스트로크는 계획 최대 변위량에 대해서 충분한 여유를 갖게 한다. 교번 재하 시험은 재하측과 반대측의 보나 잭이 말뚝의 변위를 구속하는 일이 없도록 장치를 계획한다. 재하점의 높이는 보통 지상 50cm 정도로 하는 경우가 많다.

그림-6.13은 병렬된 두 개의 말뚝을 반력으로 한 1방향 수평 재하시험장치의 예이며, 그림-6.14는 일렬로 늘어선 말뚝중 2개의 말뚝머리부를 연결하여 반력 말뚝으로서 ±교번 수평 재하장치의 예이다.

시험시에 말뚝의 변위가 커지면 말뚝이 기울고 재하점에서 하중 방향의 경사각이 증대되어 가력 장치가 불안정해지므로 장치가 튕겨 나오지 않도록 세심하게 주의해야 한다.

(2) 계측 장치 변위계측장치는 기준점, 변위계에 따라 구성된다.

기준점은 시험 말뚝과 반력 말뚝의 변형 등에 영향을 받지 않는 범위로 설치해야 하며 그 범위는 그림-6.11에 준한다.

하중계, 변위계, 변형계에 대한 일반적인 사항은 수직 재하시험의 경우와 같으나 특히 변형계의 설치에 대해서 평면적으로는 하중방향에서의 이탈, 깊이방향은 최대 휨 모멘트의 발생이 예상되는 위치를 중심으로 상하 여러점의 위치에 배려한다.

6.4.5 결과의 정리

(1) 결과의 정리 시험 결과에서 말뚝머리부에 대한 하중—변위량, 하중—시간의 관계 곡선을 그림으로 나타낸다. 또한 다사이클 재하 시험을 실시한 경우는 하중—탄성반복량, 하중—잔류 변위량의 관계곡선을 그림으로 나타낸다.

말뚝체의 변형량을 측정한 경우는 대표적인 하중 단계에 대한 변형 분포 혹은 휨 모멘트 분포를 그림으로 나타낸다.

재하시험의 측정결과를 정리한 예를 그림—6.15(단말뚝의 일방향 수평 재하시험) 및 그림—6.16(단말뚝의 수평 교본 재하시험)에 나타낸다.

(2) 수평 지반 반력계수의 검토 수평 재하시험에서는 제 1 한계하중이나 제 2 한계하중을 구하는 것을 주 목적으로 한 수직 재하시험과 달리 설계법에 따른 수평 지반 반력계수를 구하는 것이 중요하다.

말뚝의 수평저항 계산법은 극한 지반반력법, 탄성 지반반력법(선형 탄성 지반반력법 및 비선형 탄성 지반반력법), 복합 지반반력법으로 분류되나 탄성 지반반력법이 가장 일반적이다.

탄성 지반반력법의 기본식은 식(6.1)이다.

$$EI\frac{d^4y}{dx^4} + Bp = 0 \tag{6.1}$$

$$p = kx^m y^n \tag{6.2}$$

여기서 p : 깊이 x에 대한 말뚝의 단위 면적당 지반 반력(kgf/cm^2)
  x : 지표면에서의 깊이(cm)
  y : 깊이 x에 대한 말뚝의 수평 변위량(cm)
  B : 말뚝의 폭(cm)
  k : 수평 지반 반력계수(kgf/cm^{m+n+2})

지반 반력이 말뚝의 수평변위에 1차 비례($n=1$)하여 깊이방향으로 변화되지 않는 것 ($m=0$)으로 가정한 선형 탄성 지반 반력법은 Chang의 방법이 가장 일반적이다.

비선형 탄성 지반반력법은
  $m=0$, $n=0.5$(항만 연구 방식의 C형 지반이며 깊이 방향에 지반 반력은 변함이 없다.)
  $m=0$, $n=0.5$(항만 연구 방식의 S형 지반이며 깊이에 비례하여 지반 반력이 증가된다.)

가 있다.

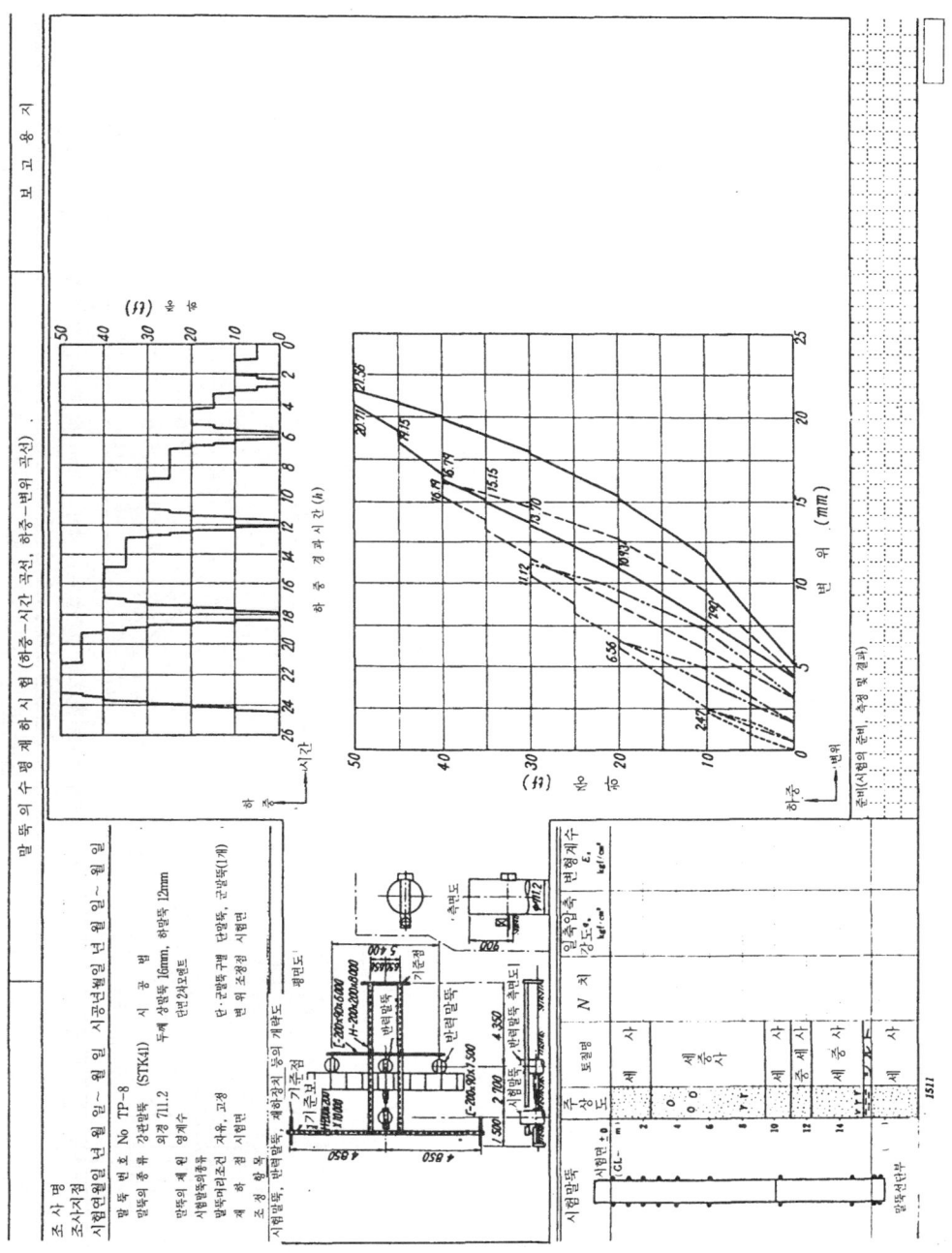

그림-6.15 인발항 수평 재하 시험 예

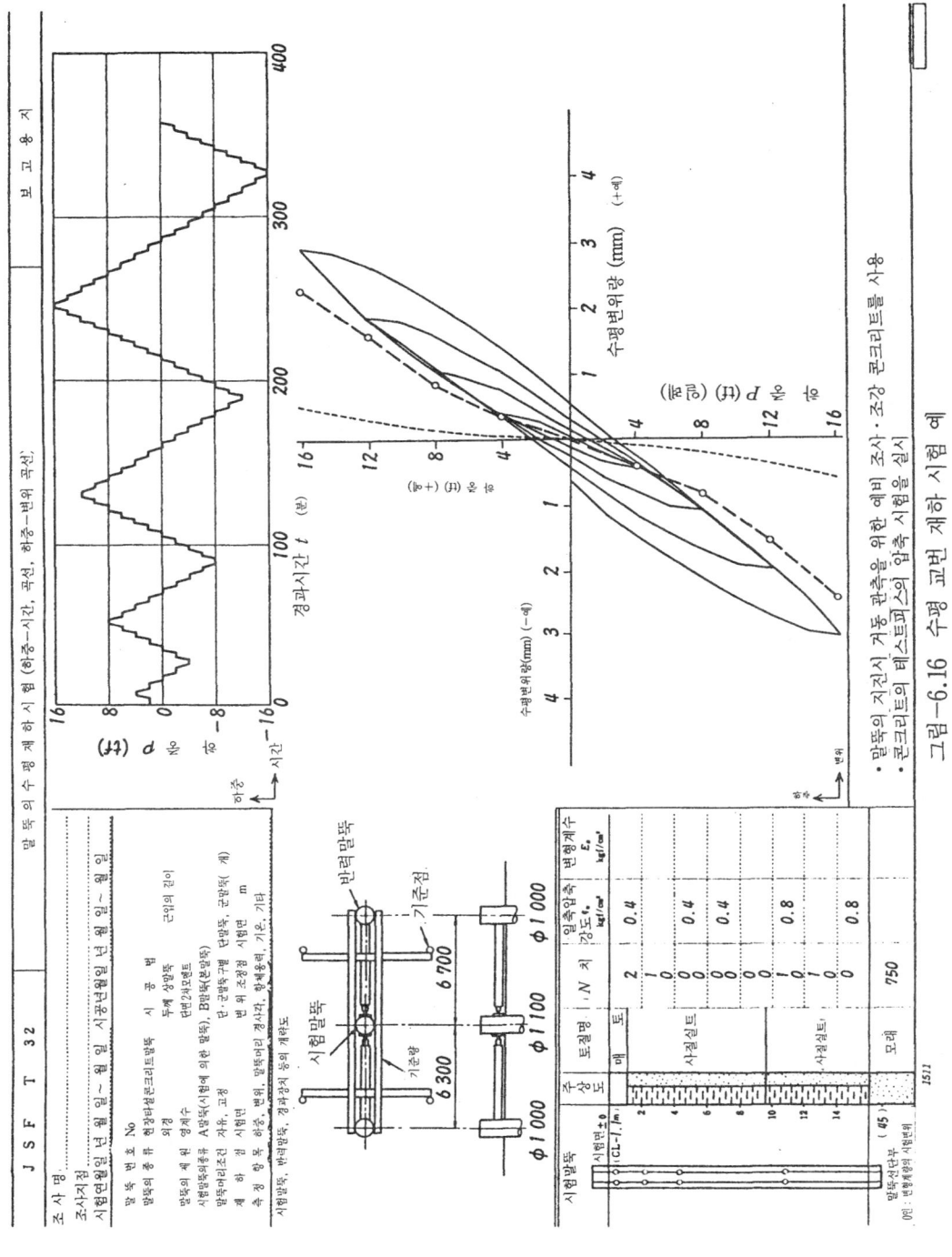

그림-6.16 수평 교번 재하 시험 예

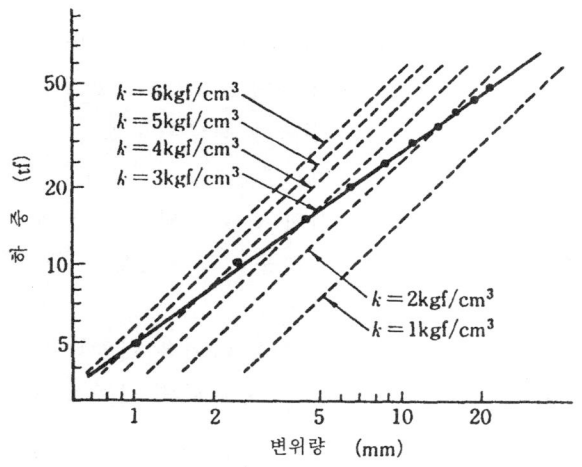
그림-6.17 선형 탄성지반 반력법에 의한 하중-변위량과 k 치의 관계

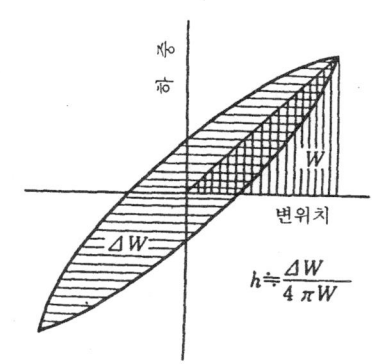
그림-6.18 수평 교번 재하 시험에서 감쇠정수를 구하는 방법

설계법에 따라 하중과 변위의 관계 k치를 파라미터로 사전에 작도해두면 이 그림에서 시험결과의 하중-변위에 의한 k치가 구해진다(그림-6.17 참조).

컴퓨터로 데이터의 수집 정리를 하는 경우에는 수치 계산에서 k치를 즉시 구할 수가 있다.

(3) 감쇠정수의 계산 수평교번 재하시험 결과에서 동적 설계법에 쓰일 수 있는 말뚝~지반계의 이력 감쇠정수 h가 구해진다. 그림-6.18에 그 방법을 나타낸다.

6.5 인발 시험

6.5.1 시험의 목적

구조물의 고층화에 따라 풍하중 지진하중 등에 의한 전도가 문제되는 사례가 많게 되었다. 말뚝 구조물은 전도 모멘트에 대해 말뚝의 인발력으로 저항시키는 경우가 합리적이다. 이 인발 저항을 평가할 목적으로 말뚝의 인발 시험을 실시한다.

말뚝의 인발 저항은 기본적으로 말뚝의 자중과 말뚝과 지반의 마찰력으로 되었다.

토질 공학회에서는 1992년에 「말뚝의 인발 시험방법」 (이하, 학회 기준 인발이라 한다)을 제정하였다. 여기서는 학회기준 인발의 주요한 부분에 대해서 그 개요를 기술한다.

6.5.2 계획 최대 하중

말뚝 인발때의 마찰 저항 메카니즘에 대해서는 규명하지 못한 점이 많고 그 평가에 대해서도 많은 분산이 있다. 말뚝 압입때의 마찰력은 연구도 진행되고 있으며 그 평가도 정밀도가 높다. 기본적으로 인발때의 마찰력은 압입때의 마찰력과 동일한 것으로 생각하고 계획 최대 하중을 설정한다.

시험 말뚝이 본 말뚝이 아닌 경우에는 극한 상태가 될 때까지 인발 시험 실시가 예상되는 극한 주면 마찰력 P_{fu}에 1.2~1.5를 곱한 값에서 말뚝의 하중을 가한 값을 계획 최대 하중으로 한다.

시험 말뚝이 본 말뚝인 경우에는 시험후에 말뚝재의 건전성 확보와 잔류 인발량의 축소를 배려할 필요가 있다. 그 때문에 계획 최대 하중은 말뚝재의 인장력에 대한 허용치 이하이며 또한 $1/3P_{fu}$이하의 값으로 한다.

6.5.3 시험 말뚝

시험 말뚝의 선정, 주변 조건, 양생 기간 등은 수직 재하시험에 준한다.

시험 말뚝과 반력 말뚝 등 기타 구조물의 간격은 시험말뚝 지름의 3배 이상 취하도록 한다.

시험 말뚝은 계획 최대 하중에 충분히 견딜 수 있도록 설계해야 한다. 특히 콘크리트 말뚝을 시험말뚝으로 하는 경우 인발력은 모두 철근에 부담시키게 되므로 필요에 따라 보강해야 한다.

6.5.4 시험 방법

(1) **재하 방법** 학회 기준 인발에 의한 기본은 일방향 다사이클 시험으로 하고 하중단계, 하중 속도, 하중 유지시간 등의 재하 방법은 표-6.8에 의한다.

표-6.8 인발 시험의 재하 방법

항 목	증 하 시	감 하 시
하 중 단 계	8 단계 이상	4 단계 이상
하 중 속 도	$\dfrac{계획최대하중}{8~20}$ tf/분	$\dfrac{계획최대하중}{4~10}$ tf/분
하 중 유 지 시 간	처리하중 15분 이력하중 5분 0 하 중 15분	이력하중 5분

시험의 목적에 따라 재하방법 특히 하중 유지시간은 당연히 달라지나 특히 지장이 없는 경우에는 표-6.8에 의한다.

(2) 측정 항목 측정 항목은 다음의 항목에서 시험 목적에 따라 선정한다.
① 시간
② 하중
③ 말뚝머리의 인발력
④ 말뚝머리의 수평 변위량
⑤ 말뚝체의 축방향 변형량
⑥ 말뚝선단 및 중간부의 변위량
⑦ 반력 장치의 변위량
⑧ 주변 지반의 변위량 및 균열량

6.5.5 시험 장치

시험 장치의 기본적인 구성은 수직 재하시험의 경우와 같으며 가력 장치, 반력 장치와 계측 장치로 구성된다.

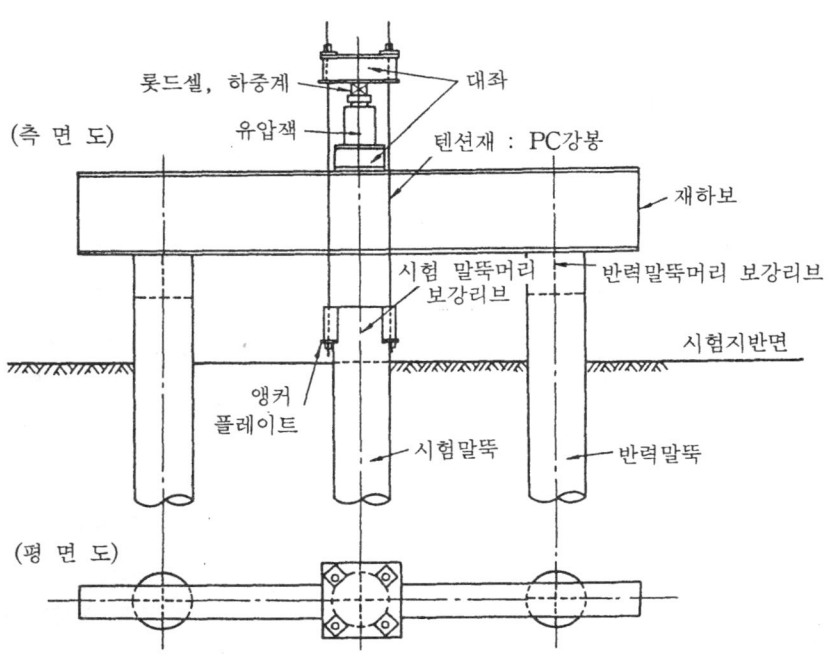

그림-6.19 인발 시험 장치의 예

계측 장치는 기준점, 기준보의 설치위치를 포함하여 수직 재하시험과 동일하다.

가력 장치, 반력 장치는 재하때에 대한 힘의 흐름이 전혀 반대가 된다. 즉, 잭은 재하보의 윗쪽에 놓이며, 시험 말뚝의 머리부와는 인장재로 접합되는 구조가 된다. 이 부분은 큰 인장력이 작용하게 되므로 특히 주의하여 설계해야 한다.

강관 말뚝에 대한 인발 시험장치의 일례를 그림-6.19에 나타낸다.

6.5.6 결과의 정리

수직 재하시험 결과의 정리와 같이 측정 결과를 기초로 하중-인발력, 시간-인발력, 시간-하중, 하중-탄성 반복량, 하중-잔류 인발량 등의 관계 곡선을 작성한다. 말뚝의 축 변형을 측정한 경우는 말뚝의 축 변형 분포 및 축력 분포를 그림으로 나타낸다.

또한 $\log P - \log S$ 곡선(그림-6.7 참조)에 나타나는 명료한 절점의 하중 $S - \log t$법(그림-6.8 참조), $\Delta S / \Delta \log t - P$법(그림-6.9 참조), 잔류 인발량의 급증점 등에 의거하여 항복, 극한 혹은 잔류 인발 저항력을 판정한다.

6.6 기타의 시험

6.6.1 강제 진동과 자유 진동 시험

6.4.5(3)에서 기술한 바와 같이 정적인 수평 교본 재하시험의 결과에서 이력 감쇠정수

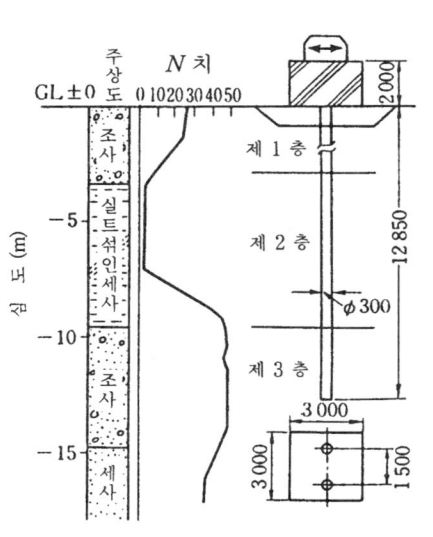

그림-6.20 말뚝의 진동 시험예

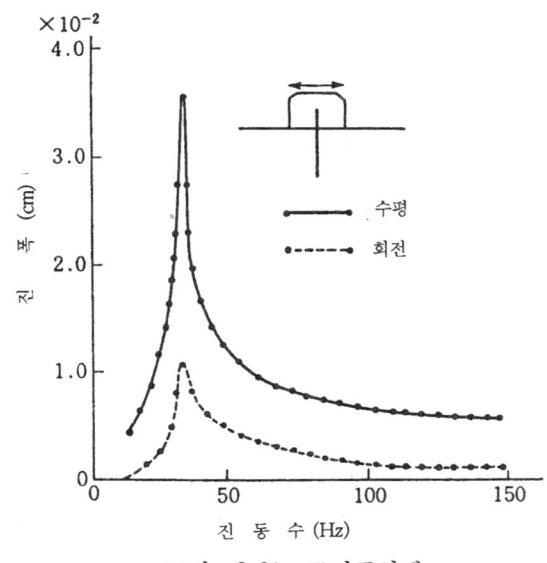

그림-6.21 공진곡선예

가 구해지며, 부분적으로는 동적인 어프로치가 가능하나, 동적인 거동을 다시 상세하게 파악하기 위해서 강제 혹은 자유 진동 시험을 하는 수가 있다.

　강제 진동 시험은 말뚝머리에 장치된 기진기에 의해 여러 가지 진동 주기의 수평력을 주고 그 응답 결과에서 고유 진동수 등의 진동특성을 구하는 시험이다. 자유 진동시험은 말뚝머리에 준 수평력을 순간적으로 개방하여 말뚝을 자유 진동시키고, 그 때의 진동 주기나 진폭의 감소 비율에서 진동 특성을 구하는 시험이다.

　그림-6.20, 그림-6.21에 강제 진동시험과 결과의 한예를 나타낸다.

6.6.2 지진때의 말뚝체 변형 측정

　지진때의 수평력에 대한 말뚝의 설계는 말뚝머리에 상부 구조물의 관성력을 정적으로

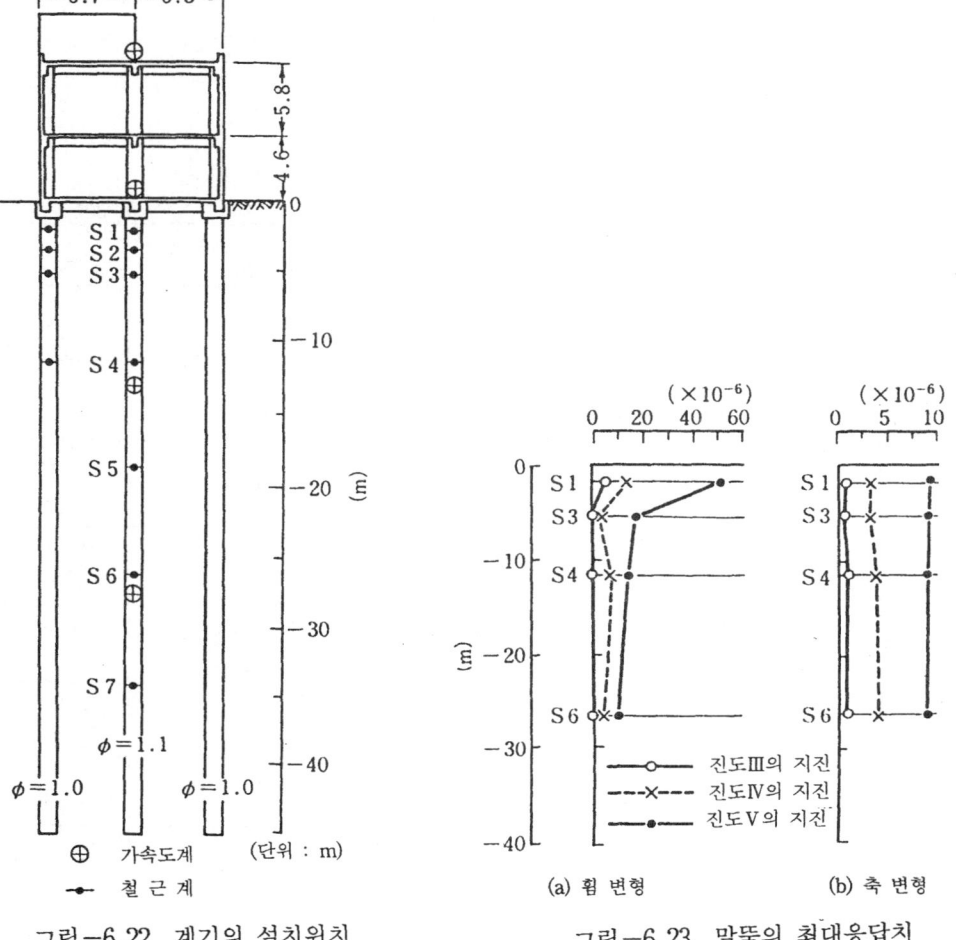

그림-6.22 계기의 설치위치　　　그림-6.23 말뚝의 최대응답치

작용시켜서 탄성 지반반력법 혹은 극한 지반반력법 등의 설계법을 적용하는 경우가 많다.

지진때의 말뚝 거동은 지반, 말뚝, 건물이 상호 작용하기 때문에 복잡하며, 아직 규명되지 않은 점이 많다. 그 거동을 규명하기 위해 지진때의 지반 말뚝, 건물의 가속도, 응력도, 변형 등의 측정이 실시되고 있다.

말뚝체의 변형 측정의 일례를 다음에 나타낸다. 그림-6.22는 건물·말뚝의 단면과 계기의 설치 위치이다. 동경에서 진도가 Ⅲ, Ⅳ, Ⅴ의 지진에 측정된 값의 최대치를 나타낸 것이 그림-6.23이다.

6.6.3 부마찰력의 측정

지반 침하지역에 말뚝을 설치하면 지반의 침하에 따라 말뚝을 지중에 인입시키려고 하는 힘이 작용한다. 이 힘이 말뚝에 작용하는 부마찰력이며 이 힘을 고려한 설계를 하지 않으면 구조물의 부동 침하와 같은 현상이 생긴다.

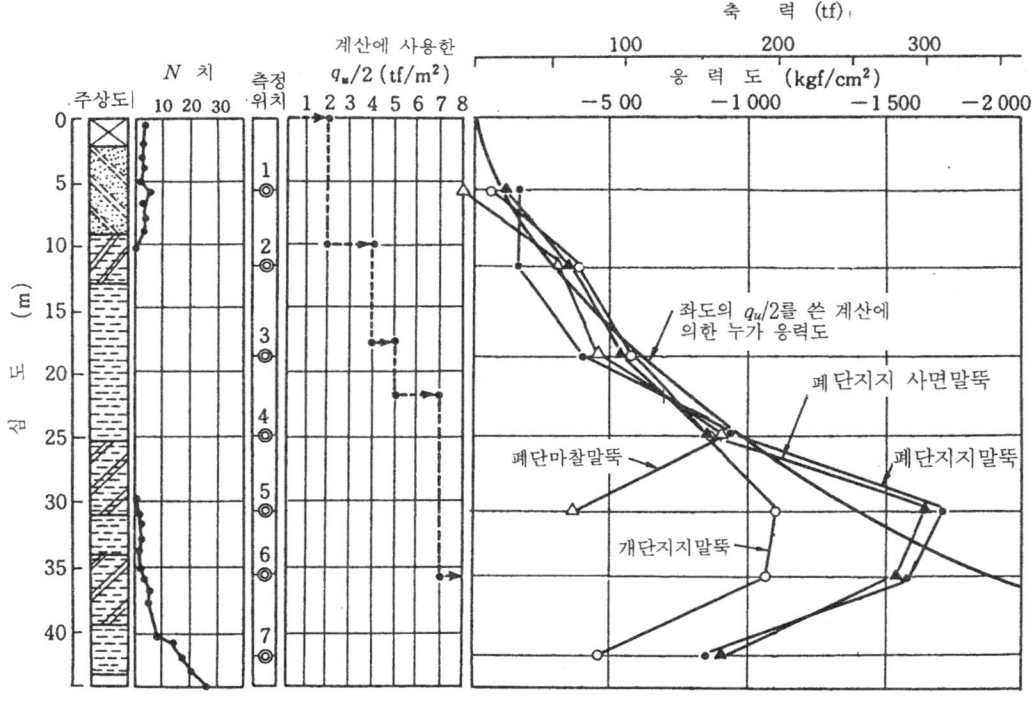

그림-6.24 부마찰력의 실측결과 예

말뚝에 작용하는 부마찰력을 측정하기 위해서는 말뚝체에 축력, 측정용의 변형계 혹은 철근계 등을 부착시켜, 말뚝 설치후 장기(통상 1~2년 정도)에 걸쳐서 말뚝의 축력 변화를 측정하는 동시에 주변 지반이나 말뚝의 침하량도 측정한다. 말뚝체에 대한 계기 설치 위치는 지반 구성과 예상되는 축력분포 등을 고려하여 정한다.

특히 예상되는 중립점 부근은 계기의 배치를 조밀하게 한다.

그림-6.24에 부마찰력의 실측 결과 예를 나타낸다.

6.6.4 심초 선단 지반의 지지력 시험

심초의 지름은 통상 상당히 크다(3~5m). 실제 말뚝의 재하 시험은 최대 하중을 상당히 크게 하지 않으면 안되며 그 때문에 재하장치는 커지게 된다. 따라서 시험 비용도 막대하다. 때문에 심초의 지지력 확인은 심초 선단 지반에서 평판 재하시험을 하고 그 결과에서 평가하는 것이 일반적이다.

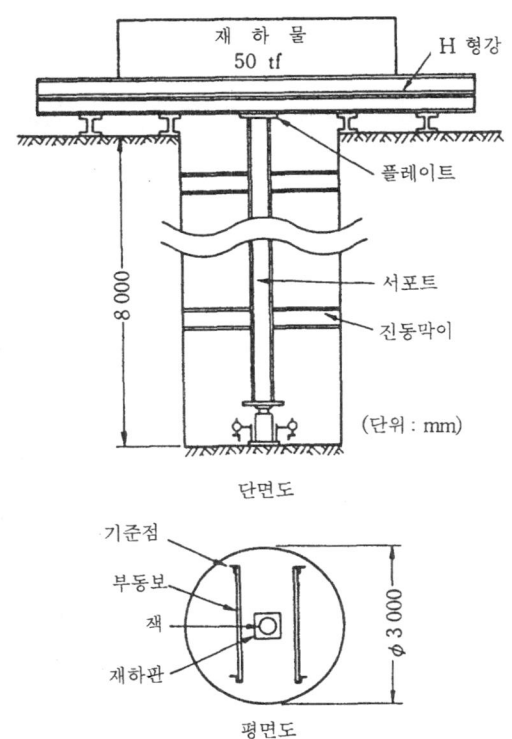

그림-6.25 심초내 평판 재하 시험장치 예

깊은 위치의 평판 재하 시험이기 때문에 반력 장치가 특징적이다. 실시예를 그림 -6.25에 나타낸다. 반력은 중기의 자중을 이용하는 수가 많다. 심초의 선단을 확대시켜 지반이 넓어진 부분에 반력을 취하는 사례도 있다.

재하 방법이나 결과의 정리는 토질 공학회에 의한「지반의 평판 재하시험방법·동해설」에 준한다.

6.6.5 기존 말뚝의 재활용을 위한 시험

도시부에서는 재개발 등으로 건물을 재건하는 수요가 증가되고 있다. 낡은 것은 건설 후 50년 이상 경과되었으나 새로운 것은 건설후 10년 정도밖에 안된 것도 있다. 이러한 건물에 사용되고 있는 말뚝의 종류는 다양하며 나무말뚝, 페데스탈 말뚝, RC말뚝, PC말뚝, 강관말뚝, 현장타설 콘크리트 말뚝 등이 있다.

기존 말뚝이 설치된 개수, 길이 등의 규모 혹은 철거가 어렵기 때문에 강관 말뚝, 현장타설 콘크리트 말뚝의 재활용이 대상이 되는 사례가 있다. 나무말뚝, 페데스탈 말뚝, RC말뚝은 당시의 시공 기술이나 재료에 대한 신뢰성 등의 문제 때문에 현재 재활용 대상은 거의 없는 것 같다. 그러나 앞으로 PC말뚝과 함께 이 재활용의 경향은 더욱 증가, 확대되는 것으로 생각된다.

재활용은 우선 당시의 설계도, 시공도, 시공 기록을 조사한다. 그후 기존 말뚝의 머리

표-6.9 기존 말뚝 재활용을 위한 확인 내용

항 목	내 용	비 고 (확인방법 등)
말뚝의 설계시방	• 말뚝의 지름, 배치 • 말뚝의 길이 • 콘크리트의 조합 • 콘크리트의 강도 • 철근의 종류, 굵기, 개수 • 강관말뚝의 살두께 • 설계지지력	• 말뚝머리에서의 육안, 계측 • 탄성파에의한 조사 • 코어 샘플링 • 화학 분석 • 코어 샘플링, 압축시험 • 말뚝머리에서 육안, 계측 • 말뚝머리에서 육안, 계측
말뚝재의 건전성	• 콘크리트의 중성화 • 강관의 부식	• 중성화 시험 • 육안, 계측
구조성능	• 수직지지력 • 수평지지력 • 이음의 내력	• 재하시험 • 재하시험 • 인발시험

부를 노출시켜 표-6.9에 나타낸 바와 같이 말뚝의 설계시방, 재료의 건전성, 구조 성능 등을 확인하는 시험이 필요하다.

　신축의 건물은 낡은 건물보다도 규모가 큰 것이 일반적이다. 따라서 일주(一柱)마다의 하중도 크며 기존 말뚝만으로는 하중을 지탱하기 어려우므로, 신설 말뚝과 병용해야 한다. 기존 말뚝은 프리로드를 받은 상태이며 신설 말뚝과는 상당히 변형 성능이 다르므로 이것을 고려하여 설계해야 한다.

　또한 기존 말뚝의 재활용에 대한 평가 기준은 아직 정비되지 않았으므로 앞으로 각종 데이터의 축적이 필요할 것이다.

제 7 장 기성말뚝의 시공

7.1 시공법의 종류

 기성말뚝은 강재말뚝과 콘크리트 말뚝이 있다. 다음에 나타내는 말뚝이 일본 공업 규격(JIS)제품이다.
　　[강재말뚝]　　　　강관말뚝　　　　(JIS A 5525)
　　　　　　　　　　H형강 말뚝　　　(JIS A 5526)
　　[콘크리트 말뚝]
　　　　　　　　　원심력 철근 콘크리트말뚝　　　　(RC말뚝)
　　　　　　　　　　　　　(JIS A 5310)
　　　　　　　　　프리텐션 방식 원심력 고강도
　　　　　　　　　프리스트레스트 콘크리트 말뚝　　(PHC말뚝)
　　　　　　　　　　　　　(JIS A 5337)

이렇게 JIS에서 규정된 말뚝 이외로도 외각 강관 부착 콘크리트 말뚝이나 이형 봉강 등을 보강한 PRC말뚝과 같이 실용화된 말뚝도 있다.

 기성 말뚝 시공 방법의 선정은 각각 말뚝의 특징 뿐만아니라 주위의 환경 조건, 지반 및 시공 조건 등을 종합적으로 판단하여 결정해야 한다.

7.1.1 시공 방법의 종류와 분류

 기성 말뚝 시공 방법의 종류와 분류는 (상부) 구조물의 적용을 받는 규기준으로 취급이 다르나 여기서는 시공 방법의 종류에 따라 분류하여 기술한다.

 일반적으로 기성 말뚝의 시공 방법은 그림-7.1에 나타낸 바와 같이 대별할 수 있다.

 여기서의 타입 말뚝 공법은 말뚝의 지지력을 타입하여 얻는 공법이다.

 한편 천공말뚝 공법은 타입 이외의 방법으로 지지력을 얻는 공법이며, 말뚝의 선단 지지력을 얻기 위해 시멘트 밀크로 말뚝 선단을 밑고정하는 공법 등이 많이 개발되어 실용화되고 있다.

```
기성말뚝의 시공방법 ─┬─ 타입말뚝공법
                    └─ 천공말뚝공법
```

그림-7.1 기성말뚝의 시공방법의 분류

(1) 타입말뚝 공법 타입말뚝 공법은 원칙적으로 해머의 타격에 의해 말뚝의 지지력을 얻는 공법이며 시공 방법은 공법별로 그림-7.2와 같이 분류할 수 있다. 또한 바이브로 해머에 의한 진동공법도 여기에 포함된다. 이러한 각 시공 방법의 개요에 대해서는 7.1.2에 기술한다.

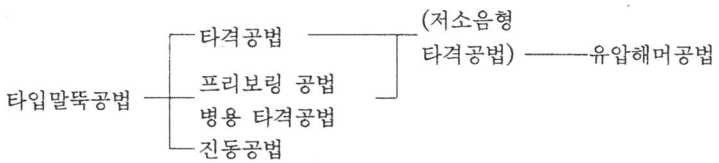

그림-7.2 타입말뚝 공법의 분류

(2) 천공말뚝 공법 천공말뚝 공법은 원칙적으로 타격 이외의 방법(일부 최종 타격을 하는 공법도 있다)으로 지지력을 얻는 것으로 최근 도시지역의 소음이나 진동 등의 건설공해에 대한 대책이나 환경 보전을 목적으로 여러 가지 타입의 시공 방법이 개발되어 실용화되었다. 시공 방법은 공법별로 그림-7.3과 같이 분류할 수 있으며 이러한 각 시공방법의 개요에 대해서 7.1.2에 기술한다. 또한 프리보링 밑고정의 3공법중에서 시멘트 밀크 공법의 실적이 가장 많다.

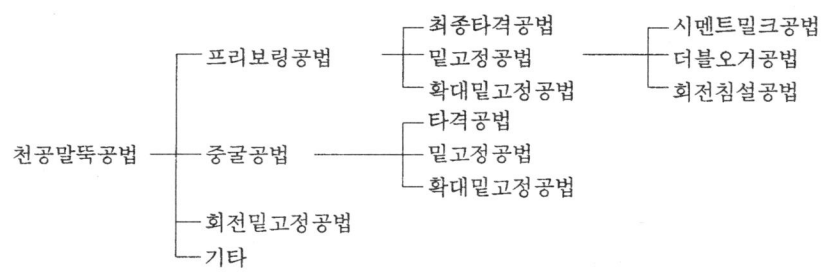

그림-7.3 천공말뚝 공법의 분류

천공 말뚝 공법은 소음이나 진동 등의 건설공해가 문제되는 경우가 많은 도시지역에서 건축물의 말뚝 기초로서 많이 채택되고 있다.

또한 천공 말뚝 공법은 건축분야에서 많은 공법이 개발되어 건설성 공인공법이나 일본 건축센터 평정으로서 지지력이 평가되어 실용화되고 있다.

한편 토목분야에서는 「도로교 시방서·동해설 하부구조편」의 10예 이상의 재하시험이 있으며 시공관리 방법이 확립된 중굴공법으로 한정하여 재하시험 등의 확인을 하지 않고 시공 하도록 인정되었다.

7.1.2 시공법의 개요

기성말뚝의 시공법은 그림-7.1~7.3에 나타낸 바와 같이 분류할 수 있고, 도시화가 진행되기 이전의 시공은 해머에 의한 타입 말뚝공법이 보통 실시되었다. 그러나 타입 때의 소음·진동, 기름 연기가 문제가 되어, 지역에 따라서는 시공이 곤란하게 되었다. 1968년에 소음 규제법, 1976년에 진동 규제법이 시행되어 시공때의 소음·진동이 규제되었으며 타입말뚝 공법이 적용되는 지역이 한정되었다.

소음·진동, 기름 연기 등의 대책공법은 프리보링 병용 타격공법, 유압 해머를 이용한 타입 말뚝공법과 많은 천공 말뚝공법이 개발되어 실용화되었다. 특히 도시의 시가지에서 시공이 많은 건축분야에서는 건축기준법(특수의 재료 또는 구조법)의 규정에 의거한 건설성 인허 공법이 많이 개발되었다. 그 분류와 적용범위는 표-7.1에 나타낸 바와 같다.

또한 그림-7.4에 기성 콘크리트 말뚝의 1990년도에서 시공법별의 사용 실적을 나타낸다. 이러한 말뚝에서는 전체의 60% 이상이 천공말뚝공법으로 시공되었다.

(1) 타입말뚝 공법

ⅰ) 타격공법 타격공법은 말뚝머리를 해머로 타격하여 타입하는 공법이며 다른 공법과 비교하여 능률적, 또는 경제적이다. 그리고 시공때에 말뚝의 타설정지 관리를 할 수 있는 신뢰성이 높은 공법이지만 타입때의 진동·소음은 피할 수 없다.

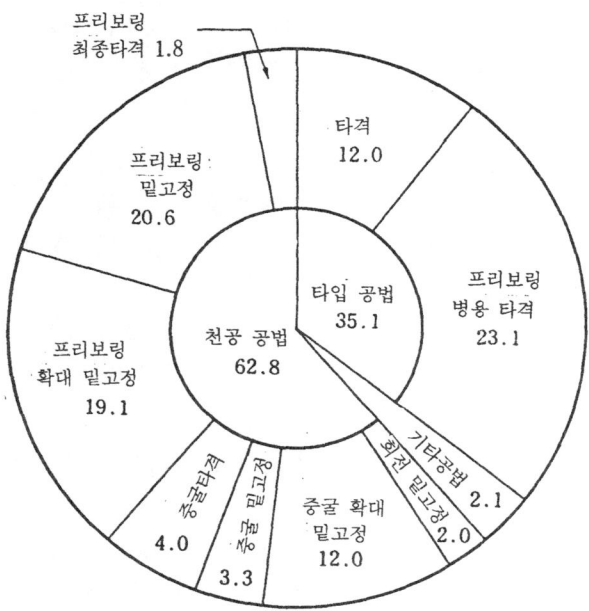

그림-7.4 기성 콘크리트 말뚝의 사용 실적(1990년도)

표-7.1 건축 분야에서 기성 말뚝의 분류와 적용 범위

말뚝시공방법명	선단지지력(tf)	적용말뚝외경(mm)	지지력의 공적인정
타격공법	30 NA_P	300~600	건설성 고시 111호
프리보링 병용 타격공법			
프리보링 최종 타격공법	30 NA_P	300~600	건축기준법 제 38조의 규정에 의거하여 건설 대신 인정공법
프리보링 밑고정공법 (시멘트밀크 공법)	20 NA_P	300~600	건설성 고시 111호
프리보링 확대 밑고정공법	25 NA_P	300~1000	건축 기준법 제 38조의 규정에 의거하여 건설대신 인정공법
		ST 말뚝의 확대 지름부 지름 350~1000	건축 기준법 제 38조의 규정에 의거하여 건설대신 인정공법 ST말뚝에 적용
중굴타격공법	30 $N\eta A_P$ η : 폐색효과	450~600	건설성 고시 111호 및 1978년 11월 7일 주지발 제 806호
중굴 밑고정공법	※ 20 NP_P	450~600	무
중굴 확대밑고정공법	25 NP_P	450~1000 (일부 400도 가능)	건축 기준법 제 38조의 규정에 의거하여 건설대신 인정공법
회전 밑고정공법	25 NP_P	300~600	무
	※ 20 NP_P	300~600	건축기준법 제 38조의 규정에 의거하여 건설성 공인공법

N : N 치 A_P : 말뚝선단면적 (m^2) ※ : 각 메이커의 제안식이며 말뚝의 지지력은 원칙적으로 재하시험에 의함

타격공법에 사용되는 해머는 드롭 해머, 디젤 해머, 유압 해머의 순으로 개발되고 유압 해머는 저소음의 해머가 많이 사용된다. 이중 디젤해머는 방음, 방유 커버를 장비하여 소음, 유연 비산 방지 대책공법으로서 사용되는 수도 있다.

또 해상 시공의 대형해머로서 사용되는 기동해머, 말뚝체를 진동시켜서 타입 하는 바이브로 해머도 타입 공법의 해머로 사용된다.

ii) 프리보링 병용 타격 공법 프리보링 병용 타격공법은 지반에 어스오거를 이용하여 굴착 구멍을 마련하고 후에 공내에 말뚝을 삽입하여, 말뚝머리에서 타격력을 가하는 공법이다.

이 공법은 후에 인발이 곤란한 표층이나 중간층이 있는 경우에 사전에 어스오거를 써서 굴착하고 말뚝을 삽입하여 타입하는 것이다. 또 소음·진동 대책으로서 시공때의 타

격횟수를 적게 하기 위해, 지지층 부근까지 굴착하고 말뚝 선단을 지지층에 타입하는 공법으로 사용되는 수도 있다.

(2) 천공말뚝 공법

ⅰ) 프리보링 공법

① 프리보링 최종 타격 공법 프리보링 최종 타격 공법은 어스오거를 이용하여 소정의 심도(지지층까지 굴착한 다음, 말뚝 둘레에 고정액 등을 주입하여 굴착 구멍의 붕괴를 방지하면서 어스오거를 끌어올린다. 다음으로 공내에 말뚝을 삽입하고 해머를 이용하여 말뚝을 타격해서 설치하는 공법이다.

② 프리보링 밑고정 공법 프리보링 밑고정 공법은 어스오거를 이용하여 말뚝지름보다 큰 구멍을 굴착하고 밑고정액과 말뚝 둘레를 고정액을 채운 공내에 말뚝을 삽입하여 설치하는 공법이며 다음의 순서로 시공한다. 공벽의 붕괴를 막기 위해 굴착액을 오거 선단에서 토출시키며 어스오거로 굴착한다. 오거가 소정의 심도까지 도달된 후에 굴착액을 밑고정액으로 교체하여 주입하고 오거를 끌어올린다. 말뚝이 긴 경우는 다시 말뚝 둘레를 고정액으로 교체한다. 다음으로 굴착 구멍에 말뚝을 삽입하여 말뚝을 압입이나 해머로 타격하여 지지층에 정착시킨다.

③ 프리보링 확대 밑고정 공법 프리보링 확대 밑고정 공법은 어스오거를 이용하여 굴착하고 소정의 심도(지지층)에 확대 밑고정부를 설치한 다음 굴착 구멍에 말뚝을 삽입하여 설치하는 공법으로 다음의 순서로 시공한다.

어스오거를 써서 선단에서 물 또는 굴착액을 토출시키며 굴착한다. 지지층 부근까지 굴착한 후 확대 굴착 장치를 작동시켜 확대 굴착을 하며 시멘트 밀크를 토출하여 확대 밑고정부를 축조한다. 다음으로 굴착 구멍에 말뚝을 삽입하고 말뚝의 자중 또는 회전시켜서 확대 밑고정부에 정착시킨다. 이 공법으로 굵은 말뚝(말뚝 선단부에 굵은 말뚝을 갖는 경우)를 마련하는 경우가 있다. 이 경우는 아래에 굵은 말뚝을 사용하기 때문에 말뚝과 굴착 공벽의 중간틈이 커지므로 반드시 말뚝둘레를 고정액으로 충전해야 한다.

ⅱ) 중굴공법

① 중굴 타격 공법 중굴 타격공법은 말뚝 중공부를 이용하여 말뚝 선단부의 토사를 배출하여 침설하고(이하 중굴이라 말함), 최종 공정으로 타격하는 공법이며 다음의 순서로 시공한다.

말뚝 중공부에 삽입한 어스오거를 회전시켜 선단의 오거 비트로 굴착한 토사를 말뚝머리에서 배출한다. 동시에 말뚝의 자중과 압입력으로 소정의 심도까지 침설시킨다. 다음으로 해머의 타격에 의해 말뚝을 지지층에 관입시켜서 지지력을 발현시킨다. 이 방법은 모래층 등 붕괴되기 쉬운 지반에 말뚝을 침설하는 경우에 유효하다. 또 중굴을 하면 소정 심도까지의 타격 횟수를 적게 할 수가 있기 때문에 소음·진동의 발생을 억제하는 공법으로서 사용되는 수가 있다.

② 중굴(확대) 밑고정 공법 중굴(확대) 밑고정 공법은 중굴로 말뚝을 소정 심도까지 침설하는 방법으로 주로 타격 공법과 동일하다. 말뚝 침설후 말뚝 선단부에 밑고정부를 축조하는 공법이며 다음의 순서로 시공한다. 말뚝을 지지층의 소정 깊이에 관입시킨 후 시멘트 밀크를 분출하여 밑고정부를 축조한다. 중굴 확대 밑고정 공법은 말뚝을 지지층에 소정 길이로 관입시킨 다음 확대 굴착 장치로 확대 굴착을 한 후 시멘트 밀크를 분출하여 확대 밑고정부를 축조한다.

또한 건축 분야에서 표-7.1에 나타낸 공법 중 중굴 밑고정 공법의 거의가 건설성의 인허공법으로 인정된 중굴 확대 밑고정 공법이다.

또한 「도로교 시방서·동해설」에서는 시멘트 밀크 분출 교반 방식의 중굴공법은 과거의 수직 재하시험 결과 10예 이상으로 지지력이 확인되고 그 시공 관리 방법이 확립된 공법으로 한정하여 그 지지력이 평가되며 교량 기초공사에도 널리 사용되고 있다.

iii) 회전 밑고정 공법 회전 밑고정 공법은 말뚝 중공부에 전용 롯드를 삽입하여 말뚝 선단에서 제트수와 말뚝의 회전으로 침설하고 최종 공정은 말뚝 선단에서 시멘트 밀크를 분출하여 밑고정을 하는 공법이다.

말뚝 종공부에 삽입된 어스 오거와 말뚝 본체를 상호 역회전시켜 굴착·압입하여 침설하고 소정의 심도에 도달된 후에 시멘트 밀크를 토출하여 밑고정하는 강관 말뚝의 공법도 있다.

7.2 시공법과 시공 기계

7.2.1 타입 말뚝 공법
(1) 타격·진동 공법
i) 시공 방법 타격 공법은 해머에 의해 기성 말뚝을 소정의 깊이까지 타입하는 공법으로 말뚝의 시공법중에서 실적이 많고 시공때에 지지력이 확인되는 공법이다. 타격 공법에 보통 사용되는 해머는 디젤 해머, 드롭 해머, 기동 해머 등이 있다. 또한 최근 사용례가 많은 유압 해머도 타격 공법에 포함된다.

상기 타격에 의한 공법 이외로 기진기에 의해 발생된 왕복 운동으로 기진력 말뚝체에 생기는 관성력을 이용해서 말뚝을 지중에 관입시키는 방법이 있다. 진동 또는 바이브로 해머 공법이라 부르며 최근 시공 장비의 대형화가 진행되어 강재말뚝의 시공에 사용되고 있다. 이 공법의 지지력 확인 방법에 관해서는 검토가 진행되고 있으나 규명되지 않

제7장 기성말뚝의 시공 423

표-7.2 디젤 해머의 주요한 시방

호칭	형식	냉각방식	치수 전길이(m)	치수 폭(m)	치수 연길이(m)	전둘레(tf)	램중량(tf)	램지름(mm)	언빌외경(mm)	타격횟수(타/분)	1타마다 최대작업량(tf m)	L* (mm)	연료소비량(l/시)	비고
12~15급	IDH-12	공냉	4.155	0.548	0.725	2.75	1.25			40~60	3.5		5~8	
	K 13	수냉	4.15	0.62	0.75	2.90	1.3	310	485	40~60	3.5	370	3~8	
	MH 15	수냉	4.25	0.62	0.78	2.90	1.5	310	355	40~60	4.7	370	5~8	
	MHC 15	수냉	4.25	0.62	0.78	2.90	1.5	310	355	40~60	4.7	370	5~8	
25급	IDH-25	수냉	4.665	0.610	0.844	5.80	2.5	390	590	39~60	7.5	433.5	10~14	
	IDH-C 25	수냉	5.300	0.610	0.844	6.10	2.5	390	590	37~60	7.5	433.5	10~14	
	K 25	수냉	4.65	0.77	0.85	5.20	2.5	370	570	39~60	7.5	430	9~12	
	MH 25	수냉	4.42	0.72	0.95	5.50	2.5	400	455	42~60	7.5	470	9~14	
	MHC 25	수냉	4.42	0.72	0.95	5.50	2.5	400	455	42~60	7.5	470	9~14	
35급	IDH-35	수냉	4.713	0.710	0.965	8.00	3.5	460	700	39~60	10.5	490	14~20	
	IDH-C 35	수냉	5.400	0.710	0.965	8.60	3.5	460	700	37~60	10.5	490	14~20	
	K 35	수냉	4.65	0.88	0.95	7.50	3.5	460	700	39~60	10.5	490	12~16	
	MH 35	수냉	4.58	0.84	1.07	7.74	3.5	470	535	42~60	10.5	540	13~20	
	MHC 35	수냉	4.58	0.84	1.07	7.74	3.5	470	535	42~60	10.5	540	13~20	
45급	IDH-45	수냉	4.835	0.810	1.105	10.80	4.5	520	780	39~60	13.5	580	18~25	
	IDH-C 45	수냉	5.400	0.810	1.105	11.40	4.5	520	780	37~60	13.5	580	18~25	
	K 45	수냉	4.93	1.00	1.09	10.50	4.5	520	800	39~60	13.5	580	17~21	
	KB 45	수냉	5.46	1.00	1.13	11.00	4.5	520	800	35~60	13.5	580	17~21	
	MH 45	수냉	4.78	0.92	1.27	10.30	4.5	530	605	42~60	13.5	700	15~22	
	MHC 45	수냉	4.78	0.92	1.27	10.30	4.5	530	605	42~60	13.5	700	15~22	
	MHC 45	수냉	4.78	0.92	1.27	10.30	4.5	530	605	42~60	13.5	700	15~22	
	MH 45 B	수냉	5.17	0.98	1.27	10.70	4.5	530	605	42~60	13.5	700	15~22	
60~80급	KB 60	수냉	5.77	1.14	1.34	15.00	6.0	590	920	35~60	18.0	530	24~30	
	MH 72 B	수냉	5.90	2.01	1.63	19.94	7.2	630	725	42~60	21.6	900	25~37	해상형 육상형
	MH 72 B	수냉	5.90	1.22	1.60	18.36	7.2	630	725	42~60	21.6	900	25~37	
	KB 80	수냉	6.10	1.38	1.50	20.50	8.0	590	920	35~60	24.0	530	32~40	
	MH 80 B	수냉	5.90	2.01	1.63	20.70	8.0	630	725	42~60	24.0	900	30~40	해상형 육상형
	MH 80 B	수냉	5.90	1.22	1.60	19.20	8.0	630	725	42~60	24.0	900	30~40	

주) L*: 해머중심과 리더 파이프 중심과의 거리

은 점도 많고 앞으로 많은 과제가 남아있다.
  ii) 시공 장비
 a) 해머   현재 많이 사용되고 있는 해머는 디젤 해머, 유압 해머, 드롭 해머(이상 타격 공법), 바이브로 해머(진동 공법) 등이 있다.
  ① 디젤 해머   타입 공법에서 가장 많이 사용되고 있는 디젤 해머의 주요한 시방과 치수는 표-7.2와 같으며 종류도 많고 말뚝의 치수, 지반 등의 타입 조건에 맞는 해머의 선정이 가능하다. 디젤 해머의 기본적인 구조는 2 스트로크 디젤엔진과 같으며 피스톤(램)의 낙하와 그에 수반하는 실린더내의 폭발력으로 말뚝머리를 타격한다. 따라서 설비도 간단하고 시공능률도 좋으며 해머내의 폭발력으로 램이 튀어 오르게 하기 때문에 램 인상이 별도 동력원을 필요로 하지 않는 경제적인 해머이다.
  램의 스트로크(낙하 높이)는 압축 폭발 공정에 의존하며 단단한 지반에서 크게 되며 타격력도 증가된다. 연약한 지반에서는 램의 스트로크는 작아지며 다음으로 압축 폭발이 정지되는 경우가 있다. 이 경우 수동에 의한 램의 인상이 필요하고 타입 능률이 저하된다.
  ② 유압 해머   유압 해머는 램을 유압에 의해 끌어 올려서 낙하시키고 말뚝머리를 타격하는 방법이며 램의 낙하 높이를 임의로 조정할 수 있다. 따라서 동일한 해머로 적용되는 말뚝의 종류나 말뚝 지름의 범위는 넓다. 또한 연약 지반의 경우에 램의 낙하 높이를 낮게 하면 수직성이나 말뚝 위치의 확보가 용이하고 연속적으로 능률있게 시공할 수 있다. 또한 해머에 방음 구조를 장치하여 램의 낙하 높이를 조정하면 말뚝타설때의 소음을 낮게 하고 기름 연기의 비산도 없기 때문에 최근 저공해 해머로서 사용도 증가되고 있다.
  유압 해머의 기구는 램의 구동(낙하)방식에 따라 그림-7.5와 같이 대별된다. 그러나 해머 메이커의 기계 규격이 아직 통일되지 않고 또 해머의 대형화도 진행되어 사용에 있어서는 각 유압 해머의 규격을 확인할 필요가 있다. 유압 해머의 주요한 시방과 치수는 표-7.3과 같으며 해머의 본체와는 별도로 파워 유니트가 필요하다.

램 낙하방식 ┬ 자유낙하방식   유압에 의해 램을 상승시켜, 유압을 빼고 램을 자유낙하시켜서 말뚝을 타격하는 방식이다.
          └ 가속낙하방식   유압에 의해 램을 상승시켜, 유압을 빼는 동시에 램 위쪽에서 유압을 가하여, 램을 가속낙하시켜 말뚝을 타격하는 방식

그림-7.5 유압 해머의 램 구동(낙하) 방식

  ③ 드롭 해머   드롭 해머는 가장 기본적인 말뚝 타격용 해머이며 그 중량은 일반적으로 말뚝의 중량 또는 말뚝 1m 당 중량의 10배 이상이 바람직하다. 그 재질은 주강 또는

표-7.3 유압 해머의 주요한 시방

형식 (호칭)	치수 지름(m)	치수 전길이(m)	해머 전중량 (tf)	해머 램중량 (tf)	해머 램스트로크 (m)	해머 낙하방식	타격횟수 (打/分)	1타마다 최대작업량 (tf m)	파워유니트 출력 (ps)	파워유니트 유압압력 (kgf/cm²)	비고
HK 45	0.9	6.95	9.1	4.5	0.1~1.2	가속	22~60	5.4	152	180	
HK 65	1.1	7.95	14.3	6.5	0.1~1.8	가속	18~60	11.7	152	180	
HNC 65	1.3	6.96	12.3	6.5	~1.2	자유	18~70	7.8	140	175	
HNC 80	1.3	7.36	14.2	8.0	~1.2	자유	18~70	9.6	140	175	
HNC 100	1.3	7.88	16.8	10.0	~1.2	자유	18~70	12.0	152	185	
HNC 125	1.46	6.92	21.0	12.5	~1.2	자유	18~70	15.0	171	240	
HNC 125	1.55	6.88	24.8	12.5	~1.2	자유	18~70	15.0	171	240	사면말뚝용
MHU 220	1.02	7.62	26.6	11.5	~1.0	가속	36	22.0	308	250	
MHU 300	1.219	7.25	36.0	16.5	~1.0	가속	42	30.0	496	235	
MHU 400	1.38	9.87	63.3	23.2	~1.0	가속	42	40.0	644	165	
MHU 600	1.38	11.42	79.0	34.5	~1.0	가속	42	60.0	979	235	
MHU 1000	1.835	11.06	135.3	57.6	~1.0	가속	30	100.0	1153	150	
MHU 1700	1.835	13.86	178.8	94.0	~1.0	가속	30	170.0	2146	240	
MHU 2100	1.835	15.31	214.1	116.5	~1.0	가속	25	210.0	2213	250	
MHU 3000	2.14	18.4	308.0	165.0	~1.0	가속	30	300.0	3621	235	
GM 20 TM	1.13	7.7	28	10	~2	자유	18~35	20.0	417	210	
MHH 250	1.3	7.1	34	12	~2.04	자유	30~78	24.5	276	250	
MHH 400	1.8	7.5	65	24	~1.7	자유	20~60	40.0	276	250	
NH 20	0.83	4.28	5.4	2.0	~1.6	가속	28~90	3.2	110	185	
NH 40	1.05	5.5	9.8	4.0	~1.52	가속	28~90	6.08	144	185	
NH 70	1.25	5.61	14.3	7.0	~1.28	가속	25~70	8.96	144	185	
NH 100	1.35	5.95	22.5	10.0	~1.44	가속	20~56	14.4	155	210	
NH 150	1.90	8.22	33.5	15.0	~1.6	가속	19~53	24.0	260	280	
Z-25	0.8	4.06	4.6	2.5	~1.25	자유	20~50	3.125	50	150	
Z-30	0.84	4.08	5.4	3.0	~1.25	자유	20~50	3.75	50	150	
Z-50	0.9	4.50	8.0	5.0	~1.2	자유	22~75	6.0	75	140	
Z-55	0.9	4.90	9.1	5.5	~1.5	자유	18~75	8.25	75	140	
Z-65	0.9	4.90	11.8	6.5	~1.5	자유	18~75	9.75	75	140	
Z-85	1.0	4.90	15.8	8.5	~1.5	자유	18~75	12.75	75	140	
Z-100	1.0	5.90	17.8	10.0	~1.5	자유	18~75	15.0	102	140	
TK-110	0.914	5.92	11.8	6.5	0.1~1.2	자유	18~40	7.8	75	150	
TK-120	0.914	6.84	12.8	6.5	0.1~1.2	자유	22~75	7.8	75	175	
TK-160	1.016	5.72	16.8	8.5	0.1~1.2	자유	20~60	10.2	90	170	
PMJ-35	0.766	4.675	5.5	2.5	~1.4	가속	30~80	3.5	55	200	
PMJ-120	0.88	6.985	15.3	7.2	~1.8	가속	20~60	13.0	90	200	
PMJ-200	1.24	7.60	28.0	12.0	~1.7	가속	20~60	20.0	280	200	

주철로 말뚝과의 접촉면은 평활하고 말뚝축에 대해서 직각이 아니면 안된다.

중량이 작은 해머로 낙하 높이를 크게 하면 말뚝머리에 큰 타격력이 생기고 말뚝머리를 손상시킬 우려가 있다. 해머의 중량을 높이고 낙하 높이를 낮게 설정하면 말뚝머리에 작용하는 충격 응력도 작고 말뚝의 손상도 방지된다. 또한 해머 타격때의 말뚝의 압입 지속시간도 길어져서 타입 효율을 높일 수 있다. 일반적으로 드롭 해머를 사용하는 경우에는 적정한 중량의 해머를 선정하여 낙하 높이 2m 이하에서 시공하는 것이 바람직하다.

④ 기동(氣動) 해머 기동 해머는 램을 상승시키는 동력으로서 증기, 또는 압축 공기를 사용하기 때문에 보일러 또는 큰 용량의 콤프레서 등의 부속설비가 필요하다. 이 해머는 유압 해머와 같이 지반의 경연에 관계없이 타격력을 발휘할 수 있기 때문에 말뚝 타설선에 장착하여 크고 긴 강관말뚝의 해상 시공에 사용될 때가 많다.

⑤ 바이브로 해머 바이브로 해머는 수평으로 배치된 2축의 편심질량을 동위상으로 역회전시켜서 말뚝에 초당 15~20사이클의 상하 진동을 주는 것이며, 말뚝의 타입이나 인발작업에 사용되고 있다. 말뚝에 상하 진동을 주어서 말뚝 주면의 지반을 이완하고 주면 마찰 저항을 저감시켜서 타입하는 해머이기 때문에 작업때의 진동은 피해야 한다. 그러나 바이브로 해머에 의한 진동은 보통 진동원에서 멀어짐에 따라 급격히 감소된다고 말하며, 소음도 낮기 때문에 저공해 공법으로 사용된다. 또 다른 해머와 달리 크레인에 해머를 매달아서 말뚝을 타설하는 시공이기 때문에 거리가 떨어진 장소에서 수중 등에 말뚝을 타입한다.

한편 바이브로 해머는 디젤 해머나 유압 해머에 비교하여 관입 능력이 낮고 지지력 특성과 관리 방법이 확립되어 있지 않다. 이 때문에 본설 말뚝에는 사용되지 않고 가설 말뚝의 타입에 사용되는 경우가 많다. 그러나 최근 강력한 대형 해머도 개발되어 단단한 지반에 관입시키는 것도 가능하게 되었다. 또「바이브로 해머 설계 시공 편람」(1988년 12월 바이브로 해머 기술연구회)도 출판되어 가까운 장래에 말뚝 기초의 한 공법으로서 확립될 것으로 생각된다. 바이브로 해머의 주요한 시방과 치수는 표-7.4에 나타낸 바와 같다.

b) 말뚝 타설 장대 말뚝 타설 장대는 크레인을 사용하는 바이브로 해머나, 해상 시공의 말뚝 타설선 등 특수한 장비를 제외하고 지상에서 사용하는 경우는 보통 말뚝이나 타입 장치(해머 오거, 감속기 등)를 매달아올리거나 감아올림 장치, 장비를 이동시키는 주행장치의 베이스머신, 말뚝의 타입 방향을 조절하는 리더를 장비하였다.

리더의 유지 방식은 그림-7.6에 나타낸 현수 방식과 3점 지지방식으로 분류된다. 현수방식의 말뚝 타설 장대는 크레인의 붐 선단에 리더를 장치하여 리더 하단과 크레인

제7장 기성말뚝의 시공

표-7.4 바이브로 해머의 주요한 시방

호칭(모터 전격 출력) (kW)	형식	편심 모멘트 (kgf·cm)	진동수 (cpm)	기진력 (tf)	공운전 시의 진폭 (mm)	치수 전장 (m)	치수 전폭 (m)	치수 전고 (m)	총중량 (tf)	비고
40	FM 2-55	2100	1100	28.4	7.8	2.95	1.18	0.97	3.30	
	VS-200	2200	〃	29.8	7.1	3.10	1.26	0.99	3.69	
45	FM 2-60	2500	1150	37.0	7.7	3.08	1.28	0.97	3.75	
50	VS-300	2600	1100	35.2	7.5	3.15	1.34	1.02	4.00	
60	FM 2-80	3600	1100	48.7	9.5	3.32	1.37	1.04	4.75	
	VS-400	4300	〃	47.4	10.0	3.50	1.48	1.09	5.02	
90	CM 2-120	5000	1100	67.7	9.0	3.63	1.52	1.07	6.60	
		4000	〃	54.2	7.2	〃	〃	〃	〃	
		3000	〃	40.6	5.4	〃	〃	〃	〃	
	KM 2-12000 III	12000	580	45.2	21.8	4.77	1.15	1.20	6.50	
	VS-500	5500	1100	74.5	9.0	3.88	1.61	1.19	6.90	
120	CM 2-160	7100	980	76.3	10.1	3.92	1.72	1.13	8.40	
		6000	〃	64.4	8.6	〃	〃	〃	〃	
	KM 2-17000 A II	17000	560	59.7	26.2	4.85	1.34	1.19	8.50	
150	VM 4-10000 A	10000	1100	135.4	11.3	5.08	1.29	1.38	10.91	
		8000	〃	108.3	9.0	〃	〃	〃	〃	
	VM 2-25000 A II	25000	620	107.5	29.8	5.49	1.71	1.47	10.15	
		20000	〃	86.0	23.8	〃	〃	〃	〃	
		15000	〃	64.5	17.9	〃	〃	〃	〃	
		10000	〃	43.0	11.9	〃	〃	〃	〃	
200	SHP 70	1150	2300	68.1	6.3	2.58	1.59	0.44	2.57	유압
240	VM 4-36000 A	36000	680	186.3	26.7	6.80	1.59	1.59	16.73	
		32000	〃	165.6	23.7	〃	〃	〃	〃	
		25000	〃	129.4	18.5	〃	〃	〃	〃	
360	VM 4-50000 A	50000	620	215.1	23.8	6.97	2.30	1.52	28.00	
		40000	〃	172.1	19.0	〃	〃	〃	〃	
		30000	〃	129.0	14.3	〃	〃	〃	〃	
300	VM 2-25000 A II	50000	620	215.1	17.9	8.94	3.55	2.00	33.00	2대 연동형 강관체크부착
		40000	〃	172.1	14.3	〃	〃	〃	〃	
		30000	〃	129.0	10.7	〃	〃	〃	〃	
		20000	〃	86.0	7.1	〃	〃	〃	〃	
480	VM 4-36000 A	72000	680	372.5	16.4	9.40	4.48	1.50	57.00	2대 연동형 강관체크부착
		64000	〃	331.2	14.5	〃	〃	〃	〃	
		50000	〃	258.7	11.4	〃	〃	〃	〃	
45	LSV-60	1200	1500	30.0	3.5	3.20	1.29	0.98	4.23	저공해형
		1500	〃	37.7	4.4	〃	〃	〃	〃	
	VX-60	1500	900~	13.5~	3.1	3.18	1.45	1.10	6.70	저공해형
		2100	1500	37.7	4.4	〃	〃	〃	〃	
	SVS-60	1875	1200	37.8	5.0	3.13	1.41	1.04	4.20	저공해형
	SHP 15(S)	400	1800	14.5	5.0	1.71	1.45	0.41	1.33	저공해형, 유압
60	LSV-80	1800	1500	45.3	3.3	3.52	1.44	1.18	6.40	저공해형
		2200	〃	55.4	4.1	〃	〃	〃	〃	
	SVS-80	2500	1200	55.4	4.9	3.52	1.56	1.11	5.50	저공해형
75	VX-80	2200	900~	19.9~	3.3	3.61	1.56	1.22	8.77	저공해형
		3600	1500	58.0	5.4	〃	〃	〃	〃	
85	SHP 20	700	1600	20.1	5.6	1.92	1.55	0.41	1.70	저공해형, 유압
90	LSV-120	2500	1500	62.9	4.0	4.06	1.63	1.33	7.90	저공해형
		3000	〃	75.5	4.8	〃	〃	〃	〃	
220	SHP 65	2300	1600	65.9	6.3	2.90	2.65	0.50	2.57	저공해형, 유압

본체를 케치포크로 연결한 것이다. 따라서 작업 능률은 크레인의 인상 능력에 따라 결정되며 비교적 소규모의 말뚝 타설 공사에 적용된다.

한편 3점 지지 방식 말뚝 타설 장대는 리더 윗쪽을 2개의 스테이로, 하부를 브라키트로 베이스머신과 연결시킨 3점 지지 형식의 견고한 기구로 되었다. 베이스머신은 와이어드럼 아우트리거나 프론트 장치, 조작용의 유압장치, 안정성을 위한 카운터 웨이터를 장비하고 또 주행 능력을 증강한 말뚝타설 작업 전용으로 만들어진 기계가 많게 되었다. 현재는 말뚝타설 장대라고 하면 이 3점식 말뚝타설 장대를 가르키는 수가 많다.

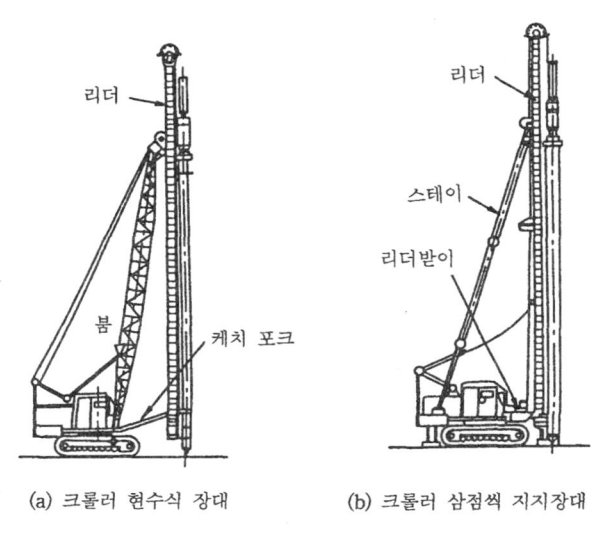

(a) 크롤러 현수식 장대   (b) 크롤러 삼점씩 지지장대

그림-7.6 말뚝타설기(장대)

말뚝 타설 장대의 선정은 시공하는 말뚝의 종류나 치수, 타입 장치 등 전장비 중량에서 실시하는 기계 반입로, 조립 야드, 작업 야드 등의 조건도 고려할 필요가 있다. 말뚝타설 장대의 형식, 기종, 가능한 전 장비 중량은 각 제조 메이커에 따라 다르기 때문에 사용할 때는 충분한 조사와 검토가 필요하다.

iii) 해머의 선정   최적 해머 선정의 순서를 그림-7.7에 나타냈다.

a) 해머의 선정 도표

① 디젤 해머   해머의 선정은 그림-7.7에 나타낸 검토를 하나 많은 실적에서 말뚝의 제원이 정해지고 경험적으로 타입에 적합한 해머의 선정이 될 수 있도록 도표를 각 규준에 나타냈다. 그림-7.8은 표준적인 해머의 선정 도표이다. 이러한 도표는 작은 해머

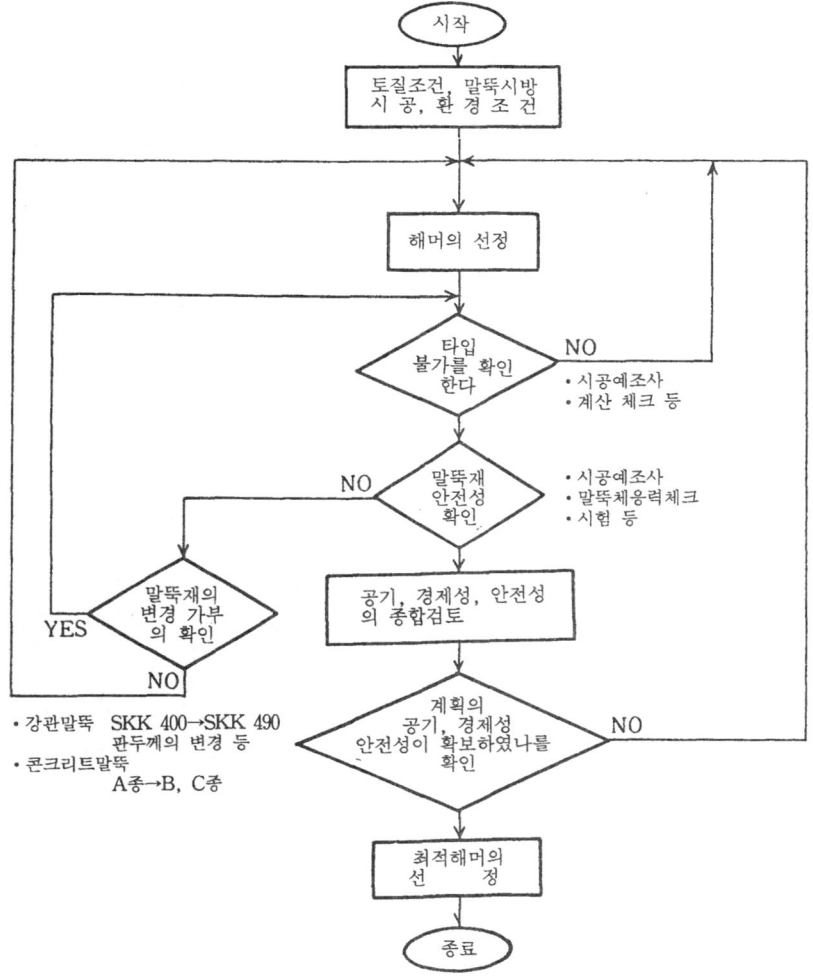

그림-7.7 최적 해머 선정의 순서도

를 선정할 때가 많다고 한다. 따라서 비교적 단단한 중간층을 관과하는 경우나 장척인 말뚝을 타입하는 경우 등에는 말뚝 본체의 안전성을 확인한 다음에 1랭크 큰 규격의 해머를 선정하면 좋다.

② 유압 해머 유압 해머는 표-7.3에 나타낸 바와 같이 규격도 통일되지 않고 타입때 말뚝의 관입 상태가 규명되지 않은 점도 있다. 해머의 선정은 필요로 하는 디젤 해머를 선정하고 일타마다의 최대 작업량이 디젤 해머에 가까운 유압 해머를 선정하는 방법이

말뚝 지름 (mm)			φ 250	300	400		500	600		700	800	900	1 000	1 100	1 200	비 고
도로공단					(22) 12		32 22	40 32 22		40 32	40 (32)	40	(40)	주), ( )는 가급적 사용하지 않는다.		호칭
일본 건설기계 요람				13~16	23~25 13~15	23~25 13~15	33~35 23~25	43~45 33~35 23~25		43~45 33~35	60~70 43~45 33~35	60~70 43~45	60~70 43~45	(φ1500에서) 60~70		호칭
강관말뚝협회					32 22		32 22	40 32 22	40 32 22	40 32	40 32	40	70 40	(φ1 400~φ2 200) 150 70 40	70(φ1500에서) 40	호칭
건설성 주택국			1.25→		φ380 ←2.2→			φ630 ←3.2→			φ770 ←4.2	주) →는 이 지름을 포함				램중량 (tf)
동경도 주택국			1.2→	2.2→	3.2→		4.0→					주) →표는 이 지름을 포함				램중량 (tf)
후지다의 방법 (낙하고 $h=2$ m)	판두께 (mm)	16					(40)	40		60	70	70	70	70	70	호칭
		14			(32)		40	40		60	60	70	70	70	70	
		12			32		32	40		40	60	60	70	70	70	
		9		12	22		22	32		32	40	—	—	—	—	

그림–7.8 디젤해머의 선정도표

있다. 또 최근「건설성 토목공사 적산기준」토목공사 적산연구회편 1992년도판 등에 선정도표가 표시되었다.

 b) 타입때의 응력 말뚝의 타입은 큰 타격력을 필요로 하나 과대한 타격력이나 편타격은 말뚝을 파손시키는 원인의 하나가 된다. 이와 같은 사태를 방지하기 위해 타입때의 응력을 말뚝의 허용 응력도 이하로 조정해야 한다.

 말뚝의 타입때에 말뚝체에 발생하는 응력의 산정방법은 타격 에너지의 평형에 의한 방법과 파동 이론에 의거하는 방법도 있으나 최근 파동이론에 의거한 방법의 연구가 추진되어 타당성이 확인되고 있다. 다음에 파동이론에 의거한 타격응력의 산정 방법을 나타낸다.

 파동 이론에 의한 방법은 Thomas Young(토마스 영)에 의해 유도된 탄성봉의 기본식에서 긴 탄성봉에 강체가 충돌될 때 강체의 관성력과 탄성보 저항력의 균형에 의해 유도된 St. Venant(선부넌)해설을 기본으로 하였다. 말뚝 머리부의 타격 응력을 보다 실용적으로 산정하기 위해 宇都·冬木 등은 해머에서 말뚝선단까지의 경계조건을 고려하여 일반화한 식을 제안하였다.

$$\sigma = \sigma_0 \exp\left[\frac{\gamma_p A_p}{W_h} C_p t\right] \tag{7.1}$$

$$\sigma_0 = \frac{E_p}{C_p}\sqrt{2gh} \ \ (\text{kgf/cm}^2)$$

여기서 σ : 최대 타격 응력(kgf/cm^2)
  σ_0 : 강체 해머에 의해 말뚝의 타격면에서 생긴다.
    응력의 극대치(kgf/cm^2)
  A_p : 말뚝의 단면적(cm^2)
  W_h : 해머 중량(kgf)
  γ_p : 말뚝의 단위 체적중량(kgf/cm^3)
    강재말뚝 7.85×10^{-3}
    RC말뚝, PHC말뚝 2.5×10^{-3}
  C_p : 말뚝체내의 탄성파 속도(cm/s)
    강재말뚝 5.12×10^5
    RC(PHC말뚝) 3.49×10^5 (3.96×10^5)
  E_p : 말뚝의 종 탄성계수(kgf/cm^2)
    강재말뚝 2.1×10^6

　　　　　　RC말뚝　　　3.1×10^5
　　　　　　PHC말뚝　　4.0×10^5
　　　t : 해머 충격후의 경과 시간(s)
　　　　　　실용상 0.002초라도 좋다.
　　　g : 중력가속도(980cm/s^2)
　　　h : 해머의 낙하 높이(cm)

　식(7.1)은 디젤 해머, 유압 해머의 말뚝머리 타격 응력의 산정에 사용되나 액체 쿠션을 사용한 유압 해머에는 그대로는 사용할 수 없는 점에 주의해야 한다. 이 방법을 써서 실제의 타입때에 가까운 조건으로 산정된 응력과 말뚝의 좌굴 응력의 이론치나 파손 예를 종합적으로 해석하여 작성한 강관말뚝의 선정 도표는 그림-7.9에 나타낸 바와 같다.

　또한 파동 이론에 의거하여 해머와 말뚝을 질점과 스프링으로 치환하여 계산하는 Smith의 방법도 있으며, 타입때의 말뚝 머리에서 말뚝선단까지 말뚝체의 응력 산정 등에 이용되고 있다.

(2) 프리보링 병용 타격 공법

　i) 시공 방법　프리보링 병용 타격 공법은 말뚝을 시공하려고 하는 지반의 표층이나 중간층이 단단한 경우나 장애물이 있는 경우에, 말뚝을 직접 타입하면 말뚝에 손상을 주거나 타입이 불능한 경우에 사용된다. 시공 방법은 타입때에 그림-7.10에 나타낸 오거 비트를 사용하여 굴착하고 또는 지반을 이완시켜 말뚝을 세우고 타격공법과 같이 디젤 해머, 유압 해머 등으로 타입하는 공법이다. 기성 콘크리트 말뚝은 타입때에 표층이나 중간층 밑에 연약한 층이 있는 경우 이러한 층에서 타설 인발후 타격에 의한 인장 응력이 발생하는 것이 알려졌으며 이 공법이 채택되는 경우가 많다. 또한 본 공법을 채택하는 경우에는 말뚝 주변 지반을 필요 이상으로 교란시키지 않도록 말뚝 지름 이상의 굴착은 피해야 한다.

　ii) 시공 장비　본 공법에 사용되는 시공 장비는 어스 오거 장비를 제외하고는 (1)과 같다. 어스 오거는 그림-7.10에 나타낸 바와 같은 오거 비트와 스크류로 된 본체와 구동 장치로 구성되었다. 오거 비트와 스크류는 여러 가지 연구가 이루어졌으며 특히 구동장치의 모터, 축, 비트가 강력한 것을 록 오거라 칭하며 단단한 지반의 굴착에 사용된다.

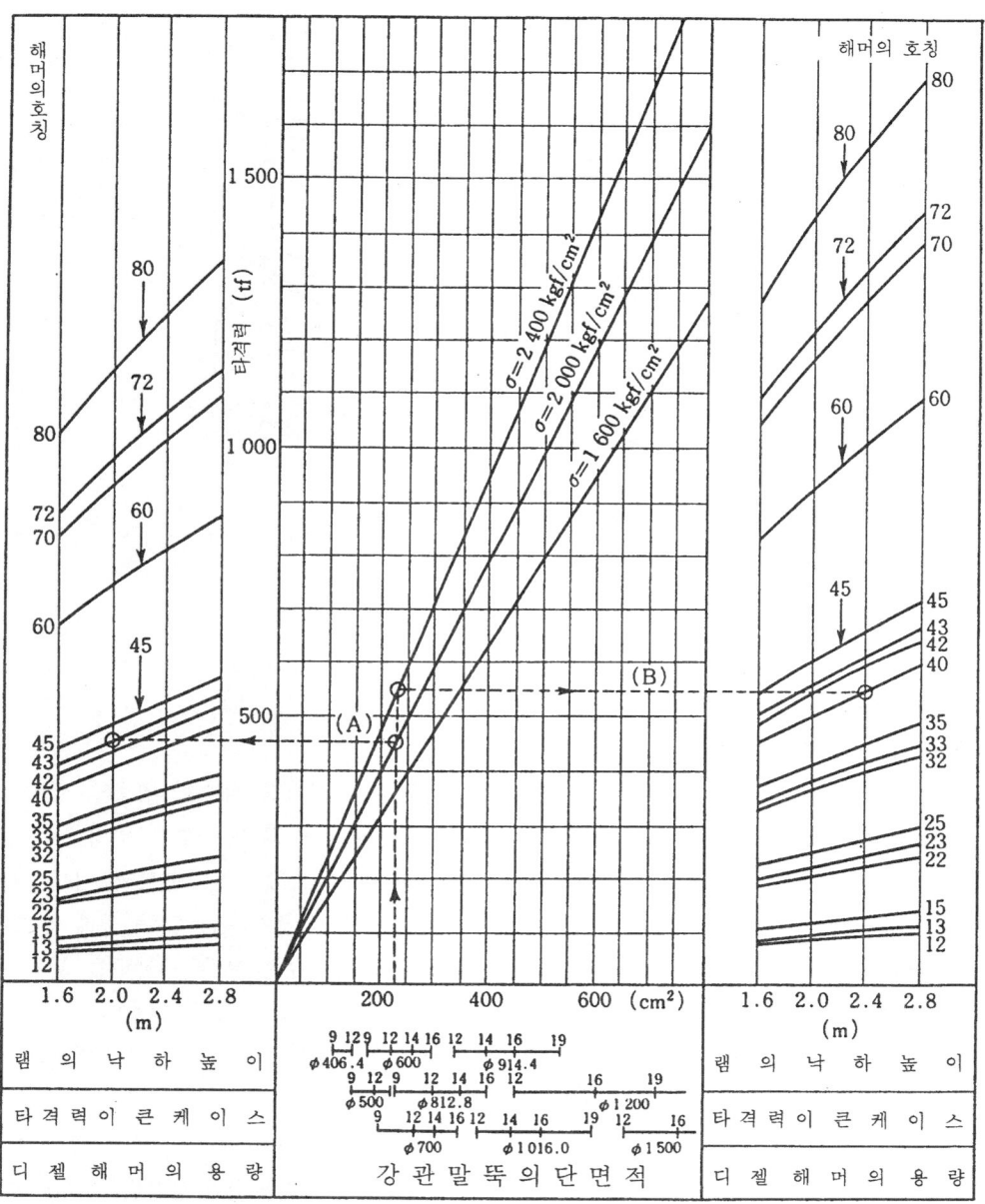

(예) $\phi 812.8 \times t9\ (A_p \fallingdotseq 227 cm^2)$
　　타격력이 작은 케이스, 램 낙하높이 2.0 m→(A)→D-43급
　　타격력이 큰 케이스, 램 낙하높이 2.4m→(B)→D-40급

그림-7.9 디젤 해머의 선정 도표

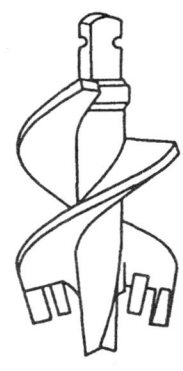
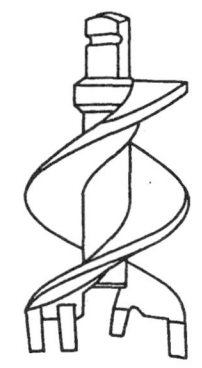

(a) 표준형 오거비트(A형)
(사질실트, 사질, 점토,
 자갈모래,연암에 쓰인다.)

(b) 호박돌 섞인 경질지반용
오거비트 (B형)

(A., B형 모두 굴착지반에 대응하는
 삽날끝의 형상 및 재질을 사용한다.
 이 삽날끝은 교환할 수가 있다.)

그림-7.10 어스오거의 비트

7.2.2 천공 말뚝 공법
(1) 프리보링 최종 타격 공법

ⅰ) 시공법   이 공법은 굴착용의 어스 오거와 타격용의 해머를 장비한 병용형 말뚝 타설 장대를 써서 지반의 굴착에서 말뚝의 삽입과 타격까지 시공하는 수가 많다. 여기서 굴착 전용기와 말뚝타설 전용기 2대의 말뚝 타설 장대를 1조로 시공 순서의 예를 그림 -7.11과 다음에 나타낸다. ① 어스 오거로 소정 심도까지 굴착하고 말뚝 둘레에 고정액을 주입한 후 어스 오거를 끌어 올린다. ② 선단에 가동 슈를 부착한 말뚝을 굴착 구멍에 삽입하고 말뚝 둘레의 고정액이 말뚝 머리부까지 채워진 것을 확인한다. ③ 말뚝 중공부를 이용하여 말뚝 선단의 가동 슈를 전용의 드롭 해머로 타격한다. ④ 말뚝의 선단부에 콘크리트를 타입 가동슈를 말뚝 본체에 장착한다.

ⅱ) 시공상의 주의 사항

① 말뚝 선단을 지지층에 설치할 때에 타격함으로서 천공말뚝 공법이지만 소음·진동이 발생한다.

② 모래지반이나 자갈지반의 경우에는 공벽 안정액을 이용하더라도 붕괴를 억제할 수

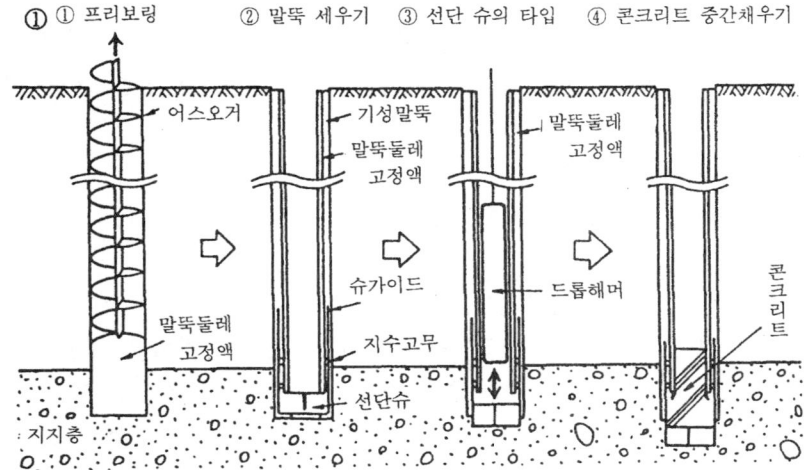

그림-7.11 프리보링 최종타격공법 (말뚝 선단 타격)의 시공순서

없는 경우가 있다.

③ 공벽 안정액을 사용하는 경우 니화된 굴착 토사를 산업 폐기물로서 처리한다.

iii) 시공장비의 예 이 공법에 쓰이는 시공장비의 표준적인 시방을 표-7.5에 나타낸다.

표-7.5 프리보링 최종 타격공법에서의 시공장비 예

기 계 명	시 방	수 량
말뚝타설기	삼점식 말뚝 타설기 또는 타이어식 말뚝 타설기	1
오거 구동장치	40H 정도*	1
드롭 해머	전용 드롭 해머	1
말뚝 삽입 보조장치	20tf 이상의 압입장치	1
어스 오거	말뚝지름+100mm 정도	1
오거 비트	말뚝지름+(60~100mm)	1
뱃처 플랜트	믹서 용량 500l×2조 이상 그라우트 펌프 토출압력 10 kgf/cm^2 이상 토출량 280l/min 이상	1
급수 설비	ϕ38mm 이상의 수도의 경우 2.5m^3 이상의 예비 탱크, ϕ38mm 미만에서는 10m^3 이상의 예비 탱크	1
발전기	125~175 kVA	1
배토 이수처리 설비	폐액조, 버큠차(2~4m^3), 소형 쇼벨(3~6tf)	1

* 표-7.12 참조

(2) 프리보링 밑고정 공법

ⅰ) 시공법   이 공법은 굴착 장치와 경타용의 드롭 해머를 장비한 병용형 말뚝 타설 장대를 써서 지반의 굴착에서 말뚝의 삽입 및 설치까지 실시하는 방법으로 시공한다.

이 공법은 다음의 3가지 굴착 방법으로 대별된다.

① 시멘트 밀크 공법 : 어스 오거에 의한 굴착
② 더블 오거 공법 : 케이싱 부착 어스 오거에 의한 굴착
③ 회전 침설 공법 : 교반 롯드에 의한 굴착

굴착 방법별로 시공 순서에 나타낸다.

a) 시멘트 밀크 공법   이 공법의 시공 순서를 그림-7.12과 같이 나타낸다. ① 굴착액을 토출하며 지반을 굴착한다. ② 지지층을 소정 깊이까지 굴착한다. ③ 밑고정액을 주입하며 어스 오거를 끌어 올린다. ④ 밑고정액을 말뚝 둘레의 고정액으로 교체하여 어스 오거를 끌어 올린다. ⑤ 말뚝을 삽입한다. ⑥ 압입 또는 경타에 의해 말뚝을 지지층에 정착한다.

b) 더블 오거의 공법   이 공법의 시공 순서를 그림-7.13과 같이 나타낸다.

① 케이싱과 어스 오거를 서로 역회전시키며 굴착한다.

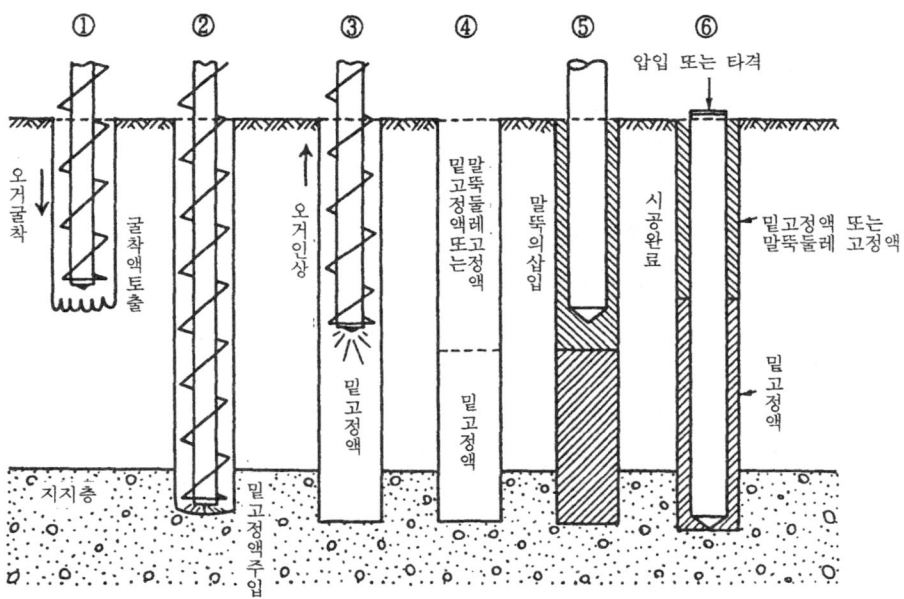

그림-7.12 시멘트 밀크공법의 시공순서

② 지지층을 소정 깊이까지 굴착한다.
③ 케이싱을 오거 구동 장치에서 벗겨내고 밑고정액을 주입하고 어스 오거만을 상하 반복한다.
④ 케이싱을 다시 오거 구동 장치에 장착하고 말뚝 둘레에 고정액을 주입하며 케이싱과 어스 오거를 끌어 올린다.
⑤ 말뚝을 삽입한다.
⑥ 압입 또는 경타에 의해 지지층에 정착시킨다.

c) 회전 침설 공법 이 공법의 시공 순서를 그림-7.14와 같이 나타낸다. ① 어스 오거의 브레이드 대신 교반봉을 장치한 형상의 굴착 롯드를 써서 굴착액을 토출하며 굴착한다. ② 굴착 롯드를 상하 반복 교반하며 지지층의 소정 심도까지 굴착한다. ③ 밑고정액을 주입하고 다시 말뚝 둘레를 고정액으로 바꾸어 주입하며 굴착 롯드를 끌어 올린

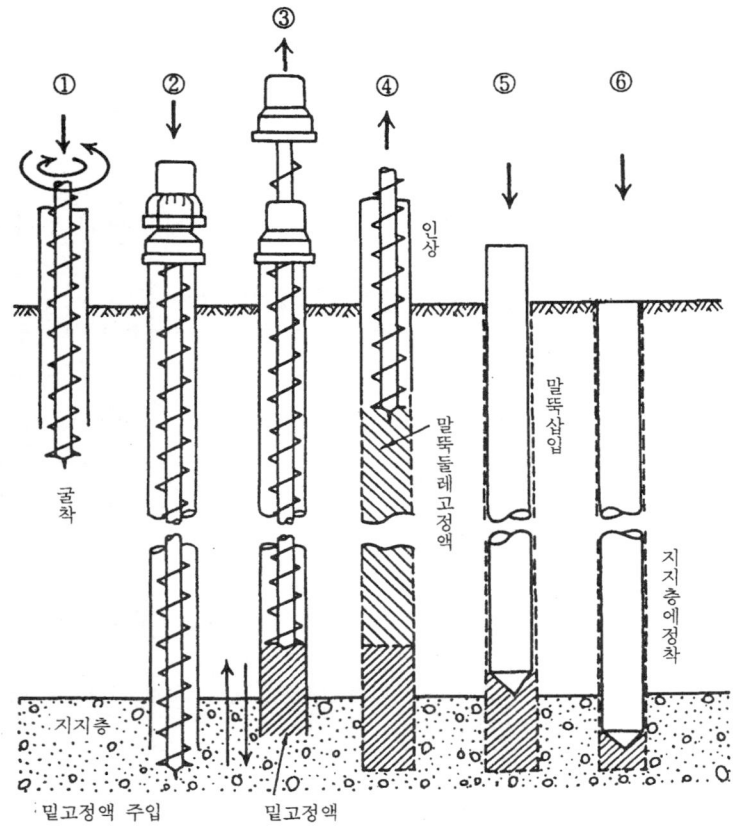

그림-7.13 더블 오거 공법의 시공순서

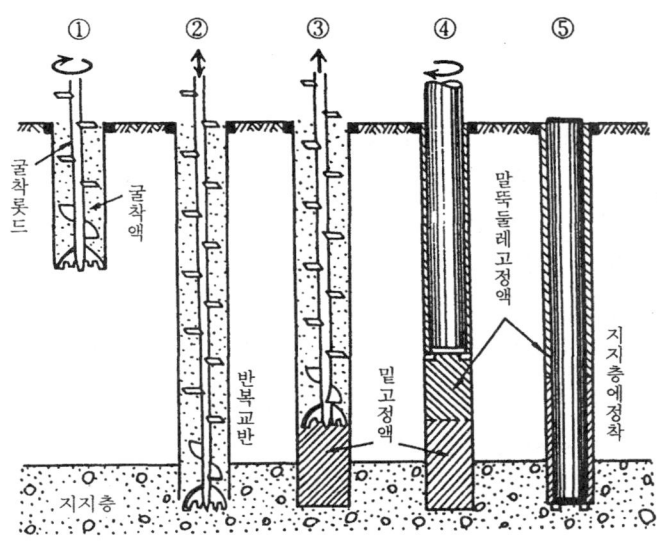

그림-7.14 회전 침설공법의 시공 순서

다. ④ 말뚝을 회전시키며 삽입한다. ⑤ 말뚝을 지지층에 정착한다.

ii) 시공상의 주의사항

① 복류수나 피압수가 있는 지반에서는 밑고정액이 유출될 우려가 있다.

표-7.6 프리보링 밑고정 공법의 시공장비 예

기 계 명	시 방	수 량
말뚝타설기	삼점식 말뚝 타설기 또는 타이어식 말뚝 타설기	1
오거 구동장치	40H 정도*	1
말뚝 삽입 보조장치	20tf 이상의 압입장치 또는 2tf 이상의 드롭 파일 해머	1
어스 오거	말뚝지름+100mm 정도	1
오거 비트	말뚝지름+(60~100mm)	1
뱃처 플랜트	믹서 용량 $500l \times 2$조 이상 그라우트 펌프 토출압력 10 kgf/cm^2 이상 토출량 $280 l/min$ 이상	1
급수 설비	$\phi 38mm$ 이상의 수도일 때 $2.5m^3$ 이상의 예비 탱크, $\phi 38mm$ 미만에서는 $10m^3$ 이상의 예비 탱크	1
발전기	125~175 kVA	1
배토 이수처리 설비	배액조, 버큠차($2 \sim 4m^3$), 소형 쇼벨($3 \sim 6tf$)	1

*표-7.12 참조

② 말뚝을 지지층에 정착시킬 때에 경타나 타격으로 소음·진동이 발생한다.
③ 말뚝을 굴착 구멍에 삽입하면 이수가 넘쳐 흐른다. 이 이수에는 굴착액이나 말뚝 둘레의 고정액이 함유되었으며 산업폐기물로서 처리해야 한다.
④ 공벽의 붕괴나 자갈의 침강에 의해 시멘트 밀크 공법으로 시공하는 것이 곤란한 경우는 더블 오거공법이 좋다. 단, 케이싱의 이음은 용이하지 않기 때문에 장척말뚝의 경우는 주의한다.

iii) 시공 장비의 예 프리보링 밑고정 공법의 대표적인 공법으로서 시멘트 밀크 공법에 쓰이는 시공장비의 시방을 표-7.6에 나타냈다.

(3) 프리보링 확대 밑고정 공법

i) 시공법 이 공법은 굴착용의 전용 롯드 또는 어스 오거와 경타용의 드롭 해머를 장비한 병용형 말뚝 타설 장대를 써서 지반의 굴착에서 확대, 밑고정부의 축조, 말뚝의 삽입과 설치까지 시공한다.

이 공법의 시공 순서를 그림-7.15와 같이 나타낸다.
① 오거 비트 선단에서 굴착액을 토출하며 교반 날개를 장치한 굴착 롯드나 어스 오거로 굴착한다.
② 지지층 부근에 도달하면 오거 비트의 확대 장치를 작동시켜 굴착을 확대한다.
③ 밑고정액을 주입한다.

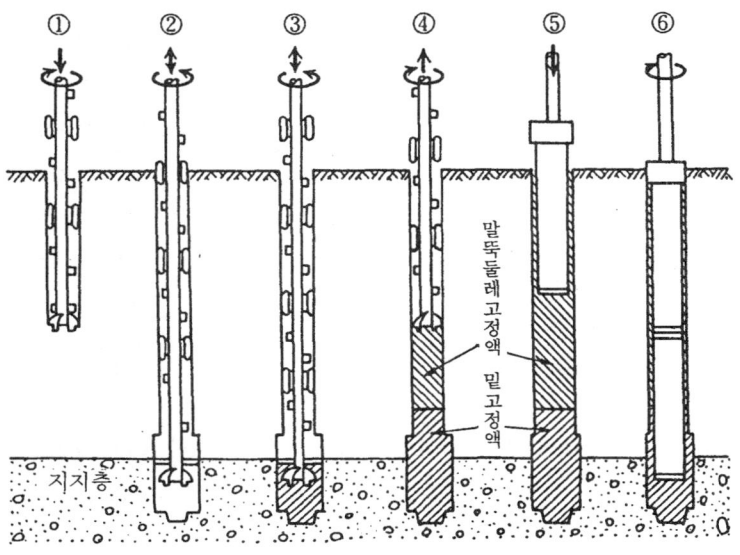

그림-7.15 프리보링 확대 밑고정 공법의 시공 순서

④ 확대 장치를 정지하고 말뚝 둘레에 고정액을 주입하며 굴착 롯드를 끌어 올린다(말뚝 둘레에 고정액을 사용하지 않는 경우도 있다).
⑤ 굴착 구멍에 말뚝을 삽입한다(말뚝을 회전시키며 침설하는 수도 있다).
⑥ 확대 밑고정부에 말뚝을 회전시키면서 삽입시킨다.

ii) 시공상의 주의사항

① 복류수나 피압수가 있는 지반에서는 밑고정액이나 말뚝 둘레의 고정액이 유출될 우려가 있다.
② 말뚝을 굴착 구멍에 삽입하면 시멘트 밀크공법보다는 적으나 이수가 넘쳐 흐른다. 사전에 이수용의 집수장을 마련하는 등 적절한 처리를 해야 한다.
③ 큰 자갈이나 호박돌이 있는 지반에서는 자갈이나 호박돌이 굴착 구멍밑에 침강되어 높게 정지가 되는 수가 있다.
④ 공벽의 붕락이 심한 경우에 무리하게 말뚝을 고정시켜서 침설하면 말뚝체에 과대한 비틀림 모멘트가 발생하여 파괴될 우려가 있다.

iii) 시공 장비의 예 프리보링 확대 밑고정 공법에 쓰이는 표준적인 시공 장비의 시방을 표-7.7, 시공 장비의 배치를 그림-7.16에 나타낸다.

(4) 중굴 타격 공법

 i) 시공법 이 공법은 굴착용의 어스 오거와 오거 구동 장치, 드롭 해머, 압입 장치,

표-7.7 프리보링 확대 밑고정공법에서의 시공장비 예

기 기 명	시 방	수 량
말뚝타설기	삼점식 말뚝 타설기 또는 타이어식 말뚝 타설기	1
오거 구동장치	40H 정도*	1
말뚝 삽입 보조장치	특수 캡	1
전용 롯드	말뚝지름+50mm정도	1
오거 비트	확인 부착 특수 비트	1
뱃처 플랜트	믹서 용량 500l×2조 이상 그라우트 펌프 토출압력 10 kgf/cm^2 이상, 토출량 280l/min 이상	1
급수 설비	ϕ38mm 이상의 수도일 때 2.5m^3 이상의 예비 탱크, ϕ38mm 미만에서는 10m^3 이상의 예비 탱크	1
발전기	125~175 kVA	1
배토 이수처리 설비	배액조, 버큠차(2~4m^3), 소형 쇼벨(3~6tf)	1

* 표-7.12참조

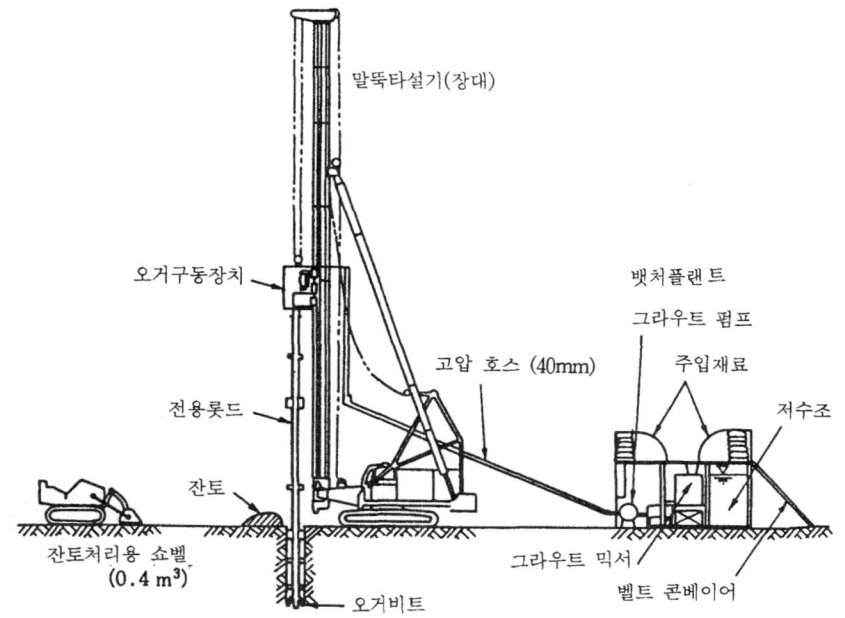

그림-7.16 프리보링 확대 밑고정공법 시공장비 배치의 일례

배토 호퍼와 캡 등을 장비한 대형의 말뚝 타설기를 써서 말뚝의 수직 조정, 어스 오거에 의한 굴착, 압입 및 타입으로 실시한다.

타격에 디젤 해머나 유압 해머를 쓰는 경우는 해머용의 말뚝 타설 장대를 준비해야 한다.

말뚝 중공부에 대한 어스 오거의 삽입이나 말뚝의 세우기 등 보조작업을 위해 크롤러 크레인을 장비하여 사용한다. 이 공법의 시공 순서를 그림-7.17과 같이 나타낸다.

① 사전에 말뚝 중공부에 어스 오거를 삽입하고 아래 말뚝을 보조 크레인으로 세우고 말뚝 타설 장대에 장치된 오거 구동 장치와 어스 오거를 접속한다.
② 어스 오거를 회전시켜 말뚝 선단부의 지반을 굴착한다. 토사를 말뚝머리부에서 바출하며 말뚝을 침설한다. 배토를 원활히 하기 위해 에어콤프레셔를 써서 어스 오거 선단에서 에어를 분출하며 시공하는 경우가 많다.
③ 아래 말뚝에 어스 오거를 삽입해 둔 중말뚝(또는 상말뚝)을 세우고 이음부를 용접한다. 그후 순차적으로 굴착·침설을 되풀이한다.
④ 지지층 부근의 소정 심도까지 말뚝을 침설한 후 어스 오거를 끌어 올린다.
⑤ 말뚝타설 장대에 장치된 드롭해머로 말뚝을 타격하고 말뚝 선단을 지지층에 타입한

다. 디젤 해머나 유압 해머의 경우에는 침설에 쓰이는 말뚝 타설 장대를 이동시켜 해머 전용의 말뚝 타설 장대로 타입하고 동적 지지력을 확인한다.

ii) 시공상의 주의사항

① 중굴공법은 기성 말뚝이 케이싱 역할을 하기 때문에 붕괴성 지반에서도 침설하는

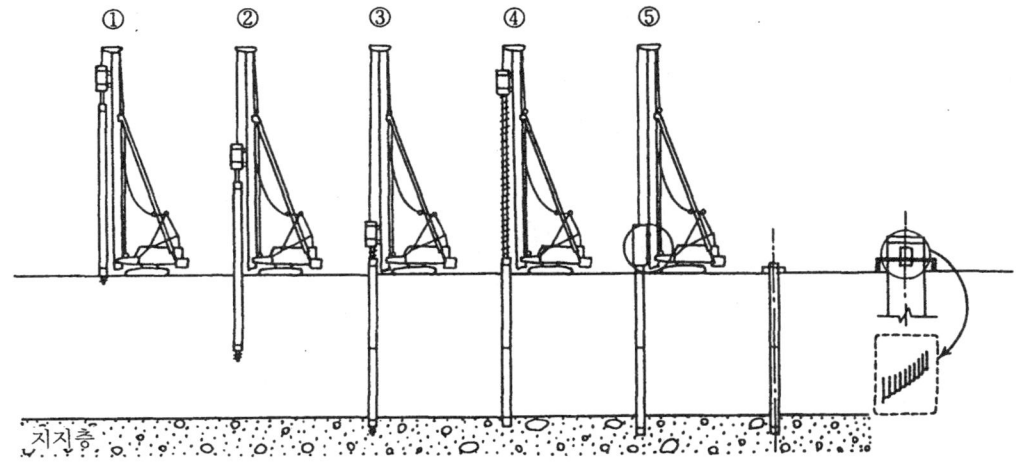

그림-7.17 중굴 타격공법의 시공 순서

표-7.8 중굴타격 공법에서의 시공장비의 예

기 기 명	시 방	수 량
말뚝타설기	삼점식 말뚝 타설기 (전장비 중량 75tf 이상)	1
오거 구동장치	40H 정도*	1
어스오거와 비트	시공지반에 적합한 비트를 사용하여 말뚝 내경 말뚝길이에 맞는 것을 사용한다.	1
발전기	출력 150 kVA 이상 (방음형)	1
에어 콤프레서	토출량 10.5m³/min 이상 (방음형)	1
압입장치	와이어 조임식 또는 유압식	1
부설철판	1.5m×6m×22mm (말뚝타설기의 발판 보강용)	1
크롤러 크레인	현장 상황, 작업 상황, 현수하중 등에 적합한 것을 사용한다.	1
백호우 또는쇼벨도우저	굴착토사 이동용 (0.4m³ 이상)	1
타격용 말뚝타설기와 해머	디젤 해머와 유압 해머로 타입하는 경우에 사용한다. 단, 드롭 해머의 경우에는 중굴용 말뚝타설기가 병용되므로 사용하지 않는다.	1

* 표-7.12 참조

것이 가능하나 중간층에 호박돌이나 지름 50mm 이상의 자갈이 있는 경우에는 말뚝 본체를 파손시킬 수가 있다. 점성이 높은 점토가 있는 경우에는 말뚝 내벽과 어스 오거의 마찰이 커져서 말뚝 중공부에서 배토가 곤란한 때가 있다.

② 모래층에서 지하 수위가 높은 경우에는 보일링 형상이 생기는 수가 있다. 이런 경우에는 말뚝 중공부의 수위를 높게 하는 조치를 강구해야 한다.

③ 최종 타격때에는 소음·진동이 발생된다.

④ 타입에 의해 말뚝 선단의 중공부가 토사로 폐쇄되면 말뚝 선단부에서 큰 내압이 발생한다. 이 때문에 말뚝 선단부를 강판 등으로 보강할 필요가 있다.

⑤ 디젤 해머나 유압 해머로 타입하는 경우 전용의 말뚝 타설 장대를 준비해야 한다.

iii) 시공 장비의 예 중굴 타격 공법에 쓰이는 표준적인 시공 장비의 시방을 표-7.8에 나타냈다.

(5) 중굴(확대) 밑고정 공법

 i) 시공법 이 말뚝은 어스 오거와 오거 구동 장치, 압입 장치, 배토 호퍼와 캡 등을 장비한 대형의 말뚝 타설 장대를 써서 말뚝의 수직 조정, 어스 오거에 의한 굴착, 압입과 확대 밑고정을 하면서 시공한다.

지지층까지 말뚝을 침설하는 방법은 중굴 타격 공법과 동일한다.

말뚝 선단을 지지층속에 말뚝 지름 이상 근입시킨 후 오거 제트 선단 밑고정액을 분사시켜 확대 밑고정부를 축조한다.

확대 밑고정부의 축조 방법은 오거 비트에 장치된 펼침 날개로 기계적으로 확대하는 것과 오거 비트에 장치된 노즐에서 밑고정액을 고압 분사하여 확대하는 것이 있다. 그 개요를 다음에 나타낸다.

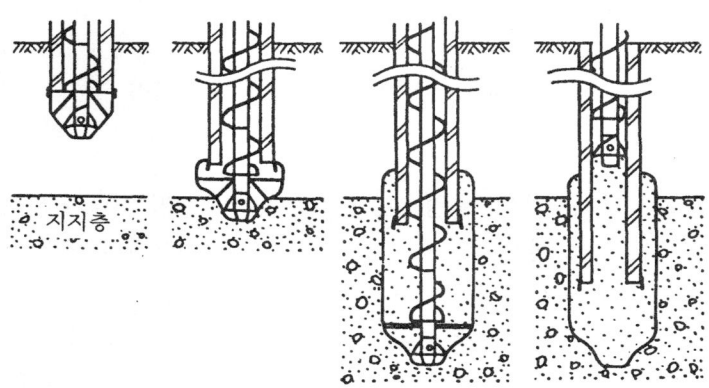

그림-7.18 확익에 의한 확대 밑고정 공정

a) 펼침 날개에 의한 방법 그 공정을 그림-7.18에 나타낸다. 오거 비트가 지지층 부근에 도달하면 오거 비트에 부착된 펼침 날개를 작동시킨다. 또 밑고정액을 토출시켜 지지층의 모래 또는 모래자갈과 충분히 혼합하여 확대 밑고정부를 축조한다. 다음으로 확대 밑고정부속에 말뚝 선단을 관입하여 설치한다.

이 공법에 의한 확대 지름은 말뚝지름보다 10~20cm 크게 한다.

b) 고압 분사에 의한 방법 그 공정을 그림-7.19에 나타낸다. 말뚝 선단을 지지층속에 설치한 다음 오거 비트에 부착된 노즐에서 밑고정액을 수평방향으로 고압 분사하여 천천히 오거를 회전시키며 끌어 올려서 확대 밑고정부를 축조한다.

이 공법에 의한 확대 지름의 품질특성은 밑고정액의 분사 압력이다. 밑고정액을 분사할 때의 펌프 압력은 대충 150kgf/cm² 이상이다.

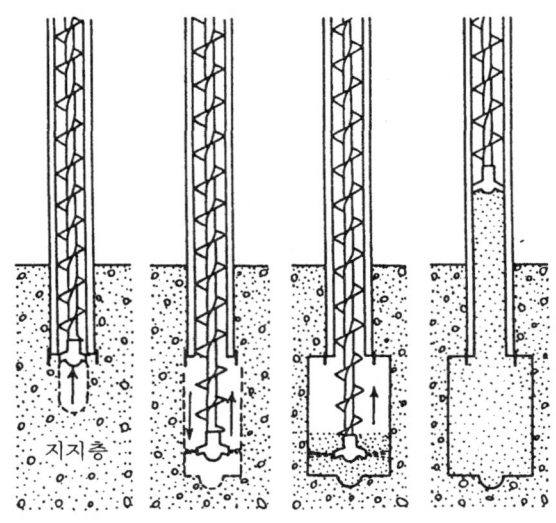

그림-7.19 고압 분사에 의한 확대 밑고정 공정

ii) 시공상의 주의 사항

① 피압 지하수나 복류수가 있는 경우는 밑고정액이 유출될 우려가 있다.

② 중굴(확대) 밑고정 공법은 프리보링 밑고정 공법과 비교하여 굴착액이나 말뚝 둘레에 고정액을 사용하지 않기 때문에 이수는 별로 나오지 않는다. 그러나 지하수위가 높고 단말뚝(말뚝길이 15m 이하)의 경우는 이수가 나오는 경우가 있다.

③ 「도로교 시방서·동해설 하부 구조편」에서는 시멘트 밀크 분출 교반 방식은 과거의 수직 재하시험결과 10예 이상으로 시공관리 방법이 확립된 공법에 한정하여 그 시

표-7.9 중굴(확대) 밑고정 공법에서의 시공 장비 예

기 계 명	시 방	수 량
말뚝타설기	삼점식 말뚝 타설기 (전장비 중량 75tf 이상)	1
오거 구동장치	50H 정도*	1
어스오거	말뚝내경(40~60mm)	1
특수 비트	확익 부착 또는 고압 분사 노즐 부착	1
발전기	출력 150 kVA 이상 (방음형)	2
에어 콤프레서	토출공기량 10.5m³/min 이상 (방음형)	1
압입장치	와이어 조임식 또는 유압식	1
부설철판	1.5m×6m×22mm (말뚝타설기의 발판 보강용)	6
크롤러 크레인	말뚝하역, 세우기 오거 삽입과 인발용 20tf 이상	1
백호우 또는 쇼벨도우저	굴착토사 이동용 (0.4m³ 이상)	1
뱃처 플랜트	믹서 용량 500l×2 탱크 이상, 고압 펌프의 토출압력 150 kgf/cm² 이상, 토출량 90l/min 이상	1
물탱크	10m³ 이상	1

표-7.12 참조

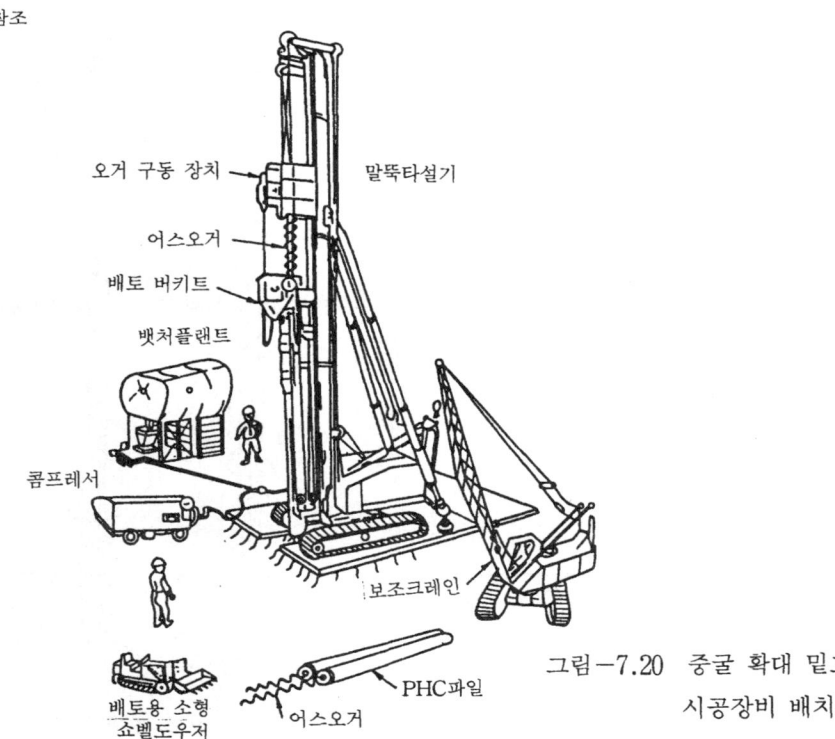

그림-7.20 중굴 확대 밑고정공법 시공장비 배치의 일례

공을 인정하였다.

ⅲ) 시공 장비의 예   중굴 확대 밑고정공법에 쓰이는 표준적인 시공 장비의 시방을 표-7.9에, 시공 장비의 배치를 그림-7.20에 나타냈다.

(6) 회전 밑고정 공법

ⅰ) 시공법   이 공법은 말뚝 본체를 회전시키고 압입하면서 침설하는 공법이며, 말뚝 본체에 회전력을 주는 부위에 따라 다음의 2가지로 분류된다.

a) 말뚝 선단부에 회전력을 주는 공법   주로 콘크리트 말뚝에 쓰이는 공법이다. 말뚝 선단에 특수 슈를 용접하고 특수 슈와 롯드를 접속하여 구동장치의 회전력을 말뚝에 전달하여 비틀어 들어가는 공법이다. 그 시공순서를 그림-7.21과 같이 나타낸다.

① 말뚝 선단에 특수 슈가 용접된 말뚝의 중공부에 전용 롯드를 삽입하고 보조 크레인으로 세운다. ② 말뚝 타설 장대에 장착된 오거 구동 장치와 전용 롯드를 접속한다. ③ 롯드를 통하여 말뚝을 회전시키고 특수 슈의 노즐에서 굴착수를 토출하며 밀어 넣는다. ④ 아래말뚝에 롯드가 삽입된 중말뚝(또는 상말뚝)을 세운 다음 이음부를 용접한다. ⑤ 말뚝을 회전시켜 굴착수를 토출시키면서 지지층까지 말뚝을 밀어 넣는다. ⑥ 특수 슈의

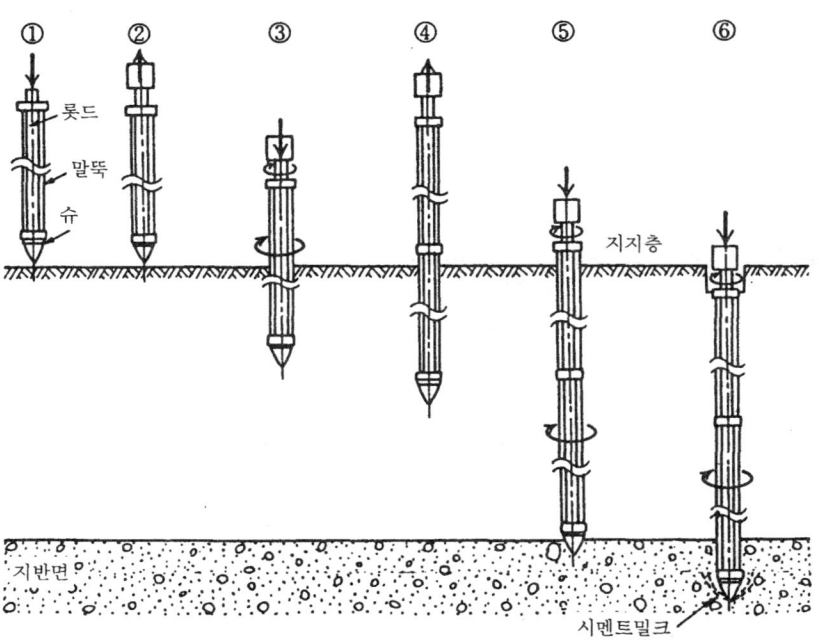

그림-7.21 말뚝 선단부에 회전력이 주어지는 회전 밑고정 공법의 예

노즐에서 토출되는 굴착수를 시멘트 밀크로 바꾸어서 밑고정을 한다. 그후 말뚝을 회전·압입하여 지지층에 정착시킨다.

b) 말뚝 머리부에 회전력을 주는 공법 주로 강관 말뚝에 쓰이는 공법이다. 말뚝을 케이싱으로 회전하고 어스 오거로 중굴하여 침설하는 공법이다. 그 시공 순서를 그림-7.22와 같이 나타낸다. ① 사전에 말뚝 중공부에 어스 오거가 삽입되는 아래말뚝을 보조 크레인으로 세운다. ② 말뚝 타설 장대에 장착된 오거 구동 장치와 어스 오거를 접속한다. ③ 말뚝을 정(+)회전 혹은 역회전시키며, 어스 오거를 회전시켜서 말뚝 선단부의 지층을 굴착하고 말뚝머리부에서 토사를 배출하여 침설한다. ④ 아래말뚝에 어스 오거를 삽입한 중간말뚝(또는 상말뚝)을 세우고 이음부를 용접한다. ⑤ 지지층까지 말뚝과 어스 오거를 회전시켜서 침설한다. ⑥ 어스 오거 선단에서 밑고정액을 토출하여 끝고정한다.

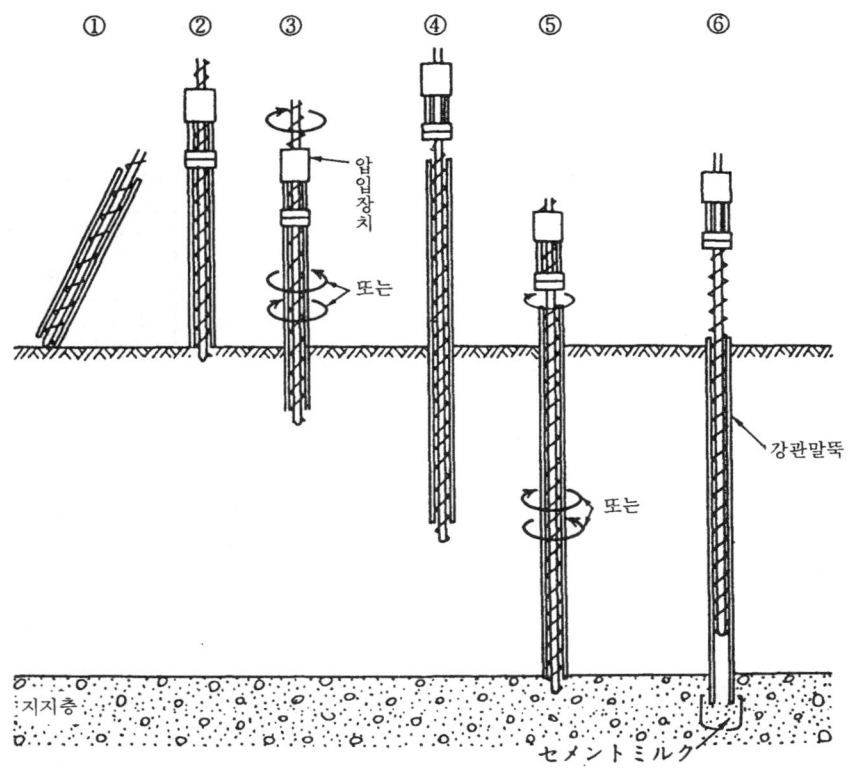

그림-7.22 말뚝머리부에 회전력이 주어지는 회전 밑고정 공법의 예

ii) 시공상의 주의사항

① 중간층에 호박돌이나 지름 50mm 이상의 자갈이 있는 경우, 또는 점착력이 높은 점토가 있는 경우에는 시공이 곤란한 때가 있으므로 사전에 검토를 한다.

② 밑고정때에 피압 지하수와 복류수가 있는 지지층에는 밑고정액이 유출될 우려가 있으므로 주의를 요한다.

표-7.10 회전 밑고정공법에서의 시공장비 예

기 계 명	시 방	수 량
말뚝타설기	삼점식 말뚝 타설기	1
오거 구동장치	40H 정도*	1
특수 롯드	공법에 의한 전용롯드	1
발전기	출력 150 kVA 이상	1
에어 컴프레서	토출공기량 10.5m³/min 이상	1
크롤러 크레인	말뚝세우기 롯드삽입과 인발용	1
뱃처 플랜트	믹서용량 500ℓ×2조 이상, 그라우트 펌프 토출압력 10kgf/cm³ 이상, 토출량 280ℓ/min 이상	1

※ 표-7.12 참조

표-7.11 말뚝

말뚝 타설 본체 형식		운행 하중 40tf 크라스					운행 하중 40tf 크라스		
전 장 비 중 량		85tf					90tf		
리더후론트형식	병용	리더 길이	해머	오거	말뚝 길이	말뚝 중량	리더 길이	해머	오거
4 tf 크라스 해머 장착 가능 병용식	단독 단독 병용	24m 27 24	4.5tf 3.5tf	60 H 60 H	17m 21 18	10.0tf 6.0 7.0			
6 tf 크라스 해머 장착 가능 병용식	단독 단독 병용	24 30 24	6.0tf 4.5tf	60 H 60 H	16 24 17	7.0 6.0 5.0	24 33 24	6.0tf 4.5tf	60 H 60 H
7 tf 크라스 해머 장착 가능 병용식	단독 단독 병용						21 24 21	7.0tf 3.5tf	120 H 120 H
9 tf 크라스 해머 장착 가능 병용식	단독 단독 병용								

제7장 기성말뚝의 시공

iii) 시공장비의 예   회전 밑고정 공법에 이용되는 표준적인 시공장비의 시방을 표-7.10에 나타냈다.

(7) 천공 말뚝 공법에 쓰이는 시공 장비

ⅰ) 말뚝 타설 장대   천공 말뚝 공법에 쓰이는 말뚝 타설 장대는 말뚝 지름, 말뚝 길이, 지반, 작업장의 넓이와 형상 등의 조건을 고려하여 어스 오거에 의한 굴착, 말뚝의 반입 및 침설의 작업이 충분히 될 수 있는 기종을 선정한다. 말뚝 타설 장대는 작업의 안전성이 높고 시공 정밀도가 높은 3점 지지식이 많이 사용된다. 표-7.11에 말뚝타설 장대의 선정표를 나타낸다. 또 말뚝타설 장대의 시방서 양식이 JIS A 8503에 정해져 있다.

ⅱ) 해머   천공 말뚝 공법에서는 드롭 해머나 유압 해머가 주로 이용된다. 작업장이 넓고 인근 환경에 문제가 없을 때는 디젤 해머가 쓰이는 경우도 있다. 해머의 상세한 것은 7.2.1을 참조하기 바란다.

ⅲ) 오거 구동 장치   오거 구동 장치는 전동기와 감속기로 되었으며 이것에 스이벨장치(회전이음)가 설치되었다. 오거 구동 장치는 말뚝 지름, 시공 심도와 시공 지반에 따라 충분한 굴착 능력을 가진 것을 선정해야 한다. 주요한 오거 구동 장치의 시방예를

타설기의 선정표

말뚝 길이	말뚝 중량	운행 하중 50tf 크라스					운행 하중 60tf 크라스				
		100 tf					110 tf				
		리더 길이	해머	오거	말뚝 길이	말뚝 중량	리더 길이	해머	오거	말뚝 길이	말뚝 중량
16	8.5	27	6.0 tf		19	10.0					
27	6.0	33		60 H	27	6.0					
17	7.0	27	4.5 tf	60 H	20	8.0					
13	5.0	24	8.0 tf		16	4.0	27 m	8.0 tf		19 m	4.0
18	10.0	27		120 H	21	10.0	30		120 H	24	10.0
15	7.0	21	4.5 tf	120 H	14	7.0	24	4.5 tf	120 H	17	7.0
		24	8.0 tf		16	4.0	27	8.0 tf		19	4.0
		27		150 H	14	10.0	24		150 H	17	10.0
		21	4.5 tf	120 H	14	6.0	24	4.5 tf	120 H	17	7.0

표-7.12 주요한 어스오거 구동장치의 시방 예

형 식	40 S	40 H (D-40 H)	50 H (D-50 H)	60 H (D-60 H)	80 H (D-80 H)
최대 굴착 공경 (mm)	450	600	700	800	1 000
굴진 속도 (m/min)	4 (N치 40까지)	4 (N치 50까지)	4 (N치 50까지)	4 (N치 60까지)	—
굴진 모터 (kW)	30	30	37	45 6p 특수형	30×2 6p 특수형 2대
오거 회전수 (rpm) (6 p* 일때)	50 Hz 32 60 Hz 39	50 Hz 19 60 Hz 23	50 Hz 19 60 Hz 23	50 Hz 16 60 Hz 19	50 Hz 14 60 Hz 17
굴진 토크 (6P일 때)	kgf·m 50 Hz 910 60 Hz 760	kgf·m 50 Hz 1 500 60 Hz 1 300	kgf·m 50 Hz 1 900 60 Hz 1 600	kgf·m 50 Hz 2 800 60 Hz 2 300	kgf·m 50 Hz 4 090 60 Hz 3 420
굴진기구 질량 (kg)	1 800	3 300	3 900	6 000	7 000
스이벨 구경 (mm)	42(1½B)	42(1½B)	42(1½B)	53(2 B)	53(2 B)

* p : 전극수 (pole)

표-7.12에, 기구의 일례를 그림-7.23에 나타낸다.

 iv) 어스 오거 어스 오거는 굴착액, 밑고정액 등 각종의 액을 토출하기 때문에 중공측의 것을 사용한다. 또 강성이 높고 휨이 없으며, 손상이 없으므로 작업에 충분히 견디는 것을 쓴다. 길이는 굴착 길이에서 결정된다. 특히 중굴 공법에서는 말뚝길이(아래말뚝, 중말뚝, 윗말뚝)별로 조합하여 말뚝 내경보다 40~60mm 작은 오거 지름의 것을 쓴다.

 v) 오거 비트 오거 비트는 굴착액, 밑고정액 등 각종의 액을 주입하기 때문에 중공축의 것을 사용한다. 그림-7.24에 확대 밑고정 공법에 쓰이는 펼침 날개가 붙은 오거 비트의 예를 나타낸다. 또한 그림-7.25에 고압 분사에 의한 확대 밑고정 공법에 쓰이는 비트의 예를 나타낸다.

 vi) 뱃처 플랜트 뱃처 플랜트는 주로 그라우트 믹서와 그라우트 펌프로 되었으며 그라우트 믹서는 교반 용량 500l 이상이며 2조 이상의 것이 많이 사용된다. 그라우트 펌프는 토출 압력 10kgf/cm^2 이상 토출량 280l/min 이상의 것이 사용되고 있다. 그림-7.26에 뱃처 플랜트 구조도의 일례를 나타냈다. 또 고압 분사에 의한 확대 밑고정 공법에 쓰이는 그라우트 펌프는 토출 압력 150kgf/cm^2 이상이다.

제7장 기성말뚝의 시공 451

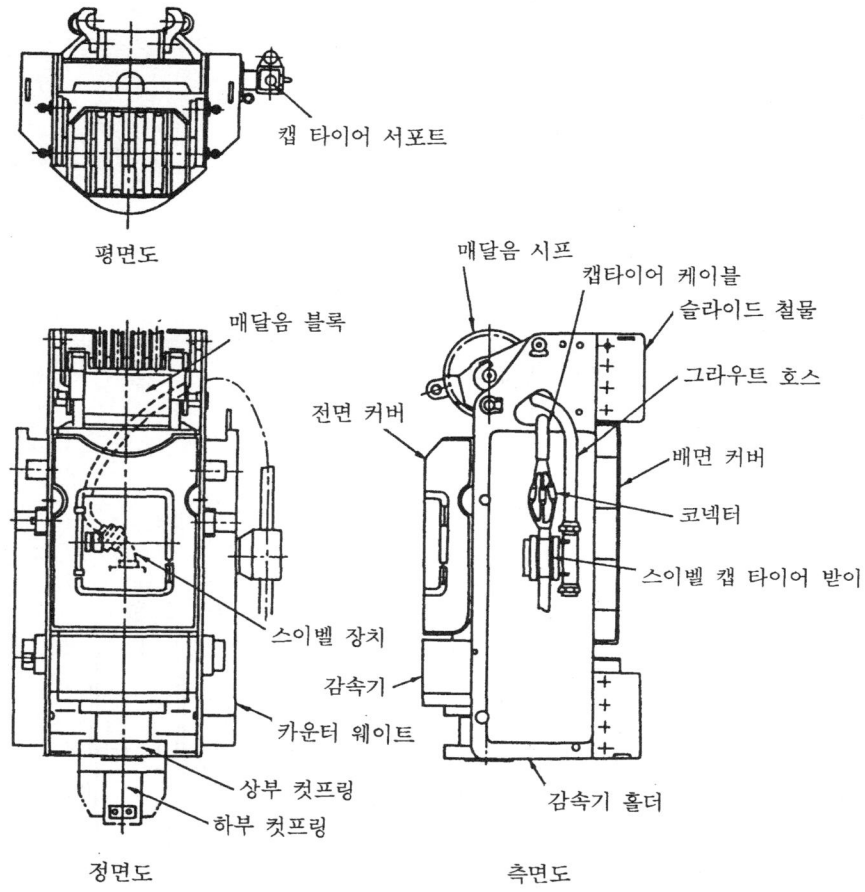

그림-7.23 오거 구동장치 기구의 일례

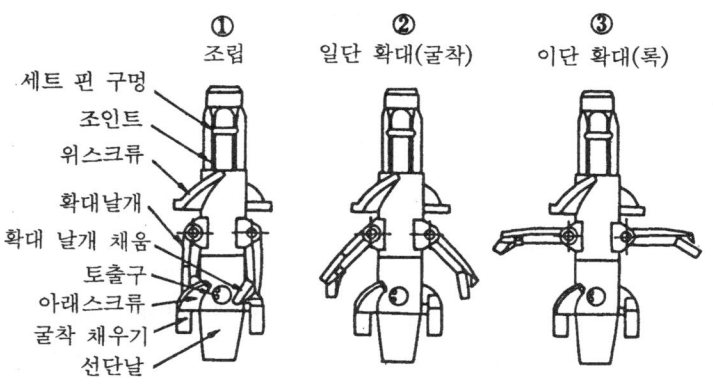

그림-7.24 확익 부착 오거비트의 예

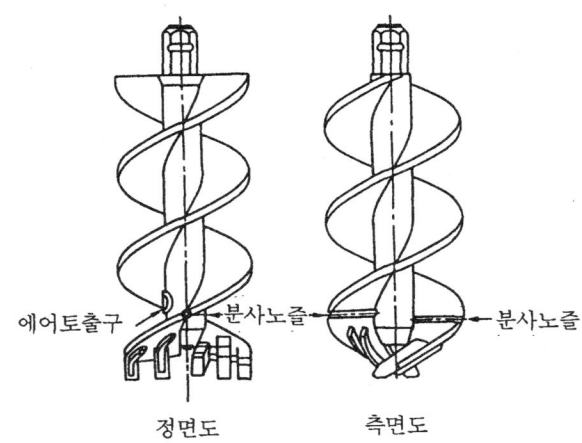

에어토출구 분사노즐   분사노즐

정면도   측면도

그림-7.25 고압 분사용 오거비트의 예

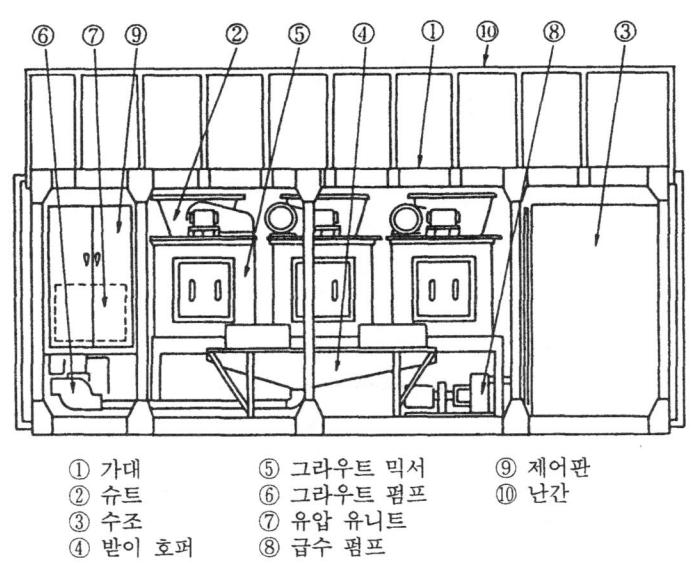

① 가대　　　　⑤ 그라우트 믹서　　⑨ 제어판
② 슈트　　　　⑥ 그라우트 펌프　　⑩ 난간
③ 수조　　　　⑦ 유압 유니트
④ 받이 호퍼　　⑧ 급수 펌프

그림-7.26 뱃처 플랜트 구조도의 일례

vii) 에어 콤프레서 에어콤프레서는 중굴공법의 경우에 쓰이며 압축 공기는 어스 오거 축부의 중공부를 거쳐서 오거 비트의 선단부에서 분출하며 어스 오거에 의한 배토 효과를 향상시키기 위해 사용한다. 에어 콤프레서는 말뚝 지름, 시공심도와 굴착 지반에 따라 형식이 선정되나 일반적으로는 상용 압력 7kgf/cm² 이상, 토출 공기량 3.5m³/min 이상의 것이 사용된다.

viii) 보조 크레인 말뚝 타설 장대의 안전성에서 말뚝의 세우기, 어스 오거의 삽입과 인발 작업을 위한 크롤러 크레인을 장비하여 사용한다.

ix) 발전기 천공 말뚝 공법에서는 전력을 필요로 하는 여러 가지 장비를 사용한다. 그 때문에 발전기는 현장의 시공 사정을 고려하여 충분한 용량을 갖지 않으면 안된다. 천공 말뚝 공법에서 쓰이는 장비의 전기 용량과 대응하는 발전기의 예를 표-7.13에 나타낸다.

표-7.13 제장비의 전기 용량 예 (단위 : kW)

기 계 명	말뚝지름 300~600mm의 경우	말뚝지름 700~1000mm의 경우
오거 구동 장치	45~55	90~120
그라우트 믹서	11~22	11~22
그라우트 펌프	11~37	30~55
급수 펌프	1.5~2.2	1.5~3.7
전기 용접기	15~35	15~35
필요 발전기 용량	175	300

7.2.3 부속 기구

기성말뚝의 시공은 시공방법에 따라 각종의 부속 기구가 필요하다.

(1) 캡·쿠션 캡은 말뚝머리부를 보호하고 해머와 말뚝축을 일치시켜서 쿠션과 함께 해머의 타격력을 말뚝에 균등하게 전달시키기 위해 사용한다. 그 크기는 시공하는 말뚝 지름에 맞는 것을 사용해야 하며 맞지 않으면 말뚝머리를 편타시키거나 손상시킬 우려가 있다.

쿠션은 해머의 큰 타격력을 직접 받아 캡에 그 힘을 균등하게 전달하는 동시에 해더 자체의 손상도 방지하는 역할을 한다. 쿠션에 사용하는 재료는 단단한 목재가 사용되나 최근에는 합판이 사용되는 수도 있다. 쿠션은 항상 타격력을 반복적으로 받기 때문에 변형이나 손상이 있으면 편타의 원인이 된다. 따라서 이와 같은 경우에는 새로운 것으로 대체할 필요가 있다.

디젤 해머 드롭 해머의 캡을 그림-7.27에 나타낸다. 유압 해머는 캡의 형상이 기종에 따라 다르며 쿠션에는 디젤 해머와 같은 것을 사용하는 수도 있으나 기름이나 물의 액체를 사용하는 수도 있다.

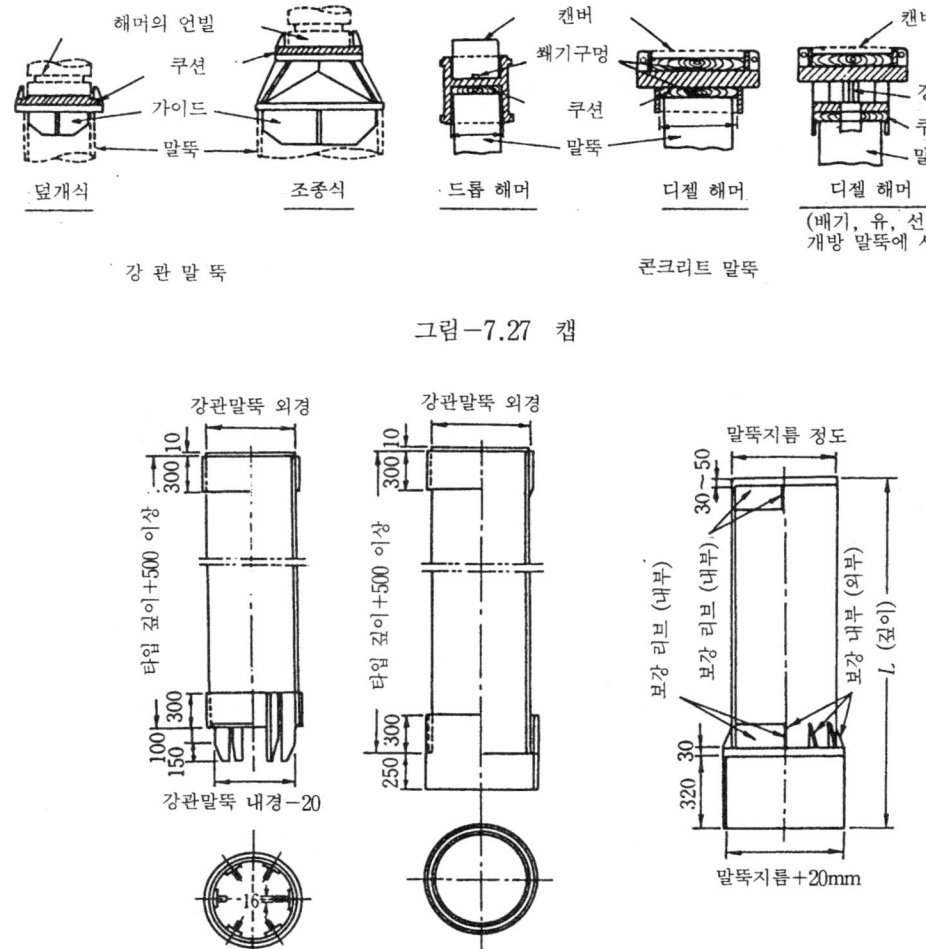

그림-7.27 캡

그림-7.28 집게

(2) 집게 집게는 말뚝을 지중, 혹은 수중에 설치하기 위해 사용하는 것으로 시공하는 말뚝의 지름과 같은 지름으로 같은 정도의 강성의 것을 쓰는 것이 좋다. 또 길이는 사용하기 쉬운 점에서 6~8m가 많으나 해상 시공에서는 10m 이상이 되는 수도 있다. 집게의 예를 그림-7.28에 나타내나 말뚝과의 접촉면은 평활하여 연속 사용에 견딜수 있는 튼튼한 것을 사용할 필요가 있다.

(3) 플릭션 커터 플릭션 커터는 시공때의 말뚝 선단의 보강과 타입성, 혹는 관입성의 향상을 목적으로 장치된다. 플릭션 커터의 형상을 강관 말뚝에서는 그림-7.29, 콘크리트 말뚝에서는 그림-7.30이 표준이며 말뚝 선단의 외면에 부착된다. 플릭션 커터는 타입말뚝, 중굴말뚝의 관입성에 있어서 중간 점성토층의 타격 후에 관입성을 유지시키는 효과가 있다고 한다.

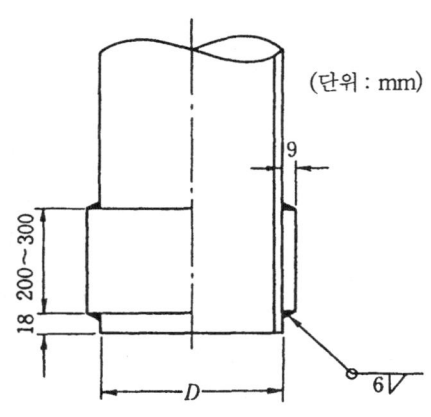

그림-7.29 플릭션 커터(강관말뚝)

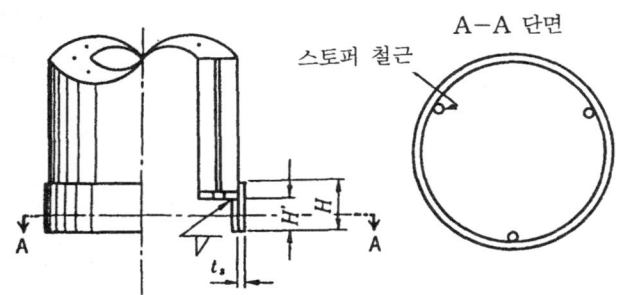

H : 플릭션 커터의 높이
H' : 돌출 길이
t_s : 플릭션 커터의 두께

그림-7.30 플릭션 커터 (콘크리트말뚝)

7.3 시공 관리

7.3.1 시공 정밀도

시공 정밀도란 평면적인 위치, 말뚝의 방향(경사), 말뚝축의 직선성 등의 정밀도이며 기성 말뚝의 시공 정밀도는 세우기, 특히 아래말뚝의 세우기 정밀도로 결정된다고 말한다. 따라서 세울때에는 위치 뿐만아니라 2방향에서 트랜시트에 의한 말뚝의 경사 관리 방법이 많이 실시된다. 타입 말뚝의 시공 정밀도는 각각 기준이 다르나 대개는 말뚝 중심 간격의 엇갈림 10cm 이내, 말뚝의 경사 1/100 이내가 기준으로 되었다.

7.3.2 타설 정지·밑고정 관리

(1) 타설 정지 관리(타입 말뚝 공법) 일반적으로 시험 말뚝 시공때의 지지지반에 대한 1타 당의 관입량, 리바운드량, 동적 지지력 등에서 타설정지의 판정 방법을 결정하는 수가 많다. 단, 관입량과 리바운드량 등을 쓰는 동적 지지력 공식에서 얻어진 지지력이 기준이며, 이 값만으로 타설 정지하거나 말뚝길이나 시공 장비를 변경하는 것은 좋지 않다. 말뚝의 타설 정지 관리는 말뚝의 근입 길이, 관입량과 리바운드량(동적 지지력), 지지층의 상황 등에 따라 종합적으로 판단할 필요가 있다. 그림-7.31에 타설 정지 관리 순서를 나타낸다.

ⅰ) 동적 지지력 공식 동적 지지력 공식은 그림-7.32에 나타낸 관입량, 리바운드량을 써서 산정하는 것으로 대별하면 다음의 2종류의 견해가 있다.

① 해머의 타격 에너지와 말뚝의 관입에 소비되는 에너지의 균형에서 구하는 방법 [a], (b)법]

② 타격때의 파동 방정식으로 구하는 방법 [c) 법]

a) 건축기준법 시행령식

$$R_a = F/(5S+0.1) \tag{7.2}$$

여기서 R_a : 말뚝의 장기 지지력(tf)
  F : 해머의 타격 에너지(tf·m)
    드롭 해머 $F = W \cdot H$
    디젤 해머 $F = 2W \cdot H$
   W: 해머 또는 램 중량(tf)
   H : 해머 낙하높이(m)
   S : 말뚝의 최종 관입량(m)

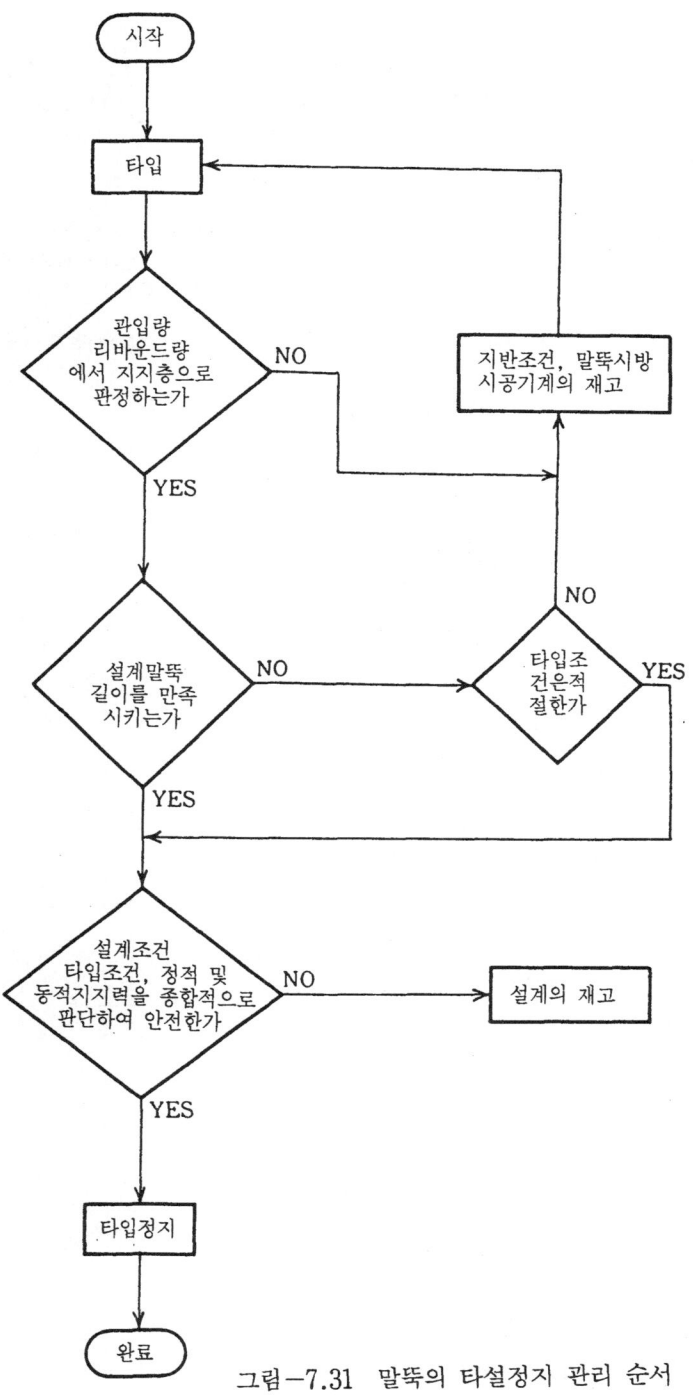

그림-7.31 말뚝의 타설정지 관리 순서

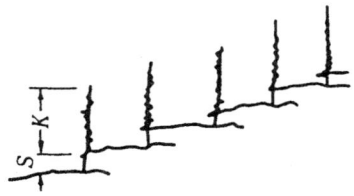
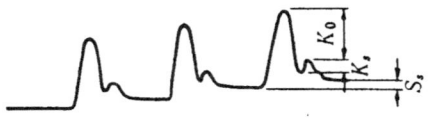

K : 리바운드량
S : 관입량

K_0 : 말뚝체의 리바운드량
S_s : 지반의 리바운드량
S : 관입량

(a) 타격중에 펜을 정치

(b) 타격중에 펜을 이동

그림-7.32 관입량과 리바운드량

b) Hiley의 식

$$R_u = \frac{e_f W_H H \left[1 - \dfrac{W_P}{W_H + W_P}(1-e^2)\right]}{S + K/2} \tag{7.3}$$

여기서 R_u : 말뚝의 극한 지지력(tf)
  e_f : 해머 효율
    디젤 해머 0.7
    드롭 해머 0.5
  W_H : 해머 또는 램 중량(tf)
  W_P : 말뚝의 중량(tf)
  H : 해머 낙하 높이(cm)
    디젤 해머는 $2H$로 한다.
  K : 리바운드량(cm)
  e : 반발계수
    콘크리트 말뚝 0.25

c) 도로교 시방서의 식

$$R_a = \frac{1}{3}\left(\frac{AEK}{e_0 l_1} + \frac{\overline{N} U l_2}{e_f}\right) \tag{7.4}$$

여기서 R_a : 말뚝의 허용지지력(tf)
  A : 말뚝의 순단면적(cm^2)

E : 말뚝의 영계수(tf/m^2)
U : 말뚝 둘레의 길이(m)
$\overline{N}$: 말뚝 주면의 평균 N치
K : 리바운드량(m)
l_1 : 동적 선단 지지력 산정때의 말뚝 길이는 표-7.14에 의한다. (m)
l_2 : 지중에 타입된 말뚝 길이(m)
l : 말뚝의 선단에서 해머 타격 위치까지의 길이(m)
l_m : 말뚝의 선단에서 리바운드 측정위치까지의 길이(m)
e_0, e_f : 보정계수이며 표-7.15의 값으로 한다. 단, W_H/W_P는 해머와 말뚝의 중량비이며 집게를 사용하는 경우 W_P는 말뚝과 집게 중량의 합산된 값으로 한다.

표-7.14 말뚝 길이의 보정치

e_0의 값	l_1의 값
$e_0 \geq 1$	l_m
$1 > e_0 \geq l_m/l$	l_m/e_0
$e_0 \leq l_m/l$	l

표-7.15 보정계수

말뚝종류	시공방법	e_0	e_f	비고
강관말뚝	타입말뚝공법 중굴 최종타격	$1.5 W_H/W_P$	2.5	
PHC말뚝	타입말뚝공법	$2.0 W_H/W_P$	2.5	
	중굴 최종타격	$4.0 W_H/W_P$	10.0	
강관말뚝 PHC말뚝	타입말뚝공법	$(1.5 W_H/W_P)^{1/3}$	2.5	유압 해머에 적용

ii) 파동 이론에 의한 방법 최근 구미에서 말뚝 타입때에 말뚝 머리부에서 측정한 응력과 가속도 등에 의해 파동 이론을 써서 말뚝의 지지력을 추정하는 방법이 사용되고 있다. 그 대표적인 방법이 Goble, G. G. 등에 의한 CASE법과 CAPWAP해석법이 있다.

CASE법은 측정 데이터에서 속도와 역파형을 구하여 현지에서 간이적으로 지지력을 추정하는 방법으로 현지에서 타설정지 관리에 적용한다.

한편 CAPWAP 해석법은 속도나 역파형과 주면 마찰력, 선단 지지력과 지반 정수 등에 따라 수치 시뮬레이션을하여 실측파형과 계산파형을 합치시키면서 말뚝의 선단 지지력, 주면 마찰력을 추정하는 방법이다. CASE법에서는 선단 지지력과 주면 마찰력을 분리할 수가 없어서 보다 상세한 해석으로 본 방법이 사용된다.

일본에서도 각종의 해석 방법이 검토되고 있으나 동적인 측정으로 얻어진 지지력과 정적 재하 시험에 의한 정적인 지지력에 대해서는 아직 충분한 관계가 얻어지지 않아서 앞으로 검토가 요망된다.

(2) 밑고정 관리 천공 말뚝 공법에서 말뚝이 수직지지력을 충분히 발현하는가 여부는 밑고정 관리에 걸려있다. 또한 프리보링 공법의 경우는 말뚝둘레의 고정액을 포함하여 관리해야 한다.

천공 말뚝 공법에 대한 밑고정 관리의 포인트를 다음에 나타낸다.

① 지지층의 확인 설치된 말뚝의 선단이 소정의 지지층에 도달할 것. 그를 위해서는 보링 주상도 뿐만아니라 본말뚝의 시공에 앞서 실시하는 시험 굴착에서 말뚝 설치지반의 상황을 파악해야 한다. 시험 굴착의 간격은 지지층이 거의 수평인 경우는 20m가 일반적이다.

또 지지층 굴착때에 오거 구동 장치의 부하 전류치나 굴착 속도가 구체적인 관리 항목이 된다. 최근에는 오거 구동 장치의 부하 전류를 측정하는 전류계 뿐만아니라 지지층 판정 자료로 하기 위한 적산전류계나 적산전력계가 개발되었다.

② 작업 공정의 관리 말뚝 선단의 (확대) 밑고정부을 확고하게 축조하기 위해서는 각 공법의 작업 표준을 엄수해야 한다. 펼침 날개를 부착시킨 오거 비트를 쓰는 경우는 기계적으로 펼침 날개를 작동시켜 소정 높이의 밑고정부를 축조하는 순서가 관리 항목이 된다.

③ 말뚝 둘레의 고정액 프리보링 공법에서 말뚝 둘레에 고정액을 쓰는 경우에는 말뚝 머리부까지 말뚝 둘레에 고정액을 채우지 않으면 안된다. 이를 위해서는 말뚝을 설정한 후 말뚝 둘레 고정액의 액면 위치를 측정 관리한다. 말뚝 설치 후 액면이 말뚝머리보다 낮은 경우에는 말뚝 둘레의 고정액을 보충한다.

④ 밑고정액이나 말뚝 둘레 고정액의 강도 밑고정액이나 말뚝 둘레의 고정액이 경화 후에 소요의 압축 강도를 만족하는 힘

천공 말뚝 공법의 대표적인 예로서 프리보링 확대 밑고정 공법의 시공관리 항목을 표-7.16에, 중굴 확대 밑고정 공법의 시공관리 항목을 표-7.17에 나타낸다.

표-7.16 프리보링 확대 밑고정 공법의 시공관리 항목과 관리치의 예

공 정		관리항목	관리방법	관리치
재료	말뚝재의 입수	말뚝종류·말뚝지름·말뚝길이 균열·파손	• 반입시의 육안 검사	• 말뚝종류·말뚝지름·말뚝길이에 착오가 없을 것 • 균열·파손이 없을 것
	시멘트 미립자 증량재 일니방지재	신선도	• 반입시의 육안 및 촉감	• 난대가 없을 것 • 습기가 없을 것
	선 단 슈 (*)	형상·치수	• 반입시의 정기 검사	• 직경 ± 2 mm, 길이 ± 5 mm
말뚝 타설기의 설치		작업환경	• 대지내의 정리·정돈	• 불필요한 것은 장내에 두지 않을 것
		작업지반	• 토질조사 보고서를 참고로 지반의 양생을 육안으로 확인한다.	• 샌드 매트로 보강하던가 깔 철판을 사용한다. • 말뚝 타설기 1대마다 깔 철판을 표준사용량 L25-1.5m×6m 6매
굴 착 · 교 반		말뚝중심	• 체크포인트에서 정척봉으로 확인한다.	• 5cm 이내
		말뚝타설기의 수직성	• 트렌시트 또는 내림추로 각각 2방향에서 확인한다. • 말뚝타설기의 수직계에 의함	• 경사 1/200 이내
		굴착·교반의 길이	• 굴착·교반용 롯드 등의 검척과 말뚝타설기의 리더 마킹	• 오차는 굴착 전장의 1% 이내 또는 10cm 이내
		굴착속도	• 시간을 측정한다.	• 각 공인공법의 시공 표준에 의함
		굴착(교반) 배토상황	• 육안에 의함	• 토질조사 결과 시험말뚝 등과의 비교
		굴착토의 배제	• 소형 백호우 등에 의함	• 굴착공내에 토사가 떨어지지 않도록 주의한다.
말뚝 둘레 고정액(*)		시멘트량 벤트나이트량 수량(물) 미립자 증량재	• 봉지 단위나 중량 계량 • 봉지 단위나 중량 계량 • 용접 개량	• 각 공인공법의 시공표준에 의함
		반죽시간	• 압축강도 시험	• 1배치, 5min 정도
		압축강도	• 타이머 등에 의함	• σ_{28}=5kgf/cm^2 이상
		시멘트 밀크량	• 뱃처수의 기록	
밑고정부의 축조	지지층의 굴착	지지층의 확인	• 오거 구동 장치의 부활을 전류계로 계측하여 토질 주상도와 대비한다.	• 시험말뚝으로 확인한 암페어와 동등 이상의 값으로 한다. 보통 100암페아 이상이며 양호한 지지층
		굴착 비트	• 굴착·교반 롯드용 마킹과 말뚝타설기 리더 마킹의 일치를 확인한다.	• 각 공인공법의 시공 표준에 의함
		오거비트의 확대(*)	• 오거의 역전 작동에 의함	• 각 공인공법의 시공 표준에 의함
밑고정부의 축조	밑 고 정 액	시멘트량 일액 방지재(*) 물(수량)	• 봉지 단위인가 중량계량 • 중량계량 • 용접계량	• 각 공인공법의 시공 표준에 의함
		반죽시간	• 타이머 등에 의함	• 1배치 5min
		압축강도	• 압축강도 시험	• σ_{28}=200kgf/cm 이상
		시멘트 밀크량	• 뱃처수의 기록	
굴착·교반 롯드의 인상		인상 속도	• 시간을 측정함	• 각 공법의 시공 표준에 의함

표-7.16의 계속

공 정		관리항목	관리방법	관리치
말뚝의 세우기와 삽입		말뚝의 근입 정밀도	• 트렌시트 또는 내림추로 직각 2방향에서 확인한다.	• 경사 1/100mm 이내
		말뚝의 유지	• 유지 장치를 쓴다.	
		이음 용접	• 육안 확인	• 루트 간격 $\delta \leq 4\,mm$ • 말뚝차이량 $\delta' \leq 2\,mm$
말뚝의 설치	자 침 설 치	설치 깊이	• 레벨 확인	• 각 공인공법의 시공 표준에 의함
	회 전 설 치	자침 정지 깊이	• 육안 확인	
		말뚝 회전	• 오거 구동 장치의 부활을 전류계로 확인한다.	
		회전 설치 깊이	• 레벨 확인	
말뚝 설치 후 설계 중심과의 엇갈림		중심 어긋난 부분	• 체크 포인트에서 정척봉으로 확인한다.	• $D/4$ 또는 10 cm 이내 D : 말뚝지름

※공법에 의해서 사용할 때가 있다.

표-7.17 중굴확대 밑고정 공법의 시공관리 항목과 관리치의 예

공 정		관리항목	관리방법	관리치
재료	말 뚝 재 의 수입	말뚝종류 · 말뚝지름 · 말뚝길이 균열 · 파손	• 반입시에 육안검사	• 말뚝종류 · 말뚝지름 · 말뚝길이에 오차가 없을 것 • 균열 · 파손이 없을 것
	시 멘 트	신선도	• 반입시에 육안 및 촉감	• 터진 봉지가 없을 것
말뚝 타설기의 장치		작업환경	• 대지내의 정리 · 정돈	• 불필요한 것은 장내에 두지 않는다.
		작업지반	• 토질조사 보고서를 참고로 지반의 양생을 육안으로 확인한다.	• 샌드 매트로 보강하던가 깔철판을 사용한다. • 말뚝타설기 1대마다 깔철판의 표준 사용량 L25-1.5m×6m 6매
말 뚝 의 세 우 기		말뚝중심	• 체크포인트에서 정척봉에 의해 확인한다.	5 cm 이내
		말뚝타설기의 수직성	• 트렌시트 또는 내림추로 직각 2방향에서 확인한다. • 말뚝타설기의 수직계에 의한다.	• 경사 1/200 이내
		말뚝타입 정밀도	• 트렌시트 또는 내림추로 직각 2방향에서 확인한다.	• 경사 1/100 이내

제7장 기성말뚝의 시공 453

공 정		관리항목	관리방법	관리치
굴 착 · 침 설		굴착길이	• 어스 오거의 검척과 말뚝 타설기 리더에 마킹	• 오차는 굴착 전장의 1% 이내 또는 30cm 이내
		굴착속도	• 시간을 측정한다.	• 표준굴착·침설속도
		선굴길이	• 어스 오거의 검척과 말뚝 타설기 리더의 마킹	• 말뚝선단에서 1.0m 이내
		배토상황	• 육안 확인	
		이음용접	• 육안 검사	• 실트 간격 $\delta \leq 4\,mm$ • 차량 $\delta' \leq 2\,mm$
		환기·주수의 정지	• 정지 위치를 말뚝에 마킹	• 토질 조사 결과 시험말뚝관의 비교
밑 고 정 부 의 축 조	시멘트밀크	시멘트량 수량	• 봉지 단위 또는 중량계량 • 용적계량	• 각 공인공법의 시공 표준에 의함
		반죽	• 타이어 등에 의함	• 1배치 5min 정도
		압밀강도	• 압축 강도 시험에 의함	• $\sigma_{28}=200\,kgf/cm^2$ 이상
	지지층의 굴착	지지층의 확인	• 오거 구동 장치의 부활을 전류계로 계측하여 토질 주상도와 대비한다.	• 시험말뚝으로 확인한 암페어와 동등 이상의 값으로 한다. 보통 100 암페어 이상이면 양호한 지지층
		굴착깊이	• 지지층 확인후 굴착 길이의 계측	• 각 공인공법의 시공 표준에 의함
		선행굴착길이	• 어스 오거에 마킹	• 각 공인공법의 시공 표준에 의함
	말뚝머리레벨정지	말뚝머리 레벨	• 레벨 측정	• 설계도서로 정해진 값
	시멘트 주입	오거 비트의 확대	• 말뚝선단부 접촉 확인 또는 유압계에 의한 확인	• 각 공인공법의 시공 표준에 의함
		주입 시기	• 말뚝 타설기와 플랜트사이를 확인	
		토출 압력	• 압력계의 확인	
		오거 회전수	• 오거 회전수의 확인	
		시멘트 밀크 주입량	• 뱃처수의 기록	
	말뚝 중공부에 시멘트 밀크 후에 물의 주입	인상 속도	• 시간을 계측	• 각 공인공법의 시공 표준에 의함
		토출 압력	• 압력계의 확인	
		오거 회전수	• 뱃처수의 기록	
		시멘트 밀크 주입량	• 오거 회전수의 계측	
압 입		압입량	• 레벨에 의한 확인	• 각 공인공법의 시공 표준에 의함
오거 인발·주입		인상 속도	• 주입량	• 각 공인공법의 시공 표준에 의함
말뚝 설치후의 설계심과의 엇갈림		중심 엇갈림량	• 체크포인트에서 정척봉으로 확인한다.	• $D/4$ 또는 10cm 이내 D : 말뚝지름

표준굴착·침설속도

토 질	속도(m/분)
실트·점토·느슨한 모래	0.5~4
단단한 점토·중밀모래	0.5~3
밀실한모래·자갈모래	0.5~2

7.4 이음 시공

이음 시공은 기성 말뚝 기초 전체의 신뢰성에 큰 영향을 미치는 요소이며 용접 조건, 작업, 검사 등에서 충분한 주의가 필요하다. 이음의 용접법은 인력용접에서 반자동 용접, 전자동 용접으로 진행되며 신뢰성도 향상된다. 또한 현재 가장 많이 사용되고 있는 것은 반자동 논가스 아크용접법이다.

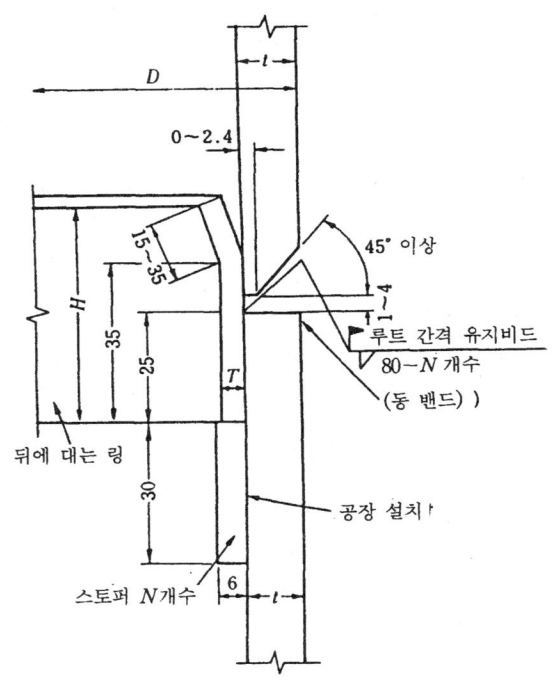

뒤에 대는 링의 두께

외경 D (mm)	T (mm)
1 016 이하	4.5
1 016 초과하는 것	6.0

뒤에 대는 링의 높이

외경 D (mm)	H (mm)
1 016 이하	50
1 016 초과하는 것	70, 50*

*중굴공법 적용의 경우는 50mm로 한다.

스토퍼와 루트 간격 유지 비드개수

외경 D (mm)	N (개수)
609.6 이하	4
609.6 초 1 016 이하	6
1 016 초과하는 것	8

그림-7.33 이음부의 구조 (강관말뚝)

7.4.1 이음부의 구조

현재, 보통 사용되고 있는 현장에서 용접 이음부의 형상은 강관 말뚝의 경우 그림-7.33, 콘크리트 말뚝의 경우 그림-7.34에 나타낸 바와 같다.

7.4.2 용접 시공관리 기술자

용접 시공관리 기술자는 용접에 관한 지식, 경험을 가지며 적절한 지도를 하는 한편으로 다음 항목을 확인해야 한다.
- 용접공의 선정
- 기기, 제설비 점검, 재료의 적정 보관 방법
- 안전 관리
- 용접 작업의 개시와 완료의 지시
- 용접부의 검사

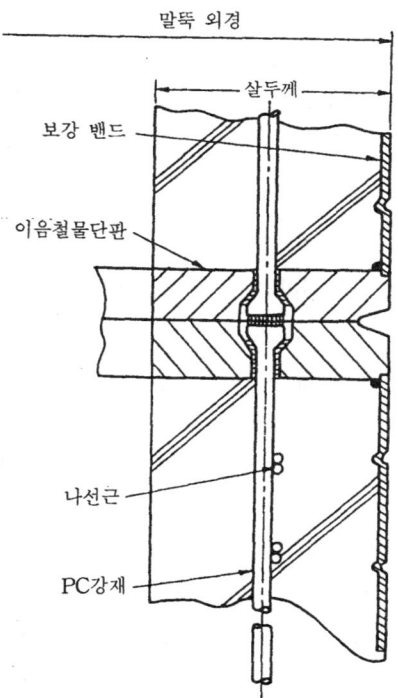

그림-7.34 이음부의 구조
(콘크리트말뚝)

- 결함의 판단과 수정 방법의 지시, 그후의 작업 방법 지시
- 기록의 작성과 보고

7.4.3 용접공

용접공은 용접 방법(인력, 반자동 용접법)의 규정된 자격을 갖고 현장의 용접 조건 및 환경, 용접 방법에 필요한 능력을 가진자로 한다. 또 시공 실시전에 시공때와 같은 조건으로 시험적으로 용접 작업을하여 용접 상황·방법 등을 확인하는 것도 유효하다.

7.5 말뚝머리 처리

기성 말뚝의 시공후 상부구조에서 하중을 스무드하게 전달할 것을 목적으로 말뚝머리 처리가 실시된다. 시공에서는 말뚝머리의 마무리와 말뚝과 확대기초의 결합 처리의 2 공정으로 나눈다.

7.5.1 말뚝머리의 마무리

말뚝시공후 말뚝머리를 소정의 레벨로 절단하고 마무리 하는 경우가 있다. 마무리는 말뚝체에 손상을 주지 않고 평활하게 마무리해야 한다. 특히 콘크리트 말뚝에서는 절단 때에 말뚝 본체에 종균열에 의한 손상을 주지 않도록 할 필요가 있고 보통 절단 위치의 하부를 밴드로 묶어 매고 상측 약 20cm 부분에 말뚝 둘레 방향으로 수개소 구멍을 뚫은 후 해머로 잘게 쪼개며 밴드의 부분까지 잘라내는 방법이 있다. 또한 최근에는 다이아몬드 커터로 절단하는 방법이나 파쇄기를 쓰는 방법이 개발되어 실용화되었다.

7.5.2 말뚝과 확대기초의 결합부 처리

제3장 3.7에 나타낸 말뚝과 확대기초 결합부의 형식에는 방법 A와 B가 있다. 일반적으로는 확대기초 두께에 제한이 있거나 혹은 압출 전단에 대한 보강이 필요한 이유 때문에 방법 B가 채택되는 수가 많다.

(1) 강관 말뚝 그림-7.35는 강관 말뚝의 경우 말뚝머리 마무리 후 말뚝과 확대기초 결합부 처리의 기본적인 순서이다. 또한 방법 B에서 설계상 부득이 말뚝 외주에 보강 철근을 용접하는 그림-7.36에 나타낸 바와 같은 철근 용접 방법도 있다.

그림-7.35의 엇갈림막이 장치의 처리는 시공때의 높이 정지 등을 고려하여 시공후에 실시하는 것이 일반적이다.

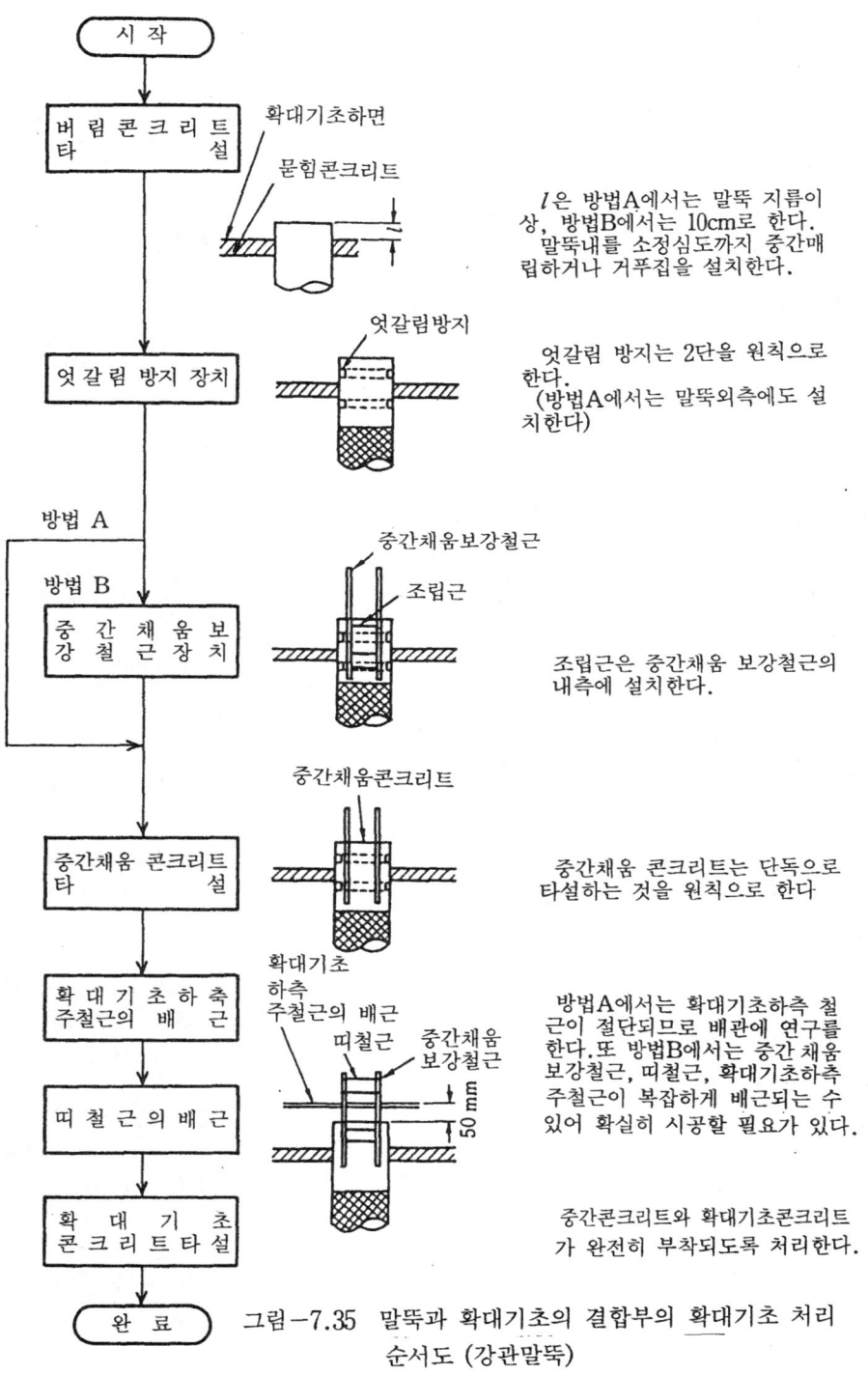

그림-7.35 말뚝과 확대기초의 결합부의 확대기초 처리 순서도 (강관말뚝)

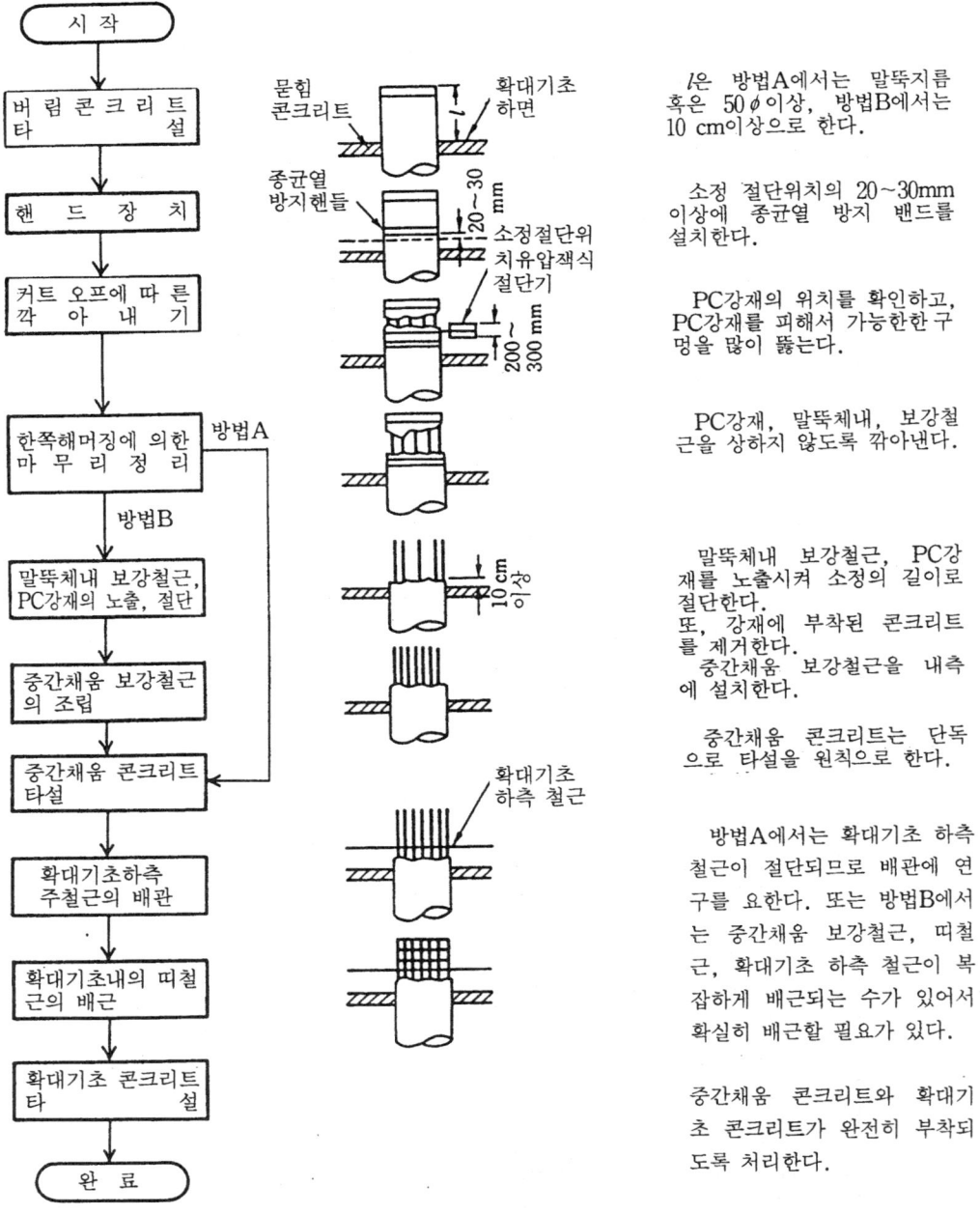

그림-7.37 말뚝과 확대기초의 결합부의 처리 순서도(콘크리트 말뚝)

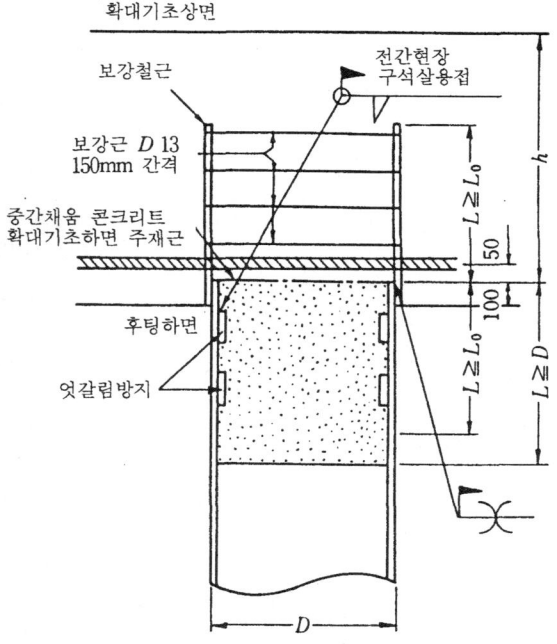

그림-7.36 철근 용접방법(강관말뚝, SC말뚝)

(2) 콘크리트 말뚝 그림-7.37은 콘크리트 말뚝의 경우 말뚝머리의 마무리 말뚝과 확대기초 결합부 처리의 기본적인 순서이다. 또 SC말뚝에서는 그림-7.36에 나타낸 철근 용접 방법을 사용한다.

7.6 강재말뚝의 부식과 방식

7.6.1 부식의 요인과 형태

(1) 부식 현상 시공된 강재말뚝을 둘러싸는 환경은 담수, 해수, 대기, 토양 등이며 이것들이 가진 물과 산소에 의해 부식이 생긴다. 철에 물과 산소가 반응하여 녹이 생기는 반응은 Fe^{++}와 $2(OH)^-$에서 $Fe(OH)_2$가 생기며 또 산소와의 반응, 물과의 결합 이탈이 생겨서, $FeOOH$, Fe_3O_4 및 비정질 물질로 된 「녹」을 형성한다. 그 속도나 형태는 물이나 산소를 주는 환경에 따라 다르다.

철이 녹스는 반응은 전기 과학적으로 진행된다. 철의 표면에는 미세한 무수의 아노드와 카소드가 있어서 부분 전지를 형성한다. 부분 전지의 아노드에서는 철의 용해, 카소

표-7.18 각 기준의 부식과 방식에 관한 규정(그1)

구별	기 준 명 칭	부 식 여 분	방 식 법
건축관계	건설성 주택 건축지도과장 통첩 (1993년 4월 7일) (건설성 주택국)	방식 조치를 하지 않는 강재말뚝의 단면적산정에 있어서는 부식여분을 1mm 이상 취한다.	전기방식
건축관계	건축 기초 구조설계지침 (1988년 1월) (일본건축학회)	연간 부식 여분(0.02mm/연×내용연수) 통상 1mm를 취하면 충분하다.	표면 도장(코르타르와 수직에의 강인한 소부 도료 등에 의한 보호피막) 기타 상세는 「건축용 강관말뚝 시공지침・동해설」을 참조할 것
건축관계	동경도 건축구조 설계지침 (1991) (동경도)	예로서, 「개단 말뚝의 부식 여분으로서 외측 1mm, 내측 0.5mm」를 실린다. 단, 「폐쇄말뚝의 경우는 내측의 부식여분을 예상할 수가 없다」	
건축관계	건축용 강관말뚝 시공지침・동해설 (1986년 9월) (강관말뚝협회)	연간 부식여분 0.02mm/연 통상의 경우는 강관말뚝의 외측만 1mm의 부식여분을 고려하면 좋다.	(1) 도장 (2) 유기라이닝 (3) 무기라이닝 (4) 금속라이닝
토목관계	도로교 시방서・동해설 Ⅳ 하부 구조편 (1990년 2월) (일본 도로 협회)	해수나 유해한 공장 배수 등의 영향을 받지 않는 경우로 환경의 부식성 조사를 하지 않고 부식처리도 실시하지 않을 때에는 평상시 수중 및 토중에 있는 부분(지하수 중에 있는 부분을 포함)에 대해서 2mm의 부식여분을 고려한다.	해수 또는 강의 부식을 촉진시키는 공장 배수의 영향을 받는 부분과 평상시 건습을 반복하는 부분은 충분한 방식처리를 하지 않으면 안된다. (1) 도장 (2) 유기 라이닝 (3) 무기 라이닝 (4) 희생 철판감기 (5) 전기방식
토목관계	설계 요령 제2집 (1990년 12월) (일본 도로 공단)	상동	
토목관계	하부 구조물 설계 기준 (1991년 4월) (수도 고속도로 공단)	방식처리를 하지 않는 경우에는 2mm 로 하는 수가 많다.	
토목관계	설계기준 (1989년 6월) (관신 고속도로 공단)	평상시 수중 또는 흙속에 있는 경우 2mm를 표준으로 한다.	
토목관계	건조물 설계 표준해설, 기초 구조물 및 항토압 구조물 기타 (1974년 6월) (일본 국유 철도)	말뚝의 주변토에 접하는 표면 2mm 강재로 둘러싸인 내측의 표면 0.5mm, 6cm 이상 두께의 콘크리트에 접하는 표면은 0. 이것들의 값은 중정도의 부식성 지반에서는 80년도의 부식 여분에 상당하다.	
토목관계	설계 기준(안)・토목 설계편	부식 조사도 하지 않고 또 부식처리도 하지 않을 때에는 평상시 수중과 토중에 있는 부분(지하수중에 있는 부분도 포함)에 대해서 보통 2mm의 부식 여분을 고려하는 것이 좋다.	해수 또는 강의 부식을 촉진시키는 공장 배수의 영향을 받는 부분과 평상시 건습을 반복하는 부분은 충분한 방식 처리를 해야 한다. (1) 도장 (2) 유기질 라이닝 (3) 무기질 라이닝 (4) 희생 철판감기 (5) 전기방식

표-7.18 각 기준의 부식과 방식에 관한 규정(그2)

구별	기준명칭	부식여분	방식법
항만관계	항만의 시설 기술상의 기준 ·동해설 (1988년 2월) (일본 항만협회)	부식여분에 대한 방법은 원칙적으로 쓰지 않는다. 단, 해당지구의 실적과 환경조건으로 집중부식이 심한 부식의 우려가 없는 것으로 추정되는 경우에는 부식여분에 의한 방법을 사용할 수 있다. 강재의 부식속도(편면)은 다음 값을 표준으로 한다. 부식환경구분 / 부식속도(mm/yr) 해측: HWL 이상 / 0.3 해측: HWL~LWL-1.0m / 0.1~0.3 해측: LWL-1.0m~해저부 / 0.1~0.2 해측: 해저니충중 / 0.03 육지측: 지상대기중 / 0.1 육지측: 토중(잔류수위상) / 0.03 육지측: 토중(잔류수위하) / 0.02	(1) 전기방식 적용 범위 MWL이하 (2) 도복장공법 (a) 모르타르 라이닝 (b) 금속 라이닝 ① 회생 철판 감기 ② 내식성강재 감기 ③ 금속 용상 ④ 내식성 금속 감기 ⑤ 크레드강 (c) 기타 (d) 도장 (e) 유기 라이닝 ① 폴리 에틸렌 라이닝 ② 레진 모르타르 라이닝 ③ FRP 라이닝 ④ 후막 무용제형 수지 라이닝 (우레탄 수지를 포함) ⑤ 수중 경화용 수지 라이닝 ⑥ 페트롤라댐 라이닝 ⑦ 기타
항만관계	어항 구조물 표준 설계법 (전국 어항 협회)	부식여분은 30년분을 고려하는 것을 표준으로 한다. 강재의 부식 속도(편면)의 표준치는 「항만의 시설 기술상의 기준·동해설」에 준함	(1) 피복재에 의한 부식, 무기질 라이닝, 금속 라이닝 도장, 유기 라이닝 (2) 전기방식 외부전원법, 유전양극법
항만관계	항만 공사 공통 시방서 (1979년 4월) (일본 항만 협회)		(1) 전기방식 알루미늄 합금 양극에 의한 유전 양극법 (2) 도장
치산치수·관계	토지개량 사업계획 설계기준, 설계, 머리 수공상(1978년 10월) (농림수산성 구조개선국)	말뚝의 주변토에 접하는 표면 2mm 강재로 둘러싸인 내측의 표면 0.5mm, 6cm이상의 두께의 콘크리트에 접하는 표면 0 mm	

드에서는 산소의 환원이 생기며 부식 반응이 진행된다. 미세한 아노드와 카소드는 부식 반응의 진행에 따라 그 위치를 바꾸기 때문에 원칙적으로는 균일하게 침식 즉 부식된다.

(2) 녹층두께와 강재의 판두께 감소량

부식으로 감소되는 판두께와 녹 층두께의 관계는 식(7.5)와 같다.

$$y = (D \cdot S \cdot x)/100\, A \tag{7.5}$$

여기서 y : 강재의 판두께 감소량(mm)
D : 녹의 겉보기 비중
A : 철의 비중=7.85
x : 녹의 두께(mm)
S : 녹층속의 철의 함유량(%)

강관 말뚝의 해양 환경에서 녹층의 측정예는 D=2.01, S=52.4%가 있으며 이것들의 값을 대입하여 계산하면 x/y=7.45가 된다. 즉 녹의 두께는 강관말뚝 판두께 감소의 약 7.5배가 되는 것을 나타내었다. 윗 식은 부식으로 손실된 철이 모두 녹층을 형성한 것으로 가정한 경우이다. 예를 들면 부식으로 철의 반이 녹층을 형성하더라도 녹층의 두께는 판두께 감소의 3~4배가 된다. 녹의 두께와 판두께 감소량이 동등하지 않은 사실에 유의할 필요가 있다.

7.6.2 부식과 방식에 관한 각 기준의 규정

건축, 토목, 항만의 각 기준에는 각각 표-7.18에 나타낸 부식과 방식에 관한 규정이 있다.

7.6.3 해양 환경에 대한 부식성

해양에 대한 환경은 해상 대기부, 비말대, 해중부, 해저토중으로 구분된다. 이와 같은 환경에 대한 장척과 소형 시험편의 부식 시험 결과의 예를 그림-7.38에 나타낸다. 강관 말뚝과 같은 환경에 대한 장척 시험편은 간만대의 밑과 사이에 산소의 농담에 의한 일부 전지가 형성되면 간만대의 부식 속도가 낮아진다. 한편 소형 시험편에서는 산소의 농담에 의한 부분 전지가 형성되지 않고, 간만대의 부식 속도는 비말대와 같은 정도이다. 따라서 강재말뚝을 해양환경에 사용되는 경우에는 비말대에서 부식 속도가 가장 커진다. 또한 부식 시험에 대한 소형 시험편의 사용은 실제의 말뚝과 다른 결과가 되므로 주의가 필요하다.

7.6.4 방식법(부식대책)

(1) **부식 여분** 강재말뚝의 부식 대책으로서 가장 많이 사용되는 방법이다. 부식 여분

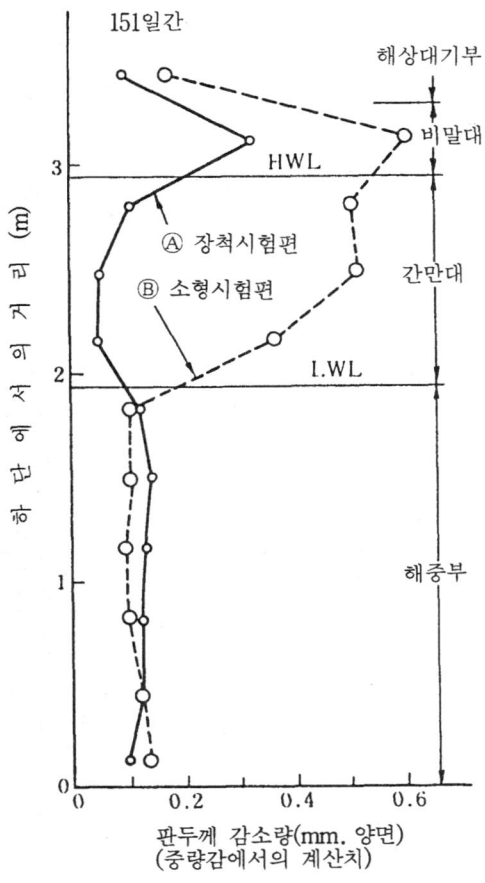

그림-7.38 해양환경에 대한 강재의 부식 시험
결과예

이란 (실제의 판두께)-(지지력에 필요한 판두께)이다. 단, 타입말뚝의 경우는 실제의 판두께가 해머의 타격력으로 결정되거나 기준으로 최소 판두께가 규정되는 경우도 있다. 필요한 부식 여분이란 평균 부식 속도×상부 구조물의 내용 연수로 구할 수 있다. 건축, 토목, 항만의 각 기준에서는 그 상부구조물의 특성에 맞추어서 독자의 부식 여분을 설정하고 그 값은 표-7.18과 같다.

(2) **중방식 강관 말뚝** 최근 강관말뚝의 외면을 그림-7.39에 나타낸 바와 같이 폴리에틸렌 혹은 우레탄 에라스트마(표준 두께 2.5mm 이상)를 공장에서 도복된 중방식 강관말뚝이 개방되어 사용되고 있다. 폴리에틸렌, 우레탄 에라스트마는 환경, 전기에 대한 차단성이 우수하며 또는 장기의 내후성에 우수한 성분 설정이 되어 있다. 또한 해양의

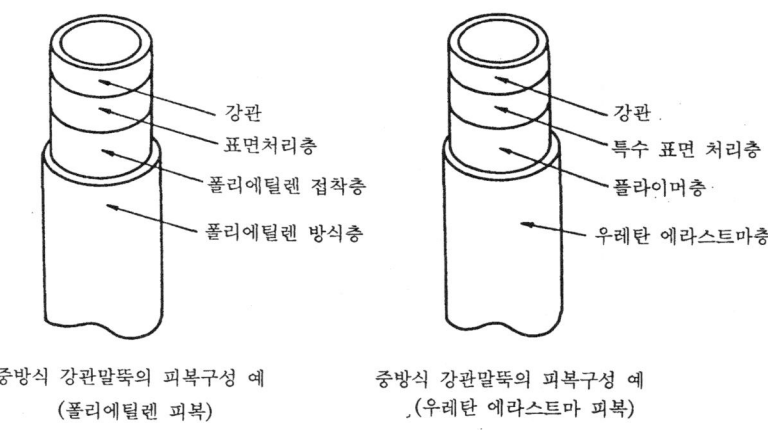

그림-7.39 중방식 강관말뚝의 피복구성 예

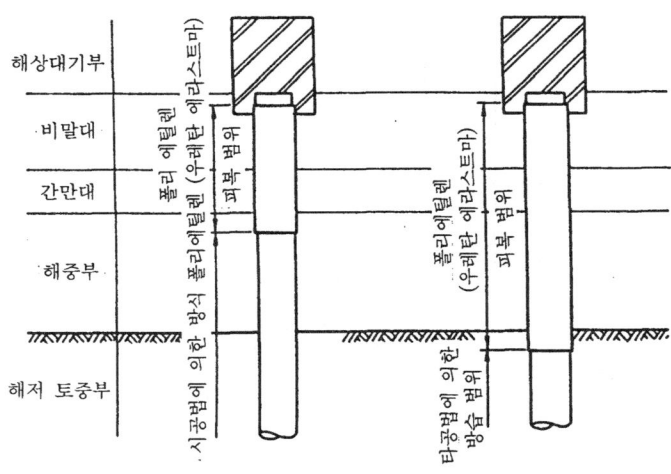

그림-7.40 중방식 강관말뚝의 피복범위 예

엄격한 환경에서의 폭로 시험에 있어서도 높은 강재와의 접착 강도와 내충격성이 확인되었으며 장기 메인티넌스 후리의 방식성을 발휘하는 것이 밝혀지게 되었다. 중방식 강관 말뚝은 그림-7.40에 나타낸 바와 같이 통상 부식성이 심한 비말대에서 평균 간만면 밑까지 혹은 비말대에서 해중부까지를 도복 범위로 사용된다.

(3) 전기 방식법 전기 방식법은 그림-7.41에 나타낸 부식 요인이 되는 전위차를 외부에서 전류로 강재 표면전지의 카소드를 아노드의 평형 전위까지 분극시키는 방법이다. 따라서 강재 표면의 카소드와 아노드의 전위가 비등하게 되어 부식이 잘 생기지 않는다.

강재의 해수속이나 토양속에서 자연 상태의 전위는 포화 전극 기준에서 −60∼−650mV로 부식을 정지시키기 위해 도달시켜야 할 최저한 필요한 전위에 있으며 방식 전위는 −770mV(해수중, 토양중)이다.

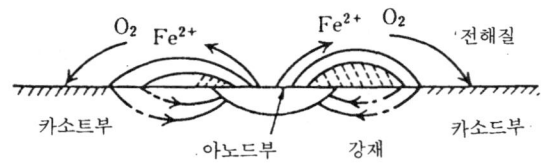

그림−7.41 부식의 기구

전기 방식법에는 방식 전류를 직접 공급하는 외부 전원 방식과 금속이 갖는 전위차를 이용하여 방식 전류를 얻는 유전 양극 방식이 있다.

ⅰ) 외부 전원 방식 외부 전원 방식은 그림−7.42에 나타낸 바와 같이 교류 전력을

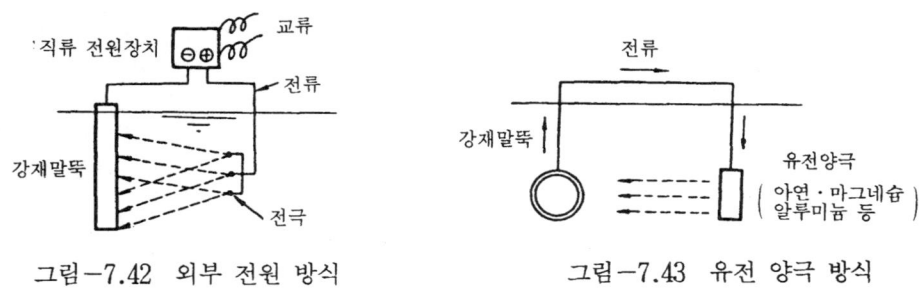

그림−7.42 외부 전원 방식   그림−7.43 유전 양극 방식

방식 전류에 적당한 직류로 변환하는 정류기와 수중 또는 토중에 설치하여 방식 전류를 흐르게 하는 전극과 이들과 피방식체를 접속하는 배선관으로 구성된다. 이 방식은 부식 속도에 따라 적용 전류 밀도를 조정할 수 있고 전극을 대체할 필요도 없으므로 반영구적으로 방식을 필요로 하는 구조물에 적합하다.

ⅱ) 유전 양극 방식 전류 양극 방식은 그림−7.43에 나타낸 바와 같이 철보다도 낮은 전위를 가진 유전양극(아연, 알루미늄, 마그네슘 혹은 이것들의 합금)과 피방식체를 접속하는 배선으로 구성된다. 이 방식은 외부 전원 방식과 비교하여 시공이 간단하고 설비비도 싸며 유지관리도 용이하다.

전기 방식법은 평상시 수분이 있는 해수나 토양 속의 환경에서는 그 효과를 충분히 별휘하지만 비말대와 같이 평상시 수분이 없는 환경에서는 효과가 기대되지 않는다. 이런 조건에서는 전기 방식법은 방식법으로서 부적당하다. 그림−7.44는 건설성 토목 연구소

476 말뚝기초설계 조사·설계·시공

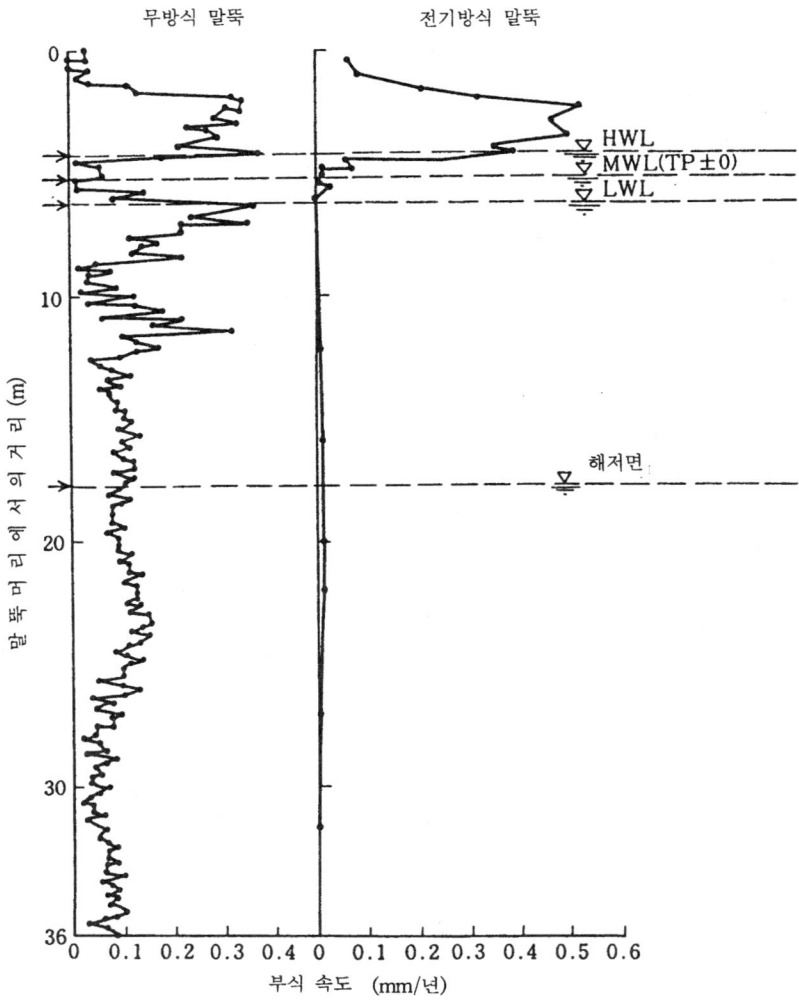

그림-7.44 무방식 말뚝과 전기방식 말뚝의 부식 속도

표-7.19 전기방식의 방식율

해수침지율 (%)	방식율 (%)
0~40	40 이하
41~80	41~60
81~99	61~90
100	91 이상

가 가와사끼 우끼시마오끼에서 약 3년간에 걸쳐 실시한 강관 말뚝의 폭로시험의 결과이다. 유전 양극(알루미늄)으로 전기 방식된 강관 말뚝의 평균 조수 이하의 해중부와 해저토중부의 부식 속도는 무방식 강관 말뚝의 1/10 이하로 되었다.

또 해수중의 전기 방식 효과에 대해서「항만 시설 기술상의 기준·동해설」에서는 전기 방식의 효과는 강재가 해수중에 잠겨진 시간이 길수록 높고 짧으면 저감으로 나타낸다. 표-7.19는 해수 침지율과 방식율의 관계이다. 또한 해수 침지율과 방식율은 다음식으로 나타낸다.

$$해수침지율 = \frac{시험편의\ 전\ 침지시간}{전체\ 시험기간} \times 100(\%)$$

$$방식율 = \frac{(불통\ 전시편의\ 중량감) - (통전시편의\ 중량감)}{불통\ 전시편의\ 중량감} \times 100(\%)$$

(4) 기타의 방식법 방식법의 종류를 표-7.18의 방식법에 나타내었다. 방식법은 말뚝이 놓이는 조건을 검토하고 적정한 방법을 선정할 필요가 있다.

i) 도장 강관 말뚝의 교각이나 잔교의 지상 돌출부에 사용하는 수가 많고, 방식성이 우수하여 토양·해양 환경에서 잘 노화되지 않고 타입때의 내마모성, 밀착성이 요구되는 방식 도료로서 타르 에폭시수지, 후막 징크리치페인트와 타르 에폭시수지가 사용되고 있으나 최근에는 중방식 강관 말뚝의 보급으로 사용 빈도가 감소되었다.

ii) 유기 라이닝 폴리 에틸렌, 우레탄 에라스트마, 레진 모르타르, 강화 플라스틱 등의 유기질 재료를 말뚝 표면에 2~10mm로 두껍게 도장하는 방법으로 방식성, 내충격성, 내마모성이 좋다. 폴리에틸렌, 우레탄 에라스트마에 대해서는 (2)의 중방식 강관 말뚝에 기록되었다.

iii) 무기 라이닝 시멘트 밀크나 콘크리트 등의 시멘트 경화체로 말뚝 외주를 피복하는 방법으로 지표 부근이나 해수 환경에 대한 비말대, 간만대 등 특히 부식이 심한 곳에 사용된다. 시멘트 경화대의 두께는 보통 6cm 이상이 필요하며 균열이나 박리 방지를 위해 철망이나 철근으로 보강하여 사용하는 경우가 많다. 해수 환경에 있어서는 중성화에 따른 열화, 균열 철근의 부식 등이 우려되며 고품질의 재료 선택과 세심한 시공이 요구된다.

iv) 복합 방식법 복합 방식법이란 말뚝 표면의 피복층이 다수의 방식층으로 구성된 방식법이며, 페트롤러템과 FRP 보호 커버의 조합, 시멘트 경화체와 FRP 보호 커버 또는 강재 거푸집 등의 조합이 있다.

7.7 시공때의 문제점과 대책

말뚝의 시공때에 생기는 트러블은 사전 조사 설계와 확실한 시공관리에 의해 많은 것을 방지시킬 수 있다. 그러나 세심한 계획 관리에서도 시공때에 트러블이 발생되는 수가 있다. 트러블의 발생은 구조물의 품질에 나쁜 영향을 미칠 뿐아니라 공정의 지연, 공사비의 증대를 초래하는 것이 고려된다. 여기서는 기성 말뚝의 시공에서 많이 발생되는 트러블에 관해서 구체적인 문제점과 현장에서의 대책을 말한다.

7.7.1 강관 말뚝

(1) 말뚝머리의 좌굴 말뚝머리의 좌굴은 강관 말뚝의 타입 공법에 따른 시공때에 발생되는 트러블로 강관 말뚝의 판두께가 길이 방향으로 일정한 경우에는 말뚝머리에 그림-7.45에 나타낸 바와 같은 국부 좌굴현상이 발생되는 수가 많다. 이것은 해머의 타격으로 발생되는 응력은 말뚝머리부에 최대가 되며 말뚝 선단에 전파되면서 감소되기 때문이다. 또한 강관 말뚝의 판두께가 급격히 변화(감소)되는 경우에는 변화점에서도 좌굴이 발생된다.

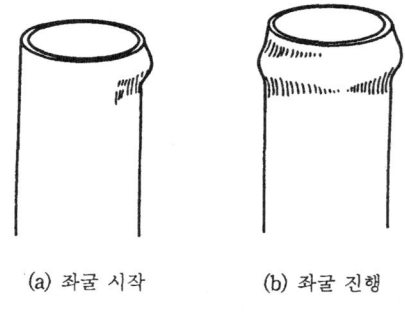

(a) 좌굴 시작   (b) 좌굴 진행

그림-7.45 말뚝머리 좌표

ⅰ) 발생 원인 말뚝머리부에 좌굴이 발생하는 주요한 원인은 다음 사항이 고려된다.
• 해머의 램 중량 또는 낙하 높이가 크다.
• 말뚝의 직경에 대한 판두께가 작다(경판(經板) 두께비가 크다).
• 편심 타격

ⅱ) 검토 방법 말뚝의 타입 시공전 강관 말뚝의 좌굴 검토는 7.2.1의 (1), ⅲ) 해머의 선정에 나타낸 식(7.1) St. Venannt의 해석에서 타격 응력을 구하고 정판 두께비 편심 타격의 영향을 고려하여 실시할 수 있다.

기시다, 고노가 강관의 시험편 인장 시험에서 식(7.6)을 유도한 경판 두께비의 검토 방법을 다음과 같이 나타낸다.

$$\sigma_{max}/\sigma_{t,y} = 1.16 - 0.0067\ (r/t)$$
$$(10 \leq r/t \leq 100) \tag{7.6}$$

여기서 σ_{max} : 좌굴 응력도(kgf/cm^2)
  $\sigma_{t,y}$: 말뚝의 항복 응력도(kgf/cm^2)
    SKK 400에서 $2400 kgf/cm^2$
  t : 판두께(cm)
  r : 말뚝의 반경(cm)

또는 이 값을 $t \leq 100$의 범위에서 직선으로 근사시키면 다음식이 되며,

$$\sigma_{max}/\sigma_{t,y} = 0.86 - 2.7\ (t/r) \tag{7.7}$$

실용식으로서 이용된다.

편심 타격은 편심량이 커질수록 좌굴되기 쉽고 그 관계식으로 다음식이 제안되었다.

$$\sigma_c = \sigma_{max}/(1 + Ae/Z) \tag{7.8}$$

여기서 σ_c : 편심이 있는 경우의 좌굴 응력도(kgf/cm^2)
  σ_{max} : 식(7.6), (7.7)에서의 좌굴을 일으키는 응력도(kgf/cm^2)
  A, Z : 강관 말뚝의 단면적, 단면 계수(cm^2, cm^3)
  e : 편심량(cm)
    말뚝머리 좌굴을 발생시켰을 때 e의 평균치가 3.80cm라는 보고도 있다.

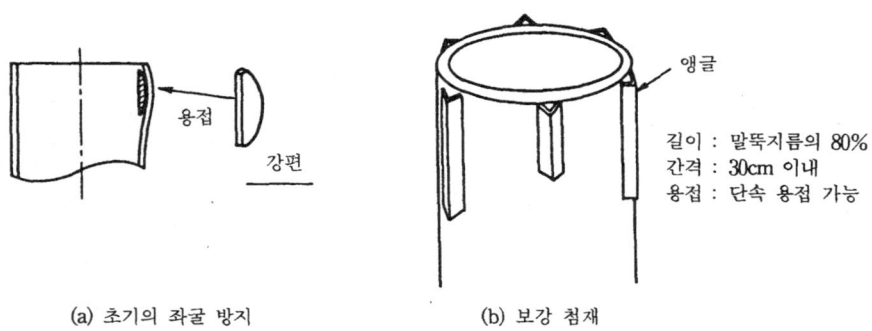

(a) 초기의 좌굴 방지   (b) 보강 첨재

그림-7.46 말뚝머리 좌굴방지 보강 예

표-7.20 말뚝머리 좌굴의 원인과 대책

원 인		대 책	비 고
해 머 과 대	(i) 해머가 큰 편이 능률이 오르는 것으로 생각하고 대용량의 해머를 쓴다. (ii) 큰 램을 저 낙차로 내리는 편이 좋다고 생각하여 대용량의 해머를 쓴다. (iii) 적정한 크기의 해머를 구하지 않고 큰 해머를 쓴다. (iv) 말뚝 치수가 수종류가 있는데도 불구하고 적정한 해머로 바꾸지 않고 같은 해머를 사용한다. (v) 해머의 선정을 잘못하여 말뚝 사이즈와 해머의 크기의 착오를 일으킨다.	① 적정한 크기의 해머를 쓴다. ② 큰 해머를 쓸 때에는 연료 분사량을 적게 한다. ③ 오거 등으로 선굴하여 대용량의 해머를 쓰지 않더라도 좋도록 한다. ④ 적정한 해머를 시공계획서에 기록하고 예산도 계상하여 현장에서 실시할 수 있도록 한다. ⑤ 말뚝머리, 말뚝선단을 보강한다.	a) 말뚝선단이 아직 지지층에 도달하지 않아 관입량이 커서 무리한 타격을 하는 것처럼 보이지 않더라도 해머가 과대하면 좌굴된다. b) 해머가 오버히트되면 튕겨 오르는 경우가 높아진다. c) D/t와 적정 해머의 검토가 필요하다.
과 잉 타 격 (1) 관입량이 작다. (2) 타격횟수가 많다.	(i) 동적 지지식으로 계산하면 지지력이 부족하므로 계속 타설한다. (ii) 다른 말뚝을 타설하기 때문에 이 한 개가 타설되지 않으면 안된다. (iii) 근입하려고 한다. (iv) 모래지반의 다짐을 위해 (v) 타입방법 등 시공계획이 부적당 (vi) 쿠션재의 경화 (vii) 설계로 정해진 길이를 무엇인가 관입시키려고 할 때	① 규준에 있는 바와 같이, 계원의 지시를 받아 타입 길이를 변경한다. 즉 좌굴하기전에 타입정지 한다. ② 설계단계에서 말뚝의 근입 길이를 충분히 검토한 다음에 결정한다. 예를 들면 보링 수를 많이하여 지지층의 깊이를 잘 살핀다. 시험 말뚝을 타설한다. ③ 타격수가 많은 것으로 예상할 때에는 말뚝의 판두께를 더하던가 고강도재 (SKK 490)를 쓴다. ④ 말뚝선단에 플릭션커터의 밴드를 감는다. ⑤ 오거 등으로 선굴한다. ⑥ 군말뚝일 때 타입 순서를 고려한다. ⑦ 타입 도중에 중지가 없도록 계획을 완벽하게 세운다. ⑧ 해머를 바꾸어 본다. ⑨ 쿠션재가 경화되면 대체한다.	a) 설계길이를 절대의 것으로 생각하지 않도록 인식한다. b) 타설 정지시 뿐만아니라 계속하여 기록을 취하여 과잉 타격이라는 것을 알기 쉽다. c) 3만회 타격하더라도 좌굴되지 않는 경우가 많으므로 시방서에서 기준으로 하는 3만회를 초과하더라도 지장이 없는 것으로 한다. d) 설계길이는 지지력과의 관계로 결정되기 때문에 시공시 타격이 과잉되는가 여부를 고려하지 않기 때문에 과한 타격이 되는 수가 있다.
편 심 타 격	(i) 발판 말뚝 타설기가 경사되었다. (ii) 말뚝이 경사되었다. (iii) 말뚝 타설기의 각부에 홈이 있어서 흔들린다. (iv) 집게의 사용방법이 나쁘다. (v) 캡의 치수 형상의 부적당 (vi) 쿠션의 열화 (vii) 말뚝 선단이 전석이나 매립 목재에 부딛힌다. (viii) 말뚝머리 약단면이 평탄하지 않다 (예를 들면 가스커트렌체 캡 분량에 따라 설치된다).	① 쇄석, 자갈, 모래를 두껍게(50cm 이상)깔고 (모래보다 쇄석이 좋다) ② 지반 개량을 한다. ③ 크롤러 밑에 철판을 깐다. ④ 물 뿌리기를 잘 한다. ⑤ 타격개시후 또 한번 수직도를 살핀다. ⑥ 아우트리거를 확실히 실시하여 말뚝타설의 안정을 도모한다. ⑦ 가급적 집게를 쓰지 않는다. ⑧ 도중에서 집게를 빼지 않는다. ⑨ 집게의 길이는 가급적 6m이내로 한다. ⑩ 캡과 쿠션의 손질을 충분히 한다.(말뚝머리의 접촉면을 평활하게 한다. 쿠션재가 열화되면 교환한다) ⑪ 치수 차이의 캡을 쓰지 않는다. ⑫ 해머의 크기에 적합한 말뚝타설기를 쓴다.	a) 편타하면 적정한 관입량이 얻어지지 않는 최종 관입량을 과대평가할 우려가 있다. b) 편타는 말뚝 타설시 사고의 근원이 된다.
국 부 응 력	(i) 말뚝 보강 밴드가 있어서 밴드밑에서 단면이 급변된다. (ii) 말뚝머리 내부가 보강 링이 있어서 단면이 변형된다.	① 말뚝머리 보강밴드는 불필요하므로 제거한다. ② 보강밴드의 길이를 충분히 길게 한다.	a) 편타를 수정하지 않고 밴드를 감아서 보강하려고 해도 효과가 없다. b) 말뚝머리 보강은 밴드에서 앵글에 의한 종첨 보강재의 편이 효과가 있다. c) 박육 일때는 적정한 보강이 좋을 때가 있다.

iii) 대책   좌굴은 i)에 나타낸 원인으로 대별할 수 있으나 실제의 시공에 있어서는 타격의 조건이나 캡과 쿠션의 상태 등 여러 가지 조건이 관련되었으며 실제의 시공 조건을 평가하여 대책을 세울 필요가 있다. 특히 강관의 외경에 대해서 살두께가 얇은 경우 D/t가 100을 초과하는 경우에는 타입 공법의 가부를 검토할 필요가 있다. 또한 일반적으로 말뚝머리 좌굴이 많이 생기는 말뚝의 사이즈는 외경 800mm, 판두께 9mm 보다 D/t가 큰 사이즈라고 말한다. 표-7.20에 좌굴의 원인과 대책의 예를 나타낸다. 또한 좌굴이 발생하여 아직 큰 변형이 생기지 않은 단계에서는 그림-7.46에 나타낸 보강이 효과가 있다. 또 집게를 사용하는 경우에는 지중에서 말뚝머리를 파열손상을 주는 경우도 있으므로 그 형상이나 재 시트에는 주의가 필요하다.

(2) 현장 이음부의 결함   기성 말뚝은 지반조건이 엄격한 곳에 시공되는 경우가 증가되어 장척 말뚝이 되는 경우도 많다. 말뚝은 현장 원주용접으로 접속하고 소정의 말뚝 길이로 하는 것이 용이하다. 따라서 현장 이음부는 높은 신뢰성이 요구된다. 이음 용접부는 말뚝재와 같은 정도의 강도가 요구되며 표준적으로는 표-7.21, 7.22에 나타낸 조건으로 용접된다.

i) 발생 원인   현장에서 이음부의 용접 결함이 발생되는 주요한 원인은 다음 사항이 고려된다.
- 용접 작업 조건의 불량
- 용접 기기, 재료의 정비 불량
- 용접공의 기량 부족

ii) 검사 방법   용접부의 현장 검사는 보통 외관, 치수 검사에 의하지만 기타 다음의 시험 방법이 있다. 각각의 시험 방법에는 결합의 종류에 따라 표-7.23에 나타낸 확인의 가부가 있다.
- 외관(육안) 검사
- 방사선 투과시험(JIS Z 3104-3급 이상이 좋다)

iii) 대책   용접 작업은 강우, 강설, 강풍시에는 원칙적으로 중지한다. 강우, 강설시에는 용접면이나 인접면의 수분에 의한 수증기에서 수소가 혼입되어 결함의 원인이 될 뿐만아니라 고전압 작업으로 전극에 의한 사고의 원인도 된다. 작업때의 기온은 보통 0℃ 이하에서는 중지해야 한다. 기온이 -15℃ 이상의 경우에는 용접선에서 10cm 범위내의 모재 부분을 용접때에 36℃ 이상으로 가열하여 감리 기술자의 승인을 받은 다음 용접 작업을 하는 것이 좋다. 또한 예열은 모재가 SKK 400에서는 36℃ 이상에서 지장이 없으나 SKK 490에서는 50℃ 가까운 예열이 필요하다.

용접기기는 시공전에 현장에 적용되는가를 충분히 확인해야 한다. 용접 와이어, 용접

표-7.21 표준 용접 조건의 예 (강관말뚝)

두께	형　상	층수	전류(A)	전압(V)	속도(cm/min)
9 mm + 9 mm		1	380~460	26~30	23~28
		2	350~400	26~29	30~35
12mm + 12mm		1 2	380~460	26~30	23~28
		3	350~400	26~29	30~35
14mm + 14mm		1 2 3	380~460	26~30	23~28
		4	350~400	26~29	30~35
16mm + 16mm		1 2 3 4	380~460	26~30	23~28
		5	350~400	26~29	30~35

두께	형 상	층수	전류(A)	전압(V)	속도(cm/min)
19mm + 19mm		1 2 3 4 5 6	380~460	26~30	23~28
		7	350~400	26~29	30~35
22mm + 22mm		1 2 3 4 5 6 7 8 9	380~460	26~30	23~28
		10	350~400	26~29	30~35

표-7.22 표준 용접 조건의 예 (콘크리트 말뚝)

판두께 t(mm)	개선깊이 a(mm)	형 상	층수	전류 (A)	전압 (V)	용접속도 (cm/min)
16	12		1	350~420	26~30	25~35
			2	350~420	26~30	25~35
			3	350~420	26~30	25~35
12	7		1	350~420	26~30	25~35
			2	350~420	26~30	25~35

표-7.23 용접 결함의 원인과 대책

결 함	원 인	대 책	조사방법		
			외관	침투탐상	방사선
용입부족	1. 루트 간격이 좁을 때 2. 용접 속도가 빠를 때 또는 지연될 때 3. 용접 전류가 낮을 때 4. 토치 각도와 목표 위치가 부적당할 때	1. 루트 간격 1~4mm를 확보한다. 2. 용접 속도를 적정히 하여 슬러그가 선행되지 않도록 한다. 3. 전원 500A를 쓰는 경우 사용율을 고려하여 최대 전류 450A 정도가 적정하다. 4. 토치 각도를 20~30°로 유지하여 뒤에 대는 링을 충분히 녹일 수 있는 목표를 위치로 한다.	×	×	○
슬러그의 실시	1. 슬러그 제거가 불완전할 때 2. 운봉 속도가 지연될 때 3. 토치를 전진법으로 용접할 때	1. 전층의 슬러그는 완전히 제거한다. 2. 전류를 약간 높게하여 슬러그가 선행되지 않는 속도로 한다. 3. 토치를 후퇴법(0~45°)으로 용접한다.	×	×	○
언더커트	1. 용접 전류가 너무 높을 때 2. 토치 각도와 목표 위치가 부적당할 때 3. 용접 속도가 너무 빠를 때 4. 아크 전압이 너무 높을 때	1. 최종층의 전류를 350A~400A의 범위로 낮춘다. 2. 토치 각도를 0~15°로 유지 목표는 상말뚝 개선면에서 아크를 발생시키지 않도록 한다. 3. 용접량이 부족하지 않도록 속도를 지연시킨다. 4. 아크 전압 26~28V로 낮춘다.	○	○	○
오버랩	1. 용접 전류가 너무 낮을 때 2. 운봉 속도가 지연될 때	1. 용접 전류를 올려서 운봉 속도를 빠르게 한다. 2. 용접 속도를 빠르게 한다.	○	×	×
균열	1. 이음부에 수분 불순물이 혼입되었을 때 2. 열 영향부가 경화, 위화되었을 때 3. 용접 와이어가 흡습되었을 때	1. 용접전에 개선부의 청소를 충분히 하여 수분, 이토, 유지, 먼지, 녹 등을 완전히 제거한다. 2. 예열을 한다. 3. 용접 와이어의 보관을 완전히 실시하여 사용할 때 재건조한다.	표면 ○ 내부 ×	표면 ○ 내부 ×	○

표-7.23의 계속

○ : 확인된다.
× : 확인 안 된다.

결함	원인	대책	조사방법		
			외관	침투 탐상	방사선
블로우호울	1. 아크 전압이 너무 높을 때 2. 이음부에 수분, 불순물이 혼입되었을 때 3. 용접 와이어가 흡습되었을 때 4. 와이어 돌출길이가 짧을 때	1. 적정한 아크 전압 26~30V를 사용한다. 2. 용접전에 개선부의 청소를 충분히 하고 수분, 이토, 유지, 먼지, 녹 등을 완전히 제거한다. 3. 용접 와이어의 보관을 완전히 하고 사용할 때 재 건조한다. 4. 와이어 돌출 길이를 30~50mm의 적정성으로 한다.	×	×	○
빗트	1. 용접 와이어가 흡습되었을 때 2. 이음부에 수분, 불순물이 혼입되었을 때 3. 전류·전압이 부적당할 때	1. 용접 와이어의 보관을 완전히 하고 사용할 때 재 건조한다. 2. 용접전에 개선부의 청소를 충분히 하고 수분, 이토, 유지, 녹, 기타를 완전히 제거한다. 3. 표준 용접 조건의 범위로 실시한다.	×	×	○

주) 방사선투과 시험

봉은 습기를 싫어하기 때문에 사용후의 것은 종이나 비닐 등으로 포장하여 단볼 박스에 보관해야 한다. 또한 비가 많이 왔을 때의 용접 와이어, 용접봉은 사용전에 확인하고 흡습된 경우는 강제로 건조할 필요가 있다.

용접부(이음부)의 양부는 용접공의 기량으로 정하는 부분이 많다. 용접공의 기량 자격은 각 기준이나 시방서 등으로 엄격히 규정되었다. 일반적으로는 WES 8106(기초 말뚝 용접 기술 검정의 시험 방법과 판정 기준), JIS Z 3801(용접 기술 검정에 대한 시험 방법과 판정 기준) 및 JIS Z 3841(반자동 용접 기술검정에 대한 시험 방법과 판정 기준)의 A-2H, NA-2H 정도의 자격을 요구한다. 이렇게 용접공의 기량과 함께 시공 능률을 중시한 나머지 충분한 용접이 안되는 경우도 가끔 있으며, 용접의 중요성에 대해서 재확인하고 용접공 뿐만아니라 시공 도급업자, 관리기술자의 기술와 책임의식을 고취시켜 줘야 한다.

실제 현장 이음부의 용접에 대한 결함의 원인과 대책은 표-7.23에 나타낸 바와 같다.

(3) 타설정지 관리 기성 말뚝을 타입 공법으로 시공하는 경우 지지층에서 타설 정지의 판정 방법은 현장에대한 중요한 판단 항목의 하나이나 판단이 곤란한 경우도 많다.

보통 타설 정지는 시공에 앞서 실시되는 시험말뚝의 결과에서 관리방법이 결정되므로

① 말뚝의 근입 깊이, ② 동적 지지력, ③ 1회 타격당 관입량과 리바운드량 등에서 종합적으로 판단해야 한다. 시공 개수가 적은 경우에는 최초의 것을 시험 말뚝으로 하는 경우도 있다. 그러나 정량적인 판단은 ③이 판단의 중심이 되는 수가 많다. 여기서의 트러블 현상은 크게 나누어 높이 정지와 타설 정지 조건에 미치지 않는 경우의 두가지가 있다.

　i) 높이 정지의 원인과 대책　높이 정지의 원인은 지지층의 불균형으로 보링 결과 등에서 예상보다도 지지심도가 얕은 위치에서 타입이 곤란한 경우가 있다. 이런 경우 또는 예상되는 경우에는 사전에 보링 개수를 늘리거나 다른 말뚝의 타설정지 심도를 신중하게 검토하여 지지층의 깊이 변화를 판단해야 한다.

　말뚝이 지지층에 도달하기 전에 중간층을 통하지 않거나 지지층보다 얕게 주면 저항에 의해 관입이 불가능한 경우가 있다. 이런 경우 중간층이 얕을 때에는 7.1에 나타낸 프리보링 타격공법이 유효한 대책공법이 되는 경우가 있다. 또한 비교적 단단한 점성토로 된 층에서는 플릭션 커터가 효과적이라고 알려졌다. 단 이러한 방법으로 대응하는 경우 설계 조건이 달라져서 지지력이 다른 경우가 있으므로 주의한다.

　높이 정지 말뚝은 높이 정지 부분을 절단하면 수평 내력이 부족할 때가 있다.

　이와 같은 경우에는 설계에 맞는 보강을 적절히 할 필요가 있다.

　ii) 타설 정지 조건에 미치지 못하는 경우의 원인과 대책　높이 정지와 마찬가지로 지지층의 균형이 고르지 않아 보링 결과 등에서 예상한 것 보다도 지지층이 깊은 위치에 있거나 타설 정지 조건에 미치지 못하는 경우는 지지력이 생길 때까지 이음 말뚝을하여 타입할 필요가 있다. 일반적으로 이음 말뚝의 준비를 하는 것이 아니라 집게를 사용하여 더욱 깊이 타입하거나 훗날 머리부에 이음 말뚝을 하거나 확대기초의 형상을 변경하여 대응하는 수가 많다.

　또한 말뚝 길이가 50m를 초과하는 기성 말뚝을 타입하는 경우에는 7.3.1에 나타낸 바와 같은 동적 지지력 공식으로 대응되지 않는 경우도 있다. 특히 장척 강관 말뚝에 식 (7.2)의 Hiley식을 적용한 경우에 관입량이 0에 가까운 상태가 되더라도 리바운드량이 커져서 타입 깊이가 깊어질수록 지지력이 감소되는 수가 있다. 이런 경우에는 적용하는 동적 지지력 공식의 변경이나 동적 지지력 공식에 의하지 않는 방법을 검토해야 한다.

7.7.2 기성 콘크리트 말뚝

　타입 말뚝 공법, 천공 말뚝 공법(프리보링 공법, 중굴 공법)에서 발생되는 문제는 각각 다르다. 각 공법에 대한 시공때의 주요한 문제를 표-7.24에 나타낸다. 이런 문제중에서 현장에서의 사례나 그 대처예를 다음에 나타낸다.

표-7.24 기성 콘크리트 말뚝의 시공시의 주요 문제

타 입 공 법	천 공 공 법	
	프리보링 공법	중굴 공법

·종균열 및 좌굴
·횡균열
·중간 꺾임
·경사와 중심 엇갈림(전석
  이나 장해물의 지반)
·높이 정지
·지지력 부족
	·높이 정지
	·패임
	·공벽의 붕괴
	·말뚝둘레 고정액의 부족
	·말뚝둘레 고정액, 밑고정
	  액이 일산
	·지지력 부족
		·높이 정지
		·패임
		·피압수층에서 침설불능
		·종균열(굴착토의 내압)
		·말뚝 선단부의 종균열
		·밑고정액의 일산
		·지지력 부족

(1) 타입 말뚝 공법

ⅰ) 종균열과 좌굴

 a) 발생 상황 그림 7.47에 나타내는 지반 조건의 경질 지반(N치 50 이상 점토·호박돌 섞인 자갈모래)에 PHC말뚝 A종(외경 500mm, 길이 11m, 콘크리트제 펜슬형 선단)을 디젤 해머(KB-45, 건조 목재 쿠션-5cm)로 타입할 때에 말뚝머리에 종균열과 좌굴이 생겼다.

 b) 발생 원인 종균열과 좌굴이 생긴 말뚝은 쿠션재로서 5cm 두께의 건조 목재를 1장 사용하였다 대책으로서 같은 쿠션재를 2장을 겹쳐서 사용한 결과 문제가 없이 말뚝을 지지층에 관입할 수 있었다. 또 말뚝머리의 타격 응력(변형)을 측정한 결과에서도 2장을 겹쳐서 사용하는 편이 타격 응력이 작다는 것을 확인하였다. 그림-7.48은 타격으로 말뚝머리에 발생된 종변형과 횡변형의 관계도이다. 쿠션재를 2장 겹쳐서 사용한 결과는 1장의 결과보다 종변형과 횡변형 모두 작아졌다.

 쿠션재가 1개인 말뚝은 총타격 횟수는 724회(말뚝 선단 레벨-9.7m)로 종균열 및 좌굴이 발생된다. 그 때의 변형계(4점/단면 말뚝머리에서 1m 내림)의 측정 결과는 최대치가 종변형 1430×10^{-6}, 횡변형 370×10^{-6}에 대해서 최소치는 종변형 930×10^{-6}, 횡변형 270×10^{-6}이었다. 이 결과는 동일 단면 내에서 변형의 불균일을 나타내며, 말뚝머리가 편타를 받는 것으로 생각된다. 이 편타의 원인은 말뚝 타설 장대의 경사나 쿠션재의 편감 등이 고려된다.

 또한 쿠션이 2장 겹쳐진 경우에는 총 타격횟수 950회로 -9.6까지 타입이 완료된다.

 c) 대책 N치가 30을 초과하는 경질지반에 말뚝을 타입하는 경우, 보통 해머는 1랭크 큰 규격의 것이 선정되는 수가 많다.

 이 경우 쿠션을 두께 5cm의 것을 두장을 겹쳐서 10cm 두께로하여 사용한다. 10cm의

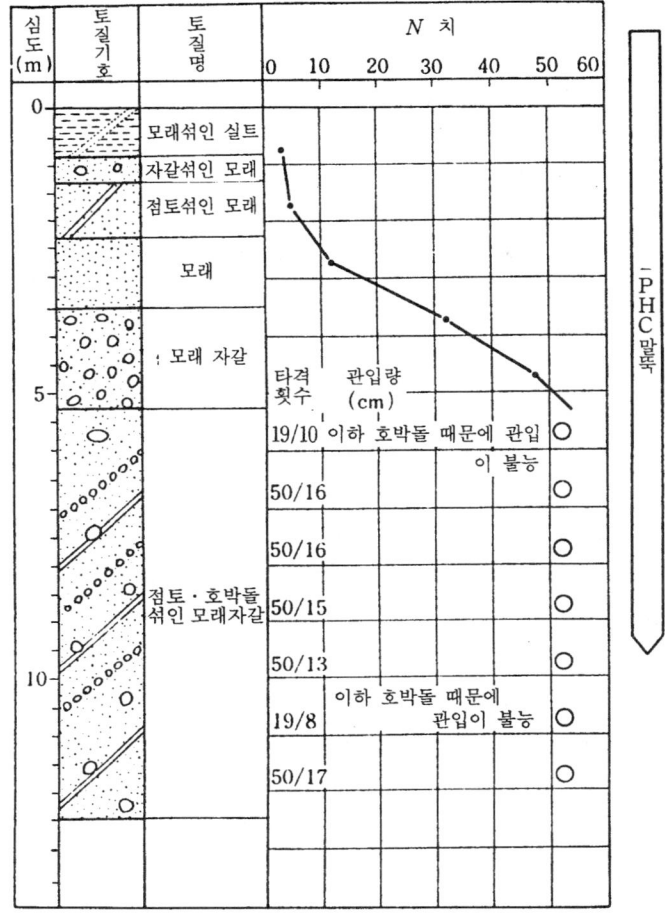

그림-7.47 지반 조건

쿠션재 1개를 사용하는 것 보다 2개의 각목을 직각 방향으로 겹쳐서 사용하는 편이 편감을 방지할 수 있다.

ii) 횡 균열

a) 발생 상황   그림-7.49에 나타내는 지반 조건의 연약 지반(매립토밑의 세사층을 낀 층두께가 약 40m의 점토질 실트층)에 PHC말뚝 A종(외경 500mm, 길이 59m(상 14m+중$_2$ 15+중$_3$ 15+하 15))를 디젤해머(K-45, 건조, 목재, 쿠션 -5cm)로 타입한 후에 말뚝 내부를 검사한 결과 말뚝의 이음 하측의 본체부(콘크리트부)에서 물이 새나오며 균열이 발생된 것으로 예상된다. 균열은 몇단으로 생겼으며, 말뚝내 둘레의 반정도나, 전체

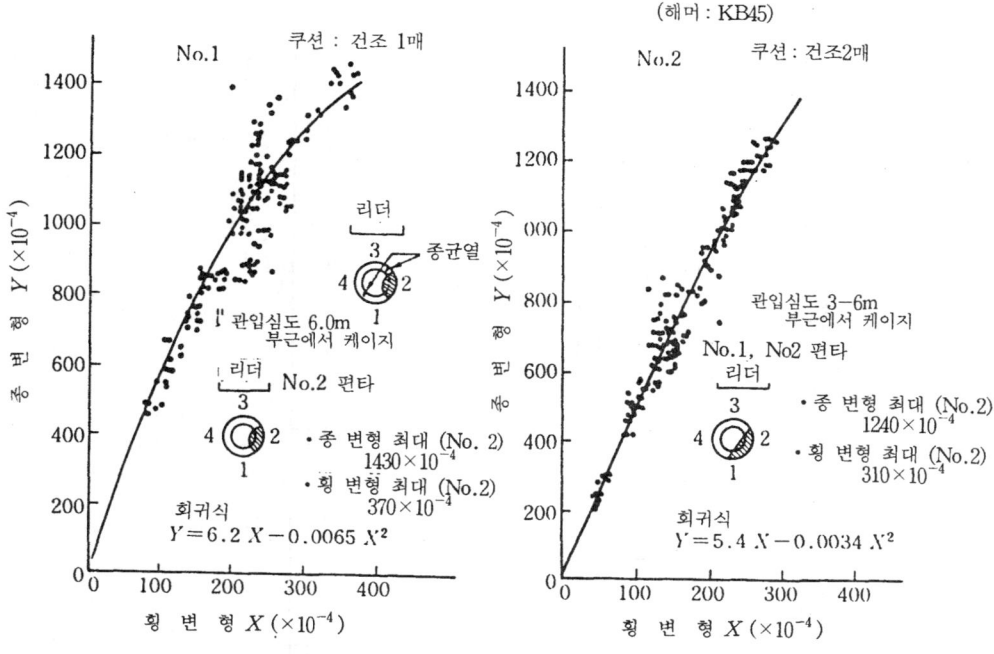

그림-7.48 종변형-횡변형 관계도 (외경 500mm)

둘레에 미치는 것도 있었다. 균열의 상황을 사진-7.1에 나타낸다.

b) 발생 원인 연약 지반 속에 말뚝을 타입하는 경우 선단 저항이 작기 때문에 말뚝에 인장 응력이 작용하는 경우가 있다. 말뚝 길이는 59m로 길고 큰 해머의 타격력에 의해 타입때에 말뚝에 인장 응력이 작용하여 PHC말뚝 A종을 유효 프리스트레스에서는 저항되지 않으며 횡변형 균열이 발생되는 것으로 생각된다. 말뚝의 타입중에 생기는 인장 응력(변형)을 측정하기 위해 유효 프리스트레스가 큰 PHC말뚝 B종을 써서 타입 시험을 실시하였다. 결과는 다음과 같다.

① 최대 인장 응력 170kgf/cm²가 GL −32.5m~34.6m의 N치 50 이상의 세사층을 뚫어서 연약 사질 실트층에 관입실킬 때에 중₃ 말뚝에 발생하였다
② 지상부의 말뚝체에 발생된 인장 응력은 80kgf/cm²이었다.
③ 말뚝의 균열은 인정되지 않았다.
④ 쿠션재를 2장 겹친 10cm를 사용한 경우에는 약 50kgf/cm² 인장 응력이 감소되었다.

이상의 시험 결과에서 타입때에 발생된 최대 인장응력 170kgf/cm²는 PHC말뚝 A종

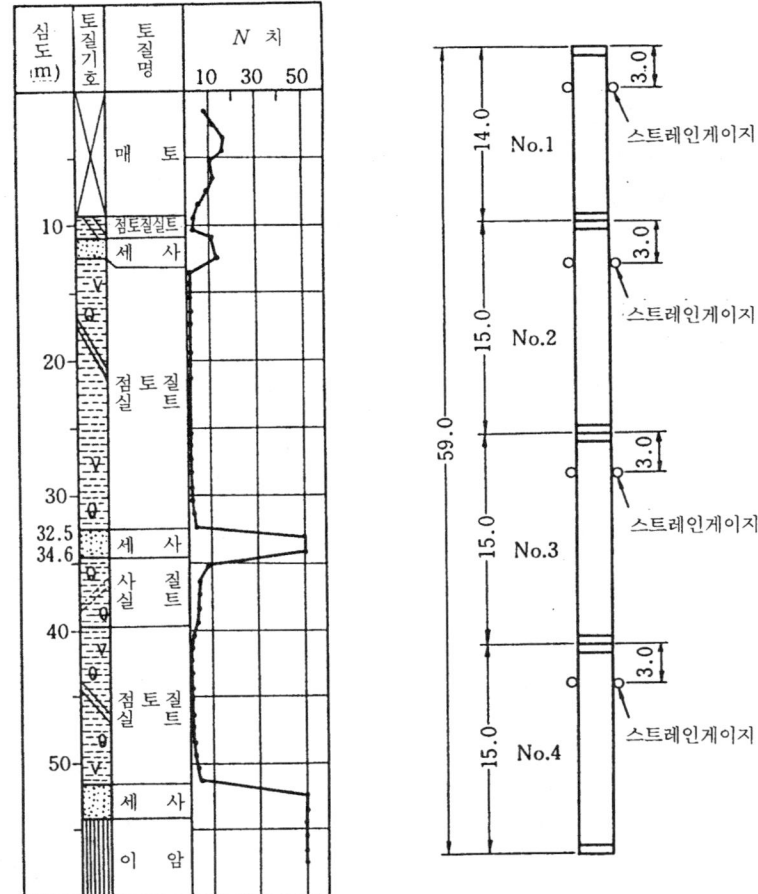

그림-7.49 지반조건과 말뚝, 게이지 위치도

이 저항되는 인장 응력(유효 프리스트레스 40kgf/cm², 콘크리트의 인장 강도 55kgf/cm²의 합)을 확실히 초과하였으며 횡균열이 발생된 것으로 생각된다.

c) 대책 ① PHC말뚝 B종(유효 프리스트레스 80kgf/cm², 콘크리트의 인장강도 55kgf/cm²)의 인장에 대한 공칭의 저항력은 135kgf/cm²이며 최대 인장 응력 170kgf/cm²에 미치지 못하였다. 그러나 실제의 말뚝재에서는 여유(콘크리트의 인장 강도와 프리스트레스 합의 1.2배 정도)를 두었으나 이 시험에서는 PHC 말뚝 B종에서도 균열이 생기지 않았다.

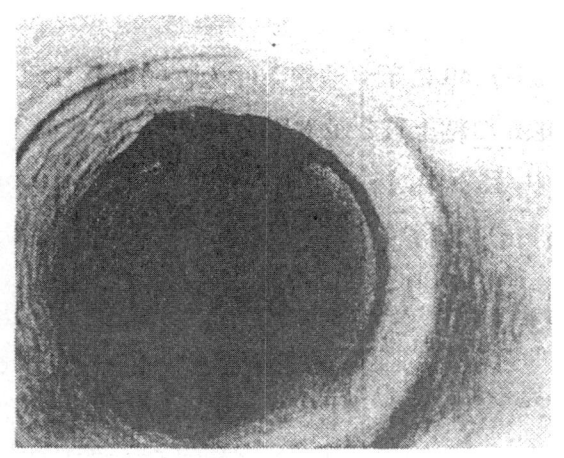

사진-7.1 말뚝내면의 균열

일반적으로는 말뚝 기초를 설계할 때에 말뚝 종류는 휨 모멘트나 전단에 의해 정해지며 시공 상황에 따라 결정되는 경우는 거의 없다. 설계자는 시공에도 배려하여 말뚝 종류를 결정해야 한다.

② 쿠션재를 2장 겹친 10cm로 하면 인장 응력의 발생을 낮게 억제할 수 있다. 또한 쿠션재는 각각의 나무결 방향이 직각이 되도록 겹치게 한다.

③ 프리보링 병용 타격 공법 또는 중굴 타격 공법을 채택하여 중간의 단단한 모래층을 이완시킨 후에 타격을 한다.

④ 해머를 디젤 해머에서 유압 해머로 변경한다. 유압 해머는 해머의 낙하 높이를 억제하고 낙하 높이를 낮게 하면 과잉의 타격력을 말뚝에 작용시키는 것을 방지할 수 있다.

iii) 중간 꺾임

a) 발생 상황 지지층이 경사된 지반에 선단 펜슬형의 말뚝을 타입할 때에 말뚝의 중간이 꺾여져서 말뚝의 선단부는 본체부와 분리되어 파손된다.

b) 발생 원인 타입때에 경사된 지지층에 말뚝이 관입되지 않고 미끄러져서 선단부가 꺾이는 것으로 생각된다.

c) 대책 말뚝 선단부에 그림-7.50에 나타낸 바와 같은 리브 부착 강관 슈를 사용하면 효과가 있다.

또 표층에 전석 등의 지중 장애물이 있거나 중간층이 연약하여 지지층에 불균형이나 경사가 있는 지반에 장척 말뚝을 시공하는 경우에 사용되는 강재 슈의 예를 그림-7.51에 나타낸다. 이 슈는 시공때의 장애물에 의한 말뚝의 경사를 작게하며 점성토층을 타입할 때에 말뚝 중공부에 토사를 채우면 과대한 리바운드의 발생을 억제하는 것이 경험적으로 알려져 있다. 단, 말뚝 전단부 개방 부분의 크기는 말뚝 중공부에 대한 침입토량을 억제할 수 있는 정도로 해야 한다. 과대한 침입토는 내압을 생기게하여 말뚝체를 파괴시키는 수가 있다. 또 반대로 작은 경우는 효과가 없고 경험적으로는 말뚝외경 1/5~1/3의 공경이 좋다고 말한다.

또한 말뚝 선단의 십자 보강 강재는 지지층에 대한 관입성을 높이는 한편 타입때의 말뚝 선단 좌판의 말뚝 중공부에 대한 변형 방지 역할도 한다. 말뚝 선단 좌판이 말뚝 중공부에서 변형되면 콘크리트에 부분 응력이 생겨서 손상을 주는 경우가 있다. 그림-7.52에 좌판의 말뚝 중공부에서 변형에 의한 콘크리트의 파괴 상황을 나타낸다.

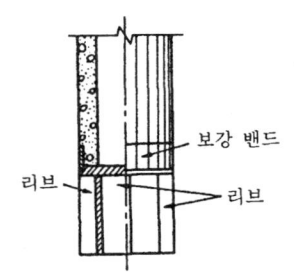

그림-7.50 리브부착 강관 슈

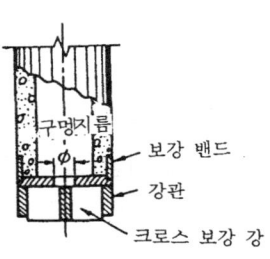

그림-7.51 강관 슈

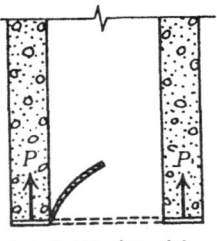

(a) 철판이 얇은 경우

말뚝중공부에 철판이 빠져서 P는 말뚝머리 방향으로 작용하기 때문에 콘크리트에 나쁜 영향을 주지 않는다.

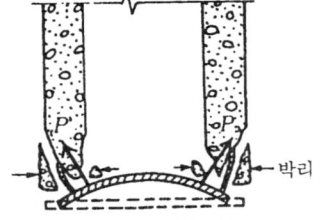

(b) 철판이 두꺼운 경우

말뚝중공부에 철판은 빠지지 않아서 말뚝지름 전면에 걸쳐서 아치모양으로 변형되기 때문에 P는 외개의 힘이 되어 말뚝내 둘레외 외주면의 콘크리트를 박리시킨다.

그림-7.52 좌판의 파괴 상황

iv) 경사와 중심 엇갈림

a) 발생 상황과 발생 원인 전석 등의 지중 장애물이 있는 지반에 말뚝을 타입하면 말뚝이 경사되어 관입되거나 중심의 엇갈림이 생기는 수가 있다.

b) 대책 경사와 중심의 엇갈림에 관해서는 다음의 대책이 고려된다.

① 장애물이 지표 가까이에서 제거가 가능한 경우에는 지상에서 제거한다. 또는 장애

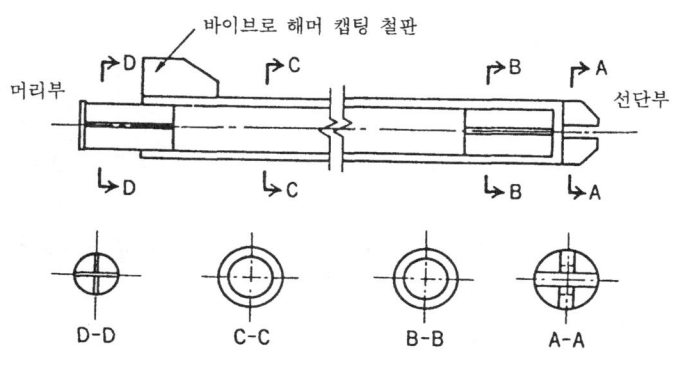

그림-7.53 쇄암봉

사진-7.2 쇄암봉 선단부

사진-7.3 구멍내 모래 되메우기

물이 비교적 작고 혼입이 적은 경우에는 프리보링을 한 후에 말뚝을 타입한다.

② 시공 지반면에서 약 4m 이상 깊이에 장애물이 혼입되어 제거가 불가능한 경우는 그림-7.53에 나타낸 십자의 쇄석 비트를 가진 강재의 쇄석봉을 사전에 타입하여 장애물을 배제하는 방법이 있다. 타입후는 바이브로 해머로 인발하여 생긴 구멍내는 토사로 되메운다. 사진-7.2에 쇄암봉의 구조, 사진-7.3에 공내 되메우기 상황을 나타냈다.

③ 시공 지반면보다 깊은 위치에 장애물이 혼입되어 ②에서 조치가 안되는 경우에는 강력한 마력의 감속기를 갖춘 오거(록 오거 등)로 프리보링하고 공내는 토사를 되메운 후 말뚝을 타입한다.

(2) 천공 말뚝 공법

ⅰ) 높이 정지

a) 발생 상황 시멘트 밀크 공법에 의해 그림-7.54에 나타낸 자갈모래지반에 말뚝을 시공하여 높이 정지가 생겼다.

b) 발생 원인 프리보링때에 굴착 공내의 토사(특히 자갈모래)가 충분히 배제되지 않아 구멍 밑에 토사가 남기 때문에 생긴 것으로 생각된다.

c) 대책

① 굴착용 오거의 선단에서 위가 약 5m의 지름을 통상보다 1랭크 큰 것을 사용하고 다시 그림-7.55에 나타낸 토사 낙하방지를 목적으로 한 플레이트를 오거에 부착시키면 토사의 배제가 충분하다.

② 굴착액에 쓰이는 벤트나이트는 점성을 높게 할 수 있는 쿠니겔 V_1(250 메슈)를 사용하고 또 CMC(그림-7.54의 시멘트 밀크 설계 배합의 굴착액에 대해서 1kg 사용)을 병용한다.

①, ②의 대책을 한 결과 총 시공 개수 약 1500개의 98%가 높이 정지의 허용치(50cm) 이내로 시공되었다.

굴착액의 배합은 굴착 구멍이 붕괴되기 쉬운 사질토나 자갈모래 지반에 설치되는 경우에는 지중벽 공법이나 어스드릴공법에 사용되는 표-7.25의 이수 배합을 참고로 하면 좋다.

굴착액에 사용하는 벤트나이트는 분말도 200 메슈 이상, 입자의 직경 0.074mm 이상, 팽윤도 3g/g(일본 벤트나이트 공업회 표준 시험 방법에 의함) 이상의 것이 쓰인다. 일반적으로 벤트나이트는 나트리움형과 칼슘형이 있으나 굴착액은 수중에서 팽윤이 잘 되는 나트리움형이 사용된다. 단, 염화나트륨을 함유한 지하수가 있는 장소나 해안 가까이에서는 나트리움형은 물에 함유된 염화나트륨과 반응하여 흡착되는 수분을 토출하기 때문에 칼슘형이 사용된다.

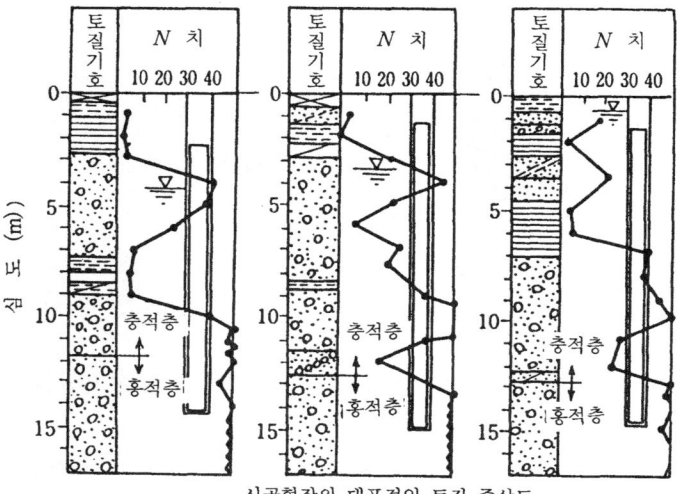

시공현장의 대표적인 토질 주상도

시멘트 밀크의 설계 배합

용액	벤트나이트 (kg)	시멘트 (kg)	물 (kg)	찰쌀기 (l)
굴착액	25~50	120~160	450~500	498~570
밑고정액		483	345	496

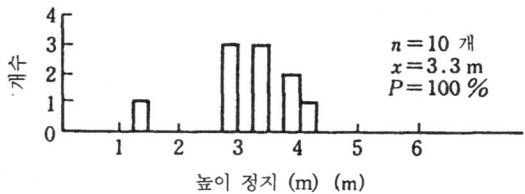

$n = 10$ 개
$x = 3.3$ m
$P = 100\%$

압입(30tf) 하더라도 20cm 정도밖에 들어가지 않는다.

그림-7.54 시험 개요

표-7.25 이수 배합 예

(질량비%)

토질명	벤트나이트	분산제	C M C	일액방지제
사질토	6~8	0.2	0.1	-
자갈모래	8~10	-	0.1	2

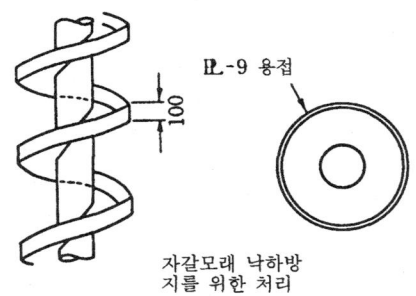

그림-7.55 토사 낙하방지용 오거

분산제는 굴착액이나 밑고정액 등의 열화를 방지하기 위해 첨가되는 인산계, 후민산계, 옥시컬번산계 등의 것이 있다.

CMC(카르보키시메틸셀로스)는 펄프를 인공적으로 처리한 인공풀이다. 이것은 벤트나이트액에 첨가하면 굴착공벽 표면의 막을 강화하기 때문에 공벽붕괴 방지에 필요한 것이다. 또한 CMC는 가립 또는 분말로 수용액이 고점도, 중점도와 저점도를 나타낸 것이 있다.

상기 각 재료의 혼합 순서는 물, 벤트나이트, CMC, 분산제이다. 또한 CMC는 잘 녹지 않기 때문에 조금씩 투입한다. 또 일액방지제는 굴착액이 모래자갈층 등에서 일액하는 경우에 첨가하는 것으로 종이제 또는 목제 등의 섬유질이 이용된다.

ii) 움푹 패이다

a) 발생 상황 : 프리보링 확대 밑고정액 공법으로 말뚝을 소정 심도에 설치하였으나 설치후에 말뚝이 확대 밑고정부에 움푹 패이게 되었다.

b) 발생 원인 : 말뚝의 설치후에 말뚝 주면 고정액이 충분한 강도(마찰력)에 도달하지 못하기 때문에 발생되었다.

c) 대책

① 말뚝 주면 고정액의 성질을 관리한다. 특히 말뚝이 짧은 경우에는 이 경향이 있으므로 주의한다.
② 설치후의 말뚝을 보조 크레인이나 유압 쇼벨 등으로 소정시간을 유지해 둔다.
③ 말뚝 선단부에 그림-7.56에 나타낸 움푹 패임 방지 철근을 장치한다.

iii) 말뚝둘레의 고정액 부족

a) 발생 상황 프리보링 밑고정 공법(시멘트 밀크 공법)으로 그림-7.57에 나타낸 지반에 PC말뚝(외경 500mm, 길이 25m)을 시공하였다. 말뚝 시공후 기초파기 공사를 한

제7장 기성말뚝의 시공 497

결과 그림-7.58에 나타낸 말뚝머리 부근의 말뚝과 주면지반 사이에 틈이 발견되었다. 그러므로 사용한 시멘트 밀크의 배합은 표-7.26에 나타낸 바와 같다.

b) 발생 원인 지표면 가까이는 그림-7.57의 지반조건으로 나타낸 바와 같이 투수성이 높은 자갈섞인 점토질 실트가 있으며 또 지하수위도 낮은 상태이기 때문에 말뚝둘레

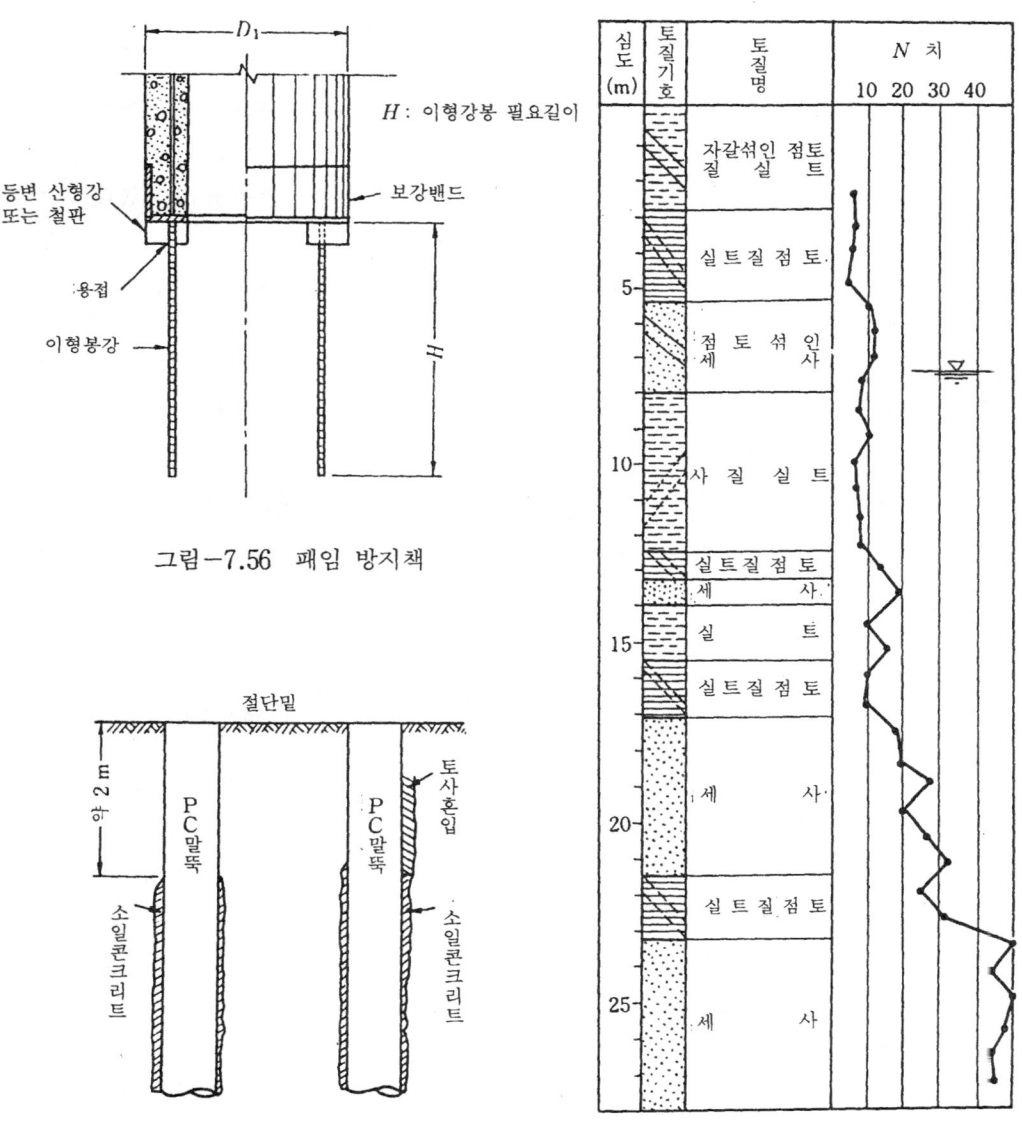

그림-7.56 패임 방지책

그림-7.58 말뚝둘레 고정액의 상황

그림-7.57 지반조건

표-7.26 시멘트 밀크의 배합

용액	벤트나이트 (kg)	시멘트 (kg)	물 (l)	1배치마다 찰쌓기량 (m^3)
굴 착 액	50	80	500	0.547
밑 고 정 액 말뚝둘레 고정액	—	720	514	0.742

고정액의 시멘트 밀크가 유출되어 말뚝머리 부근에 틈이 생긴 것으로 생각된다.

c) 대책

① 시공이 완료된 말뚝에 대해서는 기초를 팔때에 지표면 가까운 말뚝둘레 고정액의 유무를 조사하여 부족한 경우에는 보충한다.

보충하는 말뚝둘레의 고정액은 일액을 방지하기 위해 시멘트 밀크, 벤트 나이트에 가하여 재료 분비를 적게 하는 미사와 일액 방지제를 쓴다.

미사는 실리커분을 주성분으로 한 파우다에 특수한 무기질 성분을 가하고 입경은 0.015~2.0mm의 범위로 비중 2.66의 것을 사용한다. 또한 일액 방지제는 물에 잘 녹는 것을 사용하는 것이 좋다.

각 재료의 혼합 순서는 물 일액방지제, 벤트나이트, 미사, 시멘트이다.

말뚝둘레 고정액의 배합예를 표-7.27에 나타낸다.

표-7.27 말뚝둘레 고정액의 배합예

시 멘 트 (kg/m^3)	벤트나이트 (kg/m^3)	미사 (kg/m^3)	물 (l/m^3)	일액방지제 (kg/m^3)
200	25	40	920	5

② 시공되지 않은 말뚝에 대해서는 굴착액에 CMC(표-7.26의 굴착액 1뱃처마다 1kg 사용)를 배합하여 주입하였다.

iv) 피압수층에서의 침설 불능

a) 발생 상황 중굴 확대 밑고정 공법으로 그림-7.59에 나타낸 바와 같은 지반에 PHC말뚝 [외경 600mm, 길이 42m (상말뚝 8m-SC말뚝+중$_1$말뚝 11m-A종+중$_2$말뚝 11m-A종+하말뚝12m-A종)]을 침설(말뚝선단 심도 GL -33.5-)하여 중말뚝과 상말뚝을 이음 용접후, 침설을 재개하였으나 약 5cm 높이가 정지되어 침설이 불가능하였다. 또한 말뚝 선단에는 플릭션 커터(두께 12mm)가 설치되었다.

b) 발생 원인 지질 조사의 결과에서 그림-7.59의 GL -33~34m 부근의 실트섞인

제7장 기성말뚝의 시공 499

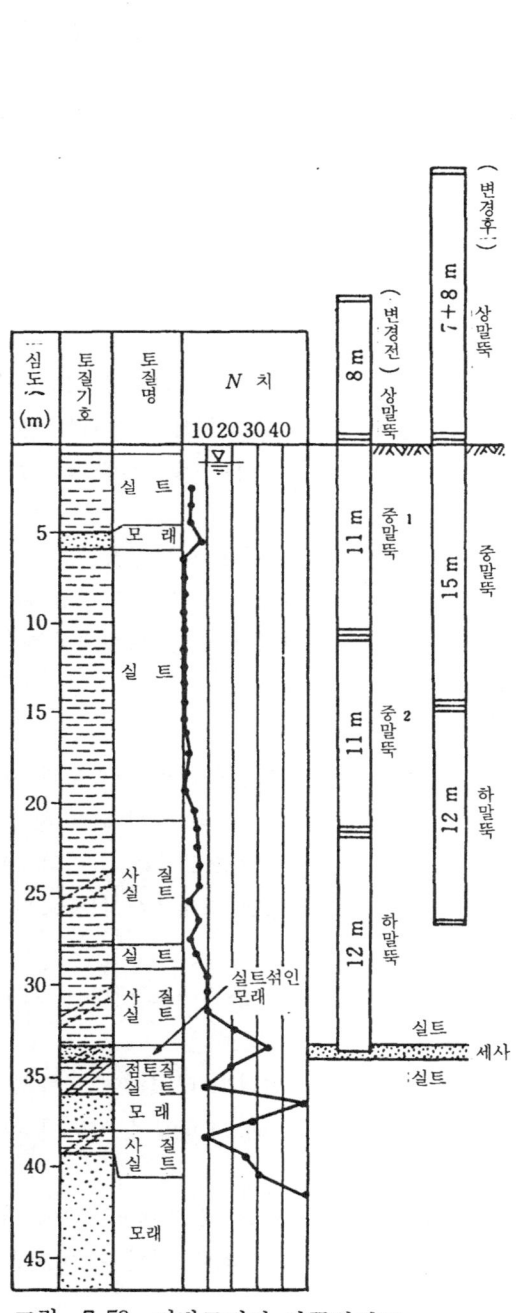

그림-7.59 지반조건과 말뚝위치도

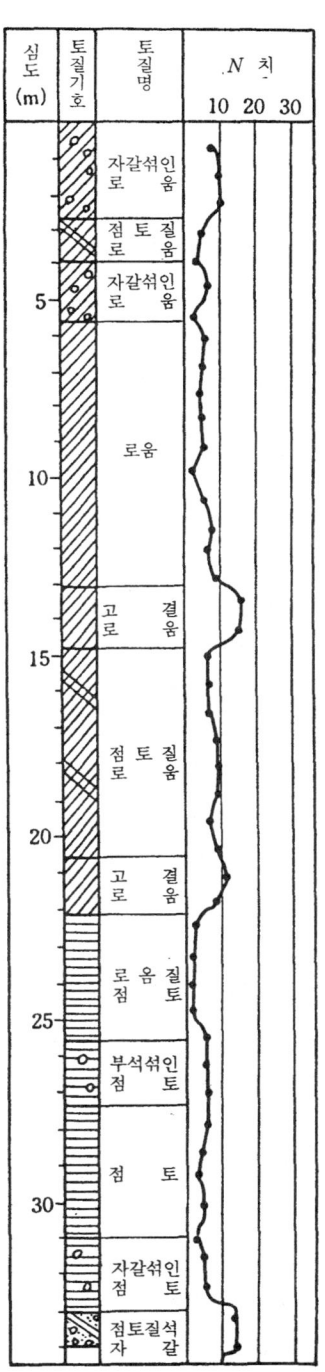

그림-7.60 지반조건

세사층에 피압 지하수가 존재하는 것을 알았다.

중₁ 말뚝과 상말뚝의 이음 용접작업에 약 30분이 소요되었으며 그 사이에 말뚝 선단부의 지반이 보일링되고 말뚝주면에 세사가 충전되어 주면마찰이 작용하였기 때문에 침설이 불가능하게 된 것으로 생각되었다.

c) 대책 대책은 다음 방법이 고려되었다.

① 드롭 해머로 타격한다.

② 말뚝선단의 오거 비트에서 고압수를 분사한다.

또, 앞으로의 대책은,

③ 말뚝 선단 플릭션 커터의 두께를 크게 한다.

④ 말뚝의 길이 구성을 변경한다.

이러한 대책중 즉시 대처되는 ①, ②, ③을 실시하였으나 효과가 없었다. 그림-7.59에 나타낸 바와 같이 말뚝을 구성하여 시공한 결과 침설할 수 있었다. 이때의 중간 말뚝과 7cm와 8m를 미리 공장에서 용접한 상말뚝의 이음 용접은 말뚝 선단 심도가 GL-26.5m의 실트층 중에서 실시되었다.

말뚝의 길이 구성은 지반조사에 의거하여 말뚝기초의 설계단계에서 결정된다. 점성토층으로 끼워진 모래층은 피압 지하수가 있는 경우가 있으므로 사전조사가 필요하다. 또 피압 지하수의 존재가 확인되는 경우에는 말뚝 선단이 모래층에 있는 위치에서 말뚝 이음이 안되는 말뚝 구성은 피할 필요가 있다.

v) 세로 균열(굴착토의 내압)

a) 발생 상황과 발생 원인 중굴 공법에 따른 시공때에 오거에 의한 굴착토의 배출이 스무드하게 실시되지 않는 경우가 있다. 그 결과 내부에 막힌 흙의 압력에 의해 말뚝이 세로로 터지는 수가 있다. 굴착토가 말뚝 내부에 막히는 원인으로서는 오거의 비트에 흙이 부착되는 수가 많고 그림-7.60에 나타낸 바와 같이 경질 점토층에서 급속 시공을 한 경우에 발생하는 수가 많다.

b) 종균열을 방지하는데 중요한 시공관리의 포인트를 표-7.28에 나타낸다.

vi) 말뚝 선단부의 종균열

a) 발생 상황과 발생 원인 중굴타격 공법에서 말뚝을 침설하고 타격하여 말뚝의 지지력을 발현시키는 경우 말뚝 선단 중공부에 침입된 흙에 의해 내측에서 압력이 생기고 말뚝 선단부에 종균열이 생기는 경우가 있다.

b) 대책 말뚝의 타격때 흙의 침입에 따른 내압에 저항하기 위해 그림-7.61에 나타낸 것처럼 말뚝 선단을 보강하는 수가 많다. 보강 범위는 보통 타격에 의한 지지층에 대한 근입 길이로 하고 $1 \sim 2D$(D : 말뚝지름)가 많다.

표-7.28 종균열 방지의 관리 포인트

점검점		내용
말뚝	오거 지름과 말뚝 내경	오거지름은 말뚝 내경보다 40mm정도 작게하여 일정한 틈이 유지되도록 한다.
	이음말뚝 상호의 내경차	이음말뚝의 경우, 말뚝상호의 내경에 큰 차이가 있으면 막히기 쉽다. 특히 하말뚝보다도 상말뚝의 편이 작을때에는 현저하다.
시공기계	오거 지름과 피치의 차이	이어지는 오거의 지름이 여러 가지이거나 피치가 맞지 않으면 막히는 원인이 된다.
	콤프레서의 능력	압축공기는 어스오거의 회전력을 효과적으로 배토효과를 향상시키기 위해 이용하므로 충분한 능력이 있는 기종을 선정한다.
지반	점성토 자갈지름	점성토의 경우는 나선상의 날물에 점성토가 밀착되기 쉽다. 또한 모래자갈층에서는 큰 자갈이나 호박돌 등의 말뚝 내경과 오거 사이에 끼워져서 막히는 경우가 있다.
시공관리	굴착속도	지층에 맞춰서 굴착 속도를 조정한다. 점성토의 경우에는 시간을 들여서 윗쪽에서 굴착토의 배출 상황을 관찰하며 굴착한다. 때로는 오거를 뽑아서 나선상의 날물에 접착된 흙을 제거한다.
	압입속도	말뚝을 압입하는 속도도 중요한 포인트이다. 스무드하게 압입된다고 해서 압입 속도를 과대하게 하면 막히는 원인이 된다.

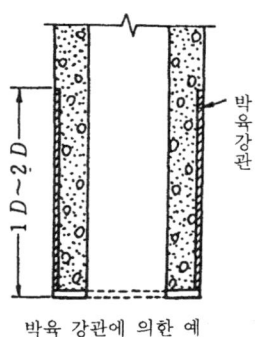

박육 강관에 의한 예

그림-7.61 선단 보강의 예

제 8 장   현장타설 콘크리트 말뚝의 시공

현장타설 콘크리트말뚝(이하, 현장타설 말뚝)은 지반을 기계 또는 인력으로 굴착한 후 콘크리트를 타설하고 현장에서 축조되는 철근콘크리트 말뚝의 총칭이다.

현장타설 말뚝의 특징은 저소음·저진동으로 굵고 또한 대심도에 말뚝의 축조가 가능하다는 것을 말한다.

본 장에서는 대표적인 현장타설 4가지 말뚝 공법(올 케이싱, 어스 드릴, 리버스, 심초)과 건축공사에서 사용 빈도가 많은 일본 건축센터의 평정 공법과 기타의 공법에 대해서 말한다.

8.1 시공법의 종류와 개요

8.1.1 시공법의 종류

현장타설 말뚝은 여러 가지 시공법이 있으며 이것을 분류하면 그림-8.1과 같다. 이중 심초공법은 굴착을 기계로 실시하는 경우도 있으나 일반적으로는 기계와 인력의 병용이 많고 또한 구멍 밑의 성형이나 확대는 인력으로 실시하므로 인력 굴착 공법으로 분류한다.

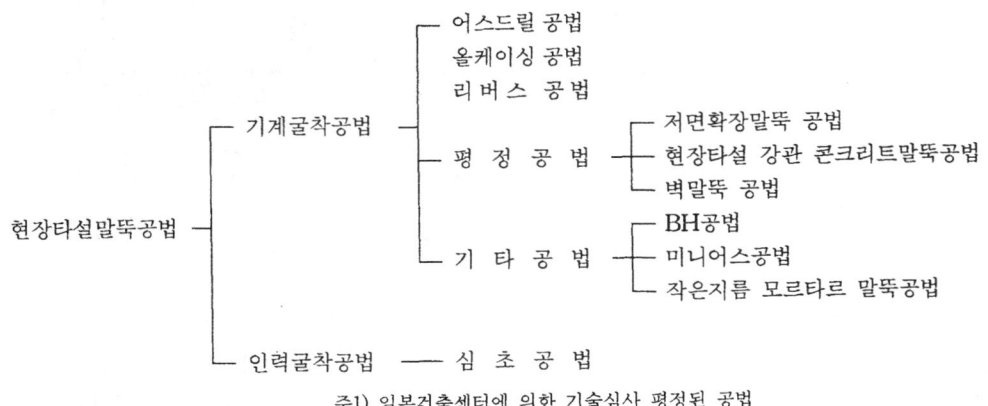

주1) 일본건축센터에 의한 기술심사 평정된 공법

그림-8.1 현장타설 말뚝공법의 분류

8.1.2 시공법의 개요

(1) 어스 드릴 공법 어스 드릴 공법은 어스 드릴기의 캐리바 선단에 장치된 드릴링 버키트를 회전시키면서 지반을 굴착하고 굴착토사를 버키트내에 수납한다. 수납된 토사는 버키트와 함께 지상으로 올려서 배출한다. 굴착 공벽의 보호는 표층부는 케이싱으로 실시하고 케이싱 하단 이하는 벤트나이트나 CMC를 주체로 하는 안정액(인공 이수)의 조벽성과 수두압으로 보호한다. 굴착 완료후 드릴링 버키트를 밑바닥 고르기 버키트로 교환하여 일차로 구멍밑을 처리하고 철근 박스와 트레미를 세운다. 슬라임이 퇴적된 경우에는 2차 구멍 밑 처리를 한 다음 콘크리트를 타입하여 말뚝을 축조한다.

어스 드릴기만으로 굴착에서 콘크리트 타설까지의 시공이 되기 때문에 기계설비의 규모가 작다.

시공 요령을 그림-8.2에 나타냈다.

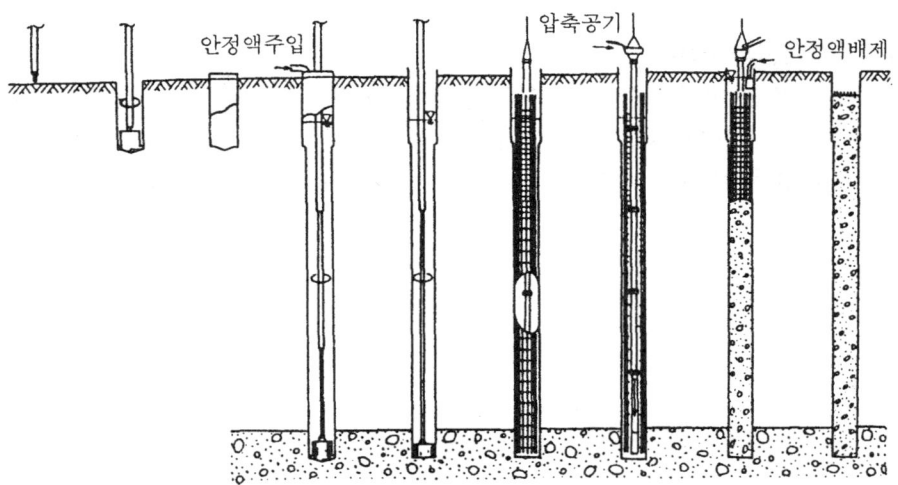

그림-8.2 어스드릴공법 시공 요령도

(2) 올 케이싱 공법 올 케이싱 공법은 굴착 구멍의 전장을 케이싱 튜브로 공벽을 보호하는 것을 특징으로 한다. 이 케이싱 튜브를 요동 또는 회전시키며 흙속에 압입한다. 케이싱 튜브내의 흙은 해머 그래브로 끌어 올려서 지상에 배출한다. 굴착 완료후 해머 그래브나 침전 버키트로 구멍밑을 처리하고 철근 박스와 트레미를 세우며 슬라임이 퇴적된 경우에는 1차로 구멍밑을 처리 한 다음에 콘크리트를 타입한다. 콘크리트의 타입

완료에 수반하여 케이싱 튜브를 순차로 뽑아서 말뚝을 축조한다.

말뚝 전장에 튜브를 사용하기 때문에 공벽의 붕괴가 없으며 확실한 말뚝 단면 형상을 확보하기가 쉽다. 그러나 케이싱 튜브의 인발이 곤란하거나 불가능, 케이싱 튜브의 인발에 의해 철근 박스가 따라 오르는 경우도 있다.

시공 요령을 그림-8.3에 나타냈다.

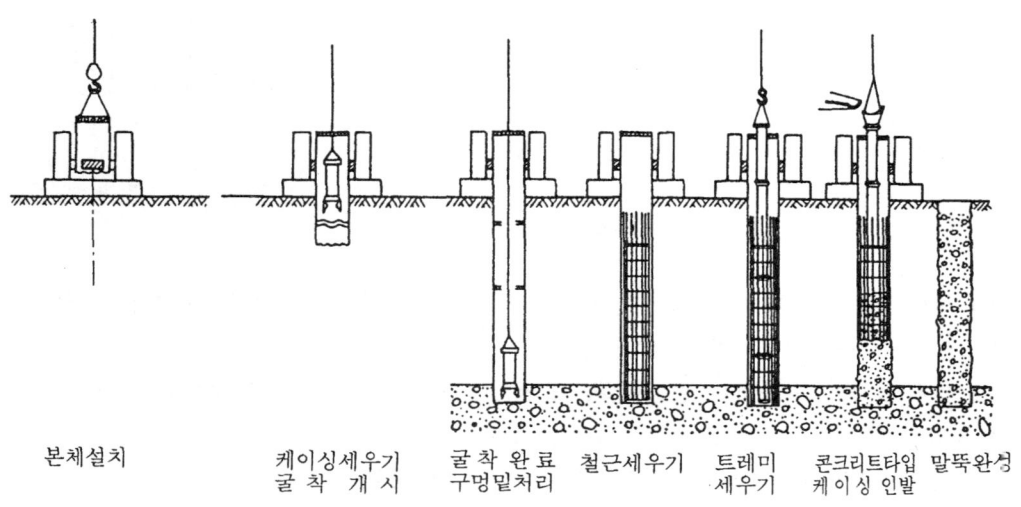

그림-8.3 올케이싱공법 시공 요령도

(3) 리버스공법(리버스·서큐레이션·드릴공법) 리버스공법은 토질이나 말뚝지름에 적합한 비트를 회전시키면서 굴착하고, 굴착된 토사는 구멍내의 물과 함께 석션 펌프 또는 에어 리프트 펌프 등으로 지상에 퍼 올려서 배출한다. 배출된 토사와 이수는 침전조(연못)에서 분리되며 이수만 굴착 구멍내에 보내어 재활용된다. 공벽의 표층부는 스탠드 파이프로 스탠드파이프 하단 이하는 이수중의 토립자에 의해 형성되는 매드케이크와 수두압으로 보호된다. 굴착 완료후는 이수를 순환하여 굴착공내의 탁수를 교환하여 1차 구멍 밑을 처리한다. 이후의 공정은 어스 드릴 공법과 동일하다.

이 공법은 굵은 것 또는 대심도의 말뚝 시공이 가능하며 특수 비트로 암반의 굴착도 가능하다.

시공요령을 그림-8.4에 나타낸다.

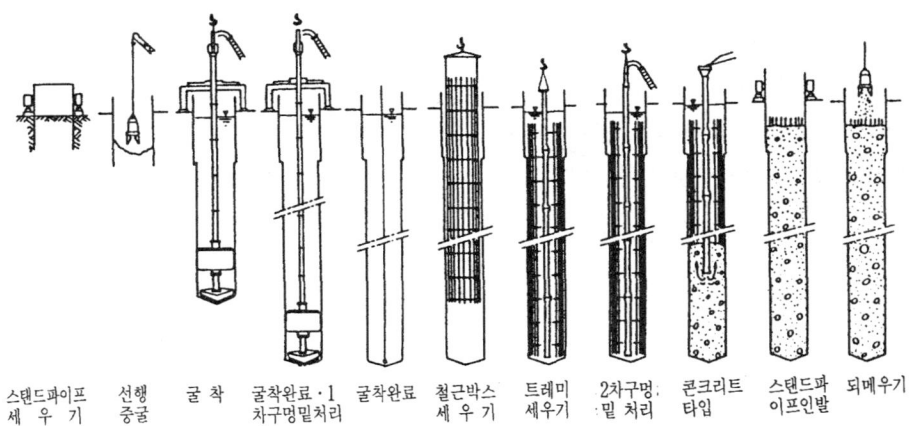

그림-8.4 리버스공법 시공요령도

(4) 심초 공법 심초 공법은 인력으로 굴착하면서 병행하여 공벽 보호의 흙막이재를 조립하고 소정의 심도까지 굴착한다. 그후 공내에서 철근 박스를 조립하고 콘크리트를 타설해서 말뚝을 축조하는 공법이다. 현재는 작업 대지나 지반의 상황 등에 따라 굴착과 흙막이재의 조립을 다음 방법으로 실시한다.

① 굴착, 흙막이재의 조립 전반을 인력에 의해 실시한다.
② 굴착을 기계로 하고, 공벽·구멍밑의 성형과 흙막이재의 조립을 인력으로 한다.
③ 올 케이싱 공법에 의해 굴착과 공벽을 보호하며 밑부분의 성형과 확대는 인력으로 실시한다.

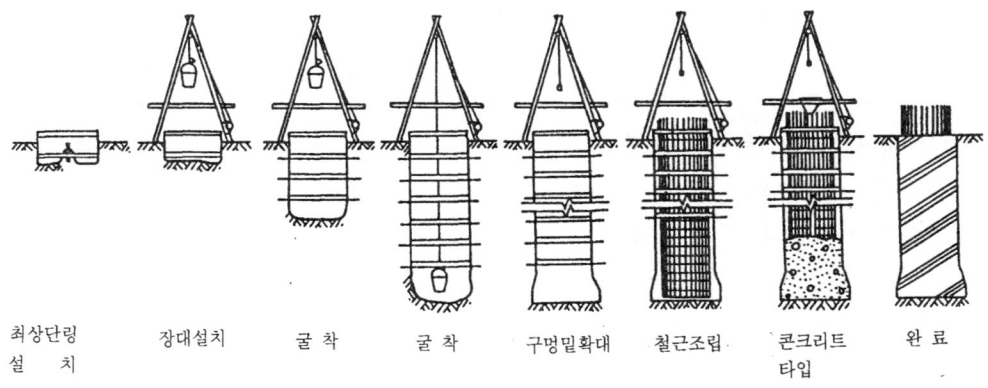

그림-8.5 심도공법 시공 요령도 (인력굴착의 경우)

또한 흙막이재는 파형강판(波形鋼板)과 링 기타 라이너 플레이트나 케이싱 튜브 등이 사용되고 있다.

시공 가능 범위는 말뚝지름 1.2m 이상 굴착 길이는 40m 이상의 시공예도 있으나 20m 미만에서 말뚝지름의 10배 정도가 좋다고 한다.

인력 굴착의 경우 시공 요령을 그림-8.5에 나타낸다.

(5) 평정 공법 평정 공법은 일본 건축센터의 평정을 취득한 공법으로 여기서는 저면 확대 말뚝, 현장타설 강관 콘크리트 말뚝, 벽 말뚝을 대상으로 한다.

ⅰ) 저면확장 말뚝 공법 현장타설 말뚝공법(어스 드릴 공법, 올 케이싱 공법, 리버스 공법)으로 굴착 구멍의 밑부를 원추형으로 확대시켜서 한 개의 말뚝으로 많은 지지력을 지니게 하는 것을 목적으로 한 말뚝이다. 저면확장 굴착의 방법은 어스 드릴식과 리버스식의 두 종류의 방법이 있으나 기본적인 차이는 굴착토의 배출 방법이다.

시공 방법은 앞에서 기술한 현장타설 말뚝공법으로 축부를 굴착한 후 저면확장용 굴착기로 구멍 밑부를 확대 굴착한다. 이 밖의 시공 요령은 통상 현장타설 말뚝공법과 동일하다.

어스 드릴식 저면확장 말뚝의 시공 요령을 그림-8.6에 나타낸다.

ⅱ) 현장타설 강관 콘크리트 말뚝 공법, 어스드릴 공법, 올 케이싱 공법, 리버스 공법에 따른 현장타설 말뚝의 내진성을 향상시키기 위해 휨 모멘트나 전단력이 크게 작용하

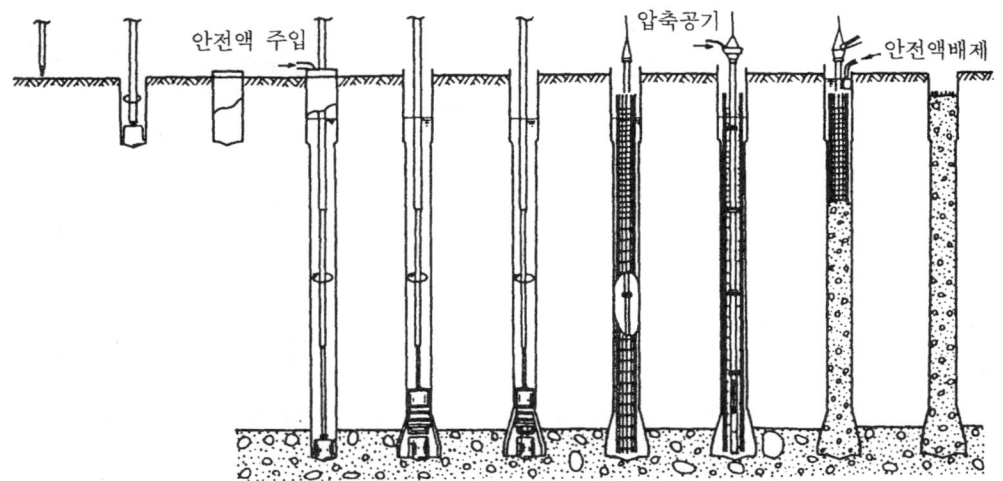

그림-8.6 어스드릴식 저면확장말뚝 공법 시공 요령도

는 말뚝머리부 등에 내면 리브(돌기) 부착 강관(이하 강관)을 이용한 복합 현장타설 콘크리트 말뚝을 축조하는 공법이다.

시공 방법은 현장타설 말뚝 또는 저면확장 말뚝의 작업 공정중에 강관을 삽입하는 작업이 있다. 강관을 세우는 방법은 콘크리트를 타설하기 전에 굴착 구멍에 강관을 삽입하는 방법과 콘크리트 타입후에 콘크리트 속에 강관을 세우는 방법이 있다.

시공 요령의 일례를 그림-8.7에 나타낸다.

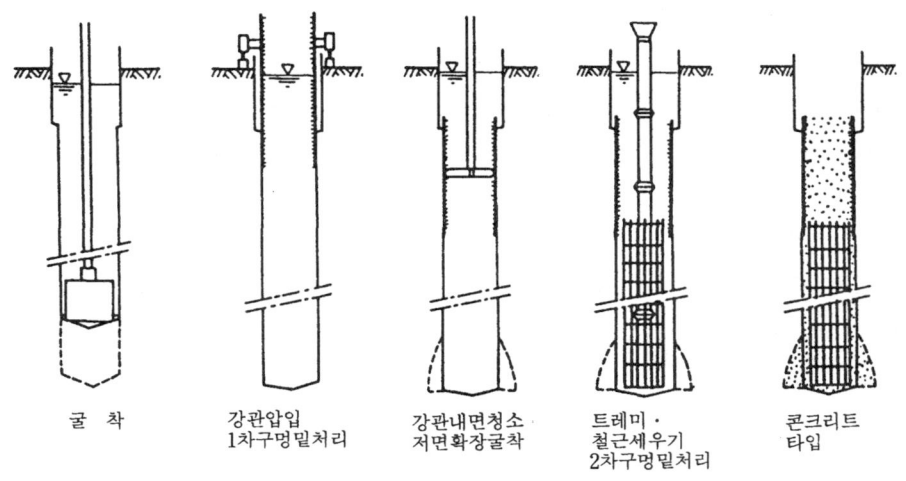

그림-8.7 현장타설 강관콘크리트 말뚝시공 요령도

iii) 벽말뚝 공법 과거 가설공사 등에서 사용되어 온 연속 지중벽을 기초 말뚝으로서 사용하는 공법이다. 이 말뚝은 방향에 따라 휨 강성이 다르기 때문에 한방향에서 수평력이 크게 작용하는 경우나 구조물에 작용하는 수평력이 극히 큰 경우는 방향이나 직사각형 형상의 조합으로 유효한 강성을 발휘한다.

크램식과 회전식 두종류의 굴착 방법이 있으며 공벽의 보호는 안정액으로 실시된다. 굴착에서 콘크리트 타입까지의 시공 방법은 어스 드릴 공법이나 리버스 공법과 유사하다.

시공 요령의 일례를 그림-8.8에 나타낸다.

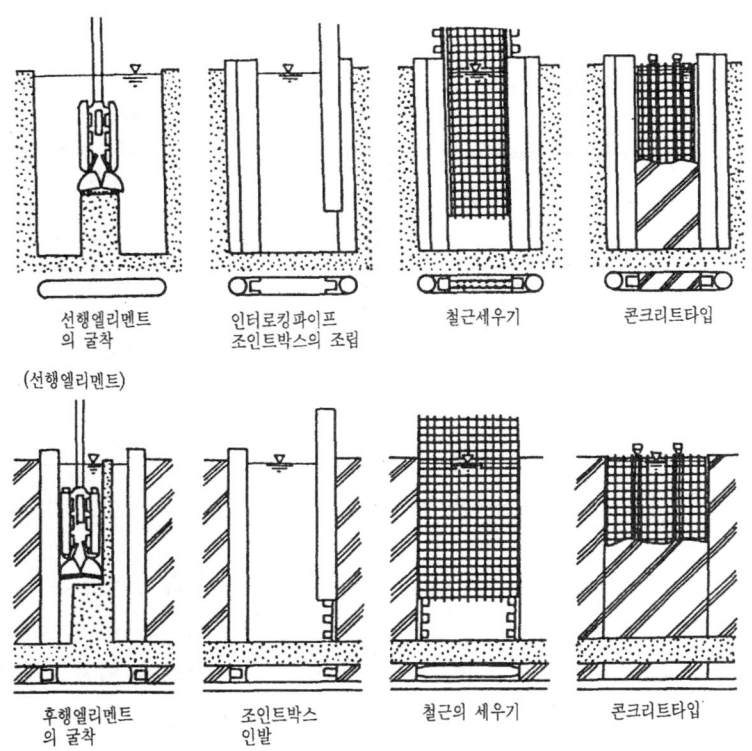

그림-8.8 벽말뚝 공법 시공 요령도

(6) 기타의 공법

ⅰ) BH공법 보링기계를 사용하여 롯드 파이프의 선단에 장치된 굴착용 비트를 회전시키면 따라서 지반이 굴착된다. 굴착토는 굴착용 비트의 선단에서 배출되는 이수 또는 안정액에 의해 구멍 입구까지 운반되어 구멍 입구에 설치된 샌드 펌프에 의해 구멍밖으로 배출된다. 구멍밖에 배출된 이수와 토사는 매드 스크린과 슬러지 탱크에서 토사와 이수로 분리되며 이수는 다시 그라우트 펌프에 의해 구멍내로 보낸다. 소정의 심도까지 굴착된 후의 작업 공정은 다른 현장타설 말뚝공법과 동일하다.

이 공법은 좁은 대지에서 시공이 가능한 점이 큰 특징이며 시공이 가능한 말뚝 지름은 70~150cm 정도로 굴착 심도는 40m 정도이다.

시공 요령을 그림-8.9에 나타냈다.

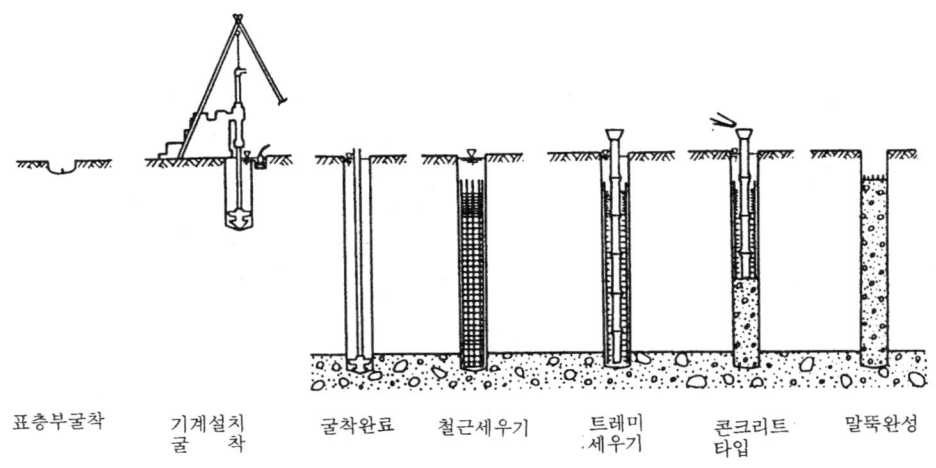

그림-8.9 BH공법 시공 요령도

ii) 미니 어스공법 굴착에서 콘크리트 타설까지의 말뚝 축조 방법은 어스 드릴 공법과 완전히 같으나 굴착 기구만 다르다. 어스 드릴은 크롤러 크레인에 굴착용 회전 구동장치(압입의 유압 장치 부착)가 프론트 어터치 멘트에 부착되어 일체화되었지만 미니어스기는 크롤러크레인과 분리시킨 회전 구동장치(압입의 유압장치는 없음)으로 되었다. 버키트의 압입력은 케리바와 드릴링 버키트의 중량 뿐이기 때문에 모래자갈층과 같은 경질 지반에서는 굴착이 곤란 또는 불가능하다. 그러나 이 공법에서는 드릴링 버키트 내부의 토사를 배토할 때 크롤러 크레인이 선회되지 못하는 좁은 대지에서도 붐각을 조정하여 배토가 가능한 것이 특징으로 되었다. 행정청에 따라 어스 드릴 공법보다도 지지력을 저감하는 경우가 있다.

시공이 가능한 말뚝 지름은 70~140cm로 굴착 심도는 25m 정도이다.

iii) 소경(작은) 모르타르 말뚝 공법 소경 모르타르 말뚝 공법에는 유사한 여러 종류의 시공법이 있으나 여기서는 가장 시공량이 많은 PIP공법(Pact-in-place-pile)에 대해서 말한다.

PIP공법이란 축을 중공으로 한 어스 오거에 의해 소정의 심도까지 천공하고 오거를 뽑아내며 모르타르를 오거 선단부터 구멍내에 분사하여 모르타르 말뚝을 조성한다. 그 후 즉시 철근 박스 또는 형강을 모르타르 속에 삽입하여 현장타설 철근 모르타르 말뚝 또는 현장타설 철골 모르타르 말뚝을 축조하는 공법이다.

시공 말뚝 지름은 30~70cm이며 시공 심도는 60m의 시공 예도 있으나 보통 25m 정도이다. 또한 비교적 소규모이기 때문에 좁은 대지나 높이를 제한하는 장소에서 시공이 가능하며 이수를 쓰지 않기 때문에 폐기 이수에 따른 환경대책이 필요하지 않은 특징이 있다.

시공 요령을 그림-8.10에 나타낸다.

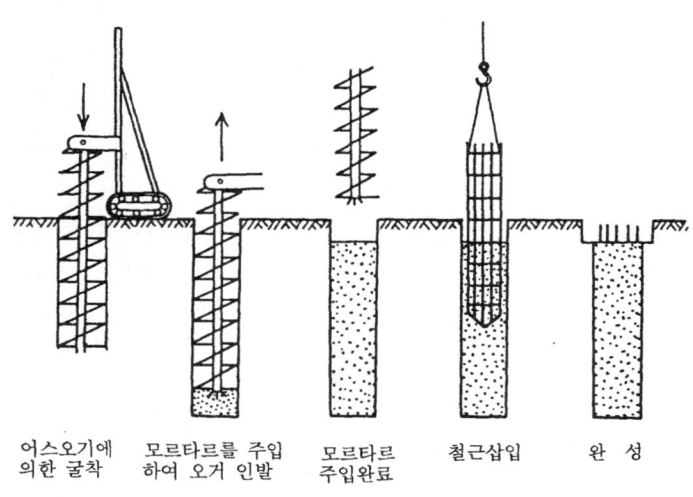

그림-8.10 PIP공법 시공 요령도

8.2 주요한 시공법과 시공 장비

본장에서 말하는 현장타설 말뚝 공법 중 어스 드릴 공법, 올 케이싱 공법, 리버스 공법의 기계 굴착 3공법은 굴착 준비에서 구멍 밑 처리까지의 작업은 각 공법에 따라 다르나 굴착 준비 이전의 가설·준비공과 철근의 가공 조립, 철근 박스의 조립, 콘크리트 타입, 되메우기 등의 작업은 공통되는 부분이 많기 때문에 가설·준비공을 8.2.1에, 철근·콘크리트공은 8.2.5에 기술한다.

8.2.1 가설·준비공

현장타설 말뚝 시공에 필요한 가설·준비공은 다음과 같은 점이 있으며 각 항목을 순차적으로 다음과 같이 나타낸다.
- 작업 야드의 정비와 가설 울타리의 설치

- 말뚝심 측량과 표시
- 장애물의 제거
- 전력·용수·배수 설비
- 이수 플랜트
- 철근 박스 가공장
- 기계 기구의 운반·조립

(1) 작업 야드의 정비와 가설 울타리 설치 작업 야드는 굴착기나 크레인 등의 작업공간을 포함한 점유면적, 이수 플랜트 설치 장소, 철근 가공장, 공사용 차량의 통로나 대기 장소가 필요하다. 이 면적은 대지 형상이나 지형 및 공사내용에 따라 다르므로 시공 방법이나 사용 장비가 동일하더라도 일률적으로 정하는 것은 곤란하다. 이중 굴착 작업에 필요한 면적의 기준을 그림-8.11에 나타낸다.

작업 지반이나 가설 통로는 깔 철판에 의한 양생이 일반적이며 굴착기나 크레인 등 대형 중기의 안정을 위해 수평으로 마무리하는 것이 바람직하다. 약간의 경사는 조정되나 경사가 커지면 소정의 기능이 얻어지지 않는 경우가 있다. 특히 연약지반이나 매립지반에서의 시공은 부동 침하에 의한 전도에 주의한다.

매립토나 기설 구조물 등의 영향을 받는 지반에서는 공내 수위를 유지하기 어렵고 지반 개량이나 차수벽의 구축 등 대책이 필요한 경우가 있다.

또한 지하 수위가 지표면보다 높은 경우는 케이싱 상단을 높게하여 대응하는 방법이 있다. 이밖에 받침대의 구축이나 웰 포인트, 디프웰이나 집수장 배수 등으로 지하 수위를 낮추는 방법도 있다.

작업 야드는 관계자 이외의 사람이 출입하지 않도록 가설 울타리를 만드는 것이 바람직하다. 가설 울타리는 사람의 출입관리 기타 토사나 이수의 비산·유실 방지가 될 수 있도록 가급적 높고 틈새가 없는 것이 좋다.

(2) 말뚝심의 측량과 표시 말뚝심의 측량은 정확히하고 말뚝심을 나타내는 가설 말뚝을 타설하여 기계설치 방법이나 지장물의 유무를 확인한다. 특히 작업 대지나 인접 구조물과의 관계로 시공이 안되는 곳의 유무를 확인한다. 그림 8.11에 시공이 가능한 범위를 나타낸다.

가설 말뚝은 중기나 차량 등의 통행으로 이동하는 경우가 있으므로 지중에 타입하여 말뚝심의 위치를 쉽게 확인할 수 있도록 기준점이나 도피 말뚝을 설치한다. 이 경우 기준점이나 도피 말뚝과 가설 말뚝의 구별이 될 수 있도록 가설 말뚝 머리부를 착색한다던지 리본을 감는 등 오인이 없도록 배려한다.

(3) 장애물의 제거 구 건축물의 지하층과 기초나 말뚝, 기설 지하 구조물, 케이블,

제8장 현장타설 콘크리트말뚝의 시공

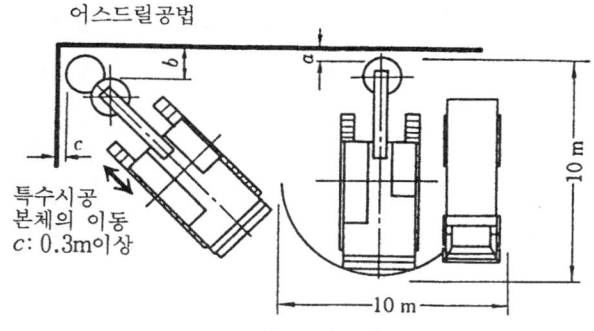

어스드릴공법

형 식	a	b	작업높이
소형(TH 55 타입)	0.3m 이상	1.4m 이상	20m 이상
중형(KH 100 타입)	0.3m 이상	1.4m 이상	23m 이상
대형(KH 180 타입)	0.3m 이상	1.8m 이상	29m 이상

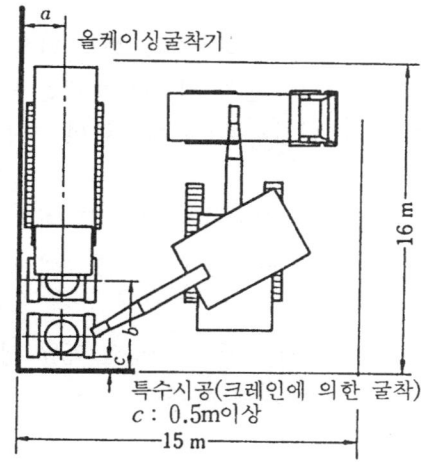

올케이싱공법

분 류	a	b	작업높이
1200mm급	1.7m 이상	3.0m 이상	20m 이상
1300mm급	1.9m 이상	4.0m 이상	20m 이상
1500mm급	1.9m 이상	4.0m 이상	20m 이상
2000mm급	2.0m 이상	4.0m 이상	20m 이상

리버스공법(유압잭 사용의 경우)

형 식	a	b	c	작업높이
100형	1.5	1.2	0.3m 이상	20m 이상
120형	1.7	1.6	0.3m 이상	20m 이상
148형	2.0	1.6	0.3m 이상	20m 이상
175형	2.8	1.6	0.3m 이상	20m 이상
198형	2.6	1.6	0.3m 이상	20m 이상
225형	2.8	1.6	0.3m 이상	20m 이상

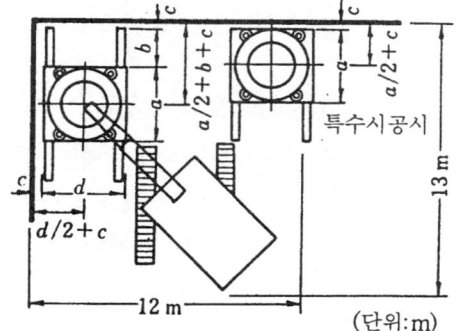

그림-8.11 근접시공의 가능범위(이수・안정액 플랜트, 철근가공장, 자기재 치장 공사용 차량의 통로 등을 별도로 공사한다)

가스관, 수도관, 사석이나 우물 등의 지중 매설물과 지상에 있는 전선이나 전화선 등이 장애가 된다. 특히 지중 장애물은 기왕의 자료나 도면만으로는 알 수 없는 경우가 많고 출현의 우려가 있는 경우는 시굴 등으로 조사해야 한다.

사전 조사로 장애물이 확인된 경우에는 제거한 다음 말뚝을 시공하는 것이 일반적이다, 이 경우 되메우기는 말뚝의 시공을 고려하여 잘 붕괴되지 않는 것을 사용하고 충분히 다짐한다. 이밖에 전체 둘레를 회전식 올 케이싱 굴착기나 록 오거 등을 써서 지중 장애물을 제거하는 방법도 채택된다. 장애물의 철거·처리가 불충분한 경우에는 말뚝 위치나 시공 방법의 변경 등이 필요하다.

ⅰ) 가스관, 상하수도관, 케이블 등 매설관류가 있는 경우에는 처리를 한다. 지상의 전선, 전화선이 장애가 되는 경우도 마찬가지로 작업 범위의 제한, 근접 방지 설비, 감시원의 배치 등이 필요하다.

ⅱ) 기설 구조물 오래된 건물의 지하실이나 지하 탱크 등의 기설 지하 구조물이 시공 지반에서 4~5m 정도라면 굴착·철거가 바람직하다. 이보다 깊이 철거하기가 곤란한 경우는 말뚝 시공 위치의 변경도 검토한다.

ⅲ) 말뚝 나무말뚝이나 RC말뚝 등이 장애가 되는 수가 많고 최근에는 현장 타설 말뚝이 장애물이 되는 수도 있다. 장애물이 되는 말뚝의 처리·철거 방법은 말뚝을 직접 뽑아내거나 파쇄하여 철거하는 방법과 케이싱 파이프를 타입하여 말뚝과 주변 지반의 마찰력을 커트하여 인발하는 방법이 있다.

ⅳ) 기타 지중 장애물 천공지에서는 큰 돌이나 쓰레기, 호안에서는 잡석 등 미리 존재를 알 수 없는 것이 많다. 따라서 사전처리가 안 되기 때문에 굴착중 이것들의 장애에 곤란한 경우 그 때마다 대책이 필요하다.

(4) 전력·용수·배수 설비 가설 전기 수전 용량은 기기의 사용 전력량의 75% 정도 이상을 확보하고 수전설비와 장내 배선을 설치하여 각 전력 사용 부위에 배전한다. 기설 전원을 이용할 수 없는 경우에는 발동 발전기를 사용한다.

일반적으로 전압은 200V이나 각종 계측을 하기 때문에 100V를 필요로 하는 수도 있다. 분전반은 말뚝 시공 장소에 따라 30~50m 간격마다 설치하여 이수 플랜트나 철근 박스 가공장 등에도 설치하면 좋다.

공사 용수는 트레미, 케이싱 등 기기의 세정에 사용되며 취출구는 복수 개소로 설치한다. 수도를 설비할 수 없는 경우는 우물의 설치, 하천에서의 급수, 탱크차에 의한 장외 운반 등으로 물을 확보한다. 이수를 사용하는 공법은 공급량 뿐만아니라 수질에도 주의한다. 장내에서 발생하는 폐수는 모두 공공 수역에 그대로 방류하는 것은 안된다. 기구의 세정수나 빗물은 SS로 pH를 조정하여 장내에 설치된 배수조에서 처리 배수한다. 특히 빗물은 작업 지반의 열화를 촉진하기 때문에 조기배수가 필요하다.
전력, 급수 설비의 필요량을 표-8.1에 나타낸다.

표-8.1 현장타설말뚝의 전력, 급수설비의 필요성

공 법	전력설비(kW)	급수설비(l/min)
어스드릴공법	45~75	50~100
올케이싱공법	45~60	50
리버스공법	200~250	100~250
심초공법	10~15	

(5) 이수 플랜트 일반적으로 강제의 슬러쉬 탱크를 반입·조합시켜서 가설하는 경우가 많다. 탱크 1개의 용량은 15~30m^{3}가 사용된다.
 안정액을 사용하는 경우 안정액조는 공급용·조정용·침전용·폐기용 등 용도별로 구분하여 우수 등 잡배수의 유입을 방지한다. 이 경우 용량을 충분히 확보하여 작업성, 경제성과 주변환경에 대한 영향을 고려하여 기능적으로 배치한다.

(6) 철근 박스 가공장 철근 박스는 길이·지름의 비율에 강선이 작고 진동이나 하중에 따라 변형이나 파손이 생긴다. 이 때문에 장거리의 운반이 곤란하며 장내에 가공장을 설치하여 제작하는 것이 일반적이다. 가공장은 재료의 반입과 박스의 운반에 편리한 장소를 선정하여 크레인으로 이동시킬 공간과 도로를 확보한다.
 철근 박스의 가공에는 형강이나 목재를 조합시킨 가공대가 많이 이용되고 있다. 가공대의 크기는 최대의 박스 조립이 될 수 있는 크기로 하고 그 수는 철근 박스 1일당의 조립수와 가공 능률에서 결정된다. 철근 박스의 조립은 용접 작업이 많고 가공대 일면당 2대 정도의 전기 용접기를 갖출 필요가 있다. 기타 가공량에 따라 철근을 구부리는 기계나 절단기를 설치한다.

(7) 기계 기구의 운반·조립 붐 분리형의 굴착기는 붐부가, 붐 마운트식 굴착기의 경우에는 본체가 최장이 되므로 곡선부나 구부리는 각도에서 차폭, 회전반경이나 내륜차(內輪差) 등을 검토한다. 또한 철근의 반입도 같은 검토가 필요하다. 이밖에 터널, 거더에 의한 제한이나 교량의 내하중, 도로상의 전선, 전화선의 높이나 교통 규제 등에 주의한다. 특히 시가지에서의 도로폭은 전주, 간판이나 노상에 주차하는 자동차 때문에 실제로 통행되는 부분이 제한되는 수가 있다.
 크레인의 붐 조립에 필요한 대지의 길이는 말뚝 작업의 표준 붐 길이가 20m 정도의 경우 26m 이상 필요하다. 굴착기 조립의 작업 내용은 기종이나 운반 상황에 따라 다르나 붐의 조립, 와이어 로프류의 정비, 회전 장치의 조정이다. 이 작업에는 약 $250m^2$ ($27m \times 9m$)의 작업 면적이 필요하다.

8.2.2 어스 드릴 공법

(1) 사용 기계 기구 기계 기구는 표-8.2에 나타낸 바와 같으며 말뚝 지름, 굴착 길이, 토질과 현장 조건 등에 합치된 것을 사용한다.

ⅰ) 굴착기 어스 드릴은 굴착기 프론트에 회전장치와 케리바를 밀어 내리는 유압장치를 설치한 것으로 작업 반경, 차폭, 기계 중량 등에 따라 소형·중형 및 대형으로 분류된다.

소형기는 백호우의 베이스머신에 회전구동장치와 케리바나 테레스코 픽 붐을 장비한 것으로 작업이나 선회 반경이 작으나 굴착 토크는 중형기와 같은 정도이며, 말뚝 지름 1.5m까지 굴착이 가능하다. 이것으로 과거 미니 어스공법이나 BH공법에서밖에 시공되지 못하였던 좁은 대지에서도 어스 드릴에 의한 시공이 가능하게 되었다

표-8.2 사용기계기구(어스드릴 1set마다)

명 칭	시방, 규격	수량	기 사
어스드릴	표-8.3 참조	1대	
드릴링버키트	표-8.3 참조 말뚝지름마다		
밑바닥처리버키트	표-8.3 참조 말뚝지름마다		
표층케이싱	말뚝지름마다		
벤트나이트믹서		1대	
슬러지탱크	각형수조 $2 \times 2 \times 5$	필요량	1개마다 굴착토량의 1.5배 정도
크롤러크레인	30tf달기	필요량	
벳셀	$3m^3$	필요량	굴착토가받이
쇼벨	$0.3m^2$	필요량	굴착토적재, 장내정리
덤프트럭	11tf	필요량	잔토정리
트레미	내경 200mm, 250mm정도 $l=3m$ 표준, 굴착길이+α	필요량	말뚝지름에 맞춘다.
수중펌프	$\phi 150mm(11kW)$	1대	급수, 배수
	$\phi 100mm(7.5kW)$	1대	수조간의 이송 기타
	$\phi 50mm(5kW)$	1대	
용접기	250A(150kW)	ア대	철곤가공 조립
절곡기	5.5kW	1대	
절단기	3.7kW	1대	
콤프레서	$8m^3/min$, 75Hp	필요량	에어리프트에 의한 구멍밑 처리
측정기구		1식	측량, 시공관리

대형기는 50m를 초과하는 심도로 또 2.0m를 초과하는 지름에 대응된다.

표-8.3에 굴착기의 시방과 굴착길이 말뚝 지름에 따른 적용 범위의 개요를 그림-8.12에 굴착기의 자도(姿圖)의 일례를 나타낸다. 기종을 선정하는 경우에는 부근의 실적도 참고로하여 작업 면적이 한정된 경우에는 축척 모델에 의한 시뮬레이션을하여 판단하는 것이 바람직하다.

표-8.3 굴착기의 시방과 굴착길이, 밀뚝지름에 의한 적용범위

분류			소 형	중 형	대 형
기 종			U-106A-₃ TH55-₂ UH07-₇ EX120 SD-150 JA-40 KE-1200	KH100-₂ KH125-₃ TR-160M TR-205M SD-205-₂ SD-307 SD-407 DH300 DH350 DH400 ED4000 ED5500	KH180-₃ SD-507 SD-510 SD-610 SD-620
버키트회전토크 (tf·m)			3.0~4.1	3.4~6.2	6.2~9.3
캐리바최대권상력 (tf)			5.5~10	4.0~16	20~32.9
보조매달음능력 (tf)			2.5~4.9	2.9~4.9	4.9~6
크롤러	전폭 (m)		2.49~3.3	2.49~4.11	4.3~4.662
	전장 (m)		3.51~4.44	4.52~7.14	5.52~5.915
전장비중력 (m)			20~37.5	39.4~56.5	62~101
평균설치압 (kgf/cm²)			0.58~0.85	0.64~0.84	0.79~1.15
작업반경 (m)			2.7~3.977	3.7~4.913	5.8~5.85
캐리바길이 (m)			7.8~13	11.61~16.3	16.1~18.7
붐길이 (m)			10.3~17.5	17~23	24.4~27.4
적용범위	말뚝지름 (m)	~1.5	○	○	○
		1.5~2.0		○	○
		2 이상			○
	굴착길이 (m)	30이하	○	○	○
		30~50		○	○
		50 이상			○

518 말뚝기초설계 조사·설계·시공

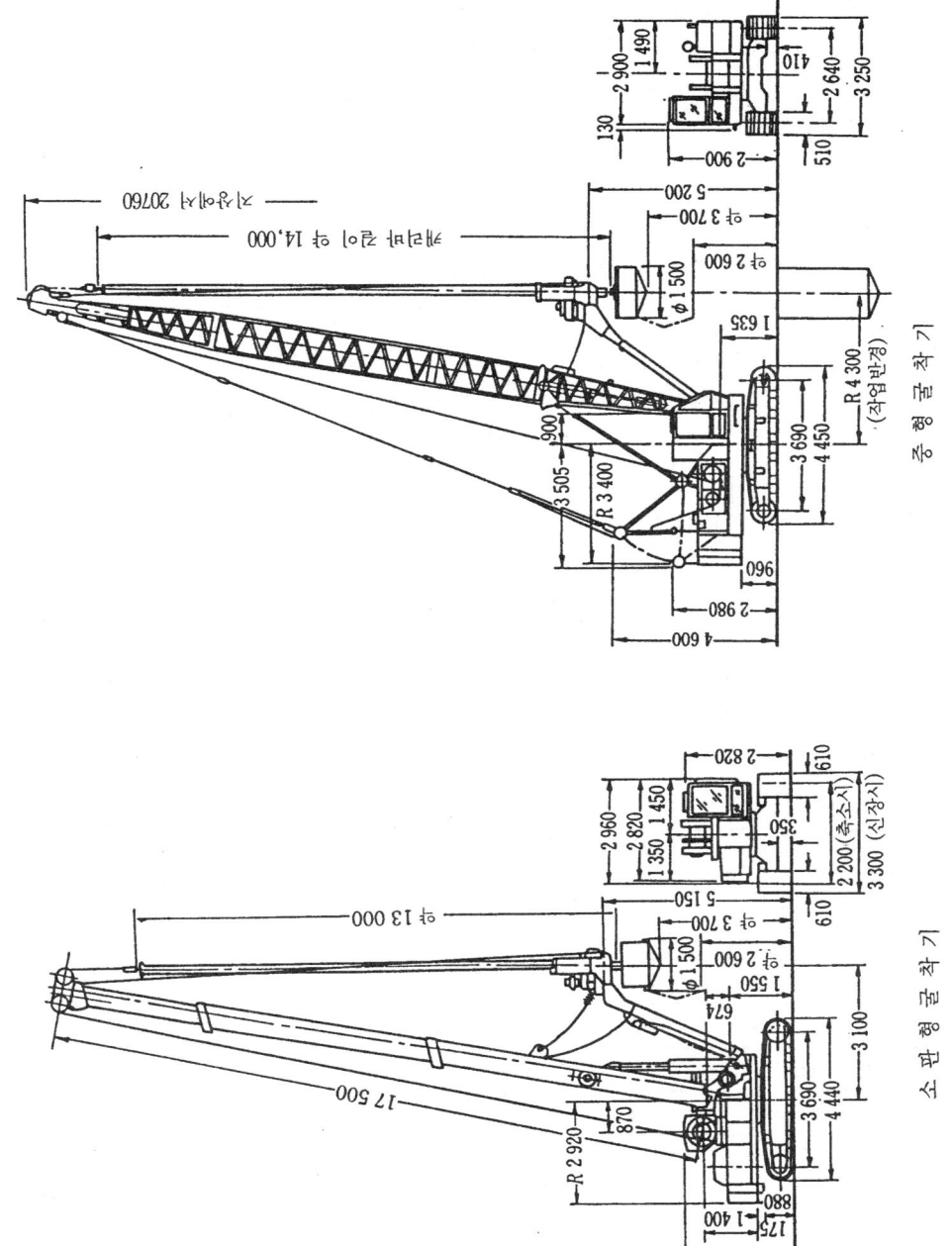

그림-8.12 굴착기의 일례

표-8.4 버키트명칭과 용도 및 특징

명 칭	용 도	적용토질	공칭지름(mm)	특 징	참 고 도
드릴링 버키트	굴착용	모래, 실트, 점토, 사력	800~3 000	버키트 동체와 밑뚜껑으로 구성된 밑뚜껑에 굴착날이 부착되었다. 밑뚜껑은 토사를 파낼수 있도록 12cm 정도의 토사 취입구가 있다. 버키트를 회전하여 토사를 굴착하고 버키트 내부에 넣는다. 밑뚜껑은 개폐되는 구조로 되었으며 들어간 토사를 지상에서 배출한다. 버키트 동체에 사이드컷터를 장치한다. 사이드 컷터 외경을 말뚝지름과 같게 하는 부속품으로써 굴착지름 확대에 쓰이는 리머나이프나 토사 취입구의 셔터가 있다.	
쵸핑 버키트	장해물 제거용	전석, 다짐된 자갈모래	400~1 500	밑뚜껑이 없으므로 토사를 넣을 수 없는 날이 하향으로 설치되었다. 회전시켜서 드릴링버키트로 굴착되지 않는 장애물을 굴착한다.	
록 버키트	장해물 제거용	전석, 다짐된 자갈모래	500~1 200	밑뚜껑에 굴착날이 부착되지 않은 드릴링버키트보다 토사 취입구가 크다. 굴착된 30cm정도의 호박돌 등을 수납할 수 있다.	
밑처리 버키트	1차 구멍밑 처리용	구멍밑 퇴적물	700~2 900	버키트동체와 밑뚜껑으로 구성된 밑뚜껑에 굴착날이 설치되지 않았다. 밑뚜껑에 구멍밑 퇴적물 취입구가 있다. 들어가 퇴적물이 새나오지 않도록 셔터가 부착되었다. 소정의 말뚝지름보다 10cm 작은 지름의 버키트를 사용한다.	

ⅱ) 버키트 용도에 따라 버키트를 사용한다. 버키트의 명칭과 용도 및 특징을 표 -8.4에 나타낸다.

ⅲ) 표층 케이싱 사용 목적은 중기·운반차의 중량에 따라 표층지반의 붕괴나 이토·이수의 지표에서 유입방지이다. 주의사항을 표-8.5에 나타낸다.

ⅳ) 벤트나이트 믹서 혼합 양식은 회전식과 제트식이 있다.

회전식의 혼합조는 $1m^3$ 이하와 $3m^3$가 있으며 주로 $3m^3$가 사용된다. 브레이드의 회전수는 200rpm 이상이 필요하며 어느 때의 작업 능력도 $5m^3/h$ 정도이다.

제트식은 수조, 수중 샌드펌프와 송수관으로 구성되었으며 $4\sim6m^3$의 작업시간은 15~30min 정도이다.

표-8.5 표층 케이싱 선정상의 주의

	내　용
지름	말뚝지름보다 10cm정도 큰 것을 사용한다.
길이	통상 2~4m의 것을 사용한다. 단, 표층부가 붕괴성이 높은 지반의 경우는 그층의하단면에서 50cm정도 근입될 수 있는 길이로 한다.
두께	세우기와 인발시의 진동이나 충격에 충분히 견딜수 있는 두께로 하고 머리부가 보강되어야 한다.

ⅴ) 슬레슈 탱크 용량은 공급량이나 배출량으로 결정된 굴착 토량의 1.5배 정도를 표준으로 한다.

ⅵ) 보조 크레인 철근 박스의 이동·세우기나 기구의 이동·준비 등의 보조작업으로서 사용된다. 어스 드릴도 크레인 능력이 있으므로 크레인을 준비하지 않더라도 시공이 가능하다. 말뚝 시공 현장의 지표면은 질퍽질퍽한 경우가 많고 철근 박스나 트레미 등의 중량과 비교적 장척인 기기의 이동이 빈번하기 때문에 기동성이 풍부한 크롤러 타입을 쓰는 경우가 많다.

ⅶ) 측정 기구 트랜시트, 레벨, 검측 테이프가 필요하다. 검측 테이프는 굴착 심도나 콘크리트 상단의 측정에 사용되며 온도, 습도 등에 의한 신축이 적은 유리 섬유제를 쓰는 경우가 많이 있다.

(2) 기계 기구의 설치 기계 기구는 지반을 철저히 다짐하여 설치한다. 이 경우 표면이 질퍽거리기 쉬우므로 배수 시설을 완비한다.

ⅰ) 말뚝심의 확인 가설 말뚝은 중기나 공사용 차량의 통행으로 이동하는 경우가 있으므로 기계 설치 전에 표시점 등을 확인한다.

ii) **어스 드릴의 설치** 설치 장소가 수평이 되도록 목재·철판 등을 깔아서 보정한 후 어스 드릴을 이동시켜 캐리바의 선단을 가설말뚝의 중심에 맞춰서 설치한다. 그 다음 수평을 수준기로 캐리바의 수직성을 트랜시트 또는 추로 확인한다. 그림-8.13에 나타낸 도피말뚝을 설치해 두면 위치 확인이 용이하다.

(3) **굴착** 굴착은 소정 위치의 붕괴를 방지하며 필요한 심도까지 수직으로 실시한다.

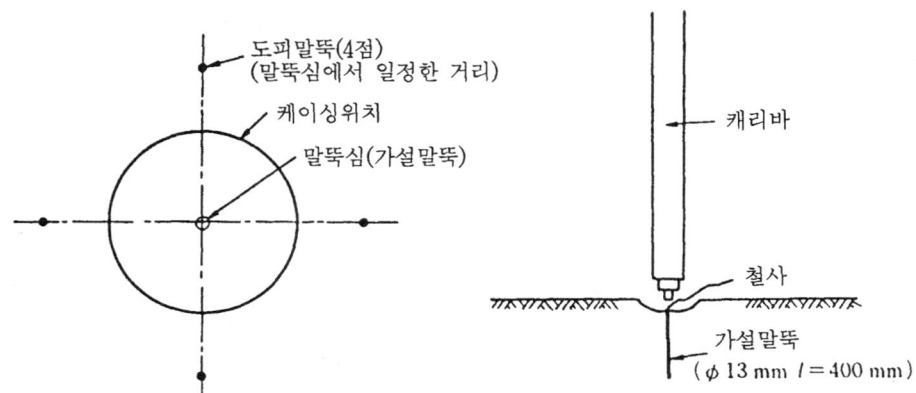

그림-8.13 말뚝중심의 표시방법과 어스드릴의 설치방법

i) **표층 케이싱의 세우기** 외경이 표층 케이싱 지름이 되도록 리머나이프를 드릴킹 버키트에 장치하여 캐리버의 수직성을 감시하며 표층 케이싱 조립 예정 심도까지 굴착한다. 표층 케이싱의 상단은 지표면에서 적어도 30cm 정도 높게 유지한다.

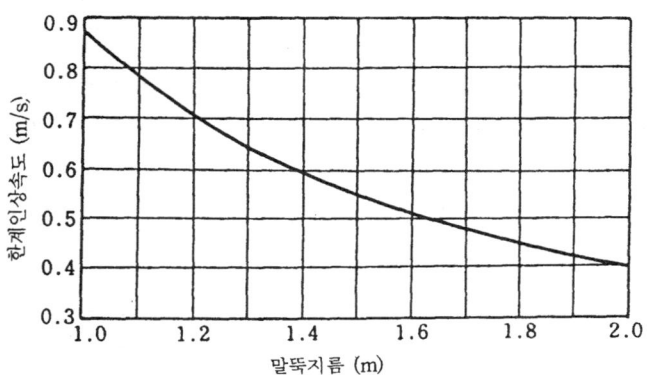

그림-8.14 말뚝지름에 의한 버키트 한계 인상속도의 관계

ii) 버키트의 상승 속도 굴착토로 가득찬 드릴링 버키트를 구멍밑에서 급속히 올리면 버큠 현상으로 지반이 이완된다. 또한 버키트와 공벽 사이에 안정액의 흐름으로 공벽을 붕괴시키는 수가 있다. 이 때문에 버키트 지름과 지반에 합치된 인상 속도를 유지하는 것이 중요하다. 사질토는 점성토에서 올리는 속도의 영향을 받기 쉬우므로 그림-8.14의 한계 인상 속도를 초과해서는 안된다.

iii) 수직성의 확보 굴착 구멍의 수직성은 지층이 다른 사이나 지반 강도가 일정하지 않은 경우에 손실되는 수가 많다. 이와 같은 부위에서는 버키트의 압입압을 낮추어서 저속 회전으로 굴착한다.

굴착 구멍의 수직성은 트렌시트나 추에 의해 케리버의 수직성을 수시로 체크하면서 확보한다.

iv) 지반에 대한 대응 여러가지 지반 조건에 대한 주의사항은 다음과 같다.

a) 느슨한 모래층 안정액의 관리를 잘못하면 붕괴나 붕락이 생긴다. 또한 안정액 속에 부유되는 사립자가 장애가 되어 초음파에 의한 공벽 형상 측정이 안되거나 안정액과 콘크리트가 친화되기 어려우므로 안정액은 면밀히 관리하는 것이 필요하다.

b) 자갈층 지름이 15cm 이상의 모래자갈은 드릴링 버키트에 잘 들어가지 않고 구멍 밑에 남게 된다. 이것들은 초핑 버키트, 록 버키트나 해머 그래브로 제거하게 된다. 층 두께가 두꺼운 경우나 15cm 이상 자갈이 많이 혼입된 지반에서는 굴착 시간이 길다. 또한 최악의 경우 자갈을 제거할 수 없어서 굴착이 불가능할 때도 있다.

c) 경질지반 버키트 날끝이 지반에 먹히지 않거나 먹히더라도 회전되지 않기 때문에 굴착이 불가능할 때도 있다. 이런 경우 소정의 지름보다 작은 버키트로 중앙부를 굴착하고 순차적으로 버키트를 크게 하는 방법(2단 굴착)이 있다.

날끝을 무리하게 먹히게 하면 지반에 날끝이 물려서 인상이 불가능하거나 케리버를 손상시키는 경우가 있다.

d) 점성토층 날끝을 원지반에 깊이 먹히게 할 수가 있어서 공벽 붕괴의 우려가 적기 때문에 굴착은 용이하다. 그러나 굴착 속도가 너무 빠르면 굴착 구멍이 나선상이 되며 말뚝 단면이 확보되지 않을 때도 있다.

e) 지중 장애물 전석 등의 지중 장애물이 함유된 지반에서는 굴착이 불가능하거나 올케이싱공법 또는 암반 굴착기의 사용에 변경이 필요하다.

(4) **공내수의 관리** 공내수는 벤트나이트 또는 CMC를 주체로 한 안정액을 써서 콘크리트와의 치환성을 중시하고 패널 점성으로 21~27초 정도, 비중 1.10 이하 정도의 저중점성·저비중의 것이 사용되는 수가 많다.

i) 안정액의 기능 안정액을 공벽에 흘리면 강한 매드케이크(불투수막)를 형성하여

안정액압으로 공벽의 붕괴를 막는 기능이 필요하다. 또한 굴착중에 혼입된 모래나 실트분을 주체로 하는 슬라임의 분리를 용이하게 하고 또 콘크리트의 타입때에 안정액이 콘크리트에 혼입되지 않고 콘크리트와 치환되는 경우가 있다.

 ii) 안정액 재료 안정액 제작 재료를 표-8.6에 나타낸다.

표-8.6 안정액 재료와 선택

재료명		재료품질
기제	용 해 수	수도수, 또는 그것에 준하는 수질의 물.
	C M C	소량첨가로 충분한 증점성, 여과수량 감소성, 내연성, 내시멘트성, 내부패성, 분산 안정성을 가질것.
	벤트나이트	8% 농도로 점토(FV)=20초 정도 이상 여과수량 20ml 정도 이하, 하루밤 정치후의 침강량 10ml/1l 이하의 품질을 가진 것
	분 산 제	유기계와 무기계 분산제가 있으며 상황에 따라 사용분류가 되나 유기계 분산제의 편이 효과가 좋고 효과 지속성이 높으며 바람직하다.
	탄 산 소 다	Ca^{2+} 등의 양이온에 의한 벤트나이트, 점토·코로이드 입자의 응집 둔화를 방지하는 것으로 주로 CMC계 안정액에 쓰인다.
보조제	일 수 방 지 제	지층의 투수성에 따라 사용분류가 필요하다. 록울 조쇄물, 면실 찌꺼기, 나무 부스러기(톱밥), 크리스타일 점토, 벨브 가스 등을 사용한다.
	변 질 방 지 제	유기질소계, 유기황질소계가 많이 사용된다.
	알 카 리 제	가성소다, 탄산소다(소다회)를 사용한다.
	가 중 성	분말점토, 저팽윤성 벤트나이트 등을 사용한다.

주) 탄산소다는 Ca^{2+} 등의 양이온 봉쇄제와 동시에 유효한 알카리제로도 사용된다.

 a) 용해수 수도물 이외를 쓰는 경우에는 수질 검사를 하는 동시에 안정액을 시험적으로 작게하여 그 성질을 확인한다.

 b) 벤트나이트 군마산, 니가다산 또는 야마가다산의 250~300 메슈가 사용되는 수가 많다.

 c) CMC CMC는 중합도가 큰 것일수록 1% 수용액의 점도가 크고 작은 것일수록 분산 효과를 발휘한다. 시판 상품의 에이텔화도는 0.4~1.7의 범위이며 에이텔화도가 높은 것은 분산성, 내염성, 내시멘트성 및 내박테리아성이 우수하다. 벤트나이트 주체의 안정액은 에이텔화도 0.4~0.9 정도, CMC 주체의 안정액에서는 에이텔화도 1.3~1.7에서 저·중정도의 CMC를 사용한다.

 d) 분산제 벤트나이트 주체의 안정액은 유기계 분산제를 첨가하면 초기 분산 효과의

향상과 시멘트에 의한 벤트나이트 입자의 응집을 억제한다. 벤트나이트 입자의 분산 유지는 축합 린산염 또는 탄산소다 등의 변용이 유효하다.

표-8.7 안정액의 배합 처방과 신규 안정액의 성질

CMC를 주재료로 하는 경우

토 질			실트·점토	사질토	자갈모래
배 합	벤트나이트	%	0~2	1~3	2~4
	CMC	%	0.1~0.2	0.2~0.4	0.2~0.5
	분산제	%	0.1~0.3	0~0.2	0~0.2
	탄산소다	%	0~0.2	0~0.2	0~0.2
	일수방지제	%		0~0.5	0~0.5
	변질방지제	%	0~0.05	0~0.05	0~0.05
초기상태	패널점성모래		22~25	25~35	30~40
	비중		1.01~1.02	1.01~1.02	1.01~1.02
	여과수량	ml	20~30	10~25	15 이하
	pH		9~11	9~11	9~11

군마산 벤트나이트, 에이텔화도 1.3이상의 CMC를 사용하는 경우의 수치를 표시.
변질방재제는 하절에 사용하고 특히 액온 20℃ 이상에서 사용한다.

벤트나이트를 주재료로 하는 경우

토 질			실트·점토	사질토	자갈모래
배 합	벤트나이트	%	2~4	4~6	5~8
	CMC	%	0~0.1	0.05~0.1	0.05~0.2
	분산제	%	0.1~0.2	0.1~0.2	0.1~0.2
	일수방지제	%		0~0.5	0~1
	변질방지제	%	0~0.05	0~0.05	0~0.05
초기상태	패널점성모래		20~24	22~30	25~40
	비중		1.01~1.02	1.02~1.04	1.03~1.05
	여과수량	ml	10~20	15 이하	15 이하
	pH		9~10.5	9~10.5	9~10.5

산형산 또는 군마산 벤트나이트, 에이텔화도 0.5~1.0의 CMC를 사용하는 경우의 수치를 표시.
변질 방지제는 하절에 사용하고 특히 액온 20℃ 이상으로 유기계를 사용한다.

CMC 주체의 안정액은 탄산소다와 폴리컬 본산 소오다 등의 병용이 현저한 응집 열화 억제와 분산성의 유지 효과를 나타낸다.

e) 변질 방지제 기타 박테리아에 영향을 받는 CMC 주체의 안정액은 변질 방지제를 첨가하여 박테리아의 증식을 억제한다. 이 때 탄산소다나 가성소다 등의 알카리제를 병용하면 장기간 변질 방지 효과가 얻어진다.

iii) 배합 계획과 작액 필요한 조벽성 비중을 정하여 가급적 저점성의 안정액이 되도록 계획한다. 표준적인 배합 시방과 신액 성질을 표-8.7에 나타낸다. 또한 안정액 작제시의 주의점을 표-8.8에 나타낸다.

표-8.8 소정의 상태가 안되는 원인과 대책

현상		요인		원인과 대책	
점성	저점성	용해불충분	원인	CMC가 매듭을 형성하여 용해가 지연	
			대책	제트식에서는 흡인 용해부의 점검 청소, 회전식에서는 최대 난류가 되는 수위로 설정하여 서서히 첨가한다.	
		수질불량	원인	경도, 염분 농도가 높다. pH 이상	
			대책	연수화재(소다회, 포리링산염)의 첨가 고내염성 CMC의 변경과 증량	
		재료	원인	첨가량, 품번, 용해조액량의 오인, 불량재료의 사용	
			대책	각각의 확인, 재료품질 체크	
	고점성	재료	원인	첨가량, 품번, 용해조액량의 오인, 불량재료의 사용	
			대책	각각의 확인, 재료품질 기타 체크	
	경시점성저하	수질불량	원인	생균수가 많고 변질을 일으킨다. 고경도, 고염분	
			대책	고내부패성 CMC변경과 변질방지 대책을 강구한다. 연수화재 첨가, 내염성 CMC사용	
여수과량	과다		원인	CMC 용해불량, 수질불량, 재료오인	
			대책	점성(저점성)항의 대책을 강구한다.	
비중	고비중	재료	원인	재료(벤트나이트, 가중제)첨가량, 조수량의 오인	
			대책	첨가량, 용해조량의 확인	
pH	pH 이상		원인	용해수의 수질, 알카리제량	
			대책	각각의 확인	

iv) 안정액의 관리 액면이 이상하게 저하된 경우, 공벽이 붕괴되는 수가 있으므로 항상 소정의 액면 높이를 유지한다. 일수는 안정액의 수위가 저하되는 현상이며 이 원인

은 오래된 우물, 하수구, 횡혈 등 틈이나 간극의 큰 지반에 침투유실 등으로 일수 규모에 따라 표-8.9에 나타낸 바와 같은 대책이 있다.

표-8.9 일수의 규모와 대책

	규모(m³/h)	일수층	일 수 대 책
소일수	0.2~0.5	조사층	• 점성이 높은 양액 또는 일수방지제를 증량한 배합의 양액을 보급한다.
중일수	0.5~2.0	자갈모래 매토층	• 점성이 높은 양액을 보급한다. • 일수방지제를 굴착구멍내에 직접 투입한다.
대일수	2.0 이상	호박돌 섞인 자갈모래	• 일수방지제를 굴착구멍내에 직접 투입한다. • 이수고화 등으로 간극을 채운후 재굴착 한다. • 산사 등으로 되메운후 지반개량을 하여 재굴착을 한다.

굴착 구멍에 공급되는 안정액의 중점 관리항목은 비중, 여과 수량 패널 점성과 pH의 4항목이다. 콘크리트 타입전에 공내 안정액의 모래분을 측정하여 모래분이 많은 경우에는 양질인 안정액과 바꾸어서 사분을 감소시킬 필요가 있다. 안정액 관리 항목과 측정방법을 표-8.10에 나타냈다.

표-8.10 안정액 관리항목과 측정방법일람

관 리 항 목	사용기기와 측정방법	
패 널 점 성(모래)	패 널 점 도 계	패널 점도계 500ml/500ml의 유출시간
여 과 수 량(ml)	여 과 시 험 법	가압력 3kgf/cm²로 30분간의 여과수량[1]
	중 량 측 정 법	패널 점도계 용기(500ml)의 안정액 중량의 측정
비　　　　　중	매 드 밸 런 스	매드 밸런스에 의한 액 비중
모 래 분(%)	사 분 계	
pH	pH 미 터	

주) 1) 측정결과를 빨리 내고자 할 때는 3kgf/cm²의 압력으로 7.5분간 가압하여 그때의 여과수량을 2배로 한다.
　2) 패널 점도계의 측정용기(500ml)에 안정액을 500ml 채취하여 전체의 중량(Ag)을 측정한다. 측정용기의 빈 중량(Bg)을 빼서 안정액 중량($A-B$)을 구하고 안정액 용액으로 나누어 비중을 구한다.

$$비중 = \frac{A-B}{500}$$

v) 안정액의 재생처리　기능이 저하된 안정액은 재생하여 관리 기준치내에 복귀시켜서 폐기액양을 저감한다.

혼입토사의 분리는 침전조중에서 안정액과 사분(砂粉)의 비중차이에 따라 침전분리시키는 방법과 진동식의 스크린이나 사이크론 원심 분리기 등 토사분을 강제적으로 분리하는 방법이 있다.

시멘트 속의 칼슘 등으로 응집된 액의 재생에는 분산제를 쓴다. 안정액 성질에 따라 표-8.11에 나타낸 안정액의 열화 요인과 수정 대책을 참고로하여 재생과 조합을 한다

표-8.11 안정액의 열화요인과 수정대책

현 상	요 인	대 책
점 성 저 하	굴착토사에 대한 흡착 증가	고농도 CMC액의 첨가
	지하수 혼입에 의한 희석	고농도 CMC액의 첨가
	염수, 시멘트 혼입	분산제 첨가, 이온봉쇄제 첨가
	박테리아에 의한 변질	변질방지 대책(변질방지제, 알카리제 첨가)
점 성 상 승	미세 굴착토사의 혼입	분산제 첨가, 이온봉쇄재 첨가
	금속이온 혼입으로 겔화	분산제 첨가, 이온봉쇄재 첨가
여 과 수 량 증 가	굴착토사에 대한 흡착 증가	고농도 CMC액의 첨가
	점토입자의 혼입 증가	고농도 CMC액의 첨가, 이온봉쇄제 첨가
	수온, 시멘트 혼입	분산제첨가, 이온봉쇄제 첨가
	박테리아에 의한 변질	변질방지대책(변질방지제, 알카리제 첨가)
고 비 중 화	미세굴착 토사의 혼입	물, CMC액의 첨가, 원심분리기로 강제 제거
	사분분리 불량	분산·해교제의 증량 또는 토사분리기의 점검
	고점성 안정액	안정액의 감점(분산·해교제의 첨가)
pH 저 하	산성토 굴착	알카리제 첨가(탄산소다 0.1~0.2% 첨가)
	박테리아의 증식	고 pH(10 이상)의 유지, 변질방지제의 첨가
겔 화	염분, 시멘트의 혼입	분산제 첨가, 이온봉쇄제첨가
	점토입자의 혼입 증가	CMC액의 첨가, 원심분리로 강제제거
변 질 (부 패)	박테리아의 증식	고 pH(10이상)의 유지, 변질방지제의 첨가
	점토입자의 혼입 증가	CMC액의 첨가, 원심분리기로 강제제거
안 정 성 불 량	안정액의 저점성화	고점성안정액 추가
	pH 저하	알카리제 첨가
	안정액.변질	고 pH(10 이상)의 유지, 변질방지제의 첨가

(5) 지지층의 확인

ⅰ) 굴착 심도의 측정   지지층 심도나 시공관리상 필요한 굴착 심도의 측정은 굴착밑

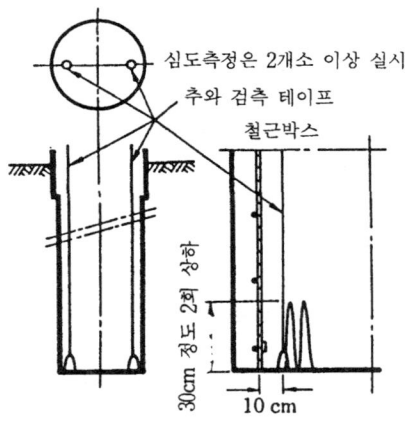

그림-8.15 심도측정 요령

의 형상 등을 고려하여 그림-8.15에 나타낸 2개소 이상에서 실시한다.

굴착 완료 후의 심도는 슬라임 침전량이나 구멍밑 처리 효과와 확인의 기본 심도가 된다.

ii) 지지층 상태의 확인   지지층은 토질조사 결과와 굴착 심도나 채취 시료를 대비하여 확인한다. 또한 오퍼레이터의 감촉, 굴착 속도나 굴착 저항 등에서 지반 상태나 단단한 상황을 파악하여 종합적으로 판단한다.

iii) 지지층 굴착과 근입 길이   지지지반을 교란시키지 않도록 굴착하여 확실히 근입한다. 근입 길이의 확인은 지지층 상단과 근입 굴착 완료 후의 심도를 대비하여 실시한다.

(6) 구멍밑 처리   불충분한 구멍밑 처리는 콘크리트 강도의 저하 단면 결손과 지지력 저하 등의 원인이 된다. 구멍밑의 처리는 처리 대상이나 실시 시기에 따라 1차와 2차로 분류된다.

i) 1차 구멍밑 처리   안정액을 사용한 경우 굴착 완료 직후와 침전 대기 완료후에 밑정리 버키트로 1차 구멍밑을 처리한다. 밑바닥 처리 버키트는 수밀성이 높은 것을 사용하며 승강은 저속으로 한다. 안정액을 쓰지 않고 보통 굴착으로 굴착한 경우에는 공벽의 박락이나 침전물을 밑바닥 정리 버키트로 제거한다.

ii) 2차 구멍 밑바닥 처리   콘크리트 타입 직전에 슬라임이 인정되는 경우 에어리프트, 수중 펌프 등으로 2차 구멍밑을 처리한다. 기본적인 방법을 그림-8.16에 나타낸다. 일반적으로 쓰고 있는 에어리프트에 의한 2차 구멍 밑의 처리 방법을 그림-8.17에 나타낸다.

제8장 현장타설 콘크리트말뚝의 시공　529

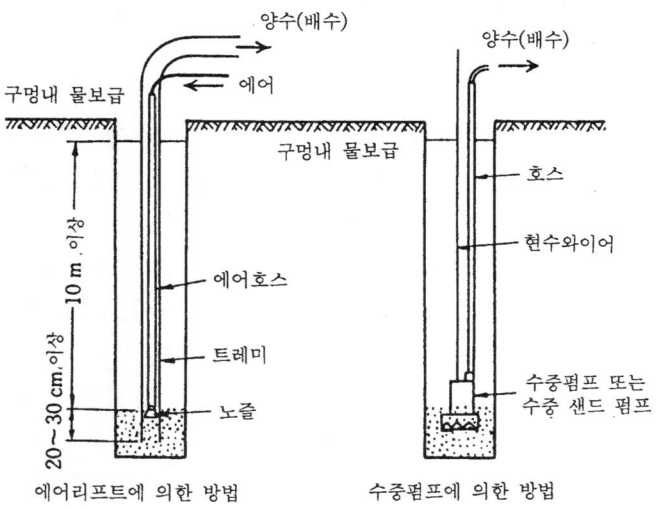

그림-8.16　2차 구멍밑 처리

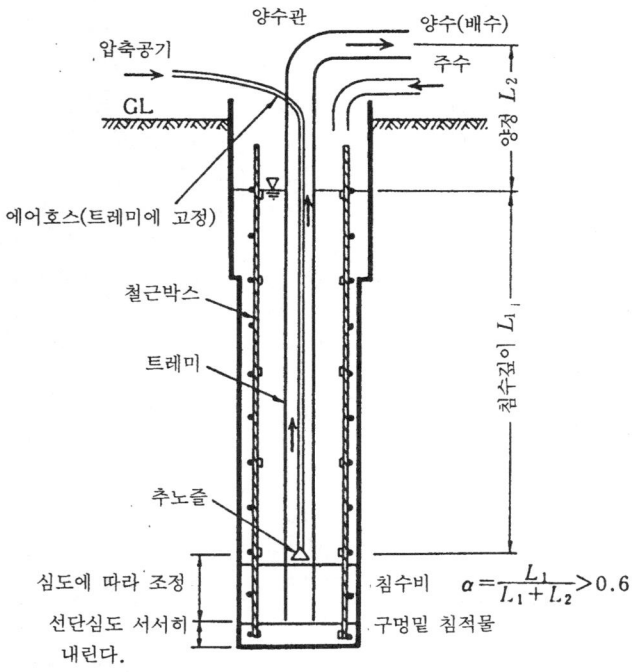

그림-8.17　에어리프트에 의한 2차 구멍밑 처리방법

iii) 처리효과의 확인 효과의 확인은 기본 심도와 구멍 및 처리후의 심도를 대비하여 실시한다.

(7) 잔토처리와 이수처리

ⅰ) 잔토처리 드릴링버키트로 굴착된 토사는 덤프트럭에 직접 적재하여 장외로 처분한다. 운반은 물빼기를 충분히 하고 반송시에 토사가 새지 않도록 주의한다. 일부의 지역에서는 이 물빼기가 금지된 곳도 있으므로 사전에 살필 필요가 있다.

ⅱ) 이수처리 관리기준을 상회하거나, 공사완료 후 불필요하게 된 안정액은 폐기처분한다. 이수는 폐기물 처리법으로 수집·운반과 처분을 규제하고 있으므로 취급에 주의한다. 현재는 법적으로 허가를 받은 운반·처리업자에게 위탁하는 경우가 많다.

8.2.3 올케이싱 공법

(1) 사용기계 기구 기계 기구는 표-8.12에 나타낸 바와 같이 말뚝 지름, 굴착길이 토질 및 현장조건 등에 합치되는 것을 사용한다.

표-8.12 사용기계기구(올케이싱 굴착기 1set마다)

명 칭	시방, 규모	수 량	기 사
굴 착 기	표-8.13 참조	1대	
크롤러크레인	35tf~50tf달기		
케이싱튜브	굴착길이+α 말뚝지름마다	필요량	
해머그래브	보통형, 말뚝지름마다	1대	예비의 준비
침전버키트	말뚝지름마다	1대	구멍밑 처리
슬럿슈탱크	각형수조 2×2×5	필요량	한 개마다 최대 굴착토량 정도
베셀	$3m^3$	2대	굴착토 가받이
쇼벨	$0.3m^3$	필요량	굴착토 적재, 장내정리
덤프트럭	11tf	필요량	잔토처리
트레미	내경 200mm, 250mm 정도 l=3m 표준, 굴착길이+α	필요량	말뚝지름에 맞춘다.
수중펌프	ϕ100mm(7.5kW)	2대	급수, 배수,
용접기	250A(15kW)	3대	철근가공조립
구부리는 기구	5.5kW	1대	
절단기	3.7kW	1대	
컴프레서	$8m^3$/min, 75Hp	필요량	에어리프트에 의한 구멍밑 처리
측정기구		1식	측량, 시공관리

ⅰ) 올케이싱 굴착기 케이싱 튜브의 요동·압입 지반의 절삭·인발하는 튜빙장치와 해머그래브를 승강시키는 윈치장치, 주행장치 붐 엔진과 아웃트리거로 구성된 튜빙장치

제8장 현장타설 콘크리트말뚝의 시공 531

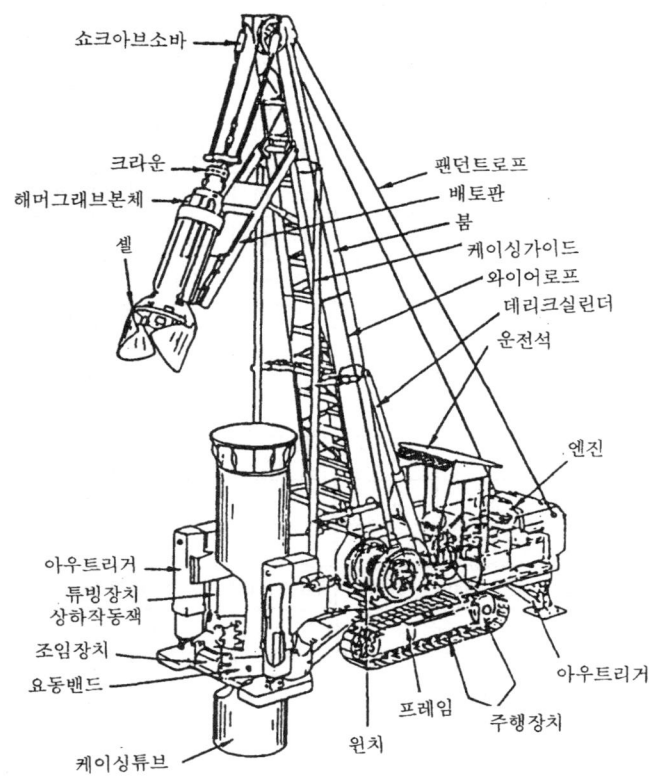

그림-8.18 굴착기의 개요도

측이 전방, 엔진측이 후방으로 되었다. 굴착기의 개요를 그림-8.18에 나타낸다.

굴착 길이는 요동·압입과 인발 각 작업 공정에서 지반과 케이싱 튜브의 마찰력 등에 대응되는 능력의 것을 사용한다. 기계 능력은 각각의 기계 사용 상태에 따라 다르기 때문에 주의한다.

현장 조건에 따라서 케이싱 튜브의 요동·압입·인발에 유압 잭을, 굴착·배토를 크레인과 해머그래브와 조합하여 실시하는 수도 있다.

전주회전식(全周回轉式) 오일 케이싱 굴착기는 케이싱 튜브 선단의 커팅에지에 초경(超硬) 칩이 달린 커터비트를 장비하여 이것을 한 방향으로 회전시켜 철근 콘크리트나 경질인 전석·암반 등을 굴착할 수 있다.

굴착기의 시방을 표-8.13에 나타낸다.

ii) 보조 크레인 굴착기의 조립 해체 케이싱 튜브·트레미의 취급, 철근가공, 철근박

표-8.13 굴착기의 분류와 능력일람표

분 류		1200 mm급		1300 mm급		1500 mm급		2000 mm급
기 종		20THC	MT-120	20THD	MT-130	30THC	MT-150	MT-200
굴 착 지 름 (m)		0.8~1.2	1.0~1.2	1.0~1.3	1.0~1.3	1.0~1.5	1.0~1.5	1.3~2.0
굴 착 심 도 (m)		35~40	35~50	35~40	35~60	35~40	40~60	35~60
작업시치수	전 높 이 H (m)	11.96	11.50	11.96	14.97	13.30	16.06	16.06
	전 폭 W (m)	2.82	3.00	2.82	3.10	3.20	3.18	3.49
	전 길 이 L (m)	8.01	7.58	8.06	8.70	9.71	10.57	11.02
요동압인 인발	진 동 토 크 (tf·m)	51	51	63	68	135	148	160
	압 입 력 (tf)	15	15	15	20	26	30	35
	인 발 력 (tf)	42	44	52	60	92	118	118
	상하작동잭능력 (tf)	56	64	70	80	135	137	137
	요 동 각 도 (도)	12	15	12	13	13	12	11
정 격 출 력 (PS/rpm)		128/1800	170/1600	146/1800	155/1500	220/1800	170/1600	170/1600
유 압 펌 프 (PS/rpm)							110/1600	110/1600
윈 치 권 상 력 (tf)		3.0	3.5	3.0	3.5	6.0	5.0	5.0
권 상 속 도 (m/min)		120	120	120	120	90	85	85
접 지 압 (tf/m^2)		6.0	8.0	6.7	7.2	7.9	9.0	10.7
등 판 능 력 (도)		12	19	12	16	17	15.5	13.5
요 동 밴 드 폭 (m)		1	1	1	1	1.5	1.5	2.0
적 요 케 이 싱 (m)		6	4	6	6	6	6	6
전 장 비 중 량 (tf)		24	24	24	30	35	42	54
적 요 크롤러 크레인 (tf)		25~35	25~35	30~40	30~40	35~40	35~40	40~50

스 반입과 콘크리트 타입 작업에 사용한다. 크레인의 반입 능력은 작업반경과 운반하중을 고려하여 35tf 이상이 사용된다.

iii) 케이싱 튜브 상하로 접속부가 있으며 중간은 강판제의 이중구조로 되었다. 1개의 유효길이는 6m가 표준이며 기타 1~5m의 1m 단위로 조정용 케이싱 튜브가 있다.

커팅에지는 케이싱 튜브의 선단에 장치된 지반 절삭용의 삽날끝에 말뚝 지름에 합치되는 물건을 사용한다. 사용하는 케이싱 튜브의 점검 항목과 내용을 표-8.14에 나타낸다.

iv) 해머그래브 1개의 와이어 로프로 굴착 배토하는 장치이다.

표-8.14 케이싱튜브 점검항목과 내용

점검항목	내 용
삽 날 끝 부	• 삽날끝 지름은 케이싱튜브 외경보다 10~20mm 크게 한다. • 삽날끝부가 마모된 경우 점성토에서는 크게 하고 사질토에서는 작게 쌓는 용접을 한다. (그림: 케이싱튜브외경, 10, 45, 5, 5, 쌓기(JIS DF 2B-B), 말뚝지름, 케이싱튜브, 컷팅에지, 단위:mm)
외경과 형상	• 외경의 부족, 원형단면의 왜곡, 수직축에 대한 외관의 변형을 점검한다. • 변형이 심한 것은 사용하지 않는다.
내경과 형상	• 외경의 부족, 원형단면의 왜곡, 내부의 청소상태를 점검한다. • 변형이 심한 것, 청소가 불량한 것은 사용하지 않는다.
접 속 부	• 록핀구멍, 테이퍼부의 마모 변형이 없는가 점검한다. • 수직축과 접속면의 직각도를 유지할 것. • 록핀이 마모된 것은 사용하지 않는다.

해머그래브 및 셸의 형상은 여러 종류가 있으나 굴착 대상 지반은 여러 종류의 토질 조합으로 구성되었기 때문에 보통형을 사용한다.

(2) 기계 기구의 설치 설치지반이 연약한 경우 부동 침하에 따른 굴착기의 경사, 굴착 정밀도나 인발 반력 저하 때문에 케이싱 튜브의 요동·압입·인발이 곤란한 수가 있으므로 시공성이나 품질 관리상 수평의 견고한 상태로 정비한다.

굴착기 설치는 다음의 방법으로 실시한다.
• 가설 말뚝 위치를 확인하여 케이싱 튜브 설치 위치를 나타낸다.
• 깔철판, 강재 매트, 발판 등을 깔고 설치 비계의 안정을 도모한다.
• 굴착기를 이동하여 튜빙 장치 중심과 가설 말뚝을 맞춘다.
• 커팅에지를 소정의 위치에 맞춘다.

- 굴착기의 수평과 케이싱 튜브의 수직성을 재확인한다.

(3) 굴착 굴착 작업은 케이싱 튜브의 요동·압입 해머그래브에 의한 굴착, 배토, 케이싱튜브의 접속으로 구성된다.

ⅰ) 케이싱 튜브의 요동·압입 토질이나 지하수의 상황에 따라 케이싱 튜브의 요동·압입 방법은 다르나 원지반과 케이싱 튜브 사이의 저항을 극력 적게한 상태로 말뚝 축조 완료까지 중단하지 않고 요동을 계속하는 것이 원칙이다.

굴착 밑에서 선행하여 밀려드는 케이싱 튜브의 길이를 선행량이라 하며 이것을 제로 이상으로 유지하여 굴착 공벽을 개방시키지 않도록 한다.

ⅱ) 굴착·토사배토 굴착작업의 순서를 그림-8.19에 나타낸다.

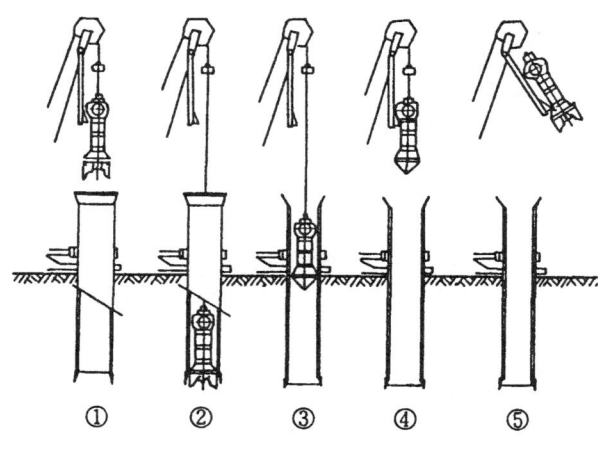

그림-8.19 굴착작업의 순서

① 해머그래브의 설치 : 해머그래브 낙하 위치와 케이싱 튜브 중심을 합치시킨다.
② 토사취입 : 낙하 높이가 높으면 지나친 먹힘에 따른 권상 능력의 정지나 충격에 따른 지반의 이완 해머그래브 파손 등이 생긴다. 또한 너무 낮으면 굴착 토량의 감소에 따라 굴착 능률이 저하된다.
③ 해머그래브는 감아 올릴때 급격히 올리면 부압이 생긴다. 셀의 치차가 잘 맞지 않으면 굴착 토사가 구멍안으로 떨어진다.
④ 크라운에 의한 지지 : 해머그래브와 크라운의 접촉음은 귀에 거슬리는 금속음이다.
⑤ 배토 : 토사나 이수의 비산에 주의한다.

ⅲ) 케이싱 튜브의 접속 상하 케이싱 튜브의 핀 구멍을 맞춘 후 록핀으로 충분히 조

인다. 조임이 충분하지 않으면 굴착 구멍의 경사나 그림-8.20에 나타낸 것처럼 접속부에 지하수의 유입에 수반하는 주변 지반의 이완, 핀의 해체나 절단에 따른 케이싱 튜브의 매몰 사고가 발생될 우려가 있다.

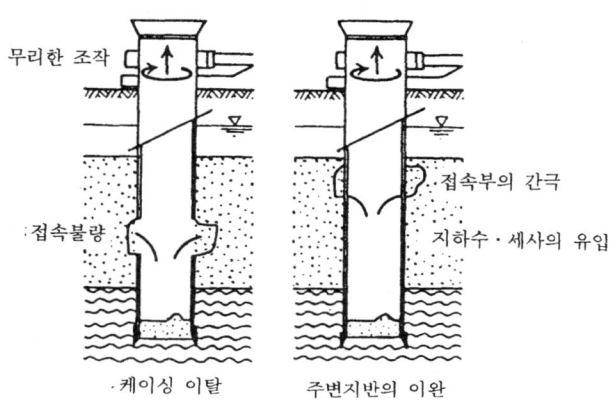

그림-8.20 케이싱튜브 접속불량에 의한 사고예

iv) 지반에 대한 대응 여러 가지 지반 조건에 대한 주의사항은 다음과 같다.

a) 사질토층 지하수위 다음에 점토분이 적고 느슨한 모래층이 계속되는 경우 굴착작업의 진동에 의해 케이싱튜브가 조여져서 요동·압입·인발이 곤란한 경우가 있다. 요동의 저항이 서서히 커지는 경우에는 이 현상이 생기는 것으로 생각된다.

조임 방지 방법은 다음과 같다.
- 해머그래브의 낙하 높이를 낮게 한다.
- 요동·압입·인발작업은 최소한으로하여 요동을 막고 작업을 한다. 단, 정지시간은 30분 이내로 한다.
- 견고한 작업 바닥을 설치하여 기계의 진동이나 중량을 완충 분산한다.
- 케이싱 튜브를 지반속에 장시간 방치하지 않는 작업 공정으로 한다. 작업을 중단하는 경우는 인발이 가능한 위치에서 작업을 중단하고 재개후는 한 번에 시공한다.

다짐 모래층과 커팅에지는 헤머그래브 셀의 마모가 극심하여 케이싱 튜브의 압입이 곤란하며 굴착이 불가능한 경우가 있다. 강인한 압입 작업은 변형이나 마찰력에 의해 케이싱 튜브를 인발할 수 없게 된다. 이 때문에 요동·압입·인발을 반복하여 주면 마찰력을 저감한다.

b) 모래자갈층 입도가 고른 자갈모래층이나 경질 점성토의 하부에 있는 자갈모래층에

표-8.15 케이싱튜브 요동·압입·인발곤란·불능의 요인과 처치 대책

a) 기계능력이 충분히 발휘되지 않는 경우

원 인	조 치	대 책
장치기능저하·고장 케이싱튜브 수직성 불량	처리 케이싱튜브 경사방향과 인발방향을 맞춘다. 공내수를 관리하고 인발압입을 반복하여 수정한다.	점검정비, 시업점검·정기점검 굴착기를 수평으로 설치한다. 케이싱 튜브를 수직으로 세운다. 추, 트랜시트 등으로 굴착 개시부터 끝까지 수직성을 측정 관리하여 경사가 생기면 수정을 한다.
설치지반의 지지력 부족	샌드매트 비계판 등으로 하중의 분산을 도모한다.	설치전에 점검. 샌드매트 비계판 등으로 보강한다.
활 동	앵커로 고정	표면을 적시지 않는다. 작업 비계의 보강
튜빙장치 슬리프	라이너 패킹을 끼움·용접하여 고정한다.	점검정비, 교환, 마모된 케이싱튜브, 밴드를 사용하지 않는다.

b) 주면 저항력이 큰 경우

원 인	조 치	대 책
컷팅에지		점검정비, 살쌓기 용접, 정형
토질조건, 굴착방법 다짐 자갈모래 사질토층	(요동곤란) 요동 스토로크를 짧게 한다. 요동의 방향을 한정한다. 유압을 올린다. 표준상태로 회복후 시공계속 빨리 작업이 완료되도록 하는 공정으로 한다. 지중에 케이싱류를 장시간 방치하지 않는다. (불능) 유압잭, 대형기에 의한 파워업, 워터제트의 병용 등에 의한 저항력의 저감 (매몰) 케이싱 튜브 절단작업의 안전을 확인하여 실시. 시공방법을 재검토 한다.	선행양을 확보하여 요동·압입·인발을 충분히 한다.
지하수 이하의 완만한 세사층		요동, 케이싱튜브 상하 운동을 적게하여 해머 그랩브 낙하위치를 낮게 한다. 표층에 느슨한 모래층이 있는 경우 기계 중량을 분산시키도록 비계재를 사용한다. 지하수위를 낮춘다.
경질점토층		선행량을 확보하고 요동·압입·인발을 반복한다.
점성토층		선행량을 필요 이상으로 하지 않는다.
조인트·세우기 불량·경사		점검정비, 케이싱튜브의 정비
콘크리트 지나친 타설		상단측정, 피복길이는 10m 이하로 한다.

서는 케이싱 튜브 외주면이나 커팅에지로 쐐기를 형성하여 인발이 불가능할 때가 있다. 쐐기 형성의 방지는 요동·압입·인발을 반복하는 방법이 있다.

케이싱 튜브 주변에 자갈이 많은 경우 느슨한 모래층에서의 다짐과 달리 요동 저항은 급격히 증가되고 최악의 경우 튜빙장치가 작동하지 않게 된다.

큰 자갈을 함유한 지반에서는 보통 다음과 같다.
- 말뚝 지름의 1/3 이상의 큰 자갈이 있는 경우는 표준적 설비로는 굴착이 곤란하다.
- 말뚝 지름의 1/3 이하의 큰 자갈에서는 점성토중에 혼입된 경우나 작은 자갈이 대부분으로 가끔 혼입된 경우에는 굴착은 곤란하나 불가능하지는 않다. 단, 커팅에지나 해머그래브의 마찰이 심할 때는 변형이나 파손된다. 입경이 고른 큰 자갈이 치밀하게 있는 경우의 굴착은 곤란하다. 큰 자갈, 호박돌이나 전석은 중추(트레판이나 티젤)나 발파에 의한 파쇄, 록 오거나 에어 해머에 의한 절삭으로 제거가 필요하다. 전주회전식 올 케이싱 굴착기도 유효하다.

c) 점성토층 연약한 실트나 점토층에서는 선행량 확보가 용이하므로 선행량을 케이싱 튜브 지름 이상으로 한다. 단, 케이싱 튜브가 자침되는 연약한 점성토에서도 선행량이 과대하면 점착력에 의해 인발이 곤란한 경우가 있다.

점착력이 큰 점성토에서는 해머그래브에 흙이 부착되어 배토가 어려워진다. 배토장치의 과도한 작업은 소음·진동을 발생시킨다.

경질 점성토에서는 셸이 원지반에 잘 먹히지 않아 토사를 셸내에 취입하지 못한다. 특히 공내수가 있는 경우에는 이 경향이 크고, 케이싱 튜브의 압입이 안되면 굴착이 곤란하다.

d) 기타 크래크가 있는 무르고 약한 암반이나 큰 자갈을 함유한 지반에서는 개폐기구를 록 해머그래브나 중추를 수회 낙하하여 지반을 파쇄(초핑)시킨후, 굴착작업을 한다

장애물이 케이싱 튜브내에 들어가게하여 해머그래브로 반출할 수 있는 경우는 비교적 용이하게 처리된다. 또한 굴착 심도가 얕고 공내수가 없는 경우에는 인력으로 장애물을 제거할 수 있다. 일반적으로는 초핑작업으로 장애물을 파쇄하며 제거하는 경우가 많으나 모두 제거할 수는 없다.

v) 요동·압입·인발이 곤란하고 불가능할 때 케이싱 튜브 주면 저항력이 요동·압입·인발력을 상회하는 경우와 기계 능력이 충분히 발휘되지 않는 경우에 발생, 그 요인은 토질 조건, 사용장비 및 시공 기술로 분류되며, 처치 대책을 표-8.15에 나타낸다.

(4) 공내수의 관리 공내수위와 지하수위에 수두차가 있는 경우, 그림-8.21에 나타낸 바와 같이 이완이 생겨서 말뚝지지력에 나쁜 영향을 준다.

ⅰ) 공내에의 주수 공내수와 지하수의 밸런스가 허물어지고 굴착밑 주변 지반에 이완

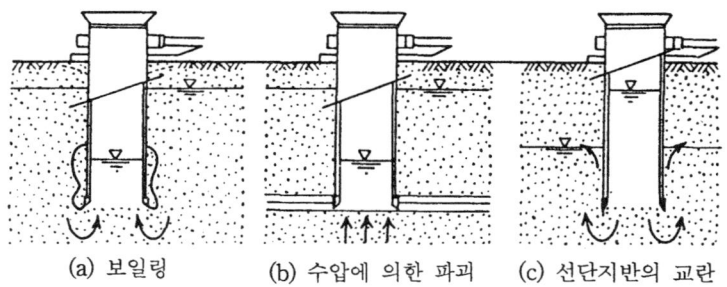

(a) 보일링　　(b) 수압에 의한 파괴　　(c) 선단지반의 교란

그림-8.21 지하수에 의한 말뚝주변 지반의 이완

이 생기는 경우는 조속히 공내에 주수를하여 수압의 밸런스를 취한다.

ii) 보일링 방지　굴착밑면 부근의 사질토층에서 상향의 침투수압이 수중에서의 모래가 유효 중량 이상이 되면 모래가 물과 함께 분출되는 수가 있다.

Terzaghi의 실험 결과를 그림-8.22에 적용하면 분출이 생길 때의 조건은 다음식으로 나타낼 수가 있다.

$$\frac{h_c}{2\,d_a} \leqq \frac{(G_s-1)}{(1+e)} \tag{8.1}$$

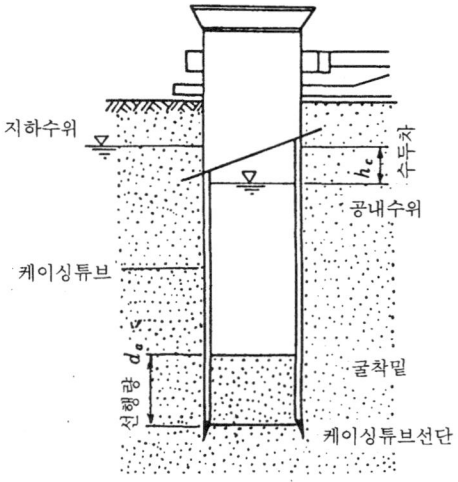

그림-8.22 수두차와 케이싱튜브 선행량

여기서 h_e : 수두차(cm)
    G_s : 토립자의 비중
    d_a : 선행량(cm)
    e : 간극비

모래의 분출을 발생시키지 않기 위해서는 수두차 h_e를 작게 하는 방법과 선행량 d_a를 크게 하는 방법이 있다.

a) **선행량이 확보되는 경우** 중간층과 같이 케이싱 튜브의 선행압입이 커지는 경우 선행량을 증가시켜 보일링을 방지한다.

선행량은 토질이나 지하수 상황을 고려하여 식(8.1)에서 계산하여 구한다.

모래의 비중 G_s를 2.6, 간극비 e를 1.0으로 하면 선행량은 수두차의 관계식으로 나타낼 수 있다.

$$h_c \leq 1.6 \, d_a \tag{8.2}$$

식(8.2)에서 수두차는 선행량의 1.6배 이하가 된다.

b) **선행량이 확보되지 않는 경우** 지지층의 굴착이나 선행량 확보가 어려운 경우에는 빨리 주수하여 수압의 밸런스를 유지한다.

(5) 지지층의 확인 심도 측정은 케이싱튜브를 밀어 넣은 상태가 아니면 정확히 실시되지 않으므로 케이싱튜브 상단이 요동장치 부근에 도달한 상태에서 실시한다.

굴착 심도 측정때는 지반 높이 혹은 굴착기 높이를 계측 확인한다. 심도 측정 방법과 지지층 확인 방법은 8.2.2 (5)를 참조하기 바란다.

(6) 구멍밑 처리 굴착 버럭 등 구멍 밑 잔류물은 제거하는 일차 구멍밑 처리와 콘크리트 타입 직전에 실시하는 2차 구멍밑 처리가 있다. 비중이 작은 물을 구멍내에 주수하기 때문에 1차 구멍밑 처리만으로 구멍밑 잔류물을 제거하는 수가 많다. 구멍내 물이 많은 경우에는 침전 버키트를 써서 처리한다. 구멍밑 처리 방법을 그림-8.23에 나타낸다. 2차 구멍밑 처리와 처리효과의 확인은 8.2.2 (6)를 참조하기 바란다.

불충분한 구멍밑 처리는 철근과 함께 따라 올라 오는 경우가 있다.

(7) 잔토처리 벳셀에 저류된 굴착토사를 크레인을 써서 덤프트럭에 실려 토사장으로 운반된다.

굴착토를 배수 한 다음에 적재하면 적재토량을 많게 할 수 있는 동시에 주행중의 토사와 물의 분리나 이토의 비산이 감소된다. 이 때문에 작업 용지에 여유가 있는 경우는 굴착토사의 가치장을 마련하여 토사 운반 효율의 향상을 도모하면 좋다. 단, 토사를 가치하는 경우에는 토사의 적재 기계가 필요하다.

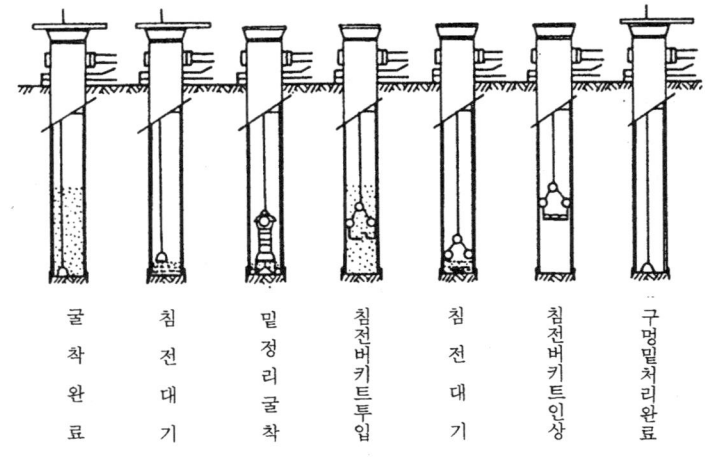

그림-8.23 1차 구멍밑 처리의 방법도

8.2.4 리버스 공법

(1) 사용기기 기구 표-8.16에 이 공법에서 사용하는 기계 기구를 나타낸다.

ⅰ) 굴착기 회전기구와 펌프로 구성되었으며 굴착기를 지상에 설치하는 타입과 굴착 구멍에 강하시키는 타입이 이용된다.

a) 석션 펌프방식 드릴 파이프의 상단에서 와권 펌프에 의해 굴착토사를 물과 함께 퍼올린다. 양정은 5~7m가 한계이다. 굴착기는 펌프, 회전기구의 로터리 테이블과 가대, 케리바, 스이벨조인트로 구성되며 지상에 설치한다. 굴착에 따라 드릴 파이프를 순차로 접속한다.

b) 에어리프트 방식 드릴 파이프의 하단부에 압축공기를 보내어 드릴 파이프내 이수의 겉보기 비중차이에 따라 수류를 생기게하여 굴착토사를 운반한다. 석션 펌프 방식과 같이 흡입 양정(揚程)에 제한은 없으나 연속 양수를 하기 위해서는 그림-8.17에 나타내는 침수비가 0.6 이상 필요하다. 회전기구나 드릴 파이프의 접속 방법은 석션 펌프 방식과 동일하다.

c) 제트 석션 방식 드릴 파이프 상단에 제트수를 분사하여 드릴 파이프내에 발생되는 부압 굴착 토사를 퍼올린다.

d) 수중펌프 방식 수중 샌드 펌프를 구멍밑에 설치하여 굴착토사를 수중 샌드 펌프로 퍼올린다. 공내 수위에서 토출구까지의 양정이 양수 능력에 영향된다. 회전기구는 구멍에 강하시킨다.

표-8.16 사용기계 기구(리버스기 1 set 마다)

명 칭	시방, 규모	수량	기 사
굴착기	표-8.13 참조	1대	
크롤러 크레인	27tf~50tf달기	1대	부대작업
		1대	굴착작업
장대		필요량	굴착작업
드릴 파이프	굴착길이+α ϕ200mm	필요량	
비트	말뚝지름마다	1대	
스탠드 파이프	말뚝지름마다	2개	
해머그래브	지름 1.0~1.8m 등	1대	스탠드파이프중굴
바이브로 해머	60kW	필요량	스탠드파이프세우기
유압잭	표-8.19	필요량	〃
슬러슈탱크	각형수조 2×2×5	6기	굴착순환용
		필요량	회수용, 폐기용, 저수용
쇼벨	0.3m³	1대	굴착토 적재, 장내정리
덤프트럭	11tf	필요량	잔토처리
트레미	내경 200mm, 250mm 정도 l=3m 표준,	필요량	말뚝지름에 맞춘다.
수중펌프	굴착길이+α		
	ϕ150mm(11kW)	3대	급수
	ϕ150mm(11kW)	1대	콘크리트 타입, 예비
	ϕ100mm(5kW)	1대	저수조~굴착순환용
	ϕ50mm(5kW)	1대	세정용
용접기	250A(15kW)	3대	철근가공조립
구부리는 기구	5.5kW	1대	
절단기	3.7kW	1대	
측정기구		1대	측량, 시공관리

스탠드파이프의 세우기는 바이브로 해머나 유압잭 중 하나를 쓴다.

e) 제트석션과 에어리프트를 병용하는 방식 각종 공법을 종합하면 50~60m 정도까지의 깊은 굴착에는 석션 펌프 방식이 적합하고 특히 깊은 굴착에는 에어리프트·수중 펌프방식이 적합하다. 석션 펌프 방식을 그림-8.24에 나타낸다.

ii) 보조 크레인 굴착기의 설치 스탠드 파이프의 인발, 철근 박스의 조립작업 등 최대하중, 필요한 붐길이 또는 필요한 작업 반경에 대한 반입 능력과 합치되는 것을 사용한다. 크롤러 크레인 2대에 의한 시공이 표준적이지만 작업면적이나 장애물 등에 따라 2대를 항상 사용해도 작업이 안되는 경우도 있다.

iii) 장대(말뚝 틀) 굴착지름이나 심도가 크고 굴착 시간이 장시간이 되는 공사에서는

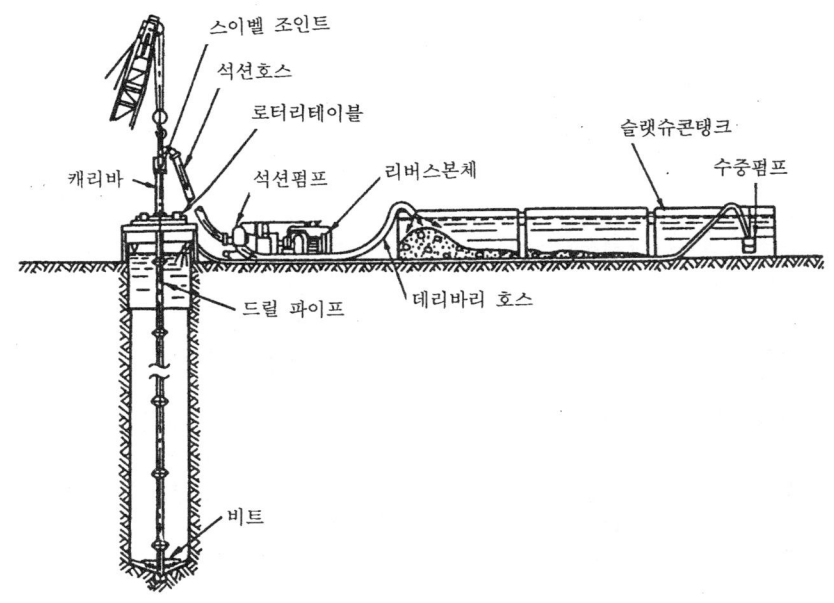

그림-8.24 석션펌프식 리버스 서큐레이션 드릴 굴착시스템

시공 정밀성과 크레인의 유효 이용을 도모하기 위해 말뚝 틀을 사용하는 수가 있다.

iv) 비트 토질 조건에 맞는 것을 사용하여 비트 치수를 말뚝지름에 적합시킨다. 비트의 형식과 특징을 표-8.17에 나타낸다.

v) 스탠드 파이프 수두압의 확보와 굴착기 등의 상재하중이나 진동에 따른 표층 지반의 붕괴를 방지하기 위해 사용한다. 주의사항을 표-8.18에 나타낸다.

vi) 바이브로해머, 유압잭 스탠드 파이프의 세우기와 인발에 사용한다. 어느 것을 사용하는가는 주변환경 등에 따라 정한다. 최근 시가지의 공사에서는 소음·진동의 문제에서 유압잭이 사용된다.

 a) 바이브로해머 운전때에 생기는 진폭의 크기에서 세우기와 인발의 가부를 판단한다. 보통 출력 45~90kW정도가 사용된다.

 b) 유압잭 표-8.19에 유압잭의 시방과 말뚝 지름의 관계를 나타낸다.

 스탠드 파이프의 압력 저항은 경험적으로 사질토에서는 $0.5~2.0tf/m^2$, 점성토에서 $0.7~0.8tf/m$ 정도가 된다.

vii) 슬래슈 탱크 또는 침전지 굴착시의 순환지 필요량은 굴착토량의 1.5배 정도 또는 필요에 따라 이수 회수용, 폐기용, 정수용 등의 용량을 별도로 확보한다.

표-8.17 비트와 적용토질

비트형식			적용토질 (토질명 또는 일축압축 강도 $\sigma =\mathrm{kgf/cm^2}$)	참고도	비 고
드릴파이프식	1급	삼익비트	점토, 실트, 모래자갈층		
		사익비트	대구경 대충 $\phi 2,000\mathrm{mm}$ 이상		
	특수	코니컬 비트	연암 ($\sigma =100\mathrm{kgf/cm^2}$이하)		특수 비트로 연암을 굴착하 는 경우에는 기계 관계도 특수가 된다
		롤러비트	경암 ($\sigma =100\sim 1,200\mathrm{kgf/cm^2}$)		
드릴파이프레스식		트로코이드 비트	일반토질 (점토, 실트, 모래자갈 등)		
			연암 ($\sigma =100\mathrm{kgf/cm^2}$ 이하)		
			경암 ($\sigma =100\sim 1,000\mathrm{kgf/cm^2}$)		

표-8.18 스탠드파이프

항목	내　　　용
지름	스탠드파이프의 외경은 굴착지름보다 200mm 정도 큰 것을 사용한다.
길이	리버스 공법으로 사용되는 자연 이수는 안정액에 비하여 조벽성이 작고 표층의 루즈한 모래층 지반에서는 붕괴의 위험성이 있다. 스탠드파이프 선단은 원칙적으로 안정성이 높은 점성토 지반에 충분히 근입시킨다. 또한 스탠드파이프의 돌출 높이는 지하 수위에 따라 정해진다. L : A와 B의 큰쪽의 값+C A : 2.5m-(GL-지하수위) B : 세우는 방법에 따라 정하는 높이 　　바이브로 해머 40cm 　　유압잭 1m 정도 C : 4m이상으로 점성토층에 50cm정도 삽입된 길이
두께	두께는 지름, 길이, 세우는 방법 등을 고려하고 또 삽입과 인발시의 응력이나 충격에도 충분히 견딜 수 있는 두께를 가진 것을 사용한다. 또한 머리부의 보강은 유압잭의 사용을 고려하여 내부시공하는 편이 좋다.

사용기계에 대한 스탠드파이프 외경과 살두께의 관계(mm)

사용기계 \ 스탠드파이프외경	1 000 이하	1 100~1 500	1 600~2 000	2 100~3 200
바이브로 해머	12	16	19	22
유압잭	16	19	22	25

표-8.19 유압잭의 기종과 말뚝지름

기종		100	120	148	175	198	225
적용말뚝지름(m)	최대	1.0	1.2	1.48	1.75	1.98	2.25
	최소	0.8	0.8	1.28	1.45	1.48	1.95
압입력	(tf)	100	100	100	100	100	100
인발력	(tf)	360	360	360	360	600	360
출　력	(kW)	30	30	30	30	45	30
중　량	(tf)	10.0	10.2	10.8	11.5	18.6	12.0

(2) 기계 기구의 설치

ⅰ) 스탠드 파이프의 세우기   조립 정밀도는 말뚝의 수평 정밀도나 수직 정밀도에 영향된다. 스탠드 파이프 선단은 불투수층에 근입하는 것을 원칙으로 하나 불투수층이 깊은 모래층 등에서 타설 정지때의 검토식은 다음과 같다.

그림-8.25에서 모래 실트의 비중과 간극비를 각각 G_1, G_2, e_1, e_2로 하면

$$h+l < \frac{(G_1+e_1) \cdot (l-l')}{(1+e_1)} + \frac{(G_2+e_2) \cdot l'}{(1+e_2)} \tag{8.3}$$

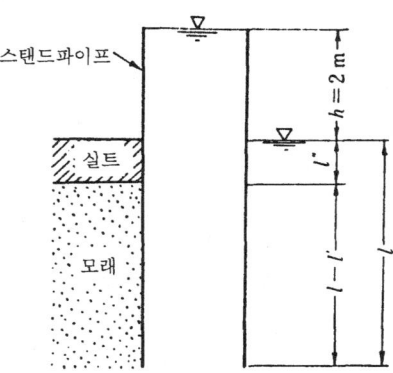

그림-8.25 스탠드파이프의 세우는 깊이

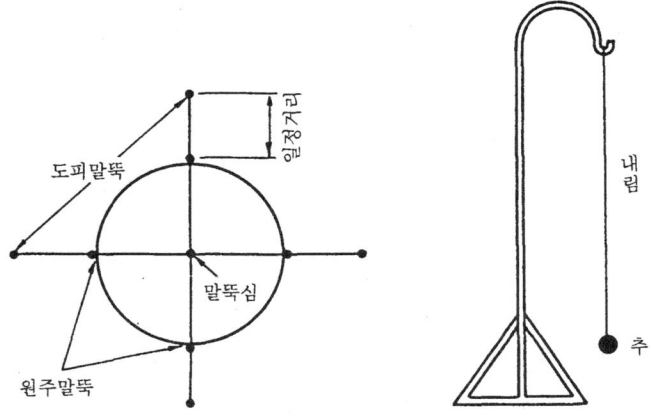

그림-8.26 말뚝심의 표시방법과 수직성 확인기구의 예

$$n = \frac{\frac{(G_1+e_1)\cdot(l-l')}{(1+e_1)} + \frac{(G_2+e_2)\cdot l'}{(1+e_2)}}{h+l} \tag{8.4}$$

이라면 안정된 상태이다. 이 상태의 안전율 n은 다음과 같으며 1.2를 표준으로 한다.

말뚝심은 스탠드 파이프로는 보이지 않기 때문에 그림-8.26에 나타낸 방법으로 조립위치를 나타낸다.

유압잭을 사용하는 경우는 유압잭의 중심과 가설 말뚝을 합치시켜 설치한다. 압입때의 반력은 20~50tf 정도의 카운터 웨이트를 쓴다.

ii) 스탠드 파이프의 중굴 스탠드 파이프를 일정한 깊이까지 세운후 스탠드 파이프내의 토사를 해머그래브로 굴착한다.

iii) 굴착기의 설치 급수가 적시에 공급될 수 있도록 수중 펌프 등을 설치하고 호스나 동력선이 크레인이나 차량의 통로를 횡단하지 않도록 한다.

a) 펌프 펌프 유니트를 굴착 구멍을 중심으로 크레인과 90°의 위치에 설치하여 크레인 오퍼레이터와 펌프 오퍼레이터가 캐리바 수직성을 상호 확인할 수 있도록 배치한다.

b) 로터리 테이블 가설대 위에 수평으로 설치하여 진동이나 충격으로 굴착 중심이 어긋나지 않도록 고정하고 스탠드 파이프상에 직접 설치하지 않는다.

(3) 굴착 복수의 수중 펌프에 따라 슬래슈 탱크에 배출되는 상태를 확인한 후 비트를 회전시키며 굴착을 개시한다.

i) 관내유속 굴착토를 이수와 함께 드릴 파이프내를 상승시키는 유속은 침강 속도의 2배 정도가 필요하다. 50mm 정도 자갈의 침강 속도는 약 0.8m/s이므로 유속은 1.5m/s 이상이 필요하며, 효율을 답사한 실적에서 3.0m/s정도의 유속을 이용한다.

ii) 회전수와 토크 표-8.20에 비트 회전수의 예를 나타낸다.

날개 비트에 의한 굴착 토크는

일입 건축기계의 실험 등으로 다음과 같이 나타낼 수 있다.

$$T = 0.2\ W_d \cdot D^2 \cdot K \tag{8.5}$$

여기서 T : 굴착토크(kgf·cm)

W_d : 단위 구경마다의 비트 하중(W/D)(kgf/cm)

D : 비트 직경(cm)

K : 토질에 의한 보정계수(0.9~1.2)

사질계 : 대, 점토질계 : 소

W: 추력(kgf)

iii) 비트 하중 비트 하중의 기준은 히다찌 건축기계에서는

$$W_d = 9.07\, q_u^{0.46} \tag{8.6}$$

여기서 q_u : 일축 압축강도(kgf/cm²)

로 한다. 식중 q_u의 정보가 없이 N치가 알려진 경우는 $q_u = N/8$를 써서 사용하는 수가 있다.

표-8.20 리버스공법(드릴파이프식)의 비트 회전수의 일례

토 질	비트 회전수 (rpm)
점 토	9~12
실 트	9~12
세 사	6~8
중 사	4~6
모 래 자 갈	3~5

주 1) 굴착기의 양수능력은 공칭 8.0 m³/min 정도로 한다.
 2) 굴착지름 1500mm로 한다.
 3) 3익비트를 사용한 경우로 한다.

굴착에 필요한 최소 W_d로 한 경우에도 토크가 부족한 경우가 있다. 이 경우는 굴착기의 토크 범위내에 W_d를 사용하게 된다. W_d가 과소하면 비트가 지반에 먹히지 않고 미끄러지며 비트의 마모나 굴착이 불가능하다.

iv) 지반에의 대응 여러 가지 지반 조건에 대한 주의점은 다음과 같다.

a) 큰자갈·호박돌 드릴 파이프내경 이상의 큰 자갈·호박돌은 흡입되지 않아서 굴착이 불가능하다. 큰 자갈·호박돌 층의 제거에 해머그래브 등을 쓰는 경우 상승때에 공벽의 붕괴에 주의한다. 층두께가 두꺼운 경우나 입경이 큰 경우는 다른 공법에 대한 변경이 필요하다.

b) 경질지반 연암에서는 특수강 칩을 붙인 계단식 삼익 또는 4익 비트를 중추파이프(하중관이라고 한다)와 조합시키고, 경암에서는 연질에 적합한 롤러 비트를 사용하여 시공하는 수가 있다.

암반을 압쇄하기 위해서는 암질(경도, 강도, 균열 등)에 따라 큰 추력이 필요하며 범용의 굴착기로는 대응이 안되는 수가 많다.

v) 펌프 배토량 토사를 대상으로 한 경우 펌프의 토사 운반량은 비트 굴착 토량보다

작고 굴착 속도는 펌프의 배토 능력에 따라 정한다. 토사 운반량을 증가하기 위해 양수량에 대한 토사 용접 혼입율을 크게 하면 운반관이 막혀서 토사를 수송할 수 없게 된다. 이 때문에 관경 200mm의 경우 혼입율의 한계를 8%로 한다.

  석션 펌프 방식은 굴착 심도가 증가되면 관내 저항이 커져서 양수량, 굴착 속도가 저하된다. 그림-8.27에 굴착중의 석션 펌프 양수량의 변화를 나타낸다. 또 점성이 큰 경우도 펌프 효율을 저하시킨다.

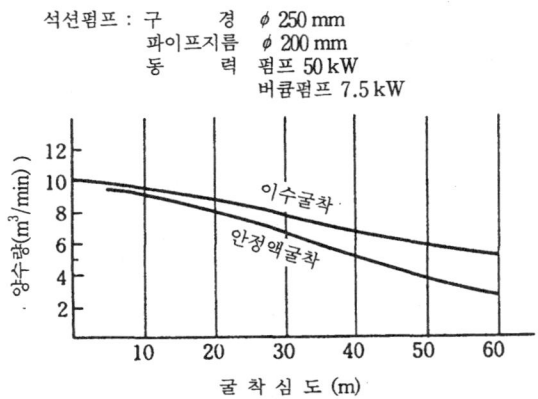

그림-8.27 굴착중의 석션 펌프 양수량

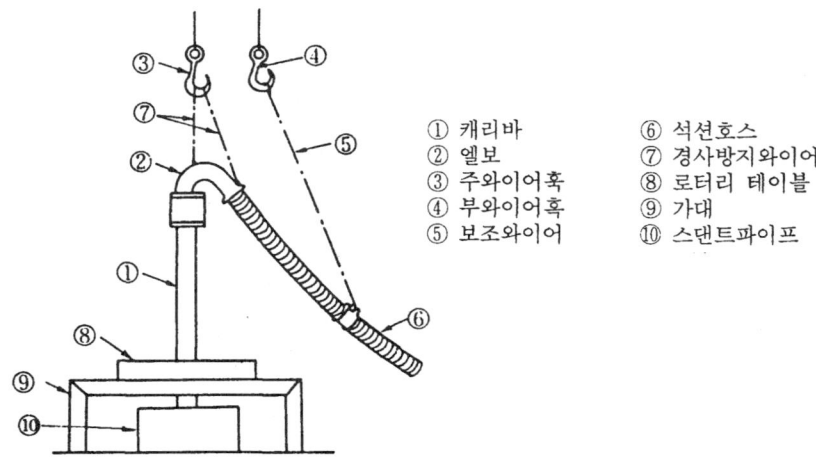

① 캐리바   ⑥ 석션호스
② 엘보   ⑦ 경사방지와이어
③ 주와이어훅   ⑧ 로터리 테이블
④ 부와이어훅   ⑨ 가대
⑤ 보조와이어   ⑩ 스댄트파이프

그림-8.28 경사방지의 한 방법

ⅵ) 공내 이수의 강하 속도 펌프의 양수 능력에 따라 정하며 경험적으로 강화속도가 50cm/s를 초과하면 붕괴의 위험성이 있다. 작은 지름의 경우 펌프 양수량의 조정이 필요하다.

ⅶ) 중심이 어긋나거나 수직성에 대한 주의 중심이 어긋나는 경사의 요인은 비트의 횡진동, 무게 중심 위치 편하중의 작용과 지반의 불균일성 등이다.

스탠드 파이프 하단 밑 편심은 지지점이 일정하게 매달리는 사실에 기인되는 경우가 많으며 이 대책은 그림-8.28과 같은 방법이나 전용 장대에 따라 2가지의 지지점을 얻는 방법이 있다. 또한 비트 위에 설치된 스타비라이저는 굴착 구멍의 편심방지에 유효하다.

(4) 공내 수위 관리 순환수에 녹아버린 지반중의 세립토가 공벽면의 간극에 충전되어 불투수막을 형성하여 일수를 방지하는 동시에 공벽에 0.2kgf/cm^2 이상의 수두압으로 공벽의 붕괴를 방지한다.

ⅰ) 이수의 비중 침전지에서 입경이 큰 입자는 침강되고 굴착 구멍에 공급되는 이수 중에는 비교적 미세한 입자가 잔류되어 매드케이크를 형성하는 유효성분이 점차로 증가된다. 그러나 사질토지반과 같이 혼입되는 세립토가 부족한 경우는 조벽성이 부족한 이수 또는 이수 비중의 증가는 양수량의 저하나 침전지에서 토사분리 효율을 저하시킨다.

조벽성에 필요한 세립토의 혼입량은 비중에 따라 추정되며 조벽성과 굴착 능률의 양면에서 이상적인 비중은 1.02~1.08이다. 또한 콘크리트 타입은 이수와 콘크리트의 비중차가 클수록 치환되기 쉬우므로 이수는 비중이 작은 것이 바람직하다.

ⅱ) 수두압의 유지 공내수는 지하수위보다 2m 이상 높이 유지하는 것이 필요하다. 지반에서 유실 등에 의한 공내수위의 저하는 수두압을 감소시켜 굴착 구멍을 불안정하게 한다. 일수가 많은 경우 일수 방지제를 첨가한다. 일수 방지제는 벤트나이트 등을 막히게 하는 효과를 기대하는 재료를 병용하면 한층 효과적이다. 또한 10^{-2}cm/s 보다 큰 투수계수를 가진 지반에서는 일수가 생기기 쉬우므로 사전에 대책이 필요하다.

ⅲ) 환원수의 처리 콘크리트 타설에 수반하여 회수되는 이수는 거의 재사용하며 콘크리트와 접촉면 부근에 있는 것은 폐기한다.

(5) 지지층의 확인

ⅰ) 굴착 심도의 측정 굴착중 비트가 회전되기 때문에 사용하는 비트나 드릴 파이프, 스탠드 파이프의 치수를 사전에 측정하여 스탠드 파이프 상단 등의 기준점에서 굴착중의 심도를 측정한다. 굴착후는 8.2.2 ⑸와 같이 실시한다. 삼익비트를 사용한 경우 구멍 밑은 대충 그림-8.29와 같은 형상이 되므로 외주부의 2개소 이상에서 유효 깊이를 측정한다. 또한 침전물의 처리 효과를 측정하기 위해 드릴 파이프에 가까운 위치도 측정

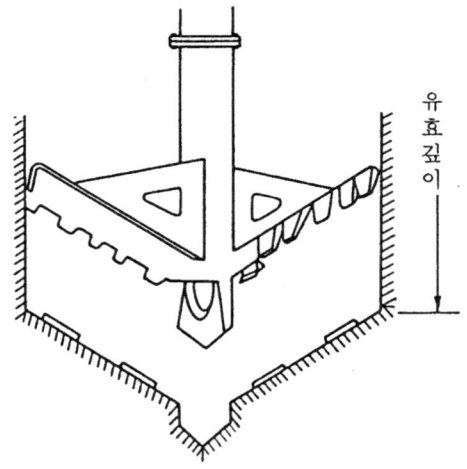

그림-8.29 삼익비트에 의한 굴착 구멍밑 형상

한다. 측정은 비트 회전정지 직후는 소용돌이가 강하기 때문에 1~2분후 실시하면 좋다.
　ii) 지지층의 확인과 근입 굴착　데리버리호스 말단에서 순환수와 함께 배출된 시료토를 채취하여 토질조사 자료와 대비한다. 그 경우 굴착속도와 비트 하중의 변화나 비트의 회전 저항, 오퍼레이터의 감촉 등도 참고로 한다. 지지층 확인후 소정의 근입 굴착을 한다.

(6) 구멍밑 처리　굴착완료 직후 탁수 교환을 주목적으로 실시하는 1차 구멍밑 처리와 콘크리트 타설 직전에 실시하는 2차 구멍밑 처리가 있다. 처리 효과의 확인은 8.2.2 (6)와 같다.
　i) 1차 구멍밑 처리　구멍밑 부근의 비중이 큰 이수와 토사가 없는 이수를 바꾸기 위해 비트를 구멍밑에서 약간 들어 올리고 공회전시켜서 이수를 순환한다.
　ii) 2차 구멍밑 처리　석션 펌프 방식에서는 트레미 머리부에 석션 펌프를 접속하여 구멍밑 침전물을 뿜어낸다. 트레미의 선단은 지반에서 20~30cm 정도 들어올린다.

(7) 2차 구멍밑 처리　잔토처리와 이수처리는 공사비에 상당한 웨이트를 차지한다.
　i) 잔토처리　잔토는 침전지에서 침전시켜 크램셸 등으로 콘테이너차에 적재하여 장외로 반출하는 것이 일반적이다. 또한 탈수기 등에 의해 함수율을 저감시켜서 장외로 반출하는 예도 있다. 대지에 여유가 있는 경우, 석회나 시멘트계의 고화재와 혼합하여 잔토를 고화시키는 방법도 있다.
　ii) 이수처리　이수는 그대로 장외반출을 하는 경우와 장내에서 처리하는 방법이 있

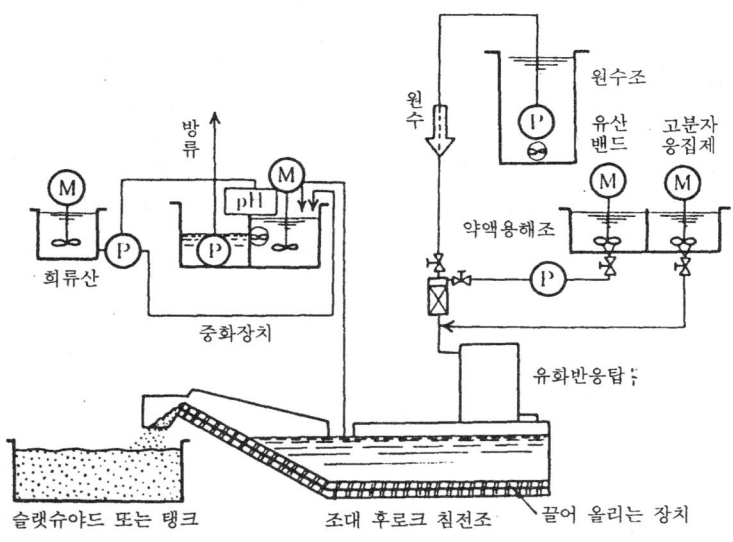

그림-8.30 이수처리 장치의 기구

다. 그림-8.30에 처리장치의 일례를 나타낸다. 이 장치는 응집제등으로 이수중의 토립자를 응집 후로크로하여 물과 분리하는 방법을 적용하고 물은 pH 등으로 조정하여 방류하며 후로크는 굴착토사와 함께 장외로 처리하는 경우가 많다.

8.2.5 심초공법

심초공법은 굴착을 모두 인력으로 하는 경우와 기계와 병용하여 실시하는 경우가 있으며 흙막이재 골형 강판과 링틀 기타 라이너 플레이트나 케이싱 튜브 등이 있는 것은 8.1.1 (4)에서 말하였으나 여기서는 인력으로 굴착하여 흙막이재에 골형강판과 링틀을 사용하는 경우를 주로 말한다.

(1) 사용 기계 기구 기계 기구는 말뚝지름, 굴착길이, 토질과 현장 조건 등에 적합한 것을 사용한다.

인력 굴착에서 사용하는 기계 기구의 예를 표-8.21에 나타낸다.

ⅰ) 심초 장대 심초 장대는 인력 굴착의 경우에 사용된다. 재질은 강재와 목재의 투 입이 있고 삼각 또는 4각으로 지지하여 윈치를 장착한 굴착토사 버키트의 승강에 사용된다.

ⅱ) 흙막이재 골형 강판과 링틀을 사용할 때, 링틀은 지름에 따라 규격, 치수가 다르다. 사용은 골형 강판과 링틀이 토압에 대해 충분한 강도를 가진 것을 강도계산에 의해

표-8.21 심초공법에 사용하는 기계 기구(인력굴착의 경우)

명 칭	형 식	수 량	비 고
심 초 장 대	강재파이프 3각(4각)	1대	파이프지름 $\phi 100$, 높이 6.5m
원 치	전동 3.0~5.0kW	1 〃	버키트 달아올림용
베 비 원 치	전동, 수동	1 〃	배수용 펌프 달아내림용
수 중 펌 프	$\phi 50mm \sim 100mm$	1~2 〃	배수용(크기는 용수량에 의함)
가 스 검 지 기		1 〃	
피 크 브 래 이 커			필요에 따라 각 1대 준비
송 풍 기 와 송 풍 관		각 1조	
흙 막 이 용 링과 강판		필요량	필요 지름과 필요한 양
기 타 작 은 도 구	스코프, 버키트, 곡괭이	필요량	
콤 프 레 서	디젤가반식 $7.1m^3/min$		

확인하는 것이 필요하다. 또한 안전이 확인된 경우에도 지름이 2.6m를 초과하는 경우나 굴착길이가 20m를 초과할 때에는 골형강판이 겹쳐지는 여분을 많게 하거나 링틀의 간격을 치밀하게 할 것, 또는 골형강판 대신 라이너 플레이트의 사용을 검토한다. 표-8.,22

표-8.22 링과 골형 강판

명 칭	규 격 치 수		비 고
	지름	사 용 재	
링	1.20m	L-75×75×9	3개이음
	1.40	〃	〃
	1.60	L-90×10×10	〃
	1.80	〃	〃
	2.00	〃	〃
	2.20	〃	〃
	2.40	〃	〃
	2.60	〃	〃
	2.80	〃	〃
	3.00	L-100×100×13	6개이음
	3.20	〃	〃
	3.40	〃	〃
	3.60	〃	〃
	3.80	〃	〃
	4.00	〃	〃
	4.20	〃	〃
골 형 강 판		750×900×1.6	

제8장 현장타설 콘크리트말뚝의 시공   553

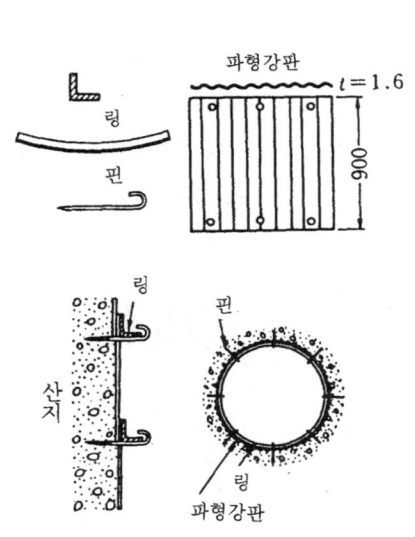

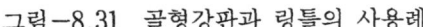

※ 골형강판이 겹치는 것은 높이방향 15cm 횡방
  향을 1산반부터 2산으로 하는 경우가 많다.

그림-8.31 골형강판과 링틀의 사용례

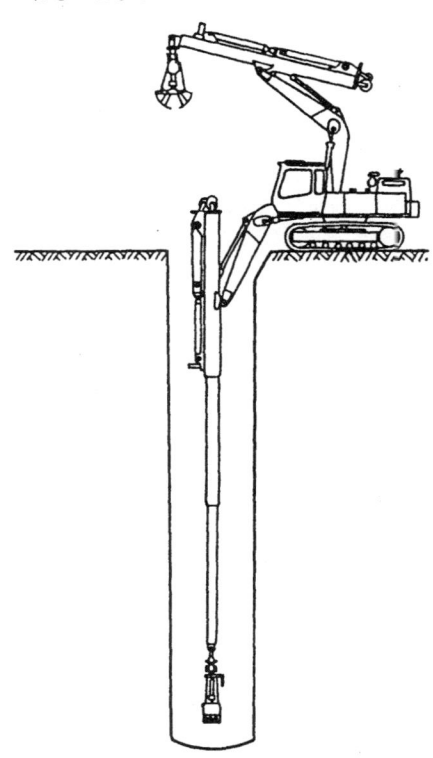

그림-8.32 굴착용 기계

표-8.23 라이너플레이트

직경 D (mm)	라이너 플레이트 판 두께 t (mm)	액션구성 (링마다*)				보강링부재 치수와 사용위치	
		P 6	P 8	P 10	계		
1 200	2.7	4			4	보강링 불필요	
1 400	〃	2	2		4	〃	
1 500	〃	1	3		4	〃	
1 600	〃		4		4	〃	
1 800	〃	2	3		5	〃	
2 000	〃			4	4	〃	
2 500	〃			5	5	〃	
3 000	〃			6	6	〃	
3 500	〃			7	7	H-125×125×6.5×9	깊이 8.5m에서 2.0m 간격
4 000	3.2			8	8	〃	깊이 7.0m에서 2.0m 간격
4 500	〃			9	9	〃	깊이 5.0m에서 2.0m 간격
5 000	4.0			10	10	〃	깊이 5.0m에서 2.0m 간격

* 라이너플레이트링의 깊이는 50cm.   P : 볼트구멍의 개수

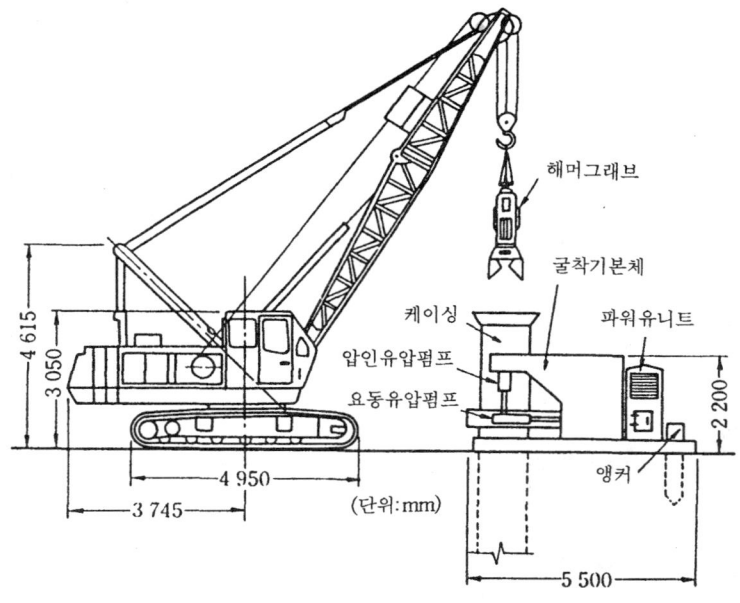

그림-8.33 기계굴착 심초공법

에 링과 골형강판의 치수를 나타내고 표-8.23에 라이너 플레이트의 치수를 나타낸다. 또한 그림-8.31에 골형강판과 링틀의 사용예를 나타낸다.

iii) 굴착 용구와 굴착 기계

인력굴착의 경우에는 스코프와 곳갱이로 굴착하지만 지반이 단단할 때는 피크나 브레이커를 사용한다. 기계굴착은 그림-8.32에 나타낸 바와 같은 굴착기를 사용하는 경우와 그림-8.33에 나타낸 방법이 있다. 전자는 기계로 굴착하고 인력으로 흙막이재의 조립과 굴착 구멍의 수정·성형할 때에 사용된다. 후자는 굴착 구멍 전반을 케이싱 튜브에 의해 흙막이를 하고 해머그래브 등으로 케이싱튜브내의 토사를 굴착한다. 소정의 심도까지 굴착한 다음 인력으로 성형이나 구멍밑을 확대하는 방법이다. 또 후자는 올케이싱 굴착기로 실시할 때도 있다.

(2) 기계 기구의 설치

ⅰ) 최상단 링의 설치 최상단 링의 설치는 수평·수직 정밀도를 확보하기 위한 대단히 중요한 공정이다. 우선 그림-8.34에 나타낸 말뚝의 중심을 기점으로 말뚝지름 +10cm 정도의 원을 그리고 가급적 많은 핀을 그 원주에 타입하고 일정한 거리에 도피말뚝을 설치한다. 핀의 내측을 스코프에 의해 60cm 정도 예비 굴착하고 흙막이재를 수직 또는 원으로 조립한다. 이때 링의 상단은 지상 주변에서 토사의 낙하나 물의 유입

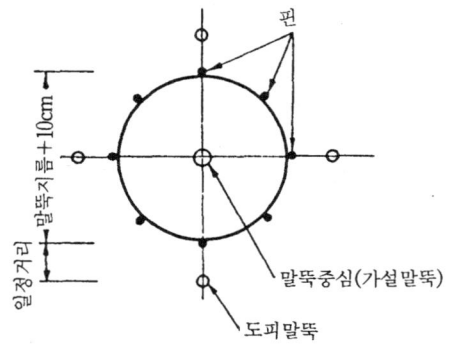

그림-8.34 말뚝중심 표시방법의 예

을 막기 위해 20cm 정도 지상에 돌출시킨다. 또 굴착 지반과 골형강판의 틈사이에는 뒤채움 흙을 넣어서 다짐하고 흙막이재를 견고하게 고정한다.

ii) 심초 장대의 설치 인력 굴착의 경우 심초 장대를 사용하여 구멍내 토사를 지상으로 배출한다. 심초 장대를 설치할 때 장대의 발밑은 토중에 10~15cm 정도의 근입을 하고 파이프 등으로 밑뿌리를 취하여 확실히 고정시킨다. 배토용 승강 버키트는 굴착 구멍의 중심이 되도록 설치한다. 계단참은 높이 0.7~1.0m 정도로 최저 2m² 이상을 설치하고 낙하방지를 위한 보호망, 추락 방지 네트 등을 설치한다.

(3) 굴착

ⅰ) 지층의 확인 시험 굴착에서 특히 다음 사항에 주의하여 굴착 지층을 확인한다.

a) 전석 본 공법은 인력으로 굴착하기 때문에 상당히 큰 전석이라도 제거 혹은 굴착된다. 그러나 지상으로 배출할 때는 버키트에 들어갈 정도로 파쇄할 필요가 있으므로 파쇄 기구가 필요하다.

b) 경질 점성토·자갈 중간층이나 지지층에 고결된 점토나 실트, 혹은 다짐된 자갈층이 있으면 스코프나 곳갱이 등의 굴착 용구로는 굴착이 곤란하고 또는 불가능할 때가 있다. 이와 같은 지층에서는 피크나 브레이커를 사용한다.

c) 지하수 사람이 공내에 들어가 작업하기 때문에 지하수의 유입이 가장 문제가 되며 유입량이 많으면 시공이 불가능해진다. 이때의 용수대책은 구멍내에 유입되는 물을 펌프로 배수하는 방법과 구멍내에 물의 유입을 방지하는 방법이 있다. 0.2m³/min 정도의 용수량을 경계로하여 그 보다 용수량이 적을 때는 전자의 방법을, 그보다 용수량이 많을 때는 웰포인트나 디프웰로 강제적으로 배수하는 방법과 약액주입으로 주변의 불투수성을 높이는 방법 혹은 수류를 차단하는 방법 또는 시트 파일 등으로 지수하는 방법 등이 있다.

용수를 배수하여 처리할 때는 배수에 의한 인근 우물의 고갈이나 지반 침하 또는 약액주입을 할 때는 약액의 종류를 충분히 검토하고 환경오염을 일으키지 않도록 주의한다.

d) 산소결핍·유해가스 굴착 구멍내의 산소가 결핍되거나 유해가스가 발생 혹은 체류될때가 있으므로 다음사항을 조사한다.
① 가까운 곳에서 압기공법에 의한 공사의 유무(지하철 공사 등)
② 가스가 발생하는 지반의 유무(부식토층 등)
③ 작업 현장의 과거 사용 목적(화학약품공장 옛자리)

굴착 구멍내에 입공하는 경우에는 사전에 반드시 가스 검지기로 산소결핍·유해가스의 유무를 조사한다. 이상이 감지되면 구멍내에 들어가는 것을 중지하고 대책을 강구한다. 또 이상이 감지되지 않을 때에는 구멍에 들어가기 전에 반드시 송풍을하고 다시 가스 검지기로 안전성을 확인한 다음에 작업을 개시한다. 그후에도 입공자 1명당 $10m^3/min$ 이상의 송풍을 계속한다. 송풍구는 구멍밑에서 30~40cm위의 위치에 원주방향으로 구부려서 설치하면 기류의 상태가 좋다.

ii) 굴착과 공벽보호 굴착과 흙막이재의 조립을 모두 인력으로 실시하는 경우에 대해서 말한다.

a) 굴착 흙막이재에 골형강판과 링틀을 사용한 경우 굴착지름은 그림-8.35에 나타낸 바와 같이 설계지름보다 10cm 정도 크게 굴착한다. 이 여굴이 너무 크면 흙막이재의 편이 좋지 않거나 공벽면이 골형강판과 밀착되지 않기 때문에 붕괴의 원인이 되므로 너무 크게 굴착되지 않도록 충분히 주의하여 굴착한다. 심도방향은 보통 75cm 정도 선행 굴착하여 흙막이재를 설치하고 반복하여 소정의 심도까지 굴진한다. 용수가 있는 사질토층의 선행굴착은 물이 유입되어 사질토층이 붕괴된다. 이 경우는 삽입 함석판공법(골형강판을 먼저 토중에 삽입하고) 등으로 실시하는 방법이 있다.

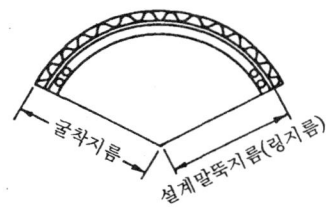

그림-8.35 설계 말뚝지름과 굴착지름

b) 수직성의 확보 링틀의 내측에 추를 설치하여 링틀을 조립하고 링틀과 골형강판의 수직성을 확인한다. 특히 큰 호박돌이 있을 때는 경사되기 쉽다.

(4) 지지층의 확인

i) 굴착 심도의 측정 심초공법은 인력으로 굴착구멍 밑면을 형성하므로 거의 판판하게 마무리할 수 있으나 이 때에도 심도 측정은 2개소 이상 실시한다.

ii) 지지층의 확인 굴착 구멍 밑면의 토질과 상태를 육안으로 확인한다. 또한 지반의 다짐 상황이나 경도 정도는 굴착 저항 등을 파악하여 종합적으로 판단한다.

iii) 지지층의 근입 지지층이 단단하여 피크나 브레이커를 사용해도 근입 굴착이 불가능할 때는 발파작업이 필요하다. 이 경우 소음·진동과 취급에 대해서 관계자와 충분히 타협하고 안전에 유의한다. 발파작업을 할 때에는 구멍밑에 크래크가 발생되지 않도록 소량씩 여러번 나누어 실시하고 그후 피크 등으로 거칠거칠한 테두리로 한다.

(5) 구멍밑 확대
확대의 범위는 일반적으로 축부반경 +30~50cm 정도가 많다. 확대부는 흙막이재를 하지 않으므로 전석층에서 확대할 때는 낙하된 전석이나 호박돌은 사전에 제거하고 작업중에 낙하되지 않도록 한다. 일반적으로 수직은 50cm에서 경사각은 30°가 많다(그림-8.36).

(6) 구멍밑 처리
심초공법은 다른 3공법과 달리 인력으로 굴착되기 때문에 확실한 구멍밑 처리가 가능하다.

구멍밑 처리는 밑반을 곳갱이나 삽을 사용하여 판판히 하고 굴착 버력을 깨끗이 제거한다. 구멍밑의 지질이 풍화나 열화가 급속히 진행되는 성질을 가진 경우는 조기에 모르타르 또는 콘크리트로 피복하면 좋다. 이 조치는 유입된 지하수에 의한 구멍밑의 열화방지에도 효과적인 동시에 철근 조립때에 치수나 작업 능률의 향상에도 효과가 있다.

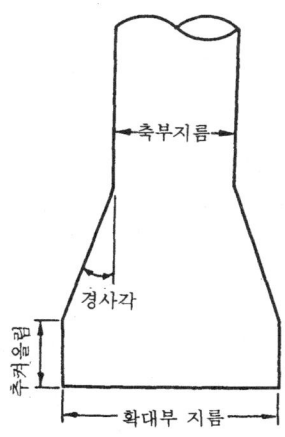

그림-8.36 확대부 형상

(7) 철근 가공과 조립 심초 공법은 기타의 현장타설 말뚝 공법과 같이 지상에서 조립된 철근을 구멍내에 세우는 경우와 구멍내 작업에 의해 구멍밑부에서 순차로 철근을 조립하는 방법의 두종류가 있다. 전자에 대해서는 8.2.6 (1)에서 상술하였으므로 여기서는 후자에 대해서 설명한다.

ⅰ) 철근가공과 조립 후프 및 링의 원형가공이나 주근 길이의 조정(3~5m)은 지상에서 실시한다.

철근의 조립은 밑부에서 지상까지 한 번에 실시하지 않고 주근 1개분 길이의 단위씩 조립한다. 조립 순서는 주근 개수를 구멍내에 넣어 가고정으로 1.5m 정도의 피치로 후프를 긴결하고 조립 위치를 정한다. 그후 설계도에 따라 후프 및 주근을 배치하여 달군 철사로 각각 긴결한다. 이와 같은 방법으로 순차 접속하여 소정의 철근 위치까지 추켜 올린다. 또한 철근의 고정이나 접속은 구멍내 작업이기 때문에 용접은 하지 않는다.

ⅱ) 피복 두께 콘크리트 타설과 병행하여 흙막이재를 해체하는 경우 주근과 흙막이재의 간격은 최저 20cm를 필요로 한다. 그림-8.37에 그 관계를 나타냈다. 또한 흙막이재를 해체하지 않을 때 피복을 작게 하는 것도 가능하다.

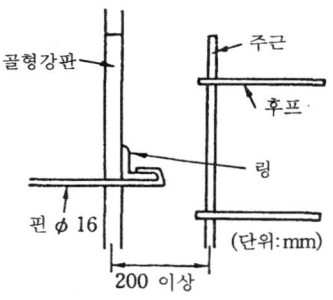

그림-8.37 주근의 피복치수

(8) 콘크리트 타입

ⅰ) 타입방법 심초공법의 콘크리트 타입은 콘크리트 펌프차에 의한 방법, 트레미관에 의한 방법, 플렉시블 슈트에 의한 방법이 있으나 보통 플렉시블 슈트에 의한 방법이 많다.

ⅱ) 콘크리트 타입 굴착 구멍내에 물이 없으므로 콘크리트의 타입은 상부구조물의 콘크리트 타입과 같은 요령으로 실시하고 콘크리트의 자유 낙하높이는 1.5m 이내로하여 콘크리트가 분리되지 않도록 주의를 한다. 흙막이재를 해체할 때는 콘크리트의 할증을 예상할 필요가 있다. 보통 20~25% 정도이나 토질에 따라서는 35% 정도가 필요할 때도 있다.

iii) **말뚝머리의 마무리** 수중에서의 콘크리트 타입이 아니므로 여분을 두지 않는 것이 통상이다. 콘크리트 상단은 흙손 등으로 판판하게 마무리한다.

(9) 뒤채움 그라우트 주입 흙막이재를 매설할 때는 원지반과 흙막이재 사이에 틈이 있기 때문에 이것을 메우기 위해 뒤채움 그라우트를 주입한다.

일반적인 뒤채움 그라우트 주입의 방법은 철근의 조립과 함께 철근의 내측에 주입 파이프(ϕ50mm 정도)를 설치하여 파이프 선단을 지상에 돌출시킨다. 주입 파이프의 수는 원주방향으로 3.0m 정도의 간격으로 말하고 공극의 주입구는 수직방향으로 1.0~2.0m 간격으로 한다. 그라우트 주입은 콘크리트 타입후에 지상에 돌출시킨 주입 파이프에서 그라우트 펌프로 발포 모르타르 등을 압력주입한다.

8.2.6 철근·콘크리트공

철근·콘크리트공은 현장타설 말뚝을 축조할 때에 있어서 중요한 부분이며 재료의 품질관리, 철근가공·조립, 철근 세우기 콘크리트 타입 등의 적부에 따라 품질의 차이가 크기 때문에 재료나 시공에 대한 충분한 지식과 철저한 관리가 요구된다.

(1) 철근의 가공·조립 철근의 가공·조립·세우기는 설계 도면의 의도를 잘 이해하여 실시해야 한다. 그림-8.38에 철근의 재료 반입에서 가공·조립 세우기 완료까지의 작업 순서와 체크포인트를 나타낸다.

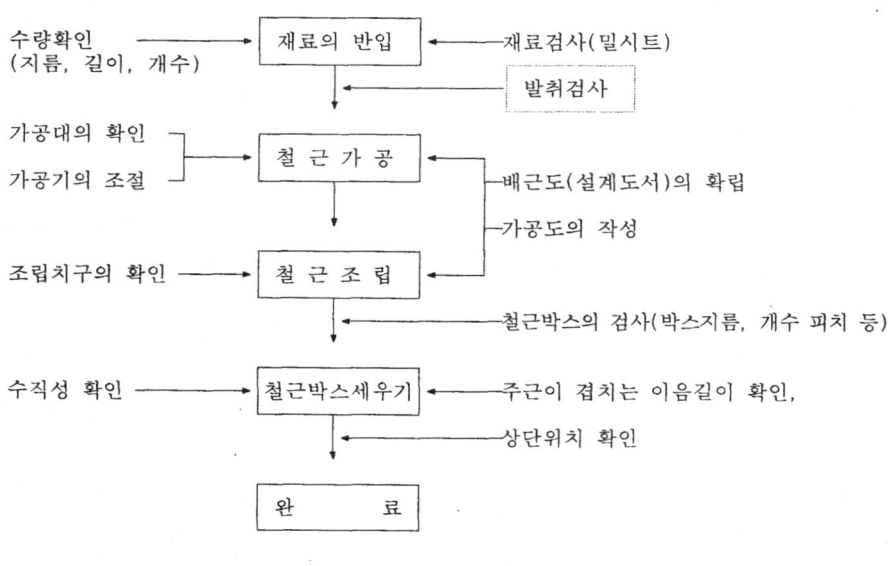

그림-8.38 철근공의 순서도

ⅰ) 사용 재료와 검사·시험 시공에 있어서 철근·강재의 재질·치수·길이를 확인한다. 확인에 이용한 강재 검사 증명서(밀시트)는 보관한다. 설계도서에 재료의 인장시험, 휨 시험이 지시될 때에는 JIS 시험방법으로 공사 착수전에 시험을 실시한다.

ⅱ) 철근가공 철근을 가공할 때 구부림이나 후프가공은 철근을 구부리는 기계, 절단에는 절단기를 사용한다.

a) 주근(주철근) 사용하는 주근은 이경봉강의 D19~D32가 일반적이나 D51의 굵은 이경봉강(異徑棒鋼)을 사용하는 수도 있다. 주근은 정척길이를 그대로 사용하는 경우가 많다. 단, 철근의 전장을 겹이음으로 조정할 수 없는 경우, 여분 길이를 절단하여 사용하는 수가 있다. 주근은 통상 6~12m가 사용된다. 장척의 철근을 사용하면 조립된 철근 박스가 반입시에 변형되는 수가 있다.

현장타설 말뚝은 주근에 혹가공을 하면 굴착구멍에 시공할 수 없거나 트레미 시공에 장애가 되기 때문에 혹가공은 거의 없다.

b) 보강 링(조립용 보강재) 철근 박스의 형상 유지와 시공 와이어 설치부의 보강과 시공때의 변형방지를 위해 주근의 내측(또는 외측)에 설치한다. 보강 링에는 이경봉강이나 평강이 사용되며 $\phi 200mm$ 이상의 말뚝에서는 형강이 사용되는 예도 있다.

보강링은 규정된 철근 피복 두께를 만족하는 지름과 원형의 정밀도가 확보하도록 가공한다. 철근을 쓰는 경우 철근 구부리는 기계에 의해 링상으로 가공한 것을 정규적으로 지름을 확인하고 겹이음부을 용접한다. 평강을 쓰는 경우 겹이음과 맞댐 이음의 두가지 가공법이 있다. 맞댐 이음은 공장 가공으로 할 때가 많다. 또 형강을 사용할 때도 동일하며 납기(納期)에 주의해야 한다.

보강링은 박스 지름이 클수록 강성이 필요하므로 십자철근이나 정자형 철근의 원형 유지를 위해 사용하는 경우가 많다. 강성이 낮은 것이나 살이 얇은 평강을 사용하면 가공 조립때에 링 형상이 유지되지 않으므로 링의 강성에 충분히 주의해야 한다.

c) 후프(띠철근) 통상 이경봉강 D13~D16이 많이 사용된다. 또한 D19~D22 등 굵은 철근을 사용할 때도 있다. 후프 철근 구부리는 기계에 의할 때에는 철근과 후프의 밀착성을 높이기 위해 소정의 지름보다 크게 링을 가공한다.

d) 스페이서 주근의 피복 두께(10~15cm 정도)를 확보하기 위해 주근에 설치하므로 통상 올케이싱 공법에서는 $\phi 13mm$ 또는 D13의 철근이 쓰이며 기타의 공법에서는 4.5~6.0m×50mm 정도의 평강이 채택된다.

e) 공상(함께 따라 오름) 방지재 올케이싱공법에서 철근의 공상을 방지하기 위해 철근박스의 선단에 정자형 철근을 부착시키면 효과가 있다는 점이 알려졌으며 통상 D16이 사용되고 있다.

iii) 철근조립 철근박스가 변형되면 콘크리트의 피복 두께가 확보되지 않을 뿐만아니라 공벽면과 접촉되어 공벽을 붕락시키는 수도 있다. 또한 케이싱에 의한 공법에서는 철근박스의 시공 불능이나 철근 박스의 공상 등의 원인이 된다. 반입때의 취급 방법도 철근박스가 변형되지 않도록 충분히 견고하게 박스를 조립해야 한다.

철근의 조립 방법은 전용도구를 이용하는 방법과 간이도구를 쓰는 방법이 있다. 그림-8.39에 나타낸 전용도구를 사용하면 철근박스를 정밀하게 제작할수 있다. 그러나 말뚝의 종류가 많거나 가공장의 전용 면적이 넓을때는 간이도구를 사용한다.

주근의 순간격이 8~10cm 이하일 때는 철근 박스의 외측에 콘크리트가 잘 미치지 않아 피복 두께가 부족될 우려가 있으므로 굵은 철근으로 변형하던가 묶은 철근으로 버근하는 것이 좋다.

후프의 겹이음 길이는 보통 $30d$(d는 철근의 직경) 이상으로 한다. 접합부분을 용접하는 경우는 편면 $10d$ 이상의 후레어 그룹 아크용접으로 한다.

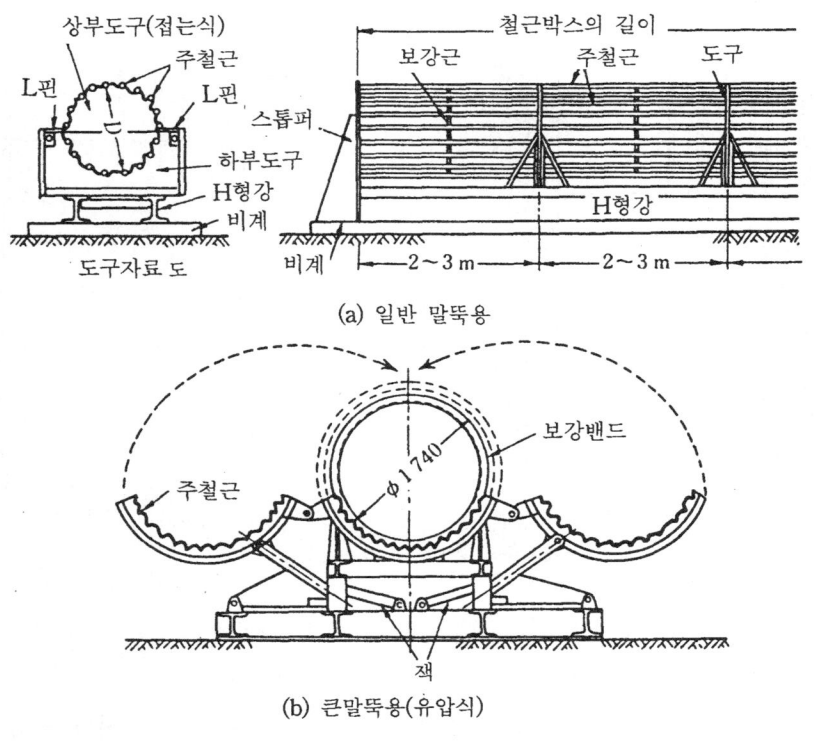

그림-8.39 철근조립용 도구의 예

스페이서의 설치는 동일 깊이 위치에 최저 4개소로 하고 말뚝머리부는 철근박스 원주 길이에 대해 50~70cm의 피치로 장치한다. 또 케이싱이나 스탠드 파이프부에 설치하는 스페이서의 높이는 그 내경치수에 맞춘다. 케이싱 유무와 설치 예를 그림-8.40에 나타낸다.

 iv) 철근의 결합 철근과 후프는 결속선과 용접에 의한 결합 방법이 있다.
 a) 결속선에 의한 결합 결속선은 통상 21번선을 사용한다. 이 방법은
 ① 모재의 성질변화가 적다.
 ② 모재의 단면 결손(언더커트)이 생기지 않는다.
 ③ 결합부의 강도는 작업자에 좌우되지 않고 거의 일정하다.
 ④ 천후의 환경변화에 영향을 잘 받지 않는다.
등의 장점이 있으나 한편 굵은 것, 대심도 말뚝과 같이 철근 박스의 중량이 큰 경우 결합부의 강도 부족으로 변형 등을 일으킬 우려가 있기 때문에 결속선의 사용은 신중한 검토가 필요하다.

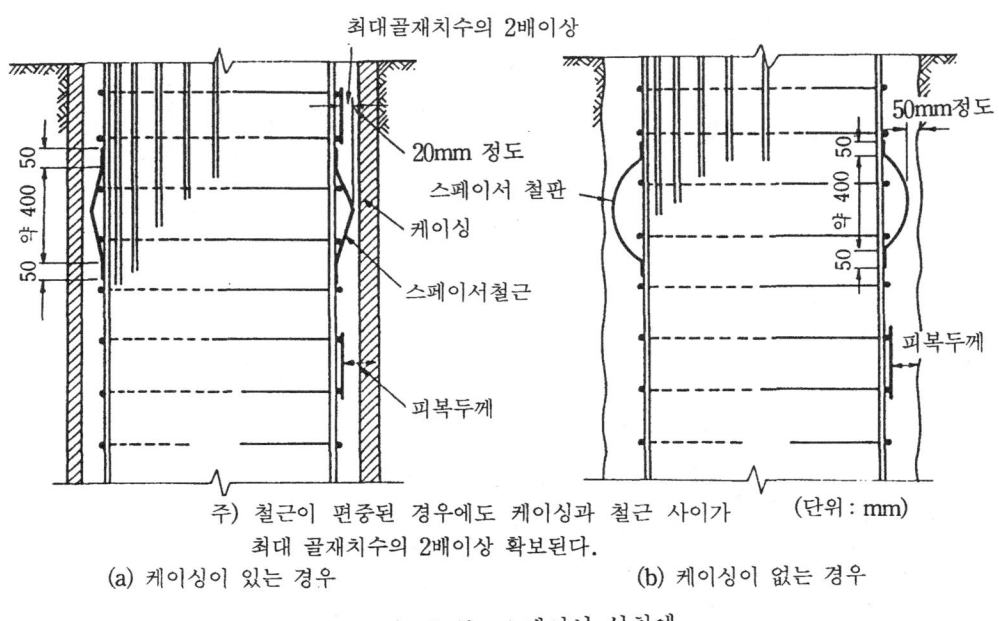

그림-8.40 스페이서 설치예

 b) 용접에 의한 결합 용접에는 아크용접, 가스용접 등 여러 가지의 용접방법이 있으나 철근 박스의 제작은 아크 용접으로 실시된다. 아크용접은 모재와 용접봉 사이에 아

크를 발생시켜, 아크열에 의해 접합부를 용해시키고 용접봉은 용적이 되어 접합시키는 용접법이다. 철근박스의 조립은 손용접법에 의해, 피복 아크용접법을 써서 실시한다. 아크의 온도는 대충 6000℃ 이내에 도달하며 이 강한 열에 의해 용접봉과 모재가 녹아서 접합된다. 보통 사용되는 용접봉은 연강용 피복 아크용접봉 D43-01(이루미 나이트계)로 지름 4mm 정도의 것이 사용된다. 용접봉은 여러 가지 종류가 있으므로 용접 조건을 검토하여 선정한다.

용접의 불량은 작업조건 이외로 모재에 적합한 용접봉의 선정과 용접공의 기량에 따라 좌우되며 작업현장의 주의사항은 다음과 같다.

① 자격증 소지.
② 외기온 5℃ 이하일 때는 예열을 한다.
③ 용접공의 보관에 주의하여 습기가 있을 때는 건조기로 건조하여 사용한다.
④ 용접 강도의 저하를 막기 위해 모재의 녹·기름을 제거한다.
⑤ 위험방지와 용접 강도의 저하를 막기 위해 우중에는 작업을 중지한다.
⑥ 모재의 단면을 결손시키지 않도록 용접한다.
⑦ 안전한 용접 환경이나 용접공의 건강관리를 위해 가공장의 가설 지붕을 만든다.

v) 철근 박스의 시공   철근을 가공하여 조립된 박스를 가공장에서 가설치장으로 이동할 때나 가설치장에서 굴착구멍에 반입하여 굴착 구멍내에 세울 때는 철근 박스가 변형되지 않도록 다음의 항목에 주의한다.

a) 반입   철근 가공장 또는 가설치장에서 굴착 구멍까지 철근을 반입 이동시키는 작업을 말한다. 철근박스를 이동할 때 수평으로 매달기 때문에 비틀림이나 처짐 등이 생기기 쉬우므로 이것을 방지하기 위해 2~3점으로 매달아올리도록 한다. 철근박스의 크기와 중량 등을 고려하여 십자철근이나 첨부재 등으로 보강한다. 또한 반입용 포장 와이

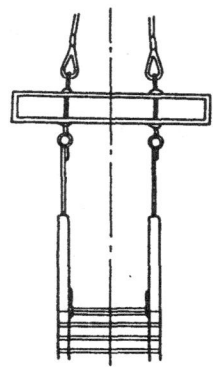

그림-8.41 철근박스의 현수철물 예

어를 사용할 때는 철근 박스의 크기와 중량 등을 고려하여 포장 와이어를 걸치는 위치와 그 철근의 강도에 충분히 주의한다. 철근박스의 반입은 철근박스의 머리부 2개소를 와이어로 얽어매어 달아올린다. 박스 지름이 큰(ϕ1.4m 정도 이상) 경우에는 철근박스의 달아 올리는 부분(후프 등)이 중앙에 조여지는 현상으로 하는 수가 있으므로 그림 -8.41과 같은 매달음철물을 사용하여 변형이 생기지 않도록 배려하는 것이 요망된다.

반입상의 주의사항은 다음과 같다.
① 장척의 주의사항은 다음과 같다.
② 수평방향에 의한 이동은 세로로 매달아서 실시한다.
③ 반입때에 부착된 흙탕물은 제거한다.

b) 세우기 이동된 철근박스를 굴착구멍안에 내려놓는 작업을 말한다. 세우기는 공벽을 손상시키거나 좌굴시키지 않도록 말뚝의 중심에 수직성을 유지하며 천천히 신중하게 한다. 철근 박스는 케이싱이나 스탠드파이프 등에 가설치하여 순차적으로 철근박스를 연속하여 세운다.

이때 철근박스 전체의 수직성을 유지하기 위해 케이싱 등은 수직으로 세울 필요가 있다. 케이싱 단면이 수평이 아니면 가설치된 철근박스가 수직이 안되며, 접속되는 윗쪽 박스의 수직성을 확인하더라도 박스 전체가 수직이 잘 안된다.

이음은 보통 겹이음으로 기계식 이음도 있으나 별로 실시되지 않는다. 이음부분은 철사로 결속하나 철근박스의 중량이 무거울 때는 이것에 보조적으로 일부 편면용접을 병용할 때가 있다. 철사 결속의 경우는 10번 이상의 철사로 주근 1개마다 3개소 이상을 견고하게 결속한다. 굴착 길이에 변경이 있을 때 이음부에서 철근박스 전체의 필요한 길이를 조정할 수 있으므로 어느 정도 이상의 길이를 확보하여 굴착길이의 변화에 대응할 수 있도록 한다.

철근 조립 완료후 철근 상단 위치를 확인한다. 확인 방법은 철근박스 머리부의 제일 후프에 검측 테이프를 부착하여 세우고 상단위치의 심도를 계측한다. 이 테이프는 콘크리트 타설 개시때 철근의 공상이나 부상의 체크에도 사용할 수 있다.

세울때의 주의사항은 다음과 같다.
① 철근박스는 말뚝 중심의 공벽을 손상시키지 않도록 천천히 내린다.
② 십자 철근이나 첨가재 등 트레미 삽입의 장애가 되는 것은 제거한다.
③ 철근 박스 전체가 수직이 되도록 이음을 한다.

(2) 콘크리트 타입 현장타설 말뚝에서 콘크리트타입은 말뚝체의 품질을 좌우하는 중요한 공법이며 콘크리트의 배합과 성질을 다음의 타설 방법을 충분히 이해하고 품질 관리에 노력해야 한다.

ⅰ) 콘크리트의 배합 콘크리트는 트레미에 의한 타입 방법을 채택하기 때문에 유동성이 좋고 분리되지 않는 상태라는 점이 조건이 된다. 일반적으로 필요한 슬럼프는 18~20cm 범위의 레디믹스트 콘크리트가 사용된다.

배합은 시공의 조건을 고려하여 수중 콘크리트로 적절한 워커빌리티가 얻어지도록 한다. 또 필요에 따라 시험 반죽을 하는 수도 있다. 또한 건축·토목 각각의 분야에서는 다음과 같이 배합에 대해서 규정이 있으므로 주의할 필요가 있다.

a) 건축 [현장타설 콘크리트 말뚝의 콘크리트에 관련되는 시공 지침·동해설(1982)
① 소요 슬럼프는 20cm 이상으로 한다.
② 물시멘트비는 60% 이하로 한다.
③ 단위 시멘트량은 300kgf/m³ 이상으로 한다.
④ 원칙적으로 표면 활성제를 쓴다. 소요의 공기량은 4%를 표준으로 한다.

b) 토목 [도로교 시방서·동해설 하부구조편 1990]
① 소요 슬럼프는 15~21cm를 원칙으로 한다.
② 물시멘트비는 55% 이하로 한다.
③ 단위 시멘트량은 350kgf/m³로 한다.

또한 올케이싱공법은 철근 공상(따라 오름) 방지면에서 다른 2공법보다 단위 시멘트량을 많게 하는 수가 있다.

ⅱ) 타입 계획 혼연된 콘크리트는 반죽하여 타설완료까지의 시간을 90분 이내로 하고, 또 타입을 연속적으로 실시해야 한다. 그 때문에 공사착공 전에 플랜트의 능력, 현장까지의 거리·운반경로 및 소요시간 등을 조사하는 동시에 현장내의 타입계획을 구체적으로 세운다. 또한 소요 시간내에 타설이 완료되지 않을 가능성이 있을 때에는 혼연시에 콘크리트의 품질에 영향이 없는 범위내에서 지연형의 혼화제를 첨가하는 등 적절히 교체한다.

ⅲ) 타입 준비 콘크리트를 타입할 때에 콘크리트 운반차의 통로를 정비하여 하역에 지장이 없도록 한다. 보통 통로는 주요한 가설 도로에서 타입 위치까지 깔철판을 부설할 때가 많다. 콘크리트 운반차는 부설된 깔철판 위를 통하여, 트레미의 호퍼에 직접 콘크리트를 타입하지만 케이싱이 지상으로 돌출 높이가 1.3m를 초과할 때에는 경사로의 설치나 콘크리트 펌프차의 준비가 필요하다. 또 대지가 좁고 도로의 확보가 안될 때 콘크리트 펌프차의 준비 등이 필요하다. 특히 올케이싱공법의 경우에는 콘크리트를 타입하는 위치가 한정되었으므로 기계설치때에 콘크리트를 직접 타입할 수 있는가 여부를 확인해 둔다.

타입에 수반하여 콘크리트와 구멍내에서 배출되는 물은 수중 펌프에 의해 침전조나 침전지에 보낸다. 이 때문에 충분한 수용량이 있는 침전조나 침전지를 확보해야 한다.

a) 트레미의 형상과 선정   트레미는 1~6m의 수직 파이프 양단에 수밀성을 확보할 수 있는 접속부를 마련하고 접속부의 구조는 플랜지식과 소케트식이 있다. 플랜지식은 접속되는 단면에 고무판재 패킹을 끼워서 플랜지 상호를 4개의 볼트와 너트로 조이는 방식이며, 소케트식은 상하의 트레미를 맞물리게 한 다음 약간 비틀어 넣으므로서 접속되도록 이루어졌다. 플랜지식은 수밀에 대한 신뢰성이 높고, 소케트식은 탈착이 빠른 것이 특징이다.

트레미의 내경은 보통 25~30cm가 사용된다. 굴착지름이나 굴착길이 및 공저처리 방법에 따라 트레미의 지름이나 접속방법을 선정한다. 올케이싱공법의 경우 소케트식을 사용하면 케이싱튜브 인발때의 요동 조작에 의해 비틀림 부분에 이완이 생겨서 누수나 절단 등 사고의 원인이 되므로 플랜지식을 쓰는 편이 좋다.

트레미는 콘크리트가 자유로 낙하되므로 변형이 없이 내면이 충분히 청소되지 않으면 안된다. 특히 플랜저를 사용하는 경우 플랜저의 통과에 지장이 없는가를 확인한다.

준비하는 트레미의 길이는 지지층의 심도 변화에 대응할 수 있도록 설계 굴착 길이보다 5~6m 정도의 여분으로 준비한다. 트레미의 구성은 장척의 것(3~6m)을 주체로하여 굴착 심도와 콘크리트의 타입 높이의 변화에 대처할 수 있도록 1~2m의 조정용 트레미도 준비한다.

특히 올케이싱공법의 경우 트레미의 조합은 케이싱 튜브의 인발 작업에 대응할 수 있는 조정이 필요하다. 트레미와 케이싱 튜브의 조합이 다르면 관리가 번잡하여 시공 속도가 저하된다.

b) 트레미의 삽입   트레미의 삽입은 공구로 접속시키며 철근 박스에 닿지 않도록 굴착 구멍의 중앙에 천천히 내린다.

접속 부분은 수밀성을 확보하기 위해 플랜지식에서는 패킹을 끼워서 볼트와 너트로 긴결한다. 또 소케트식에서는 비틀어 넣은 다음 그 주변을 이중으로 gumtape로 감는다. 접속 부분의 누수는 콘크리트의 품질을 손상시킬 뿐만아니라 굴착공밑의 처리 효율을 저하시키므로 트레미의 접속은 수밀성을 확보하도록 확실히 실시한다.

소정의 길이로 트레미를 삽입한 후 일단 선단지반에 정착시킨 다음 2m 정도 상하시켜 철근 박스와 접촉되지 않는 점을 확인한다.

iv) 반입(搬入) 검사   콘크리트의 반입에 있어서 발송 전표에 따른 발주된 배합, 수송에 필요한 시간을 확인한다. 품질검사는 JIS A 5308에 따라 $150m^3$에 1회 테스트피스를 채택하여 슬럼프, 공가량, 염화물량, 온도를 측정한다. 또한 슬럼프에 관해서 평상시 육안으로 이상이 보이는 것은 타입하지 않는다.

v) 콘크리트타입   콘크리트의 하역은 콘크리트 운반차의 슈트에서 직접 또는 펌프차를 통하여 트레미에 장착된 호퍼에 보낸다. 그때 콘크리트의 분리를 막기 위해 플랜저를 투입하는 방식이나 트레미의 하단에 밑뚜껑을 부착하는 방식을 채택한다. 이것을 그림-8.42에 나타냈다.

플랜저를 사용하는 경우는 트레미내에서 전도를 방지하기 위해 플랜저를 철사 등으로 매달아내린다. 그리고 위에서 콘크리트를 조금씩 투입하여 플랜저의 위에 실린 콘크리트의 중량으로 트레미내의 물을 압출하고 콘크리트와 물의 접촉을 방지한다. 이 때문에 플랜저는 트레미내면에 접속되며 강하는 가요성이 있는 재료의 것을 사용한다.

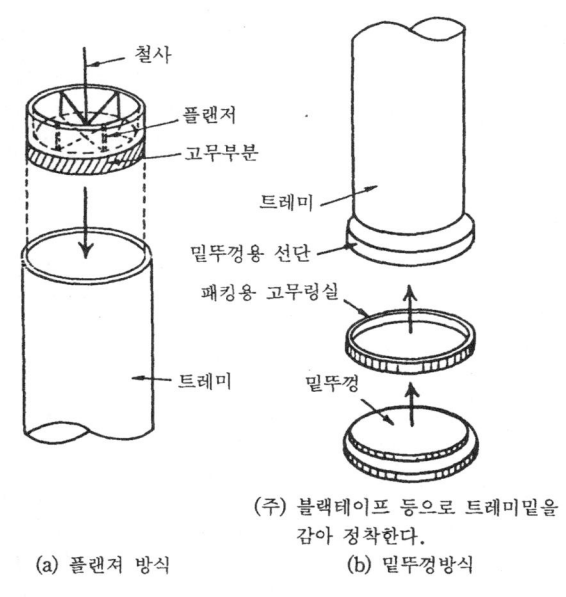

(a) 플랜저 방식   (b) 밑뚜껑방식

(주) 블랙테이프 등으로 트레미밑을 감아 정착한다.

그림-8.42 플랜져 방식과 밑뚜껑 방식의 예

트레미 선단은 플랜저를 빠뜨리는 수가 있어서 20cm 정도 구멍 밑에서 떼어놓는다. 이 이상 떼어놓으면 콘크리트가 분리될 우려가 있으므로 세심한 주의가 필요하다.

밑 뚜껑을 사용할 때는 밑뚜껑을 부착시킨 트레미를 굴착 구멍에 착저시켜서 트레미내에 콘크리트를 채운다. 그후 트레미를 20cm 정도 끌어 올린다. 밑뚜껑 방식의 경우는 트레미에 부력이 작용하므로 부력을 방지하기 위해 웨이트를 부착한 트레미도 있다. 그러나 보통 플랜저 방식이 채택되고 있다.

콘크리트의 타입 속도는 $1 \sim 2 m^3/min$에서 실시하는 것이 바람직하다. 타입 속도가 너무 빠르면 호퍼의 입구에서 콘크리트가 넘치며 말뚝 상단 위치의 측정이 어려워지거나 안정액을 열화시키므로 주의깊게 타입해야 한다.

트레미의 선단은 레이턴스나 공내수가 혼입되는 것을 방지하기 위해 항상 콘크리트 속에 2m 정도 삽입해 두어야 한다. 또한 이 길이가 너무 길면 콘크리트의 유출이 나빠지므로 가장 긴 것이라도 9m 정도가 좋다.

올케이싱공법에서 케이싱튜브의 콘크리트에 대한 삽입 길이는 하한을 트레미와 같이 2m로 하고 상한을 인발때의 곤란을 고려하여 9~10m로 하면 좋다.

콘크리트 타입중은 콘크리트 운반차 1대마다 타설 높이를 검측하고 트레미의 인발이나 케이싱 튜브를 인발하지만 이러한 작업을 그림-8.43과 같이 시공 기록에 정리해 두는 것이 필요하다. 특히 올케이싱공법에서는 케이싱튜브의 내경이 마무리 지름보다 작기 때문에 케이싱튜브의 인발과 함께 콘크리트 상단이 강하되기 때문에 케이싱튜브 위치와 콘크리트의 강하 상태 및 트레미 선단위치를 파악하지 않으면 안된다.

말뚝머리 부근은 그림-8.44에 나타낸 바와 같이 철근의 배근이 조밀한 점과 콘크리트

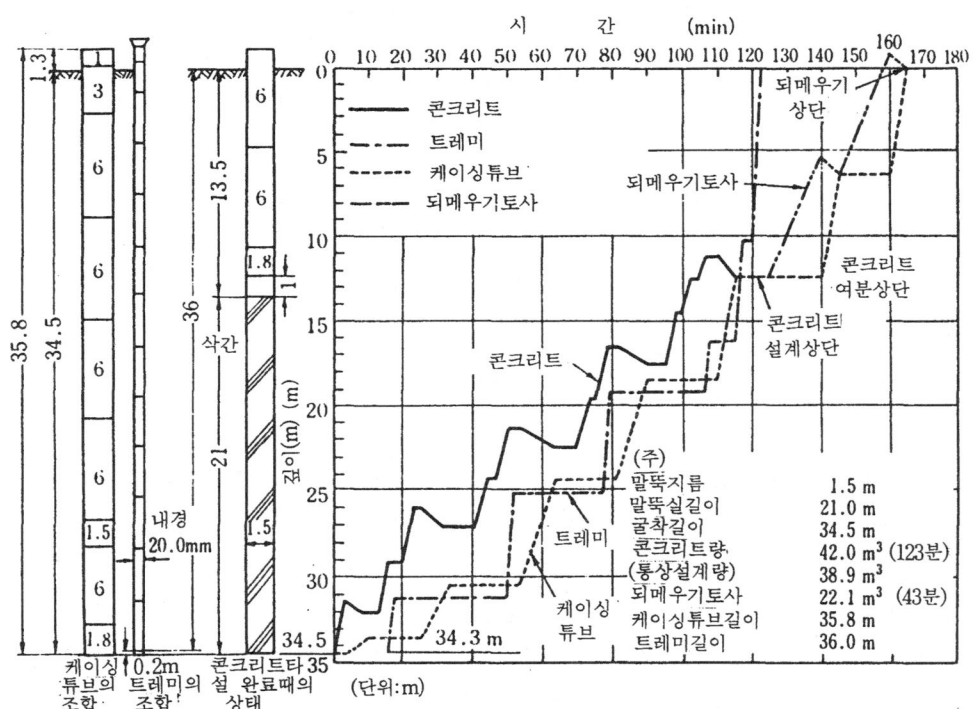

그림-8.43 올 케이싱공법에 대한 콘크리트 타입의 예

의 낙차가 작은 점 때문에 콘크리트면의 중앙부가 높아져서 철근 박스의 외측에의 유출이 나빠진다. 이것을 고르게 하기 위해 트레미를 상하 작동시키는 경우가 있으나 이때 콘크리트 상단 부근에 트레미의 접속부가 있으면 플랜지에 의해 콘크리트상의 레이턴스가 콘크리트속에 말려들 우려가 있다. 따라서 레이턴스와 콘크리트의 경계면에 플랜지부가 닿지 않도록 트레미를 접속시켜 배치해두는 것이 필요하다.

또, 콘크리트의 낙차가 작으면 타입이 곤란한 상태가 된다. 이 경우 콘크리트에의 트레미 삽입길이는 1m 정도로 하고 소정의 위치까지 콘크리트를 타입한다. 또 케이싱의 하단이 콘크리트에 삽입된 상태일 때, 공내수를 배제하고 콘크리트의 타입압을 회복시키는 방법도 있다. 이 경우 지하수가 스며들면 콘크리트의 품질이 저하되므로 주의해야 한다.

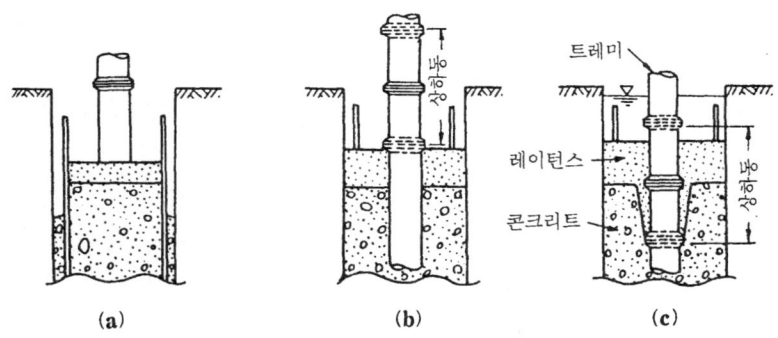

그림-8.44 트레미와 콘크리트의 거동시간

콘크리트의 타입 개시부터 완료까지 운반차마다 트레미의 인발때나 케이싱 튜브의 인발 전후 등 콘크리트의 상단을 측정한다.

타입 완료때의 콘크리트 상단의 확인은 철근박스의 외측에서 실시한다. 타입 완료후에 케이싱류를 인발하면 콘크리트의 상단이 내려가므로 사전에 그 내려가는 양을 고려해야 한다. 특히 지중 장애물이 철거후 되메우기가 적절하지 않은 경우에는 내려가는 양이 커지는 수도 있으므로 충분히 주의해야 한다. 그 양을 예측하기 어려울 때 케이싱류의 인발 후도 콘크리트를 추가하여 타입할 수 있도록 트레미를 삽입한 채 그대로 둘 필요가 있다.

vi) 여분 말뚝머리부 부근의 콘크리트는 물이나 이수의 접촉에 의해 열화되기 때문에 설계 상단보다 높게 콘크리트를 타입해야 한다. 이것을 여분이라 한다. 열화된 콘크리트와 양질 콘크리트의 한계 판단이 어렵기 때문에 여분 높이는 콘크리트의 골재를 포함하는 높이로 하고 보통 그 값은 이수를 쓰는 어스 드릴이나 리버스 공법에서는 80cm, 올케이싱공법에서는 50cm가 최저치로서 추정된다.

콘크리트의 상단위치는 말뚝의 중심부와 원주부에서 다른 경우가 있다. 특히 말뚝지름이 크거나 철근의 간격이 작은 경우는 이 경향이 커지는 수가 있다. 이 경우는 제일 낮은 위치에서 소정의 여분 높이가 되도록 해야 한다.

시공 지반에서 콘크리트 상단까지를 공굴이라하나 공굴이 깊은 상태로 방치해 두면 공굴부분의 붕괴가 우려된다. 따라서 콘크리트 완료직후에 되메우기를 하는 경우가 있다. 그 경우는 말뚝머리부의 콘크리트 품질을 확보하기 위해 여분 높이는 1m 이상으로 한다. 콘크리트 상단의 검사방법은 여러 가지로 개발되었으나 가장 일반적인 방법은 추와 검측 테이프에 의한 검측이다.

(3) 되메우기 말뚝의 윗쪽은 공굴 부분이 있는 것이 보통이다. 말뚝 축조후 이 부분을 방치해 두면 추락사고나 붕괴에 의한 작업 장애 등이 생길 우려가 있다. 이것을 방지하기 위해 되메우기가 실시된다.

되메우기 시기는 콘크리트의 초기 경화를 기다린 후 실시하는 것이 원칙이나 공굴이 깊을 때 붕괴를 고려하여 콘크리트 타입 완료 직후에 되메우기를 할 때도 있다. 이때 콘크리트의 품질 저하를 막기 위해 여분을 많이 해두는 것이 좋다.

되메우기에 쓰이는 재료는 보통 굴착 토중 양질의 것이 사용되고 있다. 공굴이 깊을 때와 굴착토에 양질토가 없을 때는 굴착토에 고화제를 첨가하던가, 산모래, 쇄석 등을 사용하여 되메우기 함몰을 방지한다.

또한 되메우기를 할 때 까지는 전락방지를 위해 공굴을 깔철판 등으로 덮어 씌우거나 표지를 붙인 책을 마련하는 등 안전대책을 강구한다.

(4) 콘크리트의 양생 지중에 타입된 현장타설 말뚝의 콘크리트는 지상에서 타입된 콘크리트와 달리 저온, 건조나 급격한 온도 변화 등으로 유해한 영향을 받기 쉽다.

현장타설 말뚝은 콘크리트에 영향을 주는 것으로서 되메우기때의 충격이나 굴착기 등 공사용 차량에 의한 하중·진동을 들 수 있다. 또한 인접말뚝의 시공에 의한 영향도 고려되나 콘크리트 타입후 3일 이상 경과되면 보통 영향이 없는 것으로 생각해도 된다. 단 중기의 주행으로 큰 측면 변위(측면유동)가 생기는 연약지반에서는 유해한 영향을 받을 수가 있으므로 그 상황에 따른 양생대책이 필요하다.

8.3 시공관리

(1) 시공관리 항목 시공계획대로 말뚝을 시공하고 공사를 공기내에 안전하게 완성시

키기 위해 시공관리가 필요하다. 시공 관리항목을 표-8.24에 나타낸다.

(2) 시험굴착 통상 착공 직후에 본 말뚝을 써서 시험 굴착을하고 시공계획 수립에 쓰이는 조사자료와 실제의 조건을 확인하여 시공계획 적부를 파악한다. 또 시험때에는 예상되지 않았던 사태가 발생하는 수도 있으므로 본 말뚝에 대해서도 신중한 배려가 필요하다.

표-8.24 시공관리 항목의 예

작 업	항 목
공사현장 및 주변의 정비	비계의 확인 대지내의 도로조성, 보강 현장내의 배수로 작업 스페이스 지하매설물의 확인 혹은 철거
가설비의 설치 자재의 반입 가설치	급수시설·전기설비 자재창고의 스페이스 인접구조물의 배려 이토의 비산방지 이수플랜트의 확인 철근의 품질 레미콘 콘크리트의 운반시간 확인 자재의 보관방법 재료의 시험 성적서 철근의 조립
시공장비·설비의 조립	시공장비의 조립, 이상 유무를 확인
시험굴착	지지층의 확인 시공순서의 확인 굴착상황, 케이싱류 이상의 유무, 구멍밑 처리방법의 파악 주변에 대한 영향 확인(진동, 소음, 배수상황) 기계의 운전상황의 확인 잔토처리 상황 확인 시공시간의 확인
말뚝의 시공	시험굴착의 경우와 같이 말뚝시방(위치, 치수)의 확인
말뚝머리 처리	말뚝 상단 높이 낙하 방지 조치 양생
시공기록의 작성	시공기록을 작성

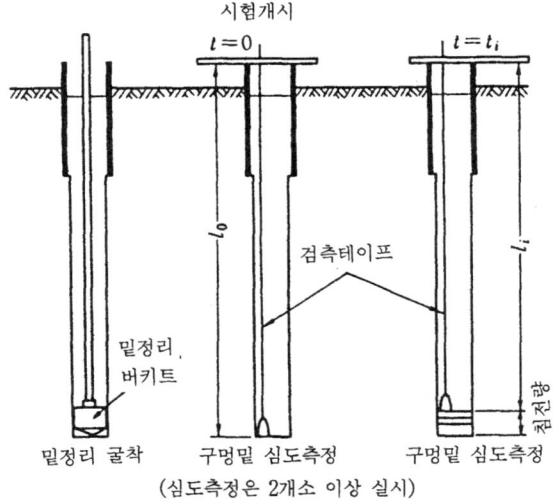

그림-8.45 침전시험 방법

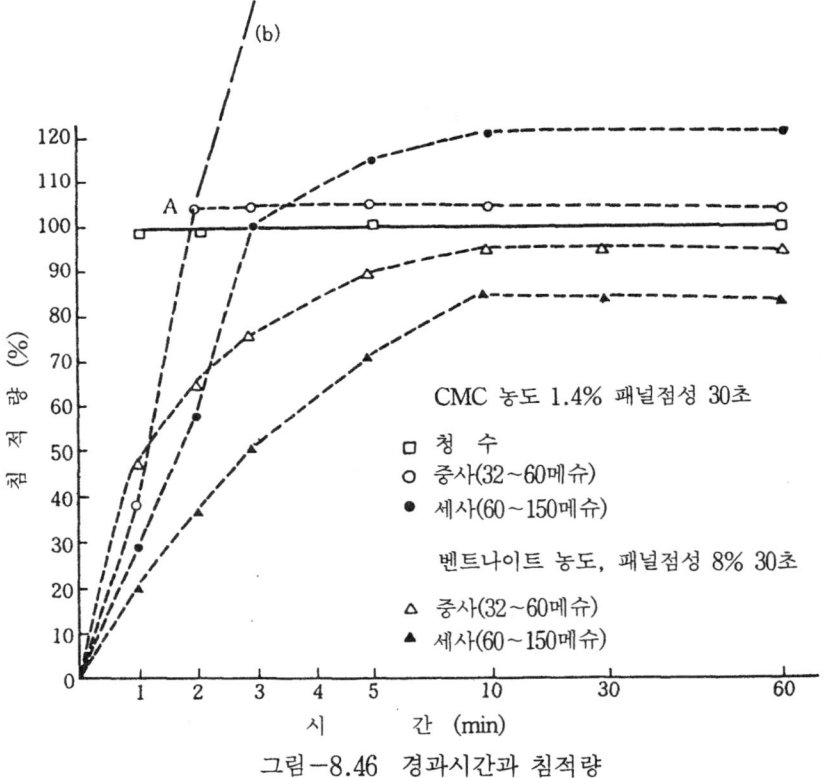

그림-8.46 경과시간과 침적량

ⅰ) 시험굴착 말뚝의 선정 전체의 말뚝배치, 지반조건이나 시공환경에서 전체를 대표하는 말뚝을 선정한다. 이때 지반조건이 밝혀지지 않은 보링 실시 위치의 부근이 바람직하다.

ⅱ) 토질의 판정 굴착된 토사는 순수한 시료지만 토질의 판정에는 지장이 없으며 토질 조사 자료의 샘플을 대비하여 토질을 판정할 수 있다. 이때 시각이나 촉각이 판정의

표-8.25 시험굴착에 의한 지반조건과 말뚝의 시공성

검토항목, 대상	검토 내용
지지층의 깊이와 강도	시공방법의 적용성 지지층굴착의 가부 시공속도
큰자갈, 호박돌이나 전석의 존재 자갈의 크기	굴착의 가부 케이싱 압입, 인발의 가부
중간층의 깊이, 두께, 강도, 입도구성	굴착의 가부 공벽붕괴의 우려 케이싱 압입, 인발의 가부
연약점성토	공벽붕괴의 우려 굴착에 의한 주변 지반의 영향 공굴착 부분의 되메우기재 및 양생방법
지하수	보일링 방지 방법의 유효성 일수의 유무, 방지법의 유효성 변동의 유무, 공내수 관리방법의 유효성 염분이나 금속이온에 의한 안정액 기능저하의 유무 콘크리트의 탈수
안정액	공벽 안정 기능의 유효성 구멍밑 처리방법 콘크리트의 치환성
구멍밑 처리	침전시간, 침전량 구멍밑 처리방법
콘크리트	품질, 배합, 타입방법 타입시간, 케이싱 인발에 의한 영향 콘크리트 할증율
철근	형상, 치수, 스페이서 형상 세우기 방법(철근 상단위치, 이음방법)
잔토처리	처리방법(발생량, 상태)
기타	산소 결핍 공기나 유해가스 분출의 유무 유해 토양의 유무 케이싱류 인발방법의 적용성

결정 수단이 되기 때문에 색조나 입도 등도 기록한다. 시료로는 지반의 다짐 상태나 견고성 등을 정확히 파악할 수 없으나, 회전 저항이나 굴착토량·속도 등의 시공 상황이나 채취된 시료를 손가락이나 막대로 눌러서 그 상태 등을 참고로 다짐 상황이나 견고성을 추정할 수 있다.

iii) 침전시험 침전시험은 그림-8.45에 나타낸 바와같이 굴착 완료후 구멍밑에 침적된 침적물의 상황을 측정한다.

침적상황은 굴착지반의 토질구성, 굴착심도, 굴착지름이나 공내수의 상황에 따라 다르지만 침적량과 시간의 관계는 그림-8.46에 나타낸 바와 같다. 그림중 A점의 침적량 증가량이 현저하게 낮아지는 점을 나타내고 시험 개시부터 A점에 도달할 때 까지의 시간을 침적시간이라 하며 대충 15~30분 정도이다. 또한 그때의 침적량은 최종 침적량이 된다. 그림중의 (b)선에 나타낸 바와 같이 침적량이 증가를 지속하는 경우는 보링이나 토사의 유입이 고려된다.

iv) 검토 확인 항목 시공계획 수립때에 설정된 관리항목을 검토한다. 이 검토에서는 직접적인 사항뿐만 아니라 소요 인원, 작업 면적 잔토처리 안전이나 환경 검토 등 시공 전반에 대해서 확인한다. 지반조건과 시공성의 주요한 검토항목을 표-8.25에 나타낸다.

(3) 품질관리 작업공정별로 말뚝 성능에 나쁜 영향을 미치는 요인을 그림-8.47에 나타낸다. 이중 말뚝위치, 수직성 말뚝지름 등의 시공 정밀도에 관한 것과 타설 콘크리트의 품질에 대해서 다음과 같이 열거한다.

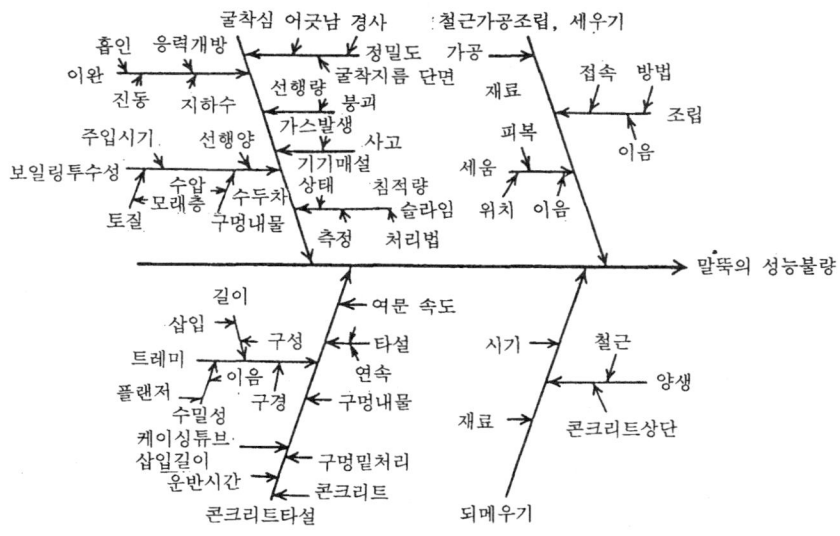

그림-8.47 말뚝의 성능을 열화시키는 요인도

ⅰ) 말뚝위치 중심이 어긋나면 설계상의 말뚝과 말뚝머리에서 중심의 차이가 생기나 완성후는 수정이 불가능하기 때문에 시공중에 관리치 이내가 되도록 해야 한다. 말뚝위치가 어긋나는 것은 굴착기의 설치 불량이 원인으로 처음부터 어긋나는 경우 지중 장애물이나 굴착방법이 부적절하여 초기 굴착때에 생기는 경우, 케이싱이나 굴착 장치의 경사 등이 원인으로 굴착중에 생기는 경우가 있으며 이에 대해서 측정관리를 한다.

ⅱ) 수직성 수직성은 수직선에 대한 말뚝의 경사의 비율로 설치 지반의 지지력 부족, 기기의 정비불량이나 지중 장애물 등 이외로 굴착때의 부주의나 무리한 조작으로 생긴다. 경사의 수정은 어렵기 때문에 시공중에는 세심한 주의가 필요하다.

수직 정밀도와 굴착 단면의 확인은 초음파를 이용한 공벽 측정 장치가 사용된다. 측정은 다음과 같은 점에 주의한다.

• 측정기가 굴착구멍의 중심이 아니면 측정거리가 최대지름을 나타낼 수 없다.
• 이수 농도가 높으면 오차가 생기던지 측정이 불가능하다.

ⅲ) 말뚝지름 올케이싱 공법은 컷팅에지의 외경, 어스 드릴 공법은 버키트에 장치된 사이드 컷터 삽날 외경, 리버스 공법에서는 비트 외경이 굴착지름이 된다.

ⅳ) 타설 콘크리트의 품질 현장에서 품질관리와 콘크리트 품질의 불량, 철근의 동상과 부상에 대해서 말한다.

a) 현장의 품질관리 현장의 품질관리때에 필요한 시험항목, 시험방법의 시기·횟수, 판정기준을 표-8.26에 나타낸다.

① 콘크리트의 강도 콘크리트의 강도는 재령 28일의 압축강도를 표준으로 나타냈다. 「JASS 5」에 의하면 구조체 콘크리트의 강도 관리의 재령은 특기가 없는 경우는 28일로 한다.

콘크리트의 강도는 골재의 성질이나 시공방법에 따라서도 좌우되나 제일 크게 영향되는 것은 물과 시멘트의 비이다. 압축 강도는 「콘크리트의 압축강도 시험방법(JIS A 1108)」에 의해 실시한다. 공시체는 「콘트리트의 강도 시험체를 만드는 방법(JIS A 1132)」에 의해 작게 하며, 온도 20 ± 3℃의 습윤 상태로 양생하여 강도 시험을 한다.

② 슬럼프 콘크리트의 유연성을 판정하거나 콘시스텐시의 판정에 쓰며 「슬럼프 시험 (JIS A 1101)」을 했을 때의 콘크리트의 가라앉는 양을 말한다.

현장타설 말뚝은 수중 또는 이수 등의 안정액중에 트레미를 써서 콘크리트를 타입하는 방법이기 때문에 슬럼프는 콘크리트가 자중으로 원활하게 흘러내리며 횡방향으로도 판판하게 유동되어 구석구석까지 미치는 정도의 크기가 필요하다.

과거의 현장타설 말뚝의 실적에서 소요 슬럼프는 18cm 정도가 좋다. 또한 슬럼프의 허용치는 표-8.26의 규정에 적합한 범위로 해야 한다.

표-8.26 사용하는 콘크리트의 품질관리·시험

항 목	시험방법	시기·회수	판정기준
시 료 채 취	JIS A 1115	—	—
워커빌리티와 프레쉬 콘크리트의 상태	육 안	타입당초 및 타입중 수시	워커빌리티가 좋고 품질이 균일하여 안정되었다.
슬 럼 프	JIS A 1101	(i) 압축강도 시험용 공시체 채택때 (ii) 구조체 콘크리트의 강도검사용 공시체 채취때 (iii) 타입 중 품질변화가 인정될 때	(i) 슬럼프의 허용차 | 지정된 슬럼프 (cm) | 허용차 (%) | |---|---| | 8이상 18이하 | ±2.5 | | 18을 초과하는 것 | ±1.5 |
공 기 량	JIS A 1116 JIS A 1118 JIS A 1128		(ii) 공기량의 허용차 | 구 분 | 허용차 | |---|---| | 보통콘크리트 | ±1.0 | | 경량콘크리트 | ±1.5 |
경량 콘크리트의 단위용적질량	JIS A 1116		
압 축 강 도	JIS A 1108 단, 양생은 표준양생으로 하고, 재령은 28일로 함	타입공구마다·타입일마다, 또 150m² 또는 그 끝수별로 1회, 1검사 로트에 3회(1회의 시험에는 3개의 공시체를 쓴다)	(i) JIS A 5308에 의한 레디믹스트 콘크리트의 경우, 하기 (가),(나)에 의함 (가) 1회의 시험결과는 지정된 호칭강도의 85% 이상 (나) 3회의 시험결과의 평균치는 호칭강도 이상 (ii) JIS A 5308에 의하지 않는 레디믹스트 콘크리트와 현장 묻힘콘크리트의 경우 판정 기준은 특기에 의함 특기가 없는 경우는 상기(i)에 준한다.
단 위 수 량	조합표 및 콘크리트 제조관리 기록에 의한 확인	(i) 타입당초 (ii) 타입중, 품질변화가 인정된 경우	규정된 값 이하로 할 것
염 화 물 량	JASS 5 T-501 (프레쉬 콘크리트 중의 염화물량 시험방법) JASS 5 T-502 (프레쉬 콘크리트 중의 염화물량의 간이 시험방법) JASS 5 T-503 (아직 굳지 않은 콘크리트속의 물의 염소이온 농도시험방법)	(i) 해사 등 염화물이 함유될 우려가 있는 골재를 쓰는 경우는 타입당초 및 150m³에 1회이상 (ii) 기타의 경우 1일에 1회이상	규정된 값 이하로 할 것

보통 콘크리트의 슬럼프 시험은 압축강도 시험용 공시체 채취때, 타입중, 품질 변화가 보일때에 실시하며 타입 공구별 또는 150m³에 1회에 걸쳐서 실시해야 한다.

③ 공기량 JIS A 1116, JIS A 1118, JIS A 1128의 방법을 쓰면 골재 내부의 공기량을 제외하고 콘크리트에 함유된 공기의 용적을 콘크리트 용적에서 백분율로 나타낸 것이다. 현장타설 말뚝에서 사용되는 콘크리트는 AE 콘크리트이며 AE제 또는 AE감수제를 써서 콘크리트 속에 미세한 독립기포를 인위적으로 연행(連行)하면 연행 공기량에 거의 비례하여 소정의 슬럼프를 얻는데 필요한 단위 수량을 적게 할 수가 있다. 또, 워커빌리티가 개선되며 동결 융해작용에 대한 저항성이 증가된다. 단, 필요 이상으로 공기량을 더하면 반대로 경화후의 압축강도 저하, 건조 수축율의 증가를 가져오며 콘크리트의 품질은 별로 개선되지 않는다. 따라서 통상의 워커빌리티 목적은 보통 콘크리트의 경우 4%의 공기량을 기준으로 하고 허용범위는 ±1.0% 이내로 해야 한다.

보통 콘크리트의 공기량 시험은 슬럼프 시험과 같은 빈도로 실시한다.

④ 염화물량 염화물량이란 콘크리트에 함유된 염화물량을 아직 굳지 않은 콘크리트 속의 물의 염소 이온 농도와 배합 설계에 이용한 단위 수량을 곱하여 구한다. 염화물이 콘크리트속에 대량으로 함유되면 콘크리트 속의 철근 부식이 촉진되어 내구성·내하력의 저하를 초래한다.

JIS A 5308에서 규정된 콘크리트에 함유된 염화물량은 하역 지점에서 염소이온으로서 $0.30 kgf/m^3$ 이하가 아니면 안된다. 단, 구입자의 승낙을 받은 경우는 $0.60 kgf/m^3$ 이하로 할 수 있는 것으로 규정되었다.

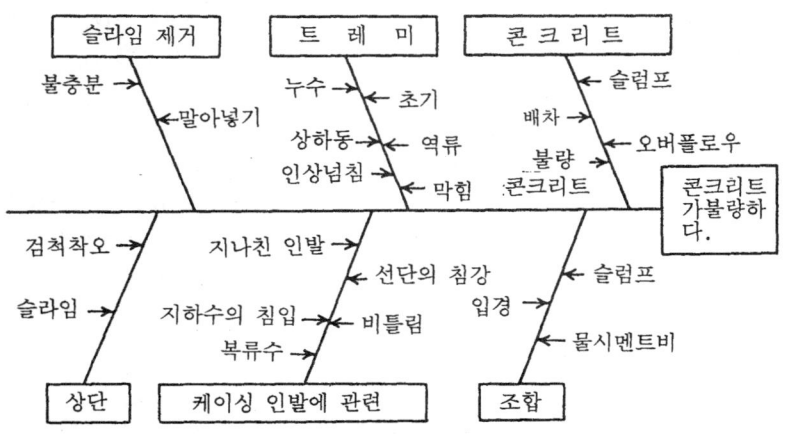

그림-8.48 불량콘크리트의 요인

「염화물량의 검사를 위한 염소이온 농도의 시험」은 JIS A 5308 부속서 5에 따라 실시한다. 단, 「염화물량의 검사를 위한 염소이온 농도의 시험」은 구입자의 승낙을 얻어 정밀도가 확인된 염분 함유량 측정기로 실시할 수 있다.

b) 콘크리트 품질 불량 타입된 콘크리트의 불량 요인은 그림-8.48에 나타낸 바와 같

표-8.27 공상(따라오름)의 원인과 대책

	원 인	대 책
시 공	1. 케이싱튜브의 세우기 불량 2. 케이싱튜브의 변형·굴곡 3. 케이싱튜브 내면의 청소불량 4. 철근박스의 변형과 세우기 불량에 따른 케이싱튜브와의 접촉 5. 스페이서의 형상이나 설치불량 6. 구멍밑 슬라임에 말려들게 한다. 7. 구멍위에서 낙하된 콘크리트에서 분리된 조골재가 철근과 케이싱튜브에 쐐기를 형성한다.	1. 케이싱튜브를 수직으로 세운다. 2. 케이싱튜브의 정비를 충분히 한다. 3. 케이싱튜브의 정비를 충분히 한다. 4. 반입·세울때의 주의 5. 적절한 재료·형상·주의 6. 적절한 구멍밑 처리, 처리효과의 확립 7. 타입때의 주의
대 책	1. 조골재대·쇄석사용 2. 유동성 소 3. 시간경과대	1. 적절한 배합 2. 적절한 배합 3. 지연형의 혼화제 사용

표-8.28 철근 공상의 처리방법

현 상	처 치 방 법
타입초기에 발생된 경우	즉시 콘크리트타입을 중단한다. 케이싱튜브의 상하동·요동을 반복하고 철근박스 케이싱튜브의 끊기를 한다.
타입중에 발생된 경우	케이싱튜브의 인발에 수반하여 철근박스만 상승되는 경우는 철근박스와 케이싱튜브의 접촉이 원인이기 때문에 전항과 같은 조치를 취한다. 또한 케이싱튜브 요동방향의 한정은 철근박스가 비틀림 우려가 있으므로 실시하지 않는다. 콘크리트 상단의 상승도 수반하는 경우는 말뚝과 지반의 밀착이 나빠지거나 공동이 되므로 인발후의 대책을 충분히 세워둘 필요가 있다.
철근공상이 정지되지 않는 경우	철근과 콘크리트를 제거하여 재시공을 하던가 말뚝 증가를 검토한다.
철근공상이 정지된 경우	설계조건을 검토하여 만족되지 않는 경우 철근과 콘크리트를 제거하여 재시공 한다.

이 각 공정에 존재한다. 콘크리트가 불량하면 그 말뚝은 설계상의 강도를 만족시키지 않을 뿐만아니라 소정의 말뚝으로서 기능을 갖지 않으며 증가 말뚝 등의 대처가 필요하다. 이와 같은 트러블이 생기지 않도록 하기 위해서도 사용재료를 포함하여 각 공정의 시공은 충분한 주의와 관리를 해야 한다.

c) 철근의 공상(함께 따라 오름) 올 케이싱공법에서 케이싱 튜브를 인발할 때에 촐근이 케이싱 튜브와 함께 따라 오르는 현상이다. 그 원인은 시공 순서·기술·관리 방법 등 시공 방법과 콘크리트·철근·스페이서 등의 재료로 분류된다. 그 원인과 대책을 표-8.27에 나타낸다. 일단 발생되면 이것을 억제하기가 곤란하므로 그 경향을 조기에 발견하는 것이 시공 관리상 중요하다. 공상의 검사는 철근의 머리부에서 지상까지 테이프를 느려서 항상 감시할 필요가 있다.

철근의 공상은 한가지만의 원인으로 발생되는 수는 극히 적고 복합된 원인으로 발생되는 수가 많다. 철근 공상의 조치 방법을 표-8.28에 나타낸다.

d) 철근의 부상(떠오르기) 타입된 콘크리트의 부상으로 철근 박스도 함께 부상되는 현상을 말하며 콘크리트의 타입 초기에 발생된다. 부상의 원인은 다음과 같다.

- 콘크리트의 유동성이 나쁘다.
- 철근 박스의 중량이 가볍다.
- 콘크리트의 타입 속도가 빠르다.
- 콘크리트 속의 트레미 삽입 길이가 길다.

철근의 부상이 생긴 경우는 즉시 콘크리트의 타입을 중지하고 트레미를 인발하면 부상이 정지된다. 그러나 이때 공상과 마찬가지로 설계 조건을 검토할 필요가 있다.

8.4 현장타설 콘크리트 말뚝의 평정 공법

건축물의 기초공법에서 새로운 재료나 공법 등을 쓰는 경우 건축 기준법에 의거하여 기술상의 심사와 평가를 필요로 한다. 이 심사와 평가는 일본 건축센터에서 실시되며 현장타설 말뚝은 저면확장 말뚝 공법, 현장타설 강관 콘크리트 말뚝 공법과 벽말뚝 공법이 대상이 된다.

8.4.1 저면확장 말뚝 공법

저면확장 말뚝 공법은 현장타설 말뚝 공법(어스 드릴 공법, 올 케이싱 공법, 리버스 공법)으로 굴착된 구멍의 밑부를 원추상으로 확대하여 말뚝을 축조하는 공법이며 하기의 조건으로 평가된다.

① 저면확장 지름은 4.1m 이하
② 유효지름은(저면확장 지름-0.1)m
③ 저면확장율은 3.2 이하(저면확장율=유효지름 단면적/축부지름 단면적)
④ 저면확장부의 수직에 대한 경사각은 12° 이하
⑤ 저면확장부의 수직 길이는 30cm 이상
⑥ 콘크리트의 설계 기준 강도(F_c)는 $180 kgf/cm^2 \leq F_c \leq 320 kgf/cm^2$

여기에서 사용되는 저면확장말뚝의 각부 명칭을 그림-8.49에 나타낸다.

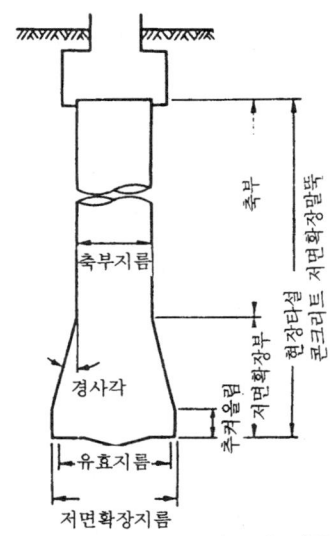

그림-8.49 저면확장말뚝의 각부 명칭

ⅰ) 저면확장 굴착기구 저면확장부의 굴착 방법은 어스 드릴식과 리버스 식이 있다. 공법에 따라 저면확장 굴착기는 다르나 그림-8.50에 나타낸 5종류로 대별된다.

(a)는 어스 드릴식으로 채택되는 기구이며 (b)~(e)는 리버스식으로 채택되는 기구이다 또한 어스 드릴식은 (a)와 (b), (a)와 (c)의 2종을 병용한 기구도 있다. (a) (c) (d)의 기구를 가진 저면확장 굴착기는 먼저 말한 현장타설 말뚝공법의 하나로 축부를 굴착한후 저면확장 굴착기로 굴착을 하나 (b) (e)의 기구를 가진 저면확장 굴착기는 축부 굴착에서 저면확장 굴착까지 일괄하여 굴착하는 수가 있다.

ⅱ) 시공 범위 저면확장 말뚝의 축부 지름과 저면확장부 지름의 조합과 시공 범위는 공법에 따라 다르나 저면확장부 지름과 축부 지름이 최대 지름비로 1.5~1.75배 정도, 저면확장부 최대 지름은 2.6~4.1m의 범위이다. 또한 시공 최대 심도는 현장타설 말뚝 공법의 시공 한계와 거의 같다.

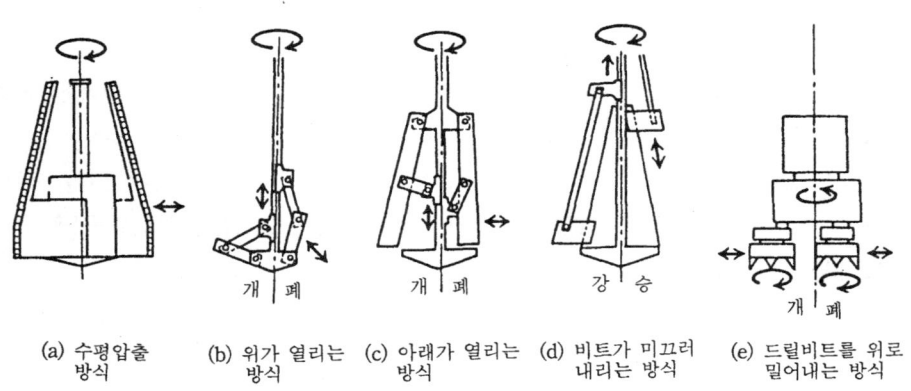

(a) 수평압출 방식　(b) 위가 열리는 방식　(c) 아래가 열리는 방식　(d) 비트가 미끄러 내리는 방식　(e) 드릴비트를 위로 밀어내는 방식

그림-8.50 저면확장 굴착기구

8.4.2 현장타설 강관 콘크리트 말뚝 공법

현장타설 강관 콘크리트 말뚝은 과거의 현장타설 말뚝이나 저면확장말뚝의 말뚝머리부 또는 말뚝 전장을 강관 콘크리트 말뚝으로 한 복합 현장타설 말뚝이다. 이 구성예를 그림-8.51에 나타낸다.

ⅰ) 강관의 설치　강관의 설치 방법은 콘크리트를 타설하기 전에 굴착구멍에 강관을

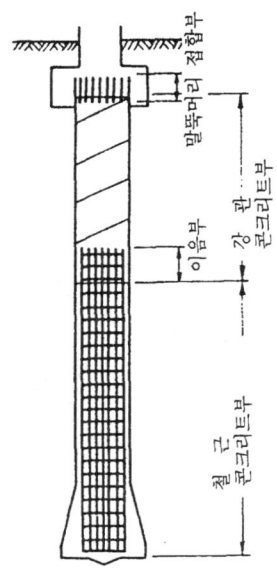

그림-8.51 현장타설 강관 콘크리트말뚝의 구성예

세우는 방법과 콘크리트를 타설한 후에 콘크리트속에 강관을 세우는 방법이 있다. 주로 채택되고 있는 것은 전자의 방법이다.

ii) 강관 강관 콘크리트 말뚝 부분을 구성하는 강관은 콘크리트와 일체성을 확실히 하기 위해 내면 리브 부착(돌기 부착) 스파이럴 강관을 쓴다.

이 강관은 그림-8.52(a)에 나타낸 바와 같은 리브(돌기) 부착 압연강 띠를 써서 그림 (b)에 나타낸 스프이럴법으로 만든다. 강관의 종류는 JIS A 5525(강관말뚝)에서 규정하는 SKK 400, SKK 490이다.

iii) 특징 현장타설 강관 콘크리트 말뚝은 과거의 현장타설 말뚝과 비교하면 다음과

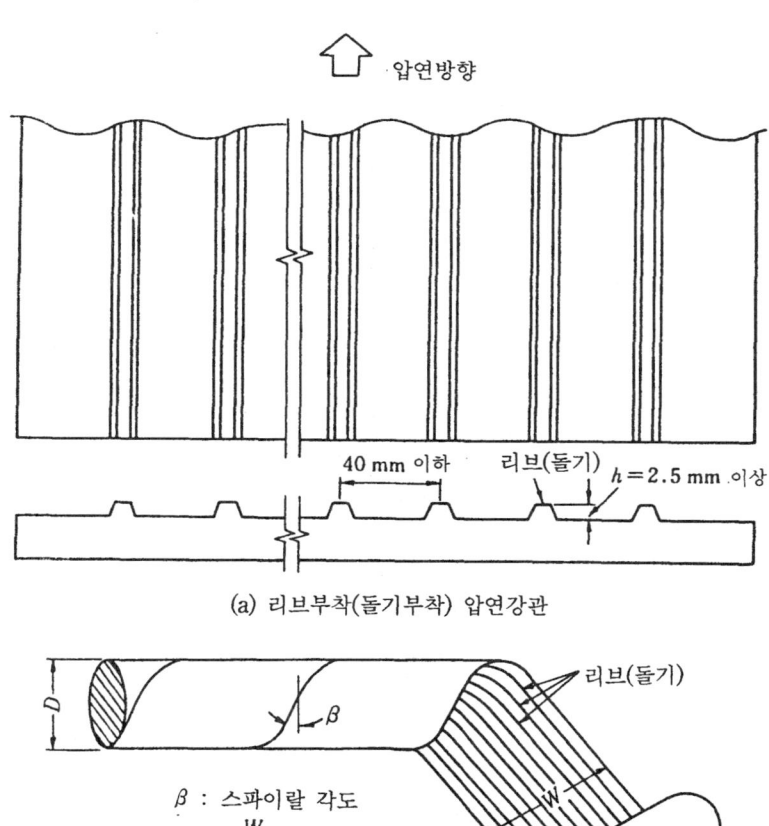

그림-8.52 스파이럴 강관

같은 특징이 있다.
① 말뚝머리를 확대하지 않더라도 충분한 필요 저항 휨 모멘트가 얻어진다.
② 전단 내력이 크다.
③ 인성이 높기 때문에 지진때의 안전성이 높다.
④ 말뚝지름을 가늘게 할 수 있으므로 강성(EI)이 작아져서 말뚝에 발생하는 휨 모멘트가 작다.

8.4.3 벽말뚝 공법

벽말뚝이란 과거 가설 공사에서 사용되었던 연속 지중벽을 기초 말뚝으로 이용하는 것이다.

연속 지중벽을 벽말뚝으로 이용하는 데는 그림-8.53에 나타낸 바와 같이 개체 뜨는 복합체로서 이용하는 경우와 벽말뚝 상호를 수직 이음으로 결합하고 합성체로서 이용하

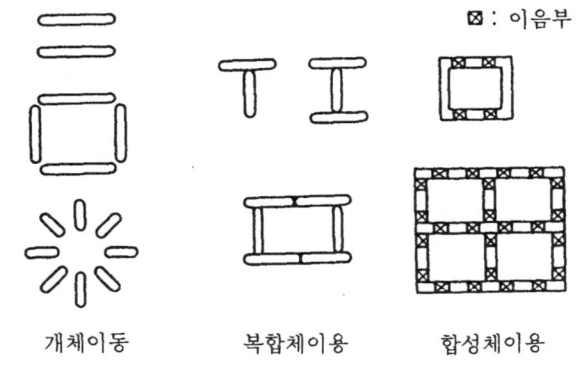

그림-8.53 벽말뚝에 대한 이음 형태의 예

표-8.29 굴착방식에 의한 굴착기의 분류

굴 착 방 식		배토방식	양니방식
버 키 트 식	그래브버키트	유 압 개 폐 식	캐리바방식
			와이어방식
		와 이 어 개 폐 식	캐리바방식
			와이어방식
회 전 식	수평다축비트	유 체 배 토 식	역순환방식
	수직다축비트		

는 경우로 분류된다. 주로 전자는 건축분야에서, 후자는 토목분야에서 이용될때가 많다.

(1) 굴착방법 벽말뚝의 굴착방법을 대별하면 버키트식과 회전식으로 분류되며 각각 굴착방식, 배토방식, 배니방식이 다르다. 그 대표적인 것을 표-8.29에 나타낸다.

ⅰ) 버키트식 버키트식은 크렘셀 버키트로 원지반을 깎아내어 토사를 반출하는 방식이며 다른 방식에 비하여 기계 구조가 단순하고 배토가 용이하다. 또한 그 구조에서 호박돌, 전석층 등도 굴착이 가능한 장점을 가졌다.

ⅱ) 회전식 회전식은 비트의 날끝을 원지반에 삽입하여 회전시키면서 원지반을 굴착한다. 배토는 안정액을 역순환 시키면서 안정액과 절삭 토사를 동시에 반출하여 분급장치 또는 침전조(연못) 등에서 안정액과 토사를 분리한다. 호박돌, 전석층은 굴착이 곤란하거나 불가능하다.

(2) 안정액 안정액은 벤트나이트계 안정액과 CMC계 안정액이 사용되나 벽말뚝 공법에서는 후자의 경우가 많다. CMC계 안정액은 벤트나이트계 안정액에 비하여 혼입 토사가 분리되기 쉽다. 슬라임의 침강 속도가 빠른 시멘트나 염분에 의한 기능 저하의 영향이 적은 장점이 있으나 박테리아 등 미생물에 의해 부식, 열화를 일으키므로 주의를 요한다.

8.5 말뚝머리 처리

현장타설 콘크리트 말뚝은 말뚝머리부 콘크리트의 열화를 고려하여 설계말뚝 상단보다 50cm 이상 높게 콘크리트를 타설한다. 말뚝머리 처리는 여분을 제거하고 설계 심도에

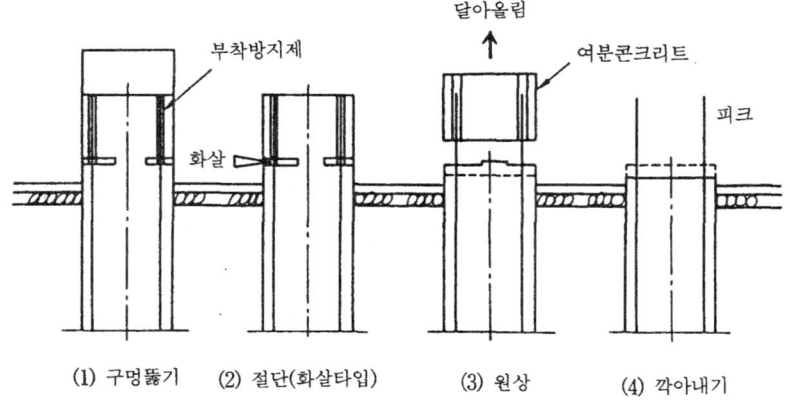

그림-8.54 여분(덧쌓기) 콘크리트 제거방법의 예

맞추어서 기초와 일체화시키는 작업이다.

여분 콘크리트의 제거는 그림-8.54에 나타낸 방법과 브레이커 등으로 깍아내는 방법이 일반적이다. 이 방법은 브레이커와 콤프레서에서 발생하는 소음·진동, 말뚝체에 대한 영향, 작업시간의 제한, 코스트 등에서 새로운 처리 방법이 검토되고 있다. 깍아내는 공법 이외의 방법은 다음과 같다.

타설직후 ① 여분에 제트장치로 물 등을 분사하여 콘크리트를 열화시킨다.
② 버큠 장치에 의해 경화전의 여분을 빨아낸다.
③ 말뚝상단에 천공된 파이프를 수압으로 팽창시켜 콘크리트를 파쇄시킨다.
④ 팽창제(정적 파쇄대)로 콘크리트를 파쇄한다.

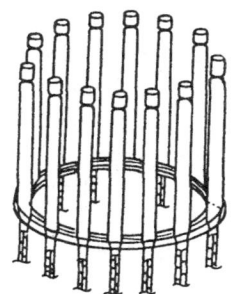

그림-8.55 부착방지제의 설치 개요도

경화후 처리하는 방법은 콘크리트와 철근이 부착되면 유해한 균열이 발생되는 수가 있으므로 그림-8.55에 나타낸 부착방지제의 설치가 필요하다.

8.6 시공때의 문제점과 대책

현장타설 말뚝 시공때의 문제는 사전 조사 설계와 확실한 시공 관리에 따라 그 대개는 방지된다. 그러나 예기치 않은 문제도 발생하는 수도 있다.

여기서는 시공때의 발생하는 문제점중
- 굴착이 곤란·불능
- 굴착의 정밀도 불량
- 콘크리트의 품질 불량

에 대해서 그 원인을 분류하고 대책의 일부와 잔토·이수 처리에 대한 문제점과 대책을 나타낸다.

8.6.1 문제사례

(1) 굴착곤란·불능 굴착곤란·불능 원인은 그림-8.56과 같이 분류할 수 있다.

이중 지반 붕괴에 따른 굴착곤란·불능이 되는 사례는 감소되고 있다. 이것은 안정액이나 이수에 관한 지식이나 관리 기술의 진보, 안정액으로 공벽을 보호할 수 없는 붕괴성 지반의 존재 등 정보가 시공 실적의 증가와 함께 축적되어 이에 대해 장척의 케이싱 사용 등 사전에 대응책을 취하도록 한다. 또한 모래자갈층이나 전석층 및 경질 지반 등 지반조건에 따른 굴착곤란·불능도, 자갈 지름이나 전석 지름, 입도 분포와 지반의 경도 등 지반 정보가 설계나 공법 선정 및 시공계획에 반영되며 시공때에 문제가 되는 점이 감소된다. 또한 전둘레 회전식 올케이싱 공법이나 유압식 어스 드릴의 보급 등 굴착기의 구동 기구나 능력이 증강된 점도 굴착곤란·불능이 감소된 원인이 된다.

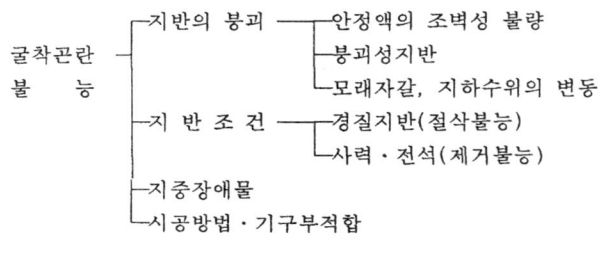

그림-8.56 굴착곤란·불가능의 원인

현재 굴착곤란·불능이 되는 사례는 지중 장애물의 제거 후 되메우기 흙에 혼입된 철근 콘크리트 덩어리나 흙막이가 부실하기 때문에 남아 있는 것으로 생각되는 깊은 위치에서 출현되는 기초의 철근 콘크리트 덩어리, 말뚝 등이다. 또한, 천공지에서는 큰 암괴나 목재, 철근 콘크리트 덩어리, 강재이나 폐 타이어 등이 출현되는 수도 있다.

장애물이 얕은 곳에서 출현하여 구멍내에 물이 없는 경우는 구멍내에 사람이 들어가 장애물을 제거할 수도 있으나 구멍내에 물이 있는 경우나 깊은 위치에서 출현된 경우는 장애물의 종류나 형상을 확인할 수 없으며 셸을 록해머그래브나 쵸핑 버키트 등을 수회 낙하시켜서 장애물의 파쇄나 파편의 채취 등을 시도하게 된다. 파편을 채취할 수 있는 경우는 시료에서 장애물의 종류나 형상을 추정하고 앞으로의 대책이나 말뚝의 시공 방법을 검토할 수 있다. 장애물을 파쇄할 수 없을 때는 굴착을 중지시킬 수밖에 없으며 장애물의 종류나 형상을 보링 등으로 조사하는 동시에 말뚝위치나 시공법의 재검토가 필요하다. 장애물의 출현이 예상되기 때문에 전둘레 회전식 올 케이싱 굴착기를 써서 지중 장애물을 제거하는 상황을 사진-8.1에 나타낸다.

제8장 현장타설 콘크리트말뚝의 시공　587

사진-8.1

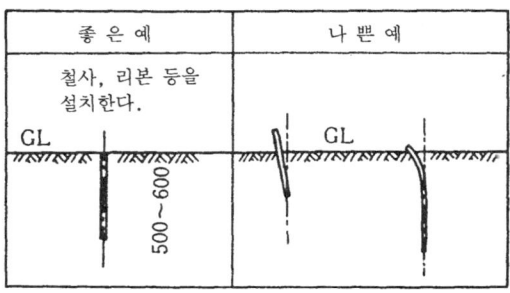

그림-8.57 가설말뚝의 시공예

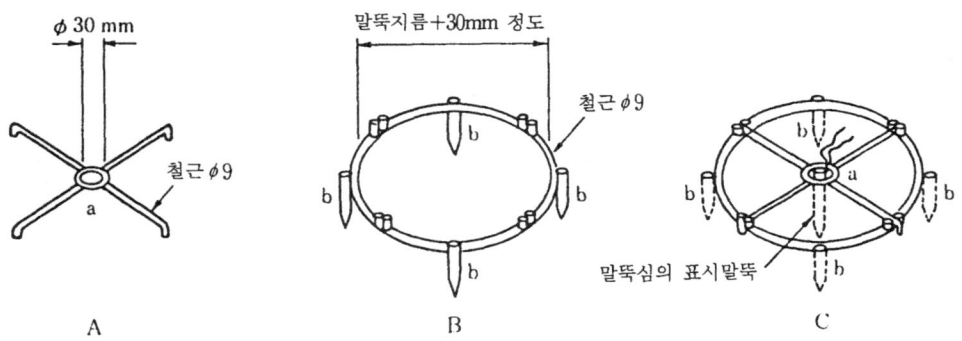

① A와 B를 조합시켜서 C와 같은 척도를 만든다.
② C의 a부를 말뚝심의 가설말뚝에 맞춰서 b를 지반에 삽입하여 고정한다.
③ A를 제거하고 파스트튜브를 설치한다.

그림-8.58 케이싱 설치용 척도의 일례

(2) 굴착의 정밀도　굴착의 정밀도는 수평방향과 수직방향으로 나누어 생각할 수 있다.

수평방향의 엇갈림은 확대기초 하단면에서 엇갈림의 크기를 길이로 나타낸다.

말뚝중심의 엇갈림 방지는 장내의 주행 차량이나 자기재의 배치에 따라 이동되거나 보이지 않게 되는 경우가 있는 가설말뚝과 그 설치방법을 그림-8.57에 표시하도록 주의하거나 케이싱류를 설치할 때 그림-8.58에 나타낸 케이싱류의 설치 위치를 나타내는 동시에 표시점을 마련하여 말뚝 중심을 확인할 수 있도록 배치한다.

수직 정밀도는 깊이 방향으로 일정하지 않고 불규칙적으로 변화되는 수가 많으며 수직 정밀도가 나빠지면 말뚝중심이 어긋나는 한편 다음과 같은 문제가 발생된다.

(어스 드릴·리버스 공법)
- 철근 삽입이 곤란하다.
- 철근 삽입때 공벽의 붕락
- 철근 콘크리트의 피복두께 부족
- 철근과 흙과의 접촉 → 부식

표-8.30 굴착구멍의 엇갈림이나 경사가 발생되는 원인과 대책

원 인		대 책 (기사)
설치지반	경사, 강도	보강, 정비. 위치수평의 확인
굴착지반	경사 강도가 불균일	적정횟수(요동)수 적정비트(압입력)하중
지중장애물		철거, 적절한 되메우기
시공방법, 기계조작 어스드릴 올 케이싱 리버스	굴착기 설치 불량 표층 케이싱 수직불량 버키트 회전속도 버키트 압입압 높다 굴착중심의 이동 케이싱튜브 접속불량 스탠드 파이프 수직불량 비트 회전속도 비트 압입압 높다	확인, 수정 확인, 수정 록핀에 의한 충분한 조이기 확인, 수정 스터비라이저, 중추파이프 사용 석션호스 달아 올리기 보조와이어 사용 굴착장대 사용
기기의 점검 어스드릴 올 케이싱 리버스	캐리바 케이싱튜브 접속부	확인, 수정

(올 케이싱 공법)
- 케이싱 튜브의 압입이나 인발이 곤란하다.
- 철근의 공상(함께 따라 오름)

굴착 구멍의 엇갈림이나 경사가 발생되는 원인과 대책을 표-8.30에 나타낸다. 정밀성을 향상시키는 가장 유효한 대책은 수평으로 견고한 작업지반을 만드는 일이며 대독으로 정밀도가 개선된 예가 보고되었다.

초음파 공벽 측정기의 원리는 발신기에서 발신된 음파가 이수속을 돌아서 벽면에서 반사되어 수신할 때까지의 시간을 측정하는 것으로 시간과 음파에서 거리를 기록한다.

벽면에 요철이 있거나 경사가 있으면 음파를 15°의 범위로 발사하기 때문에 음파가 도달하는 범위의 평균적인 거리가 기록된다. 이 때문에 그림-8.59에 나타낸 벽면 형상에서는 정확히 기록되지 않게 되어 요철의 상태나 벽면의 경사 상황 판정이 어렵고 공벽의 경사나 말뚝지름의 확인에 사용하는 정도로 하는 편이 좋다.

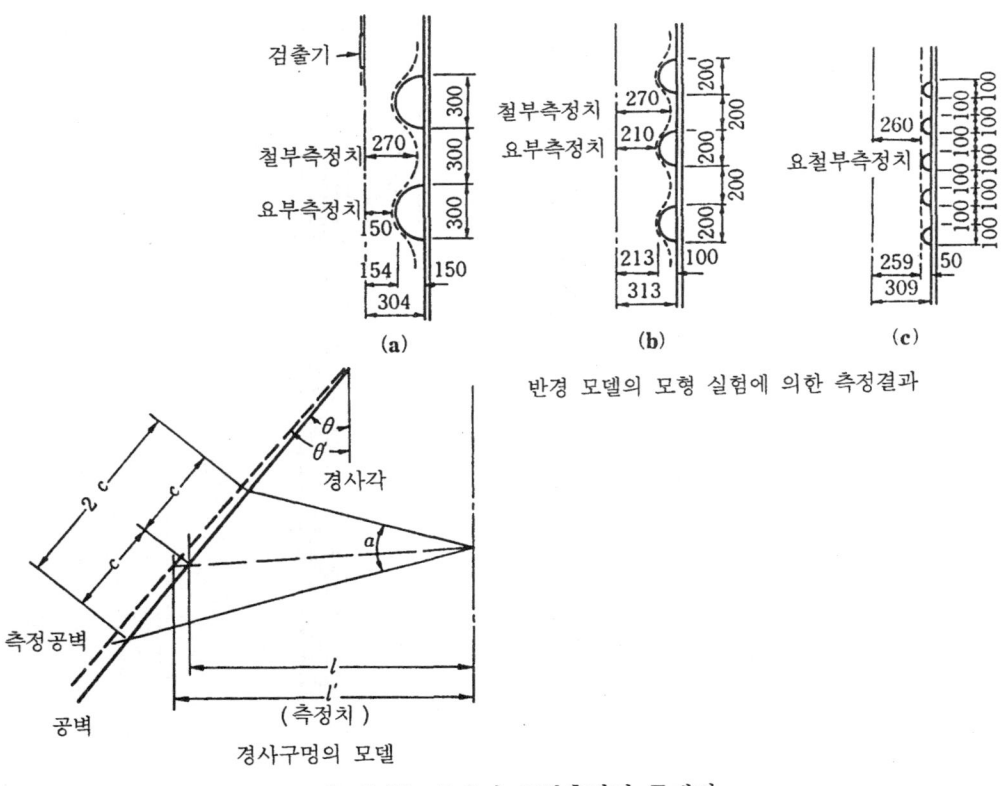

그림-8.59 초음파 공벽측정의 문제점

(3) 콘크리트 품질불량 콘크리트의 품질이 불량한 요인을 그림-8.48에 나타냈다. 이 중 슬라임 제거에 기인된 콘크리트 품질의 저하에 대해서 나타낸다.

이것은 안정액의 유동성이 저하되어 콘크리트와 치환되지 않는 콘크리트 속에 슬라임을 끌어 넣거나 공벽과 사이에 안정액이 잔류되어 콘크리트 단면이 감소되는 현상이다.

안정액의 치환성 저하는 콘크리트 속의 칼슘에 의해 점토 입자가 응집되어 점성이 높아져서 유동성이 나빠지거나, 모래분의 혼입으로 비중이 증대되어 콘크리트의 타설압과의 차이가 작아지는데 따른다.

치환성은 비중, 모래분과 점성에 관계되며 이것을 측정하면 그 양부를 파악할 수 있다. 특히 그림-8.60에 나타낸 세사 지반이 굴착 대상의 태반을 차지하는 지반에서는 치환성의 확보에서 콘크리트의 품질 불량이 발생하는 수가 있으므로 안정액의 충분한 관리가 필요하다.

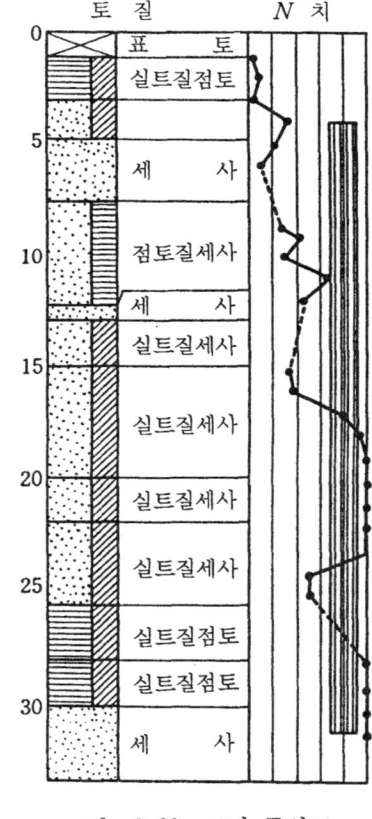

그림-8.60 토질 주상도

안정액의 치환성을 확보하기 위한 방법 예는 다음과 같다.
① 벤트나이트의 첨가율을 줄이고 CMC의 첨가율을 높인다. 이것에서 공벽을 안정시키고 조벽성을 유지할 수 있는 칼슘에 의한 영향을 잘 받지 않는 안정액으로 한다.
② 안정액 저류용의 수조를 많이 준비하여 수조 저류시간을 길게 해서 굴착 구멍에 투입되는 안정액의 모래분을 저하시킨다(저류조 설치용지가 확보되지 않는 경우는 그림 -8.61에 나타내는 진동체, 사이크론과 원심 분리기 등의 장치를 사용하여 모래분을 저

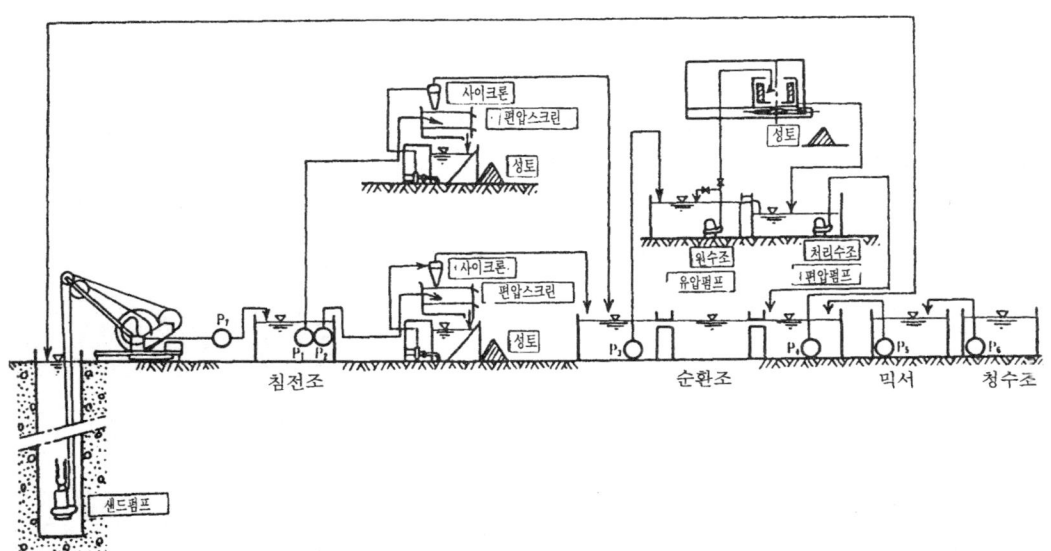

그림-8.61 안정액의 기계처리 시스템 개요

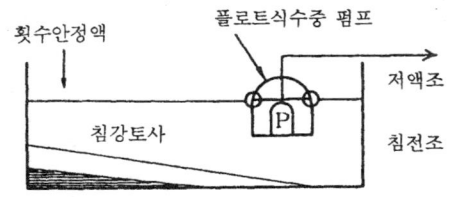

그림-8.62 탱크의 설치예와 플로트식펌프

하시킨다. 또 저류조에 침적된 모래를 크램셀 등으로 축차 제거하고 안정액의 체류 용량을 확보한다. 굴착구멍에 안정액을 투입할 때는 그림-8.62에 나타낸 것처럼 펌프를 후로트에 적재시켜서 침적된 토사가 빨려들지 않도록 한다.

③ 굴착에서 버키트내에 수납된 토사가 굴착 구멍에 유실되지 않도록 드릴링 버키트는 샤터를 장치하고 버키트 회전속도나 인상을 저속으로 실시한다.

④ 굴착구멍에 침적된 슬라임을 제거하기 위해 굴착완료부터 1차 구멍밑 처리까지의 시간을 충분히 취하여 구멍내 안정액의 비중이나 모래분을 저하시킨다.

구멍밑 침전물이 소정량이 될 때까지 구멍밑 처리를 한다. 침적물이 다량으로 있을 때는 양액과 바꾼다.

⑤ 철근 박스 조립시 철근 박스와 공벽의 접촉에 의한 공벽의 붕락을 발생시키지 않기 위해 철근 박스는 수직으로 세운다.

⑥ 콘크리트와 안정액의 접촉면을 최소한으로 하기 위해 콘크리트 타입은 일정한 속도로 실시하여 굴착 구멍내의 안정액을 난류 상태로 하지 않는다. 또한 호퍼에서 콘크리트를 넘치게 하는 공구에서 공내에 낙하시키지 않는다.

⑦ 콘크리트 타입에 수반하여 회수된 안정액중 구멍밑 부분에 있는 것은 기능이 저하되지 않으므로 분리하여 회수한다. 분리회수된 안정액은 기능을 조정하여 재사용 하던가 폐기처분을 한다.

8.6.2 잔토, 오니처리

현장타설 말뚝의 시공에 수반하여 발생되는 토사와 폐니수에 대해서는 일반잔토와 오니로 나누어 처리한다.

일반적으로 올 케이싱 공법, 어스 드릴 공법, 심초 공법으로 굴착된 토사는 일반 잔토로 처리하고 어스 드릴 공법의 이수, 리버스 공법의 굴착토와 이수는 오니로서 처리해야 한다. 그러나, 어스 드릴 공법에서 굴착된 토사도 토사의 상태에 따라서는 오니가 되는 경우도 있으므로 주의를 요한다.

(1) 잔토와 오니의 구분 굴착토사가 잔토와 오니로 명확히 구분될 때는 좋지만 굴착 방법 또는 지반에 따라 구별이 어려울 때가 많다. 이 때문에 후생성은 1990년 5월에 각 도도부현·정부령 도시산업 폐기물 행정주관부 국장 앞으로 오니로서 취급하는 경우의 통지를 다음과 같이 발송하였다. 「건설 공사에서 굴착 공사에 따라 배출되는 것 중 표준시방 덤프트럭에 실릴수 없고 또 그 위를 사람이 걸을 수 없는 상태의 것은 폐기물 처리법 제2조 제3항에 규정된 오니로서 취급할 것

또한 표준시방 덤프트럭에 실릴 수 없고 또 그 위를 사람이 걸을 수 없는 상태를 흙의 강도 지표로 나타내면 콘지수가 대충 2 이하 또는 일축 압축강도가 대충 $0.5 kgf/cm^2$이하이다.」

(2) 오니의 처리 오니는 「폐기물의 처리와 청소에 관한 법률」에 따라 산업 폐기물로

서 취급하며 산업폐기물의 수집 운반 및 처분의 기준에 따라 처리된다.

　산업폐기물의 처분은 중간처리와 최종처리가 있다. 오니의 탈수·건조 처리는 중간처리에 해당되며, 최종 처분은 폐기물을 환경보전상의 지장이 없도록 자연으로 환원되는 행위를 말하며, 매립처분이 이것에 해당된다. 처리 형태 등에 따라서는 제5장 5.4.2 (4)를 참조하기 바란다.

　그림-8.63에 나타낸 것은 건설폐기물 처리의 흐름과 책임 범위이다.

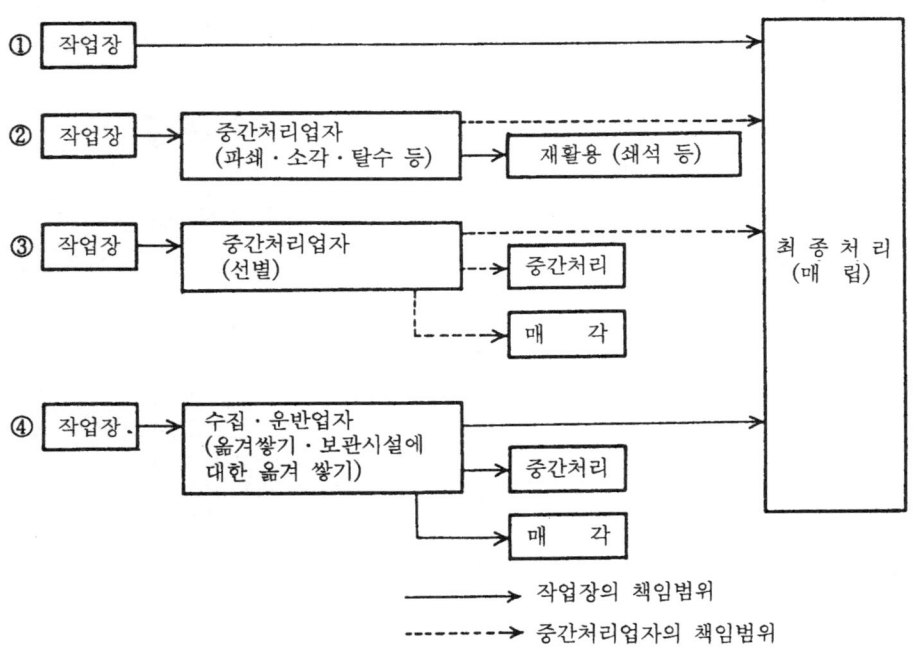

그림-8.63 건설 폐기물의 처리 흐름과 책임범위

부록 1 기초구조 설계의 근거 기준

(1) 건축기초 구조에 관한 기준

건축물의 규모·구조와 기초의 관계를 규정한 것은 앞에서 게시한 (a)중 내용을 표에 나타내면 부표-1.1과 같다.

부표-1.1 건물기초 밑부의 지반상황

건축물의 높이	건축물의 연면적 S	건물하중이 $10tf/m^2$ 를 초과하는 것	건물하중도가 $10tf/m^2$ 이하의 것
13m 이상	$S > 3000m^2$	양호한 지반	양호한 지반 혹은 이외의 지반
	$S \leq 3000m^2$	상 동	상 동
13m 미만	$S > 3000m^2$	상 동	상 동
	$S \leq 3000m^2$	양호한 지반 혹은 이외의 지반	상 동

주 1) 건축물에 작용하는 하중을 최하층의 바닥면적(법정바닥면적)으로 나눈다.
    2) 양호한 지반이란 대상 건축물을 지지하는데 만족한 지반을 말하며 연약지반중의 모래층, 자갈모래층 등은 하층의 연약층의 영향을 고려한다.
    3) 기초말뚝을 사용하는데 있어서는 해당 기초말뚝의 계산

(2) 도로교 하부구조에 관한 기준

(a) 도로구조물의 구조에 관한 법령
(b) 도로구조물의 구조에 관한 기준

도로구조물의 기술상의 기준은 건설성령은 되어 있지 않으나 성령에 준한 것으로서 운용되고 있으며 도로교의 기준으로서는 「교량, 고가의 도로 등 기술기준」으로서 도로국장, 도시국장에서의 통첩으로서 통지되었다.

또한 「도로교 시방서」는 「교량, 고가도로 등의 기술기준」의 약칭이며 도로교 시방서 Ⅰ공통편, Ⅱ강교편, Ⅲ콘크리트교편, Ⅳ하부구조편, Ⅴ내진설계편으로서 집대성되었다.

이중 말뚝기초에 관계되는 것은 공통편, 하부구조편, 내진설계편이다. 도로교의 설계, 시공에 관한 기본적 사항은 도로 구조령에, 기타의 시공은 기술 기준으로서 도로교 시방서에 따라 실시되고 있으나 더욱 그것을 보완하는 기술 기준으로서 「지침」이 있다.

기타 기술기준은 아니나 시방서나 지침의 해석이나 규정의 취지를 정확히 이해하기 위

해 필요한 사항과 시방서나 지침으로 하는데는 시기상조의 것으로, 또는 의견이 분분하나, 현시점에서 통일적인 처리의 필요가 요망되는 것에 대해서는 시방서에 「편람」으로서 나와있다.

(3) 철도구조물의 기술기준
(a) 철도구조물의 구조에 관한 법령

(b) 철도 구조물의 구조에 관한 기준

철도 구조물의 기초말뚝에 관한 것은 「건조물 설계 표준 해설(기초구조물)」가 있으며 제 3편 말뚝기초로서 제 1장 말뚝기초 일반, 제 2장 말뚝기초의 설계, 제 3장 말뚝구체의 설계, 제 4장 말뚝확대기초의 설계로 나누어 기술되었다. 또한 이것들의 내용을 보충하기 위해 다음의 지침(안) 등이 나와 있다.
- 내진 설계 지침(안)
- 기성말뚝의 중굴선단 밑고정 공법 설계 시공 지침(안)
- 강관 널말뚝 우물통 설계 시공 지침(안)
- 기성말뚝 구체의 허용 응력도에 대해서

철도 구조물의 말뚝기초 설계법에는 상부 구조물의 특유한 기술도 많이 수록되었다.

(4) 항만 시설의 기술상의 기준
(a) 항만시설의 구조에 관한 법령
- 항만법 항만시설의 기술상의 기준
- 항만시설의 기술상의 기준을 정하는 기준

기준은 포괄적, 일반적 내용의 규정이며 설계조건, 설계계산법, 안전율 등의 운용과 해석에 대한 항만국장 통첩, 또는 국장 통첩의 해설로서 건설과장 통첩이 나와 있다. 또한 통첩에는 다음의 두가지 있다.

일반통첩 : 성령 전반에 대한 해석, 운용

개별통첩 : 초대형 석유탱커용 시설, 해상 저유시설

(b) 항만시설의 구조에 관한 기준

항만시설의 기준은 상기의 항만법의 법률 조항, 통첩과 맞추어서 기술 기준으로 하고 해설을 더하여 「항만시설의 기술상의 기준·동해설」로서 나와 있으며 말뚝기초의 지지력에 관해서는 제 5편 기초 에 표시되었 다.

「항만시설의 기술상의 기준·동해설」에서는 총론, 설계, 조건, 재료 등의 일반적인 규정과 제 5편 기초의 지지력의 규정과는 별도로 각 시설의 구조 양식에 따른 고려해야 할 설계 조건, 안전율, 구조 세목 등이 표시되었으며 그것들의 내용에도 말뚝기초의 기술이 포함되었다.

부표-2.1 기성콘크리트 말뚝의 허용지지력(지반밑 말뚝체) (tf)

지반, 말뚝재		말뚝지름(mm)	300	350	400	450	500	600	길이 지름 비에 의한 저감율	길이 지름 비의 한계	용접 이음에 의한 저감율
(가) 말뚝재에서 정해지는 허용내력	원심력 철근콘크리트말뚝 (RC말뚝) ($F \geqq 400 \text{kg/cm}^2$)	장기	45	55	70	80	105	140	$L/d-70$ $(L/d-60)$ ※2	90	1개소에 대해 5%
		단기	장기의 2배								
	원심력프리스트레스트 콘크리트말뚝(PC말뚝) (PC말뚝) ($F \geqq 500 \text{kg/cm}^2$)	A종 장기	35	45	65	75	90	130	$L/d-80$ $(L/d-70)$ ※2	105	
		A종 단기	90	115	160	190	230	325			
		B종 장기	15	20	30	40	45	70			
		B종 단기	70	90	125	155	185	265			
		C종 장기	10	10	15	20	25	35			
		C종 단기	65	80	110	135	165	230			
	원심력고강도 프리스트레스트 콘크리트 말뚝 (PHC말뚝) A종 B종~F종 ($F \geqq 800 \text{kg/cm}^2$) ($F \geqq 850 \text{kg/cm}^2$) 주)	A종 장기	70	80	105	130	165	225	$L/d-85$ $(L/d-80)$ ※2	110	
		A종 단기	160	185	240	295	375	510			
		B종 장기	65	85	105	130	165	230			
		B종 단기	150	185	235	285	360	495			
		C종 장기	60	75	90	115	145	200			
		C종 단기	145	175	220	270	340	465			
		D종 장기	50	65	75	100	125	170			
		D종 단기	135	165	205	255	320	435			
		E종 장기	40	50	60	80	100	140			
		E종 단기	125	150	190	235	295	405			
		F종 장기	30	40	50	65	80	115			
		F종 단기	115	140	180	220	275	380			
(나) 지지지반에서 정하는 말뚝의 허용지지력		장기 ※1	45 (30)	60 (40)	80 (50)	100 (60)	130 (75)	160 (100)			
		단기	장기의 2배								

[기호] L : 말뚝의 길이(m), d : 말뚝의 직경(m)

주) $F \leqq 800 \text{kgf/cm}^2$ 이상의 원심력 고강도 프리스트레스트 콘크리트말뚝은, 각회사의 제품별로 일본 건축센터에서 평정함(1989년 건설성 주지발 제 315호). 이밖에 외각 강관부착 콘크리트말뚝(SC말뚝) 기타의 특수한 말뚝의 취급은 별도, 건설성 통첩에 의거하여 취급한다.

※ 1 ( )내의 수치는 원심력 철근콘크리트 말뚝(RC말뚝)의 표준지지력의 값으로 이것을 초과하는 지지력으로 하는 경우는 지지층중의 경질지반(N치 30 이상)을 타격으로 시공할 때나 선단 지지지반에 대한 관입때에 말뚝재의 파손 등에 주의할 필요가 있다.

※ 2 ( )내의 저감율은 JIS 규격에 적합하지 않는 말뚝재를 쓰는 경우에 적용된다.

부표-2.2 강관말뚝의 말뚝재에서 정하는 허용내력(tf)
[부식여분 외측 1mm 내측 0.5mm]

말뚝의 외경 (mm)	두께 (mm)	유효두께 (mm)	유효 단면적 (cm²)	선단폐쇄 단면적 (cm²)	F^*치(장기) (kgf/cm²)	허용내력(t) 장기	허용내력(t) 단기	길이 지름 비에 의한 저감율	길이 지름 비(L/d)의 한계	용접기음에 의한 저감율
406.0	9.0	7.5	93.4	1281.9	1428.5	130				
	12.0	10.5	129.8		1487.9	180				
500.0	9.0	7.5	115.6	1947.8	1400.5	160				
	12.0	10.5	160.9		1448.7	225		장기의 1.5배	$L/d - 100$	1개소 5%
	14.0	12.5	190.7		1480.8	265			130	
508.0	9.0	7.5	117.5	2010.9	1398.6	160				
	12.0	10.5	163.4		1446.0	225				
	14.0	12.5	193.8		1477.6	270				
	16.0	14.5	223.9		1509.2	310				
600.0	9.0	7.5	139.1	2808.6	1380.3	190				
	12.0	10.5	193.8		1420.5	270				
	14.0	12.5	229.9		1447.2	320				
	16.0	14.5	265.8		1474.0	370				

기호 L : 말뚝의 길이(m), d : 말뚝의 직경 (m)

부표-2.3 시멘트밀크 공법에 의한 천공말뚝의 허용지지력(tf/개)

말뚝지름 (mm) N치	300	350	400	450	500	600	비 고
50	29	40	52	66	82	118	단기는 장기의 2배
40	24	32	42	53	65	94	
30	18	24	31	40	49	71	

부표-2.4 콘크리트의 허용 응력도 (kgf/cm²)

콘크리트의 타설상황		설계기준 강도 (kgf/cm²)	장기허용응력도(kgf/cm²)			단기허용응력도(kgf/cm²)		
			압축	전단	부착	압축	전단	부착
현장타설 철근콘크리트말뚝	콘크리트를 물 또는 이수가 있는 상태로 타설하는 것(일부수분이수가 있는 것을 포함)	180	40.0	4.0	12.0	장기의 2배	단기의 1.5배	
		210	46.6	4.6	14.0			
		240	53.3	4.9	15.4			
		270	60.0	5.1	16.2			
		320	60.0	5.4	17.5			
	콘크리트를 물과 이수가 없는 상태로 타설하는 것	180	45.0	4.5	13.5			
		210	52.5	5.2	15.7			
		240	60.0	5.5	17.3			
		270	67.5	5.7	18.2			
		320	70.0	6.1	19.7			

부표-2.5 현장타설 콘크리트말뚝의 허용지지력(tf/개)

시공법에 의한 분류		지지지반	장 기(tf/개)									단기(tf)
			말뚝지름(m)									
			0.7	0.8	0.9	1.0	1.1	1.2	1.3	1.4	1.5	1.5를 초과하는 지름 (주)
A	베노트(올케이싱)공법 리버스 서큐레이션 공법 어스드릴 공법	동경역층등	100	130	160	200	240	280	330	385	440	250(tf/m²) 이하	장기의 2배
		세 사 층	85	110	135	170	205	240	280	325	375	0.85×250 (tf/m²) 이하	
B	상기이외의 공법 (BH 공법, 미니 어스드릴 공법)	동경역층등	85	110	135	170	205	240	280	325	375		
		세 사 층	75	95	120	150	175	210	245	285	330		

주) 「1.5m를 초과하는 지름 : $L/d \geq 10$의 경우의 수치」

부표-2.6 말뚝길이 지름비에 의한 허용지지력의 저감치(tf/개)

L/d \ 말뚝지름(m)	0.70	0.80	0.90	1.00	1.10	1.20	1.30	1.40	1.50	1.60	1.70	1.80	1.90	2.00
9.0	4.0	5.0	6.5	8.0	9.5	11.0	13.0	15.0	17.5	20.0	22.5	25.5	28.0	31.0
8.0	8.0	10.0	13.0	16.0	19.0	22.0	26.0	30.0	35.0	40.0	45.0	51.0	56.0	62.0
7.0	12.0	15.0	19.5	24.0	28.5	33.0	39.0	45.0	52.5	60.0	67.5	76.5	84.0	93.0
6.0	16.0	20.0	26.0	32.0	38.0	44.0	52.0	60.0	70.0	80.0	90.0	102.0	112.0	124.0
5.0	20.0	25.0	32.5	40.0	47.5	55.0	65.0	75.0	87.5	100.0	112.5	127.5	140.0	155.0

말뚝의 축지름이 2.0m를 초과하는 경우는 말뚝의 허용지지력의 값에서 L/d가 10보다 1이 적어지는데 말뚝의 축면적 $1m^2$ 마다 10tf의 값을 줄일수가 있다.
[기호 L : 말뚝길이(m) d : 말뚝의 축경(m)]

부표-2.7 말뚝의 지지지반을 중간지지층으로 할 때의
허용지지력 저감치

지 지 지 반	저 감 치
N치 30 이상의 지층이 말뚝선단에서 3m 이상 또는 말뚝지름의 3배 이상인 경우	부표-2.5 값의 40% 이상
N치 40 이상의 지층이 말뚝선단에서 4m 이상 또는 말뚝지름의 3배 이상인 경우	부표-2.5 값의 25% 이상
N치 50 이상의 지층이 말뚝선단에서 5m 이상 또는 말뚝지름의 3배 이상인 경우	부표-2.5 값의 10% 이상

부표-2.8 말뚝재에서 정하는 허용내력도(tf/개)

재종		말뚝지름(mm)	300	350	400	450	500	600	길이지름비에 의한 저감율	길이지름비의 한계	이음에 의한 저감율
R C		장기	45	55	70	85	105	140	$L/d-70$ ($L/d-60$)	90	
R C		단기	장기의 2배								
P C	A	장기	35	45	65	75	90	130	$L/d-80$ ($L/d-70$)	105	
P C	A	단기	90	115	160	190	230	325			
P C	B	장기	15	20	30	40	45	70			
P C	B	단기	70	90	125	155	185	265			
P C	C	장기	10	10	15	20	25	35			
P C	C	단기	65	80	110	135	165	230			
PHC	A	장기	70	80	105	130	165	225	$L/d-85$	110	1개소 5%
PHC	A	단기	160	185	240	295	375	510			
PHC	B	장기	65	85	105	130	165	230			
PHC	B	단기	150	185	235	285	360	495			
PHC	C	장기	60	75	90	115	145	200			
PHC	C	단기	145	175	220	270	340	465			
PHC	D	장기	50	65	75	100	125	170			
PHC	D	단기	135	165	205	255	320	435			
PHC	E	장기	40	50	60	80	100	140			
PHC	E	단기	125	150	190	235	295	405			
PHC	F	장기	30	40	50	65	80	115			
PHC	F	단기	115	140	180	220	275	380			

L : 말뚝의 길이(m) d : 말뚝의 직경(m)
주) 길이 지름비에 의한 저감율의 ( )내의 수치는 JIS에 적합하지 않는 말뚝을 저감율로 한다.

부표-2.9 $R_a=500A_p$ 일 때의 장기허용지지력
(tf/개)

공법 \ 말뚝지름(mm)	300	350	400	450	500	600
타입공법	35	48	62	79	98	141

부표-2.10 강관말뚝의 말뚝재에서 정하는 허용내력(tf/개)

말뚝의 외경 (mm)	두께 (mm)	유효두께 (mm)	유효단면적 (cm²)	선단폐쇄단면적 (cm²)	F^* 치 (kgf/cm²)	허용내력 장기	허용내력 단기	길이지름비에 의한 저감율	길이지름비의 한계
406.0	9.0	7.5	93.4	1281.9	1428.5	130	장기의 1.5배	L/d -100	130
	12.0	10.5	129.8		1487.9	180			
500.0	9.0	7.5	115.6	1947.8	1400.5	160			
	12.0	10.5	160.9		1448.7	225			
	14.0	12.5	190.7		1480.8	265			
508.0	9.0	7.5	117.5	2010.9	1398.6	160			
	12.0	10.5	163.4		1446.0	225			
	14.0	12.5	193.8		1477.6	270			
	16.0	14.5	223.9		1509.2	310			
600.0	9.0	7.5	139.1	2808.6	1380.3	190			
	12.0	10.5	193.8		1420.5	270			
	14.0	12.5	229.9		1447.2	320			
	16.0	14.5	265.8		1474.0	370			

이음에 의한 저감은 1개소 5%로 한다. L : 말뚝의 길이(m) d : 말뚝의 직경(m)

부표-2.11 $R_a = 333 \cdot A_p$ 일 때의 장기허용지지력

(tf/개)

공법·토질	말뚝지름 (mm)	300	350	400	450	500	600
시멘트 밀크	모래층	19	27	34	44	55	79
	자갈모래 토 단	23	32	41	52	65	94

부표-2.12 콘크리트의 허용응력도(kgf/cm²)

콘크리트의 타설상황		설계기준 강도 (kgf/cm²)	장기허용응력도(kgf/cm²)			단기허용응력도(kgf/cm²)		
	허용응력도		압축	전단	부착	압축	전단	부착
현장타설 철근콘크 리트말뚝	콘크리트를 물 또는 이 수가 있는 상태로 타설 하는것(일부분 물 또는 이수가 있는것을 포함)	180	40.0	4.0	12.0	장기의 2배	장기의 1.5배	
		210	46.6	4.6	14.0			
		240	53.3	4.9	15.4			
		270	60.0	5.1	16.2			
		320	60.0	5.4	17.5			
	콘크리트를 물과 이수 가 없는 상태로 타설하 는 것	180	45.0	4.5	13.5			
		210	52.5	5.2	15.7			
		240	60.0	5.5	17.3			
		270	67.5	5.7	18.2			
		320	70.0	6.1	19.7			

부표-2.13 N치 50이상의 양질 지지층에 충분히 근입된 경우의 지지력표(tf/개)

공 법	지지층 \ 지름(m)	0.7	0.8	0.9	1.0	1.1	1.2	1.3	1.4	1.5
어스드릴 리버스	토단	95	125	160	200	240	280	330	385	440
	모래	80	105	135	170	205	240	280	325	375
베노트	토단				235	290	340	400	460	530
	모래				200	245	290	340	390	450
BH 미니어스	토단	75	100	125	155	190	225	265	305	355
	모래	60	85	105	130	160	190	225	260	300

부표-2.14 N 치 50이상의 양질지지층에 충분히 근입된 경우의 지지력표

(tf/개)

(어스드릴, 리버스)

L/d	지지층\지름(m)	0.7	0.8	0.9	1.0	1.1	1.2	1.3	1.4	1.5
9	토단층	88	115	146	180	218	259	305	353	406
	모래	75	98	124	153	185	220	259	300	345
8	토단층	80	105	133	164	199	237	278	323	370
	모래	68	89	113	140	169	201	236	274	315
7	토단층		95	120	149	180	214	252	292	335
	모래		81	102	126	153	182	214	248	284
6	토단층			108	133	161	192	225	261	300
	모래			92	113	137	163	191	222	255
5	토단층				117	142	169	199	230	264
	모래				99	120	144	169	195	224

주 1) 베노트공법에 있어서 표의 수치를 1.2배 한 것으로 한다.
2) BH, 미니어스드릴 공법에서는 표의 수치를 0.85배 한 것으로 한다.

부표-2.15 기성콘크리트말뚝재의 장기 수직 최대내력도 (tf/개)

말뚝지름(mm)	300	350	400	450	500	600
말뚝재의 수직내력(원심력 프리스트레스트 콘크리트말뚝)	45	60	80	105	130	160
고온 고압 양생된 말뚝	75	90	110	135	170	235

주 1) 말뚝재의 허용내력은 말뚝재의 장기허용 응력도에 최소단면적을 곱하여 구한다.
    2) 말뚝재의 장기 수직 최대내력은 말뚝재의 허용 내력에서 길이 지름비, 용접이음의 저감한 값으로 한다.
    3) 고온 고압 양생된 말뚝으로 건설대신 인정을 받은 것은 길이 지름비 $L/d-85$, 길이 지름비의 한계 100으로 한다.

부표-2.16 시멘트밀크 공법의 선단지반만의 장기 수직 최대내력표

(tf/개)

$\overline{N}$ 치 \ 말뚝지름(mm)	300	350	400	450	500	600
60	28	38	50	63	78	113
50	23	32	41	52	65	94
40	18	25	33	42	52	75
30	14	19	25	31	39	56

주 1) 이표는 천공말뚝의 지지력 산정식으로 구한 장기 수직 허용지지력이며 내력은 $R_a = \frac{20}{3} \overline{N} A_p$으로 구한 것이다.

부표-2.19 장기 수직 최대내력표 (tf/개)

말뚝종류		지지지반	말뚝지름 (m)												
			0.7	0.8	0.9	1.0	1.1	1.2	1.3	1.4	1.5	1.6	1.7	1.8	1.9	2.0
A	어스드릴, 리버스, 베노트	상단자갈 모래층	96	125	159	196	237	282	331	384	441	502	567	636	708	785
B	상기이외의 공법	〃	86	113	143	176	213	254	298	346	397					

주 1) 말뚝길이 지름비가 60을 초과하는 경우의 장기 수직 최대 내력은 장기 수직 최대내력표의 값에서 길이 지름비 $L/d-60$을 줄인 값으로 한다(기호 L: 말뚝길이, d: 말뚝지름).
    2) 이 내력표에 의한 말뚝종별 A의 내력은 250tf/m²로하여 구한다.
    3) 이 내력표에 의한 말뚝종별 B의 내력은 225tf/m2로하여 구한다.

부표-2.17 강관말뚝의 장기 수직 최대 내력표(tf/개)

외경 (mm)	두께 (mm)	유효두께 (mm)	유효 단면적 (cm²)	선단폐합 단면적 (cm²)	최대내력	길이지름 비에의한 저감율	길이지름 비의한계	용접이음 에의한 저감율
406.0	9.0	6.5	80.8	1271	110	L/d-100	130	1개소 5 %
	12.0	9.5	117.2		160			
500	9.0	6.5	99.9	1932	135			
	12.0	9.5	145.1		200			
	14.0	11.5	175.0		245			
508.0	9.0	6.5	101.5	1995	140			
	12.0	9.5	147.5		205			
	14.0	11.5	177.9		245			
	16.0	13.5	208.0		290			
600.0	9.0	6.5	120.3	2789	165			
	12.0	9.5	175.0		245			
	14.0	11.5	211.1		295			
	16.0	13.5	247.0		345			

부표-2.18 콘크리트의 허용응력도 (kgf/cm²)

콘크리트의 타설상황	허용응력도	설계기준 강도 (kgf/cm²)	장기허용응력도 (kgf/cm²)			단기허용응력도 (kgf/cm²)		
			압축	전단	부착	압축	전단	부착
현장타설 철근콘크 리트말뚝	콘크리트를 물 또는 이수가 있는 상태로 타설하는 것(일부분 물 또는 이수가 있는 것을 포함	180	40.0	4.0	12.0	장기의 2배	장기의 1.5배	
		210	46.6	4.6	14.0			
		240	53.3	4.9	15.4			
		270	60.0	5.1	16.2			
		320	60.0	5.4	17.5			
	콘크리트를 물과 이수가 없는 상태로 타설하는 것	180	45.0	4.5	13.5			
		210	52.5	5.2	15.7			
		240	60.0	5.5	17.3			
		270	67.5	5.7	18.2			
		320	70.0	6.1	19.7			

부록 3 말뚝재의 허용 응력도

(1) 건축

① PHC 말뚝

부표-3.1 원심력 프리스트레스트 콘크리트말뚝의 콘크리트의 허용응력도(kgf/cm²)

	장 기			단 기		
	압 축	휨 인 장	사장응력도	압 축	휨 인 장	사장응력도
고 강 도 프리스트레스트 콘크리트 말뚝	$\dfrac{F_c}{4}$ 또는 225 이하	$\dfrac{\sigma_e}{4}$ 또는 25 이하	$\dfrac{F^*}{4}$ 또는 12 이하	장기의 2배	단기의 2배	장기의 1.5배

[주] F_c : 콘크리트의 설계기준강도
　　　프리스트레스트 콘크리트말뚝의 경우 500kgf/cm² 이상으로 한다.
　　　고강도 프리스트레스트 콘크리트말뚝의 경우 800kgf/cm² 이상으로 한다.
　F^* : 콘크리트의 설계 인장 기준강도
　σ_c : 유효 프리스트레스트

부표-3.2 PC강재의 허용응력도(kgf/cm²)

초 기 긴 장 때
$0.70 f_1$ 또는
$0.80 f_2$ 중에서 작은 값

[주] f_1 : PC강재의 규격 인장강도
　f_2 : PC강재의 규격 항복점강도

② 강관말뚝

부표-3.3 강관말뚝 강재의 허용응력도(kgf/cm²)

장 기				단 기
압 축	인장	휨	전 단	
$\dfrac{F^*}{1.5}$	$\dfrac{F}{1.5}$	$\dfrac{F^*}{1.5}$	$\dfrac{F}{1.5\sqrt{3}}$	장기의 1.5배

[주] F : 허용응력도를 결정할 때의 기준치
　　　강재 등 허용응력도의 기준강도를 취하면 좋다.
　F^* : 설계기준강도
　　　$F^*/F = 0.08 + 2.5 t/r$　　$(0.01 \leq t/r \leq 0.08)$
　　　$F^*/F = 1.00$　　　　　　$(t/r \geq 0.08)$
　r : 말뚝반경(mm)
　t : 부식여분을 제외한 두께(mm)

③ 현장타설 콘크리트말뚝

부표-3.4 현장타설 콘크리트말뚝의 콘크리트의 허용응력도 (kgf/cm²)

	장 기			단 기
	압 축	전 단	부 착	
콘크리트를 물 또는 이수가 있는 상태로 타설 하는 것	$\frac{F_c}{4.5}$ 또는 60 이하	$\frac{F_c}{45}$ 또는 $\frac{1}{1.5}\left(5+\frac{F_c}{100}\right)$ 이하	$\frac{F_c}{15}$ 또는 $\frac{1}{1.5}\left(13.5+\frac{F_c}{25}\right)$ 이하	압축에 대해 서는 장기의 2배
콘크리트를 물 또는 이수가 없 는 상태로 타설 하는 것	$\frac{F_c}{4}$ 또는 70. 이하	$\frac{F_c}{40}$ 또는 $\frac{3}{4}\left(5+\frac{F_c}{100}\right)$ 이하	$\frac{3F_c}{40}$ 또는 $\frac{3}{4}\left(13.5+\frac{F_c}{25}\right)$ 이하	전단과 부착 에 대해서는 장기의 1.5배

[주] F_c : 콘크리트의 설계기준강도를 180kgf/cm²이상으로 한다.
부착 : 철근콘크리트에 대한 허용부착응력도

부표-3.5 철근의 허용응력도 (kgf/cm²) (지진력에 대한 기초의 설계지침)

종류	허용 응력도	장 기			단 기		
		압 축	인 발		압 축	인 발	
			전단보강 이 외로 쓰이는 경우	전단보강에 쓰 이는 경우		전단보강 이 외로 쓰이는 경우	전단보강에 쓰 이는 경우
이 형 철 근	지름28mm 이하의 것	$\frac{F}{1.5}$ (해당수치 가 2200을 초과 하는 경우에는 2200)	$\frac{F}{1.5}$ (해당수치 가 2200을 초과 하는 경우에는 2200)	$\frac{F}{1.5}$ (해당수치 가 2000을 초과 하는 경우에는 2000)	F	F	F (해당수치 가 3000을 초과 하는 경우에는 3000)
	지름28mm 를 초과하 는 것	$\frac{F}{1.5}$ (해당수치 가 2000을 초과 하는 경우에는 2000)	$\frac{F}{1.5}$ (해당수치 가 2000을 초과 하는 경우에는 2000)	$\frac{F}{1.5}$ (해당수치 가 2000을 초과 하는 경우에는 2000)	F	F	F (해당수치 가 3000을 초과 하는 경우에는 3000)

[주] F : 철근의 허용응력도의 기준강도

④ 말뚝체의 길이 지름비에 의한 허용 응력도의 저감

길이 지름비가 한계 이상을 나타내는 말뚝에 대해서는 다음 식에 따라 계산한 μ에 상당한 비율만, 말뚝 재료의 장기 및 단기 허용 압축 응력도에서 구한 허용 압축 응력도를 저감한다.

$$\mu = \frac{L}{d} - n$$

여기서　μ : 길이 지름비에 대한 저감율(%)
　　　　L/d : 말뚝의 길이 지름비
　　　　n : 말뚝의 허용 압축력을 저감하지 않아도 되는 길이 지름비의 한계치

부표-3.6 건설성 통첩에 표시된 N의 값

말뚝의 종류	n	비　　고
현장타설 콘크리트말뚝	60	
원심력 철근 콘크리트말뚝	50	JIS 이외의 제품
	70	JIS A 5335에 해당되는 것
진동막이 철근 콘크리트말뚝(PC말뚝)	60	
원심력 프리스트레스트 콘크리트말뚝 (PC말뚝)	70	JIS 이외의 제품
	80	JIS A 5335에 해당되는 것
강 관 말 뚝	100	
H 형 강 말 뚝	70	

부표-3.7 일본 건축센터에서 채택되고 있는 N의 값

말 뚝 의 종 류	n	비　　고	
고강도 프리스트레스트 콘크리트말뚝	85	제품에 따라서는 80의 것도 있다.	건설성 건축 지도 과장 인정품에 한함
외각 강관말뚝 부착 콘크리트말뚝(강관감는 말뚝)	85		

(2) 도로(도로 시방서·동해설)

① PHC 말뚝

부표-3.8 PHC말뚝의 콘크리트의 허용응력도

말뚝종류 응력도의 종류	PHC말뚝
설 계 기 준 강 도	800
휨 압 축 응 력 도	270
축 압 축 응 력 도	230
휨 인 장 응 력 도	0

② 현장타설 말뚝과 심초 말뚝
 ⅰ) 콘크리트
  (a) 현장타설 말뚝의 허용 응력도는 부표-3.9로 한다.
   단, 단위 시멘트량 350kgf/cm^3 이상, 물시멘트 55% 이하, 슬럼프 15~21cm로 한다.

부표- 3.9 수중에서 시공하는 현장타설말뚝 콘크리트의 허용응력도 (kgf/cm^2)

콘 크 리 트 의 호 칭 강 도		300	350	400
수 중 콘 크 리 트 의 설 계 기 준 강 도		240	270	300
압 축 응 력 도	휨 압 축 응 력 도	80	90	100
	축 압 축 응 력 도	65	75	85
전 단 응 력 도	콘크리트만으로 전단을 부담하는 경우	3.9	4.2	4.5
	경사 인장철근과 협동하여 부담하는 경우	17	18	14
부 착 응 력 도 (이 형 봉 강)		12	13	14

  (b) 심초말뚝의 허용 응력도는 부표-3.10 3.11의 값의 90%로 한다.

부표-3.10 콘크리트의 허용응력도와 허용전단응력도 (kgf/cm^2)

응력도의 종류	콘크리트 설계기준강도 (σ_{ck})	210	240	270	300
압축응력도	휨 압 축 응 력 도	70	80	90	100
	축 압 축 응 력 도	55	65	75	85
전단응력도	콘크리트만으로 전단력을 부담하는 경우 (τ_{a1})	3.6	3.9	4.2	4.5
	경사 인장철근과 협동하여 부담하는 경우 (τ_{a2})	16	17	18	19
	압 공 전 단 강 도 (τ_{a3})	8.5	9	9.5	10

부표-3.11 콘크리트의 허용부착응력도 (kgf/cm²)

철근의 종류 \ 콘크리트 설계기준강도 (σ_{ck})	210	240	270	300
환 강	7	8	8.5	9
이 형 봉 강	14	16	17	18

ii) 철근

부표-3.12 철근의 허용응력도(kgf/cm²)

응력도의 종류		철근의 종류	RS235	SD295A SD295B	SD345
인장응력도	하중의 조합에 충돌하중 혹은 지진의 영향을 포함하지 않는 경우	1) 일반의 부재	1400	1800	1800
		2) 수중 혹은 지하수위 이하에 설치하는 부재	1400	1800	1600
	3) 하중의 조합에 충돌하중 혹은 지진의 영향을 포함하는 경우의 허용응력도의 기본치		1400	1800	2000
	4) 철근의 겹이음길이 혹은 정착길이를 산출하는 경우		1400	1800	2000
5) 압 축 응 력 도			1400	1800	2000

③ 강재말뚝

부표-3.13 강재말뚝의 허용응력도 (kgf/cm²)

구 분			구 분	평 상 시		지 진 시	
	응력도의 종류		강재기호	SS 400 SM 400 SMA 400 SKK 400	SM 490 SKK 490	SS 400 SM 400 SMA 400 SKK 400	SM 490 SKK 490
모 부 재			인 장	1400	1900	2100	2850
			압 축	1400	1900	2100	2850
			전 단	800	1900	1200	1650
용접부	공장용접	공장용접	인 장·압 축·전 단	(모재부와 같음)			
		그룹용접	전 단	(모부재와 같음)			
	현 장 용 접		인 장·압 축·전 단	각 응력도에 대해서 공장용접부의 90%로 한다.			

(3) 철도
① PHC말뚝

부표-3.14 PHC말뚝의 허용응력도(kgf/cm^2)

하중상태 \ 종별	콘크리트			PC강재의 허용 인장 응력도
	허용압축응력도	허용 휨 인장 응력		
	PHC말뚝	A종	B·C종	
평 상 시	210	0	0	σ_{pd} [1)
일 시	주2)			—
사하중 지진시	315	0	20	—
열차재하 지진시 응답변위법	400	5	30	—

주 1) PC강재의 허용인장응력도 σ_{pd}=0.60σ_{pu} 또는 0.75σ_{py} 중 작은 편의 값
　 2) 평상시에 대해서 하중의 조합에 따라 정해진 할증계수를 곱한 값

부표-3.15 SC말뚝의 허용응력도(kgf/cm^2)

하중상태 \ 종별	콘크리트의 허용응력도	철근의 허용인발응력도	
		SKK 400	SKK 49°
평 상 시	270	1500	2000
일 시	평상시에 대해서 하중의 조합에 따라 정해진 할증계수를 곱한 값		
사 하 중 지진시	400	2250	3000
열차하중 지진시 응답변위법	500	2400	3200

주) 허용압축응력도도 같은 값으로 한다.

② 강관말뚝과 H형강말뚝

부표-3.16 강관말뚝과 H형강말뚝 기준의 허용응력도(kgf/cm^2)

응력도의 종류 \ 강종	SKK 400 (SKK 400 / SKK 400M)	SKK 490 (SKK 490M)
허용인장응력도	1500	2000
허용압축응력도 주1) R: 강관말뚝의 반경 (mm) l: 강관말뚝의 두께 (mm)	$R/l \leq 50$ 일때 1500 $R/l > 50$ 일때 $1500 - 50(R/l - 50)$	$R/l \leq 40$ 일때 2000 $R/l > 40$ 일때 $2000 - 40(R/l - 40)$
허용전단응력도	850	1150
응력도의 조합	압축응력도와 전단응력치의 조합에 대해 $\sqrt{\left(\dfrac{\sigma}{\sigma_{ca}}\right)^2 + \left(\dfrac{\tau}{\tau_a}\right)^2} \leq 1.1$ 여기서, σ : 압축응력도(축력과 휨에 의함) τ : 전단응력도 σ_{ca} : 허용압축응력도 τ_a : 허용전단응력도	

주 1) H형강말뚝은 저감을 하지 않는다.
  2) 현장 용접 이음부의 허용응력도는 인장은 70%, 압축은 80%로 줄인다.

③ 현장타설 말뚝 및 심초말뚝

부표-3.17 현장타설 말뚝과 심초말뚝의 콘크리트 허용응력도(kgf/cm^2)

응력도의 종별 \ 종별	자연 이수중에서 시공하는 경우			벤트나이트 이수중에서 시공하는 경우			심초말뚝
표준양생 공시체의 28일 압축강도 σ_{28}	300	350	400	300	350	400	270
설계 기준 강도 σ_{ck}	240	280	320	210	250	280	240
기준의 허용 휨 압축응력도 σ_{ca}	90	100	110	80	90	100	90
허용전단응력도 / 사면 인장 철근의 계산을 않는 경우 τ_{a1}	3.9	4.3	4.7	3.7	4.0	4.3	3.9
허용전단응력도 / 사면 인장 철근의 계산을 하는 경우 τ_{a2}	17	18	19	16	17	18	17
기준의 허용부착응력도 (이형철근)	13	14	14	11	11	12	16

주 1) 보조적으로 벤트나이트를 혼입하는 경우로 벤트나이트 농도가 3%미만이라면 자연 이수 중에서 시공하는 경우에도 좋다.
  2) 벤트나이트 농도가 10%를 초과하는 경우에는 별도로 검토하여 정한다.
  3) 비틀림을 고려하는 경우에는 3할 증가로 한다.

④ 열차 재하 지진시 및 응답 변위법에 대한 허용 응력도(전기 ②, ③에 적용)

부표- 3.18 열차 재하지진시와 응답 변위법에 대한 허용응력도 (kgf/cm²)

종별 하중상태	콘크리트		철근	강재
	허용휨압축 응 력 도	허용전단 응 력 도	허용인장 응 력 도	허용인장 (압축)응력도
열차재하지진시 응답변위법	$0.8\,\sigma_{ck}$	$0.8\,\tau_a$	항복점응력도	항복점응력도

(4) 항만

강재말뚝과 강관 널말뚝

강재말뚝 및 강관 널말뚝의 허용 응력도는 부표-3.19와 같다.

부표-3.19 강재말뚝과 강관널말뚝의 허용응력도 (kgf/cm²)

응력도의 종류 \ 강재종류	SKK400, SHK400 SHK400M, SKY400	SKK490, SHK490M SKY490
축방향 인장 응력도 (총단면적에 대해)	1 400	1 900
축방향 압축 응력도 (총단면적에 대해)	$\dfrac{l}{r} \leq 20$　　1 400 $20 < \dfrac{l}{r} < 93$ $1\,400 - 8.4\left(\dfrac{l}{r} - 20\right)$ $\dfrac{l}{r} \geq 93$　　$\dfrac{12\,000\,000}{5\,000 + (l/r)^2}$	$\dfrac{l}{r} \leq 15$　　1 900 $15 < \dfrac{l}{r} < 80$ $1\,900 - 13\left(\dfrac{l}{r} - 15\right)$ $\dfrac{l}{r} \geq 80$　　$\dfrac{12\,000\,000}{5\,000 + (l/r)^2}$
휨 인장 응력도 (총단면적에 대해)	1 400	1 900
휨 압축응력도 (총단면적에 대해)	1 400	1 900
축방향 및 휨모멘트를 받는 부재	(1) 축방향력이 인장인 경우 　　$\sigma_t + \sigma_{bt} \leq \sigma_{ta}$ 　또는　 $-\sigma_t + \sigma_{bc} \leq \sigma_{ba}$ (2) 축방향력이 압축인 경우 　　$\dfrac{\sigma_c}{\sigma_{ca}} + \dfrac{\sigma_{bc}}{\sigma_{ba}} \leq 1.0$	
전단 응력도 (총단면적에 대해)	800	1 100

부록 4 강관말뚝의 단면 성능

부표-4.1 강관말뚝 단면 성능 일람표   [건축분야]

치 수			부 식 여 분 외 면 0.0 mm			
외경 D (mm)	두께 t (mm)	단위중량 W (kgf/m)	단면적 A (cm²)	단면2차모멘트 I (cm⁴)	단면계수 Z (cm³)	단면2차반경 i (cm)
400	9	86.8	110.6	211×10^2	106×10	13.8
	12	115	146.3	276×10^2	138×10	13.7
500	9	109	138.8	418×10^2	167×10	17.4
	12	144	184.0	548×10^2	219×10	17.3
	14	168	213.8	632×10^2	253×10	17.2
600	9	131	167.1	730×10^2	243×10	20.9
	12	174	221.7	958×10^2	319×10	20.8
	14	202	257.7	111×10^3	369×10	20.7
	16	230	293.6	125×10^3	417×10	20.7
700	9	153	195.4	117×10^3	333×10	24.4
	12	204	259.4	154×10^3	439×10	24.3
	14	237	301.7	178×10^3	507×10	24.3
	16	270	343.8	201×10^3	575×10	24.2
800	9	176	223.6	175×10^3	437×10	28.0
	12	233	297.1	231×10^3	577×10	27.9
	14	271	345.7	267×10^3	668×10	27.8
	16	309	394.1	303×10^3	757×10	27.7
900	9	198	215.9	250×10^3	556×10	31.5
	12	263	334.8	330×10^3	733×10	31.4
	14	306	389.7	382×10^3	850×10	31.3
	16	349	444.3	434×10^3	965×10	31.3
1000	12	292	372.5	455×10^3	909×10	34.9
	14	340	433.7	527×10^3	105×10^2	34.9
	16	388	494.6	599×10^3	120×10^2	34.8
	19	460	585.6	705×10^3	141×10^2	34.7
1100	12	322	410.2	607×10^3	110×10^2	38.5
	14	375	477.6	704×10^3	128×10^2	28.4
	16	428	544.9	801×10^3	146×10^2	38.3
	19	506	645.3	943×10^3	171×10^2	38.2
1200	14	409	521.6	917×10^3	153×10^2	41.9
	16	467	595.1	104×10^4	174×10^2	41.9
	19	553	704.9	123×10^4	205×10^2	41.8
	22	639	814.2	141×10^4	235×10^2	41.7
1300	14	444	565.6	117×10^4	180×10^2	45.5
	16	507	645.4	133×10^4	205×10^2	45.4
	19	600	764.6	157×10^4	241×10^2	45.3
	22	693	883.3	180×10^4	278×10^2	45.2
1400	14	479	609.6	146×10^4	209×10^2	49.0
	16	546	695.7	167×10^4	238×10^2	48.9
	19	647	824.3	197×10^4	281×10^2	48.8
	22	748	952.4	226×10^4	323×10^2	48.7
1500	16	586	745.9	205×10^4	274×10^2	52.5
	19	694	884.0	242×10^4	323×10^2	52.4
	22	802	1021.5	279×10^4	372×10^2	52.3
	25	909	1158.5	315×10^4	420×10^2	52.2
1600	16	625	796.2	250×10^4	312×10^2	56.0
	19	741	943.7	295×10^4	369×10^2	55.9
	22	856	1090.6	340×10^4	424×10^2	55.8
	25	971	1237.0	384×10^4	480×10^2	55.7
1800	19	834	1063.1	422×10^4	468×10^2	63.0
	22	965	1228.9	486×10^4	540×10^2	62.9
	25	1094	1394.1	549×10^4	610×10^2	62.8
2000	19	928	1182.5	580×10^4	580×10^2	70.0
	22	1073	1367.1	669×10^4	669×10^2	69.9
	25	1218	1551.2	756×10^4	756×10^2	69.8

부표-4.2 강관말뚝 단면 성능 일람표 [건축분야]

치 수			부식여분 외면 0.0 mm			
외경 D (mm)	두께 t (mm)	단위중량 W (kgf/m)	단면적 A (cm²)	단면2차모멘트 I (cm⁴)	단면계수 Z (cm³)	단면2차반경 i (cm)
400	9	86.8	98.0	186×10^2	937	13.8
	12	115	133.7	251×10^2	126×10	13.7
500	9	109	123.2	370×10^2	148×10	17.3
	12	144	168.3	499×10^2	200×10	17.2
	14	168	198.1	583×10^2	234×10	17.2
600	9	131	148.3	645×10^2	216×10	20.9
	12	174	202.9	874×10^2	292×10	20.8
	14	202	238.9	102×10^3	342×10	20.7
	16	230	274.7	117×10^3	391×10	20.6
700	9	153	173.4	103×10^3	296×10	24.4
	12	204	237.4	140×10^3	401×10	24.3
	14	237	279.8	164×10^3	470×10	24.2
	16	270	321.9	188×10^3	538×10	24.2
800	9	176	198.5	155×10^3	388×10	27.9
	12	233	272.0	211×10^3	528×10	27.8
	14	271	320.6	247×10^3	619×10	27.8
	16	309	369.0	283×10^3	709×10	27.7
900	9	198	223.7	221×10^3	493×10	31.5
	12	263	306.5	302×10^3	671×10	31.4
	14	306	361.4	354×10^3	788×10	31.3
	16	349	416.1	406×10^3	903×10	31.2
1000	12	292	341.1	415×10^3	832×10	34.9
	14	340	402.3	488×10^3	978×10	34.8
	16	388	463.2	560×10^3	112×10^2	34.8
	19	460	554.2	666×10^3	133×10^2	34.7
1100	12	322	375.6	555×10^3	101×10^2	38.4
	14	375	443.1	652×10^3	119×10^2	38.4
	16	428	510.4	748×10^3	136×10^2	38.3
	19	506	610.7	891×10^3	162×10^2	38.2
1200	14	409	484.0	850×10^3	142×10^2	41.9
	16	467	557.5	975×10^3	163×10^2	41.8
	19	553	667.3	116×10^4	194×10^2	41.7
	22	639	776.5	135×10^4	225×10^2	41.6
1300	14	444	524.8	108×10^4	167×10^2	45.4
	16	507	604.6	124×10^4	192×10^2	45.4
	19	600	723.8	148×10^4	228×10^2	45.3
	22	693	842.5	172×10^4	265×10^2	45.2
1400	14	479	565.6	136×10^4	194×10^2	49.0
	16	546	651.7	156×10^4	223×10^2	48.9
	19	647	780.4	186×10^4	266×10^2	48.8
	22	748	908.5	215×10^4	308×10^2	48.7
1500	16	586	698.8	192×10^4	257×10^2	52.4
	19	694	836.9	229×10^4	306×10^2	52.3
	22	802	974.4	266×10^4	355×10^2	52.2
	25	909	1111.4	302×10^4	403×10^2	52.1
1600	16	625	746.0	234×10^4	292×10^2	56.0
	19	741	893.5	279×10^4	349×10^2	55.9
	22	856	1040.4	323×10^4	405×10^2	55.8
	25	971	1186.8	368×10^4	460×10^2	55.7
1800	19	834	1006.6	399×10^4	443×10^2	62.9
	22	965	1172.3	463×10^4	515×10^2	62.8
	25	1094	1337.6	526×10^4	585×10^2	62.7
2000	19	928	1119.7	549×10^4	549×10^2	70.0
	22	1073	1304.3	637×10^4	638×10^2	69.9
	25	1218	1488.4	725×10^4	726×10^2	69.8

주) 주지발 123호 「말뚝재의 허용응력도 등의 취급의 일부 변경에 대해서」 (1992년 4월 7일)

부표-4.3 강관말뚝 단면 성능 일람표 [토목분야]

치 수			부 식 여 분 외 면 0.0 mm			
외경 D (mm)	두께 t (mm)	단위중량 W (kgf/m)	단면적 A (cm²)	단면2차모멘트 I (cm⁴)	단면계수 Z (cm³)	단면2차반경 i (cm)
400	9	86.8	85.5	162×10^2	817	13.8
	12	115	121.3	226×10^2	114×10	13.7
500	9	109	107.5	321×10^2	130×10	17.3
	12	144	152.7	451×10^2	182×10	17.2
	14	168	182.5	535×10^2	216×10	17.1
600	9	131	129.5	562×10^2	189×10	20.8
	12	174	184.1	790×10^2	265×10	20.7
	14	202	220.2	939×10^2	315×10	20.7
	16	230	256.0	108×10^3	364×10	20.6
700	9	153	151.5	899×10^2	258×10	24.4
	12	204	215.5	127×10^3	364×10	24.3
	14	237	257.9	151×10^3	433×10	24.2
	16	270	300.0	174×10^3	501×10	24.1
800	9	176	173.5	135×10^3	339×10	27.9
	12	233	246.9	191×10^3	479×10	27.8
	14	271	295.6	227×10^3	571×10	27.7
	16	309	343.9	263×10^3	661×10	27.7
900	9	198	195.5	193×10^3	431×10	31.4
	12	263	278.3	273×10^3	610×10	31.3
	14	306	333.3	326×10^3	727×10	31.3
	16	349	387.9	377×10^3	842×10	31.2
1000	12	292	309.8	376×10^3	756×10	34.9
	14	340	371.0	449×10^3	902×10	34.8
	16	388	431.9	521×10^3	105×10^2	34.7
	19	460	522.9	627×10^3	126×10^2	34.6
1100	12	322	341.2	503×10^3	918×10	38.4
	14	375	408.7	600×10^3	110×10^2	38.3
	16	428	475.9	697×10^3	127×10^2	38.3
	19	506	576.3	839×10^3	153×10^2	38.2
1200	14	409	446.4	782×10^3	131×10^2	41.9
	16	467	519.9	908×10^3	152×10^2	41.8
	19	553	629.7	109×10^4	183×10^2	41.7
	22	639	738.9	128×10^4	214×10^2	41.6
1300	14	444	484.1	998×10^3	154×10^2	45.4
	16	507	563.9	116×10^4	179×10^2	45.3
	19	600	683.1	140×10^4	216×10^2	45.2
	22	693	801.7	163×10^4	252×10^2	45.1
1400	14	479	521.8	125×10^4	179×10^2	48.9
	16	546	607.8	145×10^4	208×10^2	48.9
	19	647	736.5	175×10^4	251×10^2	48.8
	22	748	864.6	205×10^4	293×10^2	48.7
1500	16	586	651.8	179×10^4	239×10^2	52.4
	19	694	789.9	216×10^4	289×10^2	52.3
	22	802	927.4	253×10^4	338×10^2	52.2
	25	909	1064.3	289×10^4	386×10^2	52.1
1600	16	625	695.8	218×10^4	273×10^2	55.9
	19	741	843.3	263×10^4	329×10^2	55.8
	22	856	990.2	307×10^4	385×10^2	55.7
	25	971	1136.6	352×10^4	441×10^2	55.6
1800	19	834	950.1	376×10^4	419×10^2	62.9
	22	965	1115.9	440×10^4	490×10^2	62.8
	25	1094	1281.1	503×10^4	561×10^2	62.7
2000	19	928	1056.9	517×10^4	518×10^2	70.0
	22	1073	1241.6	606×10^4	607×10^2	69.9
	25	1218	1425.6	694×10^4	695×10^2	69.8

주) 도로교 시방서에 의함.

항만 분야에 대한 강관말뚝의 부식여분은 제 7장 표-7.18에 나타낸 강재의 부식 속도를 참고로하여 시공지역의 환경이나 측정결과와 내용 연수에서 결정한다.

결정된 부식여분을 써서 강관말뚝의 단면성능은 아래식에서 산정한다.

단위중량 : $W = 2.466 \times (D-T)T$ (kgf/m)

단면적 : $A = \pi/4 \times \{(D-2S)^2 - (D-2T)^2\}$ (cm²)

단면2차모멘트 : $I = \pi/64 \times \{(D-2S)^4 - (D-2T)^4\}$ (cm⁴)

단면계수 : $Z = \pi/32 \times \{(D-2S)^4 - (D-2T)^4\}/(D-2S)$ (cm³)

단면2차반경 ; $i = 1/4 \times \{D^2 + (D-2T)^2\}^{1/2}$ (cm)

여기서 D : 강관말뚝 외경(cm)
T : 강관말뚝 판두께(cm)
S : 외면 부식 여분(cm)

실무 말뚝기초의 계획.설계.시공

인쇄 : 2003년 1월 10일
발행 : 2003년 1월 25일
재판 : 2020년 3월 5일

저 자 : 토목공법연구회
발행인 : 김 성 계
발행처 : 도서출판 **건설정보사**
　　　　서울시 용산구 갈월동 70-9
　　　　TEL. (02)717-3396~7
　　　　FAX. (02)717-3398
　　　　등록 1998. 12. 24 제3-1122호

판권소유

ISBN 89-952616-8-4 93530　　　정가:42,000원
http://www.gunsulbook.co.kr

◉ 본서의 무단복제를 금합니다.

※ 파본 및 낙장은 교환하여 드립니다.